Veröffentlichungen des Preußischen Meteorologischen Instituts

Herausgegeben durch dessen Direktor

H. v. Ficker

Nr. 325

Abhandlungen Bd. VII. Nr. 6.

Die
Ergebnisse der meteorologischen Beobachtungen der Deutschen Antarktischen Expedition 1911–1912

Von

E. Barkow †

Herausgegeben von

K. Knoch

Springer-Verlag Berlin Heidelberg GmbH 1924

ISBN 978-3-662-30293-4   ISBN 978-3-662-30326-9 (eBook)
DOI 10.1007/978-3-662-30326-9

Vorwort.

Nachdem im Anfang des Jahres 1913 die Teilnehmer der Deutschen Antarktischen Expedition nach Deutschland zurückgekehrt waren, ging E. Barkow, der die Expedition als Meteorologe mitgemacht hatte, sofort daran, sein Beobachtungsmaterial auszuwerten, und so konnte er in schneller Arbeit noch im gleichen Jahre einen »Vorläufigen Bericht«[1]) erscheinen lassen. Die weitere Ausarbeitung erfuhr dann aber durch den Krieg eine mehrjährige Unterbrechung, bis gegen Ende 1922 die Arbeit, wenn auch gegenüber dem ersten Entwurf unter der Not der Zeit in wesentlich verkürzter Form, zum Abschluß gebracht werden konnte. Barkow bemühte sich noch selbst, die Mittel für die Drucklegung zu erlangen, aber vergeblich. Am 7. Januar 1923 wurde er nach kurzer Krankheit durch den Tod mitten aus seiner wissenschaftlichen Arbeit herausgerissen.

Die Ordnung des wissenschaftlichen Nachlasses hatte der Unterzeichnete gemeinsam mit Herrn Professor Dr. Joester übernommen, und es war selbstverständlich, daß alle Schritte getan werden mußten, um trotz der damals sehr großen Schwierigkeiten die Drucklegung des wertvollen Manuskripts durchzuführen.

Im Mai 1923 richtete das Direktorium der Preußischen Meteorologischen Institute, bestehend aus den Herren Geheimrat Prof. Dr. H. Hergesell und Prof. Dr. H. v. Ficker, Anträge an die Notgemeinschaft der Deutschen Wissenschaft und an das Preußische Ministerium für Wissenschaft, Kunst und Volksbildung um Bewilligung von außerordentlichen Mitteln zur Herausgabe des Werkes. Beide Stellen entsprachen bald diesem Antrag und bewilligten zusammen eine Summe, die es zur Zeit der Bewilligung auch ermöglicht hätte, mit dem Druck zu beginnen. Die daraufhin mit einem Verleger gepflogenen Verhandlungen mußten aber wieder abgebrochen werden, da der sehr schnell sinkende Wert der Mark die bewilligten Beträge schließlich zu Nichts zerrinnen ließ. Erst nachdem gegen Ende des Jahres 1923 die Währung in Deutschland glücklicherweise wieder stabil geworden war, konnte der Plan der Drucklegung von neuem mit Aussicht auf Erfolg aufgenommen werden. Der Unterzeichnete richtete neue Gesuche an die Notgemeinschaft der Deutschen Wissenschaft und das Ministerium für Wissenschaft, Kunst und Volksbildung, die beide auch wieder namhafte Summen bewilligten. Da außerdem das Preußische Meteorologische Institut sich schon vor der Zustimmung der genannten Stellen bereit erklärt hatte den daneben noch verbleibenden Rest der Drucklegung zu bestreiten, war der Druck des Manuskripts endgültig gesichert.

Es ist eine angenehme Pflicht des Herausgebers, der Notgemeinschaft der Deutschen Wissenschaft und dem Preußischen Ministerium für Wissenschaft, Kunst und Volksbildung auch an dieser Stelle für die gewährte Unterstützung zu danken.

Die Arbeit des Herausgebers bestand vor allem in einer letzten Überarbeitung des Manuskripts, die der Verfasser, bevor er es zur Druckerei gegeben hätte, wohl selbst noch vorgenommen haben würde. Von der Veröffentlichung eines eigentlichen Tabellenbandes, den man solchen Expeditionswerken beizugeben pflegt und der dann vor allem die Einzelbeobachtungen enthält, mußte unter den augenblicklichen Verhältnissen leider abgesehen werden. Der Verfasser hatte bei Abschluß seines Manuskripts auch selbst nicht mehr damit gerechnet. Die übersichtlich zusammengestellten Tabellen, Auswertungen und Tagebücher sind zusammen mit allen Originalregistrierungen im Preußischen Meteorologischen Institut in Verwahrung genommen worden und können zu weiteren Forschungen zur Verfügung gestellt werden.

Das Manuskript des Verfassers ist, was den Text anbelangt, in vollem Umfang zum Abdruck gekommen. Einige Einschränkungen wurden dagegen in den Tabellen der interdiurnen Veränderlichkeit vorgenommen, die auch für die einzelnen Zeitabschnitte berechnet worden war.

Die Literaturangaben sind meist in recht gekürzter Form gegeben worden. Sie konnten nicht vollständig nachgeprüft werden. Ein kleiner Teil der Zeichnungen für die Klischees lag bereits in Reinzeichnung vor, der größere Rest mußte erst von dem Herausgeber besorgt werden. Dies gilt vor allem für die Kurvenwiedergaben

---

[1]) E. Barkow. Vorläufiger Bericht über die meteorologischen Beobachtungen der Deutschen Antarktischen Expedition 1911/12. Veröffentlichungen des Preußischen Meteorologischen Instituts, Abhandlungen IV, Nr. 11. Berlin 1913.

IV

und die Darstellung der optischen Erscheinungen in dem Kapitel »Witterungsübersicht«. Von einer Wiedergabe von Aufstiegsdiagrammen ist aus Ersparnisgründen ganz abgesehen worden. Eine Diskussion einzelner Aufstiege hatte der Verfasser in seinem Manuskript selbst nicht durchgeführt. Je drei Typen der vertikalen Temperatur- verteilung und der Pilotballonaufstiege sind übrigens in dem schon erwähnten vorläufigen Bericht wieder- gegeben worden.

Ein stenographischer Entwurf zu einer Einleitung lag dem Manuskript bei. Der Verfasser hatte wahr- scheinlich vor, ihn später noch zu vervollkommnen. Er enthielt einige kurze Angaben über den äußeren Verlauf der Expedition und einige allgemeinere Betrachtungen über Anstellung und Verarbeitung von meteorologischen Beobachtungen auf Polarexpeditionen im allgemeinen und auf der Deutschen Antarktischen Expedition im besonderen. Das Manuskript ließ sich in der vorliegenden Form nicht verwenden, daher entschloß sich der Herausgeber auf Grund der bereits vorliegenden Berichte anderer Expeditionsteilnehmer in der nachstehenden Einleitung einen Überblick über den äußeren Verlauf der Expedition zu geben, der wesentlich ausführlicher ist, als ihn Barkow geplant hatte. Zur Orientierung des Lesers erschien es jedoch notwendig, genauer dar- zustellen, unter welchen Umständen die meteorologischen Beobachtungen gewonnen wurden. Die erwähnten Betrachtungen allgemeineren Inhalts des Barkowschen Entwurfs sind dagegen nach sinngemäßer Ergänzung der nicht entzifferbaren Teile des Kurzschrift-Manuskripts, anschließend an den Bericht über den Verlauf der Expedition, zum Abdruck gekommen.

Zu betonen ist, daß das vorliegende Werk nicht die Beobachtungen während der ganzen Deutschen Antarktischen Expedition umfaßt, sondern nur die Zeit zwischen der Abfahrt und der Ankunft in Süd-Georgien, d. h. den Vorstoß nach Süden und die Triftfahrt im Weddellmeer. Für diesen Reiseweg hat der Verfasser das Beobachtungsmaterial zu Monatsmitteln und auch zu Mitteln kürzerer Zeiträume vereinigt, was auf Seite 3 bei Betrachtung des täglichen Ganges des Luftdrucks näher begründet wird.

Beim Lesen der Korrektur fand ich die tatkräftige Unterstützung meines Kollegen, des Herrn Professor Dr. Joester, dem ich auch hiermit meinen besten Dank ausspreche.

Folgende Abkürzungen sind vom Verfasser häufig benutzt worden:

D. A. E. = Deutsche Antarktische Expedition 1911/12.

Gauß-Werk = W. Meinardus: Meteorologische Ergebnisse der Winterstation des »Gauß« 1902—1903. Deutsche Südpolarexpedition 1901—1903, Bd. III, Meteorologie I, 1.

Fram-Werk = The Norwegian North Polar-Expedition 1893—1896, Scientific results edited by Fridtjof Nansen. Vol. VI: Meteorology by H. Mohn. London 1905.

Die mit Simpson bezeichneten Zitate beziehen sich auf: British Antarctic Expedition 1910—1913. Meteorology, Vol. I, Discussion. Vol. II. Weather maps and pressure curves. Calcutta 1919.

Berlin, im November 1924.

K. Knoch.

Inhaltsverzeichnis

Einleitung.[1]

Die unter Führung von W. Filchner stehende zweite Deutsche Antarktische Expedition verfolgte zunächst den Plan, von Buenos Aires aus über Süd-Georgien in das Weddellmeer vorzudringen, das an seiner Ostküste gelegene Coats-Land aufzusuchen und nach möglichst weitem Vorstoß nach Süden dort eine Basisstation zu errichten, an der ein reiches wissenschaftliches Programm mindestens ein Jahr lang durchgeführt werden sollte. Die weitere Erkundung der Antarktis war Schlittenexpeditionen vorbehalten, für die die Basisstation Ausgangs- und Stützpunkt zu bilden hatte. Das nach Süd-Georgien zurückgeschickte Schiff sollte die Stationsbesatzung nach einem Jahre wieder abholen.

Die ersten Etappen der Fahrt des Expeditionsschiffes »Deutschland« kommen für die vorliegende Bearbeitung nicht in Betracht, wenn sie natürlich auch dazu dienten, Erfahrungen in der Ausführung meteorologischer Beobachtungen zu sammeln, es sind dies: die Überfahrt von Bremerhaven nach Buenos Aires in der Zeit vom 3. Mai bis 7. September 1911, die Fahrt von Buenos Aires nach Süd-Georgien vom 4. bis 21. Oktober und der Besuch der nördlichen Sandwich-Inseln vom 1. bis 19. November 1911. Die eigentliche Südfahrt wurde am 11. Dezember 1911 vom Hafen von Grytviken in Süd-Georgien angetreten. Der Verlauf dieser Reise mit der anschließenden Triftfahrt ist aus der in Figur 1 auf der folgenden Seite eingetragenen Reiseroute zu ersehen. Als Unterlage für sie diente die von Brennecke gegebene Skizze des Reiseweges.

Bereits am 14. Dezember 1911 wurde unter 57° 30′ S und 33° 4′ W das erste Eis angetroffen[2], das zunächst das Vordringen noch nicht hinderte, am 17. Dezember unter 61° 2 S aber so kompakt wurde, daß eine bestimmte Fahrtrichtung nicht mehr eingehalten werden konnte und das Schiff zeitweise triftete. Bis zum 10. Januar 1912 wurde die »Deutschland« in diesem Packeisgürtel festgehalten und konnte nur in Waken kurze Fahrten machen.

Dann besserten sich die Eisverhältnisse und nach ziemlich flotter Fahrt in südlicher und südöstlicher Richtung konnte am 11. Januar der Polarkreis überschritten und am 15. Januar bis 70° S. Br. vorgedrungen werden. Am 16. bis 18. Januar wurden die Eisverhältnisse wieder schwieriger. Großes Feldpackeis versperrte der »Deutschland« immer häufiger den Weg, und vom 19. bis 27. Januar saß das Schiff fast stets im Eise fest und gewann in der beabsichtigten Südrichtung nur 27 Breitenminuten. Darauf folgten einige Tage mit leichterem Vorwärtskommen, bis am 30. Januar unter 76° 48′ S und 30° 25′ W das Inlandeis als flacher bis 600 m ansteigender Rücken gesichtet wurde, der mit etwa 40 m hohem Steilabbruch an der Küste endete. Dem Lande wurde der Name »Prinzregent-Luitpold-Land« gegeben. An der gesichteten Stelle war eine Landung unmöglich, deshalb wurde versucht, dem Küstenverlauf möglichst weit nach Westen zu folgen. Nach kurzer Fahrt öffnete sich unter 77° 48′ S und 34° 39′ W eine kleine Bucht, die den Namen »Vahselbucht« erhielt. Hier schloß sich an das Inlandeis nach Westen zu eine Eisbarriere an, die durch einzelne Meeresarme, die mit Meereis bedeckt waren, zerteilt wurde. Diese Eisbarriere machte dem Südkurs des Schiffes ein Ende.

Um einen noch günstigeren Landungsplatz zu suchen, unternahm die »Deutschland« einen Vorstoß nach Westen, aber schon am 31. Januar, unter 77° 12′ S, 39° 25′ W, geriet das Schiff wiederum in eine Packeiszone, die weiteres Vordringen unmöglich machte und es am 1. Februar zur Rückkehr in die Vahselbucht zwang. Ein zweiter Vorstoß nach Westen, der am 3. Februar unternommen wurde, brachte zwar das Schiff um 1° 45′ weiter nach Westen als das erste Mal, aber noch schwierigere Eisverhältnisse zwangen am 5. Februar abermals zur Rückkehr nach der Vahselbucht.

Da diese Vorstöße nach Westen keinen geeigneteren Landungsplatz ergeben hatten, wurde am 6. Februar an die Errichtung eines Stationshauses gegangen, als dessen Stelle ein in dem Eis der Vahselbucht, zwischen

---

[1] Die Ausführungen über den Verlauf der Expedition stützen sich auf folgende Berichte:

E. Przybyllok: Deutsche Antarktische Expedition. Bericht über die Tätigkeit nach Verlassen von Süd-Georgien. Zeitschrift der Gesellschaft für Erdkunde zu Berlin 1913, 1—17.

W. Brennecke: Die ozeanographischen Arbeiten der Deutschen Antarktischen Expedition 1911/12. Aus dem Archiv der Deutschen Seewarte XXXIX. Jahrgang 1921. Nr. 1, S. 1—6.

W. Filchner: Zum sechsten Erdteil, die zweite Deutsche Südpolar-Expedition. Berlin 1923.

[2] Angabe von Filchner. Die Positionsangabe von Przybyllok lautet: 57° 10′ S, 32° 56′ W.

Meereis und Barriereeis, eingekitteter Eisberg ausersehen wurde. Ein in den nächsten Tagen aufkommender Sturm zerbrach durch seine Dünung das Meereis und trieb mit Ostwind die Schollen aus der Bucht heraus, sodaß die »Deutschland« an den Stationseisberg herangehen konnte. Die Einrichtungsarbeiten des Stationshauses wurden aber am 18. Februar unterbrochen, da eine Springflut den Eisberg von der Eisbarriere abtrieb und von dieser selbst ein großes Stück von etwa 600 qkm absprengte. Der Landungstrupp kehrte nach Bergung eines Teils des Baumaterials wieder auf das Schiff zurück, das zunächst noch an der Bucht verblieb, aber stets der Gefahr ausgesetzt war, an den Inlandeisrand gepreßt zu werden. Auf dem Inlandeis selbst wurden Nahrungsmittel-depots angelegt, die als Stützpunkte für Erkundungstrupps dienen sollten. Am 28. Februar gingen Dr. Brennecke und Dr. Heim auf das Inlandeis, um dort mit wissenschaftlichen Beobachtungen zu beginnen. Gleichzeitig setzte in der Vahselbucht aber Jungeisbildung ein, die am 29. Februar bereits so stark war, daß ein Verkehr mit Booten unmöglich wurde; dabei lag erhöhte Gefahr vor, daß das Schiff mit dem Jungeis, das nach Westen

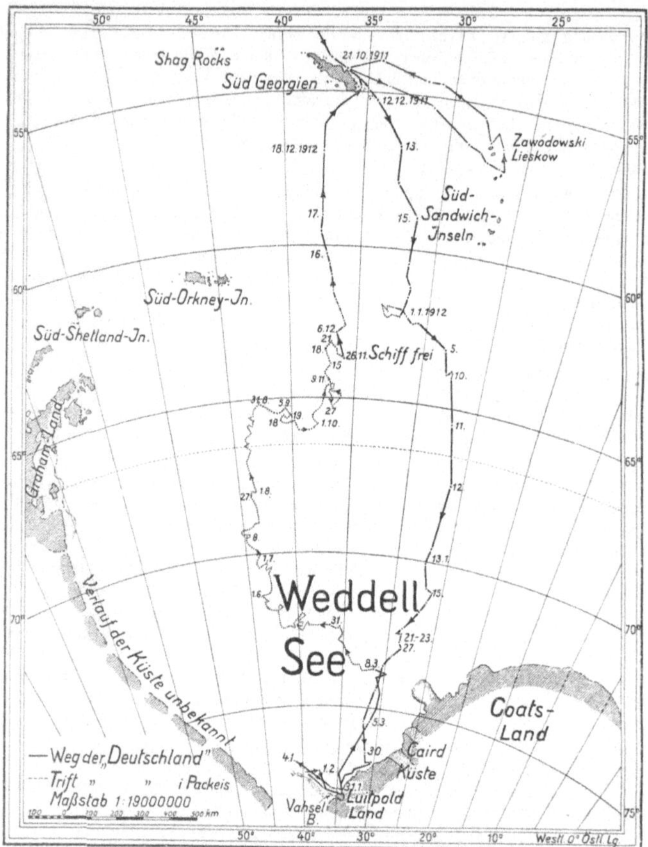

Fig. 1. Fahrt und Trift der »Deutschland« in der Weddell-See.

abtrieb, an den Inlandeisrand getrieben würde. Als am 2. März diese Eisbildung sich soweit verstärkt hatte, daß das Schiff zeitweise von ihr eingeschlossen war und willkürlich mit ihr trieb, faßte die Expeditionsleitung den Entschluß, sobald die Gelegenheit dazu gegeben sei, die hohe See aufzusuchen und die Fahrt nach Norden anzutreten, um in Süd-Georgien zu überwintern. Am nächsten Tage wurden dann auch die beiden gelandeten Herren wieder an Bord genommen, und am 4. März morgens begann die Nordfahrt. Sie ging zunächst noch in offenem Wasser vor sich, aber am 5. März traten bereits die ersten Hindernisse durch Jungeis ein. Am 7. und 8. März gestatteten einige durch kräftigen Wind gebildete Waken noch eine kurze Fahrt, dann saß die »Deutschland« unter 73° 43′ S und 31° 6′ W im Eise fest, und die eigentliche Triftfahrt in nördlicher Richtung begann.

Anfang April hatte die Expedition endgültig die Hoffnung aufgegeben, aus der Umklammerung des Eises herauszukommen, und die wissenschaftlichen Teilnehmer gingen daran, die Triftfahrt für die geplanten Arbeiten auszunutzen. Die meteorologische Station wurde auf das Eis verlegt, das Feld für die Bodentemperaturen eingerichtet und Schuppen für Drachen und Fesselballone gebaut. Ihre Lage zueinander und zum Schiff ist aus Figur 2 zu entnehmen, der eine vom Expeditionsleiter durchgeführte Aufnahme der Winterstation zugrunde liegt. Nähere Mitteilungen über die Aufstellung der meteorologischen Instrumente macht der Verfasser bei Besprechung der Ergebnisse der einzelnen Elemente.

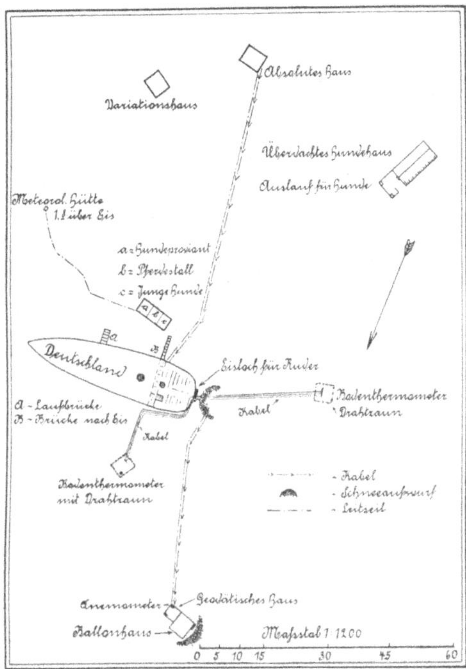

Fig. 2. Die Winterstation der »Deutschland« auf dem Packeise.
Nach einer Aufnahme von W. Filchner.

Nachdem im März die Trift nach NNW gerichtet gewesen war, wurde sie im Laufe des April ungefähr westlich und schwenkte vom 7. Mai an in fast rein nördliche Richtung um. Mit nur kleinen Abweichungen wurde diese Himmelsrichtung bis Anfang September beibehalten, wo ziemlich unvermittelt eine nach Ost gerichtete Trift einsetzte, die bis zum 28. September anhielt. Unter 65° 54' S und 38° 21' W erfolgte wieder eine Schwenkung nach Norden. Sie hielt bis zum 19. Oktober an (64° 23' S, 37° 15' W), worauf vorherrschende nordwestliche Winde das Schiff wieder nach Süden bis auf 65° 10' S, 36° 45' W zurücktrieben und erst am 27. Oktober abermals die Nordrichtung zur Geltung kam. Mitte November begann das Eis zu schmelzen und zu zersplittern. Am 26. November gelang es unter 63° 37' S und 36° 34' W das Schiff durch Sprengungen aus dem Packeis frei zu bekommen und in das Jungeis einer Wake zu bringen. Zehn Tage vergingen aber noch, bis sich das Eis der Wake öffnete, während dessen die »Deutschland« mit dem Feldeis zusammen nach Norden trieb und nur zeitweise langsam von Wake zu Wake sich ihren Weg in Richtung auf Süd-Georgien bahnen konnte. Am 13. Dezember war erst 61° 43' S und 37° 4' W erreicht. Am 14. Dezember öffnete sich das Feldeis, der Packeisgürtel wurde durchquert, bis vom 16. Dezember an das Schiff freie Fahrt hatte und am 19. Dezember im Hafen von Grytviken landen konnte.

Damit ist der äußere Verlauf der Fahrt und der Trift der »Deutschland« im Weddellmeer beschrieben. Auf diesen Zeitraum bezieht sich auch die Bearbeitung der meteorologischen Ergebnisse.

Es folgen noch die allgemeineren Ausführungen Barkows, die sich in dem hinterlassenen, schon erwähnten Entwurf zu einer Einleitung vorfinden:

»Wenn es der D. A. E. auch nicht vergönnt war, an ihrem südlichsten Punkt in einem festen Ort zu überwintern, so ergab sich doch die Möglichkeit, das meteorologische Programm in fast vollem Umfang durchzuführen. Der Wert der Beobachtungen leidet darunter natürlich etwas, aber die langsame Ortsveränderung

b

während der Trift zeigt auch genug Vorteile, da sich so andere Probleme darboten. Unter den Verhältnissen der Überwinterung auf dem schwimmenden Schiff hatten vor allem die luftelektrischen Beobachtungen zu leiden. Es ergaben sich so viele Schwierigkeiten technischer Natur, daß sie bald ganz aufgegeben werden mußten, da die Zeit für diesen Teil des Programms nicht mehr reichte. Vielleicht ergibt sich später einmal die Gelegenheit, die wenigen Beobachtungen dieser Art und die technische Erfahrung hierbei zu veröffentlichen. Die rein meteorologischen Beobachtungen nahmen an und für sich schon eine solche Menge Zeit in Anspruch, daß sie von einem einzigen allein nicht mehr gemacht werden konnten. Ich hatte deshalb von Anfang an zur Bedingung gemacht, daß mir ein Matrose während der Überwinterung zur alleinigen Verfügung gestellt würde. Dank der Menschenkenntnis von Herrn Kapitän Vahsel fand ich einen sehr geschickten und fähigen Mann, den Matrosen Kurt Hoffmann, den ich im letzten Halbjahr vor der Ausfahrt bereits in Potsdam in die Technik der Beobachtungen und die Kenntnisse der Instrumente einführen konnte. Ich konnte ihm dann später auch einen großen Teil der einfacheren Terminbeobachtungen selbständig übertragen. Außer ihm fand ich noch sehr viele Helfer. Dazu gehörten in erster Linie die Schiffsoffiziere, die alle nächtlichen Beobachtungen übernahmen; die Messungen mit den Widerstands-Thermometern führten immer Dr. Filchner und Dr. König aus; die Schneepegel-Beobachtungen wurden von Dr. Heim besorgt. Bei den Drachenaufstiegen wirkte außerdem noch eine große Anzahl von Matrosen mit, sodaß fast die gesamten Teilnehmer der Expedition sich, wenn auch nur gelegentlich, bei den Beobachtungen beteiligten.

Die Vorbereitung für eine Polarexpedition muß in der Heimat mit großer Sorgfalt geschehen. Je eingehender sie ist, um so mehr Erfolg wird man während der Expedition haben. Sehr viele Einzelheiten der Instrumente müssen vorher sorgfältig durchdacht werden, um allen möglichen Schwierigkeiten begegnen zu können. Ferner muß reichliches Ersatzmaterial aller Art mitgenommen werden, um Reparaturen, die sich als nötig erweisen, machen zu können. Wenn irgend etwas fehlt, so kann es unterwegs nicht beschafft werden. Und hiervon hängt ein guter Teil des Erfolges ab. Die Schwierigkeiten, die andere Polarexpeditionen bei ähnlichen Beobachtungen gefunden haben, müssen auf jeden Fall beachtet werden. Ich habe es deswegen im folgenden auch für nötig erachtet, ziemlich eingehend auf die Technik der Instrumente und der Beobachtungen einzugehen, um künftigen Expeditionen Material in die Hand zu geben. Nicht bloß die wissenschaftlichen Werke über die Ergebnisse der Expeditionen, sondern auch die Reisewerke geben mancherlei Anhaltspunkte, worauf man besonders sein Augenmerk zu richten hat. Das Hauptgewicht bei einer Expedition ist auf die Gewinnung einwandfreier Beobachtungen zu legen, und das bedingt für den Meteorologen eine eingehende Kenntnis der Beobachtungstechnik und aller Instrumente.

Vor der Ausfahrt muß er sich natürlich außerdem eine eingehende Kenntnis der Probleme verschaffen. Während der Expedition selbst muß dies zurücktreten, da muß die Gewinnung von Beobachtungstatsachen in erster Linie stehen. Eine gewisse Verarbeitung ist zwar von großer Wichtigkeit, wenigstens sind Stichproben zu machen, um einen Überblick über die in den Beobachtungen steckenden Fehlerquellen zu bekommen und die Möglichkeit zu haben, diese Fehler zu beseitigen. Aber hierin darf man nicht zu weit gehen, um den Hauptzweck, die Sammlung von Beobachtungen, nicht zu gefährden. Selbst bei bester Vorbereitung werden immer Schwierigkeiten aller Art auftreten, an die man vorher nicht hat denken können.

Aus allen diesen Gründen ist es meiner Ansicht nach notwendig, daß wirkliche Fachleute an der Expedition teilnehmen, da nur sie den nötigen Überblick haben können. Zwar ergeben oft auch einfachere, schematische Beobachtungen für den Bearbeiter recht wichtige Ergebnisse, aber das hängt dann eben von der Fähigkeit der Bearbeiter ab. Ich halte es daher für außerordentlich wichtig, daß der Meteorologe, der an einer solchen Expedition teilnimmt, auch später die Ergebnisse bearbeitet. Ihm steht dann vor allem die persönliche Erinnerung zur Verfügung, und viele Schwierigkeiten bestehen für ihn nicht, die für einen fremden Bearbeiter vorhanden sind, und deren Klärung dann sehr erheblichen Zeitaufwand erfordert.

Bei der Bearbeitung der klimatologischen Ergebnisse habe ich mich im allgemeinen eng an die Bearbeitung der »Gauß«-Expedition durch Meinardus angeschlossen, um vergleichbare Zahlen zu haben. In vielen Fällen konnte ich mich dennoch nicht daran binden und bin in manchen Punkten weiter gegangen, an anderen mir weniger wichtig erscheinenden aber weniger weit. Die außerordentlich wertvolle Arbeit von Simpson habe ich leider nicht mehr an allen Stellen verwerten können, da sie erschien, als ich einen wesentlichen Teil bereits fertig hatte, und eine Überarbeitung in diesem Sinne sehr viel Zeit erfordert hätte. Ich habe daher nur vereinzelt in Anmerkungen darauf Rücksicht nehmen können. Im allgemeinen Schlußkapitel habe ich dagegen seine Beobachtungen und Ergebnisse mit herangezogen.

Einen verhältnismäßig großen Raum habe ich ferner der Witterungsübersicht gewidmet, um eine Witterungsgeschichte für den Beobachtungszeitraum zu geben. In ihm habe ich auch alle die vielen Einzelbeobachtungen wiedergegeben, die von Interesse sind, die aber nicht in abschließender Form verarbeitet worden sind, um den Zeitpunkt der Veröffentlichung nicht noch länger herauszuschieben. Dazu gehören in erster Linie die optischen Erscheinungen, die auf der Triftfahrt beobachtet wurden und auch manches Neue bieten.«

———————

I. Der Luftdruck.

a) Technisches.

Zur Messung des Luftdrucks dienten Quecksilberbarometer und Aneroidbarographen. Während der Seereise wurde ein kardanisch aufgehängtes Marinebarometer benutzt, das in einem Kasten an der Rückwand des Kartenhauses hing. Dieser Holzkasten war leider etwas klein geraten, sodaß das Gefäß des Barometers häufig den Wänden anlag. Um das Anschlagen für das Barometer ungefährlich zu machen, wurde der Kasten innen in Höhe des Gefäßes mit Filz belegt. Da der Aufhängungsort recht weit achtern lag, so waren dort die Schiffsbewegungen beträchtlich, und das Barometer pumpte stark. Wenn aber nur ein ruhiger Augenblick zur Ablesung abgepaßt wurde, so waren die Ablesungen trotzdem recht brauchbar. Das zeigt vor allem der Vergleich mit dem Barographen. Wegen der immerhin vorkommenden ungenauen Einzelablesungen wurden für die Zeit der Seereise Mittelkorrektionen für ein ganzes Barographenblatt gebildet.

Nach dem Festfrieren des Schiffes konnte das Gefäßheber-Barometer Wild-Fuess Nr. 623 in Benutzung genommen werden. Um Temperaturschichtungen auszuschließen, wurde es in der auf Deck errichteten Holzhütte, in der unter anderem auch die Ablesevorrichtung für die elektrischen Widerstandsthermometer sich befand, aufgehängt und daneben das Stationsbarometer. Da die Temperatur in dieser Hütte nicht beträchtlich von der Außentemperatur abwich, so waren beide Barometer zwar allen Änderungen der Temperatur ausgesetzt, aber es fehlten doch Temperaturschichtungen. Bis in den Mai 1912 hinein wurde das Marinebarometer zur Korrektion der Barometer benutzt. Vom 1. Mai ab wurden zunächst unregelmäßig, vom 9. Mai ab zu vier Terminen regelmäßig Vergleiche zwischen den verschiedenen Barometern angestellt und zwar um 7^a, 0^p, 2^p, 9^p (der 0^p-Termin galt für die Brückenhütte). Vom 1. Juni ab wurde das Marinebarometer nur einmal am Tage und zwar 0^p abgelesen.

Während des Transports wurde im Stationsbarometer, das eine tiefe Teilung bis 400 mm herab besaß, weil es auch zu Eichungen der Dracheninstrumente benutzt werden sollte, das Glasrohr zerbrochen. Es wurde durch ein mitgenommenes Reserverohr ersetzt. Die Vergleiche zeigten aber, daß Quecksilber verloren gegangen war. Es wurde daher reines Quecksilber nachgefüllt, bis die Standkorrektion bis auf einen minimalen Betrag herabgedrückt war. Das geschah am 21. Mai.

Das Wild-Fuess'sche Barometer war, wie es der sicheren Ablesung wegen im Laboratorium zu geschehen pflegt, auch am unteren Ende befestigt worden. Es war nicht mit Veränderungen in der Neigung des Schiffes gegen die normale Lage gerechnet worden, wie sie später wegen der Umstauungen im Schiff sowie wegen des Winddruckes auf das Schiff mit seinem Takelwerk in wechselnder Größe auftraten. Es stellten sich daher im Laufe der Zeit wachsende und wechselnde Unterschiede zwischen den Barometern ein, deren Ursache nicht sogleich erkannt wurde. Erst am 19. September wurde der Grund gefunden und die untere Befestigung gelöst, so daß das Barometer jetzt frei hing. Es kam dadurch zwar eine etwas größere Unsicherheit in die Ablesungen hinein, aber auch das wurde durch Übung bald überwunden. Von dieser Zeit an wurden also alle drei Barometer in einwandfreier Weise abgelesen, und so die Korrektionen des Stationsbarometers genau bestimmt und dann rückwärts angebracht. Das Stationsbarometer diente also als Hauptinstrument. Wild-Fuess sowie Stationsbarometer mußten wieder verpackt werden, als das Schiff aus seinem Winterlager frei kam. Vom 22. November an wurde nur das Marinebarometer benutzt. Das Wild-Fuess'sche Barometer wurde wieder in meiner Kammer aufbewahrt, indem der Holzkasten mit Holzschrauben an eine Wand in umgekehrter Lage angeschraubt wurde; dann wurde das Barometer in den Kasten gebracht und der Kasten verschlossen. Diese Unterbringungsart scheint mir die sicherste zu sein.

Die Vergleiche zwischen Marinebarometer und Wild-Fuess ergaben genau dieselbe Differenz, wie sie vor der Expedition in Potsdam bestimmt war. Diese Feststellung ist wichtig, da sie zeigt, daß in den Instrumenten keine Veränderung eingetreten war; denn nach Abschluß der Expedition war leider keine Schlußvergleichung möglich. Über die Größe der Korrektionen und den Vergleich mit dem Argentinischen Normalbarometer in Buenos Aires siehe »Tätigkeitsbericht des Preußischen Meteorologischen Instituts 1913« S. 51 bis 53, Anhang.

Die benutzten Barographen waren ein großes Modell von Fuess, das auf meinen Wunsch für die Expedition eigens hergestellt war. Der Ausschlag betrug 2 mm für 1 mm Quecksilber, die Umlaufzeit der auswechselbaren Trommel zwei und sieben Tage. Bei der für die Auswertungen benutzten zweitägigen Umlaufzeit betrug die Stundengeschwindigkeit 8 mm. Da die Expedition ursprünglich so geplant war, daß das Schiff die Land-expedition absetzen sollte, um dann in gemäßigtere Breiten zurückzukehren, aber auch mit einer Triftfahrt zu rechnen war, und außerdem mit der eventuellen Möglichkeit einer zweiten, anders gelegenen meteorologischen Landstation gerechnet wurde, so waren mindestens drei Stationsausrüstungen nötig und damit auch drei Baro-graphen. Die Uhrwerke und die Trommelgröße dieser Instrumente, sowie für die vier Thermographen und die vier Hygrographen waren genau gleich, so daß alle diese Teile ohne weiteres vertauschbar waren, was große Vorteile bot.

Ein so großes Modell war gewählt worden, um eine gute, sichere und bequeme Auswertung zu haben, was vor allem für die möglicherweise zu erwartenden schnellen Temperatur- und Feuchtigkeitsschwankungen von großem Wert war, wie sie in so großem Umfange die Registrierungen der Schwedischen Südpolar-expedition zeigen.

Während der Seefahrt war ein Barograph im Kartenhause aufgestellt, und als dieser bald zu breite Kurven schrieb, hing ich einen zweiten in meiner Kammer mehr mittschiffs auf. Der dritte mit wöchentlichem Umlauf stand zur allgemeinen Ansicht auf dem Klavier in der großen Messe. Die Kurven waren auf See bei bewegtem Schiff natürlich recht breit, da erstens die Vertikalbewegungen des Schiffes im Wellengang schon tatsächliche Luftdruckänderungen von mehreren Zehnteln Millimeter hervorrufen, und zweitens die mechanischen Erschütterungen in demselben Sinne wirken. Für die Auswertung schadet das aber nicht viel, wenn man die Schwerpunktslinie zieht und diese Werte als richtig annimmt. Daß die Genauigkeit der Zahlen trotz allem recht befriedigend ist, zeigt unter anderem der Erfolg meiner Untersuchung über die Hochseegezeiten (Zeitschrift der Ges. für Erdkunde 1911 Heft 9).

Während der ruhigeren Zeit der Triftfahrt des Schiffes zeigten sich stärkere Schwankungen der Kor-rektionen, die zum Teil ja auf den in der Kälte ungenaueren Ablesungen der Barometer beruhen mögen, die unter sich auch größere Abweichungen zeigen als sie in zivilisierteren Verhältnissen vorkommen. Anderer-seits dürfte aber auch die Kraft der Aneroiddosen nicht ganz zur Überwindung der Reibung ausreichen, zumal auch wegen des längeren Hebelarmes das Instrument in sich nicht so steif ist wie ein kleineres Modell. Außerdem kommt noch in Betracht, daß die Reibung der Feder am Papier wegen des Schiefliegens des Schiffes veränderlich war. Dieser Fehler wurde während der Seereise bei schaukelndem Schiff durch das dauernde Auf- und Abgehen der Schreibfeder mechanisch leicht überwunden, so daß auch aus diesem Grunde die Kor-rektionen gleichmäßiger waren. Ferner lag aber auch die Möglichkeit vor, daß die Temperaturkompensation mangelhaft war. Daher wurde im Juli ein Barograph in einen Raum gebracht, der weniger Temperatur-schwankungen zeigte. Und zwar wurde er neben einem Thermographen in einen Schrank des gleichmäßig geheizten Laboratoriums gestellt. Die Temperaturschwankungen waren dort meist so gering, daß sie ganz vernachlässigt werden konnten. Der Gang der Korrektionen war aber trotzdem nicht wesentlich besser geworden. Zum Überfluß konnte ich auch noch in die Messe neben den Barographen einen weiteren Thermographen setzen, bei dem das Bimetallgefäß noch in eine Zigarrenkiste eingebaut wurde, um ähnliche Temperatur-schwankungen wie im Barographenkasten zu erhalten. Später sind diese Aufzeichnungen jedoch nicht verwertet worden, da der Laboratoriumsbarograph zeigte, daß die Änderung der Korrektionen nicht auf einen Temperatur-koeffizienten zurückzuführen waren.

Es soll noch gezeigt werden, welchen Einfluß diese Korrektionsschwankungen auf den ermittelten täglichen Gang des Luftdrucks haben. Für die Einzelwerte haben ja diese Schwankungen wegen der großen unperiodischen Änderungen keine allzugroße Bedeutung.

Eine weitere technische Schwierigkeit sei hier noch besprochen: es ist die Zeitmarkenfrage. Die Baro-graphen sind meist so gebaut, daß man eine Zeitmarke nur machen kann, wenn man den Kasten öffnet. Eine andere Möglichkeit ist ja auch noch gegeben, durch Neigung und Anstoßen einen Ausschlag der Schreibfeder zu bekommen, doch ist diese Methode weniger zu empfehlen, weil dadurch sich leicht die Uhrtrommel verschiebt. Da man bei arbeitendem Schiff den Barographen so feststellen muß, daß diese beiden Möglichkeiten nicht ohne stärkere Störungen auszuführen sind, so dürften andere Methoden zweckmäßiger sein. Ich habe nun versucht, auf zwei Wegen eine brauchbare und bequeme Zeitmarkenvorrichtung anzubringen. Die erste mechanische Methode besteht in folgendem: An dem Schreibhebel wurde nicht weit von dem Drehpunkt entfernt ein Stück Papier angeklebt. Es wurde dann durch ein Loch in dem Holzkasten ein sogenannter Drahtauslöser für photo-graphische Verschlüsse hindurchgeführt und so festgeklemmt, daß bei einem Druck auf den Knopf der dann hervortretende Stahldraht an das Papier anstieß und so den Schreibhebel bewegte. Bei einem anderen Apparat wurde eine elektrische Methode verwandt. Eine Anzahl Windungen Kupferdraht wurde um ein etwa 6 cm langes und 1 cm weites Messingrohr gewickelt und dieses Rohr auf die metallene Grundplatte aufgekittet. Am Schreibhebel hing an einer Öse nicht weit vom Drehpunkt ein Stück Blumendraht in das Messingrohr hinein. Wurde ein elektrischer Strom durch das Solenoid geschickt, so wurde der Draht in das Solenoid weiter hinein-gezogen, und die Schreibfeder machte die Zeitmarke. Beide Vorrichtungen waren lange in dauerndem Gebrauch und bewährten sich gut.

Über die Methode der Verarbeitung und Korrektionsanbringung u. s. w. ist nichts besonderes zu sagen. Sie entspricht den üblichen und allgemein angewandten Vorschriften. Auf solche selbstverständlichen Einzel-heiten soll hier wie im folgenden nicht eingegangen werden. Die absolute Größe der Korrektionen ist ja wohl for den Bearbeiter wichtig, aber für den Leser gleichgültig. Eine genaue Nachprüfung ist doch nur möglich bei Einsicht in das Originalmaterial, und weitere Ausführungen hierüber nehmen nur unnötig Platz weg. Es soll nur das Technische berührt werden, das entweder neu ist oder eine Anpassung der Methoden an Expeditionsverhältnisse darstellt und für spätere Expeditionen von Wert sein kann und deshalb nicht verloren gehen soll, um doppelte und mehrfache Arbeit zu ersparen.

b) Die Ergebnisse der Luftdruckbeobachtungen.

1) Der tägliche Gang des Luftdrucks.

Da das Schiff fast während seines ganzen Aufenthaltes im südlichen Eismeer wegen der Fahrt am Anfang und Ende und in der Zwischenzeit wegen seiner Trift nicht an einem Orte blieb so konnte nicht durchweg die sonst übliche Zeiteinteilung in Monate verwandt werden. Es sind daher sozusagen natürliche Gruppen von Tagen gebildet worden, an denen das Schiff nicht allzu stark seinen Ort veränderte. Die erste Gruppe reicht vom 17. Dezember 1911 bis zum 10. Januar 1912, die zweite vom 13. bis 29. Januar. Am 11. und 12. Januar machte das Schiff starken Fortschritt nach Süden; diese Tage sind daher bei der Mittelbildung fortgelassen worden, während sie natürlich in den Tabellen mitgeführt wurden. Vom 30. Januar bis 4. März war es abgesehen von einigen Tagen in seiner südlichsten Lage in der Vahselbucht. Der 5. März brachte rasches Vordringen nach Norden und blieb daher fort. Für den Rest des Jahres konnten unbedenklich Monatsmittel gebildet werden. Vom Dezember 1912 wurde nur der 1. bis 16. verwertet, da von diesem Tage an wieder rascher Fortschritt nach Norden in eisfreiem Meer zu verzeichnen war. Da der tägliche Gang sich auch mit der geographischen Breite ändert, so ist es eigentlich nicht zulässig, Vierteljahrs- und Jahresmittel zu bilden. Trotzdem habe ich sie abgeleitet, um die Zufälligkeiten der einzelnen Monate auszugleichen und so etwas verläßlichere Werte des täglichen Ganges zu erhalten. Da in den Sommer die größten Ortsveränderungen fallen, d. h. die ganze Fahrt durch das Weddellmeer und der längere Aufenthalt in der Vahselbucht, so dürften diese Zahlen am unsichersten sein.

Die Mittelwerte für die einzelnen Stunden aller dieser Zeiträume sind in der Tabelle 1 zusammengefaßt.

Tabelle 1. Täglicher Gang des Luftdrucks.

	1911 12 17.XII.–10. I.	1912 13.–29. I.	30. I.–4. III.	6.–31. III.	IV.	V	VI.	VII.	VIII.	IX.	X.	XI.	1.–16. XII.	Sommer	Herbst	Winter	Frühling	Jahr
	755+	744+	745+	733+	738+	736+	744+	739+	744+	735+	740+	732+	748+	748+	736+	742+	736+	741+
1a	0.89	1.29	0.65	**0.51**	**1.45**	0.58	0.31	1.21	0.95	1.00	0.85	0.95	0.31	0.79	**0.65**	0.68	0.65	0.29
2a	0.91	1.52	0.69	0.48	1.39	0.53	0.28	**1.22**	0.93	**1.04**	0.74	0.94	0.27	0.84	0.60	0.67	0.62	0.28
3a	0.94	1.52	0.77	0.46	1.33	0.44	0.30	1.14	0.90*	0.93	0.63	0.91	0.24	0.88	0.55	0.64	0.53	0.25
4a	0.98	1.52	0.81	0.42	1.31	0.41	0.26	1.09	0.91	0.81	0.60*	0.90*	0.23*	0.91	0.52	0.61	0.48	0.23
5a	1.01	1.57	**0.87**	0.39	1.24	0.38	0.26	1.04	0.90*	0.68	0.65	0.95	0.33	0.96·	0.47	0.59	0.47*	0.23
6a	**1.07**	**1.68**	0.68	0.38	1.16	0.42	0.20	0.99	0.94	0.52	0.72	1.09	0.38	**1.01**	0.46	0.57*	0.49	0.23
7a	1.02	1.59	0.78	0.36	1.04	0.46	0.23	0.85	0.99	0.46	0.82	1.21	0.38	0.94	0.42	0.57*	0.54	0.22
8a	0.98	1.55	0.75	0.32	0.90	0.50	0.30	0.83	1.11	0.37	0.90	1.28	0.47	0.93	0.37	0.60	0.57	0.22
9a	0.93	1.46	0.68	0.30*	0.78	0.32*	0.20	0.78	1.24	0.32	0.99	1.36	**0.49**	0.88	0.27*	0.60	0.60	0.19
10a	0.82	1.44	0.72	0.40	0.79	0.35	0.18	0.76	1 35	0.28	1.01	1.39	0.45	0.85	0.31	0.62	0.61	0.20
11a	0.77	1.42	0.79	0.43	0.83	0.42	0.19	0.76	1.38	0.26*	1.03	1.38	0.44	0.82	0.39	0.66	0.62	0.22
12a	0.65	1.35	0.78	0.47	0.82	0.48	0.26	0.68	1.47	0.26*	1.00	1.34	0 46	0.82	0.39	0.66	0.62	0.22
1p	0.55	1.23	0.68	0.37	0.77	0.41	0.24	0.65	1.49	0.43	0.98	1.26	0.43	0.73	0.32	0.65	0.60	0.18
2p	0.48	1.16	0.61	0.34	0.69*	0.42	0.17*	0.64	1.53	0.48	0.96	1.26	0.38	0.66	0.28	0.64	0.61	0.15*
3p	0.46	1.17	0.65	0.42	0.72	0.50	0.28	0.63	1.58	0.45	0.91	1.24	0.32	0.66	0.34	0.69	0.58	0.17
4p	0.44	1.15	0.64	0.45	0.81	0.58	0.41	0.64	1.64	0.54	0.94	1.24	0.29	0.64	0.41	0.75	0.62	0.21
5p	0.43	1.13	0.62	0.46	0.85	0.67	0.50	0.53	1.71	0.61	0.98	1.29	0.38	0.64	0.46	0.77	0.68	0.24
6p	0.45	1.15	0.57	0.48	0.86	0.62	0.58	0.45	1.74	0.57	1.03	1.31	0.39	0.64	0.49	0.78	0.73	0.22
7p	0.45	1.01	0.46*	0.32	0.80	0.66	0.56	0.42*	1.76	0.56	1.13	1.36	0.45	0.58	0.40	0.76	0.72	0.23
8p	0.40	0.94*	0.47	0.33	0.93	0.68	0.58	0.44	1.73	0.49	1.17	1.40	0.45	0.56*	0.50	0.76	0.80	0.29
9p	0.45	0.94*	0.53	0.39	1.08	0.72	0.66	0.55	1.68	0.62	**1.23**	1.41	**0.49**	0.60	0.54	0.82	0.81	0.31
10p	0.40	0.96	0.56	0.41	1.18	**0.75**	0.67	0.70	1.59	0.70	1.14	1.44	0.47	0.59	0.59	**0.84**	**0.81**	**0.31**
11p	0.29	1.02	0.58	0.40	1.24	**0.75**	**0.70**	0.76	1.49	0.72	1.00	**1.46**	0.45	0.58	0.61	0.83	0.77	0.30
12p	0.18*	1.08	0.69	0.37	1.30	0.70	0.69	0.85	1.39	0.79	0.88	1.45	0.38	0.59	0.59	0.83	0.75	0.29
Mittel	0.68	1.30	0.68	0.41	1.01	0.54	0.37	0.79	1.34	0.59	0.93	1.23	0.39	0.76	0.45	0.69	0.63	0.23
a1	0.09	0.16	0.15	0.06	0.31	0.17	0.16	0.20	0.31	0.26	0.24	0.03	0.03	0.15	0.15	0.07	0.09	0.05
a2	0.11	0.03	0.05	0.03	0.06	0.04	0.04	0.10	0.03	0.23	0.01	0.04	0.09	0.03	0.02	0.01	0.06	0.02
a3	0.03	0.03	0.01	0.02	0.02	0.03	0.02	0.03	0.01	0.01	0.00	0.03	0.01	0.01	0.01	0.02	0.02	0.01
a4	0.02	0.04	0.04	0.04	0.05	0.03	0.02	0.03	0.01	0.02	0.03	0.03	0.02	0.02	0.03	0.01	0.00	0.02
A1	351°	344°	343°	158°	71°	139°	112°	40°	196°	112°	174°	224°	252°	342°	91°	131°	147°	92°
A2	214°	294°	353°	55°	49°	183°	205°	50°	230°	311°	166°	176°	169°	287°	47°	91°	146°	140°
A3	196°	62°	239°	29°	168°	102°	41°	89°	262°	61°	310°	31°	286°	242°	110°	175°	47°	45°
A4	186°	104°	153°	145°	132°	99°	130°	182°	109°	99°	53°	89°	44°	136°	110°	175°	317°	136°

Zur Berechnung der harmonischen Koeffizienten des täglichen Gangs wurden wie üblich die Abweichungen vom Monatsmittel zuerst nach dem Lamontschen Verfahren behandelt. Die so ermittelten Zahlen dienten auch zu der graphischen Darstellung der Figur 3, in der die Kurven für die Jahreszeiten und das Jahr gegeben werden.

Die harmonischen Konstanten nach der Formel

$$b = b_0 + a_1 \sin (A_1 + x) + a_2 \sin (A_2 + 2 x) + a_3 \sin (A_3 + 3 x) + a_4 \sin (A_4 + 4 x)$$

sind für die gewählten Perioden in Tabelle 1 aufgenommen. Alle diese Werte beziehen sich auf den Barographen in der Messe.

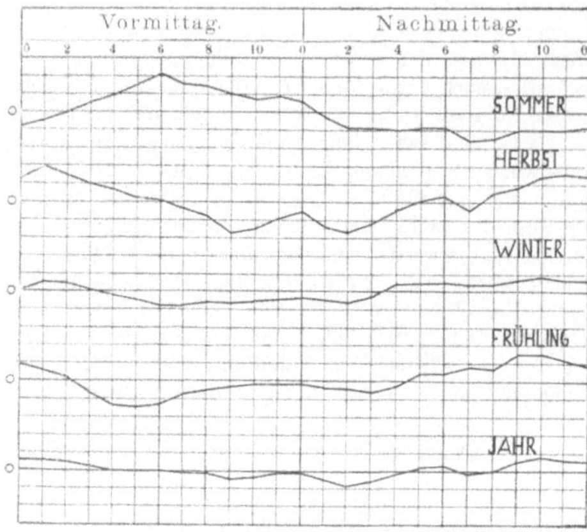

Fig. 3.   Täglicher Gang des Luftdrucks.
1 Teilstrich = 0.1 mm.

Der tägliche Gang ist in den einzelnen Perioden recht verschieden. Die Amplitude der ganztägigen Welle ist in den meisten Monaten am größten und beträgt etwa ein bis drei Zehntel Millimeter. Die Phasenwinkel laufen dagegen durch alle Quadranten hindurch. Die Amplituden der halb-, drittel- und vierteltägigen Welle sind durchweg sehr klein und gehen nur in einigen Monaten über $^1/_{10}$ mm hinaus. Die Phasenwinkel zeigen dasselbe Verhalten wie die der ganztägigen Welle. Auch in den jahreszeitlichen und Jahreswerten läßt sich keine besondere Gesetzmäßigkeit erkennen; auch schwanken die Amplituden und Phasenwinkel beträchtlich hin und her. Die Amplitude der ganztägigen Welle überwiegt, ist aber geringer als in den meisten einzelnen Monaten, was ja wegen der verschiedenen Phasenwinkel nicht weiter merkwürdig ist. Zur Ableitung zuverlässigerer Werte wären natürlich mehrjährige Registrierungen an einem festen Orte notwendig. Die Ungleichmäßigkeit der einzelnen Konstanten rührt im großen und ganzen von verschiedenen Umständen ab. Das sind in erster Linie die großen unperiodischen Änderungen des Luftdrucks, die ja die tägliche Periode weit übersteigen, sich aber im Verlaufe genügend langer Zeiträume ausgleichen, zweitens der Einfluß der Ortsveränderung, drittens die Höhenänderung des Schiffes wegen der Ebbe und Flut, die von derselben Größenordnung ist wie der tägliche Gang selbst (bei einem Meter Tidenhub etwa $^1/_{10}$ mm Luftdruckänderung), und viertens noch die schon oben erwähnten schwankenden Korrektionsgrößen des benutzten Barographen. Um diesen letzten Punkt noch besonders klarzustellen, wurden für die vier Monate August bis November 1912 die harmonischen Konstanten für den Laboratoriumsbarographen besonders berechnet und in Tabelle 2 wiedergegeben. Die Stundenwerte des Luftdrucks wurden hierfür nach derselben Methode und unter Benutzung derselben direkten Ablesungen des Barometers gewonnen wie für den Barographen in der Messe. Wie man sieht, schwanken selbst die Amplituden der größten (ganztägigen) Welle nicht unerheblich, und auch die Phasenwinkel verschieben sich um etwa ein bis zwei Stunden in verschiedener Richtung; für die anderen Wellen sind die Änderungen noch beträchtlicher. Durch diesen Vergleich soll gezeigt werden, daß die abgeleiteten Konstanten des täglichen Gangs noch nicht allzugroßes Vertrauen verdienen. Die gleichen Bedenken gegen die von den anderen Expeditionen veröffentlichten Konstanten lassen sich nicht von der Hand weisen.

Daß die harmonischen Konstanten von den verschiedenen antarktischen Beobachtungsorten so wenig Übereinstimmung zeigen, die, wie

Tabelle 2.

Harmonische Konstanten nach dem Barographen im Laboratorium.

	Aug.	Sept.	Okt.	Nov.
a_1	0.21	0.28	0.19	0.08
a_2	0.04	0.11	0.16	0.11
a_3	0.04	0.12	0.01	0.15
a_4	0.01	0.01	0.01	0.04
A_1	211°	101°	190°	261°
A_2	188°	14°	164°	159°
A_3	322°	11°	214°	9°
A_4	243°	232°	315°	7°

wenigstens die von Meinardus (Gauss-Werk S. 27) zusammengestellte Tabelle zeigt, noch geringer ist als in der Arktis, wo wenigstens die Phasenwinkel des ganztägigen Gliedes noch annähernd übereinstimmen, hat vielleicht außer den oben angeführten Gründen noch einen weiteren sachlichen. Es dürfte nicht nur die Kleinheit der Größen an und für sich ihre Bestimmung unsicher machen, sondern man darf auch wohl annehmen, daß die Schwingungsvorgänge in der Atmosphäre, die nach der allgemein angenommenen Margulesschen Theorie der ganzen Erscheinung die wahre Ursache des täglichen Gangs des Luftdrucks sind, durch die eigenartige Schichtung der Atmosphäre mit den dadurch bedingten anderen Reibungsverhältnissen, die, wie später gezeigt wird, von den durchschnittlichen Zuständen der Atmosphäre der übrigen Erdzonen und auch von der Arktis sehr erheblich abweicht, in wesentlichem Maße beeinflußt werden.

Für den täglichen Gang des Luftdrucks ist es nicht ohne Wert zu wissen, wie sich im einzelnen die Wendepunkte der Luftdruckkurve zu den dazu doch willkürlich gewählten Stunden des bürgerlichen Tages verhalten. Unterscheide ich wahre Extreme, bei denen die tatsächlichen Umkehrpunkte in den 24stündigen Tag fallen, von den willkürlichen Extremen, die auf die Anfangs- oder Endstunden des Tages fallen, während der Luftdruck vorher oder nachher weiter steigt oder fällt, und bestimme hiernach die Häufigkeiten beider Arten, so erhalte ich die Zahlen der Tabelle 3. Im Sommer und Herbst sind die. willkürlichen Extreme um etwa ein Fünftel häufiger als die wahren Extreme, während im Winter und Frühjahr beide Zahlen fast gleich sind, und sogar ein ganz schwaches Überwiegen der wahren Extreme festzustellen ist. Im ganzen Jahr überwiegen allgemein die willkürlichen Extreme um etwa 10 %, während der Überschuß bei der Gauß-Station etwa 50 % betrug. Die Ursache der Verschiedenheit dürfte darin zu suchen sein, daß im Weddellmeer die Wellenlänge der Luftdruckwellen viel näher einem ganzzahligen Vielfachen von 24 Stunden als bei der Gauß-Station liegt.

Tabelle 3.   Charakter der täglichen Extreme des Luftdrucks (Häufigkeitswerte).

	Sommer	Herbst	Winter	Frühling	Jahr	Sommer	Herbst	Winter	Frühling	Jahr
Willkürliche Maxima . . .	49	48	47	48	192	} 103	95	91	90	379
Willkürliche Minima	54	47	44	42	187					
Wahre Maxima	44	39	45	43	171	} 83	79	93	92	347
Wahre Minima	39	40	48	49	176					
Willkürliche Max. u. Min. .	24	20	16	16	76					

Wenn ich die Eintrittszeiten der wahren Extreme gesondert nach Tagesstunden betrachte (dreistündige Gruppen), so ergibt sich (s. Tab. 4), daß die wahren Extreme zwar auf jede Tagesstunde fallen können, daß aber doch einzelne Stunden bevorzugt werden. Die wahren Maxima sind am häufigsten von 10—12^p, am seltensten von 1—3^p, die Minima am häufigsten von 1—3^a, am seltensten von 4—6^p. Nebenbei sei noch bemerkt, daß die Häufigkeit der Extreme in dieser Tabelle größer ist als in der vorigen, da die Scheitel der Kurven oft so flach sind, daß mehrere Stunden solche Werte zeigen. Da nun alle berücksichtigt werden mußten, um jede Willkür dabei auszuschalten, so fallen nicht selten die Extreme zugleich auf benachbarte Stundengruppen.

Tabelle 4.
Häufigkeit der wahren Extreme des Luftdrucks.

	1—3^a	4—6^a	7—9^a	10—12^a	1—3^p	4—6^p	7—9^p	10—12^p	Summe
Wahre Maxima	20	21	32	34	18*	29	28	**54**	236
Wahre Minima	**37**	36	29	26	28	18*	32	28	234
Summe	57	57	61	60	46*	47	60	**82**	470
Differenz	—17*	—15	+3	+8	—10	+11	— 4	**+26**	

2) Der jährliche Gang des Luftdrucks.

Der jährliche Gang des Luftdrucks läßt sich nur mit einer gewissen Annäherung feststellen. Die Ortsveränderung des Schiffes war auch während der Trift so groß, daß man sie eigentlich berücksichtigen müßte. Da nach den Messungen des Ozeanographen der Expedition Herrn Dr. Brennecke (Zeitschrift d. Ges. f. Erdk., Berlin 1914, S. 128) die Triftrichtung des Schiffes um rund 90° nach links von der Windrichtung abweicht, und andererseits die Linksdrehung des Windes mit der Höhe von derselben Größenordnung ist, falls der Wind in der Richtung der Isobaren weht, so kann man auch für die eigentliche Zeit der Trift annähernd annehmen, daß die Trift in der Richtung der mittleren Isobaren stattgefunden hat. Das Weddellseetief ist aber nach den Feststellungen von Meinardus und Mecking im Gauß-Werk annähernd konstant in seiner Lage, und die »Deutschland«-Trift dürfte das bestätigen. Daher ist es wohl gestattet, daß man die monatlichen Änderungen des Luftdrucks als in der Hauptsache durch den jährlichen Gang des Elements hervorgerufen ansieht.

In Tabelle 5 sind die Hauptwerte für den jährlichen Gang zusammengestellt, und in Figur 4 sind die ausgeglichenen Mittel graphisch veranschaulicht. Wie an der Mehrzahl der antarktischen Stationen zeigt sich auch hier eine ausgeprägte Doppelwelle. Das Hauptmaximum liegt im Dezember, das Nebenmaximum im Juli, wie besonders deutlich die nach der Formel $(a + 2b + c)\,4$ ausgeglichenen Zahlen und die Kurve zeigt. Die beiden Minima sind annähernd gleich tief und liegen im

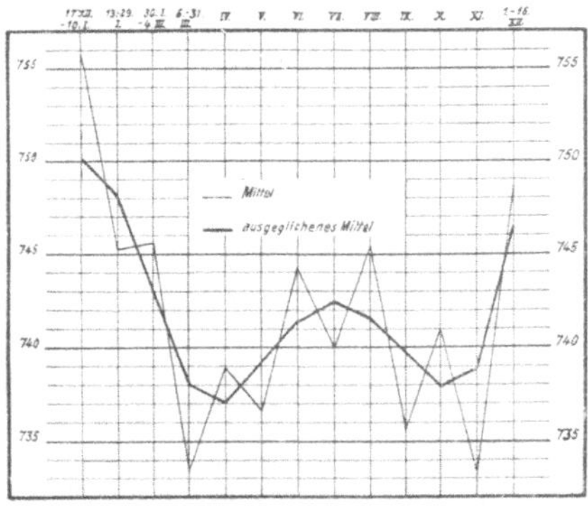

Fig. 4. Jährlicher Gang des Luftdrucks.

April und Oktober. Die einzelnen Monatswerte schwanken um die ausgeglichenen Werte in bemerkenswertem Wechsel hin und her. Es scheint eine zweimonatliche Welle vorhanden zu sein. Der Vergleich mit Snow-Hill zeigt auch dort das Hauptmaximum im Dezember.[1]

Die mittleren und auch die absoluten Extreme zeigen sehr nahe den gleichen Gang wie die Mittelwerte selbst.

Tabelle 5. Jährlicher Gang des Luftdrucks.

	Wahres Mittel	Ausgeglichenes	Mittl. Maximum	Mittl. Minimum	Mittl. Amplitude	Absol. Maximum	Datum	Absol. Minimum	Datum	Absolute Amplitude	Größte Tagesschwankung	Kleinste Tagesschwankung
1911/12. 17. XII.—10. I.	55.68	50.13	58.28	53.68	4.60	66.2	25. u. 26. XII.	40.9	10. I.	25.3	11.5	1.1
1912. 13. I.—29. I.	45.30	47.99	46.68	43.68	3.00	54.3	21. I.	37.8	29. I.	16.5	8.0	0.7
30. I.—4. III.	45.68	42.52	47.53	43.66	3.87	54.7	5. II.	35.9	17. II.	18.8	8.6	1.0
6. —31. III.	33.41	37.88	35.22	31.74	3.48	42.8	26.	21.6	19.	21.2	11.7	0.9
IV.	39.01	36.99	42.13	36.55	5.58	51.9	22.	14.2	3.	37.7	17.6	1.2
V.	36.54	39.12	39.27	33.63	5.64	54.9	16.	14.9	29.	40.0	22.0	0.5
VI.	44.37	41.27	47.44	41.48	5.96	56.9	28.	22.4	3.	34.5	17.3	0.5
VII.	39.79	42.32	42.80	36.63	6.17	56.1	30.	18.6	31.	37.5	19.7	1.0
VIII.	45.34	41.52	48.64	41.74	6.90	61.4	26.	22.7	4.	38.7	18.8	1.8
IX.	35.59	39.36	39.73	31.50	8.23	61.4	12.	11.5	24.	49.9	25.2	1.1
X.	40.93	37.67	43.57	38.12	5.45	52.6	15.	20.4	29.	32.2	20.8	0.6
XI.	33.23	38.94	36.27	30.15	6.12	50.0	6.	14.4	13.	35.6	18.8	1.5
1.—16. XII.	48.39	46.42	49.98	46.80	3.18	57.2	7.	37.9	10.	19.3	12.0	0.7
Mittel	41.35		44.07	38.66	5.41	66.2	25. u. 26. XII. 1911	11.5	24. IX.	54.7	25.2 24. IX.	0.5 25. V. und 10. VI.

Die mittlere Amplitude des Luftdrucks, definiert durch die Differenz zwischen mittlerem Maximum und mittlerem Minimum, zeigt einen wesentlich einfachen jährlichen Gang. Das Minimum mit 3 mm liegt im Sommer und das Maximum mit über 8 mm im September. Dieser Gang dürfte aber wohl nicht mehr reine Jahresamplitude sein, sondern auch mit der Annäherung an die Hauptzugstraße der Depressionen zusammenhängen, die ja wohl nicht in den höheren Breiten liegen dürfte. Der September ist ganz besonders unruhig, wie sich auch aus anderen Anzeichen ergibt, und dürfte außerhalb des normalen Durchschnitts liegen. In ihn fällt auch die absolut größte Monatsschwankung von 49.9 mm, das zweithöchste Monatsmaximum und das absolut tiefste Minimum von 711.5 mm. Die größten Amplituden bis zu 40 mm (ohne den September) zeigen die kalten Monate, während die wärmere Jahreszeit nur etwa halb so große Monatsschwankungen hat. Bemerkenswert ist noch der Juli, in dem der höchste und der tiefste Luftdruck auf benachbarte Tage fallen, den 30. und 31. Die größte Tagesschwankung von Mitternacht bis Mitternacht gerechnet fällt mit 25.2 mm wieder auf den September.

Daß die warme Jahreszeit die barometrisch ruhigste ist, zeigt auch die Tabelle 6. In ihr ist eine Sichtung der Tage nach der Größe der Tagesschwankung vorgenommen, und zwar nach Gruppen von 4 zu 4 mm.

Tabelle 6. Zahl der Tage mit einer Tagesschwankung des Luftdrucks von ... mm.

	0—4	4—8	8—12	12—16	16—20	20—24	< 8	> 8	> 16
Sommer .	62	27	4	—	—	—	89	4	—
Herbst . .	44	26	10	3	3	1	70	17	4
Winter . .	33	34	12	5	8	—	67	25	8
Frühling .	32	35	11	7	4	2	67	24	6
Jahr . . .	171	122	37	15	15	3	293	70	18

Eine Tagesschwankung von mehr als 8 mm zeigten im Sommer nur 4 Tage von 93, während es im Winter und Herbst über ein Viertel der Tage sind.

Die vierundzwanzigstündigen Tagesmittel schwankten zwischen 765,5 mm am 26. Dezember 1911 und 714,7 mm am 28. September 1912. Die Verteilung der einzelnen Tagesmittel auf verschiedene Luftdruckstufen zeigt Tabelle 7. Die größte Häufigkeit zeigt die Stufe von 740—45 mm, in der auch das Gesamtmittel liegt. Die nächstgrößte Zahl zeigt die darüberliegende Stufe. Über dem Jahresmittel liegen im ganzen 191 Tagesmittel, darunter nur 172. Dies ist eine Folge der größeren Beständigkeit der barometrischen Maxima. Mit anderen Worten heißt es, daß die

Tabelle 7. Zahl der Tage mit einem Tagesmittel des Luftdrucks von:

Luftdruckstufen .	710—15	15—20	20—25	25—30	30—35	35—40	40·45	45—50	50—55	55—60	60—65	65—70	unter	über
													dem Jahresmittel	
Zahl der Tage . .	1	7	5	30	47	54	96	70	30	12	9	2	172	191

barometrischen Wellen unsymmetrisch sind, insofern Maxima abgeflachter sind als die Minima. Darüber wird im nächsten Absatz noch mehr zu sagen sein. Der Unterschied zwischen den beiden Zahlen ist aber nicht so beträchtlich wie bei der Gauß-Station. Die Ursache dürfte durch die verschiedene geographische Lage gegeben sein, da der »Gauß« verhältnismäßig nahe der Küste lag, während die »Deutschland« weit vom Land entfernt

---

[1] Die Luftdruckwerte der »Endurance«-Trift zeigen allerdings nicht diese Doppelwelle, sondern im Durchschnitt nur eine einzige mit einem Maximum im Winter und einem Minimum im Sommer. (Mossman, Quarterly Journal 1921, S. 63—70.)

trieb. Deswegen muß die Gauß-Station mehr unter dem beruhigenden Einfluß des antarktischen Hochdruckgebietes gestanden haben, während in größerer Landferne und in der Nähe des Kerns des Weddelltiefs die Form der Einzeldepressionen gleichmäßiger ist. Ein Ausgleich für die größere Zahl der Tage über dem Mittel muß natürlich dadurch geschaffen werden, daß die negativen Abweichungen größer sind. Dies zeigt sich unter anderem darin, daß das tiefste Tagesmittel 26,7 mm unter dem Mittel, das höchste nur 24,1 mm darüber liegt.

3) Die unperiodischen Luftdruckänderungen.

Nach dem Vorgange von Arctowski (Belgica-Werk), Meinardus (Gauß-Werk) und Bodmann (Snow-Hill-Werk) sollen auch hier die Luftdruckwellen näher untersucht werden, um vergleichbares Material für diese Erscheinung zu erhalten, und ich folge zunächst dem bisher angewandten Verfahren. Ich gehe also auf die Barographenkurven selbst zurück und lasse wie üblich alle Wellen fort, die eine kleinere Amplitude als 5 mm haben. Ich beginne mit dem ersten Maximum am 13. Dezember 1911 und schließe mit demjenigen vom 15. Dezember 1912.

In Tabelle 8 sind die einzelnen Angaben für die Wellen nach jahreszeitlichen und Jahresmitteln dargestellt. Die mittlere Dauer einer Welle ergibt sich zu 5 Tagen 14 Stunden und paßt damit sehr gut zu der

Tabelle 8. Barometrische Wellen nach dem Barographen.

	≥ 5 mm										≥ 1 mm						
	Mittlere Dauer			Häufigkeit		Steigen : Fallen	Mittlere Amplitude	Ständliches		Mittlere Dauer			Steigen : Fallen
	einer Welle	des Steigens	des Fallens	des Steigens	des Fallens			Steigen	Fallen	einer Welle	des Steigens	des Fallens	
	d h	d h	d h				mm	mm	mm	d h	d h	d h	
Sommer . . .	7 12	4 9	3 3	14	12	1.40	13.6	0.13	0.18	4 18	2 16	2 2	1.28
Herbst . . .	6 7	3 19	2 12	14	15	1.52	16.4	0.18	0.28	3 14	2 0	1 14	1.28
Winter . . .	4 17	2 12	2 5	21	20	1.14	15.4	0.26	0.28	2 18	1 12	1 6	1.17
Frühling . .	4 20	2 16	2 4	18	19	1.22	16.6	0.26	0.32	2 16	1 5	1 2	1.12
Jahr	5 14	3 4	2 10	67	66	1.30	15.6	0.21	0.27	3 1	1 16	1 9	1.23

an der Gauß-Station und der Belgica mit 5 Tagen 2 Stunden bezw. 5 Tagen 6 Stunden. Dagegen zeigt die räumlich nächste Station, Snow-Hill, nur eine Wellenlänge von 4 Tagen 11 Stunden! Wie bei der Gauß-Station zeigt sich auch hier, daß der Luftdruck schneller fällt als steigt. In Snow-Hill ist der Unterschied gering, und bei der Belgica verschwindet er ganz. Der Quotient ist bei der Deutschland-Trift mit 1,30 am größten. Der Unterschied in den einzelnen Jahreszeiten ist ziemlich beträchtlich. Wie sich auch bei den anderen Stationen zeigt, ist die Dauer einer Welle in der warmen Jahreszeit erheblich größer als in der kalten. Die mittlere Amplitude der Wellen ist von der gleichen Größe wie bei den anderen Stationen und zeigt nur geringe Änderungen mit den Jahreszeiten, nur im Sommer ist sie wohl zufällig geringer. Die mittlere stündliche Änderung scheint vom Herbst bis zum Frühjahr etwas zuzunehmen, vielleicht verursacht durch die Annäherung an die Depressionsbahnen. Der geringe Wert des Sommers ist durch das Zusammentreffen der großen Wellenlänge mit der geringsten Amplitude erklärt.

Die Dauer einer solchen Luftdruckwelle hängt natürlich sehr wesentlich von der Amplitude ab, die ich willkürlich für das Mitnehmen oder Nichtmitnehmen festsetze. Andererseits darf die Grenze nicht absolut willkürlich festgesetzt werden, sondern muß zu der Größe der vorkommenden Luftdruckwellen in einer gewissen Größenbeziehung stehen. Bei ähnlichen Untersuchungen in den Tropen z. B. wäre die 5-mm-Grenze absolut illusorisch, da eben Druckwellen dieser Größe so gut wie niemals vorkommen.

Wie die Wahl der Grenze die Wellenlänge beeinflußt, kann ich an einem Beispiel zeigen. Wähle ich statt 5 mm nur 1 mm als Amplitudengrenze, was wohl schon unter der Grenze des eigentlich zulässigen liegt, so bekomme ich andere Zahlen für die Wellenlängen, die ebenfalls in Tabelle 8 mitgeteilt sind, z. B. als mittlere Dauer einer Welle 3 Tage 1 Stunde, und eine ähnliche Verkleinerung tritt in den einzelnen Jahreszeiten auf. Es ist aber festzustellen, daß die Verhältniswerte ziemlich unverändert bleiben. Auch die Unsymmetrie des Wellenverlaufs bleibt in derselben Größe bestehen.

Tabelle 9. Barometrische Wellen.

| | Mittlere Dauer in Tagen | | | Mittlere Amplitude |
	einer Welle	des Steigens	des Fallens	mm
	1. Welle.			
Sommer . .	2.80	1.48	1.32	3.18
Herbst . . .	2.72	1.36	1.35	4 89
Winter . . .	2.62	1 32	1.30	5.82
Frühling . .	2.38	1.14	1.23	5.10
Jahr	2.62	1.32	1.30	4.75
	2. Welle.			
Sommer . .	4.97	2.58	2.39	2.56
Herbst . . .	5.61	3.00	2.61	3.42
Winter . . .	4.38	2.20	2.17	3.24
Frühling . .	4.59	2.31	2.28	2.94
Jahr	4.84	2.50	2.34	3.03
	3. Welle.			
Sommer . .	11.25	5.48	5.78	5.54
Herbst . . .	10.85	5.38	5.48	7.14
Winter . . .	11.40	5.15	6.25	7.88
Frühling . .	10.80	5.35	5.45	9.14
Jahr	10.85	5.30	5.55	7.60
	4. Welle.			
Jahr	28.6	13.3	15.3	8.03

Wie eine einfache Betrachtung der Luftdruckkurve lehrt, sind die einzelnen Wellen nicht gleichwertig, sondern es scheint eine Übereinanderlagerung verschiedener Wellensysteme stattzufinden. Defant (Wien, Sitz.-Ber. 1912, S. 379—586) hat nun in seiner wertvollen Untersuchung eine einfache Methode angegeben, solche Wellenzüge von einander zu sondern und getrennt darzustellen. Diese Methode wurde hier zur Analyse der Druckwellen benutzt. Wegen der Größe der Rechenarbeit wurde darauf verzichtet, auf die Stundenwerte zurückzugehen. Es wurden 24stündige Tagesmittel benutzt, aber, um wegen der kleinen zu erwartenden Wellenlängen auf jede Welle doch eine genügende Anzahl Werte kommen zu lassen, übergreifende Tagesmittel $12^a—12^a$, $6^a—6^a$, $12^p—12^p$ usw. Die Resultate der Untersuchung sind in Tabelle 9 niedergelegt. Im Schlußkapitel werde ich noch näher auf diese Druckwellen und ihre Bedeutung einzugehen haben.

Außer diesen Wellen dürfte noch eine weitere von etwa zweimonatlicher Dauer vorhanden sein, wie schon im vorigen Abschnitt angedeutet wurde. Auch sie ist, glaube ich, reell, was ich aber hier nicht näher ausführen kann.

4) Größere Luftdruckänderungen in kurzer Zeit.

Zwecks weiterer Untersuchung der Veränderungen des Luftdrucks wurden für die ganze Zeit Tabellen für die Änderungen von Stunde zu Stunde angelegt. Hieraus wurden zunächst diejenigen herausgesucht, die 1 mm in der Stunde überstiegen und zu Tabelle 10 vereinigt. Derartige Änderungen kamen im Jahre

Tabelle 10. Zahl der stündlichen Luftdruckänderungen von über 1 mm.

	17.XII.1911 —10.I.1912	13.—29. I. 1912	30. I.— 4. III.	6.—31. III.	IV.	V.	VI.	VII.	VIII.	IX.	X.	XI.	1.—16. XII.
+	—	—	1	1	3	17	4	11	8	**32**	11	3	—
—	3	—	2	2	22	17	10	35	18	**43**	16	15	1
Summe	3	—	3	3	25	34	14	46	26	**75**	27	18	1

		Sommer	Herbst	Winter	Frühling	Jahr			Sommer	Herbst	Winter	Frühling	Jahr
>1 mm	+	1	21	23	46	91	>2 mm	+	—	—	4	3	7
	—	6	41	63	74	184		—	—	2	11	10	23
	Summe	7	62	86	120	275		Summe	—	2	15	13	30

275 vor, und zwar 184 negative gegen nur 91 positive, im ganzen also erheblich weniger als bei der Gauß-Station. Auch hier zeigt sich wieder die Unsymmetrie der Luftdruckwellen. Größere Änderungen von 2 oder mehr Millimetern gab es nur noch 30, und nur im Mai und Juli bis September. Über 3 mm änderte sich der Luftdruck im ganzen nur sechsmal. Die absolut stärksten Änderungen zeigten sich am 29. Mai mit — 4,0 und — 3,6 mm und am 31. Juli mit +3,6 mm. Die kleineren positiven Änderungen unter 1 mm überwiegen die

Tabelle 11.
Häufigkeit der stündlichen Luftdruckänderungen nach Stufenwerten.

	Sommer	Herbst	Winter	Frühling	Jahr
3.6 bis 4.0 mm	—	—	1	—	1
3.1 » 3.5 »	—	—	—	1	1
2.6 » 3.0 »	—	—	1	—	1
2.1 » 2.5 »	—	—	2	2	4
1.6 » 2.0 »	—	1	3	5	9
1.1 » 1.5 »	1	20	16	38	75
0.6 » 1.0 »	42	97	201	192	532
0.1 » 0.5 »	865	806	818	767	3256
0.0 mm	490	388	291	278	1447
—0.1 bis —0.5 mm	760	627	653	694	2734
—0.6 » —1.0 »	68	108	159	133	468
—1.1 » —1.5 »	6	31	33	51	121
—1.6 » —2.0 »	—	8	19	13	40
—2.1 » —2.5 »	—	—	7	6	13
—2.6 » —3.0 »	—	—	3	3	6
—3.1 » —3.5 »	—	—	1	1	2
—3.6 » —4.0 »	—	2	—	—	2

Tabelle 12. Zahl der Luftdruckänderungen über 1 mm in der Stunde.

	$0—3^a$	$3—6^a$	$6—9^a$	$9—12^a$	$0—3^p$	$3—6^p$	$6—9^p$	$9—12^p$	Summe
+	13	**15**	11	7*	14	14	9	8	91
—	25	**31**	27	28	19	19	16*	19	184
Summe	38	**46**	38	35	33	33	25*	27	275

Tabelle 13. Größere Luftdruckänderungen von mehrstündiger Dauer.

Tag	Änderung mm	Zeitdauer Stunden	Mittlere Änderung in der Stunde	
28./29. Mai . .	— 26.1	18	— 1.5	[davon — 19.2 in 9^h]
29./30. Mai . .	+ 34.3	34	+ 1.0	[davon + 25.1 in 20^h]
17. Juli	— 17.9	8	— 2.2	
19. Juli	— 9.3	6	— 1.6	
30./31. Juli . .	— 36.7	32	— 1.1	[davon —13.3 in 8^h und —12.0 in 6^h]
31. Juli/1. Aug.	+ 12.6	5	+ 2.5	
18. September	+ 10.6	6	+ 1.8	
21. »	— 18.9	11	— 1.7	
24. »	— 24.1	14	— 1.7	
25. »	+ 7.5	5	+ 1.5	
28. Oktober	— 10.4	7	— 1.5	

negativen, dafür sind die größeren negativen häufiger, wie deutlich Tabelle 11 zeigt. Ebenso wie bei der Gauß-Station treten diese größeren Veränderungen am häufigsten in den Morgenstunden von 3—6ᵃ auf; sie sind hier beinahe doppelt so häufig als in den Abendstunden (Tabelle 12).

Besonders große und bemerkenswerte Änderungen von mehrstündiger Dauer sind in der Tabelle 13 zusammengestellt.

5) Die interdiurne Veränderlichkeit des Luftdrucks.

Die interdiurne Veränderlichkeit des Luftdrucks wurde nach der exakten Methode bestimmt, so daß aus den Luftdrucktabellen die Unterschiede zwischen je zwei untereinanderstehenden Zahlen gebildet wurden. Aus ihnen berechnete ich das Mittel aller positiven Änderungen, aller negativen Änderungen und der Gesamtzahl aller Änderungen ohne Berücksichtigung des Vorzeichens.

Die Zahlen zeigen einen deutlichen jährlichen Gang (Tabelle 14). Auch tritt offenbar wieder eine Überlagerung der eigentlichen Jahresperiode durch den Einfluß der Ortsveränderung ein. Im Sommer ist die Veränderlichkeit klein und nur etwas mehr als halb so groß wie im Winter. Das Maximum für positive, negative und Gesamtwerte liegt wieder in dem auch sonst barometrisch unruhigsten Monat, dem September. Die mittleren negativen Änderungen sind fast in jedem Monat größer als die positiven, wieder ein Beweis für die Unsymmetrie der barometrischen Wellen. Selbstverständlich steckt in diesen Zahlen noch der Einfluß des Steigens oder Fallens des Barometers selbst, doch sind andere Faktoren die stärkeren; denn in den Perioden, außer August, in denen die positiven Änderungen größer sind, fällt trotzdem der Luftdruck.

Tabelle 14. Jährlicher Gang der interdiurnen Veränderlichkeit des Luftdrucks.

| | Nach 24 Stundenmitteln | | | | | | | | | Nach Tagesmitteln | | | | | | |
| | Mittlere J. V. | | | Absolutes Maximum | | | | größtes | kleinstes | | Mittlere J. V. | | | Absolutes Maximum | | Mittlere Dauer in Tagen | | Luftdruckwelle in Tagen |
	abs.	pos.	neg.	pos.	Datum	neg.	Datum	Stundenmittel	Stundenmittel	Diff.	abs.	pos.	neg.	pos.	neg.	des Steigens	des Fallens	
Sommer	3.31	3.03	3.68	8.2	1. III.	15.4	20.XII.	3.53	3.12	0.41	2.94	2.44	3.80	5.27	12.86	2.9	2.2	5.1
Herbst	4.53	4.10	5.15	29.1	30. V.	25.9	29. V.	5.04	3.99	1.05	3.80	3.54	4.11	21.22	19.07	2.6	2.3	4.9
Winter	5.42	5.02	6.09	22.1	1.VIII.	26.8	31.VII.	5.60	5.21	0.39	4.43	4.14	4.78	14.04	22.21	1.9	1.7	3.6
Frühling	5.49	5.48	5.58	21.3	10. X.	23.3	22. IX.	5.87	5.21	0.66	4.60	4.54	4.68	14.39	16.06	2.1	2.0	4.1
Jahr . .	4.70	4.42	5.10	29.1	30. V.	26.8	31.VII.	4.79	3.53	0.26	3.94	3.63	4.30	21.22	22.21	2.34	2.00	4.34

Betrachtet man die Häufigkeit der interdiurnen Veränderlichkeit nach Stufen von je 4 mm (Tabelle 15), so ist deutlich erkennbar, daß die positiven Änderungen bis etwa 8 mm im Durchschnitt erheblich häufiger sind als die negativen gleicher Größe; der Ausgleich findet durch ein starkes Überwiegen der ganz großen negativen Änderungen statt. Auch hier finden wir also wieder, daß das Steigen des Luftdrucks langsamer erfolgt, als das Fallen. Der Sonderwert 0,0 mm kam nur 69 mal vor, das sind 0,8 % aller Fälle.

Wie schon Meinardus aus den Gauß-Beobachtungen gefunden hat, hat die interdiurne Veränderlichkeit des Luftdrucks fast durchweg einen einfachen täglichen Gang von nicht unbeträchtlicher Amplitude. Die Phasenzeiten sind allerdings hier wie dort ganz unregelmäßig, so daß die Mittelwerte für die Jahreszeiten und erst recht für das Jahr nur einen wenig ausgeprägten Gang zeigen, in dem aber doch die einfache Welle in der Regel erhalten bleibt, siehe Tabelle 16.

Inwieweit die einfache Welle des täglichen Gangs reell ist, oder ob sie nur durch das zufällige Einsetzen der großen Barometer-Maxima und Minima zu den einzelnen Tagesstunden hervorgerufen wird, muß vorläufig noch dahingestellt bleiben, bis man bei Bearbeitung mehrjähriger Registrierungen die Entscheidung darüber treffen kann.

Tabelle 15. Häufigkeit der interdiurnen Veränderlichkeit des Luftdrucks.

Stundenwerte.

	Sommer	Herbst	Winter	Frühling	Jahr
28 bis 32 mm	—	5	—	—	5
24 » 28 »	—	9	—	—	9
20 » 24 »	—	5	6	8	19
16 » 20 »	—	3	22	33	58
12 » 16 »	—	11	57	80	148
8 » 12 »	3	111	156	146	416
4 » 8 »	327	249	362	280	1218
0 » 4 »	779	751	606	544	2680
0.0	23	14	18	14	69
— 0 bis — 4 mm	675	483	433	555	2146
— 4 » — 8 »	268	229	291	264	1052
— 8 » —12 »	86	100	140	136	462
—12 » —16 »	23	59	45	67	194
—16 » —20 »	—	22	53	38	113
—20 » —24 »	—	5	12	19	36
—24 » —28 »	—	8	7	—	15

Die Amplitude zeigt einen klar erkennbaren jährlichen Gang. Das Maximum fällt auf die beiden kältesten Monate, das Minimum auf die wärmsten. Es scheint also eine Beziehung zur Temperatur zu bestehen. Bei der Gauß-Station liegt ebenfalls die größte Amplitude in dem dort kältesten Monat, dem August, andererseits ist möglicherweise noch eine Abhängigkeit von der Höhe des Luftdrucks selbst vorhanden. Die sekundären Maxima im April und September/Oktober, also zu den Zeiten, wo die Doppelwelle des Luftdrucks ihre Minima hat, läßt diese Vermutung zu, wenn auch diese Beziehung wohl nur indirekter Natur sein wird.

Außer dieser exakten Behandlung der interdiurnen Veränderlichkeit wurde auch die sonst meist übliche Methode unter Benutzung der Tagesmittel angewandt. Die hiernach gewonnenen Zahlen sind ebenfalls in Tabelle 14 aufgenommen. Fast durchweg zeigt sich das zu erwartende Ergebnis, daß die so abgeleiteten Zahlen kleiner sind als die nach dem ersten Verfahren gewonnenen, worauf schon Großmann [1]) hingewiesen hat. Der Gang der Zahlen ist im allgemeinen natürlich ähnlich. Die absolut größten Unterschiede zweier Tagesmittel sind immerhin noch recht beträchtlich mit − 22,2 mm und +21,2 mm.

Auch die mittlere Dauer des Steigens und Fallens kann aus den Zahlen leicht abgeleitet werden, wodurch man weitere Zahlen für die Periodendauer der Luftdruckwellen erhält, doch braucht dabei natürlich die absolute Größe dieser Zahlen mit den oben erhaltenen nicht übereinzustimmen. Das Jahresmittel mit 4,34 Tagen entspricht aber genau der von Bodmann für Snow-Hill nach derselben Methode gewonnenen Zahl von 4,36 Tagen.

Tabelle 16. Täglicher Gang der interdiurnen Veränderlichkeit des Luftdrucks.
Abweichungen vom Mittel.

	1^a	2^a	3^a	4^a	5^a	6^a	7^a	8^a	9^a	10^a	11^a	12^a	1^p	2^p	3^p	4^p	5^p	6^p	7^p	8^p	9^p	10^p	11^p	12^p
Sommer . .	−.15	−.12	−.10	−.10	−.08	−.04	+.08	+.12	+.20	+.22	+.21	+.17	+.18	+.14	+.10	+.08	+.01	−.04	−.08	−.11	−.14	−.15	−.17	−.19*
Herbst . .	−.33	−.39	−.39	−.48	−.51	−.54*	−.47	−.35	−.26	−.17	−.06	+.04	+.14	+.30	+.38	+.43	+.48	+.51	+.46	+.42	+.38	+.29	+.15	−.02
Winter . .	−.12	−.14	−.17	−.20	−.21*	−.19	−.14	−.07	−.02	+.10	+.14	+.18	+.16	+.13	+.13	+.10	+.02	+.06	+.11	+.13	+.10	+.07	−.01	−.12
Frühling .	−.02	−.03	+.01	+.15	+.23	+.28	+.35	+.38	+.32	+.19	.00	−.09	−.18	−.24	−.28*	−.27	−.15	−.15	−.13	−.11	−.07	−.07	−.06	−.02
Jahr	−.16	−.17*	−.17*	−.16	−.14	−.12	−.05	+.02	+.06	+.07	+.07	+.07	+.07	+.07	+.07	+.08	+.08	+.09	+.08	+.08	+.06	+.03	−.03	−.09

II. Die Lufttemperatur.

a) Technisches.

Zur Messung der Lufttemperatur dienten geprüfte Thermometer teils mit Quecksilber-, teils für tiefe Temperaturen auch mit Alkoholfüllung; letztere wurden zwar nicht für die Beobachtungen gebraucht, da die Temperatur nie unter den Gefrierpunkt des Quecksilbers sank. Sie wurden aber zur Kontrolle und eventueller Benutzung in der meteorologischen Hütte aufgestellt und in der Zeit von Anfang Juni bis Mitte September regelmäßig mit abgelesen.

Aus denselben Gründen, die beim Luftdruck näher auseinandergesetzt wurden, war auch hier die Ausrüstung recht reichlich bemessen. Neben einer größeren Anzahl Thermometern waren vier große englische Hütten mit Instrumenten vorhanden. Jede war mit Psychrometer, Aspirator, Thermograph und Hygograph versehen. Die Hütten waren größer als üblich, da sie die großen Modelle des Thermographen und Hygrographen aufzunehmen hatten. Die an Bord benutzten waren etwas schmaler gehalten, weil in ihnen keine Extremthermometer unterzubringen waren, die ja ihrer Konstruktion nach nur in ruhiger Aufstellung gebraucht werden können und deswegen an Bord unkontrollierbare Ablesungen ergeben. Es empfiehlt sich, die Hütten nicht in zusammengesetztem Zustande mitzunehmen. Sie nehmen dann viel zu viel Raum ein. Es ist ja eine bekannte Tatsache, daß Expeditionsschiffe immer mit allen möglichen Dingen so voll gepfropft sind, daß jeder Winkel bis ins äußerste ausgenutzt werden muß. Die beiden zunächst nicht gebrauchten Hütten mußten daher wieder auseinandergesägt werden. Wegen der empfindlichen Jalousiewände mußte dies durch schräg durch die Ecken geführte Schnitte geschehen.

Die einwandfreie Bestimmung der Temperatur auf einem Dampf- oder Segelschiff ist nicht gerade leicht, und ein unter allen Verhältnissen geeigneter Aufstellungsort ist wohl kaum zu finden, auf einem Segelschiff wohl noch am leichtesten. Ein Platz nicht weit vom Heck entfernt dürfte wohl meist genügend ventiliert sein. Doch hier ist oft der Besanbaum störend. Eine Beschattung der Hütte zum Schutz vor Strahlung ist nicht so wichtig wie eine genügende Ventilation, die trotzdem in der Regel besser sein wird als bei englischen Hütten an einer Landstation. Bei Dampfern ist die Aufstellung schon schwieriger, da hier immer größte Rücksicht auf den Schornstein genommen werden muß. Ein Dampfer fährt ja auch vollkommen unabhängig von der Windrichtung, während z. B. auf einem Segler in Fahrt der Wind nie unmittelbar von vorn kommen kann. Auf ihm dürfte es zweckmäßig, ja notwendig sein, zwei Aufstellungen zu haben, eine Backbord und eine andere Steuerbord, etwa auf der Kommandobrücke; es ist dann immer das in Luv gelegene Thermometer zu benutzen, um brauchbare Temperaturen zu erhalten.

---

[1]) Archiv der Seewarte 1900, XXIII, 5.

Bei den beengten Raumverhältnissen eines Polarschiffes, das bald unter Segel, bald unter Dampf fährt, wie es die »Deutschland« tat, war die Auswahl geeigneter Plätze natürlich nicht leicht. Die Aufstellung einer großen Thermometerhütte macht ja immer noch größere Schwierigkeiten, als die Aufhängung einfacher Thermometergehäuse. Auf der »Deutschland« konnten nun nach einigem Suchen zwei geeignete Örtlichkeiten für die Hütten gefunden werden. Die eine kam auf dem Achterdeck über der Kappe des hinteren Aufgangs zur Aufstellung, sodaß der Baum des Besans in etwa 25 cm Höhe darüber frei sich bewegen konnte. Die Aufstellung entsprach insofern nicht allen Anforderungen, als gelegentlich wärmere Luft aus dem Inneren des Schiffes die Hütte treffen konnte. Nach der Abfahrt aus Buenos Aires wurde dieser Aufgang aber vollgestaut, sodaß er ständig geschlossen war Die andere Hütte stand mittschiffs über dem Laufgang zwischen Achterdeck und dem Dach des Laboratoriums und zwar auf einer Kiste, die die Drachen enthielt. Rechts und links von ihr befanden sich die Boote, sodaß der Raum für sie ziemlich eingeengt war. Bei Fahrt unter Segel wurde sie aber von dem Luftstrom getroffen, der durch die Windstauung am Großsegel entstand.

Die Fehler der Hüttentemperaturen wurden zu jedem Termin bestimmt, indem ein Aspirationspsychrometer abgelesen wurde, das an der Luvseite außenbords in den Wind gehalten wurde, sodaß weder die direkte Sonnenstrahlung, noch die Rückstrahlung von der Wasseroberfläche die Thermometergefäße treffen konnte. Die Vergleiche ergaben, daß die Temperaturen in den Hütten recht gut mit den wahren Lufttemperaturen übereinstimmten. Die bis Buenos Aires erhaltenen Zahlen sind bereits in einer vorläufigen Mitteilung (Ann. d. Hydrographie usw. 1912, S. 72) wiedergegeben; die der Eisfahrt siehe Tabelle 17, S. 14. Die Achterhütte zeigte im allgemeinen die besseren Werte. Es ist deshalb immer der Thermograph und Hygrograph dieser Hütte ausgewertet worden. Anfang Januar wurde übrigens die Vorderhütte entfernt, da die Drachen zu Aufstiegen gebraucht wurden.

Abgesehen von den Terminen war das feuchte Thermometer von der Luft abgeschlossen. Es konnte sich daher auch kein Salzstaub an dem Musselin ansetzen. Zur Befeuchtung diente ein weithalsiges Glasfläschchen von etwa 25 ccm Inhalt, das mit Korkstöpsel verschlossen war und sich meistens in der Hütte befand. Gehalten wurde es durch ein Brettchen, das mit passender Bohrung versehen und auf den Hüttenboden aufgenagelt war. Die Befeuchtung geschah so, daß das feuchte Thermometer gelüftet und dann die Kugel in das destillierte Wasser der Flasche getaucht wurde. Es kam also jedesmal mit einer größeren reinen Wassermenge in Berührung, und es konnte sich so kein Salz an dem Musselin ansetzen. Gelegentlich wurde auch der Musselin erneuert und ebenso häufig das destillierte Wasser. Diese Flaschenmethode bewährte sich auch in der Kälte. Nur wurde das Fläschchen in der Tasche getragen. In dem Wasser löste sich dann jedesmal die gesamte Eishülle auf, und nachher bildete sich so die notwendige dünne Eishülle um die Kugel. Bei den hohen Feuchtigkeiten im Winter war eine Neubefeuchtung übrigens nur etwa alle Woche einmal nötig und geschah dann nach der Ablesung. Eine Unterkühlung des Wassers wurde nicht selten bis zu etwa $-5°$ beobachtet. In zweifelhaften Fällen wurde ein Stückchen Eis oder Schnee an die Kugel gebracht, worauf bei vorhandenem flüssigen Wasser ein Hinaufgehen auf $0°$ eintrat.

Die Thermographen waren ein großes Modell von Fueß mit Bimetallgefäß aus Stahl-Kupfer. Während der Seefahrt bildete sich zwar ein starker Rostansatz, der aber die Angaben nicht beeinflußte. Nichtsdestoweniger wurde bei der Abfahrt ins Eis ein neues Bimetallgefäß eingesetzt. Die Änderungen der Korrektionen waren im allgemeinen gering, ohne starke Schwankungen. Im Laufe des Winters trat zwar eine langsam wachsende negative Korrektion auf, die aber belassen wurde. Da die Papierteilung nur bis $-35°$ reichte, ließ sich so eine größere Umstellung vermeiden. Das große Modell mit einem Ausschlag von 2 mm auf den Celsiusgrad und einer Umlaufsgeschwindigkeit von 8 mm in der Stunde war gewählt worden, um jene schnellen Temperaturschwankungen zu untersuchen, die die Snow-Hill-Station in so erheblichem Umfang gezeigt hatte, und die daher auch für unsere Expedition erwartet wurden.

Besondere Vorkehrungen waren getroffen worden, um das Eindringen von Schnee in das Instrumentengehäuse zu verhindern, und so auch bei Schneesturm die Apparate arbeitsfähig zu erhalten, was sich z. B. bei der Gauß-Station als unmöglich erwiesen hatte. Ich ließ deshalb von der Firma Fueß die Öffnung, durch die die Abstellvorrichtung für die Schreibfeder geht, ganz verschließen. Außerdem war die Öffnung, durch die die Übertragungsstange vom Bimetallgefäß zum Hebelwerk geht, durch einen Vorbau geschützt. Der Eintritt von Schnee in den Instrumentenkasten sollte dadurch erschwert werden. Aus dem Vorbau konnte der dort eingedrungene Pulverschnee durch einen Schieber am Boden entfernt werden. Beide Vorrichtungen bewährten sich, sodaß durch Schnee keine Störung entstand. Gelegentlich drang allerdings eine geringe Menge doch hinein, aber wie der Augenschein lehrte, nur durch Ritzen zwischen Deckel und Bodenplatte, die nicht genügend weit übereinander griffen. Dieser Fehler läßt sich also in Zukunft leicht vermeiden. Übrigens wird man, wenn möglich, die Hütte so stellen, daß der Wind, der hauptsächlich den feinen Treibschnee zu bringen pflegt, nicht gerade die Gestängeöffnung trifft. Die Extremthermometer wurden bei jedem Termin abgelesen und eingestellt.

Als Termine wurden während der Fahrt des Schiffes die auf See üblichen in 4 Stunden Abstand gewählt, also 4^a, 8^a, 12^a, 4^p, 8^p, 12^p, und später von Februar ab die am Land üblichen, 7^a, 2^p, 9^p. Der Termindienst war in folgender Weise geordnet: 5 Minuten vor der vollen Stunde öffnete man die Hütte und las schnell hintereinander Thermometer und Thermograph ab, dies gab die Korrektion für den Thermographen; dann wurde der Aspirator aufgezogen, das Thermometer befeuchtet und die Hütte wieder geschlossen; zur vollen Stunde las man dann die beiden Thermometer und den Hygrographen ab und machte die Zeitmarken. In der Zwischenzeit wurde das Aspirationspsychrometer notiert und die sonstigen Beobachtungen über Wind, Bewölkung usw. gemacht, zum Teil auch erst nach den Zeitmarken und dann das Barometer eingestellt und abgelesen. Im Winter, als die Beobachtungen an und für sich mehr Zeit erforderten und auch umfangreicher wurden, traten Änderungen in der Reihenfolge ein. Es kamen vor allem regelmäßige Kontrollen der selbstschreibenden Windmesser dazu, die die Arbeit erheblich vermehrten. Während der Seereise und bis zum Beginn der Trift machte ich selbst alle Tagestermine; die nächtlichen Terminablesungen an der Hütte besorgte der Matrose Kurt Hoffmann, die Wolken- und Windbeobachtungen meist die Schiffsoffiziere während ihrer Wache. Während der Triftfahrt selbst stand mir als ständiger Assistent der Matrose Hoffmann zur Verfügung, den ich bereits das letzte halbe Jahr vor dem Antritt der Expedition am Observatorium in Potsdam mit den Instrumenten, ihrer Handhabung und den Beobachtungsmethoden vertraut machen konnte; er erwies sich als anstelliger, geschickter und innerlich interessierter Mann. Ich konnte ihm zuerst einen Teil und nachher den ganzen Termindienst, sowie die Bedienung der meisten Instrumente überlassen, sodaß ich selbst für die sehr zahlreichen anderen Beobachtungen und Arbeiten freie Hand bekam, ohne durch die dabei sehr störenden laufenden schematischen Beobachtungen immer wieder herausgerissen zu werden. Es zeigte sich auch hier sehr deutlich, daß man interessierten Hilfskräften vieles überlassen kann, wenn man sie nur genügend scharf unter Aufsicht hält, und so das Einreißen von Nachlässigkeiten unbewußter Art und systematische Fehler verhindert, die sich sonst unmerklich einschleichen. An eine vollständige Auswertung aller Registrierungen konnte hier, wie auch sonst wohl, nicht gedacht werden, so wünschenswert das auch wäre, aber durch ständige Berechnung z. B. von Dampfdruck und relativer Feuchtigkeit, sowie Auswertung eines Thermographen und eines Barographen konnte doch mancher wertvolle Überblick sofort gewonnen werden, der dann gelegentlich zur Bearbeitung von Sonderproblemen führte.

Als es feststand, daß uns eine Triftfahrt bevorstand und das Jungeis genügend tragfähig geworden war, wurde mit der Aufstellung der einen großen meteorologischen Hütte auf dem Eise begonnen. Aus Sicherheitsgründen konnten für diese und andere Anlagen nur die in der Nachbarschaft des Schiffes vorhandenen Bruchstücke alter Schollen benutzt werden. Für die Hütte kam nur ein Schollenrest etwa 30 m Steuerbord vom Bug des Schiffes in Frage. Es wurden Löcher für das Untergestell der Hütte hergestellt und dieses hineingestellt; die Befestigung geschah in der üblichen Weise durch Schnee und darauf geschüttetes Wasser, sodaß nach seinem Festfrieren die Hütte unverrückbar feststand. Durch Anbringen von Spannseilen an den vier Ecken wurde sie noch weiter gegen das Umgewehtwerden gesichert. Die Höhe über der Oberfläche war zunächst wie üblich etwa 2 m, später wurde sie durch eine Schneewehe, die sich auf das Eis legte, einige Dezimeter niedriger. Diese Aufstellung bestand bis zum 15. September. An diesem Tage mußte sie wegen einer drohend herannahenden Eispressung abgebrochen werden, doch konnte der Fuß nicht mehr ausgegraben werden, weil die Scholle schon so weit herabgedrückt war, daß in den Löchern das Wasser hervortrat. Bis zum nächsten Tage wurden die Instrumente in der Brückenhütte untergebracht. Dann wurde sie etwa 50 m hinter dem Schiff wieder aufgebaut und diente bis zum endgültigen Abbruch der Station am 25. November.

Die Achterhütte blieb zunächst an der alten Stelle. Anfang Mai mußte sie aber auch verlegt werden, da das ganze Schiff dann für den Winter mit einem Schneedach überdacht wurde. Es wurde die zweite größere Hütte auf der Brücke an Backbord aufgestellt, sie erhielt die gleiche Ausrüstung wie die Eishütte. Leider gelang es hier nicht, die Uhrwerke dauernd in Gang zu halten. Sie blieben wegen der Kälte häufig stehen, und so entstanden manche Lücken in den Registrierungen.

Um auch bei stärkstem Schneetreiben die Eishütte mit Sicherheit erreichen zu können, war ein Gletscherseil vom Schiff aus bis dorthin gespannt worden, doch war diese Vorsichtsmaßregel ziemlich überflüssig, da das Schneetreiben nie so mächtig war wie z. B. beim »Gauß«.

Bei sämtlichen Terminen wurde regelmäßig das Aspirationspsychrometer abgelesen. Es ist wohl das erste Mal, daß dies bei einer Polarexpedition geschehen ist. Die Handhabung dieses feinen Instruments bot keine besonderen Schwierigkeiten. Das Befeuchten und Aufziehen des Uhrwerks geschah bereits im Laboratorium in warmem Zustande, dort, wo es während des Nichtgebrauchs in seinem Kasten aufbewahrt wurde. Während des Aspirierens hing es an einem Haken neben der Hütte.

Neben diesen üblichen thermometrischen Ausrüstungen waren noch elektrische Widerstandsthermometer mitgenommen worden. Diese Anlage sollte eigentlich nur dazu dienen, die Eistemperaturen zu messen, ähnlich wie es E. v. Drygalski in Grönland und an der Gauß-Station schon getan hatte. Gleichzeitig wollte ich aber auch den Versuch machen, sie zu Messungen der Lufttemperatur zu verwerten. Da die Apparate in der Zwischenzeit erheblich vervollkommnet worden waren, so erschien dies möglich und erfolgversprechend, zumal sie in der Technik schon häufig Anwendung gefunden hatten. Für meteorologische Zwecke war ihre Verwendung meines Wissens noch neu und nicht erprobt.

Die elektrischen Widerstandsthermometer hatten die von Heräus in Hanau hergestellte Form. Das Prinzip der Messung beruht bekanntlich darin, daß der elektrische Widerstand der Metalle sich mit der Temperatur ändert und zwar für reines Platin um 0.4 % pro Celsiusgrad. Wegen der Unveränderlichkeit wird meist Platin gewählt. Die Heräussche Form hat für den vorliegenden Zweck den großen Vorteil, daß der temperaturempfindliche dünne Platindraht in ein dünnes Quarzrohr eingeschlossen ist und so dem Einfluß der

Atmosphäre mechanisch entzogen ist. Die ganze Drahtspirale kann auf sehr kleinem Raum untergebracht werden, im vorliegenden Fall war sie bei 25 Ohm Widerstand nur einen Zentimeter lang und hatte 5 mm Durchmesser; damit entsprach sie an Größe etwa der Kugel eines normalen meteorologischen Thermometers, hatte aber eine noch geringere Wärmekapazität als dieses und nahm die Lufttemperatur infolgedessen noch schneller an. Die ganze Anlage war in sehr anerkennenswerter Weise von der Firma Siemens & Halske der Expedition geschenkt worden.

Die Meßmethode beruht auf einer Widerstandsmessung in der Schaltung der Wheatstoneschen Brücke. Siehe Figur 5. Der Widerstand w_2 sei der temperaturempfindliche Platindraht; w_1, w_3 und w_4 sind feste Widerstände ohne Temperaturkoeffizienten; E ist eine Stromquelle und G ein Galvanometer. Die beiden Zuleitungen zum Widerstandsthermometer liegen in den Brückenzweigen w_1 und w_2, sodaß ihre Widerstandsänderung nicht in Frage kommt, wenn beide Leitungen selbst gleichen Widerstand und gleiche Temperatur haben. Nur die dritte Leitung, die als Zuleitung zum Galvanometer dient, ist in gewissem Grade von der Temperatur abhängig; ihr Widerstand ist aber hier sehr klein gegen den verhältnismäßig hohen Galvanometerwiderstand, sodaß kein merklicher Fehler entsteht. Wenn $w_1/w_2 = w_3/w_4$ ist, so ist das Galvanometer stromlos. Durch Änderung von w_1 oder des Quotienten $w_3 w_4$ kann man diesen Zustand immer erreichen. Dann ist auch die Temperaturabhängigkeit des Galvanometers mit seinen Zuleitungen gänzlich gleichgültig. Praktischer als diese Nullmethode ist jedoch die hier angwandte Art. Ändert nur w_2 seinen Widerstand und bleiben die anderen fest, so fließt ein Strom durch das Galvanometer, dessen Größe von der Widerstandsänderung von w_2 abhängt; man eicht dann zweckmäßigerweise gleich das Galvanometer so, daß es die Temperatur von w_2 angibt. Um die Anordnung möglichst umfassend verwenden zu können und eine genügende Ablesegenauigkeit zu erzielen, konnten gewisse feste Zusatzwiderstände zu w_2 zugeschaltet werden, sodaß verschiedene Meßbereiche erhalten wurden. Diese Meßbereiche waren $+40^0$ bis 0^0, $+5^0$ bis -35^0 und -30^0 bis -70^0. Die Teilung war in halbe Grade unterteilt, sodaß bequem Zehntel geschätzt werden konnten. Da 25 Widerstandsthermometer angeschlossen werden konnten, so ergab sich ein ziemlich komplizierter innerer Aufbau des Schaltapparats.

Der Vorgang bei der Messung war recht einfach und kurz der folgende: Durch Drücken auf eine Prüftaste wurde der Strom eingeschaltet (2 Akkumulatoren) und außerdem statt w_2 ein fester Widerstand; dann wurde die Spannung so durch einen Schiebewiderstand reguliert, daß das Galvanometer seinen Maximalausschlag zeigte. Darauf wurde die Meßbereichtaste gedrückt und schließlich eine der Tasten, durch die das gewünschte, durch Zahlen gekennzeichnete Thermometer eingeschaltet wurde. Durch Drücken einer beliebigen anderen Taste schaltete sich automatisch die vorhergehende aus. Da die Ablesung jedes Thermometers nur wenige Sekunden in Anspruch nahm, konnten in kurzer Zeit viele Ablesungen gemacht, und auch die Temperatur an vielen sonst sehr umständlich zugänglichen Stellen bestimmt werden.

Bei genauer Abgleichung aller Widerstände sind die abgelesenen Temperaturen genau richtig. Wegen der Kürze der für die Herstellung des Apparats verfügbaren Zeit war es aber nicht möglich gewesen, alle Widerstände derart genau zu untersuchen. Es blieben daher für die einzelnen Thermometer noch Abweichungen bestehen, die bestimmt werden mußten. Dies geschah durch Vergleich aller benutzten Thermometer mit einem geprüften Quecksilberthermometer bei verschiedenen Temperaturen in einer Kältemischung, die aus Schnee und Chlorkalzium bestand und Temperaturen bis zu -55^0 herzustellen gestattete. Der Apparat stand in demselben Holzverschlag, in dem auch die Barometer hingen und war deshalb sehr großen Temperaturschwankungen ausgesetzt. Dieser Platz mußte gewählt werden, da im Schiff selbst zur Zeit der Aufstellung kein Raum verfügbar war. Die dadurch eigentlich notwendig gewordene Bestimmung des Temperaturkoeffizienten der ganzen Meßanordnung einschließlich der Kabel konnte direkt nicht ausgeführt werden, da das bei den Raumverhältnissen an Bord zu umständlich gewesen wäre. Es wurde daher zur Kontrolle eins der Widerstandsthermometer in die Hütte auf der Brücke verlegt, um durch die gleichzeitigen Aufzeichnungen des dort befindlichen Thermometers und Thermographen Vergleichszahlen zu erhalten. Diese ergaben jedoch, daß die ganze Anordnung praktisch völlig ohne Temperaturkoeffizienten war. Über die Unterschiede selbst siehe später.

Der Apparat arbeitete also durchaus zufriedenstellend. Kleine Störungen kamen allerdings vor; fast immer lagen sie in Kontaktfehlern in den Druckknöpfen, infolge von Verbiegungen in den Federn und durch Reifansatz. Auf die Möglichkeit solcher Störungen hatte aber schon die Firma bei der Lieferung aufmerksam

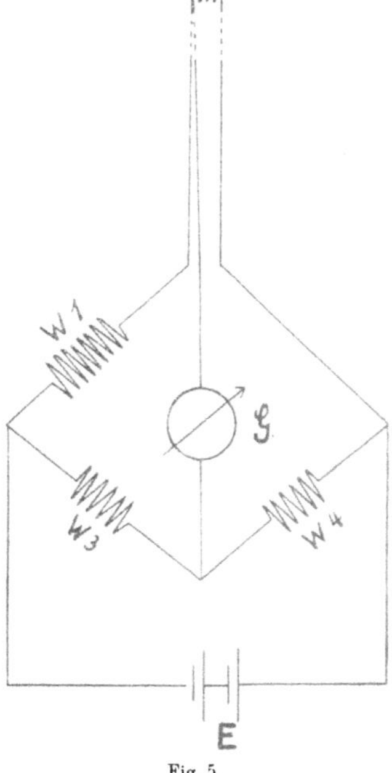

Fig. 5.

gemacht, sodaß sie ohne Schwierigkeit beseitigt werden konnten. Auch die Schleiffedern des zur Stromregulierung dienenden Schiebewiderstandes gaben leicht nach. Das Einsetzen solcher Störungen machte sich in starken Schwankungen der abgelesenen Temperatur bemerkbar.

Bei der ersten versuchsweisen Einschaltung des Apparats stellte es sich heraus, daß sich für die einzelnen Thermometer unmögliche Werte ergaben. Nach längerem Herumsuchen, wobei mir Herr Heyneck behilflich war, konnte aber Abhilfe geschaffen werden. Durch Einschalten eines kleinen Hilfswiderstandes an einer bestimmten Stelle konnten die Korrektionen, die außerdem linear verliefen, auf einen geringen Betrag herabgedrückt werden. Als Hilfswiderstand diente ein Präzisions-Stöpselwiderstand, der ebenfalls von der Firma Siemens & Halske geschenkt worden war. Bei einer gelegentlichen Durchsicht des Apparats Anfang Mai verschwand plötzlich diese Störung, sodaß seitdem der Hilfswiderstand überflüssig wurde. Die Thermometerkorrektionen änderten sich dadurch zwar wieder etwas, konnten natürlich aber bestimmt werden. Der Fehler lag vermutlich in der unbeabsichtigten Berührung zweier Drähte, die so einen Nebenschluß hervorriefen.

Als das Schiff im November seefertig gemacht wurde, mußte der Holzverschlag am Deck entfernt werden, wodurch eine Verlegung des Apparats in das Laboratorium nötig wurde, wo er bis zum Schluß verblieb. Im Dezember trat dann in einem der Thermometer eine Störung ein, wie sich aus den unwahrscheinlichen Differenzen ergab, doch waren die Fehler so, daß sie zunächst nicht bemerkt wurden. Außerdem wurden die Ablesungen wegen der Schwankungen des Schiffes während seiner Fahrt und der eintretenden Dünung unsicherer. Daher wurden schließlich die Beobachtungen des Dezember ganz von der Verarbeitung ausgeschlossen.

Während so die allgemeinen Erfahrungen mit den Widerstandsthermometern gut waren, sodaß sie etwaigen späteren Expeditionen nur empfohlen werden können, so erscheinen einige Abänderungen doch wünschenswert. Der wesentlichste Nachteil bestand in der Vereinigung so vieler Thermometer zu einem Apparat. Dadurch wird das Ganze etwas unhandlich, besonders bei den beschränkten Raumverhältnissen eines Polarschiffes. Außerdem ist man wegen der fest abgemessenen Kabellängen in der Wahl des Messungsortes etwas beschränkt. Die Länge der Kabel betrug 20, 35 und 50 m. Es ist deshalb vielleicht vorteilhafter, zwei kleinere Apparate statt eines großen zu benutzen. Bei solchen Messungen, die nicht an feste Termine gebunden sind, z. B. von Eistemperaturen in größeren Tiefen etwa auf dem Inlandeis oder Eisbergen, kann wenigstens der eine Apparat transportabel sein.

Unschwer ließen sich auch statt des Ableseinstruments Registriergalvanometer nach dem Fallbügeltyp verwenden, namentlich für die stärker schwankende Lufttemperatur, wodurch die Arbeit des Ablesens sehr erheblich vermindert würde.

Der allergrößte Vorzug dieser Methode ist aber jedenfalls der, daß man die Messungen im geschlossenen Raum machen kann und dadurch von den Unbilden der Witterung unabhängig wird, was sehr viel Arbeitsaufwand und Zeit erspart, die dann für andere Dinge frei wird.

b) Der thermische Wert der Thermometeraufstellungen.

Da jede Thermometeraufstellung mit gewissen Fehlern behaftet zu sein pflegt, so ist eine Untersuchung über diese Fehler nötig. Die Möglichkeit dazu geben Vergleiche mit dem Aßmannschen Aspirationspsychrometer, das keine merklichen Strahlungsfehler hat und auch immer genügend ventiliert ist. Diese Vergleiche sind regelmäßig während der ganzen Reise gemacht worden. Nur vereinzelte Termine sind ausgefallen, und einige Zahlen für die ersten Tage des Juli fehlen, weil der Beobachter das Beobachtungsbuch mit den Eintragungen bei der Rückkehr von einem Termin an Deck verloren hatte. Ein junger Hund benutzte es als Spielzeug und knabberte die Ecken an, wodurch einige Zahlen verloren gingen. Als Lehre aus diesem Ereignis wurden seitdem die Terminablesungen gleich nachher immer in eine Tabelle übertragen, sodaß alle Zahlen von da an in doppelter Ausfertigung vorhanden waren.

Im ganzen liegen 1251 Einzelvergleiche vor, die zur Aufstellung von Tabelle 17 verwertet werden konnten.

Mit Ausnahme des Monats Juni zeigt die Hütte immer einen geringen Temperaturüberschuß. Im Winter betragen die Unterschiede aber nur wenige Hundertstel Grad, sodaß die Angaben der Hütte als völlig einwandfrei anzusehen sind. Von September an steigt die Temperaturerhöhung im Mittel auf etwa $^1/_{10}$ Grad und erreicht im November $^2/_{10}$ Grad. Die Schiffsaufstellung ist im ganzen etwas ungünstiger,

Tabelle 17. Temperaturdifferenzen in C⁰.

Aspirationspsychrometer —Hütte.

	8ᵃ	Mittag	8ᵖ	Mittel*)
1911. Dezember . .	− 0.30	− 0.51	+ 0.05	− 0.16
1912 Januar . . .	− 0.15	− 0.41	− 0.07	− 0.17
	7ᵃ	2ᵖ	9ᵖ	
1912. Februar . . .	− 0.29	− 0.49	− 0.10	− 0.29
März	− 0.11	− 0.16	+ 0.05	− 0.08
April	− 0.03	− 0.07	− 0.03	− 0.04
Mai	+ 0.05	− 0.03	0.00	0.00
Juni	+ 0.02	+ 0.09	+ 0.03	+ 0.05
Juli	− 0.04	− 0.03	− 0.03	− 0.04
August . . .	− 0.06	− 0.11	− 0.05	− 0.07
September . .	− 0.13	− 0.17	− 0.08	− 0.13
Oktober . . .	− 0.14	− 0.17	− 0.09	− 0.13
November . .	− 0.26	− 0.25	− 0.14	− 0.22
Dezember . .	− 0.16	− 0.57	− 0.08	− 0.27

*) Die Mittel im Dezember 1911, Januar 1912 sind aus 6 Terminen abgeleitet worden.

und zwar beträgt der Temperaturüberschuß zwei bis drei Zehntel Grad. Die Eisaufstellung läßt keinen wesentlichen Unterschied zwischen den einzelnen Terminen erkennen, wohl aber die Schiffsaufstellung. Die wahre Tagesamplitude ist deswegen um etwa einen halben Grad geringer als der Thermograph anzeigt. Wie namentlich die Dezember- und Januarwerte erkennen lassen, ist der tägliche Gang der Temperaturunterschiede ziemlich ausgesprochen. Ein Vergleich mit den bereits früher veröffentlichten Werten über den Schiffseinfluß auf hoher See (Ann. d. Hydrographie 1912, S. 68 ff.) zeigt völlige Übereinstimmung beider Reihen. Im Mittel aller Vergleiche ist die Hüttentemperatur um 0.120° zu hoch. Die Temperaturen sind also als exakt anzusehen.

Einen noch genaueren Einblick gewährt uns die Betrachtung der folgenden Tabelle 18, die die Häufigkeit der einzelnen Abweichungen zeigt. Die häufigste Differenz ist 0.0°. In ganz geringem Abstand folgt −0.1°; im ganzen fallen in die Grenzen ±0.2° 75 % aller Beobachtungen. Ein zweites Häufigkeitsmaximum fällt auf die größeren Differenzen von −0 5° und darüber, und diese fallen in der Mehrzahl auf die Zeiten, wo die Hütte an Deck stand. Hier zeigt sich also der Schiffseinfluß sehr deutlich. Am geringsten ist die Streuung in den Wintermonaten, wo eine Erwärmung durch Strahlung nicht in Betracht kommt. Die größeren negativen Werte fallen, wenn man noch mehr ins einzelne geht, vor allem auf die Tagesstunden. Im Februar liegt die Hälfte aller Differenzen von −0.5° und mehr am 2ᵖ-Termin.

Tabelle 18. Häufigkeit der Einzeldifferenzen in C°.
Aspirationspsychrometer —Hütte.

Monat	über +0.5	+0.4	+0.3	+0.2	+0.1	0.0	−0.1	−0.2	−0.3	−0.4	über −0.5
1911. Dezember . . .	4	3	7	10	15	18	19	9	9	8	22
1912. Januar	5	2	6	21	31	24	26	19	10	8	34
Februar	1	1	4	8	9	12	7	8	7	3	22
März	2	2	1	9	12	19	18	6	7	3	10
April	1	—	1	2	15	37	15	10	3	1	3
Mai	4	—	3	3	16	26	24	6	2	5	3
Juni	3	1	—	12	28	22	16	5	—	—	3
Juli	—	—	1	3	18	35	14	6	2	—	2
August	—	—	—	5	18	24	27	7	9	1	2
September . . .	—	—	—	—	7	24	30	13	7	5	4
Oktober	1	1	2	—	4	20	39	12	8	1	5
November . . .	2	—	—	—	2	22	19	24	9	6	15
Dezember . . .	—	—	—	3	5	14	10	5	6	1	10
Summe	23	10	25	76	180	297	264	130	79	42	135

Im Anschluß daran seien noch einige Angaben über die Alkoholthermometer gegeben, da diese öfter als unzuverlässig angesehen werden. Da im Laufe des Winters natürlich mit einem Sinken der Temperatur unter den Gefrierpunkt des Quecksilbers gerechnet werden mußte, so wurde in die Eishütte ein zweites Psychrometer mit Alkoholthermometern eingebaut, von dem wenigstens das trockene Thermometer zu jedem Termin mit abgelesen wurde. Das Mittel aller 281 Ablesungen von Anfang Juni bis Anfang September ist nur um 0.12° höher als die gleichzeitigen Temperaturen des Quecksilberthermometers, sodaß ein wesentlicher Unterschied nicht besteht. Die häufigste Differenz ist 0.0°; fast 7 Zehntel fallen in die Grenzen ±0.2°. Die Korrektionen des Thermometers waren vor und nach der Expedition von der Physikalisch-Technischen Reichsanstalt bestimmt. Die negativen Korrektionen waren in der Zwischenzeit um 0.2° größer geworden. Die Korrektionsänderung ist mit großer Wahrscheinlichkeit in den ersten Monaten der Reise erfolgt. Es ergibt sich daraus, daß man nach Möglichkeit gut gealterte Thermometer mitnehmen sollte.

c) Die Ergebnisse der Temperaturbeobachtungen.

1) Der tägliche Gang der Lufttemperatur.

Aus den in den allgemeinen Tabellen wiedergegebenen Stundenmitteln der Lufttemperatur wurden für Tabelle 19 die Abweichungen vom Monatsmittel gebildet und nach dem Lamontschen Verfahren vom jährlichen Gang befreit. Der tägliche Temperaturgang in den Jahreszeiten ist daneben in Figur 6 graphisch dargestellt.

Die Amplitude des täglichen Gangs ist im Frühjahr am größten, wie es auch auf den landferneren Stationen des »Gauß«, der »Belgica« sowie des »Fram« im hohen Norden der Fall war, während die eigentlichen Landstationen wie »Discovery« und Snow-Hill das Maximum im Sommer aufweisen. Die Ursache dürfte wohl darin liegen, daß in den Sommermonaten die Schmelzvorgänge des Meereises die Amplitude dämpfen und keine Überkompensation durch stärkere Erwärmung schneefreien Landes eintritt.[1] Die Amplitude erreicht bei

---

[1] Nach Simpson ist die hohe Temperaturamplitude im Frühjahr nicht auf Schmelzvorgänge des Eises zurückzuführen, wie Mohn und Meinardus annehmen, sondern wesentlich auf die Beschaffenheit der obersten Schneeschicht. Je lockerer der Schnee ist, um so geringer ist seine Wärmekapazität und seine Wärmeleitfähigkeit; deswegen ist die Erwärmung des Schnees nur gering, da die Wärme nicht in die Tiefe dringt und infolgedessen auch schnell wieder ausgestrahlt wird. Im Sommer wird der Schnee wässriger, seine Leitfähigkeit und Kapazität werden größer, und die Temperaturamplitude wird geringer. Da im Weddellmeer im September eine relativ große Schneemenge fiel, so würde auch hier die Simpsonsche Erklärung zutreffen.

der D. A. E. in keinem Monat ganz 3°; die geringste Tagesschwankung zeigt der April mit 0.5°. Der Sommer zeigt etwa 2°, was nach obigem aber zu hoch ist. Der sonnenlose Juli hat dagegen die auffallend große Amplitude von 2.5°.

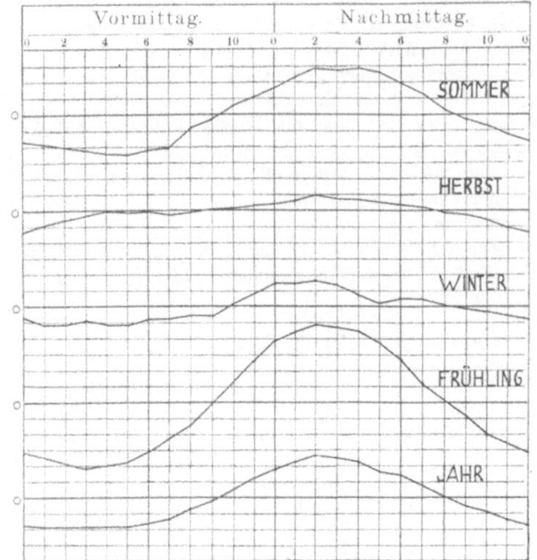

Fig. 6. Täglicher Gang der Temperatur. 1 Teilstrich = 0.3° C.

Das Temperaturmaximum fällt meist auf die ersten Nachmittagsstunden und das Minimum auf die frühen Morgenstunden. Nur April bis Juni machen eine Ausnahme; die Lage der Extreme läßt keine Beziehung zum Sonnenstande erkennen.

Die Temperaturamplitude in der sonnenlosen Zeit von Mai bis Juni beträgt 0.69° und die mittlere Abweichung der Stundenmittel 0.18°. Diese Zahlen schließen sich recht genau an die Werte vom »Gauß«, von der »Discovery«, »Belgica« und vom »Fram« an.

Die Konstanten der harmonischen Entwicklung sind ebenfalls in Tabelle 19 angegeben. Die Amplitude der ganztägigen Welle ist in allen Zeitabschnitten weit größer als die der anderen Wellen, sie hat ihren geringsten Wert im April mit 0.16° und den größten mit 1.47° im September. Der Phasenwinkel liegt in der warmen Jahreszeit um 230° herum. In der kalten Zeit ist er teils größer, teils erheblich kleiner, letzteres vor allem im April und Juni.

Die Amplitude der doppelten täglichen Schwankung ist im Sommer sehr klein und beträgt nur einige Hundertstel Grad. In Landnähe, im Februar und in der Zeit vom Juni bis Oktober beträgt sie 2—3 Zehntel; am größten ist sie im August mit 0.32°.

Tabelle 19. Täglicher Gang der Lufttemperatur. Abweichungen vom Tagesmittel.

	1911/12 17. XII. −10. I.	1912 13.—29. I	30. I. −4. III.	6.—31. III.	IV.	V.	VI.	VII.	VIII.	IX.	X.	XI.	1.—16. XII.	Sommer	Herbst	Winter	Frühling	Jahr
1^a	−1.01*	−0.66	−0 36	−0.47	−0.15	−0.39*	+0.31	−0.99	−0.16	−1.24	−0.72	−1.19	−0.44	−0.58	− 0.27	− 0.34*	−1 06	− 0.57
2^a	−0.88	−0.68*	−0.34	− 0.53	+0.11	−0.34	+0.19	−0.78	−0.19	−1.23	−0.80	−1.42	−0.74	−0.59	− 0.18	− 0.32	−1.16	− 0.57
3^a	−0.91	−0.61	−0.37	−0.55*	+0.20	−0.15	+0.12	−0.49	−0.31	−1.01	−1.09	−1.56*	−1.01*	−0.65	− 0.10	− 0.28	−1.23*	− 0.57
4^a	−0.81	−0.50	−0.74	−0.49	+0.04	+0.16	−0.05	−0.39	−0.40	−0.94	−1.21*	−1.40	−0.96	−0.73	− 0.03	− 0.33	−1.20	− 0.58*
5^a	−0.73	−0.48	−0.85	−0.45	0.00	+0.17	−0.24	−0.09	−0.49	−1.03	−1.21*	−1.12	−0.88	−0.74*	− 0.03	− 0.32	−1.14	− 0.57
6^a	−0.56	−0.34	−0.90*	−0.30	−0.09	+0.18	−0.27	+0.22	−0.51*	−0.76	−1.13	− 0.84	−0.66	−0.65	− 0.02	− 0.23	−0.92	− 0.47
7^a	−0.34	−0.24	−0.81	−0.31	−0.22	+0.23	−0.74	+0.57	−0.47	−0.41	−1.00	−0.51	−0.57	−0.52	− 0.06	− 0.24	−0.65	− 0.38
8^a	+0.03	−0.09	−0.53	−0.31	−0.28*	+0.35	−0.76	+0.81	−0.42	−0.11	−0.79	−0.27	−0.33	−0.25	− 0.04	− 0.14	−0.40	− 0.21
9^a	+0.30	+0.13	−0.47	−0.15	−0.25	+0.35	−0.79*	+0.78	−0.39	+0.32	−0.34	0.00	−0.17	−0.09	+ 0.02	− 0.14	−0.01	− 0 06
10^a	+0.52	+0.39	−0.07	+0.10	−0.27	+0.26	−0.72	+1 03	−0.09	+0.85	+0.17	+0.34	−0.11	+0.17	+ 0.04	+ 0.07	+0.45	+ 0.18
11^a	+0.64	+0.46	+0.05	+0.30	−0.16	+0.14	−0.69	+1 18	+0.29	+1.35	+0 51	+0.62	+0.23	+0.32	+ 0.09	+ 0.26	+0.82	+ 0.37
12^a	+0.83	+0.60	+0.20	+0.39	−0.09	+0.07	−0.60	+1.26	+0.62	+1.70	+0.82	+0.96	+0.49	+0.50	+ 0.11	+ 0.44	+1.16	+ 0.55
1^p	+0.83	+0.72	+0.55	+0.43	+0.01	+0.20	−0.26	+0.80	+0.82	+1.70	+1.16	+1.15	+0.76	+0.69	+ 0.20	+ 0.46	+1.34	+ 0.67
2^p	+1.08	+0 80	+0.78	+0.50	+0.19	+0.28	+0.18	+0.42	+0.85	+1.60	+1.43	+1.37	+0.80	+0.86	+ 0.30	+ 0.52	+1.48	+ 0.79
3^p	+0.96	+0.72	+0.82	+0.50	+0.14	+0.19	+0.34	+0.26	+0.63	+1.47	+1.48	+1.37	+0.86	+0.84	+ 0.25	+ 0 42	+1.45	+ 0.74
4^p	+1.00	+0.60	+0.93	+0.54	+0.06	+0.20	+0.49	−0.13	+0.35	+1.20	+1.49	+1.30	+0.93	+0.88	+ 0.23	+ 0.25	+1 34	+ 0.67
5^p	+0.71	+0.43	+1 04	+0.44	+0.11	+0.15	+0.38	−0 27	+0.09	+0.82	+1.31	+1.21	+0.89	+0.80	+ 0.19	+ 0.09	+1.13	+ 0.55
6^p	+0.51	+0.24	+0.80	+0.40	+0.23	−0.16	+0.60	−0.13	−0.01	+0.44	+1.11	+1.02	+0.77	+0.60	+ 0.11	+ 0 18	+0.84	+ 0.43
7^p	+0.34	+0.17	+0 50	+0.35	+0.23	−0.23	+0.61	−0.23	−0.04	−0.13	+0.53	+0.66	+0.53	+0.38	+ 0.06	+ 0.15	+0.37	+ 0.24
8^p	+0.05	−0.07	+0.20	+0.23	+0.22	−0.39*	+0.46	−0.39	−0.07	−0.30	+0.13	+0.23	+0.12	+0.08	− 0.04	+ 0.04	+0.04	+ 0.03
9^p	−0.22	−0.25	−0.08	+0.15	+0.25	−0.39*	+0.52	−0.72	−0.04	−0.67	−0.15	−0.09	+0.03	−0.15	− 0.06	− 0.04	−0.28	− 0.14
10^p	−0.58	−0.30	0.00	−0.01	+0.01	−0.36	+0.38	−0.75	−0.03	−1.10	−0.36	−0.39	−0.10	−0.25	− 0.19	− 0.09	−0.59	− 0.28
11^p	−0.77	−0.47	−0.02	−0.26	−0.16	−0.32	+0.27	−0.97	−0.03	−1.22	−0.54	−0.62	−0.15	−0.36	− 0.31	− 0.19	−0.77	− 0.41
12^p	−0.88	−0.43	−0.37	−0.43	−0.20	−0.29	+0.26	−1.17*	−0.03	−1.27*	−0.71	−0.92	−0.27	−0.52	− 0.38*	− 0.25	−0.94	− 0.53
Mittel . . .	−1.64	−2.21	−6.26	−10.37	−15.98	−22.26	−25.95	−25.96	−23.04	−12 88	−10.22	−6.83	−2.50	−3.63	−16.54	−24.97	−9.98	−13.72
Amplitude . .	2.09	1.48	1.94	1.09	0.53	0.74	1.31	2.43	1.36	2.97	2.70	2.93	1.94	1.62	0.68	0.86	2 71	1.37
Mittl. Abweich.	0.65	0.43	0.49	0.36	0.15	0.25	0.43	0.62	0.31	0.95	0.84	0.86	0.53	0.51	0.14	0.24	0.86	0.44
a_1	1.00	0 68	0.79	0.54	0.16	0.34	0.63	0.97	0.44	1.47	1.30	1.37	0.86	0.67	0.22	0.37	1.35	0.68
a_2	0.03	0.07	0.19	0.01	0.12	0.10	0.22	0.18	0.32	0.25	0.26	0.04	0.06	0.14	0.10	0.08	0.11	0.09
a_3	0.04	0.02	0.55	0.06	0.11	0.07	0.02	0.15	0.12	0.09	0.09	0.07	0.02	0.06	0.04	0 07	0.02	0.01
a_4	0.05	0.01	0.06	0.02	0.07	0.06	0.04	0.06	0.05	0.01	0.02	0.06	0.09	0.01	0.03	0.03	0.02	0.01
A_1	239°	240°	202°	219°	161°	294°	143°	285°	220°	248°	218°	226°	213°	227°	247°	230°	231°	230°
A_2	309°	48°	12°	229°	220°	298°	336°	179°	58°	42°	23°	241°	45°	44°	314°	62°	34°	19°
A_3	1°	183°	81°	244°	267°	123°	188°	281°	207°	298°	33°	121°	138°	40°	251°	235°	35°	282°
A_4	280°	204°	244°	156°	304°	207°	252°	40°	19°	236°	137°	84°	76°	261°	268°	18°	106°	318°

Der Phasenwinkel ist sehr wechselnd, was im Sommer bei den kleinen Amplituden ja nicht weiter auffällig ist. Merkwürdig ist der große Sprung von 336° im Juni auf 179° im Juli und 58° im August bei verhältnismäßig großen Amplituden.

Die Amplitude der dritten Welle ist im allgemeinen recht klein und beträgt nur in wenigen Monaten mehr als ein Zehntel Grad. Der Phasenwinkel geht durch alle Quadranten hindurch, ist aber in der kalten Jahreszeit im allgemeinen größer als in der übrigen Zeit. Nur die Zeit der südlichsten Lage des Schiffes fällt mit ihrer großen Amplitude von 0.55°, die größer ist als die der halbtägigen Schwankung, ganz heraus.

Die vierte Welle ist durchweg sehr klein und bleibt immer unter einem Zehntel Grad. Der Phasenwinkel ist dementsprechend sehr wechselnd.

Mit dem täglichen Gang steht natürlich auch die Eintrittszeit der einzelnen Extreme im engen Zusammenhang. Wenn der tägliche Gang vorherrscht, so müssen die Einzelextreme sich natürlich auch um die mittleren Eintrittszeiten häufen. Anders ist es, wenn die unperiodischen Einflüsse überwiegen, die natürlich von der Tagesperiode unabhängig sein können.

Zur Untersuchung dieses Zusammenhanges müssen zunächst diejenigen scheinbaren Extreme beseitigt werden, die durch die zufällige Tageseinteilung entstehen. Wenn z. B. die Temperatur dauernd fällt, so wird der 12^p-Wert für den einen Tag das Minimum darstellen, während er für den nächsten Tag das Maximum ist und umgekehrt. Die Häufigkeit dieser sogenannten willkürlichen Extreme ist in Tabelle 20 dargestellt. Die

Tabelle 20. Häufigkeit der willkürlichen Temperaturextreme.

	1911 12 17. XII. −10. I.	1912 13.−29. I.	30. I.− 4. III.	6.−31. III.	IV.	V.	VI.	VII.	VIII.	IX.	X.	XI.	1.−16. XII.	Jahr
Maxima	—	1	—	2	5	5	1	5	4	3	3	—	—	29
Minima	5	3	6	3	4	5	3	3	4	7	8	9	2	62

Zahl der willkürlichen Maxima ist im Sommer bemerkenswert gering, offenbar weil die unperiodischen Änderungen im Sommer an und für sich klein sind und von der normalen täglichen Periode überragt werden. Die Zahl der willkürlichen Minima ist im Jahre erheblich häufiger und viel gleichmäßiger über die einzelnen Zeitabschnitte verteilt, da auch in der täglichen Periode der tiefste Wert mit Vorliebe auf die Tageswende fällt. Die Gesamtzahl der zufälligen Extreme ist im ganzen erheblich geringer als bei der Gauß-Station, die Zahl der Maxima weniger als die Hälfte und die der Minima weniger als 2 Drittel. Es zeigt sich also auch hier ein ähnliches Verhalten wie beim Luftdruck.

Betrachten wir nun die Eintrittszeiten der wahren Extreme. In den folgenden Tabellen 21 und 22 ist die absolute und prozentische Häufigkeit ihres Eintritts nach Tages- und Jahreszeiten zusammengestellt. Im Sommer und Frühjahr bevorzugen die Maxima deutlich die Nachmittagsstunden, wie nach dem täglichen Gang

Tabelle 21.
Häufigkeit des Eintritts der wahren Extreme.

	1—3^a	4—6^a	7—9^a	10—12^a	1—3^p	4—6^p	7—9^p	10—12^p	Summe
a) Maxima									
Sommer . .	6	2	4	12	35	31	4	3	97
Herbst . . .	12	8	5	7	9	7	12	8	68
Winter . . .	7	5	6	11	10	8	11	13	71
Frühling . .	4	3	8	9	28	16	6	6	80
Jahr	29	18	23	39	82	62	33	30	316
b) Minima									
Sommer . .	25	17	10	6	1	—	5	13	77
Herbst . . .	9	8	9	4	5	7	4	17	63
Winter . . .	14	8	7	8	7	11	7	16	78
Frühling . .	23	16	8	—	1	1	4	8	61
Jahr	71	49	34	18	14	19	20	54	279
Max.−Min.	−42	−31	−11	21	68	43	13	−24	37

Tab. 22. Prozentische Häufigkeit des Eintritts der wahren Extreme.

	1—3^a	4—6^a	7—9^a	10—12^a	1—3^p	4—6^p	7—9^p	10—12^p
a) Maxima								
Sommer . . .	6	2	4	12	36	32	4	3
Herbst	18	12	7	10	13	10	18	12
Winter	10	7	8	15	14	11	15	18
Frühling . . .	5	4	10	11	35	20	7	7
Jahr	9	6	7	12	26	20	10	9
b) Minima								
Sommer . . .	32	22	13	8	1	—	6	17
Herbst	14	13	14	6	8	11	6	27
Winter	18	10	9	10	9	14	9	21
Frühling . . .	38	26	13	—	2	2	7	13
Jahr	25	18	12	6	5	7	7	19
Max.−Min. . .	−16	−12	− 5	6	21	13	3	−10

zu erwarten ist. In den beiden anderen Jahreszeiten finden wir dagegen ein typisches Übergehen der häufigsten Werte auf die Zeit um die Tageswende, wenn auch ein sekundäres Maximum um die Mittagszeit vorhanden ist. In diesem Verhalten können wir wohl eine Andeutung des umgekehrten täglichen Gangs der Lufttemperatur erblicken, wie sie zuerst Mohn bei der Framexpedition für die Wintermonate gefunden hat. Die Minima

18 Barkow, Die Ergebnisse der meteorologischen Beobachtungen der Deutschen Antarktischen Expedition 1911/12

dagegen bevorzugen immer die Zeit um Mitternacht. Im Sommer und Frühjahr liegen sie in den ersten Morgenstunden, im Herbst und Winter in den letzten Abendstunden; sowohl bei den Maxima als auch bei den Minima ist der Gang im Sommer und Frühjahr ausgesprochener als im Winter und Herbst. Im allgemeinen ist aber die Verteilung über die Tagesstunden gleichmäßiger als bei der Gauß-Station.

2) Der jährliche Gang der Lufttemperatur.

Die Einzelheiten des jährlichen Gangs der Temperatur sind in Tabelle 23 enthalten. Die beiden ersten Spalten enthalten die wahren Mittel aus den 24-Stunden-Werten und die Terminmittel. Beiden stimmen sehr gut überein. Die Differenzen sind in der letzten Spalte gegeben. Sie haben wechselndes Vorzeichen und

Tabelle 23. Jährlicher Gang der Lufttemperatur.

	Wahre Mittel	Termin-mittel	Abweich. vom Jahres-mittel	Ausgegl. Abweich. vom Jahres-mittel	Mittl. Max.	Mittl. Min.	Mittl. Amplitude	Abs. Max.	Datum nach Stundenwerten	Abs. Min.	Datum	Abs. Ampl.	Größte Tages-schwankung	Korrektionen für $\frac{Mx. + Mn.}{2}$	Korrektionen für Termin-mittel
1911. 17. XII.—10. I.	− 1.64	− 1.56	+12.08	+11.72	− 0.25	− 3.37	3.12	+1.7	19. XII.	− 7.2	6. I.	8.9	6.4	+0.16	− 0.08
1912. 13.—29. I. . . .	− 2.21	− 2.20	+11.51	+10.64	− 1.02	− 3.73	2.71	+0.5	13. I.	− 7.0	18. I.	7.5	6.7	+0.15	−0.01
30. I.—4. III. .	− 6.26	− 6.33	+ 7.46	+ 7.44	− 3.85	− 8.96	5.11	+3.2	6. II.	−20.4	19. II.	23.6	11.0	+0.14	+0.07
6.—31. III. .	−10.37	−10.25	+ 3.35	+ 2.98	− 8.36	−12.54	4.18	−3.2	13. III.	−22.5	26. III.	19.3	9.9	+0.08	−0.12
April	−15.98	−15.92	− 2.26	− 2.43	−12.77	−19.38	6.61	−2.6	4. IV.	−33.8	21. IV.	31.2	16.7	+0.09	−0.06
Mai	−22.26	−22.34	− 8.54	− 7.89	−18.68	−26.46	7.78	−6.0	2. V.	−36.8	27. V.	30.8	17.3	+0.31	+0.08
Juni	−25.95	−25.86	−12.23	−11.31	−22.47	−28.81	6.34	−3.8	2 VI.	−34.9	15. VI.	31.1	24.2	−0.32	−0.09
Juli	−25.96	−25.99	−12.24	−11.51	−21.91	−29.92	8.01	−1.4	31. VII.	−36.4	13. VII.	35.0	25.0	−0.05	+0.03
August	−23.04	−22.94	− 9.32	− 7.51	−19.11	−26.67	7.56	−6.7	24. VIII.	−33 3	13. VIII.	26.6	14.1	−0.14	− 0.10
September . .	−12.88	−13.00	+ 0.84	− 1.04	− 7.57	−18.83	11.26	−0.4	1. IX.	−29.7	12. IX.	29.3	20.0	+0.32	+0.12
Oktober . . .	−10.22	−10.12	+ 3.50	+ 3.68	− 7.24	−14.09	6.85	+0.5	27. X.	−23.1	10. X.	23.6	18.2	+0.45	−0.10
November . .	− 6.83	− 6.63	+ 6.89	+ 7.12	− 5.13	− 9.47	4.34	+0.6	26. XI.	−21.8	10. XI.	22.4	13 7	+0.48	−0.20
1.—16. Dez. .	− 2.50	− 2.42	+11.22	+10.10	− 1.18	− 3.83	2.65	+2.5	11. XII.	− 8.0	1. XII.	10.5	5.1	+0.01	−0.08
Sommer . . .	− 3.63	− 3.62	+10.09	+ 8.19	− 1.91	− 5.62	3.71	+3.2		−20.4		23.6	11.0	+0.12	−0.01
Herbst	−16.54	−16.51	− 2.82	− 1.70	−13.56	−19.86	6.30	−2.6		−36.8		34.2	17.3	+0.17	−0.03
Winter	−24.97	−24.92	−11.25	− 5.40	−21.15	−28.46	7.31	−1.4		−36.4		35.0	25.0	−0.17	−0.05
Frübling . . .	− 9.98	−10.00	+ 3.74	+ 1.58	− 6.65	−14.13	7.48	+0.6		−29.7		30.3	20.0	+0.40	+0.02
Jahr	−13.72	−13.71			−10.77	−16.95	6.18	+3.2		−36.8		40.0	25.0	+0.14	−0.01
Amplitude	24.32	24.43	24.32	23.23	22.22	26.55	6.75	−9.9		29.8		27.5	19.9		

erreichen im November mit −0.20° ihren höchsten absoluten Wert. Die mittlere Differenz des Jahres beträgt nur −0.01°. Auch die andere Kombination zur Ableitung von Tagesmitteln (Max. + Min.)/2 gibt ganz zufriedenstellende Werte. Die Korrektion ist abgesehen vom Winter meist positiv, erreicht aber im Frühjahr etwa 0.5°, im Gesamtmittel ist sie nur 0.14°. Die Genauigkeit aller solcher Mittel aus wenigen Beobachtungen wird im allgemeinen um so besser sein, je kleiner der tägliche Gang ist, dann ist aber auch die Art dieser Kombination ziemlich gleichgültig.

Der jährliche Gang der Temperatur ist bemerkenswert regelmäßig trotz der erheblichen Ortsveränderung, nur der September zeigt eine Ausbeulung nach oben, die durch eine größere Aktivität der Zirkulation hervorgerufen sein dürfte und nicht, wie Moßman (Quarterly Journal of the Royal Met. Soc. 1914, S. 137 — 153) behauptet, durch ein Heraustreten aus dem Windschatten des hypothetischen Neusüdgrönland. Die Existenz dieses Landes dürfte endgültig verneint werden müssen, da die ozeanographischen Ergebnisse der D. A. E. keine Andeutung dafür ergeben und auch die Triftfahrt von Shakleton im Weddelmeer dagegen spricht. Daneben wird die größere Aktivität der Zirkulation durch die gleichsinnigen Änderungen auf den Süd-Orkneys selbst bewiesen.

Wie Moßman (a. a. O.) zeigt, sind die Differenzen zwischen der festen Station auf den Süd-Orkneys und der Trift der »Deutschland« so sehr von der Jahreszeit abhängig, daß man daraus nur schwer wahre Mittel für die verschiedenen Punkte der Weddellsee ableiten kann. Die Entfernung der beiden Beobachtungsorte ist für eine solche Reduktion schon zu groß, und die klimatischen Unterschiede zwischen der Insel und dem meist, wenn auch nicht durchweg, kontinental wirkenden gefrorenen Meer im allgemeinen zu erheblich. Soviel ergibt sich aber, daß das Temperaturgefälle im Sommer gering ist und im Winter etwa den vierfachen Betrag erreicht. Trotz der dagegensprechenden Bedenken sind aber auch hier Mittel für Jahreszeiten und Jahr gebildet worden, um wenigstens Näherungswerte zu haben.

Die Jahresamplitude beträgt 24.3°. Das Weddellmeer zeigt also nach der üblichen Definition ein exzessives Landklima. Die Amplitude ist größer als die der meisten anderen antarktischen Stationen und wird nur von denen der Umgebung des Rossmeeres übertroffen. Das gilt ebenso für die mittlere Temperatur selbst. Da nun, wie Meinardus und Mecking (im Gauß-Werk) hervorgehoben haben, das Weddellmeer gegen seine Umgebung relativ warm sein muß, da sich dort sonst kein stationäres Tiefdruckgebiet ausbilden und erhalten könnte, so läßt das einen Schluß zu, wie kalt das eigentliche Festland sein muß. Es ist dabei allerdings zu berücksichtigen, daß nur der westliche Teil mit seinen vorherrschenden südwestlichen Winden so kalt sein wird, während man für die näher an Coatsland liegenden Teile wegen der dort vorherrschenden Nordostwinde eine durchschnittlich höhere Temperatur annehmen muß. Für die Eisplatte im Süden des Weddellmeeres darf man wohl ähnliche Temperaturen erwarten, wie sie Amundsen auf der Rosseisplatte gefunden hat.

Da bei der schnellen Trift das Eis keine besonders große Mächtigkeit bekommen kann, zumal es deswegen auch kaum älter als ein Jahr werden dürfte, so können wir wohl annehmen, daß eine dauernde Wärmezufuhr von unten durch das Eis hindurch stattfindet. Da vor allem auch häufig mehr oder weniger große Waken aufreißen, eben wieder eine Folge des schnellen Abtransports des Eises, so wird die von Süden kommende kalte Luft unterwegs eine nicht unerhebliche Erwärmung erfahren. Dadurch erscheint es auch verständlich, daß trotz des tiefen Monatsmittels im Juni und Juli doch keine sehr tiefen Minima auftreten. Der tiefste Wert nach den Stundenwerten ist ja bloß — 36.8° und das schon im Mai. Diese Erwärmung von unten muß sich natürlich in erster Linie bei den tiefsten Werten der Temperatur bemerkbar machen, da dann die Temperaturdifferenzen zwischen dem gleichmäßig kalten Meer und der Luft am größten sind und damit auch der dieser Größe proportionale Wärmestrom am stärksten ist. Dies zeigt auch Tabelle 24 sehr klar. Während als allgemeiner Erfahrungssatz feststeht, daß die Minima der Temperatur sich im allgemeinen weiter von dem Mittel entfernen als die Maxima, so ist es hier umgekehrt, wenigstens in den Wintermonaten. Der Unterschied zwischen Mittel und mittlerem Minimum ist im Juni bis August geringer als der zwischen Mittel und mittlerem Maximum. Für die absoluten Maxima gilt diese Regel außerdem noch für den Mai. Die außergewöhnlich hohen Maxima rühren allerdings nicht von dieser Ursache her, sondern vor allem von der Nachbarschaft

Tabelle 24. Differenzen der Extreme
und Mittel.

Zeit	Mittleres Max. | Min. —Mittel		Absolutes Max. | Min. —Mittel	
17. XII.—10. I.	+ 1.39	— 1.73	+ 3.3	— 5.6
13.—29. I.	+ 1.19	— 1.52	+ 2.7	— 4.8
30. I — 4. III.	+ 2.41	— 2.70	+ 9.5	— 14.1
6.—31. III.	+ 2.01	— 2.17	+ 7.2	— 12.1
IV.	+ 3.21	— 3.40	+ 13.4	— 17.8
V.	+ 3.58	— 4.20	+ 16.3	— 14.5
VI.	+ 3.48	— 2.86	+ 22.2	— 8.9
VII.	+ 4.05	— 3.96	+ 24.6	— 10.4
VIII.	+ 3.93	— 3.63	+ 16.3	— 10.3
IX.	+ 5.31	— 5.95	+ 12.5	— 16.8
X.	+ 2.98	— 3.87	+ 10.7	— 12.9
XI.	+ 1.70	— 2.64	+ 7.4	— 15.0
1.—16. XII.	+ 1.32	— 1.33	+ 5.0	— 5.5

der warmen nordöstlichen Winde auf der Ostseite des Weddelltiefs, wodurch bei geeigneter Wetterlage hohe Temperaturen bis nahe an den Gefrierpunkt auftreten. Wenn daneben das benachbarte Snow-Hill auch im Winter sehr hohe Temperaturen zeigt, so haben diese doch einen ganz anderen Charakter und Ursprung, da sie durch Föhnwirkung entstehen. Hierauf werde ich später noch einzugehen haben.

Infolge der geringen Tiefe der Minima ist auch die absolute Jahresamplitude mit 40° für das Südpolargebiet recht klein. Nur das sonst sehr warme Port Charkot hat einen ähnlich kleinen Wert, während Snow-Hill eine über 10° höhere Amplitude aufweist.

Unter dem Jahresmittel bleiben im ganzen die fünf Monate April bis August. Der September erhebt sich nur um 0.8° darüber, sodaß er unter normalen Verhältnissen wohl auch noch unter das Mittel fallen würde. Die Temperaturwelle des jährlichen Ganges ist also recht symmetrisch. Besonders zu beachten ist, daß für die ganze Westantarktis die Extreme der Temperatur auf die Zeit des höchsten bezw. tiefsten Sonnenstandes fallen, während im allgemeinen und auch in der Ostantarktis bekanntlich eine Verspätung eintritt. Das mittlere Maximum erhebt sich in keinem Zeitabschnitt über Null Grad; seinen niedrigsten Wert hat es im Juni mit — 22.5°, wo wir auch das tiefste mittlere Minimum mit — 29.9° finden. Die Ausnahmestellung des September zeigt sich auch hier wieder, vor allem in dem ruckweisen Ansteigen des mittleren Maximums, während das mittlere Minimum ziemlich normal ist. Die Differenz zwischen mittlerem Maximum und mittlerem Minimum beträgt im Sommer etwa 3° und steigt im Juli auf etwa 8°, nur der September zeigt sein unruhiges Wetter mit einem Wert von 11.3°. Wie ein Vergleich mit der von Meinardus aufgestellten Tabelle zeigt, ist auf den meisten antarktischen Stationen die mittlere unperiodische Schwankung größer. Der Einfluß des festen Landes macht offenbar das Klima unruhiger wegen des größeren Unterschiedes zwischen dem kalten Inlandeis und dem wärmeren Meer, was in unserem Falle deutlich daraus hervorgeht, daß mit der Annäherung an das Prinzregent-Luitpold-Land die mittlere Schwankung erheblich ansteigt. Das absolute Maximum geht in den sieben Monaten März bis September niemals über Null Grad. In allen diesen Monaten kann es aber bis nahe an Null Grad herankommen. Der absolut höchste Wert der Temperatur wurde am 26. Februar in der Vahselbucht mit +3.2° erreicht. Hier dürfte aber auch dynamische Erwärmung durch Föhn mitwirken.

Wie schon die Betrachtung der Mittelwerte der Amplitude in den einzelnen Monaten gezeigt hat, steigt diese Zahl im Winter auf etwa den dreifachen Betrag des Sommers an, und im September sogar auf das Vierfache. Dies Verhalten kann ich noch etwas genauer untersuchen, wenn ich die Zahl der Tage mit bestimmten Amplitudengrößen betrachte. (Tabelle 25.) Ich wähle hier im Anschluß an Meinardus Stufen von 4°. Im Sommer fällt über die Hälfte aller Amplituden auf die unterste Stufe von 0—4°, nur im Februar liegt der häufigste Wert auf der nächsthöheren Stufe, um dann im März wieder auf die niedrigste Stufe zurückzugehen. Darin dürfen wir wieder die größere Veränderlichkeit des Inlandeisrandes erkennen. Die dritthöchste Stufe ist auch nur in dieser Zeit mit 6 Werten besetzt, deren höchster 11° ist. Vom April ab geht das Maximum auf die Stufe von 4—8° über, und auch Werte über 16° beginnen aufzutreten. Im Mai tritt als höchster Wert 17.3° am 18. auf. Im Winter bleibt das Maximum in der zweiten Stufe, aber die höheren sind stärker besetzt. Die Höchstwerte sind 24.3⁰ am 3. Juni und 25.0⁰ am 19. Juli. Der August ist schon wieder etwas ruhiger. Im Frühjahr ist der September wieder besonders ausgezeichnet, wo die häufigste Amplitude um 12⁰ herumliegt. Die höchste Stufe ist mit 6 Zahlen besetzt; der Maximalwert ist aber blos 20⁰ am 19. und 24. Hier macht sich eben schon das durchschnittliche Steigen der Temperatur bemerkbar. Im Oktober geht das Maximum bereits auf die zweite Stufe zurück, und im November auf die erste. Im Jahresdurchschnitt überwiegt die Zahl der Tage mit einer Amplitude von 4—8⁰ etwas die erste Stufe, aber nur wenig. Ein Vergleich mit der gleich angeordneten Tabelle im Gauß-Werk zeigt, daß dort größere Amplituden häufiger waren, als auf der D. A. E., daß aber hier die ganz großen Amplituden mehr vertreten sind.

Tabelle 25. Zahl der Tage mit Amplituden der Temperatur bestimmter Gruppen.

	1911/12 17.XII.—10. I.	1912 13.—29. I.	30. I.—4. III.	6.—31. III.	IV.	V.	VI.	VII.	VIII.	IX.	X.	XI.	I.—16. XII.	Sommer	Herbst	Winter	Frühling	Jahr
0⁰— 4⁰	18	12	12	14	8	4	10	7	4	1	8	16	13	55	26	21	25	127
4⁰— 8⁰	7	5	17	9	13	12	13	11	12	7	13	10	3	32	34	36	30	132
8⁰—12⁰	—	—	6	3	7	11	5	8	10	8	7	3	—	6	21	23	18	68
12⁰—16⁰	—	—	—	—	—	3	1	2	5	8	2	1	—	—	3	8	11	22
> 16⁰	—	—	—	—	2	1	1	3	—	6	1	—	—	—	3	4	7	14

Einen weiteren Einblick in den jährlichen Gang erhalte ich, wenn ich die Tagesmittel in den einzelnen Monaten und Jahreszeiten in Gruppen von je 5⁰ unterbringe. (Tabelle 26.) Im Dezember und Januar, also im Hochsommer, sinkt das Tagesmittel nie unter — 5⁰. Sowie das Schiff aber an das Inlandeis kam, sank sofort das Tagesmittel am 31. Januar unter diese Grenze und sogar zweimal unter — 15⁰. Das höchste Tagesmittel des Sommers und damit des Jahres und zugleich das einzige, das über dem Gefrierpunkt liegt, ist mit +0.08⁰ am 11. Dezember 1912. Berücksichtigt man aber, daß nach den Angaben des Aspirationspsychrometers die wahre Lufttemperatur im Dezember um einige Zehntel Grad tiefer als die Hüttentemperatur liegt, so wird auch dieser einzige positive Mittelwert noch verschwinden. Offenbar war gerade an diesem Tage die Temperatur durch Schiffseinfluß besonders gestört, da das Hüttenthermometer um 2ᵖ um mehr als 3⁰ zu hoch zeigte. Zieht man in Betracht, daß die mittlere Breite des Schiffsortes im Dezember nur etwa 62⁰ S. betrug und die äußerste Breite der benutzten Zeit etwa 60⁰ S. betrug, so erkennt man deutlich, daß die Sommertemperatur in der Weddellsee außergewöhnlich tief liegt.

Tabelle 26. Zahl der Tage mit Temperaturmitteln von:

	> 0⁰	0⁰ bis —5⁰	—5⁰ bis —10⁰	—10⁰ bis —15⁰	—15⁰ bis —20⁰	—20⁰ bis —25⁰	—25⁰ bis —30⁰	—30⁰ bis —35⁰	unter —35⁰	Höchste Tagesmittel	Tiefste Tagesmittel	Differenz
1911/12. 17. XII.—10. I.	—	25	—	—	—	—	—	—	—	— 0.29	— 2.92	**2.63**
1912. 13.—29. I. . .	—	17	—	—	—	—	—	—	—	— 0.54	— 4.12	3.58
30. I.—4. III. .	—	18	10	5	2	—	—	—	—	— 0.06	— 15.70	15.64
6.—31. III. . .	—	3	10	9	4	—	—	—	—	— 4.34	— 19.42	15.08
IV. . .	—	2	9	6	2	5	4	2	—	— 4.13	— 32.61	**28.48**
V. . .	—	—	—	3	6	12	8	1	1	— 10.13	— **35.79**	25.66
VI. . .	—	—	1	—	2	8	14	5	—	— 9.11	— 33.28	24.17
VII. . .	—	—	1	—	4	7	10	8	1	— 9.35	— 35.24	25.89
VIII. . .	—	—	—	2	4	15	8	2	—	— 12.42	— 31.73	19.31
IX. . .	—	1	8	12	6	3	—	—	—	— 3.98	— 24.73	20.75
X. . .	—	9	5	7	10	—	—	—	—	— 0.70	— 19.03	18.33
XI. . .	—	11	14	4	2	—	—	—	—	— 0.25	— 16.44	16.19
1.—16. XII. .	1	16	—	—	—	—	—	—	—	+ **0.08**	— 4.89	4.97
Sommer . .	1	76	10	5	2	—	—	—	—	+ 0.08	— 15.70	15.78
Herbst . . .	—	5	19	18	12	17	12	3	1	— 4.13	— 35.79	31.66
Winter . . .	—	—	—	2	10	30	32	15	1	— 9.11	— 35.24	26.13
Frühling . .	—	20	27	23	18	3	—	—	—	— 0.25	— 24.73	24.48
Jahr	1	101	58	48	42	50	44	18	2	+ 0.08	— 35.79	35.87

Während also die Streuung der Werte im Sommer sehr gering ist, abgesehen vom Februar bleibt der Unterschied zwischen dem höchsten und tiefsten Tagesmittel immer unter 5⁰, so ist sie dagegen in den anderen Monaten recht beträchtlich. Am größten ist sie im April, wo das höchste Tagesmittel —4.1⁰ und das tiefste —32.6⁰ ist, also 28.5⁰. Sie beträgt von Februar bis November immer über 15⁰, in drei Monaten sogar über 25⁰. Das tiefste Tagesmittel fällt in den Mai mit — 35.8⁰ und ist nur ein Grad höher als das absolute Minimum, ein Beweis für die tagelang anhaltende gleichmäßig tiefe Temperatur in der kalten Jahreszeit. Dagegen bringen die schnellen Temperaturanstiege im Winter gelegentlich das Tagesmittel bis über — 10⁰. Im ganzen Jahre liegt das

Tagesmittel am häufigsten zwischen $0°$ und $-5°$. Auf die übrigen Stufen verteilt es sich ziemlich gleichmäßig bis zu $-30°$ und hat ein sekundäres Maximum zwischen $-20°$ und $-25°$. Tagesmittel unter $-25°$ kommen noch 64 mal vor, bei der Gauß-Station dagegen nur 25 mal.

Wie Tabelle 27 zeigt, ist die Temperatur nur an 20 Tagen des Jahres über dem Gefrierpunkt gewesen; wegen der Strahlungsfehler ist auch diese Zahl sicher noch zu hoch. Ein frostfreier Tag kam überhaupt nicht

Tabelle 27. Zahl der Tage mit Temperaturextremen von:

	über $0°$	$0°$ bis $-5°$	$-5°$ bis $-10°$	$-10°$ bis $-15°$	$-15°$ bis $-20°$	$-20°$ bis $-25°$	$-25°$ bis $-30°$	$-30°$ bis $-35°$	unter $-35°$	Σ
a) Maxima										
Sommer	14	**66**	10	3	—	—	—	—	—	93
Herbst	—	8	**27**	14	21	11	4	2	—	87
Winter	—	3	4	7	19	**34**	21	4	—	92
Frühling	6	**34**	27	18	5	1	—	—	—	91
Jahr	10	**111**	68	42	45	46	25	6	—	363
b) Minima										
Sommer	—	**56**	25	8	3	1	—	—	—	93
Herbst	—	1	13	13	**19**	13	14	12	2	87
Winter	—	—	—	1	5	14	**37**	32	3	92
Frühling	—	16	13	16	21	**22**	3	—	—	91
Jahr	—	**73**	51	38	48	50	54	44	5	363

vor. Mit diesen Zahlen übertrifft die D. A. E. sogar die weit südlicher gelegene Discovery-Station und wird ihrerseits durch Framheim übertroffen. Auch hierin zeigt sich die extreme Sommerkälte der Weddellsee sogar noch an ihrem nördlichen Rande.

Weiter oben ist die Häufigkeitsverteilung der Tagesmittel besprochen worden. Gehe ich noch weiter zurück auf die Stundenmittel, so erhalte ich neue wichtige Ergebnisse. Hier wähle ich Stufen von zwei zu zwei Grad. In Tabelle 28 gebe ich die prozentische Häufigkeit der Stundenwerte für die Jahreszeiten und das Jahr; siehe auch die graphische Darstellung in Figur 7. Im Sommer fällt die überwiegende Anzahl aller Zahlen zwischen $0°$ und $-4°$ (über $70°/_0$). In den anderen Jahreszeiten zeigt die Verteilungskurve nicht mehr dies einheitliche Verhalten, sondern es zeigen sich mehrere Häufigkeits-Maxima. Eigentümlicherweise scheint die Lage dieser Maxima nicht willkürlich und zufälliger Natur zu sein, sondern sie gruppieren sich um bestimmte Temperaturen herum. Im Sommer und Frühling tritt ein Maximum zwischen $0°$ und $-2°$ auf, ein weiteres liegt um $-8°$ herum; auch im Sommer ist hier eins durch Gefällsänderung der Kurve angedeutet. Im Herbst und Frühling finden wir ein weiteres bei $-16°$, das besonders in dem Jahresmittel hervortritt, ein weiteres im Herbst und Winter (der Frühling hat in diesem Intervall zu wenig Werte) bei $-28°$. Eine physikalische Ursache für diese Erscheinung dürfte im Gefrierprozeß des Wassers liegen, das bei $-1.9°$ zum Gefrieren kommt. Jedoch ist das Gefrieren einer Salzlösung mit

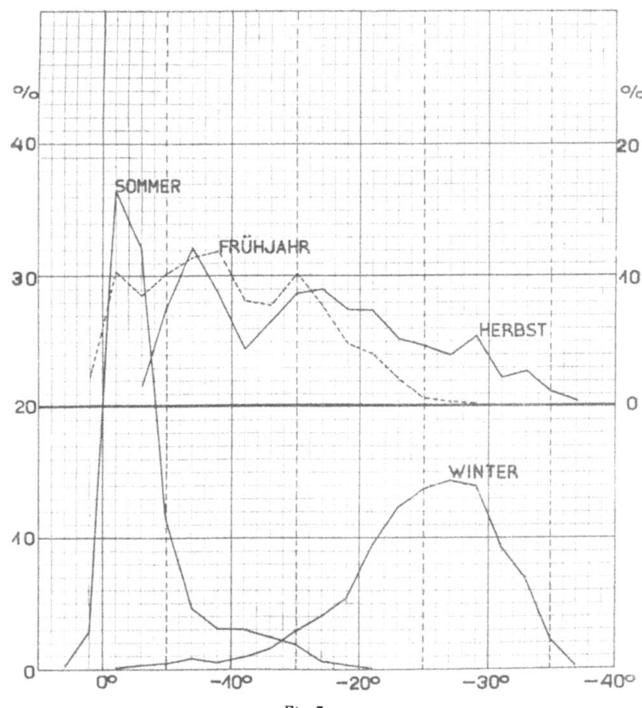

Fig. 7.
Prozentische Häufigkeit der Stundenwerte der Temperatur nach Stufen von $2°$ C.

mehreren Komponenten, wie es das Meerwasser ist, kein so ganz einfacher Vorgang. Auch scheiden sich die Salze beim Gefrieren nicht in derselben Form aus, wie sie es beim Abdampfen tun. Bei einfachen Salzlösungen gibt es eine Temperatur, bei der Eis und Salz in fester Form nebeneinander vorkommen. Dies ist die eutektische Temperatur. Nach Krümmel (Handbuch der Ozeanographie Bd. I, S. 503) sind die eutektischen Temperaturen für die aus dem Meerwasser zur Ausscheidung kommenden Salze die folgenden: Natriumsulfat -0.7°, Kaliumchlorid -11.1°, Natriumchlorid -21.9°, Magnesiumchlorid -33.6° und Calciumchlorid -55°. In einem Gemisch von Salzen sind die eutektischen Temperaturen aber nicht dieselben wie bei einfachen Lösungen. So ist die eutektische Temperatur für Natriumsulphat im Meerwasser statt -0.7° erst -8.2°. Für die anderen Salze scheinen diese Änderungen noch nicht untersucht zu sein. Diese eutektischen Temperaturen finden wir nun zum großen Teil in den verschiedenen Maxima der Temperaturverteilungskurve wieder, z. B. bei etwa -8°, bei -22° und bei etwa -33°. Wenn dem Meerwasser gleichmäßig Wärme entzogen wird, so wird seine Temperatur zunächst auch gleichmäßig sinken bis zum Gefrierpunkt, dann bleibt die Temperatur konstant, bis die Hauptmenge Eis sich ausgeschieden hat, erst dann sinkt die Temperatur von neuem. Dieser Vorgang tritt dann freilich in geringerem Maße bei den verschiedenen eutektischen Temperaturen von neuem auf. Die Lufttemperatur schließt sich nun zum Teil diesem stufenförmigen Sinken an. Dieser Anschluß wird um so enger sein können, je geringer die mit dem gefrierenden Meerwasser in Berührung kommende Luftmenge ist. Wegen der später

Tabelle 28. Prozentische Häufigkeit der Stundenwerte
der Temperatur nach Stufen von 2 ° C.*)

Stufe	Sommer	Herbst	Winter	Frühling	Jahr
$+$ 2.1 bis $+$ 4.0°	0.17	—	—	—	0.04
0.0 » $+$ 2.0	2.96	—	—	2.14	1.29
$-$ 0.0 » $-$ 2.0	**38.27**	—	0.09	**10.05**	12.14
$-$ 2.1 » $-$ 4.0	32.08	1.48	0.23	8.62	**13.79**
$-$ 4.1 » $-$ 6.0	11.34	7.61	0.41	10.12	7.37
$-$ 6.1 » $-$ 8.0	4.71	**12.11**	**0.77**	11.45	7.18
$-$ 8.1 » $-$ 10.0	3.14	8.66	0.64	**11.85**	6.01
$-$ 10.1 » $-$ 12.0	2.96	4.64	0.95	8.23	4.15
$-$ 12.1 » $-$ 14.0	2.31	6.74	1.58	7.77	4.60
$-$ 14.1 » $-$ 16.0	1.89	8.80	2.98	**10.03**	**5.87**
$-$ 16.1 » $-$ 18.0	0.62	**9.04**	4.07	7.68	5.28
$-$ 18.1 » $-$ 20.0	0.31	7.51	5.52	4.91	4.51
$-$ 20.1 » $-$ 22.0	0.04	7.42	9.55	4.05	**5.23**
$-$ 22.1 » $-$ 24.0	—	5.17	12.31	2.20	4.92
$-$ 24.1 » $-$ 26.0	—	4.74	13.80	0.56	4.79
$-$ 26.1 » $-$ 28.0	—	4.01	**14.30**	0.32	4.67
$-$ 28.1 » $-$ 30.0	—	**5.31**	13.98	0.18	**4.87**
$-$ 30.1 » $-$ 32.0	—	2.20	9.32	—	2.90
$-$ 32.1 » $-$ 34.0	—	**2.78**	6.92	—	2.42
$-$ 34.1 » $-$ 36.0	—	1.20	2.31	—	0.87
$-$ 36.1 » $-$ 38.0	—	0.48	0.18	—	0.06

*) In dieser Tabelle sind auch die sekundären Maxima durch fetten Druck hervorgehoben.

eingehend zu behandelnden Bodeninversion ist der vertikale Luftaustausch nur gering, und damit ist auch die mit der Eisfläche in Berührung kommende Luftmenge nicht mächtig und kann wegen ihrer geringen Wärmekapazität den Temperaturen der Eisfläche sich gut anpassen. Selbstverständlich ist der Temperaturgang nicht allein durch die Eisdecke bedingt, sondern auch noch durch viele andere Faktoren. Unter anderem wird eine Schneedecke auf dem Eise hemmend auf die Temperaturangleichung wirken müssen.

Da bei einer einjährigen Beobachtungsreihe immerhin noch die Möglichkeit des Zufalls bestehen könnte, habe ich noch zwei andere solcher Reihen behandelt, bei denen die Umgebung des Beobachtungsortes sehr ähnlich ist, das sind die ebenfalls einjährigen Temperaturreihen des »Gauß« und der »Belgica«. Es zeigt sich, daß auch in diesen Reihen der Gang nicht gleichmäßig ist, sondern daß auch hier sekundäre Extreme auftreten, die sich ebenfalls annähernd um die obigen eutektischen Temperaturen anordnen. Kleinere Abweichungen von etwa 2° dürfen wohl kaum als prinzipielle Abweichungen gedeutet werden, zumal an diesen Orten die Dicke der Schneedecke erheblich größer war als im Weddellmeer.

Ein weiteres Charakteristikum der Temperaturverteilungskurve liegt in folgendem: In unseren Breiten ist die Häufigkeitskurve annähernd nach dem Maxwellschen Verteilungsgesetz gestaltet. Hier aber finden wir, wie besonders klar Figur 7 zeigt, im Sommer ein sehr schnelles Steigen der Kurve und ein langsameres Absinken. Dies ist auch nicht weiter wunderbar, da das Schmelzen und Gefrieren des Eises keine wesentlich höhere Temperatur als 0° zuläßt und eine Advektion wärmerer Luft im südlichen Eismeer nicht in Frage kommt, da größere eisfreie Flächen in weitem Umkreise nicht vorhanden sind. Die Winterkurve zeigt aber auch ein ähnlich scharfes Abschneiden nach unten hin. Die Ursache liegt vermutlich in der Wärmezufuhr von unten in Waken und durch das dünne Meereis hindurch. Bei größerer Landnähe dürfte dieser Vorgang in nur geringerem Maße eintreten, wie dies z. B. bei der Gauß-Station der Fall ist.

3) Die interdiurne Veränderlichkeit der Lufttemperatur.

Die Berechnung der interdiurnen Veränderlichkeit der Lufttemperatur geschah nach derselben Methode, wie sie beim Luftdruck geschildert ist. Die folgende Tabelle 29 gibt den täglichen Gang für die Jahreszeiten und das Jahr; die Diskussion stützt sich daneben noch auf die monatlichen Werte.

Die Extreme des täglichen Gangs sind in den einzelnen Monaten recht verschieden über den Tag verteilt, sodaß sich keine besondere Gesetzmäßigkeit erkennen läßt. Klare, einfache Gänge finden sich nur in wenigen Monaten, z. B. im April, September, Oktober und November. Der April zeigt eine einfache Welle mit Maximum um 5ᵖ und Minimum um 4ᵃ, während der Oktober annähernd den umgekehrten Gang zeigt, Maximum um 5ᵃ und Minimum um 2ᵖ. Der September hat eine ausgesprochene Doppelwelle. April und Oktober haben die größten Amplituden. Die Zusammenfassung nach Jahreszeiten ergibt deswegen nur geringe Amplituden und zum Teil einen wenig ausgesprochenen täglichen Gang. Der Sommer läßt eine einfache Welle erkennen und ebenso das Frühjahr, das hier die größte Amplitude hat. Herbst und Winter zeigen im allgemeinen den umgekehrten Gang, wenn sich auch eine Doppelwelle herauslesen läßt. Das Jahresmittel zeigt einen geringen täglichen Gang und zwar eine einfache Welle.

Ein Vergleich mit den entsprechenden Werten der Gauß-Station läßt in den Jahreszeiten immerhin einige Ähnlichkeiten erkennen, vor allem im Frühjahr, wenn auch dort die Amplituden größer sind. In den meisten einzelnen Monaten lassen sich keine Übereinstimmungen feststellen. Zur einwandfreien Ableitung der täglichen Gänge reicht offenbar hier wie dort eine Jahresreihe nicht aus.[1])

Die Grundlagen für die Untersuchung des jährlichen Gangs gibt Tabelle 30. In den drei ersten Spalten ist die interdiurne Veränderlichkeit nach der sonst meist üblichen Ableitung aus den Differenzen der Tagesmittel gegeben, und zwar erstens unabhängig vom Vorzeichen und zweitens gesondert für positive und negative Änderungen. Die nächsten drei Spalten zeigen dasselbe aus den Stundenmitteln abgeleitet. Die weiteren Spalten zeigen die größten Werte nach beiden Methoden, und schließlich zeigen die letzten drei Spalten die Temperaturwellen.

Auch hier ergibt sich, daß immer die wahre interdiurne Veränderlichkeit erheblich größer ist als die aus den Tagesmitteln abgeleitete. Die interdiurne Veränderlichkeit ist im Sommer am geringsten und im Winter am größten. Die Winterwerte unterscheiden sich allerdings nicht sehr viel von den Herbst- und Frühjahrswerten. Das Frühjahrsmittel wird aber stark durch die sehr hohe Veränderlichkeit des September heraufgedrückt. Der jährliche Gang zeigt drei deutliche Maxima. Das Hauptmaximum liegt wieder im September mit 7.06° und ist um fast 1.5° höher als der nächst höchste Wert. Der Abfall zum Dezember ist dann besonders steil. Ein zweites Maximum finden wir im Mai und ein drittes, kleines, im Februar, das offenbar dem Einfluß des Festlandrandes seinen Ursprung verdankt.

Tab. 29. Täglicher Gang der interdiurnen Veränderlichkeit der Temperatur.

	Sommer	Herbst	Winter	Frühling	Jahr
1ᵃ	1.75	4.18*	4.52	4.84	3.81
2ᵃ	1.73	4.30	4.48*	4.88	3.83
3ᵃ	1.78	4.42	4.51	4.95	3.90
4ᵃ	1.77	4.48	4.48*	5.01	3.92
5ᵃ	1.87	4.50	4.48*	**5.16**	3.99
6ᵃ	1.80	4.52	4 64	5.15	**4.01**
7ᵃ	**1.92**	4.30	4.63	5.13	3.98
8ᵃ	1.75	4.20	4.75	4 99	3.91
9ᵃ	1.79	4 28	4.74	4.63	3 85
10ᵃ	1.73	4.47	4.77	4.38	3.82
11ᵃ	1.73	4.60	4.90	4.12	3.82
12ᵃ	1.62	4.65	**5.14**	4.01	3.84
1ᵖ	1.68	4.61	5.05	3.80	3.77
2ᵖ	1.62	4.70	4.96	3.78	3.74
3ᵖ	1.54	4 76	4.89	3.73*	3.71*
4ᵖ	1.61	**4.80**	4.90	3.81	3.76
5ᵖ	1 50*	4.77	4 74	3.95	3.72
6ᵖ	1.50*	4.66	4.86	4.11	3.76
7ᵖ	1.55	4.55	4.92	4.42	3.84
8ᵖ	1.61	4.48	4.99	4 62	3.91
9ᵖ	1.64	4.45	4.81	4.66	3.87
10ᵖ	1.52	4.34	4.82	4.57	3.80
11ᵖ	1.65	4.28	4.78	4.60	3.81
12ᵖ	1.71	4.21	4.69	4.66	3.80
Mittel ..	1.68	4.48	4.77	4.50	3.84

Tabelle 30. Jährlicher Gang der interdiurnen Veränderlichkeit (I. V.) der Temperatur.

Zeit	Mittlere I. V. der Tagesmittel			Mittlere I. V. in 24 Stunden			Größte Erwärm. | Erkalt. in 24 Stunden		Größte Erhöh. | Erniedr. der Tagesmittel		Mittlere Erwärm. | Erkalt. in Tagen		Temperaturwellen in Tagen
	absol.	+	—	absol.	+	—							
Sommer . . .	1.37⁷	1.25	1.49	1.68	1.69	1.77	12.1	12.5	9.28	6.45	2.0	2.0	4.0
Herbst . . .	3.69	3.58	3.80	4.48	4.57	4.48	17.2	17.9	10.45	9.12	2.0	2.0	4.0
Winter . . .	3.86	3.85	3.89	4.77	4.84	4.83	23.7	26.6	11.96	13.46	1.7	1.6	3.3
Frühling . .	3.40	3.58	3.23	4.50	4.43	4.71	23.1	20.5	11.84	13.36	1.7	1.7	3.4
Jahr	3.07	3.04	3.10	3.84	3.90	3.91	23.7	26.6	11.96	13.46	1.83	1.83	3.66
Amplituden . .	4.52	5.32	3.98	6.26	6.48	6.01	20.0	22.3	10.84	12.41			

Der jährliche Gang ist vermutlich stark beeinflußt durch die Ortsveränderung des Schiffes, vor allem das Maximum im September durch die Annäherung an die Hauptzugstraße der Depressionen mit ihren starken Temperaturschwankungen.

Ein Vergleich zwischen dem jährlichen Gang des Luftdrucks und dem der Temperaturveränderlichkeit läßt einen engen Zusammenhang zwischen beiden erkennen. Dem Druckminimum im April, also im Herbst, sowie demjenigen im Frühjahr entspricht eine große Veränderlichkeit der Temperatur, die Druckmaxima zeigen geringere Werte. Zyklonaler Witterung entspricht also große Temperaturveränderlichkeit, antizyklonale Witterung ist von geringerer Veränderlichkeit der Temperatur begleitet. Andererseits hängt die interdiurne Veränderlichkeit auch von der Tiefe der Temperatur selbst ab, infolge der dadurch bewirkten Temperaturgradienten in meridionaler Richtung; beide Ursachen überlagern sich. Besonders gering ist die Veränderlichkeit in der ersten Periode, weil

---

[1]) W. Budig (Meteorolog. Zeitschr. 1920, S. 261) bekommt aus dem Potsdamer 25jährigen Material wesentlich andere und vor allem viel regelmäßigere Werte.

hier geringe Gradienten mit Hochdruckwetter zusammenfallen. Die absolute Größe der interdiurnen Veränderlichkeit der Tages- sowohl wie der Stundenmittel ist bei der D. A. E. größer als beim »Gauß«. Auch die Schwankung, d. h. die Differenz zwischen Maximum und Minimum, ist hier größer als dort.

Einen weiteren Einblick in die Natur der interdiurnen Veränderlichkeit gewinnt man, wenn man ihre Größe nach Stufen ordnet. Ich tue das zunächst nach dem Vorgang von Meinardus nach Stufen von zwei zu zwei Grad in Tabelle 31. Hier teile ich nur die Zahlen für die Jahreszeiten mit und berücksichtige daneben in der Diskussion das Ergebnis der Auszählungen für die kürzeren Zeitabschnitte. Im Sommer ist der Unterschied zwischen zwei aufeinanderfolgenden Tagesmitteln nur einmal größer als 2°, wenn ich von dem durch Landnähe beeinflußten Februar absehe; in diesem Monat kommt sogar ein Wert von + 9.3° vor. Im Herbst liegt ebenfalls wieder das Häufigkeitsmaximum auf der untersten Stufe, wenn auch die Streuung erheblich ist und ein

Tab. 31. Häufigkeit bestimmter Werte der interdiurnen Veränderlichkeit der wahren Tagestemperaturmittel.

Zeit	0—2°	2—4°	4—6°	6—8°	8—10°	10—12°	12—14°
Sommer . .	75	11	4	1	1	—	—
Herbst . . .	32	20	13	15	6	1	—
Winter . . .	27	28	18	11	3	3	2
Frühling . .	39	25	12	5	5	5	1
Jahr	173	84	47	32	14	9	3

sekundäres Maximum zwischen 6 und 8° aufweist. Im Winter verschiebt sich der häufigste Wert auf die zweite und dritte Stufe. Im Frühjahr bleibt dies so bis zum November, wo eine plötzliche Annäherung an die Sommerverhältnisse eintritt. Der größte Unterschied zwischen zwei Tagesmitteln ist 13.5°, und 12° wird dreimal überschritten. Im Gegensatz dazu kommen auch im Winter verschiedentlich nur ganz geringe Werte von wenigen Hundertsteln Grad vor. Bei der D. A. E. sind die kleinen Werte etwas seltener als beim »Gauß« und die mittleren häufiger.

Aus den 24 stündigen Änderungen kann ich eine ähnliche Tabelle zusammenstellen wie in der vorhergehenden Tabelle, was in Tabelle 32 geschehen ist. Hier bietet sich im großen nnd ganzen dasselbe Bild, nur sind noch höhere Stufen vertreten. Der häufigste Wert liegt mit Ausnahme des Septembers immer in der untersten Stufe. In diesem Monat ist auch die Stufe von 12—16° nicht weniger als 99 mal vertreten, das ist mehr als sonst

Tabelle 32.
Häufigkeit bestimmter Werte der wahren interdiurnen Veränderlichkeit.

	0—2°	2—4°	4—6°	6—8°	8—10°	10—12°	12—16°	16—20°	20—24°	24—28°
Sommer . . .	1624	383	124	62	29	8	2	—	—	—
Herbst . . .	689	499	274	259	161	113	79	14	—	—
Winter . . .	699	446	392	258	191	103	75	23	16	5
Frühling . . .	808	508	289	166	142	94	129	36	12	—
Jahr	3820	1836	1079	745	523	318	285	73	28	5

in einem Vierteljahr. Werte von 20° werden noch 33 mal überschritten und solche von 24° noch 5 mal, letzteres nur im Winter. Die größte Veränderung findet vom 19. zum 20. Juli statt mit —26.6° und —26.4°. Diese Zahlen sind größer als beim »Gauß«, wo übrigens die größten Veränderungen von über 20° auf den Winter fallen. Andere große Veränderungen der Temperatur sind außerdem noch weiter unten behandelt.

4) Die Temperaturwellen.

Die Dauer von Erwärmungen und Abkühlungen, also die Temperaturwellen, die sich aus der interdiurnen Veränderlichkeit der Tagesmittel ableiten lassen, sind schon in Tabelle 30 mitgeteilt. Im Gegensatz zum »Gauß« ist die mittlere Dauer der Erwärmungen und Abkühlungen in den Jahreszeiten und im Jahr genau gleich groß. Auch hier ist die Wellenlänge im Sommer und Herbst am größten mit 4.0 Tagen gegen 3.3 und 4.6 Tage dort, im Winter und Frühjahr am kürzesten mit 3.3 und 3.4 Tagen gegen 3.7 und 4.3 Tage dort. Die Wellenlänge im Jahresdurchschnitt ist dementsprechend auch kürzer als dort mit 3.66 Tagen gegen 3.97 Tage. Der unruhigste Monat in dieser Beziehung ist wieder der September mit einer Wellenlänge von nur 2.9 Tagen. Im Durchschnitt fallen auf den Monat 8—8.5 Wellen.

Die kürzere Dauer der Wellen zeigt sich vor allem darin, siehe Tabelle 33, daß Wellen von mehr als 5 Tagen Dauer nicht vorkommen, während es beim »Gauß« deren noch 7 gibt. Hauptsächlich sind die ganz kurzen Wellen stärker vertreten als dort. Die eintägige Welle ist die häufigste und ist in mehr als 50% vertreten. Gegen dort sind auch die dreitägigen Wellen noch häufig.

Tabelle 33. Dauer der Erwärmungen und Abkühlungen.
Zahl der Fälle.

	Tage	1	2	3	4	5	Summe
Sommer . . .	+	9	7	5	1	1	} 45
	—	11	3	5	2	1	
Herbst . . .	+	8	6	6	1	—	} 43
	—	11	3	6	1	1	
Winter . . .	+	16	7	4	—	1	} 56
	—	16	8	3	1	—	
Frühling . .	+	19	1	5	1	1	} 53
	—	11	12	2	1	—	
Jahr	+	52	21	20	3	3	} 197
	—	49	26	16	5	2	
Summe . . .	±	101	47	36	8	5	197

Die Temperaturwellen sollen nun auch noch nach derselben Methode untersucht werden, wie es bereits bei den Luftdruckwellen geschehen ist. Es wurden deswegen wieder die 24-Stundenmittel gebildet: 1^a-12^p, 7^a-6^a usw. Es wurden daraus dann durch übergreifende Mittel aus dem komplexen Wellenzug die Elementarwellen abgeleitet. Das Resultat ist in Tabelle 34 enthalten. Wie beim Luftdruck ergeben sich auch hier 4 Einzelwellen von praktisch derselben Wellenlänge wie dort. Die Periodendauer ist im allgemeinen etwas geringer, der Unterschied beträgt aber nur 5 — 10 %. Auch diese Wellen sind in der Regel etwas unsymmetrisch, da das Fallen der Temperatur meist etwas schneller erfolgt als das Steigen. In vielen Einzelheiten lassen sich Zusammenhänge zwischen Temperatur- und Druckwellen auffinden; z. B. gehen die Wellenlängen in den einzelnen Jahreszeiten meist parallel miteinander. Die Amplituden der Wellen sind auch nicht unerheblich, am geringsten sind sie im Sommer und am größten im Winter bezw. Herbst. Ebenfalls geht wenigstens bei der ersten und zweiten Welle die Amplitudengröße der Druck- und Temperaturwelle parallel; je größer die Druckwelle, um so größer auch die Temperaturwelle. Die zweite Welle hat in beiden Fällen die geringste Amplitude, die vierte Welle die größte. Diese Welle macht in gewisser Beziehung eine Ausnahme, da sie erheblich kürzer ist als die Druckwelle. Dies rührt zum Teil daher, daß ich den Sommer zu ihrer Ableitung nur etwa zur Hälfte benutzen konnte, weil dort ihr Ausschlag so gering ist, daß sie sich nicht mehr heraushebt. Dadurch wird die mittlere Wellenlänge vermutlich verkürzt und die mittlere Amplitude vergrößert. Andererseits ist es natürlich auch möglich, daß diese geringe Wellenlänge reell ist

Tabelle 34. Temperaturwellen.

	Mittlere Dauer in Tagen			Mittlere Amplitude C⁰
	einer Welle	des Steigens	des Fallens	
	1. Welle.			
Sommer . . .	2.26	1.18	1.08	1.36
Herbst . . .	2.30	1.16	1.14	4.06
Winter . . .	2.45	1.22	1.23	5.23
Frühling . .	2.20	1.10	1.10	4.36
Jahr	2.30	1.16	1.14	3.66
	2. Welle.			
Sommer . . .	4.55	2.36	2.19	1.38
Herbst . . .	4.73	2.45	2.28	3.41
Winter . . .	4.57	2.26	2.31	3.22
Frühling . .	4.44	1.94	2.50	2.70
Jahr	4.58	2.26	2.32	2.64
	3. Welle.			
Sommer . . .	9.70	5.05	4.65	2.06
Herbst . . .	9.55	5.55	4.00	3.83
Winter . . .	10.35	5.35	5.00	3.66
Frühling . .	9.72	4.82	4.90	3.60
Jahr	9.85	5.20	4.65	5.33
	4. Welle.			
Jahr	22.97	11.02	11.95	4.33

5) Größere Temperaturänderungen in kurzer Zeit.

Zur Untersuchung der ganz kurz dauernden Temperaturänderungen wurden aus den allgemeinen Temperaturtabellen noch die Differenzen zwischen zwei aufeinanderfolgenden Stundenwerten gebildet, auf denen die folgenden Erörterungen beruhen. Zunächst seien die Fälle zusammengestellt, in denen die Temperatur um mehr als 2^0 in der Stunde sich geändert hat (siehe Tabelle 35). Es tritt abermals der September durch seine überwiegende Zahl solcher Änderungen hervor. Ferner zeigt auch wieder der Februar den Einfluß des Inlandeises auf die Veränderlichkeit der Temperatur. Abgesehen hiervon liegt die größte Zahl solcher Änderungen im Winter.

Tabelle 35. Stündliche Änderungen der Temperatur von $> 2.0^0$.

	1911 12 17. XII. —10. I.	1912 13.—29. I.	30. I. —4. III.	6.—31. III.	IV.	V.	VI.	VII.	VIII.	IX.	X.	XI.	1.—16. XII	Sommer	Herbst	Winter	Frühjahr	Jahr
+	1	1	12	2	3	12	6	17	10	28	3	4	2	16	17	33	35	101
—	2	1	16	6	10	10	9	15	5	29	7	3	1	20	26	29	39	114
Summe . .	3	2	28	8	13	22	15	32	15	57	10	7	3	36	43	62	74	215
davon > 4.0⁰	—	—	5	—	—	—	1	5	—	6	1	1	—	5	—	6	8	19
» > 6.0⁰	—	—	1	—	—	—	—	3	—	2	—	—	—	1	—	3	2	6

Lehrreich ist wieder der Vergleich mit der gleich angeordneten Tabelle des »Gauß-Werkes«. Er zeigt daß solche Änderungen dort etwa doppelt so häufig vorgekommen sind. Hier wie dort sind diese Zahlen am größten im Frühjahr und am kleinsten im Sommer. Bei der D. A. E. sind die negativen Änderungen häufiger, wenigstens in vielen Monaten, und auch in den Jahreszeiten außer dem Winter, während an der Gauß-Station die Temperaturanstiege dieser Größe überwiegen.

Stündliche Änderungen über 4^0 kamen nur 19mal vor und solche über 6^0 nur sechsmal.[1] Diese großen Änderungen sind fast durchweg ein Fallen der Temperatur; ein Steigen dieser Größe ereignete sich nur zweimal, das eine Mal im Februar, und ist hier wohl auf Föhn zurückzuführen, das andere Mal im Juli bei dem Vorübergang einer Depression.

---

[1] Die Eintrittszeiten und Beträge der letzteren waren folgende: 1912, 20. Februar $9-10^p +6.1^0$; 19. Juli $12-1^p -6.7^0$; 31. Juli $5-6^p +8.0^0$, $8-9^p -7.7^0$; 22. September $12-1^p -6.8^0$; 24. September $6-7^p -9.9^0$.

Die Häufigkeit der größeren stündlichen Temperaturänderungen ist nicht gleichmäßig über die Tagesstunden verteilt, sondern es tritt ähnlich wie bei der Gauß-Station zwischen 6^a und 9^a, sowie 6^p und 9^p je ein deutlich erkennbares Maximum auf, wie Tabelle 36 zeigt. Jedoch zeigen die positiven und negativen Änderungen ein verschiedenes Verhalten. Ein Steigen der Temperatur ist in den Vormittagsstunden häufiger und ein Sinken am Nachmittag. Dies zeigt sich in allen Jahreszeiten außer im Herbst. Im Jahre läßt auch die Differenz der Zahlen für Steigen und Fallen eine Doppelwelle erkennen.

Zum Schluß seien noch in Tabelle 37 einige größere Temperaturänderungen von mehr als einstündiger Dauer zusammengestellt, die auch einiges Interesse beanspruchen dürften.

Eine flüchtige Durchsicht der registrierten Kurven lehrt, daß der Verlauf der Temperatur im allgemeinen ruhig und glatt ist. Auch die eben besprochenen starken Änderungen machen dabei keine Ausnahme, da auch ihr Verlauf fast durchweg stetig ist. Der Charakter der Temperaturkurven steht damit in schroffstem Gegensatz zu denen des benachbarten Snow-Hill, von denen Bodmann in dankenswerter Weise

Tabelle 36. Verteilung der stündlichen Temperaturänderungen $> 2.0^0$ auf die Tagesstunden.

Zahl der Fälle.

		$0-3^a$	$3-6^a$	$6-9^a$	$9-12^a$	$0-3^p$	$3-6^p$	$6-9^p$	$9-12^p$
Sommer	+	1	2	2	6	2	—	1	2
	—	1	2	2	2	—	3	6	4
	Summe	2	4	4	8	2	3	7	6
Herbst	+	5	1	2	—	2	1	2	4
	—	3	3	7	2	—	1	5	5
	Summe	8	4	9	2	2	2	7	9
Winter	+	3	7	2	7	2	3	4	5
	—	1	4	7	—	4	5	5	3
	Summe	4	11	9	7	6	8	9	8
Frühling	+	8	5	8	4	5	1	—	4
	—	4	3	3	4	6	6	9	4
	Summe	12	8	11	8	11	7	9	8
Jahr	+	17	15	14	17	11	5	7	15
	—	9	12	19	8	10	15	25	16
	Summe	26	27	33	25	21	20	32	31
	Differenz	+ 8	+ 3	— 5	+ 9	+ 1	— 10	— 18	— 1

viele Proben veröffentlicht hat. Stärkere Zacken kommen zwar gelegentlich vor, vor allem in der Nachbarschaft des Prinzregent-Luitpold-Landes, bilden aber seltene Ausnahmen. Wenn gerade sie als besonders interessant in der Witterungsübersicht wiedergegeben werden, so sind sie eben doch nicht normale Erscheinungen. In einem späteren Kapitel werde ich noch Gelegenheit haben, auf die physikalische Ursache der schnellen Temperaturschwankungen, wie sie Snow-Hill so extrem ausgebildet zeigt, näher einzugehen.

Tabelle 37. Größere Temperaturänderungen.

Datum	Zeit	Anfangs-wert	End-wert	Betrag	Datum	Zeit	Anfangs-wert	End-wert	Betrag
1912 23. April	$7-11^p$	-15.8^0	-26.2^0	-10.4^0	16./17. September	11^p-3^a	-17.1^0	-4.3^0	$+12.8^0$
28. »	$9-11^p$	-8.9	-14.9	-6.0	17. »	$7-9^a$	-2.3	-10.1	-7.8
16. Mai	$9-12^p$	-31.5	-22.4	$+9.1$	20. »	$0-2^p$	-4.9	-11.3	-6.4
3. Juni	$3-7^a$	-6.0	-20.5	-14.5	22. »	$0-2^p$	-2.2	-11.8	-9.6
17. Juli	$3-6^p$	-17.7	-26.9	-9.2	23. »	$2-4^p$	-9.5	-2.3	$+7.2$
19. »	$0-3^p$	-7.6	-22.0	-14.4	23. »	$8-10^p$	-3.1	-11.0	-7.9
31. »	$3-6^p$	-11.7	-1.5	$+10.2$	24. »	$2-4^p$	-9.5	-2.3	$+7.2$
31. »	$7-10^p$	-1.4	-12.7	-11.3	24. »	$6-8^p$	-1.7	-13.2	-11.5
					9. Oktober	$2-4^a$	-6.0	-12.8	-6.8

6) Die Temperaturschichtung bis 32 m Seehöhe.

Die Temperaturverhältnisse in den untersten Schichten der Atmosphäre haben schon frühzeitig das Interesse der Polarfahrer erweckt. Das Vorhandensein der Ausgucktonne am Großmast, die für die Zwecke der Fahrt durch das Scholleneis von der allergrößten Bedeutung ist, mag die erste Anregung gegeben haben, diesen Punkt auch für meteorologische Zwecke zu mehr oder weniger regelmäßigen Messungen der Lufttemperatur auszunutzen. Die ersten mir bekannt gewordenen regelmäßigen derartigen Messungen stammen bereits aus den Jahren 1836/37 und wurden auf dem »Terror« in der Hudsonstraße in der arktischen Inselwelt nördlich von Nordamerika ausgeführt. Sie sind zusammengefaßt veröffentlicht in den »Contributions to our Knowledge of the Meteorology of the Arctic Regions«, London 1885. Im Südpolargebiet brachte bereits die erste große Forschungsperiode ähnliche Messungen. Sowohl die amerikanische Expedition unter Wilkes, als auch die französische unter Dumont d'Urville beobachteten regelmäßig auch die Lufttemperatur an der Mastspitze. Die Zahlen sind in den Expeditionswerken ausführlich veröffentlicht. Eine irgendwie eingehendere Bearbeitung haben sie aber meines Wissens nach nicht gefunden. In der damaligen Zeit schenkte man leider den Korrektionen der Thermometer nicht die notwendige Beachtung, und auch die Aufstellung an Bord selbst dürfte wohl nicht genügend einwandfrei gewesen sein, worauf auch eine Bemerkung von Dumont d'Urville selbst hindeutet.

Deswegen dürfte auch eine nachträgliche Bearbeitung nicht sehr viel Erfolg versprechen. Ferner erstrecken sich diese antarktischen Beobachtungen auch nur auf die Sommermonate, die in dieser Hinsicht weniger interessant sind als die Wintermonate. Erst in neuester Zeit hat man diesen Beobachtungen wieder mehr Aufmerksamkeit zugewandt. Am eingehendsten ist dies von A. Wegener auf der »Danmark«-Expedition in Nordostgrönland geschehen. Wegen der Schwierigkeit der Messungen, — es mußte ja der Mast sehr häufig bestiegen werden, was im Winter und bei jedem Wetter nicht leicht ist und nicht selten unmöglich sein wird, — hat sich A. Wegener darauf beschränkt, in jedem Monat an einem Tage eine solche Messungsreihe auszuführen.

Durch die Benutzung von elektrischen Widerstandsthermometern kann man aller dieser Schwierigkeiten leicht Herr werden. Über die Einrichtung und Meßmethode ist auf S. 12—14 schon eingehend berichtet worden. Das höchste Thermometer wurde an der Funkenrahe etwas über der Tonne angebracht in rund 32 m über dem Boden, das zweite ebenfalls an der Funkenrahe am verkürzten Besanmast in etwa 18 m Höhe. Ein drittes befand sich in der Hütte auf der Brücke (nur im Anfang in der Achterhütte), Höhe rund 6 m. Ein weiteres war in 1 m Höhe und schließlich ein letztes unmittelbar am Boden aufgestellt. Diese beiden konnten aber nicht benutzt werden, da dasjenige in 1 m Höhe bald unbrauchbar wurde und das am Boden liegende sehr häufig unter Schnee lag, sodaß es nicht mehr die Lufttemperatur angab. Die Thermometer in 32, 18 und 1 m Höhe waren in kleinen Jalousiehütten untergebracht, die aus dünnen fournierten Brettern angefertigt waren und einen Querschnitt von etwa 12 zu 12 cm und eine Höhe von etwa 20 cm besaßen. Zur weiteren Diskussion wurden außerdem noch die Werte der Eishütte und die der Brückenhütte verwandt. Die letzteren waren leider nicht vollständig, da der Thermograph bei tieferer Temperatur häufig streikte. Für die Messung der dem Eise unmittelbar aufliegenden Luft dienten Terminablesungen des Aspirationspsychrometers. Nach Ablesung dieses Instruments an der Eishütte wurde es direkt auf den Schnee gelegt und auf diese Weise die Lufttemperatur dort bestimmt.

Die Widerstandsthermometer wurden von Anfang April bis Ende Juni stündlich abgelesen, und zwar von 7^a—12^p, also 18mal am Tage. Von da an nur noch sechsmal täglich und zwar 7^a, 10^a, 2^p, 5^p, 9^p und 12^p. Sämtliche regelmäßigen Beobachtungen an den Widerstandsthermometern einschließlich derjenigen zur Bestimmung der Eistemperaturen übernahmen dankenswerterweise Herr Dr. Filchner für die Tagesstunden von 7^a — 9^p und den Rest Herr Dr. König.

Der Brückenhüttenthermograph wurde täglich einmal durch einen Termin um Mittag kontrolliert, und danach wurden seine Angaben reduziert. Die Ablesungen des Aspirationspsychrometers an der Schneeoberfläche geschahen nur in der Zeit von Ende Juli bis zum Abbruch der Eisstation Ende November.

Die Hütte auf der Brücke war also doppelt besetzt mit Thermograph und einem Widerstandsthermometer. Dadurch war eine wichtige und notwendige Kontrolle gegeben, die besonders deswegen sehr erwünscht war, weil die elektrischen Widerstandsthermometer meines Wissens bis dahin noch nicht für meteorologische Zwecke benutzt worden waren. Die Widerstandsthermometer selbst waren ja, wie schon erwähnt, durch Vergleich mit einem geprüften Quecksilberthermometer geprüft worden, aber möglicherweise konnten auch noch die Meßanordnung selbst, Widerstände und Drehspulgalvanometer usw., einen Temperaturkoeffizienten besitzen, der auf diese Weise hätte bestimmt werden können.

Im ganzen konnten 1989 Zahlenpaare zu dieser Untersuchung herangezogen werden. Die Monatsmittelwerte der Differenzen sind in Tabelle 38 mitgeteilt. Wegen der Lücken in den Thermographenaufzeichnungen ist die Häufigkeit der Zahlen in den einzelnen Monaten recht verschieden, aber immerhin noch zahlreich genug. Das Resultat ist außerordentlich zufriedenstellend. Die durchschnittliche Differenz beträgt weniger als ein Zehntel Grad, wenn sie auch im November auf etwa drei Zehntel steigt. Der Sinn der Abweichungen ist überall derselbe mit Ausnahme des April. Dies ist vermutlich auf die auf Seite 14 erwähnte Korrektionsänderung der Widerstandsthermometer Anfang Mai zurückzuführen. Für die ersten Monate liegen auch noch einige direkte Vergleiche mit dem Quecksilberthermometer zu den Mittagsterminen vor; hier ist die absolute Größe der Korrektion noch etwas geringer, wenn auch mit anderem Vorzeichen. Die Zahlen zeigen auch, daß kein merkbarer Temperaturkoeffizient der Meßanordnung vorhanden sein kann, denn die Mittelwerte zeigen keinen jährlichen Gang, obwohl die mittlere Lufttemperatur zwischen $-26°$ im Juni/Juli und $-7°$ im November in den Einzelwerten sogar noch mehr schwankte. Die Temperatur der Meßanordnung mußte wegen ihrer Aufstellung in etwas abgeschwächtem Maße den Änderungen der Lufttemperatur folgen.

Die Einzelbeobachtungen können leider aus Raummangel nicht in voller Ausführlichkeit mitgeteilt werden. Es werden in der Tabelle 39 nur für 6 Tagestermine die Monatsmittel gegeben und zwar in der für die Diskussion geeignetsten Form von Differenzen der einzelnen Aufstellungen. Daneben sind zur besseren Veranschaulichung wenigstens für die drei Termine 7^a, 2^p, 9^p die Temperaturverhältnisse in Kurvenform wiedergegeben. (Figur 8.) Von

Tabelle 38. Differenzen °C:
Thermograph — Widerstandsthermometer.

	Mittel	Anzahl der Vergleiche	Direkte Ablesung	
			Mittel	Anzahl
April 1912 . .	− 0.046	459	− 0.023	43
Mai	+ 0.107	495	− 0.135	31
Juni	+ 0.074	227	+ 0.058	24
Juli	+ 0.188	71		
August . . .	+ 0.004	141		
September . .	+ 0.107	159		
Oktober . . .	+ 0.109	181		
November . .	+ 0.292	160		
Dezember . .	+ 0.124	96		
Mittel	+ 0.079	1989	− 0.039	98

April bis Juli sind die Temperaturen in Hüttenhöhe, also rund 2 m, als Ausgangspunkte genommen, von da an diejenigen unmittelbar über der Schneedecke. Hierzu sind nur die Differenzen benutzt, sodaß für die unterste Schicht, Eisoberfläche bis Eishütte, die Strahlungsfehler der Hütte völlig ausgeschaltet sind. Auch für die nächste Schicht, Eishütte bis Brückenhütte, kommt dieser Einfluß wenig in Frage, sondern nur die Unterschiede zwischen den beiden Hütten, die ja geringer sein dürften als die Strahlungsfehler einer Hütte selbst. Nur für die nächste Schicht, Brückenhütte bis Besan, gehen die Fehler ziemlich in vollem Betrage ein.

Tabelle 39. Temperaturdifferenzen in verschiedenen Höhenstufen.

	7a	10a	2p	5p	9p	12p	Mittel	7a	10a	2p	5p	9p	12p	Mittel
	Schneeoberfläche (0 m) — Eishütte (1.8 m)							Eishütte (1.8 m) — Brückenhütte (6 m)						
1912. April								—0.08	—0.06	+0.03	±0.00	+0.06	—0.05	±0.00
Mai								—0.12	—0.15	—0.06	—0.20	—0.23	—0.08	—0.15
Juni								—0.09	—0.09	—0.09	—0.21	—0.21	—0.22	—0.15
Juli								—0.17	+0.05	—0.08	—0.20	—0.14	—0.10	—0.14
August	—0.40		—0.28		—0.51		—0.40	—0.13	—0.14	—0.10	—0.07	—0.17	—0.18	—0.15
September	—0.31		—0.16		—0.56		—0.35	+0.09	+0.02	+0.04	—0.10	—0.32	—0.18	—0.10
Oktober	+0.01		+0.22		—0.25		—0.01	—0.01	+0.05	+0.13	—0.03	—0.19	—0.14	—0.05
November	+0.16		+0.34		—0.19		+0.10	—0.01	—0.16	—0.21	—0.22	—0.38	—0.32	—0.21
	Brückenhütte (6 m) — Besan (18 m)							Besan (18 m) — Tonne (32 m)						
1912. April	+0.18	+0.13	+0.16	+0.10	+0.13	+0.09	+0.15	—0.24	—0.23	—0.21	—0.28	—0.28	—0.42	—0.28
Mai	—0.59	—0.52	—0.61	—0.51	—0.50	—0.78	—0.56	—0.59	—0.41	—0.41	—0.57	—0.65	—0.62	—0.53
Juni	—0.83	—0.85	—0.50	—0.61	—0.71	—0.84	—0.72	—0.50	—0.37	—0.48	—0.44	—0.52	—0.62	—0.48
Juli	—0.72	—0.64	—0.69	—0.65	—0.65	—0.59	—0.66	—0.44	—0.33	—0.31	—0.43	—0.37	—0.60	—0.41
August	—0.35	—0.48	—0.71	—0.51	—0.45	—0.37	—0.48	—0.12	±0.00	+0.10	—0.09	—0.17	—0.11	—0.07
September	—0.62	—0.40	—0.47	—0.50	—0.56	—0.50	—0.51	—0.22	—0.38	—0.22	—0.30	—0.30	—0.26	—0.28
Oktober	—0.41	—0.32	—0.36	—0.45	—0.43	—0.37	—0.39	—0.23	—0.19	—0.24	—0.16	—0.31	—0.32	—0.24
November	—0.37	—0.49	—0.37	—0.33	—0.62	—0.80	—0.49	+0.03	+0.12	+0.09	+0.15	+0.07	±0.00	+0.08

Während noch im April fast Isothermie herrscht, finden wir vom Mai ab fast durchweg eine Zunahme der Temperatur mit der Höhe. Der Gradient ist im allgemeinen am stärksten unterhalb 18 m Höhe, darüber zeigt er wieder eine deutliche Abschwächung. Der verhältnismäßig geringe Gradient zwischen Eishütte und Brückenhütte dürfte sich durch eine Stauwirkung der untersten kältesten Luftschicht am Schiff erklären lassen. Vor

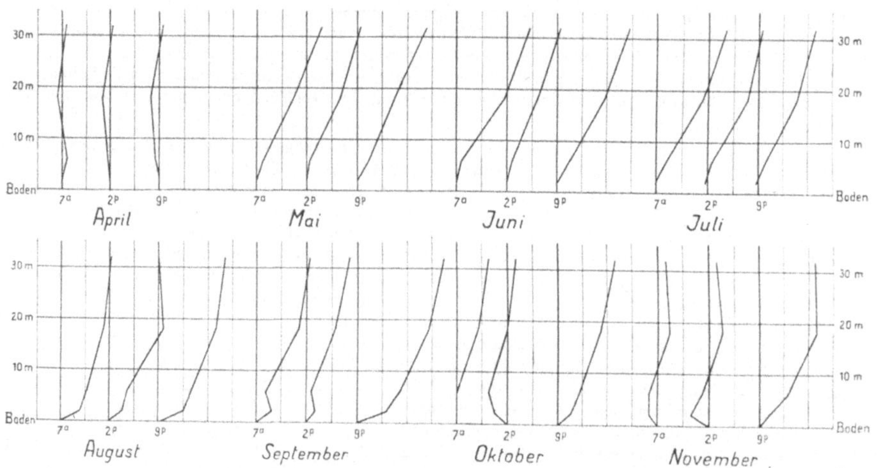

Fig. 8. Temperaturänderung bis 32 m Höhe. Ein Teilstrich = 0.5° C.

allem bei den Winden, die quer zum Schiff wehen, kann die Luft nicht mehr seitlich ausweichen, sondern sucht sich ihren Weg über das Schiff hinweg. Daher wird die Brückenhütte von einer kälteren Luftschicht getroffen, als ihrer Höhe eigentlich zukommt. Der Gradient in den untersten zwei Metern ist vielfach der größte, wie z. B. der August in Figur 8 zeigt. Dieser Gradient hat aber einen deutlichen täglichen Gang, der in allen Monaten gut erkennbar ist. Mittags hat er den geringsten Wert, der zur Zeit stärkerer Sonnenstrahlung sogar negativ wird, vor allem um 2ᵖ und im November auch um 7ª.

Zur weiteren Klarstellung der Ursache dieser Schichtung wurden die Beobachtungen noch nach der Bewölkungsmenge und der Windgeschwindigkeit getrennt. Bei der Bewölkung wählte ich zwei Gruppen: fast oder ganz wolkenlos, (Bewölkung 0—3) und ganz bedeckt. Die hier nicht mitgeteilten Tabellen zeigen das zu erwartende Resultat, daß nämlich bei klarem Himmel die Temperaturumkehr in allen Schichten stärker ist, als bei bedecktem Himmel, wenn sie auch dort nicht verschwindet. Wie später die Untersuchung der Drachenaufstiege lehrt, ist die Bodeninversion nicht allein ein Strahlungseffekt, obgleich dieser auch in erheblichem Grade beteiligt ist.

Der zweite Faktor, der den Temperaturgradienten wesentlich beeinflussen muß, ist die Windgeschwindigkeit. Bei schwachem Wind wird sich die Temperaturschichtung am ungestörtesten ausbilden können, während starker Wind ein stärkeres Durcheinanderrühren der verschiedenen Luftschichten bewirken muß. Um diesen Einfluß deutlich herauszuarbeiten, wurden vier verschiedene Geschwindigkeitsstufen unterschieden: ganz schwacher Wind von 0—2 mps, mäßiger Wind von 2.1—5.0 mps, frischer Wind von 5.1—10.0 mps, starker Wind von über 10 mps.

Auch hier ergab sich ein unverkennbarer Einfluß in den Monatsmitteln, aber auch in vielen einzelnen Stundenmitteln in der zu erwartenden Weise. Bei schwachem Wind ist die Temperaturinversion am stärksten, um dann mit zunehmendem Wind deutlich und erheblich abzunehmen. Es zeigt sich daneben sehr klar, daß die Stabilität der Schichtung so groß ist, daß selbst starker Wind meist nicht imstande ist, die Luftmassen so stark durcheinander zu wirbeln, daß die Temperaturumkehrung verschwindet. Einen noch klareren Einblick erhalte ich, wenn ich Mittel für die ganze Zeit bilde und dann noch die Temperaturdifferenzen durch den Höhenunterschied dividiere, ich erhalte so den Temperaturgradienten pro Meter, wie ihn Tabelle 40 zeigt. Man kann daraus mehreres ablesen. Zunächst ist der Temperaturgradient in den untersten Schichten stärker als in den darüberliegenden, und zwar gilt dies für alle Windgeschwindigkeiten. In jeder einzelnen Schicht nimmt der Gradient mit zunehmender Windgeschwindigkeit ab. Die Abnahme ist aber nicht gleichmäßig, sondern ist am stärksten von der ersten zur zweiten Stufe. Wie ich an anderer Stelle (Ann. d. Hydrographie 1917, S. 1—6) zuerst zeigen konnte, liegt bei einer

Tabelle 40.

Temperaturgradient (°C) für 1 m Höhenunterschied.

	Windgeschwindigkeit mps			
	0—2	2.1 - 5	5.1 — 10	> 10
Aßmann Schneedecke —Aßmann Hütte	— 0.200	— 0.130	— 0.060	— 0.020
Eisstation — Brückenhütte . .	— 0.102	— 0.030	— 0.020	+ 0.005
Brückenhütte — Besan . . .	— 0.074	— 0.040	— 0.030	— 0.019
Besan —Tonne	— 0.056	— 0.040	— 0.016	— 0.013

Windgeschwindigkeit von etwa 4 mps eine Unstetigkeit in der Luftbewegung, anscheinend eine Turbulenzstufe; eine ähnliche Stufe scheint auch hier vorzuliegen. Daß in den untersten zwei Metern die stärkste relative Gradientänderung erst über 5 mps liegt, paßt recht gut dazu, denn die Geschwindigkeit des Windes wird in etwa 6 m Höhe gemessen, ist also unterhalb 2 m geringer als die zur Stufeneinteilung benutzten Werte. Eine weitere schnelle Abnahme des Gradienten liegt bei Windgeschwindigkeiten über 10 mps, wenigstens bis zur Höhe der Brückenhütte, und führt in der zweiten Höhenstufe im Mittel bereits zur Umkehrung des Temperaturgradienten, wie übrigens auch schon in einigen Monaten in den untersten zwei Metern. Wir können den wichtigen Schluß aus diesen Beobachtungen ziehen, daß bei Windgeschwindigkeiten von etwas über 10 mps die Inversion mechanisch instabil zu werden beginnt und eine Aufarbeitung durch Turbulenz anfängt. Es überwiegt dann die durch die Reibung am Boden erzwungene Wirbelbildung die thermische Stabilität. Daß die Turbulenz des Windes durch die Bodenreibung erzwungen ist und nicht aus inneren Gründen einsetzt, wird dadurch erwiesen, daß sie vom Boden aus einsetzt. Ist die Reibung aus irgendwelchen Gründen stärker, so wird die Durchmischung stärker, und der negative Temperaturgradient muß geringer werden. Ein solcher reibungserzeugender Körper ist nun das Schiff mit seinen Aufbauten, das stärkere Wirbelbildung hervorruft. Dies ist auch aus Tabelle 40 deutlich zu ersehen; denn hier nimmt gerade die am stärksten betroffene Schicht zwischen 2 und 6 m eine Ausnahmestellung in dem sonst so regelmäßigen Verlauf des Gradienten ein. Diese scheinbare Unregelmäßigkeit ist also sachlich bedingt. Wie gleich hier vorweggenommen werden mag, geben ganz unabhängig von diesen Messungen auch die Drachenaufstiege einen Nachweis dafür, daß bei einer Windgeschwindigkeit von etwas über 10 mps eine Aufarbeitung der Bodeninversion beginnt. Auf die allgemeine Bedeutung dieser Erscheinung für viele Eigentümlichkeiten des antarktischen Klimas werde ich im Schlußkapitel noch näher eingehen.

Eine weitere Frage läßt sich wenigstens annähernd beantworten. In unseren Breiten nimmt bekanntlich die Amplitude des täglichen Gangs mit der Höhe ab. Dasselbe Resultat ist in der schon mitgeteilten Tabelle 39 enthalten. Als Amplitude definiere ich hier den Unterschied zwischen dem höchsten und niedrigsten Stundenmittelwert. Ganz streng läßt sich die Frage nicht beantworten, da nicht alle Stunden vertreten sind und namentlich die Nachtstunden vollständig fehlen. Für April bis Juni kann ich 18 Stundenwerte (in Tabelle 39 nicht alle mitgeteilt) verwerten und von da ab nur sechs.

In fast allen Monaten (siehe Tabelle 41) zeigt sich hier eine, wenn auch nicht große, so doch deutlich bemerkbare Abnahme der täglichen Temperaturschwankung mit der Höhe über dem Boden. Diese Abnahme ist aber nicht ganz gleichmäßig, sondern es zeigt sich in einer gewissen Höhe, die allerdings in den verschiedenen Monaten wechselt, wieder eine Zunahme und dann erst neue Abnahme. Diese Schicht scheint meist in der Höhe des Besanmastes, also etwa 20 m hoch, zu liegen. Der Juni zeigt aber gerade das umgekehrte Verhalten wie die anderen Monate, nämlich eine regelmäßige Zunahme der Amplitude. Über die Ursache dieses Verhaltens, das wohl nicht ganz zufällig sein dürfte, läßt sich zur Zeit noch keine Erklärung geben.

Ein weiterer Versuch war noch gemacht worden, etwas über die Temperaturschichtung der alleruntersten Schicht zu erfahren, ehe ich auf den Gedanken kam, sie durch das Aspirationspsychrometer zu messen. Es wurde nämlich ein Minimumthermometer auf den Schnee gelegt und täglich um 7ª der Stand und die tiefste Temperatur abgelesen, um es mit dem Minimumthermometer in der Eishütte zu vergleichen.

Im allgemeinen ist die tiefste Temperatur auf der Schneedecke geringer als in der Hütte, wie zu erwarten war. Aber es zeigen sich doch große Unregelmäßigkeiten. Die Mittelwerte seien hier in Tabelle 42 kurz mitgeteilt. Besonderen Wert dürften diese Differenzen jedoch nicht besitzen, da das aufgezeichnete Minimum wegen der verschiedenen Ausstrahlung von Schneedecke und Thermometer nicht die wahre Temperatur an der Schneeoberfläche angibt und außerdem das Thermometer auf der Schneedecke häufig durch die frei umherlaufenden Hunde gestört wurde.

Eine weitere Unsicherheit entstand durch eine Änderung der Korrektion dieser Thermometer, die nicht unbeträchtlich war. Eine Prüfung vor und nach der Expedition zeigten Korrektionsunterschiede bis zu 1°. Wann diese eingetreten waren, konnte für das Schneedeckenthermometer nicht festgestellt werden. Bei dem Hüttenminimum zeigten sich ähnliche Korrektionsänderungen, die dort aber durch die regelmäßigen Vergleiche mit dem Stationsthermometer genauer verfolgt werden konnten. Sie traten ganz allmählich ein, ohne merkbare sprungartige Änderungen.

Tabelle 41. Amplituden des täglichen Temperaturgangs °C.

1912	IV.	V.	VI.	VII.	VIII.	IX.	X.	XI.
Boden	—	—	—	—	—	—	—	—
Eishütte (1 8 m) . .	0.54	0.77	1.30	1.93	1.36	3.09	2.57	2.21
Brückenhütte (6 m) .	0.46	0.75	1.34	1.78	1.33	2.87	2.53	2.13
Besan (18 m) . . .	0.39	0.74	1.37	1.83	1.69	2.84	2.57	2.13
Tonne (32 m) . . .	0.42	0.58	1 47	1.56	1.47	2.80	2.50	2.07

Tabelle 42. Minimum Schneedecke — Minimum Hütte.

1912	April	Mai	Juni	Juli	Aug.	Sept.	Okt.	Nov.
°C	− 1.2	− 2.4	− 2.7	− 1.8	− 2.1	− 1.5	+ 1.1	− 0.8
Anzahl der Messungen	18	22	29	26	30	11	23	20

Als tiefste Temperatur wurde auf der Schneedecke −42.9° am 14. Juni abgelesen. Insgesamt wurde dreimal unter −40° gemessen.

III. Die Luftfeuchtigkeit.

a) Technisches.

Zur Messung der Luftfeuchtigkeit dienten die auch sonst dazu benutzten Instrumente, Psychrometer, Haarhygrometer und Haarhygrographen. Bei den Psychrometern wurde immer ein Aspirator für das feuchte Thermometer benutzt, der in mehreren Exemplaren mitgenommen wurde und gut arbeitete. Die Hygrographen, von denen vier Stück zur Verfügung standen, waren für diese Expedition etwas anders als üblich gebaut, um die mechanisch feinsten Teile, die Achsen und ihre Lager, vor dem Festfrieren und anderen Störungen, vor allem dem Schneestaub, möglichst zu schützen. Alle diese beweglichen Teile waren deswegen ins Innere des Schutzkastens gelegt worden, während sie sonst bekanntlich außerhalb liegen. Außerdem war derselbe Schneefang, wie er bei den Thermographen beschrieben ist (Seite 11), angebracht.

Erfahrungsgemäß ist das Haarbündel bei Temperaturen unter − 20° sehr träge, wie Kleinschmidt (Beiträge zur Physik der freien Atmosphäre Bd. 2 S. 99 ff.) genauer untersucht hat. Aber auch das Psychrometer ist bei so tiefen Temperaturen recht unsicher, da einem Ablesefehler von $1/10°$ ein mit abnehmender Temperatur stark zunehmender Fehler der relativen Feuchtigkeit entspricht, bei − 30° schon etwa 13 %. Eine Ablesegenauigkeit auf hundertstel Grad läßt sich aber in der Polarnacht schon wegen der Wärmeausstrahlung des Beobachters nicht durchführen. Daher sind auch die mit dem Psychrometer bestimmten Korrektionen des Hygrographen im Einzelwert recht schwankend. Ich half mir durch Bildung von Mittelkorrektionen für einen ganzen Registrierstreifen (2 Tage). Nur wenn die Unterschiede zwischen der Mittelkorrektion und den Einzelwerten erheblich über das zulässige Maß hinausgingen, wurde eine Ausgleichung vorgenommen. Die Berechnung der Psychrometerwerte geschah mit Hilfe der Aspirationspsychrometertafeln, die vom Preußischen Meteorologischen Institut herausgegeben sind. Für die Temperaturen unter − 30° mußten sie allerdings noch erweitert werden. Auch die Bestimmung des Dampfdrucks aus relativer Feuchtigkeit und Temperatur geschah nach den dort gegebenen Tabellen.

Ein Mangel des Hygrographen, der sich nicht beheben ließ, weil er eine Folge der Feuchtigkeitsverhältnisse selbst war, bestand in dem Ansatz von Rauhreif an dem Haarbündel. Dieser wirkt in zweifacher Weise fälschend auf die Angaben des Instruments ein. Erstens ist dadurch das Haarbündel mit einer Hülle von Eisdampf umgeben, und zweitens wird so ein Teil des Haarbündels mechanisch der Einwirkung der Luft entzogen. Solange der

Reif sich selbst bildet, wird das Hygrometer richtige Werte zeigen, da die Luft dann eben wirklich mit Feuchtigkeit gesättigt ist. Nur wenn einmal dieser Zustand aufhört, wird es recht lange dauern, bis der Reif wieder verdunstet ist. Der Zustand der Sättigung über Eis ist aber, wie sich auch aus anderen Anzeichen ergibt, wenigstens im Winter der normale. Um den Rauhreif nicht zu dick werden zu lassen, wurde deshalb während des Winters alle zwei Tage nicht nur der Streifen, sondern auch der ganze Hygrograph ausgewechselt. Bei dieser Gelegenheit machte sich auch die Trägheit des Haares in hohem Maße bemerkbar; beim Herausbringen des trockenen Instruments zeigte es natürlich zunächst die sehr geringe Feuchtigkeit, die in dem geheizten Laboratorium herrschte; es dauerte dann manchmal zwei bis drei Stunden, bis es die Außenfeuchtigkeit angenommen hatte! Im ganzen haben also die Feuchtigkeitsangaben nicht den Grad der Zuverlässigkeit, den sie in gemäßigtem Klima zu haben pflegen. Trotzdem wurde aber nicht auf eine Diskussion verzichtet, wie es bei vielen Polarexpeditionen geschehen ist, da sich doch wichtige Probleme herausschälen lassen, zu deren Beantwortung die Zahlen ausreichen. Es ist dabei allerdings nötig, daß man konsequent die Unterscheidung zwischen Wasserdampf und Eisdampf durchführt.

Außer dem Hygrographen waren noch einige Hygrometer Russeltvedtscher Konstruktion mitgenommen worden (Meteorol. Zeitschrift 1908 S. 396 — 400), die vor den sonst meist gebrauchten Koppeschen den Vorzug der Achsenfreiheit besitzen und deswegen die Mängel nicht zeigen, von denen Meinardus im Gaußwerk schreibt. Da aber die hierbei verwandten Pferdehaare bei Kälte nach den oben erwähnten Kleinschmidtschen Untersuchungen noch träger sind als die Menschenhaare und außerdem natürlich den erwähnten Rauhreifansatz zeigten, so wurden schließlich ihre Angaben nicht weiter verwertet.

Aus den Feuchtigkeitsangaben des Aßmannschen Aspirationspsychrometers, das, wie erwähnt, zu allen Terminen abgelesen wurde, konnten Vergleichswerte für das Hüttenpsychrometer gewonnen werden, wenigstens für die wärmere Jahreszeit. Bei tieferen Temperaturen zeigte nämlich das feuchte Thermometer des ersten Instruments schwankende Korrektionen, die wohl auf Ungleichheiten in der Kapillare zurückgeführt werden können. Es wurden daher für die Ableitung der Zahlen in Tabelle 43—44 die kalten Monate Mai/September fortgelassen. Die Korrektionen des feuchten Thermometers lassen sich zwar mit großer Annäherung umgekehrt aus den Feuchtigkeitswerten bestimmen, aber die Vergleichszahlen sind dann nicht mehr unabhängig von einander und geben also illusorische Resultate.

<table>
<tr><td colspan="5" align="center">Tabelle 43.
Dampfdruck-Differenzen in mm.
Aspirationspsychrometer — Hütte.</td></tr>
<tr><td></td><td>8ᵃ</td><td>Mittag</td><td>8ᵖ</td><td>Mittel *</td></tr>
<tr><td>1911. Dezember . . .</td><td>—0.06</td><td>—0.12</td><td>—0.01</td><td>—0.06</td></tr>
<tr><td>1912. Januar . . . . .</td><td>—0.06</td><td>—0.03</td><td>—0.02</td><td>—0.02</td></tr>
<tr><td></td><td>7ᵃ</td><td>2ᵖ</td><td>9ᵖ</td><td></td></tr>
<tr><td>1912. Februar . . . .</td><td>+0.08</td><td>—0.01</td><td>+0.02</td><td>+0.03</td></tr>
<tr><td>März . . . . . .</td><td>+0.03</td><td>+0.05</td><td>+0.05</td><td>+0.04</td></tr>
<tr><td>April . . . . . .</td><td>+0.02</td><td>+0.04</td><td>+0.07</td><td>+0.05</td></tr>
<tr><td>Oktober . . . .</td><td>+0.07</td><td>+0 02</td><td>+0.06</td><td>+0.05</td></tr>
<tr><td>November . . .</td><td>+0.04</td><td>—0.01</td><td>+0.04</td><td>+0.02</td></tr>
<tr><td>Dezember . . .</td><td>—0.04</td><td>—0.11</td><td>—0.04</td><td>—0.06</td></tr>
<tr><td colspan="5" align="center">Gesamtmittel: 0.00.</td></tr>
</table>

<table>
<tr><td colspan="5" align="center">Tabelle 44. Differenzen der relativen
Feuchtigkeit in %.
Aspirationspsychrometer — Hütte.</td></tr>
<tr><td></td><td>8ᵃ</td><td>Mittag</td><td>8ᵖ</td><td>Mittel *</td></tr>
<tr><td>1911. Dezember . . .</td><td>—0.4</td><td>—0.8</td><td>—0.5</td><td>—0.7</td></tr>
<tr><td>1912. Januar . . . . .</td><td>—0 1</td><td>+1.7</td><td>—0.6</td><td>+0.3</td></tr>
<tr><td></td><td>7ᵃ</td><td>2ᵖ</td><td>9ᵖ</td><td></td></tr>
<tr><td>1912. Februar . . . .</td><td>+4.3</td><td>+3.6</td><td>+1.5</td><td>+3.1</td></tr>
<tr><td>März . . . . . .</td><td>+3.1</td><td>+4.1</td><td>+1.7</td><td>+3.0</td></tr>
<tr><td>April . . . . . .</td><td>+4.8</td><td>+7.4</td><td>+9.3</td><td>+7.2</td></tr>
<tr><td>Oktober . . . .</td><td>+4.6</td><td>+1.5</td><td>+2.7</td><td>+3.0</td></tr>
<tr><td>November . . .</td><td>+3.3</td><td>+2.2</td><td>+1.5</td><td>+2.3</td></tr>
<tr><td>Dezember . . .</td><td>—0.1</td><td>+0.1</td><td>—1.2</td><td>—0.4</td></tr>
<tr><td colspan="5" align="center">Gesamtmittel: +2.0.</td></tr>
</table>

* In den Tabellen 43 und 44 sind die Mittel im Dezember und im Januar aus 6 Terminen gebildet worden.

Im Gesamtmittel der 801 vergleichbaren Zahlen ist der Dampfdruck genau gleich. Im Sommer gibt die Hütte etwas höhere Werte, dagegen im Herbst und Frühjahr etwas tiefere. Ueber die Häufigkeit der Differenzen bestimmter Größen läßt sich auf Grund der hier nicht mitgeteilten Tabellen das Folgende sagen: Die häufigste Differenz ist 0.0. Innerhalb der Grenzen ± 0.1 mm bleiben 75 %, innerhalb ± 0.2 mm sogar 91 %. Bei der relativen Feuchtigkeit ist die Streuung etwas größer, was ja nicht weiter merkwürdig ist. Innerhalb der Grenzen ± 1 % liegen 32 % aller Zahlen und zwischen ± 5 % 80 %. Im Sommer bleibt der mittlere Unterschied unter 1 % und beträgt im Gesamtmittel + 2 %, um die die Hütte zu niedrig anzeigt. Das Gesamtergebnis ist also nicht unbefriedigend.

b) Die Ergebnisse der Feuchtigkeitsbeobachtungen.

1) Die tägliche Periode des Dampfdrucks.

In Tabelle 45 ist der tägliche Gang des Dampfdrucks nach Abweichungen vom Tagesmittel dargestellt. Bei der Ableitung der jahreszeitlichen und Jahreswerte sind die etwas lückenhaften Monate als vollwertig mitgenommen. Zur Kurvendarstellung in Figur 9 wurden die Tabellenwerte noch ausgeglichen. Der tägliche Gang schließt sich im großen und ganzen dem täglichen Gang der Lufttemperstur an, ist also im wesentlichen bedingt durch die Temperaturveränderungen der Luft. Im einzelnen ist der Gang unregelmäßiger als bei der Temperatur, was

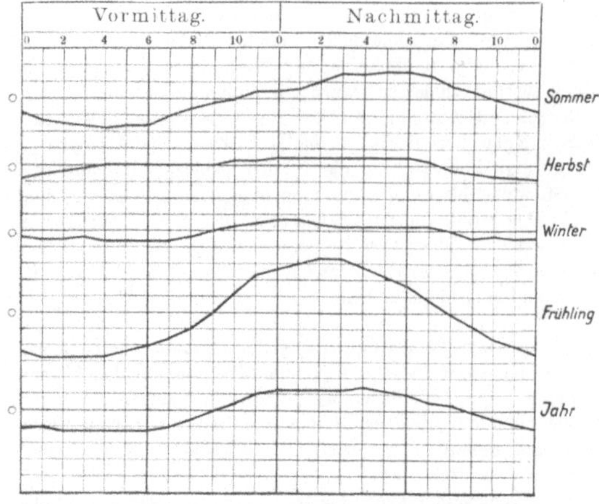

Fig. 9. Täglicher Gang des Dampfdrucks. Ausgeglichene Werte.
Ein Teilstrich = 0.05 mm.

wegen der geringen Amplitude nicht auffällig ist. Eine geringe Verspätung der Extreme gegen die der Temperatur macht sich bemerkbar.

Die Amplitude des täglichen Gangs ist immer recht klein und beträgt im Herbst und Winter nur ungefähr 0.1 mm, während sie in den Sommermonaten 0.3 – 0.4 mm erreicht. Nur der September geht mit 0.5 mm über diese Werte hinaus und zeigt dadurch auch hier seine Sonderstellung, wie bei den bisher betrachteten Elementen. Das Frühjahr hat mit 0.3 mm eine erheblich größere Amplitude als die anderen Jahreszeiten, was sich übrigens ebenfalls beim »Gauß« und bei der »Fram« zeigt.

Die Eintrittszeiten der Maxima liegen meist in den ersten Nachmittagsstunden, wenn auch einige Monate eine Ausnahme machen. Die Minima liegen in der wärmeren Jahreszeit in der Regel in den frühen Morgenstunden, während sie in der kalten Jahreshälfte die späten Abendstunden bevorzugen.

Tabelle 45. Täglicher Gang des Dampfdrucks (mm).
Abweichungen vom Tagesmittel.

	1911/12 17. XII. –10. I.	1912 13.–29. I.	30 I. –4. III	6.–31. III.	IV.	V.	VI.	VII.	VIII.	IX.	X.	XI.	1.–16. XII.	Sommer	Herbst	Winter	Frühling	Jahr
1a	−0.17*	−0.03	+0.02	−0.05	−0.03	−0.02	+0.05	−0.05	−0.03	−0.20	−0.09	−0.12	+0.01	−0.05	−0.03	−0.03	−0.14	−0.05
2a	−0.15	−0.03	−0.01	−0.04	+0.01	−0.01	+0.03	−0.04	−0.03	−0.17	−0.08	−0.16	−0.08	−0.07	−0.01	−0.03	−0.14*	−0.06
3a	−0.14	−0.06	−0.04	−0.05	+0.01	0.00	+0.01	−0.01	−0.03	−0.12	−0.12	−0.17*	−0.13	−0.09*	−0.01	−0.02	−0.14*	−0.06*
4a	−0.15	−0.04	−0.06*	−0.02	+0.01	+0.01	−0.02	−0.01	−0.03	−0.11	−0.12	−0.16	−0.11	−0.09*	0.00	−0.03	−0.14	−0.06*
5a	−0.12	−0.03	−0.04	−0.03	+0.03	0.00	−0.05	+0.02	−0.04	−0.10	−0.14	−0.12	−0.12	−0.08	0.00	−0.03	−0.12	−0.06
6a	−0.07	−0.10*	−0.05	+0.01	0.00	0.00	−0.05	+0.07	−0.04	−0.07	−0.12	−0.09	−0.16*	−0.09*	0.00	−0.02	−0.09	−0.05
7a	−0.03	+0.01	−0.06	−0.02	0.00	0.00	−0.09*	+0.01	−0.02	+0.01	−0.16*	−0.08	−0.11	−0.05	−0.01	−0.04*	−0.08	−0.06*
8a	+0.02	+0.06	−0.06*	−0.05	+0.01	+0.01	−0.08	+0.07	−0.02	+0.04	−0.13	−0.04	−0.10	−0.02	0.00	−0.01	−0.05	−0.02
9a	+0.05	+0.05	−0.06	−0.03	+0.01	+0.01	−0.08	+0.06	0.00	+0.08	−0.07	−0.04	−0.08	−0.02	0.00	−0.01	−0.01	−0.01
10a	+0.06	+0.08	−0.01	0.00	+0.01	+0.01	−0.05	+0.08	+0.03	+0.16	+0.01	+0.02	−0.08	+0.01	+0.01	+0.02	+0.07	+0.03
11a	+0.09	−0.01	+0.01	+0.02	+0.01	0.00	−0.06	+0.08	+0.06	+0.21	+0.06	+0.06	−0.03	+0.02	+0.01	+0.02	+0.11	+0.05
12a	+0.06	+0.03	+0.01	+0.03	−0.01	+0.03	−0.04	+0.10	+0.07	+0.26	+0.08	+0.08	+0.02	+0.02	+0.02	+0.04	+0.14	+0.06
1p	+0.09	−0.01	0.00	+0.03	0.00	+0.04	0.00	+0.03	+0.07	+0.20	+0.14	+0.09	+0.02	+0.02	+0.03	+0.03	+0.14	+0.06
2p	+0.13	−0.01	+0.05	+0.04	+0.02	0.00	0.00	−0.03	+0.08	+0.17	+0.17	+0.15	+0.05	+0.06	+0.01	+0.01	+0.17	+0.05
3p	+0.13	−0.02	+0.07	+0.03	0.00	+0.04	+0.01	−0.01	+0.04	+0.17	+0.21	+0.14	+0.07	+0.07	+0.03	+0.01	+0.17	+0.07
4p	+0.13	−0.01	+0.08	+0.05	−0.02	+0.03	+0.04	−0.03	+0.03	+0.11	+0.19	+0.12	+0.12	+0.07	+0.02	+0.01	+0.14	+0.07
5p	+0.12	+0.04	+0.05	+0.05	0.00	+0.02	+0.03	−0.03	+0.01	+0.06	+0.14	+0.13	+0.15	+0.08	+0.03	0.00	+0.11	+0.06
6p	+0.09	+0.06	+0.02	+0.04	0.00	+0.01	+0.04	+0.02	−0.01	+0.01	+0.11	+0.13	+0.20	+0.08	+0.02	+0.02	+0.09	+0.05
7p	+0.08	+0.05	+0.01	+0.04	−0.02	+0.01	+0.03	+0.01	−0.02	−0.05	+0.07	+0.10	+0.22	+0.07	+0.01	+0.01	+0.04	+0.03
8p	+0.04	+0.04	+0.04	+0.01	−0.04	−0.01	+0.04	−0.01	−0.02	−0.03	+0.01	+0.05	+0.13	+0.05	−0.01	0.00	+0.01	+0.02
9p	+0.02	+0.01	0.00	+0.01	0.00	−0.04*	+0.02	−0.08*	−0.02	−0.14	−0.03	+0.04	+0.05	+0.01	−0.02	−0.03	−0.04	0.00
10p	−0.04	−0.02	+0.06	−0.01	−0.05*	−0.01	+0.07	−0.05	−0.03	−0.21	−0.05	+0.01	+0.03	+0.01	−0.03	0.00	−0.08	−0.02
11p	−0.09	−0.03	+0.04	−0.06*	−0.04	0.00	+0.06	−0.06	−0.05*	−0.22*	−0.09	−0.04	+0.03	−0.02	−0.04*	−0.02	−0.11	−0.05
12p	−0.15	−0.07	+0.03	−0.06*	−0.04	0.00	+0.05	−0.08*	−0.03	−0.21	−0.11	−0.04	−0.02	−0.05	−0.04*	−0.02	−0.12	−0.05
Mittel . .	3.65	3.56	2.33	1.93	1.42	0.75	0.52	0.55	0.65	1.70	2.12	2.57	3.37	3.09	1.34	0.58	2.13	1.82
Amplitude	0.30	0.18	0.14	0.11	0.08	0.08	0.15	0.18	0.13	0.48	0.37	0.32	0.38	0.17	0.07	0.08	0.31	0.12

2) Die jährliche Periode des Dampfdrucks.

In der folgenden Tabelle 46 sind die Grundlagen für die Besprechung des jährlichen Gangs des Dampfdrucks gegeben. Die erste Spalte gibt die wahren Tagesmittel, aus den 24 stündigen Werten gebildet: dabei ist für die Monate Mai bis August das Mittel nur aus den vollständigen Tagen abgeleitet, doch dürfte der Unterschied gegen den vollen Monat nur gering sein. Das Mittel aus den drei Terminen stimmt bis auf wenige Hundertstel Millimeter mit dem wahren Mittel überein, und zwar ist es meist etwas kleiner. Die positiven Werte der Korrektion für die Terminmittel dürften eine Folge der Lücken in diesen Monaten sein. Da diese fast immer durch Stehenbleiben der Uhr des Hygrographen wegen Kälte verursacht sind und also bei den wahren Mitteln die geringsten Werte des Dampfdrucks ausfallen, müssen diese natürlich zu hoch sein.

Der jährliche Gang geht auch hier wie beim »Gauß«, in »Snow Hill« und bei der »Fram« parallel der Temperatur, da ja die Höhe des Dampfdrucks in erster Linie eine Funktion der Temperatur ist. Die positiven Abweichungen vom Mittel sind absolut größer als die negativen; eine Folge davon, daß der Dampfdruck eine untere Grenze hat, der er sich sehr stark nähert. Die mittleren Extreme haben denselben jährlichen Gang wie die Mittel. Die mittlere Amplitude dagegen zeigt einen anderen Verlauf, Maximum im Frühjahr, Minimum im Winter. Die auch sonst herausfallenden Monate September und Februar verleugnen ebenfalls hier ihren Charakter nicht. Im Februar macht sich der Gegensatz von Land und Meer bemerkbar. Das absolute Maximum erreicht den Wert von 4.6 mm am 27. Oktober und 22. und 23. November. Das absolute Minimum von 0.1 mm wird an 13 Tagen erreicht, die sich auf die Monate April bis Juli verteilen.

Tabelle 46. Jährlicher Gang des Dampfdrucks (mm).

	Wahres Mittel	Termin-Mittel	Ab-weichung vom Mittel	Mittleres Max.	Mittleres Min.	Mitt-lere Ampli-tude	Abso-lutes Max.	Abso-lutes Min.	Abso-lute Ampli-tude	Größte Tages-schwan-kung	Höchst. Tagesmittel	Niedr. Tagesmittel	Korrek-tion für Termin-mittel
1911/12 17. XII. — 10. I.	**3.65**	**3.69**	+ 1.83	**3.98**	**3.18**	0.80	4.5	2.4	2.0	1.3	4.25	3.08	— 0.04
1912 13. I. — 29. I.	3.56	3.57	+ 1.74	3.90	3.12	0.78	4.5	2.2	2.3	1.8	4.29	2.70	— 0.01
30. I. — 4. III.	2.33	2.31	+ 0.51	2.85	1.85	1.00	4.5	0.7	3.8	2.4	3.86	1.02	+ 0.02
6. — 31. III.	1.93	1.94	+ 0.11	2.29	1.57	0.72	3.3	0.6	2.7	1.5	3.06	0.80	— 0.01
IV.	1.42	1.42	— 0.40	1.78	1.05	0.73	3.5	0.1	3.4	1.7	3.15	0.19	0.00
V.	0.75	0.73	— 1.07	1.03	0.50	0.53	2.8	0.1	2.7	1.6	1.98	0.30	+ 0.02
VI.	0.52*	0.50*	— 1.30*	0.85*	0.36*	0.49*	3.1	0.1	3.0	2.7	2.11	0.14	+ 0.02
VII.	0.55	0.52	— 1.27	0.86	0.36*	0.50	3.8	0.1	3.7	2.4	2.15	0.20	+ 0.03
VIII.	0.65	0.66	— 1.17	0.94	0.42	0.52	2.2	0.2	2.0	1.6	1.79	0.22	— 0.01
IX.	1.70	1.71	— 0.12	2.59	0.98	**1.61**	4.2	0.4	3.8	3.1	3.18	0.52	— 0.01
X.	2.12	2.12	+ 0.30	2.63	1.59	1.04	4.6	0.5	4.1	2.6	4.08	0.80	0.00
XI.	2.57	2.61	+ 0.75	2.93	2.13	0.80	4.6	0.7	3.9	2.0	4.30	1.06	— 0.04
1. — 16. XII.	3.37	3.37	+ 1.55	3.82	3.01	0.81	4.4	2.2	2.2	1.6	4.18	2.66	0.00
Sommer	3.09	3.10	+ 1.27	3.52	2.64	0.88	4.5	0.7	3.8	2.4	4.29	1.02	— 0.01
Herbst	1.35	1.33	— 0.47	1.68	1.02	0.66	3.5	0.1	3.4	1.7	3.15	0.19	+ 0.02
Winter	0.58	0.56	— 1.24	0.89	0.38	0.51	3.8	0.1	3.7	2.7	2.15	0.14	+ 0.02
Frühling.	2.13	2.15	+ 0.31	2.72	1.57	1.15	4.6	0.4	4.2	3.1	4.30	0.52	— 0.02
Jahr	1.82	1.80	—	2.28	1.46	0.72	4.6	0.1	4.5	3.1	4.30	0.14	+ 0.02
Amplitude	3.13	3.19	—	3.13	2.82	1.12	2.4	2.4	2.1	1.8	2.39	2.94	—

3) Die tägliche Periode der relativen Feuchtigkeit.

Tabelle 47 gibt den täglichen Gang der relativen Feuchtigkeit in Abweichungen vom Mittel. Für die graphische Darstellung in Figur 10 sind die ausgeglichenen Abweichungen benutzt.

Aus den Tabellen und Kurven läßt sich folgendes ablesen. In der wärmeren Jahreszeit, die ich hier von November bis Anfang März rechnen will, haben wir eine einfache Welle vor uns, deren Minimum mit dem Maximum der Temperatur nahe zusammenfällt. In den Wintermonaten haben wir wieder eine im wesentlichen wenigstens einfache Welle, die mit dem Temperaturgang annähernd parallel läuft. In den Zwischenmonaten zeigt sich meist eine Doppelwelle mit wechselnden Extremen. Der tägliche Gang der Feuchtigkeit im Sommer stimmt gut mit den Erfahrungen überein, die in den gemäßigten Breiten, abgesehen von Höhenstationen, gemacht sind. Die Zufuhr von Feuchtigkeit hält eben mit dem Ansteigen der Temperatur nicht Schritt; infolgedessen muß mit steigender Temperatur die relative Feuchtigkeit sinken und umgekehrt. Daß relative Feuchtigkeit und Temperatur im Winter

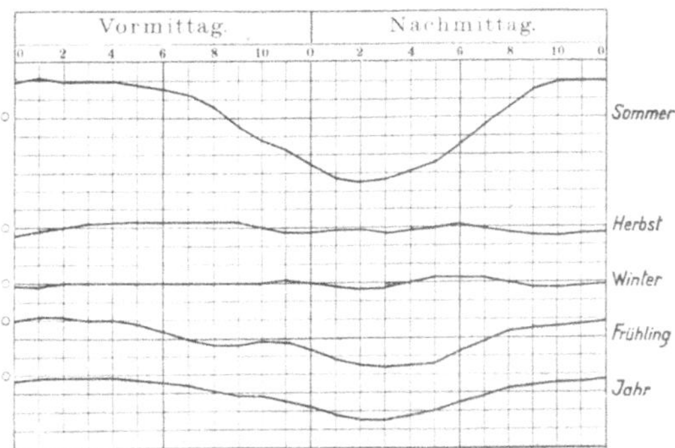

Fig. 10. Täglicher Gang der relativen Feuchtigkeit.
Ausgeglichene Werte. Ein Teilstrich = 1 %.

parallel gehen, erscheint zunächst rätselhaft und schwer zu erklären. Ich werde jedoch im übernächsten Abschnitt noch näher auf diese Erscheinung eingehen und eine Erklärung dafür geben können. Übrigens hat auch schon Meinardus auf den eigentümlichen Gang der relativen Feuchtigkeit in einigen Monaten der kalten Jahreszeit hingewiesen, ohne jedoch eine Erklärung dafür geben zu können.

Die Amplituden des täglichen Gangs sind übrigens von derselben Größenordnung, wie sie auf der Gauß-Station gefunden wurden. Auffällig ist der Sprung in der Amplitudengröße zwischen Februar und März, wo sie von rund 7 % auf rund 2 % zurückgeht, um dann bis Oktober auf diesem Betrag zu bleiben. Im November springt sie dann wieder unmittelbar auf den hohen Wert von 6½ %. Die Amplitude des Jahresmittels von 2.7 % stimmt sehr gut zu der der Gauß-Station von 2.6 %.

Tabelle 47.   Täglicher Gang der relativen Feuchtigkeit (%).
Abweichungen vom Tagesmittel.

	1911/12 17. XII – 10. I	1912 13.–29. I.	30. I. –4. III.	6.–31. III.	IV.	V.	VI.	VII.	VIII.	IX.	X.	XI.	I.–16. XII.	Sommer	Herbst	Winter	Frühling	Jahr
1a	+2.5	+2.6	+2.3	+0.4	−0.5	−0.5	0.0	−0.3	−0.2	−0.2	+0.8	+2.8	+2.2	+2.3	−0.2	−0.3	+1.1	+0.8
2a	+1.7	+3.0	+1.6	+1.0	−0.1	−0.3	+0.2	+0.1	+0.3	+0.5	+1.1	+2.3	+1.7	+1.8	+0.1	+0.1	+1.2	+0.8
3a	+2.2	+2.4	+1.9	+0.9	−0.1	−0.2	+0.2	−0.3	+0.4	+0.1	+1.2	+2.0	+2.4	+2.0	+0.1	0.0	+1.0	+0.8
4a	+1.0	+2.2	+2.4	+0.9	+0.1	−0.1	0.0	−0.4	+0 6	+0.4	+0.8	+2.0	+3.0	+2.0	+0.2	0.0	+1.0	+0.8
5a	+1.0	+2.2	+2.7	+0.8	+0.2	−0.1	0.0	−0.4	+0.7	+0.4	+0.6	+1.5	+1.9	+1.9	+0.2	+0.1	+0.8	+0.7
6a	+1.5	+0.4	+2.8	+0.6	+0.2	−0.2	−0.2	−0.6	+0.8	+0.6	+0.1	+0.5	+0.3	+1.5	+0.2	0.0	+0.4	+0.5
7a	+1.4	+1.5	+1.7	+0.2	+0.4	0.0	−0.2	−0.9*	+1.0	+1.0	−0.5	−0.3	+0.8	+1.3	+0.2	0.0	0.0	+0.3
8a	+0.8	+1.9	+1.3	−0.2	+0.6	+0.2	−0.4	−0.6	+1.2	+0.6	−1.0	−0.6	−0.2	+0.9	+0.2	+0.1	−0.4	+0.1
9a	−0.5	+0.9	−1.1	−0.4	+0.6	+0.3	−1.2*	−0.3	+1.0	+0.6	−0.7	−1.0	−1.4	−0.7	+0.2	−0.2	−0.4	−0.3
10a	−1.5	−0.8	−0.3	−0.7	+0.7	+0.2	−0.3	+0.2	+0.4	+1.4	−0.3	−1.1	−1.4	−1.0	0.0	+0.1	0.0	−0.2
11a	−1.7	−2.5	−0.7	−1.2	+0.6	+0.1	−0.3	+0.6	+0.1	+1.2	+0.2	−1.2	−2.6	−1.7	−0.2	+0.1	0.0	−0.2
12a	−3.5	−2.9	−1.4	−1.2	+0.5	+0.1	−0.3	+0 9	−0.3	+1.1	−0.5	−2.8	−2.7	−2.5	−0.2	0.0	−0.7	−0.9
1p	−3.2	−4.1	−2.7	−1.2*	+0.8	+0.4	0.0	+0.7	−0.6	+0.3	−0.6	−3.5*	−3.9*	−3.4	0.0	0.0	−1.3	−1.2
2p	−3.7*	−4.7	−2.8	−1.2*	0.0	+0.7	−1.0	+0.7	−0.6	−0.7	−1.1	−3.2	−3.0	−3.5*	−0.1	−0.3	−1.7*	−1.5*
3p	−3.4	−4.9*	−2.3	−1.2	0.0	+0.6	−0.8	+0.2	−0.5	−1.0*	−0.4	−2.8	−3.7	−3.3	−0.2	−0.4*	−1.4	−1.4
4p	−3.0	−4.0	−2.7	−1.2	+0.3	+0.4	+0.3	+0.3	0.0	−1.0*	−0.9	−3.2	−2.6	−3.0	−0.2	+0.2	−1.7°	−1.3
5p	−1.9	−1.4	−3.5	0.0	+0.3	+0.3	+0.3	+0.1	−0.1	−0.7	−1.2*	−2.0	−1.4	−2.4	+0.1	+0.1	−1.3	−1.0
6p	−0.5	+0.3	−4.1*	+0.5	+0.1	0.0	+0.5	+0.3	−0.2	−1.0*	−0.6	−0.7	+1.1	−1.4	+0.2	+0.2	−0.8	−0.5
7p	+0.2	+0.5	−2.0	+0.5	−0.4	−0.1	+0.7	+0.2	−0.3	−0.8	+0.1	+0.1	+2.0	−0.3	0.0	+0.2	−0.2	−0.1
8p	+0.5	+1.4	+0.3	+0.5	−1.1*	−0.2	+0.2	+0.4	−0.7	−0.1	+0.3	+1.1	+2.3	+0.9	−0.3	0.0	+0.4	+0.3
9p	+1.7	+1.7	+0.9	+0.9	−0.9	−0.6*	+0.4	0.0	−1.0	−0.5	+0.3	+2.3	+1.4	+1.4	−0.3	−0.2	+0.7	+0.4
10p	+3.4	+1.4	+2.2	+0.2	−0.9	−0.4	+0.4	+0.1	−1.2*	−0.5	+0.2	+2.4	+1 9	+2.4	−0.4*	−0.2	+0.7	+0.7
11p	+2.9	+1.8	+0 7	0.0	−0.4	−0.4	+0.4	0.0	−0.8	−0.4	0.0	+2 5	+1.7	+1.7	−0.3	−0.1	+0.7	+0.5
12p	+1.7	+1.5	+2.6	+0.1	−0.4	−0.4	+0.2	0.0	−0.2	−0 1	+0.3	+3.1	+1.2	+2.0	−0.3	0.0	+1.1	+0.8
Mittel . .	89.6	90.7	77.3	85 8	79.8	79.0	74.7	74.7	77.7	87.1	86.0	87.2	87.8	84.9	81.5	76.0	86.8	82.5
Amplitude	7.1	7.9	6 9	2.2	1.9	1.3	1.9	1.8	2.4	2.4	2.4	6.6	6.9	5.9	0.6	0.6	2.9	2.3

4) Die jährliche Periode der relativen Feuchtigkeit.

Der jährliche Gang der relativen Feuchtigkeit hat, wie die Tabelle 48 zeigt, recht ausgesprochen ein Minimum im Winter und ein Maximum im Sommer. Auch hier heben sich natürlich die beiden Monate Februar

Tabelle 48.   Jährlicher Gang der relativen Feuchtigkeit (%).

	Wahres Termin-Mittel	Mittleres Max.	Mittleres Min.	Mittlere Amplitude	Absolutes Max.	Absolutes Min.	Absolute Amplitude	Größte Tagesschwankung	Höchst. Tagesmittel	Niedr. Tagesmittel	Korrektion für Termin-mittel
1911/12 17. XII. – 10. I.	89.6	89.4	95.7	80.7	15.0	100	67	33	28	97.3	82.9
1912 13. – 29 I.	90.7	90.3	96.3	82 8	13.5	100	50	50	40	97.7	75.0
30. I. – 4. III.	77.3	77.2	89.9	62.2*	27.7	100	37	63	51	93.9	56.3
6. – 31. III.	85.8	85.8	91.7	78.4	13.3	97	54	43	39	93.1	75.5
IV.	79.8	79.6	85.9	72.9	13.0	100	29	71	45	95.4	43.2
V.	79.3	79.3	82.8	74.9	7.9*	95	47	48	39	89.1	71.3
VI.	74.8*	74.5*	80.5*	71.0	9.4	95	50	45	27	86.8	64.7
VII.	75.2	75.1	82.3	68.3	14.0	98	44	54	43	90.7	58.2
VIII.	77.7	77.5	83.0	70.4	12.6	92	49	43	33	88.2	64.7
IX.	87.1	87.0	93.1	81.2	11.9	99	74	25	23	93.1	80.1
X.	86.0	85.6	91.5	80.0	11.5	100	65	35	28	95.2	75.3
XI.	87.2	86.8	93.4	79.9	13.5	100	68	33	31	96.8	75.3
1. – 16. XII.	87.8	87.5	96.6	79.2	17.4	100	63	39	29	95.9	73.4
Sommer	84.9	84.6	93.8	73.9	19.9	100	37	65	51	97.7	56.3
Herbst	81.5	81.4	86.6	75.3	11.3	100	29	71	45	95.4	43 2
Winter	76.2	75.8	82.0	69.8	12.2	98	44	54	43	90.7	58.2
Frühling.	86.8	86.5	92.6	80.4	12.2	100	65	36	31	86.8	75.3
Jahr	82.5	82.2	89.1	75.0	14.1	100	29	73	51	97.7	43.2
Amplitude	15.9	15.8	16.1	14.5	19.8	8	45	38	28	10.9	39.7

Korrektion für Termin-mittel (Spalte): +0.2 ; +0.4 ; +0.1 ; 0.0 ; +0.2 ; 0.0 ; +0.3 ; +0.1 ; +0.2 ; +0.1 ; +0.4 ; +0.4 ; +0.3 ; +0.3 ; +0.1 ; +0.4 ; +0.3 ; +0.3 ; —

und September wieder heraus. Der Februar zeigt eine deutlich geringere Feuchtigkeit als die benachbarten Zeitabschnitte. Hierin dürfen wir wohl einen Einfluß der Föhnwinde des Inlandeises erblicken; auch die mittlere Amplitude hat hier ein Maximum. Der September zeigt dagegen ein schwaches Maximum, das seine Entstehung den vorherrschenden nördlichen Winden verdankt, die die Feuchtigkeit von dem offenen Meere weiter im Norden zum Beobachtungsort tragen. Das mittlere Maximum und mittlere Minimum schließen sich in ihrem Gang den Mittelwerten gut an.

Die absoluten Minima bleiben im Februar und April bis August unter 50 %, wenn auch die absoluten Zahlen nicht zuverlässig sein können. Auffällig ist der geringe Wert von 29 % im April, während der geringste Wert im Februar eine Folge des Föhns sein wird. Die absoluten Maxima bleiben in den Wintermonaten immer unter 100 % und erreichen im August nur 92 %.

Die Registrierkurven des Hygrographen verlaufen im allgemeinen sehr glatt und zeigen im Winter oft tagelang fast ganz konstante Werte. Es fehlen nahezu völlig die schnellen Schwankungen, wie sie z. B. »Snow Hill« und die »Belgica« so deutlich und charakteristisch zeigen. Nur in der Vahselbucht kommen während des Februar ähnliche Kurven vor, wenn auch lange nicht in dem Maße wie auf Snow-Hill und der Belgica-Station. Einzelne ausgewählte Kurven finden sich in der Witterungsübersicht.

5) Allgemeine Bemerkungen über die Feuchtigkeit.

Die Untersuchung der Feuchtigkeitsverhältnisse bei Temperaturen unter null Grad hat eine gewisse prinzipielle Schwierigkeit in der Tatsache, daß zweierlei Maximalspannungen des Wasserdampfes derselben Temperatur zugeordnet sind, je nachdem man eine Wasserfläche oder Eisfläche vor sich hat. Bei der Benutzung des Psychrometers zur Bestimmung der Feuchtigkeit — direkt wird ja dadurch nur der Dampfdruck gegeben — trägt man diesen Unterschieden Rechnung, indem man sorgfältig unterscheidet, ob das feuchte Thermometer mit Wasser oder mit Eis bedeckt ist und dementsprechend verschiedene Formeln anwendet. Man definiert nun als relative Feuchtigkeit das Verhältnis der herrschenden Dampfspannung zu der der Temperatur zugehörigen Maximalspannung über Wasser. Nun ist das flüssige Wasser unter null Grad in einem labilen Zustand, dessen Aufrechterhaltung nur bis zu einer gewissen Grenze möglich ist. Die Dampfspannung über dem überkalteten Wasser läßt sich daher nur bis zu einer gewissen Temperatur wirklich experimentell festlegen. Bei den genauesten Bestimmungen dieser Größe in der Physikalisch-technischen Reichsanstalt durch Scheel und Heuse (Ann. d. Physik 29 1909, S. 723 — 37) ist dies bis zu Temperaturen von — 16° geschehen. Nur ausnahmsweise mag es gelingen, zu noch etwas geringeren Temperaturen vorzudringen. Unter dieser Grenze ist also die Dampfspannung über Wasser nur eine Extrapolation, indem man das Gesetz für die Abhängigkeit der Dampfspannung von der Temperatur auch für tiefere Temperaturen als gültig ansieht. Der Größe »relative Feuchtigkeit« fehlen also unter dieser Grenze die experimentellen Unterlagen. Ein Abgehen von dieser Definition der relativen Feuchtigkeit hat andererseits auch große Schwierigkeiten, da man dann diese Zahlen oberhalb und unterhalb des Nullpunktes nicht mehr ohne weiteres zu statistischen und anderen Zwecken vereinigen könnte. Ein zweiter Grund liegt aber darin, daß nach allen Erfahrungen das Haarhygrometer unmittelbar diese Werte angibt, sodaß für dieses Instrument die Dampfspannung über Wasser eine physikalische Bedeutung hat. Man muß mit A. Wegener (Meteorol. Zeitschrift 1920, S. 8 — 12) annehmen, daß in den Haaren tatsächlich das Wasser immer in flüssiger Form vorhanden ist.

Eine weitere Schwierigkeit bei Feuchtigkeitsbetrachtungen besteht darin, daß es nicht möglich ist, Mittelwerte von Temperatur, Dampfdruck und relativer Feuchtigkeit unmittelbar mit einander zu vergleichen. Der Dampfdruck nimmt nach einem Exponentialgesetz mit der Temperatur zu. Wenn wir z. B. konstante relative Feuchtigkeit annehmen, so gehen die höheren Temperaturen zugeordneten Dampfdrucke mit erheblich verstärktem Gewicht in die Mittelbildung ein; der mittlere Dampfdruck ist unter diesen Verhältnissen höher, als es dem Mittel der Temperatur und der relativen Feuchtigkeit entspricht. Wenn die höhere Temperatur, wie es bei uns in den gemäßigten Breiten vielfach der Fall, mit einer geringeren relativen Feuchtigkeit verknüpft ist, so kann sich obiges Verhältnis ändern, sodaß mittlere Temperatur, mittlerer Dampfdruck und mittlere relative Feuchtigkeit annähernd, aber auch nur annähernd, einander entsprechen. Im einzelnen wird dies natürlich von der Streuung der Werte abhängen. Wenn diese Streuung allerdings so gering ist, daß man in diesem Bereich die Dampfdruckkurve als linear annehmen kann und die relative Feuchtigkeit nicht stark schwankt, so kann man auch mit einiger Annäherung Mittelwerte mit einander vergleichen. Die relative Feuchtigkeit selbst als Quotient zweier Dampfdrucke dürfte erheblich weniger abhängig von der Krümmung der Dampfdruckkurve mit der Temperatur sein als der Dampfdruck selbst.

Für polare Verhältnisse verdienen noch die Beziehungen zwischen beiden Dampfdruckkurven über Wasser und Eis eine besondere Betrachtung. Da die Differenz beider Dampfdrucke bei null Grad und ebenso bei sehr tiefer Temperatur verschwindet, da in diesem Falle beide Werte selbst sich der Null nähern, so muß die Differenz zweier Werte bei einer bestimmten Temperatur ein Maximum haben. Diese Temperatur ist, wie Thiesen zuerst theoretisch (Wied. Annalen 67, 1899 S. 690—95) nachgewiesen hat, — 11.7° C. Eine experimentelle Bestätigung ergaben die schon oben erwähnten Bestimmungen von Scheel und Heuse. Bis zu dieser Temperatur steigt die Differenz schnell an, um sich dann langsam der Null zu nähern. Der Quotient der Maximalspannungen Eis/Wasser ist nun eine fast immer lineare Funktion der Temperatur mit einer nur schwachen Krümmung oberhalb — 12°.

Dieser Quotient spielt eine besondere Rolle; er stellt die relative Feuchtigkeit dar, die bei Sättigung über Eis herrscht. In unserem Falle sind die aufgestellten Bedingungen für den Vergleich von mittlerer Temperatur und mittlerer relativer Feuchtigkeit erfüllt, da die Schwankungen der relativen Feuchtigkeit gering sind. Stelle ich nun in der folgenden Tabelle 49 die Monatsmittel der relativen Feuchtigkeit und die zu den

Tabelle 49.

	1911/12 17.XII. — 10.I.	1912 13.—29. I.	30. I.— 4.III.	6.—31. III.	IV.	V.	VI.	VII.	VIII.	IX.	X.	XI.	1.—16. XII.
a) Relative Feuchtigkeit Mittel	89.6	90.7	77.3	85.8	79.8	79.3	74.8	75.2	77.7	87.1	86.0	87.2	87.8
b) Sättigung über Eis .	98.5	97.9	94.1	90.5	85.7	80.8	76.8	76.8	80.8	88.4	91.0	93.4	97.7
Differenz b — a . . .	8.9	7.2	16.8	4.7	5.9	1.5	2.0	1.6	3.1	1.3	5.0	6.2	9.9

mittleren Temperaturen gehörigen Sättigungswerte über Eis zusammen, so ist die Differenz beider Werte besonders im Winter sehr gering und bleibt nur etwa zwischen 1 und 2°/0. Sie ist aber wohl noch etwas geringer, da bei der Berechnung der Feuchtigkeit eine Korrektion nicht angebracht wurde, weil sie für die Einzelwerte geringer war als ihre sonstige Unsicherheit. Den Aspirationspsychrometer-Tabellen ist die Sprungsche Formel zugrunde gelegt, die einen mittleren Luftdruck von 755 mm voraussetzt. Da nun in der Weddelsee der Luftdruck im Durchschnitt erheblich geringer ist, so wäre streng genommen noch eine Luftdruckkorrektion anzubringen gewesen. Für den Dampfdruck ist sie wohl auch im extremsten Falle unter 0.01 mm, konnte also unbedenklich vernachlässigt werden. Bei der relativen Feuchtigkeit bedingt dagegen eine Dampfdruckänderung von 0.01 mm bei einer Temperatur von — 30° eine Korrektion von 2.6°/0, und zwar ist diese Korrektion abzuziehen, wenn das feuchte Thermometer höher steht als das trockene. Diese Korrektion ist aber auch im Mittel sehr gering.

Wir können aus diesen Zahlen schließen, daß von Mai bis September, also in der kalten Jahreszeit, durchschnittlich Sättigung über Eis herrscht. Da es zweifellos Tage gibt, an denen diese Sättigung nicht erreicht wird, so wird es andererseits auch Perioden geben, in denen Übersättigung über Eis herrscht. Die Folge ist, daß eine Ausscheidung von Feuchtigkeit entweder in der Luft selbst oder doch wenigstens an festen Gegenständen eintritt.

Wie beobachtet wurde, trat in der Tat eine solche direkte Ausscheidung häufig ein. Ohne daß Nebel oder sonst eine merkbare Einschränkung der Sicht auftrat, bedeckten sich alle Gegenstände mit einer Schicht von Rauhreif. Und zwar hatte er dann nicht die kompakte Struktur, die er bei Nebel zeigt, sondern war viel zarter und fedriger.

Die Übersättigung dürfte zwei verschiedene Ursachen haben. Erstens tritt beim Vorhandensein von Waken das relativ warme Wasser mit der kalten Luft in Berührung, und es bildet sich dann häufig der sogenannte Frostrauch, der meist aus feinen glitzernden Eiskristallen besteht und auch sehr oft zu Haloerscheinungen Veranlassung gibt, wie sie so häufig beobachtet werden konnten. Wenn andererseits die Übersättigung zur direkten Eiskristallbildung in der Luft nicht ausreicht oder nicht genug Kondensationskerne vorhanden sind, so bleibt eine Übersättigung bestehen, die dann allmählich an festen Gegenständen, unter anderem an der Eisoberfläche selbst, ausgelöst wird, wodurch Rauhreifbildungen entstehen.

Eine andere Quelle der Übersättigung, vielleicht quantitativ von derselben oder über dem Inlandeis selbst von ausschlaggebender Bedeutung, rührt von der Bodeninversion her, worauf aber erst später bei der Betrachtung der Feuchtigkeitsverhältnisse der Drachenaufstiege näher eingegangen werden soll.

Wenn die Werte der relativen Feuchtigkeit auch einzeln völlig zuverlässig wären, so könnte man für jede Stunde feststellen, wann die Luft übersättigt wäre. Hier aber soll nur der Versuch mit den Tagesmitteln gemacht werden, bei denen die Ungenauigkeit schon erheblich geringer sein dürfte. Beschränke ich mich auf die Monate März bis Oktober, so stehen mir 232 Tagesmittel unter Berücksichtigung der Lücken in den Registrierungen zur Verfügung. Davon zeigen 41, also rund 16°/0, noch im Tagesmittel Eisübersättigung, die z. B. am 1. und 2. Juli 4.8 bezw. 5.7°/0 ausmacht. Im Juni und August sind es 9 bezw. 8 solcher Tage, also rund 30%. Da also, wie eben gezeigt, Eissättigung im Winter herrscht und die Sättigung auch bei wechselnder Temperatur aus den oben erwähnten beiden Quellen aufrechterhalten wird, so ergibt sich als Konsequenz daraus ein täglicher Gang der relativen Feuchtigkeit. Wie vorhin festgestellt ist, ist der Wert der relativen Feuchtigkeit, bei der gerade Sättigung über Eis herrscht, sehr nahe eine lineare Funktion der Temperatur. Einer Temperaturveränderung von einem Grad Celsius entspricht eine Feuchtigkeitsveränderung von 0.85°/0. Ein Steigen der Temperatur ist mit einem Steigen der relativen Feuchtigkeit verbunden und umgekehrt. Aus der Größe der täglichen Periode der Temperatur kann ich demnach auch den täglichen Gang der relativen Feuchtigkeit berechnen. Für die Monate Mai, Juni und Juli ergeben sich auf diese Weise die Werte 0.6, 1.1 und 2.1 für die

Amplitude der relativen Feuchtigkeit, während die tatsächlich beobachteten Amplituden 1.0, 1.3 und 1.6 betragen. Es zeigen also die beobachteten und berechneten Größen ausreichende Übereinstimmung. Der weiter oben erwähnte zunächst merkwürdige parallele Gang von relativer Feuchtigkeit und Temperatur dürfte durch diese Verhältnisse qualitativ und quantitativ erklärt sein.

In gewissen Fällen, wenn z. B. die Temperaturamplitude größer ist, kann die relative Feuchtigkeit nicht mehr parallel mit ihr gehen, sondern höchstens noch zu gewissen Tagesstunden, während in den übrigen Stunden beide entgegengesetzt verlaufen müssen. Das Resultat wird ein komplizierter Gang der relativen Feuchtigkeit sein. Insbesondere kann sich bei einfacher Temperaturwelle eine doppelte Feuchtigkeitswelle zeigen, wie wir sie tatsächlich in den Übergangsjahreszeiten finden.

Nebenbei bemerkt lassen die Psychrometerablesungen unmittelbar erkennen, wann wir Sättigung über Eis oder Übersättigung vor uns haben. Bei Eisbedeckung des feuchten Thermometers stehen beide Thermometer bei Eissättigung gleich, während bei Eisübersättigung das feuchte Thermometer höher steht als das trockene. Die bei der Ausscheidung der Feuchtigkeit an der Eishülle freiwerdende latente Dampfwärme tritt dann als Temperaturerhöhung des Thermometers zu Tage.

IV. Der Wind.

a) Technisches.

Während der Fahrt des Schiffes wurden Richtung und Stärke des Windes nach der Beaufortskala geschätzt. Auf offener See ist die Windrichtung am sichersten nach der Lage der Wellenkämme, bezw. wenn die See etwas bewegter ist, nach der Richtung der Schaumstreifen zu beurteilen. Die Form uud Höhe der Wellen bilden auch eins der sichersten Merkmale für die Schätzung der Windgeschwindigkeit. Bei stillliegendem Schiff im Eise läßt sich die Richtung bequem nach einem Wimpel am Großmast des Schiffes festlegen; die Schätzung der Stärke geschieht nach dem Gefühl. Für die Tabellen wurden die stündlichen Werte dem Schiffsjournal entnommen und die Beaufortwerte in Meter in der Sekunde umgerechnet.

Zur Messung der Windgeschwindigkeit und Richtung an der Winterstation sollten mehrere Instrumente dienen. Da ich befürchtete, daß die Schleifkontakte eines elektrisch registrierenden Instruments infolge von Reifansatz leicht versagen würden, so wurde das Hauptanemometer für eine rein mechanische Registrierung gebaut, wodurch gleichzeitig sich der Vorzug einer kontinuirlichen Aufzeichnung ergab. Die Windfahne war durch ein Gestänge aus leichtem Messingrohr mit zwei gleichen exzentrischen Scheiben verbunden, die über einander auf dem Gestänge saßen und um 90° gegen einander verdreht waren. Gegen sie drückte mit leichtem Druck je eine horizontal gelagerte Stange, die eine Schreibfeder trug. Bei einer Drehung der Windfahne bewegten sich die Schreibfedern in horizontaler Richtung. Einer Drehung um 180° entsprach ein Ausschlag von 40 mm, sodaß eine Genauigkeit von 5 Graden gleich 1.1 mm Ausschlag bequem abzulesen war. Die Aufzeichnung geschah auf einem »unendlichen« Papierstreifen, der durch ein Uhrwerk um 3 cm in der Stunde vorgeschoben wurde. Durch einen durch das Uhrwerk ausgelösten Schlag wurde zur vollen Stunde eine Zeitmarke gemacht. Die Windgeschwindigkeit wurde auf einem zweiten Streifen aufgezeichnet, der durch das Schalenkreuz selbst langsam abgerollt wurde. Durch das Uhrwerk wurde die Schreibfeder in der Stunde um 6 cm von links nach rechts bewegt und glitt zur vollen Stunde ausgelöst durch das Uhrwerk wieder zurück. Der Abstand zwischen je zwei solcher Stundenlinien ist dann proportional der mittleren Windgeschwindigkeit. Das Abrollen des Papierstreifens erfolgte in solchem Maße, daß ungefähr ½ mm Papierweg einer mittleren Stundengeschwindigkeit von 0.1 mps entsprach.

Es war ursprünglich geplant, den Aufnahmeapparat in etwa drei Meter Höhe über dem First des Stationshauses auf zwei kräftigen Holzbalken aufzustellen. Die Übertragungsstellen sollten zwischen den beiden Balken zu dem Registrierapparat hinabgeführt werden, der also in dem dauernd geheizten Wohnraum stehen sollte. Da aber das Schiff die nicht vorhergesehene Triftfahrt machte, so mußte ein anderer Aufstellungsort gefunden werden. Eine Aufstellung auf dem Schiff selbst kam nicht in Frage, da dort der Wind gestört war. Schließlich wurde der Apparat in einer Ecke der sogenannten geodätischen Hütte angebracht, die eigentlich zu astronomischen Messungen bestimmt, einen großen Theodolithen beherbergte. Der Windapparat konnte aber so aufgestellt werden, daß er die in der Hütte eigentlich geplanten Messungen nicht störte. Wegen der unsicheren Lage auf dem treibenden Eise konnte aber, wie sich bald herausstellte, die Hütte ihrem eigentlichen Zwecke nicht dienen, sodaß sie für andere Arbeiten verfügbar war. Die Unterbringung in dieser Hütte hatte leider den sehr großen Nachteil, daß der Registrierapparat allen Temperaturschwankungen ausgesetzt war. Es traten infolgedessen sehr viele Störungen im Betriebe ein. Bei Schneetreiben gelangte feiner Treibschnee in die Hütte und setzte mehrfach der Arbeit des Apparates eine Grenze, weil der Schnee ins Uhrwerk eindrang. Dem konnte schließlich durch Anbringen einer Wolldecke als Vorhang ein Ende gemacht werden. Es bildete sich aber trotzdem viel Reif am Apparat, weswegen das Uhrwerk und die verschiedenen Führungsstangen versagten; die Pendelfeder zersprang mehrfach, das Uhrwerk ging recht unregelmäßig, trotzdem das Triebgewicht erheblich beschwert wurde. Aus solchen Erwägungen heraus hatte ich bereits für diese Uhr auf Federantrieb verzichtet, da erfahrungsgemäß Pendeluhren mit Gewichtsantrieb. besser in Gang gehalten werden können, weil man eben die Triebkraft erheblich vermehren kann, was bei Federantrieb ja nicht möglich ist. Mit der Zeit wurde der Reifansatz so stark, daß die meist angewandte Methode, ihn durch Abpinseln mit Alkohol oder Benzin zu beseitigen, nicht mehr ausreichte. Es blieb daher nichts weiter übrig, als den ganzen Apparat abzunehmen und in einem geheizten Raum gut durchzutrocknen, was immer eine mehrstündige Betriebsstörung verursachte. Das half dann für eine gewisse Zeit. Als im Frühjahr die Sonnenwirkung stärker wurde, kam auch der Reif in dem Anemometerschacht und an dem Übertragungsgestänge zum Tauen, wodurch wahre Schmelzbäche auf den Registrierapparat herabstürzten, die das Papier aufweichten und beim Wiedergefrieren den Apparat hemmten. Erst als diese Störungen vorüber waren und die Temperaturen allgemein höher wurden, arbeitete der Apparat im großen und ganzen störungsfrei. Es möge noch als Kuriosum erwähnt werden, daß eines Tages eine Hündin in die Hütte eindrang und gerade die Anemometerecke sich als Lager für ihr Wochenbett ausgewählt hatte und den in Fetzen gerissenen Registrierstreifen als wärmende Unterlage benutzen wollte. Durch mühsames Aneinanderkleben der kleinen Fetzen gelang es aber doch noch, auch diesen Teil der Registrierung zu retten. Namentlich bei Windstillen wurde das Schalenkreuz durch Rauhreif unbeweglich und mußte dann, ebenso wie die Windfahne, oft angestoßen werden. Trotzdem der Windapparat bei jedem Termin und meist öfter nachgesehen wurde, ließen sich Lücken nicht vermeiden, wodurch auch die spätere Verwertung der Aufzeichnungen erschwert wurde.

Neben diesem Anemometer war während eines großen Teils der Fahrt noch ein zweites kleineres in Betrieb, das aber nur die Geschwindigkeit angab. Es war von Schultze in Potsdam in mechanisch sehr guter Ausführung gebaut. Auch die Abreißkontakte arbeiteten fast störungsfrei, eigentlich wider mein Erwarten, da ich auch hier Reifstörungen vermutet hatte. Der Aufstellungsort war der verkürzte Besanmast, die Höhe über dem Boden betrug etwa 18 m. Die Kontakte wurden mit einem kleinen Fueßschen Chronographen aufgezeichnet, der im Schiff aufgestellt war. Auch bei diesem Instrument traten besonders im Winter häufig Störungen auf. Die Ursache war hier der Rauhreif, der sich in solchen Mengen ansetzte, daß das Schalenkreuz sich nicht mehr drehen konnte und einmal sogar zerbrach. Bei der wenig zugänglichen Aufstellung konnte er nicht oft genug beseitigt werden. Im Anfang zeigte das Anemometer häufig ein Brummen, was auf starke Reibung schließen ließ. Eine besondere Ölung der Achsenlager war zunächst nicht für nötig erachtet worden, weil alle Achsen in Steinen liefen. Bei einer gelegentlichen Abnahme des Apparats wurde er dann aber doch geölt, und seit dieser Zeit verschwand das Brummen vollständig.

Bei beiden Anemometern hatte ich eine wichtige Abänderung gegen die sonst übliche Form des Schalenkreuzes vorgenommen. Bei Schneetreiben setzt sich bekanntlich leicht Schnee in die geöffneten Schalen hinein, der das Gewicht und damit den Achsendruck vermehrt, und außerdem, was wichtiger ist, den Luftwiderstand der hohlen Seite der Halbkugel verändert, und zwar in unkontrollierbarer Weise. Um diesen Mißstand vollständig zu beseitigen, ließ ich die hohle Halbkugel ganz schließen, sodaß an ihre Stelle eine ebene Fläche trat. Wie zu erwarten, ist diese Änderung mit einer Konstantenänderung verbunden. Von den Schultzeschen Anemometern wurde das eine mit einem offenen und einem geschlossenen Schalenkreuz auf dem Combesschen Rotationsapparat der Seewarte geprüft. Die Drehgeschwindigkeit des geschlossenen Schalenkreuzes ist bei allen Geschwindigkeiten fast genau um 30 % geringer, aber die Eichkurve bleibt eine gerade Linie. Dasselbe gilt für das große Schalenkreuz.

Für alle Fälle hatte ich noch ein zweites kleines Anemometer mitgenommen, mit offenen Schalen, das als Normalinstrument diente und nur zu Eichungen gebraucht wurde.

Dieses Eichinstrument lief zu drei Zeiten gleichzeitig mit dem großen Anemometer. Während dieser Zeit war es auf einem Holzstab unmittelbar neben dem großen Anemometer etwa 15 cm höher als dieses aufgestellt. Die drei Eichperioden waren 3.—26. Juni, 15.—29. August und 9.—22. November.

Zur Methodik einer Anemometereichung, wie ich sie schon vor der Expedition am Observatorium in Potsdam ausgebildet hatte, und wie sie seitdem dort benutzt wird, sei folgendes gesagt. Die Eichkurve eines Schalenkreuzanemometers ist, wie schon die älteren Untersuchungen an der Seewarte von Neumayer und Hasenkamp gezeigt haben (Archiv der Seewarte XX 4 1896), mit sehr großer Annäherung eine gerade Linie, die durch die Gleichung $v = a + b \cdot n$ dargestellt wird. Darin ist v die Windgeschwindigkeit in mps, n eine Größe, die in fester Beziehung zu der Umdrehungszahl des Schalenkreuzes in einer bestimmten Zeit steht, also etwa zu der Zahl der Kontakte in einer Stunde, oder zum Papierweg, der in der Stunde abgewickelt wird, oder zu ähnlichem. a und b sind Festwerte. a ist die sogenannte Anlaufskonstante, bei der sich das Schalenkreuz zu drehen anfängt. Die absolute Größe von a ist in erster Linie abhängig von den Reibungsverhältnissen im Anemometer und für Anemometer desselben Typs wenig veränderlich. Bei den meist üblichen kleinen Instrumenten liegt a meist in der Gegend von 0.5, während z. B. die viel gebrauchten Anemometer nach Sprung-Fueß eine Zahl um 1.0 haben. Wenn Abweichungen von diesem Wert vorkommen, so ist fast durchweg ein Fehler im Apparat aufzufinden, nach dessen Beseitigung der alte Wert von a sich wieder einstellt. Die Größe b hängt in erster Linie von dem Übertragungsmechanismus ab, also z. B. von der Zahl der Umdrehungen, die das

Schalenkreuz machen muß, um etwa einen Kontakt zu geben. Die Größe b wird vom Mechaniker meist so gewählt, daß sie den Wert 0.1 erhält, sodaß z. B. einem Kontakt stündlich eine Windgeschwindigkeit von 0.1 mps entspricht.

Bei der praktischen Ausführung der Eichung wird folgendes einfache Verfahren eingeschlagen. Die Stundenwerte für die beiden zu vergleichenden Anemometer werden für die ganze Vergleichszeit zunächst in beliebigem Maß ausgewertet, wobei man die Zahlen für das Normalinstrument gleich in mps umrechnen kann, wenn das bequem mit der Auswertung verbunden werden kann; sonst geschieht es erst später. Dann werden die gleichzeitigen Werte in Gruppen zusammengefaßt, und zwar nach Gruppen von etwa 1 mps. Siehe das nachstehende Schema:

o bis o.9 mps		1.o bis 1.9 mps		2.o bis 2.9 mps			
mps	n	mps	n	mps	n	mps	n
0.8	12	1 9	18	2.4	18	—	—
0.4	2	1.8	15	2.4	22	—	—
0.4	3	1.3	8	—	—	—	—
—	—	—	—	—	—	—	—

In der ersten Spalte jeder Gruppe werden die Werte des Eichanemometers eingetragen, in der zweiten die des zu prüfenden Instruments. Für jede der Vertikalreihen werden dann die Mittelwerte gebildet und darauf zur Kontrolle die Mittelzahlen graphisch aufgetragen; die einen Zahlen als Ordinaten, die andern als Abscissen. Es muß sich dabei sehr nahe eine Gerade ergeben. Der weitere Weg ist dann verschieden. Man kann z. B. die Mittelwerte nach der Methode der kleinsten Quadrate behandeln und so die Konstanten a und b ermitteln. Eine andere Methode, bei der man mit geringerer Rechenarbeit auskommt, ist die folgende: Es werden die Gruppenmittel noch weiter zusammengefaßt zu vier größeren Gruppen, die man so wählt, daß jede Gruppe möglichst eine gleiche Anzahl Werte enthält. Auch diese Mittel werden wieder zur Kontrolle in die graphische Darstellung eingezeichnet. Falls man nicht die Werte des Eichinstruments schon in mps ausgedrückt hat, macht man hier die Umrechnung. Jedes Zahlenpaar muß dann der Gleichung genügen:

$$v_k = a + b \cdot n_k$$

wobei v_k der Mittelwert für das Normalinstrument ist und n_k der des zu prüfenden Instruments. Die Differenz je zweier Gleichungen ergibt den Festwert b.

$$\frac{v_{k_1} - v_{k_2}}{n_{k_1} - n_{k_2}} = b.$$

Aus den sechs möglichen Kombinationen ergeben sich sechs Werte für b. Den Mittelwert setzt man dann in jede der vier Gleichungen ein und erhält so vier Werte für a, deren Mittel wieder genommen wird. Dies Verfahren ergibt erfahrungsgemäß genügend genaue Werte für die Konstanten a und b.

Wenn ich die Kurven für die drei Eichungen betrachte, so liegen nur die Zahlen vom November auf einer Geraden, während im Juli und August namentlich bei geringen Geschwindigkeiten größere Abweichungen davon auftreten. Diese Fehler können wohl zum größten Teil auf die wegen Kälte vergrößerten Reibungen im kleinen Eichinstrument zurückgeführt werden; auch mag Rauhreifansatz störend gewirkt haben. Da bei größeren Werten der Windgeschwindigkeit die drei Kurven sich stark nähern, so halte ich es für das Richtigste, die Novembereichung für die ganze Zeit zu benutzen.

Aus diesen Umständen ergibt sich der Schluß, daß für die klimatischen Verhältnisse des Polarwinters große Anemometer weniger Störungen ausgesetzt sind als kleine, also den Vorzug verdienen. Die Hauptstörungen des großen Apparats lagen eben im wesentlichen im Registrierapparat, der bei Aufstellung im geheizten Raum gut gearbeitet hatte, aber nicht in der Kälte.

Die Aufstellung der Windtabellen selbst erforderte viel Arbeit. Als Hauptgrundlagen dienten die Werte des großen Anemometers in sechs Meter Höhe. Die Geschwindigkeitswerte in den störungsfreien Zeiten konnten natürlich ohne weiteres übernommen werden. Bei der Bestimmung der Richtung ergaben sich aber gewisse Schwierigkeiten dadurch, daß die Orientierung des Apparates zum Meridian nicht fest war, sondern sich mit der Drehung der Scholle änderte. Bei den verschiedenen Neujustierungen konnten ebenfalls Verschiebungen nicht ganz vermieden werden; auch gelegentliche größere Änderungen kamen vor, vermutlich weil die Klemmung wegen Dazwischensetzens von Eiskörnern rutschte. Das Verfahren zur Reduktion der Aufzeichnungen war das folgende: Die Auswertung der Registrierung geschah zunächst nach einer willkürlichen Nullrichtung auf 5 ° genau, und zwar wurde die durchschnittliche Richtung während einer ganzen Stunde unter Berücksichtigung der Geschwindigkeitsverteilung in der Stunde geschätzt, sodaß die Richtung des Windvektors sich ergab. Neben den Registrierungen wurden auch noch alle zwei Stunden bei Gelegenheit der Wolkenbeobachtungen die Windrichtung und Windstärke geschätzt; die Richtung zum Teil nach Gefühl, zum größten Teil nach einem Wimpel, der sich auf oder neben der meteorologischen Hütte befand. Die geschätzte augenblickliche Richtung und der der Registrierung entnommene Windvektor brauchen natürlich in vielen Einzelfällen nicht mit einander übereinzustimmen. Es wurde daher die geschätzte Richtung auch in Winkelgrade umgerechnet, worauf die Differenzen für die 14 täglichen benachbarten Werte gebildet wurden. Der Mittelwert dieser Differenz für jeden Tag ist dann die Korrektion, die an den registrierten Richtungen angebracht werden muß, um sie auf wahre Windrichtung zurückzuführen. Auch diese Korrektionen können natürlich noch etwas schwanken. Es wurden dann natürliche Gruppen von Tagen zusammengefaßt, an denen die Korrektion innerhalb von fünf Grad konstant blieb. Da die Drehungen der Scholle meist nur langsam erfolgten, so änderte sich die Korrektion im Laufe eines Monats um höchstens 10°. Erst bei der Lösung des Eises im Frühjahr kamen schnellere Drehungen in kürzerer Zeit vor, die dann durch dreimal täglich erfolgende Ablesungen des Schiffskompasses näher verfolgt werden konnten. Da die Zeiten von Neujustierungen natürlich immer aufgeschrieben wurden, konnten die hiervon herrührenden Änderungen genauer berücksichtigt werden. Nach der Anbringung der Korrektionen wurden dann die Richtungen in der üblichen Form umgeschrieben. Und zwar wurden die Gradzahlen 350 — 10° als Nord bezeichnet, 15—30° als NNE, 35—55° als NE usw. Es tritt dadurch natürlich eine gewisse Bevorzugung der Hauptrichtung gegenüber den Zwischenrichtungen auf, die sich aber nicht vermeiden ließ. Als Windrichtungen während der Fahrt des Schiffes wurden die Augenbeobachtungen nach dem Schiffsjournal benutzt, die von den Schiffsoffizieren stündlich gemacht wurden. Als das Schiff aber in der Vahselbucht lag, wurde der regelmäßige Schiffsbetrieb wegen anderer Arbeiten etwas eingeschränkt. Für diese Zeit sind daher nur zweistündliche Beobachtungen verfügbar, mit Einschluß der Terminwerte also 14 Beobachtungen täglich. Lücken in der Registrierung wurden ebenfalls durch die Augenbeobachtungen ersetzt und zum Teil auch, der einfacheren Berechnung wegen, die Zwischenstunden interpoliert, was fast immer unbedenklich geschehen konnte, da auch gelegentlich in der Zwischenzeit erfolgte stärkere Winddrehungen in die Beobachtungsbücher eingetragen wurden. Die Herkunft der Einzelwerte ist in den Tabellen immer vermerkt.

Die Windgeschwindigkeit erforderte natürlich ebenfalls besondere Aufmerksamkeit. Auch hier galt das große Anemometer als normal. Die Zahlen wurden, soweit vorhanden, unmittelbar in die Tabellen aufgenommen. Lücken wurden aus dem Besananemometer ergänzt, falls nicht auch dies gestört war. Da es aber etwa 12 Meter höher stand, konnte es nicht ohne weiteres verwandt werden, sondern mußte noch auf 6 Meter Höhe reduziert werden. Zur Ableitung des Reduktionsfaktors wurden Mittelwerte von 12 bezw. 24 Stunden, wo beide Anemometer einwandfrei arbeiteten, gebildet. Daraus ergab sich zunächst, daß das Besananemometer im Mittel etwa 20 % höhere Werte zeigte als das in 6 Meter Höhe. Für die einzelnen Monate August bis November wurde die Beziehung zwischen den beiden Anemometern durch eine Kurve dargestellt und graphisch ausgeglichen. Daraus wurde dann die Geschwindigkeit in 6 Meter gewonnen. Über diese Vergleiche wird später noch etwas mehr zu sagen sein. Für die Zeit, wo beide Anemometer noch nicht arbeiteten oder Lücken zeigten, mußte die nach Beaufort geschätzte Windstärke in mps umgerechnet werden. Um dies mit der nötigen Genauigkeit tun zu können, wurde wenigstens für das letzte Vierteljahr der Triftfahrt ein Vergleich zwischen den gleichzeitig geschätzten und gemessenen Werten angestellt, und zwar nach den drei Hauptbeobachtern getrennt. Eine systematische Verschiedenheit zwischen ihnen ergab sich nicht. Zu diesem Vergleich wurden den geschätzten Werten die zugehörigen mps subsummiert und daraus nebenstehende Vergleichswerte abgeleitet, die nach graphischer Ausgleichung auf ½ mps abgerundet wurden. (Tabelle 50.)

Tabelle 50.
Zur Umrechnung von Beaufort-Skala auf mps.

Schätzung	mps	Schätzung	mps
C	0.5	5 — 6	10.0
0—1	1.5	6	10.5
1	2.5	6 — 7	11.5
1—2	3.0	7	12.0
2	4.0	7 — 8	13.0
2—3	4.5	8	14.0
3	5.5	8 — 9	15.0
3—4	6.0	9	16.0
4	7.0	9—10	17.5
4—5	8.0	10	19.0
5	9.0	10—11	21.0
		11	23.0

Wie ich leider erst nach Fertigstellung fast aller auf den Wind bezüglichen Tabellen sah, ist die obige Methode der Vergleichung mit einem systematischen Fehler behaftet, wie Köppen (Meteorol. Zeitschrift 1888, S. 239) gezeigt hat. Es zeigt sich auch hier die schon von Köppen abgeleitete Beziehung, daß nur bei den mittleren Windstärken beide Berechnungsarten übereinstimmen, während bei geringen Stärkegraden zu hohe mps - Werte herauskommen und umgekehrt. Die Differenzen sind der Größe nach sehr nahe gleich den von Köppen abgeleiteten Zahlen, wenn auch hier die Abweichungen systematisch etwas größer sind. Eine Umrechnung sämtlicher Tabellen hätte eine sehr erhebliche Mehrarbeit erfordert; sie ist daher unterblieben. Der Fehler fällt aber nicht sehr ins Gewicht, da die betroffenen hohen und geringen Windgeschwindigkeiten nicht allzuhäufig vorkamen. In den Tabellen ist aber auch hier das Zustandekommen aller Zahlen angegeben, sodaß bei einer etwaigen Benutzung zu Einzeluntersuchungen die Zahlen immer korrigiert werden können.

Schließlich sei noch erwähnt, daß eine Korrektion durchweg nicht angebracht worden ist. Es wäre nämlich noch die Triftgeschwindigkeit in Bezug auf die Windgeschwindigkeit zu berücksichtigen. Da zur Zeit der Fertigstellung dieser Untersuchung die Bearbeitung der Trift noch nicht abgeschlossen war, konnte diese Korrektion auch noch nicht berücksichtigt werden. Wir können aber an einem Beispiel die ungefähre Größenordnung dieser Korrektion feststellen. Im Anfang August trieb das Schiff bei einer mittleren Windgeschwindigkeit von rund 14 mps in drei Tagen 72 Seemeilen, also in der Stunde etwa eine Seemeile oder 0.5 mps. Die Triftrichtung ist gegen den Wind um rund 30° nach links abgelenkt, sodaß der Wind um rund $0.5 \cos 30° = 0.43$ mps oder um rund 3 % zu vermehren wäre. In Anbetracht der vielen sonstigen Unsicherheiten ist es wohl gestattet, von dieser Korrektion abzusehen.

b) Die Ergebnisse der Windbeobachtungen.

1) Die tägliche Periode der Windrichtung.

Die Untersuchung der täglichen Periode der Windrichtung geschah nach der Angotschen Methode, wie sie kurz bei Hann (Lehrbuch der Meteorologie 3. Aufl. S. 414) und ausführlicher von Meinardus im Gauß-Werk S. 102—103 dargestellt ist, weswegen ich hier nicht näher darauf einzugehen brauche. Die in Tabelle 51 wiedergegebenen Zahlen sind durch folgende Beziehungen definiert: $\operatorname{tg} A = \dfrac{E - W}{N - S}$, $R = -\sqrt{(N - S)^2 + (E - W)^2}$. A ist das Azimut der mittleren Richtung von N über E, S, W von 0—360° gezählt. R gibt die Resultante in absolutem Maß. Die Monatswerte sind nicht veröffentlicht worden. Zur Veranschaulichung ist die tägliche Periode für die Jahreszeiten und das Jahr auch in Figur 11 in Form von Vektordiagrammen wiedergegeben, die den Gang der Drehung nach Sinn und Größe noch besser darstellen, als es die Zahlen der Tabelle tun.

Tabelle 51.

Täglicher Gang der Winddrehung.

	Sommer		Herbst		Winter		Frühling		Jahr	
	Richtung	Resultante	Richtung	Resultante	Richtung	Resultante	Richtung	Resultante	Richtung	Resultante
2a	146⁰	0.36	191⁰	3.57	135⁰	0.57	202⁰	2.15	181⁰	6.25
4a	243⁰	1.56	226⁰	3.18	63⁰	1.79	88⁰	0.63	218⁰	2 42
6a	240⁰	3.58	256⁰	3.37	54⁰	3.39	25⁰	4.21	333⁰	3.71
8a	244⁰	3.22	263⁰	1.61	46⁰	3.33	16⁰	5 10	359⁰	5.73
10a	288⁰	1.26	76⁰	0.82	34⁰	1.94	5⁰	3.62	10⁰	5 98
12a	333⁰	0.67	61⁰	1.75	10⁰	0.66	333⁰	2.24	1⁰	4.02
2p	345⁰	1.14	34⁰	2.16	270⁰	0.40	286⁰	1.87	341⁰	3.60
4p	21⁰	1.71	33⁰	3.47	284⁰	1.24	210⁰	1.39	1⁰	3.63
6p	70⁰	2.02	28⁰	4.21	276⁰	2 01	162⁰	2.53	51⁰	3.34
8p	87⁰	2.00	24⁰	2.42	256⁰	1.65	181⁰	2.62	344⁰	1 93
10p	104⁰	0.82	143⁰	1.00	257⁰	0.92	216⁰	2.36	197⁰	3.13
12p	135⁰	0.56	177⁰	3 00	217⁰	0.50	226⁰	2.41	195⁰	5.70
Mittel	154⁰	7.6	164⁰	27.6	222⁰	39.4	256⁰	16.4	205⁰	32.1

Eine tägliche Drehung der Windfahne ist in allen Monaten ausgesprochen vorhanden, doch sind offenbar die Einzelmonate noch zu kurze Zeiträume, um die besonderen Gesetzmäßigkeiten erkennen zu lassen. Die jahreszeitlichen Kurven ergeben dagegen ein überraschend klares Bild. In allen haben wir eine ausgesprochene Längsachse, die ungefähr von SW nach NE zeigt. Sommer und Winter zeigen eine besonders einfache Drehung. Der Drehungssinn ist im Sommer im Sinne des Uhrzeigers und steht damit in vollem Einklange mit den Ergebnissen der Gauß-Station. Der Winter zeigt den umgekehrten Drehungssinn. Dabei zeigt sich ferner das merkwürdige Verhalten, daß die beiden Flächen sich spiegelbildlich ähnlich sehen, wobei die Spiegelungsebene senkrecht zu der Längsachse liegt. Die Übergangsjahreszeiten sind sich ebenfalls sehr ähnlich, indem in diesen beiden Vierteljahren eine doppelte Drehung stattfindet. Die beiden gleichliegenden Flächenstücke werden auch in demselben Sinne umfahren. Die Drehungszeit für jedes Flächenstück beträgt annähernd je 12 Stunden, nur die Zeiten sind verschieden. Bei allen vier jahreszeitlichen Kurven fallen die Umkehrpunkte, bei denen der Windvektor jeweils seinen absolut größten Wert erreicht, sehr nahe auf die Zeiten 6a und 6p. Die Jahreskurve zeigt weniger ausgesprochene Verhältnisse.

Inwieweit die besprochenen Verhältnisse reell sind oder nur für dies eine Jahr gelten, muß noch dahingestellt bleiben. Jedenfalls dürfte eine Erklärung der merkwürdigen Verhältnisse nicht leicht sein. An Land- und Seewinde, wie sie Meinardus bei der Gauß-Station als Erklärungsmöglichkeit ins Auge faßt, ist hier mitten im Weddellmeer sicher nicht zu denken.

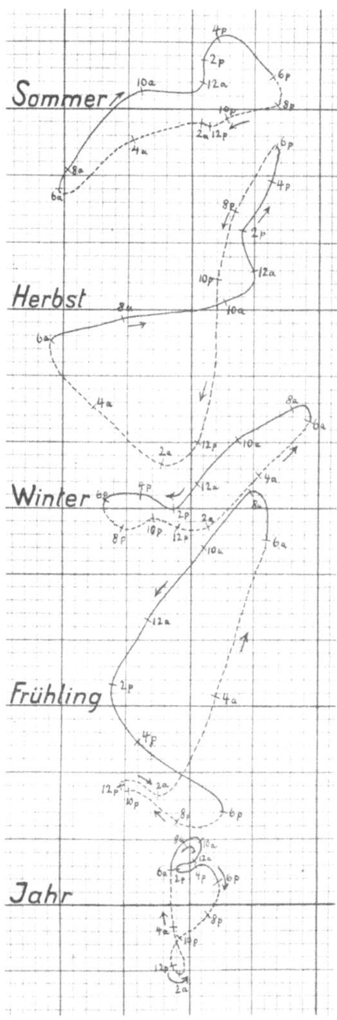

Fig. 11. Tägliche Periode der Windrichtung.

2) Der tägliche Gang der Windgeschwindigkeit.

In Tabelle 52 ist in üblicher Weise der tägliche Gang der Windgeschwindigkeit in Abweichungen vom Tagesmittel für die einzelnen zeitlichen Gruppen, Jahreszeiten und das Jahr dargestellt. Figur 12 zeigt in graphischer Darstellung die ausgeglichenen Abweichungen vom Tagesmittel.

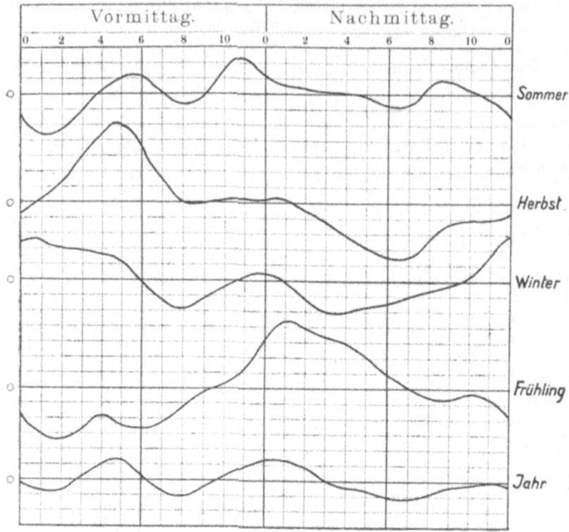

Fig. 12. Tägl. Gang der Windgeschwindigkeit. Ein Teilstrich = 0.1 mps.

Die Kurven lassen im einzelnen wenig Gesetzmäßigkeit erkennen. Einige Monate, wie April und November, zeigen eine deutliche einfache Tageswelle, während in den meisten Monaten mehrere Extreme vorhanden sind. Sie treten zu allen Tagesstunden ein, ohne daß irgend eine besonders bevorzugt erschiene. Dasselbe zeigt sich auch in den harmonischen Konstanten ausgeprägt, wie sie Tabelle 52 enthält. In den beiden genannten Monaten ist z. B. die Amplitude der ganztägigen Welle am größten, im Juni dagegen die der zweiten Welle. In den Jahreszeiten ist die ganztägige Welle die beherrschende, abgesehen vom Sommer, wo sie klein ist und von der dritteltägigen fast erreicht wird. Ihre Amplitude ist im Herbst und Winter bei weitem am größten, und ihre Phasenwinkel zeigen gegen die der anderen Jahreszeiten eine Phasenverschiebung von rund 180°. Bei der zweiten Welle fällt vor allem der Phasenwinkel im Sommer heraus. Nur die dritte und vierte Welle zeigen annähernd konstante Winkel in allen Jahreszeiten. Die

Tabelle 52. Täglicher Gang der Windgeschwindigkeit. Abweichungen vom Mittel in mps.

	1911/12 17.XII.–10.I.	1912 13.–29.I.	30.I.–4.III.	6.–31.III.	IV.	V.	VI.	VII.	VIII.	IX.	X.	XI.	I.–16.XII.	Sommer	Herbst	Winter	Frühling	Jahr
12 bis 1a	−0.33	−0.51	−0.24	−0.15	+0.04	+0.14	+0.22	+0.23	+0.32	−0.07	−0.13	−0.53	−0.54	−0.39*	0.00	+0.26	−0.25	−0.09
1 bis 2a	−0.39	−0.37	+0.14	−0.16	+0.17	+0.21	+0.29	+0.08	+0.33	+0.01	−0.35*	−0.68	−0.33	−0.17	+0.07	+0.24	−0.34	−0.06
2 bis 3a	−0.47*	−0.07	0.00	−0.07	+0.48	+0.25	+0.20	0.00	+0.27	−0.05	−0.23	−0.80*	−0.59*	−0.28	+0.21	+0.16	−0.36*	−0.07
3 bis 4a	−0.45	+0.13	+0.66	+0.11	+0.71	+0.41	+0.31	0.00	+0.35	+0.19	+0.04	−0.62	−0.40	+0.08	+0.40	+0.22	−0.13	+0.13
4 bis 5a	−0.41	+0.11	+0.43	+0.14	+0.86	+0.54	+0.01	+0.03	+0.26	+0.12	−0.18	−0.53	+0.09	+0.04	+0.52	+0.10	−0.20	+0.11
5 bis 6a	−0.45	+0.08	+0.72	+0.10	+0.92	+0.63	+0.15	+0.16	+0.08	−0.06	−0.25	−0.57	+0.05	+0.17	+0.56	+0.13	−0.30	+0.13
6 bis 7a	−0.27	−0.04	+0.16	+0.11	+0.50	+0.02	−0.14	−0.14	−0.16	−0.11	−0.27	−0.39	+0.52	+0.06	+0.19	−0.15	−0.26	−0.05
7 bis 8a	−0.27	−0.07	+0.01	−0.10	+0.36	−0.15	−0.24	−0.05	0.32	−0.34*	−0.07	−0.18	+0.14	−0.06	+0.04	−0.20	−0.20	−0.11
8 bis 9a	+0.09	+0.05	−0.67*	−0.19	+0.24	−0.19	−0.30*	−0.21	−0.05	−0.27	+0.12	−0.08	+0.23	−0.13	−0.04	−0.18	−0.08	−0.11
9 bis 10a	+0.23	+0.05	−0.05	−0.03	+0.17	−0.04	−0.08	−0.30	+0.24	−0.21	+0.19	+0.11	+0.44	+0.12	−0.04	−0.05	+0.02	+0.03
10 bis 11a	+0.55	+0.43	−0.22	−0.19	+0.09	+0.08	−0.12	−0.27	+0.37	−0.27	+0.10	+0.27	+0.42	+0.26	+0.01	−0.01	+0.03	+0.07
11 bis 12a	+0.69	+0.63	−0.33	−0.19	+0.05	+0.16	+0.01	−0.32	+0.45	+0.05	+0.21	+0.46	+0.26	+0.22	+0.02	+0.05	+0.23	+0.12
12 bis 1p	+0.11	+0.31	−0.62	+0.07	+0.02	+0.03	−0.23	−0.12	+0.55	+0.60	+0.35	+0.43	+0.34	−0.03	+0.04	+0.07	+0.45	+0.14
1 bis 2p	+0.09	+0.40	+0.05	+0.20	0.00	−0.12	−0.25	−0.27	+0.29	+0.45	+0.42	+0.55	+0.14	+0.14	+0.01	−0.07	+0.46	+0.13
2 bis 3p	+0.01	+0.43	−0.45	+0.17	−0.14	−0.25	−0.28	−0.38*	−0.05	+0.07	+0.31	+0.63	−0.07	−0.07	−0.09	−0.24*	+0.33	−0.02
3 bis 4p	−0.05	+0.43	−0.16	+0.11	−0.39	−0.18	+0.03	−0.35	−0.25	−0.04	+0.39	+0.69	+0.32	+0.06	−0.17	−0.19	+0.34	0.00
4 bis 5p	−0.13	+0.28	−0.20	+0.03	−0.53	−0.27	−0.01	−0.32	−0.19	−0.14	+0.33	+0.61	+0.22	−0.01	−0.26	−0.18	+0.26	−0.04
5 bis 6p	−0.01	+0.22	−0.16	+0.12	−0.63	−0.35	+0.12	−0.21	−0.37	−0.02	+0.11	+0.31	−0.03	−0.04	−0.29	−0.16	+0.13	−0.09
6 bis 7p	+0.01	−0.04	−0.42	+0.09	−0.90*	−0.40	−0.03	+0.15	−0.48	+0.04	−0.13	+0.35	−0.12	−0.16	−0.42*	−0.12	+0.08	−0.16*
7 bis 8p	+0.03	−0.16	+0.20	+0.30	−0.77	−0.41*	+0.03	+0.31	−0.49	+0.11	−0.28	+0.11	−0.14	+0.03	−0.31	−0.05	−0.03	−0.09
8 bis 9p	+0.29	−0.34	+0.46	+0.13	−0.40	−0.21	−0.05	+0.32	−0.39	+0.01	−0.35*	0.00	−0.41	+0.12	−0.14	−0.04	−0.12	−0.05
9 bis 10p	+0.27	−0.42	+0.47	−0.09	−0.34	+0.06	−0.06	+0.53	−0.56*	+0.09	−0.28	+0.17	−0.43	+0.09	−0.10	−0.03	−0.01	−0.04
10 bis 11p	+0.35	−0.54	−0.21	−0.09	−0.26	+0.03	−0.07	+0.61	−0.31	−0.04	+0.01	−0.03	−0.13	−0.10	−0.09	+0.08	−0.03	−0.04
11 bis 12p	+0.49	−0.89*	+0.37	−0.34*	−0.22	+0.05	+0.39	+0.47	+0.14	−0.04	−0.06	−0.21	−0.06	+0.09	−0.15	+0.33	−0.11	+0.04
Mittel . .	·5.61	5.63	5.70	5.39	5.51	5.30	4.82	6.16	5.61	6.92	6.84	6.50	5.72	5.67	5.39	5.54	6.76	5.85
Amplitude .	1.16	1.52	1.39	0.64	1.82	1.04	0.69	0.99	1.11	0.94	0.77	1.49	1.11	0.65	0.98	0.57	0.82	0.30
a_1	0.17	0.43	0.33	0.09	0.66	0.31	0.20	0.34	0.27	0.16	0.22	0.62	0.40	0.09	0.71	0.83	0.30	0.05
a_2	0.32	0.20	0.14	0.14	0.17	0.14	0.95	0.14	0.34	0.11	0.14	0.12	0.06	0.05	0.10	0.11	0.08	0.05
a_3	0.04	0.15	0.22	0.11	0.14	0.10	0.11	0.10	0.13	0.20	0.07	0.08	0.07	0.09	0.11	0.05	0.05	0.06
a_4	0.11	0.07	0.10	0.05	0.06	0.12	0.07	0.04	0.08	0.06	0.08	0.08	0.12	0.06	0.03	0.04	0.02	0.04
A_1	244°	273°	69°	205°	0°	220°	67°	83°	338°	186°	252°	224°	298°	282°	60°	62°	230°	315°
A_2	151°	352°	300°	296°	2°	32°	11°	165°	57°	45°	42°	105°	255°	201°	355°	72°	52°	49°
A_3	318°	311°	253°	237°	220°	247°	0°	32°	316°	238°	100°	154°	98°	258°	232°	298°	198°	238°
A_4	198°	242°	245°	329°	222°	150°	131°	83°	113°	48°	200°	194°	126°	213°	193°	119°	132°	167°

Gesamtamplitude des täglichen Gangs erreicht in den meisten Monaten 1 mps. Im Jahresmittel gleichen sich die Wellen so ziemlich aus, sodaß nur eine geringe Gesamtschwankung übrig bleibt. Als Ursache des täglichen Gangs der Windgeschwindigkeit kann man wohl in erster Linie die großen unperiodischen Änderungen ansehen, denn sonst würde er regelmäßiger sein. Wie weit der tägliche Austausch zwischen oben und unten mit hineinspielt, ist noch fraglich, da erstens die Vertikalbewegungen wegen der herrschenden großen Bodeninversion gering sind, und andererseits eben deswegen die Zunahme nach oben recht stark ist.

Im Anschluß an Meinardus sei auch noch der tägliche Gang der Häufigkeit bestimmter Windgeschwindigkeiten untersucht. Dies ist in Tabelle 53 mit der Beschränkung auf die geraden Stunden geschehen. Es ergibt

Tabelle 53.

Täglicher Gang der Häufigkeit bestimmter Windgeschwindigkeiten.

	mps	2a	4a	6a	8a	10a	12a	2p	4p	6p	8p	10p	12p
Sommer	C	2	1	1	2	—	4	4	3	4	1	1	1
	0—4.9	52	55	52	48	44	41	42	40*	44	44	49	52
	5.0—9.9	28	23*	27	33	38	40	39	43	37	37	32	29
	≧10.0	13	15	14	12	11	12	12	10*	12	12	12	12
	>15	3	4	3	2	3	2	1	1	1	1	1	3
Herbst	C	1	—	—	—	—	1	2	1	3	2	1	—
	0—4.9	43	42	41*	47	51	46	46	53	52	49	46	49
	5.0—9.9	36	33	32	28	25*	31	30	25*	27	31	33	31
	≧10.0	8	12	14	12	11	10	11	9	8	7*	8	7*
	≧15	2	3	4	1	3	—	4	4	3	2	2	2
Winter	C	3	2	1	1	—	—	2	1	2	2	2	1
	0—4.9	36	35*	38	50	50	50	51	55	53	50	44	41
	5.0—9.9	47	50	46	34	31	31	33	28*	29	32	39	41
	≧10.0	9	7*	8	8	11	11	8	9	10	10	9	10
	≧15.0	2	3	3	1	2	2	2	2	2	3	4	2
Frühling	C	—	1	1	—	—	—	—	1	—	1	—	—
	0—4.9	32	29	36	31	24	24	22*	23	26	31	33	29
	5.0—9.9	45	48	44	47	55	52	52	52	53	45	40*	45
	>10.0	14	14	11*	13	12	15	17	16	12	15	18	17
	≧15.0	1	1	3	3	2	3	3	1	1	—	2	—
Jahr	C	6	4	3	3	1*	5	8	6	9	6	4	2
	0—4.9	163	161*	167	176	169	161*	161*	171	175	174	172	171
	5.0—9.9	156	154	149	142*	149	154	154	148	146	145	144	146
	≧10.0	44	48	47	45	45	48	48	44	42*	44	47	46
	>15.0	8	11	13	7	10	7	10	8	7	6*	9	7

sich hier ebenso wie bei der Gauß-Station, daß der tägliche Gang der schwachen Winde bis 5 mps dem der stärkeren von 5—10 mps meist entgegengesetzt ist. Im Herbst und Winter zeigen die schwachen Winde ein relatives Maximum in den ersten Nachmittagsstunden, während es im Sommer und Frühjahr mehr auf die Morgenstunden fällt. Die mittelstarken Winde zeigen den umgekehrten Verlauf. Dies ist ein anderer Ausdruck dafür, daß die größten Wellen, die ganztägigen, in diesen Perioden eine Phasenverschiebung von rund 180° aufweisen. Die Zahl der Windstillen und der stürmischen Winde ist zu gering, um etwas Bestimmtes darüber sagen zu können.

3) Der jährliche Gang der Windrichtung.

Von einem eigentlichen jährlichen Gang der Windrichtung kann bei der dauernden Ortsveränderung des Schiffes nicht gut die Rede sein. Die Häufigkeit der einzelnen Windrichtungen in den einzelnen Perioden ist eben durchaus abhängig von der relativen Lage des Schiffes zum Weddellmeertief. Dies bedarf im Einzelnen

Tabelle 54. Häufigkeit der Windrichtungen in Prozenten der Gesamtbeobachtungen.

	N	NNE	NE	ENE	E	ESE	SE	SSE	S	SSW	SW	WSW	W	WNW	NW	NNW	C
1911/12 17. XII. bis 10. I.	—	1.0	2.7	8.8	3.8	2.0	5.5	3.7	6.7	13.7	6.0	12.3	12.3	8.5	9.3	2.2	1.5
1912 13. bis 29. I.	2.9	7.1	25.7	7.8	1.7	1.2	0.2	1.5	1.5	6.1	18.1	6.6	3.9	2.7	6.1	6.6	—
30. I. bis 4. III.	5.7	6.3	23.9	10.1	7.9	2.4	7.6	3.2	10.6	4.7	7.1	1.3	1.3	0.5	2.1	1.1	4.3
6. bis 31. III.	—	0.2	0.6	1.3	10.1	14.5	14.5	5.3	12.6	6.1	18.9	4.2	6.1	0.2	1.5	0.4	3.4
IV.	1.9	2.4	6.4	19.3	4.5	5.2	12.6	2.4	7.4	6.2	12.6	9.8	2.1	0.5	4.3	2.1	0.2
V.	3.5	3.1	5.2	6.9	13.0	5.4	3.1	4.6	14.4	3.9	12.5	8.3	11.6	2.0	1.1	0.8	0.7
VI.	2.6	1.8	6.0	6.0	5.0	2.6	1.4	1.8	13.9	17.4	15.8	9.3	5.6	4.2	2.8	1.8	2.1
VII.	4.6	3.1	2.4	0.9	2.7	5.1	9.1	3.2	8.5	12.5	23.7	4.8	6.3	5.4	3.6	3.0	1.1
VIII.	6.5	2.7	0.7	0.4	—	—	—	1.5	9.7	19.1	31.2	5.8	3.5	2.7	3.9	10.3	2.2
IX.	13.5	4.6	8.5	4.3	2.9	0.8	1.9	0.7	1.0	2.8	10.8	11.1	10.4	7.2	8.1	10.3	1.1
X.	3.5	4.3	4.3	8.3	5.5	3.6	6.3	3.5	4.4	3.9	12.2	12.5	6.5	6.5	11.6	3.1	—
XI.	3.8	1.5	7.2	3.5	3.8	3.8	9.7	6.5	11.8	10.7	15.6	7.4	6.9	2.4	2.9	2.5	0.1
1. bis 16. XII.	2.2	1.3	5.8	2.2	3.6	3.1	8.0	7.6	28.1	12.9	4.5	3.1	2.7	4.9	4.0	5.4	0.4

6*

aber noch einer besonderen Untersuchung. Die häufigsten Winde waren im Durchschnitt die südwestlichen. Besonders ausgeprägt ist dies im August, wo nicht weniger als 31% auf SW kommen, während im September, infolge einer Verlagerung des Tiefs, gerade die N-Winde überwiegen. In der Vahselbucht sind die vom Inlandeis kommenden NE-Winde die bei weitem häufigsten. Die zweite Hälfte des Januar steht unter dem Einfluß zweier verschiedener Wetterlagen, sodaß zwei Maxima der Häufigkeit auftreten, NE und SW. Die Windrose macht daher den Eindruck, als ob der Beobachtungsort in einem langgestreckten Tal läge. Die Einzelheiten der Windhäufigkeiten zeigt Tabelle 54 auf der vorhergehenden Seite.

4) Der jährliche Gang der Windgeschwindigkeit.

Auch die jährliche Periode der Windgeschwindigkeit ist natürlich wie diejenige aller anderen Elemente von der Ortveränderung des Schiffes beeinflußt, denn dafür ist die wechselnde Lage zu dem Zentrum der Depressionen maßgebend. Wie Tabelle 55 zeigt, beträgt die mittlere Jahresgeschwindigkeit 5.9 mps und ist damit größer als die der meisten anderen antarktischen Stationen außer Snow Hill und Adelie Land[1]). Das

Tabelle 55. Jährlicher Gang der Windgeschwindigkeit (mps).

	Wahres Mittel	Abweichung vom Jahresmittel	Mittleres Max.	Mittleres Min.	Amplitude	Absolutes Max.	Höchst. Tagesmittel	Niedr. Tagesmittel	Zahl der Stunden mit C	$\geqq$ 10 mps	$\geqq$ 15 mps	Zahl der Tage mit C	$\geqq$ 10 mps	$\geqq$ 15 mps	Mittlere Zahl der Sturmstunden	Größte Zahl der Sturmstunden
1911/12 17. XII.—10. I.	5.61	— 0.25	7.68	3.90	3.78	16.0	13.90	1.83	9	76	5	2	6	2	2	2
1912 13. — 29. I.	5.63	— 0.23	7.21	3.79	3.42	12.0	10.44	2 58	—	50	—	—	4	—	—	—
30. I. — 4. III.	5.89	+ 0 03	10.11	2.23	7.88	23.0	16.89	1.74	27	124	29	12	17	7	6	24
6. — 31. III.	5.36	— 0.50	7.67	3 08	4 59	19.4	13.94	1.26	16	92	38	4	5	4	10	22
IV.	5.51	— 0.35	8.16	3.01	5.15	16.9	12.94	1.35	1	95	23	2	7	5	6	16
V.	5.30	— 0.56	7.57	3.02	4.55	14.6	11.48	2.31	5	53	—	1	5	—	—	—
VI.	4.82	— 1.04	6.86	3.08	3.78	13.1	9 99	1.54	15	25	—	5	2	—	—	—
VII.	6.16	+ 0 30	9.35	3.33	6.02	18.0	11.50	1.62	8	120	19	6	9	5	5	11
VIII.	5.61	— 0.25	8.15	3.12	5.03	19 7	16.86	2.19	16	77	34	2	8	2	34	34
IX.	6.92	+ 1.06	10.62	3.44	7.18	20.3	15.77	1.97	8	146	26	2	17	5	8	21
X.	6.84	+ 0.98	9.27	4.09	5.18	17 4	14.48	3.25	—	93	14	—	10	1	14	14
XI.	6.50	+ 0.64	9.05	3.67	5 38	13.2	10.80	2.41	1	111	—	1	10	—	—	—
1. — 16. XII.	5.72	— 0.14	8.11	3.44	4 67	11.5	9.42	2.28	1	20	—	1	4	—	—	—
Sommer	5.74	— 0.12	8.58	3.18	5.40	23.0	16.89	1.74	37	270	34	15	31	9	5	24
Herbst	5.39	— 0.47	7 80	3.04	4.76	19.4	13.94	1.26	22	240	61	7	17	9	7	22
Winter	5.54	— 0.32	8.13	3.18	4.95	19 7	16.86	1.54	39	222	53	13	19	7	11	34
Frühling	6.76	+ 0.90	9.64	3.74	5 90	20.3	15.77	1.97	9	350	40	3	37	6	10	21
Jahr	5.86	—	8.55	3.28	5.27	23.0	16.89	1.26	107	1082	188	38	104	31	7	34

rührt zum Teil daher, daß Windstillen sehr selten waren. Es gab im ganzen nur 107 windstille Stunden, also nur etwas mehr als 1% aller Beobachtungen. Andererseits ist aber auch die Zahl und Dauer der Stürme gering. Die Zahl der Stunden mit über 15 mps betrug nur 188. Die Windgeschwindigkeit hat also eine geringere Streuung um den Mittelwert, als die meisten antarktischen Stationen zeigen. Auch die mittleren monatlichen Geschwindigkeiten sind vom Gesamtmittel nicht sehr verschieden. Die größten Werte mit rund 1 mps über dem Mittel finden wir im Frühjahr, wo sich das Schiff mehr den Hauptzugstraßen der Depressionen näherte. Unter diesen zeigt der September mit 6.92 mps das höchste Mittel, während das kleinste mit 4.82 mps auf den Juni fällt. Betrachten wir die mittleren Maxima, mittleren Minima und die Amplituden, so fallen wieder der September und der Februar heraus. Der Februar zeigt das tiefste mittlere Minimum und das zweithöchste mittlere Maximum und damit die größte Amplitude. Auch hier ist wieder der Einfluß des Festlandrandes zu erkennen, der das Klima unruhiger macht. In die beiden genannten Monate fallen auch die absolut höchsten Maxima, die 20 mps überschritten. Ebenso finden wir hier Tagesmittel von über 15 mps, die außerdem nur der August aufweist, in dessen letzte Tage der längste in der ganzen Beobachtungszeit vorkommende Sturm fiel.

Wie schon gesagt, ist die Zahl der windstillen Stunden sehr gering; einige Monate haben überhaupt keine Windstillen. Am häufigsten finden sie sich im Herbst und Winter und außerdem in der Nähe des Festlandes, im allgemeinen also in den südlicheren Teilen des Weddellmeeres. Die größte Zahl der stärkeren Winde von mehr als 10 mps fällt ebenfalls in den September, die nächstgrößte in den Februar, während ihre Zahl im Mai und Juni sehr gering ist und im Juni nur 25 beträgt. Wirkliche Stürme sind nur in der Zeit vom Februar bis April und vom Juli bis Oktober vorgekommen, abgesehen von wenigen Stunden in der ersten der unterschiedenen Perioden. In 5 von diesen 13 Perioden kamen überhaupt keine stürmischen Winde vor, trotzdem darunter die winterlichen Monate Mai und Juni waren, ein Vorkommen, wie es sonst in der Anarktis selten sein dürfte. Die stürmischen Zeiten zeigten damit eine deutliche Beziehung zu der jährlichen Doppelwelle des Luftdrucks, da nur in den Wellentälern die Windgeschwindigkeit sich zu Stürmen steigert.

---

[1]) Ferner ist nach den von Simpson veröffentlichten Werten im Mac-Murdo Sund wenigstens in manchen Jahren oder auch an manchen Stellen die Windgeschwindigkeit erheblich größer als die der Weddellsee.

Die drei letzten Spaltengruppen der Tabelle 55 zeigen, daß die Windstillen und Stürme in der Regel von kurzer Dauer sind. Die 107 windstillen Stunden verteilen sich auf 38 Tage, sodaß auf jeden dieser Tage etwa drei Stunden fallen. Auf den Sturmtag kommen nur sechs eigentliche Sturmstunden. Auch auf den Tag mit starkem Wind über 10 mps kommen nur 10 solcher Stunden. Die beiden letzten Spalten geben einige Zahlen über die Stürme und ihre mittlere Dauer. Am geringsten ist diese im Sommer und Herbst. Der längste Sturm mit nur 34 Stunden fällt auf Ende August, während sonst nur noch einmal 24 Stunden erreicht werden. Der Vergleich mit der räumlich nächsten Station Snow Hill ist in dieser Beziehung besonders lehrreich. Dort dauerte der längste Sturm nicht weniger als 164 Stunden mit einer Windgeschwindigkeit von 16 mps und darüber, wovon nicht weniger als 77 Stunden die Grenze von 21 mps erreichten und überschritten. In der Mitte des Weddelmeeres gab es in einem ganzen Jahre nur 130 solcher Sturmstunden, und ein Stundenwert von 21 mps wurde überhaupt nur ein einziges Mal überschritten! Ein größerer Gegensatz ist wohl kaum denkbar. Dieser so außerordentlich schroffe Gegensatz muß einen physikalischen Grund haben, da man ihn wohl kaum in der rein zufälligen Verschiedenheit der Jahrgänge erblicken kann, weil dazu die Gegensätze doch zu groß sind. Bei einer späteren Gelegenheit werde ich noch darauf zurückzukommen haben.[1]

Einen weiteren Einblick in die jahreszeitlichen Änderungen der Windverhältnisse bekommt man durch eine Betrachtung der Häufigkeit der Einzelwerte nach Stufen von 1 mps. In Tabelle 56 sind nur die prozentischen Häufigkeiten für die Jahreszeiten und das Jahr mitgeteilt. Es fällt vor allem auf, daß im Frühjahr die größeren Geschwindigkeiten von 5—14 mps häufiger sind als in den anderen Jahreszeiten, während kleinere und größere Werte sich mehr verteilen. Das Maximum liegt fast immer zwischen 4 und 5 mps, nur im Frühjahr zwischen 5 und 6 mps. Der Scheitelwert liegt also auch hier, wie auch sonst, immer unter dem Mittelwert. Gleicht man die jährlichen Zahlen noch etwas aus, so ist die Häufigkeitskurve eine glatte Linie ohne sekundäre Maxima.

Tabelle 56. Häufigkeit der Windgeschwindigkeit (mps) nach den Stundenmitteln (%).

mps	0—0.9	1.0—1.9	2.0—2.9	3.0—3.9	4.0—4.9	5.0—5.9	6.0—6.9	7.0—7.9	8.0—8.9	9.0—9.9	10.0—10.9	11.0—11.9	12.0—12.9	13.0—13.9	14.0—14.9	15.0—15.9	16.0—16.9	17.0—17.9	18.0—18.9	19.0—19.9	20.0—20.9	21.0—21.9	22.0—22.9	23.0—23.9	0—4.9	5.0—9.9	≥10.0
Sommer . .	1.7	3.9	14.2	8.3	22.4	12.7	4.8	9.7	4.2	5.4	5.0	1.6	2.4	0.3	1.7	0.3	0.8	0.2	—	0.3	—	—	—	0.0	50.6	36.8	12.6
Herbst . .	2.4	6.6	16.4	11.9	16.2	13.8	8.2	7.4	3.6	2.0	2.7	1.4	1.9	1.1	1.5	1.4	1.0	0.2	0.2	0.0	—	—	—	—	53.6	35.0	11.4
Winter . .	3.2	5.1	10.5	14.6	17.0	13.5	11.2	7.8	3.9	3.1	2.7	1.8	1.9	0.8	0.5	0.4	0.2	1.0	0.8	0.1	—	—	—	—	50.3	39.5	10.2
Frühling .	1.0	2.3	6.9	9.1	11.9	13.9	11.9	10.9	9.5	6.6	5.9	3.6	2.4	1.2	1.1	0.6	0.5	0.5	0.0	0.1	—	—	—	—	31.3	52.8	15.9
Jahr . . .	2.1	4.4	12.0	11.0	16.9	13.5	9.1	9.0	5.3	4.3	4.1	2.1	2.2	0.9	1.2	0.7	0.6	0.5	0.3	0.2	—	—	—	0.0	46.2	41.1	12.7
ausgeglichen	2.2	5.7	9.8	12.7	14.6	13.2	10.2	8.1	6.0	4.4	3.6	2.6	1.8	1.3	1.0	0.8	0.6	0.5	0.3	0.2	0.1	—	—	0.0			

Die Verteilungskurve ist demnach ganz verschieden von denen der anderen bearbeiteten Polarexpeditionen, vor allem wegen des Fehlens der sonst vorhandenen zahlreichen Windstillen, und ähnelt so mehr den Kurven aus dem ozeanischen Klima der gemäßigten Breiten. Simpson gibt in seiner vorläufigen Mitteilung (in »Kapitän Skott«, letzte Fahrt, Anhang) die Verteilungskurven für das südliche Roßmeer, für Kap Evans und Framheim. Dort ist der Grundzug der Kurven eine mit zunehmender Geschwindigkeit stetig abnehmende Kurve, der bei Kap Evans noch ein den Stürmen entsprechendes, sekundäres Maximum aufgesetzt ist, das Simpson für eine lokale Erscheinung hält.

Geht man nicht auf die Stundenwerte zurück, sondern begnügt sich mit den Tagesmitteln, so erhält man ganz ähnliche Resultate (siehe Tabelle 57). Am häufigsten fallen die Tagesmittel im Sommer auf die Werte zwischen 4 und 5 mps, im Frühjahr zwischen 5 und 6 mps und im Herbst und Winter zwischen

Tabelle 57. Verteilung der Tagesmittel der Windgeschwindigkeit (mps).

mps	0—0.9	1.0—1.9	2.0—2.9	3.0—3.9	4.0—4.9	5.0—5.9	6.0—6.9	7.0—7.1	8.0—8.9	9.0—9.9	10.0—10.9	11.0—11.9	12.0—12.9	13.0—13.9	14.0—14.9	15.0—15.9	16.0—16.9	0—4.9	5.0—9.9	≥10.0
Sommer	—	3	8	14	19	13	12	6	2	10	3	1	—	1	—	—	1	44	43	6
Herbst	—	6	9	19	17	13	6	3	2	2	2	2	3	3	—	—	—	51	26	10
Winter	—	3	9	20	16	14	10	6	3	4	2	3	—	—	—	1	1	48	37	7
Frühling	—	1	2	8	12	16	14	13	7	8	6	1	—	1	1	1	—	23	58	10
Jahr	—	13	28	61	64	56	42	28	14	24	13	7	3	5	1	2	2	166	164	33

[1] Die Beobachtungen in den Jahren 1914—16 auf der Trift der »Endurance« zeigen ebenfalls eine sehr geringe Zahl von Stürmen. Auch im Mittel ist die Windgeschwindigkeit sehr gering, noch geringer als bei uns, trotzdem die Trift viel näher an dem so sturmreichen Snow Hill vorbeiführte. Wenn es sich hierbei nicht bloß um eine Eigentümlichkeit des einen Jahres handelt, so könnte man eine Erklärung darin finden, daß unsere Trift viel näher an dem Zentrum des Weddeltiefs lag. Andererseits sieht man, daß die Stürme bei Snow Hill sich nur auf eine schmale Zone parallel der Küste erstrecken.

3 und 4 mps Insgesamt entfallen im Sommer, Herbst und Winter rund die Hälfte aller Werte auf die schwachen Winde und nur im Frühjahr auf die stärkeren Winde zwischen 5 und 10 mps. Hervorzuheben ist noch ein sekundäres Maximum zwischen 9 und 10 mps, das im Sommer besonders ausgeprägt ist, aber auch sich noch im Winter und Frühjahr zeigt. Die Maxima dieser Häufigkeitskurve liegen also in denselben Intervallen wie bei den Stundenwerten.

Weiter oben war schon kurz die Größe der mittleren Tagesamplitude erwähnt worden. In der folgenden Tabelle 58 ist die Häufigkeitsverteilung der einzelnen Amplituden nach Stufen von 1 mps eingehender dargestellt.

Tabelle 58. Häufigkeit der täglichen Amplituden der Windgeschwindigkeit.

mps	0—1	1—2	2—3	3—4	4—5	5—6	6—7	7—8	8—9	9—10	10—11	11—12	12—13	13—14	14—15	>15	0—4.9	5.0—9.9	>10.0
Sommer . . .	2	13	15	11	**19**	6	6	3	4	3	2	4	—	1	1	3	60	22	11
Herbst . . .	3	11	**17**	10	12	11	7	4	5	2	1	1	2	1	—	—	53	29	5
Winter . . .	—	4	19	**21**	19	11	2	4	4	3	—	—	1	—	3	1	63	24	5
Frühling . . .	—	2	10	**18**	10	15	8	6	8	6	5	1	1	1	—	—	40	43	8
Jahr	5	30	**61**	60	60	43	23	17	21	14	8	6	4	3	4	4	216	118	29

Im Jahresmittel sind Amplituden zwischen 2 und 5 mps ungefähr gleich häufig. Ein sekundäres Maximum finden wir bei 8—9 mps. Die geringen Amplituden unter 5 mps sind in den meisten Monaten mit rund ²/₃ aller Fälle besetzt; nur der Frühling zeigt eine stärkere Bevorzugung der nächsthöheren Stufe von 5—10 mps. Die großen Amplituden von mehr als 10 mps sind besonders im Sommer und Frühjahr vertreten. Die Ausnahmestellung des Sommers wird allein hervorgerufen durch den Februar und damit durch den Einfluß des Landes. Von den 11 Werten des Sommers kommen nämlich nicht weniger als 9 auf diese Periode. Im Frühjahr zeigt der auch sonst unruhige September große Amplituden, und zwar 6 von den 8 des Frühjahrs. Der Februar zeigt die größten aller vorgekommenen Werte, nämlich von 18.5 mps. Als Beispiel für die besonders große Unruhe dieser Zeit sei angeführt, daß am 9. Februar mittags Windstille war, und 12 Stunden später 16 mps wehten, die sich am 10. Februar auf 19 mps zwischen 1 und 4ᵃ steigerten, um abends um 9ᵖ wieder zur Windstille abzuflauen. Der 12. Februar zeigte wieder eine Amplitude von 15.5 mps. Würde man diese beiden Ausnahmezeiten abrechnen, so würden Herbst und Winter die unruhigsten Jahreszeiten sein.

5) Sturmperioden und starke Winde.

Die letzten Betrachtungen über die großen Tagesamplituden führen ohne weiteres hinüber zu den starken Winden und Stürmen. Während diese Ereignisse ein sehr maßgebendes Witterungselement bei den meisten Polarstationen darstellen und dementsprechend auch recht ausführlich behandelt zu werden pflegen, traten sie bei der Triftfahrt der »Deutschland« sehr stark in den Hintergrund. Wie schon erwähnt, ist die Gesamtdauer unserer Stürme geringer als z. B. die des einen längsten Sturmes auf Snow Hill. In der folgenden Tabelle 59 seien die Stürme herausgezogen, die länger als 8 Stunden dauerten. Es sind ihrer nur acht.

Tabelle 59.
Sturmperioden von mindestens 8 Stunden Dauer.

1912	Anfang	Ende der Sturmperioden	Stunden mit Windgeschwindigkeit >10	>15	≧20 mps	Windrichtung
Februar . .	21 9ᵖ	22 9ᵖ	40	24	2	ENE — NE
März . . . {	8 0ᵖ	9 10ᵃ	38	21	—	E — SE
	19 0ᵖ	19 9ᵖ	42	9	—	S — SSW
April . . .	25 0ᵖ	26 4ᵃ	26	16	—	ENE
Juli	17 7ᵖ	18 6ᵃ	25	11	—	SW
August . . .	4 9ᵃ	5 7ᵖ	62	34	—	SW — SSW
September .	24 8ᵖ	25 5ᵖ	38	21	2	N; W — WNW
Oktober . .	9 4ᵃ	9 6ᵖ	28	14	—	SE — SSE

Freilich kamen daneben noch einige kürzere Stürme vor, in denen die Windgeschwindigkeit stundenweise die Sturmnorm von 15 mps auf eine oder mehrere Stunden überschritt. Ihre Zahl betrug aber auch nur 19, zum Teil mit nur einem Stundenwert über 15 mps. Von den insgesamt 27 Stürmen entfallen nicht weniger als 6, also 22 %, auf die Vahselbucht. Dort herrschte demnach jeden sechsten Tag Sturm, während auf die Gesamtzeit berechnet nur auf je 13½ Tage ein Sturm kommt, also etwa zwei auf den Monat. Einige Monate waren überhaupt ohne Sturm.

Windgeschwindigkeiten von 20 mps wurden im ganzen Jahr nur viermal überschritten. Den denkbar schroffsten Gegensatz dazu bietet die Australische Expedition in Adelieland, die gleichzeitig mit uns arbeitete und eine mittlere Geschwindigkeit im Jahre von über 20 mps hatte.

Die Dauer der Stürme war gering, nur einer überschritt 24 Stunden. Rechnet man die Perioden, in denen eine Geschwindigkeit von 10 mps erreicht oder überschritten wurde, mit, so wird die Zahl natürlich erheblich größer. Solcher Perioden mit mehr als 24stündiger Dauer gab es auch nur 17, mit einer längsten Dauer von 62 Stunden, die mit dem längsten eigentlichen Sturm in Zusammenhang standen. Die zweitlängste dieser Perioden trat mit 56 Stunden vom 24.—26. Juli ein. 40 Stunden wurden außerdem noch zweimal erreicht.

Die Richtung der Stürme war sehr wechselnd und keiner bestimmten Regel unterworfen, wie schon obige Tabelle zeigt. Wir haben dort 4 Stürme mit Westkomponente, 4 mit Ostkomponente, 5 mit Südkomponente und 2 mit Nordkomponente. Wegen des Gangs der Witterungselemente bei den einzelnen Stürmen sei auf die Witterungsübersicht verwiesen.

6) Die interdiurne Veränderlichkeit der Windgeschwindigkeit.

Als Maß für die interdiurne Veränderlichkeit der Windgeschwindigkeit wurden hier die Differenzen zwischen je zwei aufeinanderfolgenden Tagesmitteln gebildet. Diese interdiurne Veränderlichkeit ist natürlich kleiner als die wahre aus den Stundenwerten abgeleitete, gibt aber immerhin eine Vergleichsmöglichkeit mit den Zahlen der anderen Expeditionen, bei denen dieselbe Methode benutzt wurde. Für die einzelnen Zeitperioden wurden zunächst mittlere Differenzen zwischen den Tagesmitteln ohne Rücksicht auf das Vorzeichen berechnet, aber auch das Mittel aus den positiven und negativen Änderungen getrennt behandelt. (Tabelle 60.) Sodann sind noch die größten positiven und negativen Änderungen herausgezogen, und ferner wurde die mittlere Dauer der positiven und negativen Änderungen berechnet und aus der Summe der beiden die Dauer der «Windwellen».

Der jährliche Gang zeigt eine Doppelwelle mit Maxima im Herbst und Frühjahr, also zu den Zeiten, wo der Luftdruck seine tiefsten Werte hatte. Der Zusammenhang ist natürlich nicht zufällig, da der Luftdruckgang ebenso wie die Windgeschwindigkeit von der größeren oder geringeren Nähe der Depressionszentren abhängig ist. Das Herausfallen des Sommers aus der Regel ist hervorgerufen durch die besonders große Veränderlichkeit des Februar, was wieder als Landeinfluß zu deuten ist. Ein weiteres Maximum zeigt auch hier wieder der September. Wie beim »Gauß« ist meist die mittlere positive Änderung größer als die mittlere negative, nur der Winter macht eine wesentliche Ausnahme davon. Mit anderen Worten besagt das, daß die durchschnittliche Zunahme der Windgeschwindigkeit schneller ist als die Abnahme. Bei

Tabelle 60. Jährlicher Gang der interdiurnen Veränderlichkeit der Windgeschwindigkeit.

| | I. V. der Tagesmittel | | | Größte Änderungen | | Mittlere Dauer der | | Wellen |
	±	+	—	+	—	pos. Änderungen	neg. Änderungen	
1911/12. 17.XII.—10.I.	2.16	1.91	2.43	7.17	7.11	2.4	2.3	4.7
1912. 13.I.—29.I.	1.54	1.74	1.40	5.31	4.23	1.8	2.2	4.0
30.I. - 4.III.	3.00	4.01	2.40	12.82	7.14	1.3	2.1	3.4
6. — 31.III.	2.46	2.42	2.51	10.15	10.29	1.7	1.4	3.1
IV.	2.41	2.91	2.20	5.52	10.00	1.7	2.2	3.9
V.	1.99	2.14	1.86	3.94	8.06	1.4	1.7	3.1
VI.	1.47	1.40	1.56	4.14	5.17	1.7	1.4	3.1
VII.	2.03	1.62	2.68	5.02	5.82	2.7	1.7	4.4
VIII.	2.03	1.81	2.32	6.32	11.13	3.0	2.4	5.4
IX.	2.64	2.74	2.55	8.63	8.55	1.4	1.5	2.9
X.	2.16	2.41	1.95	4.15	7.32	2.0	2.7	4.7
XI.	2.08	2.23	1.93	4.90	5.90	1.7	1.8	3.5
1. — 16.XII.	1.91	1.99	1.84	3.66	3.99	1.8	2.0	3.8
Sommer	2.32	2.58	2.12	12.82	7.14	1.7	2.2	3.9
Herbst	2.27	2.47	2.15	10.15	10.29	1.6	1.8	3.4
Winter	1.85	1.62	2.16	6.32	11.13	2.4	1.7	4.1
Frühling	2.29	2.45	2.14	8.63	8.55	1.7	1.9	3.6
Jahr	2.18	2.23	2.14	12.82	11.13	1.80	1.88	3.68

Stürmen scheint das allgemeine Verhalten anders zu sein, indem dort die Abnahme erheblich schneller vor sich geht, als bei schwächeren Winden. Die größten negativen Änderungen sind meist erheblich größer als die positiven. Das Umgekehrte finden wir im Sommer und vor allem im Februar, wo auch die absolut größte Änderung von 12.8 mps beobachtet wurde. Beim »Gauß« war die mittlere positive Änderung größer als die negative, während in Snow-Hill das Umgekehrte der Fall war. Das deutet auf ein gegensätzliches Verhalten der Winde hin, indem bei Ostwinden die Zunahme schneller als die Abnahme ist, während die westlichen Winde den umgekehrten Charakter zeigen. Die absolute Größe der Veränderlichkeit ist wesentlich ein Einfluß der Häufigkeit und Dauer der Stürme, da bei diesen die Veränderungen der Windgeschwindigkeit absolut am größten sind. So ist auch mitten im Weddellmeer die absolute Größe der interdiurnen Veränderlichkeit erheblich geringer als in Snow-Hill, wo sie beinahe das Doppelte beträgt, während die Gauß-Station einen mittleren Wert besitzt.

Wie die letzte Spalte der Tabelle 60 zeigt, beträgt die mittlere Dauer der Windstärkewellen 3.68 Tage. Das stimmt genau zu der auf dieselbe Art abgeleiteten Temperaturwelle von 3.66 Tagen, während die Luftdruckwelle mit 4.32 Tagen erheblich länger ist. Auch diese Wellen sind nicht symmetrisch, da die Dauer der negativen Änderungen in fast allen Monaten außer dem Winter nicht unerheblich größer ist als die der positiven. Die größte und die geringste Wellenlänge liegen zufällig in den benachbarten Monaten August und September, wobei letzterer als unruhiger Monat die meisten Wellen hat.

7) Die mittlere Geschwindigkeit der Windrichtungen.

Während bei den meisten Südpolarstationen die Windrichtungen sich besonders stark um eine bevorzugte Richtung scharen, und dieser Richtung in der Regel auch die größte Geschwindigkeit zukommt, ist dies im zentralen Weddellmeer nicht in dem Maße der Fall, wie Tabelle 61 zeigt. In dieser sind die Geschwindigkeitsmaxima durch Fettdruck und die häufigsten Windrichtungen durch ein Sternchen gekennzeichnet. Das Maximum der mittleren Geschwindigkeit kann ungefähr auf alle Richtungen fallen. Es trifft in manchen Perioden mit dem Häufigkeitsmaximum zusammen oder fällt wenigstens in seine Nachbarschaft, aber in anderen Monaten sind beide Richtungen fast entgegengesetzt. Es kommt auch vor, z. B. im Februar, April, Juni und Oktober, daß es auf eine der seltensten Richtungen fällt. Eine bestimmte Gesetzmäßigkeit läßt sich also nicht ableiten.

Tabelle 61. Mittlere Geschwindigkeit der einzelnen Richtungen (mps).

		N	NNE	NE	ENE	E	ESE	SE	SSE	S	SSW	SW	WSW	W	WNW	NW	NNW	C
1911/12.	17.XII.—10.I.	—	2.50	7.50	**12.20**	7.48	4.96	3.42	3.73	3.89	4.70*	3.85	4.95	4.33	4.11	7.72	11.12	0.50
1912.	13.—29.I.	3.54	5.26	7.42*	9.06	**10.50**	2.50	2.50	3.08	3.50	4.34	4.34	3.59	4.41	3.68	4.22	6.00	—
	30.I.—4.III.	6 42	2.83	8.59*	8.79	5.10	**12.00**	3.28	4.25	3.38	4 04	4.30	4.77	3.50	4.83	4.89	3.42	0.64
	6.—31.III.	—	1.00	4.50	3.12	7.87	6.32	5.18	5.19	**7.91**	8.32	4.25*	2.30	1.76	1.90	1.42	1.95	0.50
	IV.	5.42	6.39	6.58	**7.10***	3.89	4.24	6.90	3.41	4.09	4.26	4.49	5.13	3.67	1.90	5.32	6.28	0.50
	V.	3.75	3.91	7.70	5.37	4.51	3.62	3.91	**9.19**	6.44*	6.03	5.68	4 90	4.28	5.76	3.65	2.85	0.50
	VI.	3.88	7.06	4.70	3.59	4.85	4.75	3.20	2.08	4.68	5.57*	5.17	4.76	4.79	4.67	**7.36**	5.29	0.50
	VII.	5.03	6.74	5.74	1.59	3.42	3.51	5.65	5.35	7.23	7.73	**7.77***	6.20	4.41	5.44	3.70	5.94	0.50
	VIII.	3.94	4.16	4.70	1.57	—	—	—	3 65	3.82	**7.55**	6.66*	4.46	4.78	4.30	5.88	4.72	0.50
	IX.	7.70*	6.22	7.03	5.23	3.30	2.47	2 80	3.80	4.44	6.38	7.37	6 69	7.85	**9.02**	7.12	7.50	0.50
	X.	4.53	4.34	4.19	5.52	4.98	5.68	8.53	**10.91**	7.32	6.82	7.62	7.05*	7.44	6.59	8.17	6 47	—
	XI.	6.58	5.91	6.78	**8.77**	7.52	6.19	5.72	6 84	7.46	6.89	6.68*	5.28	4.44	4 48	8.17	6.21	0.50
	1.—16.XII.	4.62	3.43	3.95	2.36	3.65	4 57	4 72	6.27	**7.75***	5.95	5.58	5.73	3.80	4.93	4.48	5.22	0.90

Fasse ich die Windrichtungen nach Quadranten zusammen, N-Quadrant = NNW, N, NNE und NE usw. und die Windgeschwindigkeit nach Gruppen von je 5 mps, so ergibt sich eine etwas größere Regelmäßigkeit, siehe Tabelle 62.

Tabelle 62. Häufigkeit bestimmter Windstärkegruppen in den Quadranten.
N = NNW, N, NNE, NE usw.

		C	0—4.9 mps				5.0—9.9 mps				10.0—14 9 mps				>15.0 mps			
			N	E	S	W	N	E	S	W	N	E	S	W	N	E	S	W
1911/12.	17.XII.—10.I.	9	10	38	121	**129**	10	39	59	**109**	15	**40**	—	16	—	**4**	—	1
1912.	13.—29.I.	—	46	13	**79**	63	**107**	2	32	16	20	**30**	—	—	—	—	—	—
	30. I.—4. III.	27	46	98	**136**	21	**109**	44	26	10	67	18	—	1	12	17	—	—
	6.—31. III.	16	6	95	**114**	56	—	45	**67**	1	—	**31**	14	—	—	21	9	—
	IV.	1	17	69	**91**	45	24	**69**	25	23	9	27	4	2	4	10	—	—
	V.	5	59	**118**	87	89	25	92	**135**	81	10	1	41	1	—	—	—	—
	VI.	15	49	78	**165**	95	33	30	**186**	44	6	—	1	18	—	—	—	—
	VII.	8	52	84	83	**86**	32	37	**189**	53	10	10	70	11	3	2	14	—
	VIII.	16	100	3	**212**	67	49	—	**170**	50	1	—	41	1	—	—	34	—
	IX.	8	78	54	32	**86**	125	17	68	106	52	1	10	57	6	—	—	16
	X.	—	66	61	25	45	45	108	122	**178**	2	2	23	52	—	6	**8**	—
	XI.	1	29	42	63	**80**	60	86	**194**	44	19	21	54	21	—	—	—	—
	1.—16.XII.	1	18	30	**31**	18	15	12	**76**	15	—	—	12	—	—	—	—	—

Die schwachen Winde entstammen am häufigsten dem S-Quadranten oder vereinzelt auch den Nachbarquadranten. Bei den mittelstarken Winden bleibt das im allgemeinen so; es zeigen allerdings die zweite Hälfte des Januar und der Februar eine wesentliche Ausnahme, indem das sehr ausgesprochene Maximum auf den N-Quadranten fällt. Hier ist also der Gegensatz zwischen schwachen und mittleren Winden besonders ausgeprägt; die schwachen kommen aus Süden, die stärkeren aus Norden. Bei den starken Winden zwischen 10 und 15 mps läßt sich deutlich erkennen, daß sie in der Anfangszeit vom Dezember bis April am häufigsten dem Ostquadranten entstammen und vom Mai ab zwischen Süd- und Westquadrant schwanken. Die stürmischen Winde verhalten sich genau so wie die starken Winde. Eine Zusammenfassung nach Jahreszeiten erschien hier wegen der systematischen zeitlichen und örtlichen Verschiedenheiten nicht angängig.

Alle diese Regeln sind aber bei weitem nicht so ausgesprochen, wie sie die ähnlichen Tabellen von Meinardus und Bodmann zeigen.

8) Die Windwege.

Durch Multiplikation der Häufigkeitszahlen der Windrichtungen mit der für sie geltenden mittleren Geschwindigkeit und mit dem Zahlenwert 3.6 erhält man den Windweg in Kilometern pro Stunde. Von den Monaten, von denen nur die 14 täglichen Augenbeobachtungen vorhanden sind, wurden nur die geraden Stunden, die ja immer vollständig sind, mitgenommen. Unter der Annahme, daß die Häufigkeitsverteilung über die einzelnen Richtungen sich relativ nicht ändert, wurden alle Zahlen noch mit dem Faktor 2 multipliziert, da jetzt die zweistündlichen Beobachtungen als Mittel für je zwei Stunden zu gelten haben. In der Tabelle 63 sind die

Windwege nach 16 Richtungen und den einzelnen Zeitperioden getrennt wiedergegeben. Die Summen für diese Zeiten ergeben dann den gesamten Weg, den ein Luftteilchen zurückgelegt haben würde, wenn es dauernd mit der mittleren Geschwindigkeit sich bewegt hätte.

Tabelle 63. Windwege für die einzelnen Richtungen in Kilometern.

	N	NNE	NE	ENE	E	ESE	SE	SSE	S	SSW	SW	WSW	W	WNW	NW	NNW	C
1911/12. 17.XII.—10.I.	—	54	432	2328	619	214	406	295	560	1387	499	1319	1154	755	1556	520	16
1912. 13.—29.I.	153	549	2805	1044	265	45	9	67	76	391	1156	349	254	146	380	583	—
30.I.—4.III.	924	1409	5814	2848	1212	605	708	337	1071	582	1207	206	76	104	282	148	106
6.—31.III.	—	7	97	90	1530	1911	2014	561	2211	1078	2020	215	190	14	41	28	29
IV.	156	368	1232	3578	420	519	2385	196	795	675	1519	1219	238	14	613	362	4
V.	351	324	1081	986	1575	521	324	1125	2481	630	1902	1094	1325	311	105	62	9
VI.	265	330	728	556	629	325	115	97	1685	2506	2122	1148	690	504	530	248	27
VII.	616	558	372	40	246	480	1383	462	1640	2588	4923	804	746	783	360	470	14
VIII.	681	300	85	17	—	—	—	145	990	3860	5562	690	447	310	614	1308	29
IX.	2689	739	1544	584	250	53	141	68	112	459	2070	1927	2120	1689	1487	1998	14
X.	424	500	483	1232	735	552	1443	1021	870	712	2496	2360	1286	1139	2529	536	—
XI.	640	234	1269	789	731	602	1441	1157	2283	1910	2693	1007	799	274	618	402	2
1.—16.XII.	133	74	313	85	158	197	544	677	2957	985	402	248	164	319	290	376	6

Berücksichtige ich nicht nur die absolute Länge der Windwege, sondern auch ihre Richtung, so kann ich durch graphische Addition oder auch nach der Lambertschen Formel die Länge der Windkomponenten, die mittlere Richtung und die Größe der Resultanten erhalten; diese letzte Zahl drücke ich dann noch in Prozent der absoluten Länge des Windweges aus und erhalte so ein Maß für die Stetigkeit des Windes. Das Resultat dieser Rechnungen liegt in Tabelle 64 vor. Dabei wurde auch hier aus denselben Gründen wie oben auf die Ableitung von jahreszeitlichen und Jahreswerten verzichtet.

Tabelle 64. Jährlicher Gang der absoluten Windkomponenten und ihrer Resultanten.

	Gesamt länge km	Windwege in km						Mittl. Richtung	Resultante	
		N	E	S	W	N—S	E—W		km	%
1911/12. 17.XII.—10.I.	12 114	3112	3694	3341	5253	— 229	— 1559	262°	1540	13
1912. 13.—29.I.	8 272	3906	3497	1472	2169	+ 2434	+ 1328	29°	2811	34
30.I.—4.III.	17 624	7800	9681	3584	1693	+ 4216	+ 7988	62°	9037	51
6.—31.III.	12 041	169	5089	7399	2282	— 7230	+ 2807	159°	7760	64
IV.	14 282	3506	6979	5024	3280	— 1518	+ 3699	113°	4000	28
V.	14 206	2041	4514	6294	4307	— 4253	+ 207	177°	4258	30
VI.	12 505	2094	2202	6235	5144	— 4141	— 2942	215°	5080	41
VII.	16 485	2398	2357	9407	7117	— 7009	— 4760	214°	8472	51
VIII.	15 038	2785	246	8887	7712	— 6102	— 7466	231°	9642	64
IX.	17 944	8229	2339	2918	8914	+ 5311	— 6575	309°	8451	47
X.	18 318	4416	4325	6369	8549	— 1953	— 4224	245°	4654	26
XI.	16 851	2967	4463	8655	5207	— 5688	— 744	187°	5736	34
1.—16.XII.	7 935	1128	1312	5332	1697	— 4204	— 385	185°	3707	47

Die so erhaltene wahre mittlere Richtung stimmt in vielen Monaten sehr genau mit den nur aus der Häufigkeit der Richtungen allein gefundenen Werten überein. Die größte Differenz beträgt 41° im Oktober. Die relative Größe der Resultanten zeigt dagegen eigenartige Schwankungen. Ihre Größe beträgt im Maximum 64 % und im Minimum nur 13 %. Bei der Gauß-Station war diese Größe im Jahresmittel 81 %, im Maximum 93 % und im Minimum 66 %, und zeigt damit die große Konstanz und Stärke der vorherrschenden Windrichtung. Hier ist also der Wert sehr viel kleiner, das Maximum hier geringer als das Minimum dort. Dies beweist, wie schon öfter betont, daß die Witterungsverhältnisse im mittleren Weddellmeer keinen sehr regelmäßigen Verlauf zeigen.

Die relative Größe der Resultanten zeigt aber noch eine Besonderheit, auf die noch näher eingegangen werden soll. Sie hat nämlich in ihrem jährlichen Verlauf eine sehr ausgesprochene Doppelwelle mit gleich hohen Maxima im März und August und Minima im April und Oktober. Die erste Periode möchte ich hier ausschalten, erstens weil sie unter dem Einfluß der Südfahrt des Schiffes mit der besonders schnellen Ortsveränderung steht und zweitens wegen des für die Gegend abnormen Witterungscharakters, namentlich des sehr hohen Luftdrucks. Der Vergleich mit der Doppelwelle des Luftdrucks liegt nahe. Die Minima der Luftdruckwelle fallen genau mit den Minima der relativen Resultanten zusammen, und die winterlichen Maxima sind um nur einen Monat gegen einander verschoben. Der ursächliche Zusammenhang läßt sich wohl durch folgenden Gedankengang zeigen. Eine geringe Größe der Resultanten besagt, daß die Windrichtung nicht konstant ist, sondern stark wechselt. Die Extreme des jährlichen Luftdruckgangs lassen sich wohl zum großen Teil auf ein Näher-rücken oder Entfernen des Schiffsortes von der mittleren Lage des Depressionszentrums zurückführen. Befindet sich der Beobachtungsort nahe einem Tief, so dreht der Wind stark, besonders, wenn die Einzeltiefs bald nördlich, bald südlich vorbeiziehen. In gewissem Abstand von dem Kern des Tiefs ist die Windrichtung erheblich konstanter, und der winterliche Vorstoß des antarktischen Hochs muß die Tiefs zurückdrängen. Die Resultante ist dann größer. In der Nähe des Kerns eines Hochdruckgebietes ist die Windrichtung ebenfalls sehr ver-änderlich. Im Sommer 1911/12 dürfte nun ein Hoch längere Zeit vor dem Ausgang des Weddellmeeres gelegen haben, was der ungewöhnlich hohe Luftdruck um 60° Süd herum vermuten läßt. Auch die zweite Periode dürfte noch unter der Nachwirkung dieses Hochs gestanden haben, jedenfalls ist auf den Süd-Orkneys nach Mossman (Quarterly Journal 1914, S. 139) der Luftdruck höher als normal.

9) Die Änderung der Windgeschwindigkeit in Bodennähe.

Wie schon erwähnt, registrierten mehrere Monate hindurch zwei Anemometer gleichzeitig, das eine in 6 m Höhe, das andere in 18 m. Ein Vergleich ihrer Aufzeichnungen war schon wegen der gegenseitigen Er-gänzung zu den Tabellen nötig, hat aber auch allgemeineres Interesse. Bei der Auswahl der Zahlenpaare mußte scharf unterschieden werden, ob die Werte auch ungestört waren. Abgesehen von mechanischen Störungen war das Anemometer auf der geodätischen Hütte auch dann gestört, wenn die vom Schiff erzeugten Windwirbel es trafen. Die entsprechende Windrichtung wurde vom Vergleich ausgeschlossen. Alle einwandfreien Werte wurden dann nach Geschwindigkeitsgruppen von zwei zu zwei Meter der vom unteren Anemometer aufgezeichneten Werte eingeteilt. In jeder dieser Gruppen wurden dann die Mittel gebildet. Diese Punktpaare können zur Zeichnung einer Kurve dienen, die unmittelbar die Reduktion der einen Zahlen auf die andern gestattet.

Zur Diskussion geeigneter sind die Quotienten der Zahlenpaare, die in Tabelle 65 zusammengestellt sind, und zwar nach Monaten getrennt; das Gesamtmittel ist unter Berücksichtigung des Gewichts gebildet.

Tabelle 65.   Verhältnis der Windgeschwindigkeiten in 18 m und 6 m Höhe.

[G. H. = Geodätische Hütte (6 m), B. = Besanmast (18 m)].

1912	Juli			August			September			Oktober			November			Mittel		
mps	G.H. mps	B. mps	B. G.H.	G.H. mps	B. mps	B. G.H.	G.H. mps	B. mps	B G.H.	G.H. mps	B. mps	B. G.H.	G.H. mps	B. mps	B. G.H.	G.H. mps	B. mps	B. G.H.
0—2	1.25	2.28	1.82	0.86	1.85	2.15	1.08	2.22	2.06	1.37	2.74	2.00	1.14	2.66	2.35	1.08	2.23	2.06
2—4	3.01	4.37	1.45	3.15	4.34	1.38	3.02	4.10	1.36	3.04	4.87	1.60	2.97	4.47	1.50	3.06	4.43	1.45
4—6	4.95	7.03	1.42	4.99	6.69	1.34	4.87	5.93	1.24	5.06	6.54	1.29	4.90	1.62	1.35	4.98	6.60	1.32
6—8	6.76	8.78	1.30	6.85	8.88	1.30	7.09	8.56	1.21	6.78	8.35	1.23	6.98	8.41	1.20	6.87	8.64	1.26
8—10	8.87	13.43	1.52	8.83	11.71	1.33	8.72	10.02	1.15	8.74	10.43	1.19	8.54	10.15	1.13	8.85	10.82	1.22
10—12	10.86	15.93	1.46	10.92	15.16	1.39	10.86	12.40	1.14	11.02	13.15	1.19	11.00	13.23	1.20	10.91	13.22	1.21
12—14	12.40	18.83	1.52	12.78	18.34	1.43	12.87	14.85	1.15	12.12	14.68	1.21	12.37	14.77	1.19	12.64	15.96	1.26
14—16	—	—	—	14.78	20.71	1.40	16.06	18.45	1.15	—	—	—	—	—	—	15.61	19.22	1.23

Der Quotient oberes durch unteres Anemometer nimmt mit zunehmender Geschwindigkeit zunächst erheblich ab und scheint sich asymptotisch einem Wert zu nähern, der nur wenig von eins verschieden ist. Diese Kurve ist aber von etwa 11 mps an, wenigstens im Gesamtmittel, von einer zweiten überlagert. In den einzelnen Monaten ist dies zwar auch immer festzustellen, aber doch in verschiedenem Ausmaß. Um den Einfluß des überlagernden Maximums beleuchten zu können, denke ich mir zunächst den anfänglichen Kurvenzug fort-gesetzt und bekomme so die Ordinate der aufgesetzten Kurve. Danach ist bei einer Windgeschwindigkeit von etwa 13 mps in 6 m Höhe diese um etwa 5 % kleiner, als sie ohne diese »Störung« wäre, das sind etwa 0.7 mps. In den eigentlichen Wintermonaten ist dieser Betrag erheblich größer.

Da diese merkwürdige Erscheinung sich regelmäßig zeigt, so muß sie einen physikalischen Grund haben. Ich möchte nun kurz auf zwei Erklärungsmöglichkeiten eingehen, die sich aber in ihrem Einfluß noch nicht quantitativ trennen lassen. Wie schon bei Gelegenheit der Untersuchung der Temperaturschichtung gezeigt werden konnte, und wie wir bei den Drachenaufstiegen wieder sehen werden, beginnt bei einer Wind-geschwindigkeit von rund 11 m die Bodeninversion durch Windwirbel aufgearbeitet zu werden. Die laminare Strömung beginnt also turbulenter zu werden. Je größer die Turbulenz wird, um so mehr Energie wird durch diese Wirbel verbraucht, und der in der Windströmung vorhandenen Energie, die zum großen Teil von dem Luftdruckgradienten herrührt, entzogen. Bei gleichem Druckgradienten muß also ein turbulenter Luftstrom langsamer fließen als ein laminarer. Da man die Entstehung dieser Wirbel am reibenden Boden annehmen muß, so wird die Turbulenz auch zunächst auf die unterste Schicht beschränkt sein, und so ihr Einfluß sich zuerst unten bemerkbar machen, um erst allmählich weiter nach oben überzugreifen.

Ein wesentlicher Unterschied besteht insofern zwischen Winter und Frühjahr, als namentlich bei den größeren Geschwindigkeiten die Quotienten im Winter erheblich größer sind. Die Zunahme der Windgeschwindigkeit nimmt also dort mit der Höhe weit stärker zu. Dies dürfte mit der Größe der Bodeninversion zusammenhängen. Das Nähere ergibt sich aber erst später bei der Besprechung der Windverhältnisse der Drachenaufstiege.

Eine zweite Erklärungsmöglichkeit für das sekundäre Maximum in dem Gang der Quotienten möchte ich in dem Einfluß des Schneetreibens auf das Schalenkreuzanemometer erblicken. Bekanntlich besteht das Schneetreiben in Polargegenden zum großen Teil, zu Zeiten auch ganz, in vom Boden aufgewirbeltem Schnee. Die Dichte des Schneetreibens nimmt mit der Höhe über dem Boden stark ab, wie sich schon aus dem Unterschied der Sicht in horizontaler und vertikaler Richtung ergibt. Man sieht dann z. B. die Mastspitzen ganz klar, und der blaue Himmel scheint durch, während Gegenstände in horizontaler Richtung von etwa 50 m Entfernung an nicht mehr erkennbar sind. Bei etwas schwächerem Wind ist nur ein Schneefließen am Boden zu sehen. Anemometer in verschiedenen Höhen werden so auch in verschiedener Weise vom Treibschnee beeinflußt.

Um den Einfluß von Treibschnee auf das Schalenkreuz zu bestimmen, nehme ich an, daß das einzelne Schneeteilchen sich mit der Geschwindigkeit des Windes bewegt. Denke ich mir zunächst das Schalenkreuz festgehalten, so daß der eine Arm senkrecht zum Winde steht, dann kann die kinetische Energie des treibenden Schnees $= m v^2$ gesetzt werden, wo m die Masse des mitgeführten Schnees ist und v seine Geschwindigkeit. Von dieser Energie werde ein bestimmter Bruchteil a an das Schalenkreuz abgegeben. Der Druck auf den Querschnitt der Schalen ist dann $a\dfrac{m}{2} v^2 = c v^2$. Der Druck wird nun im wesentlichen abhängen von der Größe des Querschnitts und weniger von seiner Oberflächengestaltung. Dann ist bei ruhendem Schalenkreuz das durch den Schnee ausgeübte Drehmoment verschwindend. Anders wird es, wenn das Schalenkreuz sich dreht. Um eine bestimmte Zahl zu haben, nehme ich an, daß der Schalenmittelpunkt sich mit $1/3$ Windgeschwindigkeit bewegt. Die konkave Seite der Schale bewegt sich dann mit einer Geschwindigkeit von $2/3\,v$ und die konvexe mit $4/3\,v$ relativ zum Wind. Die vom Schnee abgegebene Energie ist im ersten Falle $\dfrac{4 c v^2}{9}$ und im andern $\dfrac{16 c v^2}{9}$.

Es bleibt also ein Überschuß von $\dfrac{4 c v^2}{9}$ zugunsten der konvexen Seite. Das Resultat ist eine Verlangsamung der Drehung. Exakt läßt sich der Einfluß aber nicht erfassen, da unter anderm die vom Winde mitgeführte Schneemenge nicht bekannt ist. Da infolge der abnehmenden Dichte des Schneetreibens nach oben das untere Schalenkreuz bei geringeren Geschwindigkeiten getroffen, und der Einfluß unten immer stärker sein wird, so ergibt sich daraus ein Anwachsen des Quotienten, ohne daß die Windgeschwindigkeit selbst ein ähnliches Verhalten zeigen muß. Diese Überlegungen lassen sich übrigens nicht nur auf die Windmessungen bei Schneetreiben anwenden, sondern auch beim Mitführen von andern festen Partikeln, etwa Sand.

V. Die Bewölkung.

a) Technisches.

Die Schätzung der Bewölkung geschah während der ganzen Expedition zweistündlich zu den geraden Stunden nach Zehnteln des Himmelsgewölbes. Die Stärke der Bewölkung wurde, wie üblich, durch die Indizes 0, 1, 2 angegeben. Bewölkung 0 wurde dann geschrieben, wenn weniger als $1/20$ des Himmels bedeckt war, und dementsprechend Bewölkung 10, wenn mehr als $19/20$ bedeckt war. Falls vereinzelte Lücken in einer sonst geschlossenen Wolkendecke vorhanden waren, so wurde dies durch ein beigefügtes L besonders vermerkt. Gewisse Schwierigkeiten bietet natürlich die Schätzung bei Dunkelheit und bei dichtem Schneetreiben, bei dem ebenfalls der Himmelsanblick verdeckt ist, ohne daß Wolken vorhanden zu sein brauchen. In diesen Fällen wurde Bewölkung 10 angenommen. Bei der geringen Anzahl der Stürme, bei denen dieser Fall nur eintreten kann, ist die Zahl solcher zweifelhaften Beobachtungen aber nicht groß und beeinflußt die Mittelwerte daher nicht erheblich. Außer an den geraden Stunden wurde von Februar bis November die Bewölkung auch noch um 7^a und 9^p beobachtet und in die Tabellen aufgenommen. Bei der Berechnung der Mittel und täglichen Gänge wurden diese Zahlen jedoch fortgelassen, aber bei den Tabellen über Wolkenformen, Zugrichtungen sind sie mitgeführt. Die Tagesmittel der Bewölkung sind »wahre Mittel«. Da der Horizont während des größten Teils der Beobachtungszeit völlig frei war, so erstrecken sich die Beobachtungen tatsächlich über den ganzen Himmel. Auch in der Vahselbucht betrug die Verdeckung des Horizonts durch das Inlandeis höchstens $2-3$ Winkelgrade und etwa den halben Umfang.

b) Die Ergebnisse der Wolkenbeobachtungen.

1) Die tägliche Periode der Bewölkung.

In der umstehenden Tabelle 66 ist der tägliche Gang der Bewölkung in Abweichungen vom Mittel wiedergegeben und die Extreme wie üblich gekennzeichnet. Die Kurvendarstellung in Figur 13 gibt die ausgeglichenen Abweichungen wieder.

Der tägliche Gang in der kälteren Jahreshälfte weist zu dem der wärmeren einen ausgesprochenen Gegensatz auf. Das Maximum liegt im Herbst und Winter in den Mittagsstunden, im Sommer und Frühjahr

52 Barkow, Die Ergebnisse der meteorologischen Beobachtungen der Deutschen Antarktischen Expedition 1911/12

Tabelle 66. Täglicher Gang der Bewölkung. Abweichungen vom Mittel.

	1911/12 17. XII. –10. I.	1912 13.–29. I.	30. I. –4. III.	6.–31. III.	IV.	V.	VI.	VII.	VIII.	IX.	X.	XI.	1.–16. XII.	Sommer	Herbst	Winter	Frühling	Jahr
2^a	+0.44	+0.36	+0.16	−0.59	+0.25	+0.22	−0.12	−0.73	+0.19	−0.52	+0.17	−0.22	−0.08	+0.22	−0.02	−0.22	−0.19	−0.05
4^a	+0.44	+0.47	+0.36	−0.09	+0.19	+0.80	+0.05	−0.18	−0.71	−0.15	+0.21	+0.38	−0.77*	+0.20	+0.32	−0.29	+0.14	+0.09
6^a	+0.28	+0.36	+0.94	−0.44	−0.05	+0.70	−0.19	−0.15	−0.20	+1.28	−0.02	+0.48	+0.30	+0.54	+0.10	−0.18	+0.57	+0.26
8^a	+0.08	−0.06	+0.62	−0.29	+0.65	+0.41	−1.15*	+0.17	+0.16	+1.01	+0.40	+0.62	+0.04	+0.25	+0.28	−0.26	+0.67	+0.23
10^a	−0.72*	+0.12	+0.11	+0.52	+0.52	+1.18	+0.25	+1.01	+0.84	+0.91	+0.01	+0.52	+0.23	−0.10	+0.75	+0.70	+0.47	+0.45
12^a	+0.36	+0.06	+0.34	+0.18	+0.62	+1.41	+0.98	+1.30	+0.55	+1.01	+0.08	+0.05	−0.27	+0.18	+0.76	+0.94	+0.37	+0.56
2^p	+0.20	+0.18	−0.52	+1.06	+0.72	+0.92	+2.05	+1.14	+0.80	−0.45	+0.08	−0.15	−0.02	−0.12	+0.89	+0.24	−0.18	+0.20
4^p	−0.48	−0.29	−0.98*	+0.41	+0.59	+0.02	+0.08	+0.11	+0.48	+0.18	+0.21	−0.35	+0.36	−0.50*	+0.33	+0.23	+0.01	+0.01
6^p	0.00	−0.17	−0.84	+0.71	+0.15	−1.49	−0.79	+0.04	−1.00*	−0.05	−0.02	−0.62*	−0.39	−0.42	−0.27	−0.58	−0.23	−0.38
8^p	−0.16	−0.17	−0.55	+0.18	−0.41	−1.59*	−0.99	−0.54	−0.97	−1.75*	−0.76*	−0.35	+0.23	−0.25	−0.66	−0.83*	−0.96*	−0.67*
10^p	−0.40	−0.53*	+0.19	−0.44	−2.01*	−1.59*	+0.05	−1.02	−0.33	−0.92	−0.12	+0.05	−0.08	−0.15	−1.40*	−0.44	−0.33	−0.57
12^p	+0.16	−0.35	+0.11	−1.17*	−1.38	−0.85	−0.25	−1.12*	+0.16	−0.72	−0.08	−0.45	+0.42	+0.09	−1.13	−0.40	−0.42	−0.46
Mittel . .	9.12	9.35	6.15	8.44	7.78	6.43	4.42	5.12	6.10	7.22	7.60	8.85	9.58	8.13	7.50	5.22	7.89	7.18
Amplitude.	1.16	1.00	1.92	2.23	2.73	3.00	3.20	2.42	1.84	3.03	1.16	1.24	1.19	1.04	2.29	1.77	1.63	1.23

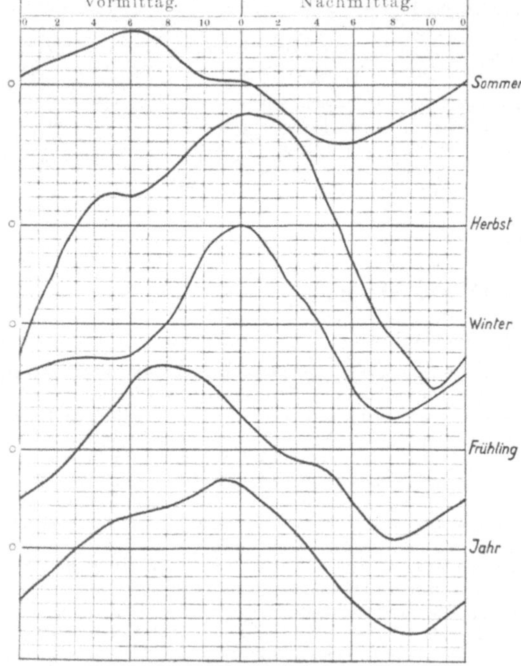

Fig. 13. Tägliche Periode der Bewölkung.
1 Teilstrich = 0.1 Grad der Bewölkung.

gegen 6^a. Das Minimum fällt dagegen in allen Jahreszeiten in die Abendstunden. Das Jahresmittel schließt sich wegen der größeren Amplituden der Herbst- und Winterkurven mehr diesen an. Wenn auch alle Kurven im großen und ganzen eine einfache Welle aufweisen, so zeigen sich doch Andeutungen von sekundären Maxima. Und zwar liegen diese sehr nahe den Hauptmaxima der anderen Jahreszeiten, sodaß die Tendenz zu einer Doppelwelle vorhanden ist. Im Sommer und Frühjahr ist das Morgenmaximum stärker entwickelt, während es im Herbst und Winter nur als sekundäres Maximum auftritt; das Hauptmaximum vom Herbst und Winter ist als sekundäres Maximum im Sommer und Frühjahr zu finden.

Die Amplitude des täglichen Gangs ist verhältnismäßig groß, vor allem im Herbst und Winter. Sie erreicht in drei Monaten den Betrag von drei Stufen und mehr. Im Sommer dagegen hält sie sich um den Wert eins herum. Die in den Jahreszeiten gefundenen Regeln zeigen sich auch in den einzelnen Perioden recht deutlich.

Diese Ergebnisse schließen sich im ganzen sehr gut den auch sonst in Polargegenden gefundenen an. Wie schon Meinardus betont hat, ist die Amplitude im Winter größer als im Sommer. Hier zeigt sich das jedoch in ganz ausgesprochenem Maße, sie ist beinahe doppelt so groß wie bei der Gauß-Station im Winter, während sie im Sommer hier und dort annähernd gleich ist.

Nach dem Vorgang von W. Köppen und H. Meyer (Archiv der Seewarte Bd. XVI, 1893, Nr. 5) wurde auch die Häufigkeit der Bewölkungsstufen 0, 1—9, 10 nach Tagesstunden und Jahreszeiten herausgezogen. (Tabelle 67.) Bewölkung 0 ist am häufigsten in den Nachmittagsstunden in allen Jahreszeiten und zwar zwischen 8 und 10^p, nur im Sommer um 4^p. Am seltensten kommt diese Stufe um 6^a vor, außer im Winter, wo das Hauptminimum um 2^p stattfindet, ein sekundäres Minimum allerdings auch um 6^a. Bewölkung 10 finden wir am häufigsten um Mittag im Sommer und Herbst, im Winter um 2^p, im Frühjahr um 8^a. Am seltensten ist diese Bewölkung überall in den Abendstunden. Der gebrochene Himmel zeigt im Sommer und Herbst ein Maximum von 6—8^p, im Winter und Frühjahr von 2—4^a. Der Anstieg vom Minimum zum Maximum erfolgt in allen Jahreszeiten in nur 4 Stunden. Im Jahresmittel haben wir für Bewölkung 0 das Maximum um 10^p, das Minimum um 6^a, also ungefähr den umgekehrten Gang wie bei der Gauß-Station. Die gebrochene Bewölkung zeigt genau das umgekehrte Verhalten, ebenfalls entgegengesetzt den Gauß-Werten. Im Weddellmeer sind die Amplituden aber noch erheblich größer. Völlig bedeckter Himmel ist am häufigsten mittags, am seltensten um 8^p. Hier herrscht gleicher Gang wie bei der Gauß-Station. Auch die Differenzen (10−0) sind ebenso über die Tagesstunden verteilt wie beim Gauß; auch hier gehen sie dem Bewölkungsmittel selbst parallel.

Tabelle 67. Beobachtete Häufigkeit bestimmter Bewölkungsgrade.

	Bew.	2^a	4^a	6^a	8^a	10^a	12^a	2^p	4^p	6^p	8^p	10^p	12^p	Beob. Zahl
Sommer . .	0	6	5	2*	3	5	5	9	**12**	8	7	9	4	75
	1 bis 9	23	27	30	31	26	22	23	21*	26	**33**	26	26	314
	10	64	61	61	59	62	**66**	61	60	59	53*	58	63	727
Herbst . .	0	5	2	1*	5	4	5	6	8	6	8	**16**	11	77
	1 bis 9	33	33	34	36	30	27*	27*	30	**37**	34	28	32	381
	10	49	52	52	46	53	**55**	54	49	44	45	43*	43*	585
Winter . .	0	16	17	16	26	21	14	11*	20	26	**31**	**31**	29	258
	1 bis 9	43	**47**	46	37	40	38	40	40	38	40	30	28*	467
	10	33	28	30	29	31	40	**41**	32	28	21*	31	35	379
Frühling .	0	7	6	2*	8	11	9	16	15	13	**18**	16	13	134
	1 bis 9	**26**	20	22	14	16	20	14	19	19	18	12*	19	219
	10	58	65	67	**69**	64	62	61	57	59	55*	63	59	739
Jahr . . .	0	34	30	21*	42	41	33	42	55	53	64	**72**	57	544
	1 bis 9	125	127	**132**	118	112	107	104	110	120	125	96*	105	1381
	10	204	206	210	203	210	**223**	217	198	190	174*	195	200	2430
Jahr . . .	Diff. 10−0	+170	+176	+189	+161	+169	**+190**	+175	+143	+137	+110*	+123	+143	157
	Mittl. Bew.	7.13	7.27	7.44	7.41	7.63	**7.72**	7.38	7.19	6.80	6.51*	6.61	6.72	7.18

2) Der jährliche Gang der Bewölkung.

Die Elemente des jährlichen Ganges sind in Tabelle 68 gegeben. Der jährliche Gang ist sehr ausgeprägt, das Maximum fällt in den Sommer mit einem Durchschnitt von 8.1, der mit 9.3 noch erheblich größer ausfallen würde, wenn der landbeeinflußte Februar fortgelassen wird. Der Winter dagegen zeigt den geringen Wert von 5.2. Der größte Wert fällt mit 9.6 auf die erste Hälfte des Dezember, während der Juni den niedrigsten Wert mit 4.4 aufweist, wir haben also eine jährliche Amplitude von 5.2, was der größte Wert aller antarktischen Expeditionen ist. Die Amplitude dürfte durch die Ortsveränderung vergrößert sein, da der Sommer in die nördlicheren, feuchteren und außerdem die landfernsten Gegenden fällt. Der Mittelwert des Jahres mit 7.2

Tabelle 68. Jährlicher Gang der Bewölkung.

	Wahres Mittel	Abweichung vom Jahresmittel	Mittleres Max.	Mittleres Min.	Mittlere Amplitude	Niedr. Tagesmittel	Prozent. Häufigkeit 0, 1	2 — 8	9, 10	Prozent. Häufigkeit 0	1 — 9	10	Trübe Tage	Heitere Tage
1911/12. 17. XII. − 10. I.	9.12	+ 1.94	9.96	6.48	3.48	5.04	1.3	13.0	85.7	1.0	28.3	70.7	21	—
1912. 13. − 29. I.	9.35	+ 2.17	10.00	8.00	2.00	4.67	2.6	5.3	92.1	—	18.0	82.0	14	—
30. I. − 4. III.	6.15	− 1.13	8.60	3.63	4.97	0.08	27.8	18.2	54.0	17.4	39.3	43.4	14	6
6. − 31. III.	8.44	+ 1.26	9.92	5.04	4.88	4.25	4.9	20.9	74.2	1.1	37.4	61.5	16	—
IV.	7.78	+ 0.60	9.60	4.23	5.37	0.25	15.0	14.3	70.7	9.3	29.0	61.7	17	1
V.	6.43	− 0.75	9.58	2.48	7.10	0.54	22.6	25.3	52.1	12.0	43.1	44.9	9	2
VI.	4.42	− 2.76	8.63	0.87	7.76	0.08	44.0	24.8	31.2	30.2	43.8	26.0	3	9
VII.	5.12	− 2.06	9.10	1.16	7.94	0.46	37.3	21.4	41.2	26.0	37.6	36.4	7	6
VIII.	6.10	− 1.08	9.58	1.39	8.19	0.17	23.5	29.3	47.2	16.4	45.2	38.5	9	1
IX.	7.22	+ 0.04	9.90	2.10	7.80	1.71	23.1	11.0	66.0	15.7	24.3	60.0	14	1
X.	7.60	+ 0.42	9.90	4.61	5.29	1.29	19.4	10.6	70.0	15.7	18.4	65.9	18	2
XI.	8.85	+ 1.67	9.63	6.83	2.80	0.21	7.4	8.3	84.3	5.7	15.0	79.3	24	1
1. − 16. XII.	9.58	+ 2.40	10.00	7.19	2.81	8.54	0.9	5.4	93.8	—	14.3	85.7	16	—
Sommer	8.13	+ 0.95	9.46	5.81	3.65	0.08	11.9	12.3	75.9	7.1	28.2	64.7	65	6
Herbst	7.50	+ 0.32	9.69	3.85	5.84	0.25	14.7	20.2	65.0	7.8	36.5	55.7	42	3
Winter	5.22	− 1.96	9.11	1.14	7.97	0.08	34.8	25.1	39.9	24.1	42.1	33.6	19	16
Frühling . . . • .	7.89	+ 0.71	9.81	4.52	5.29	0.21	16.6	10.0	73.4	12.4	19.2	68.4	56	4
Jahr	7.18	7.18	9.52	3.83	5.69	0.08	19.7	16.9	63.4	13.0	31.5	55.5	182	29

schließt sich den meisten antarktischen Stationen recht gut an. Aus dem sehr regelmäßigen Gang der Bewölkung fällt der Februar in der Vahselbucht völlig heraus. Es zeigt sich hier deutlich der aufhellende Einfluß des eisbedeckten Landes.

Der Gang der mittleren Extreme schließt sich dem Mittel gut an. Nur sind die mittleren Minima bis in den September hinein gering, wo die vorherrschenden Nordwinde höhere Bewölkung bedingen. Deswegen zeigt auch der jährliche Gang der mittleren Amplituden eine Verschiebung des Maximums auf den August, um dann sehr schnell von einem Wert über 8 auf unter drei abzusinken.

Die Zahl der trüben Tage geht parallel der mittleren Bewölkung. Die meisten solcher Tage zeigt der November mit 24, die wenigsten der Juni mit 3. Die Zahl der heiteren Tage, Tagesmittel von 2.0 und darunter, hat ein scharfes Maximum im Juni mit 9, und wieder, aus den übrigen ganz herausfallend, der Februar mit 6. Alle anderen Perioden außer Juli haben höchstens 2. Die allgemein geringe Zahl dieser Tage zeigt, daß die Bewölkung an den einzelnen Tagen recht stark wechselt, so daß dauernd geringe Bewölkung selten ist, und häufig durch zeitweise vorüberziehende, dünne Stratusdecken gestört wurde, wie sich aus den ausführlichen Tabellen im einzelnen ergibt.

Näheres über die Entstehung der Mittelwerte der Bewölkung ergibt folgende Tabelle 69, in der die prozentische Häufigkeit der einzelnen Bewölkungsgrade dargestellt ist. In allen Jahreszeiten überwiegt, wie auch bei sämtlichen übrigen antarktischen Stationen, mit Ausnahme der Discovery-Station, die Zahl der Stunden mit Bewölkung 10 erheblich alle anderen Stufen. Dies zeigt sich auch in den einzelnen Monaten abgesehen vom Juni, bei dem das andere Extrem, klarer Himmel, stärker vertreten ist. Am geringsten ist das Überwiegen im Winter und am größten im Sommer. Wenn ich die lokal beeinflußte Vahselbucht in Abrechnung bringe, beträgt die Bewölkungsstufe 10 im Sommer rund 80 % aller Beobachtungen. Der zweithäufigste Wert fällt für die Zeit vom April bis November auf Bewölkung 0. Nur der Sommer macht hierin wieder eine Ausnahme, indem unter 752 Beobachtungen Bewölkung 0 nur dreimal notiert wurde und Bewölkung 1

Tabelle 69. Häufigkeit der Bewölkungsgrade.

	0	1	2	3	4	5	6	7	8	9	10
				Anzahl der Beobachtungen							
Sommer . .	88	60	28	39	13	13	13	19	27	138	803
Herbst . .	95	84	54	34	35	24	18	32	49	115	678
Winter . .	311	138	80	65	45	30	22	33	49	81	434
Frühling . .	158	54	21	6	13	15	2	25	45	64	871
				In Prozenten der Gesamtbeobachtungen							
Sommer . .	7.1	4.8	2.2	3.1	1.0	1.0	1.0	1 5	2.2	11.1	64.7
Herbst . .	7.8	6.9	4.4	2.8	2.9	2.0	1.5	2.6	4.0	9.4	55.7
Winter . .	24.1	10.7	6.2	5.0	3.5	2.3	1.7	2.6	3.8	6.3	33.6
Frühling . .	12.4	4.2	1.6	0.5	1.0	1.2	0.2	2.0	3.5	5.0	68.4
Jahr . . .	13.0	6.7	3.6	2.9	2.1	1.6	1.1	2.2	3.4	7.9	55.5

außerdem nur noch 9 mal. Hierbei ist der Februar wieder abgerechnet, in dem unter 489 Beobachtungen Bewölkung 0 85 mal vertreten ist und die Zahl 1 noch 51 mal. Im Gegensatz dazu hat der März nur 4 wolkenlose Termine. Krasser kann wohl der aufhellende Einfluß des Inlandeises kaum dargestellt werden. Im einzelnen verläuft dort die meist scharfe Grenze zwischen dem wolkenlosen und dem ganz bedeckten Himmel parallel zur Küste mit Verschiebungen senkrecht dazu. Häufig war nur der Rand der Wolkenbank noch über dem Meereshorizont erkennbar, während bei voller Bewölkung vielfach ein heller Schein über dem Inlandeis einen wolkenlosen Himmel im Innern des Landes anzeigte. Dieselbe Erscheinung zeigte sich übrigens auch bei der Gauß-Station sehr deutlich und wird auch von andern Expeditionen berichtet. Wir müssen daraus den Schluß ziehen, daß der Rand des Inlandeises eine sehr ausgeprägte Wetterscheide darstellt, und daß am Rande ein absteigender Luftstrom in der Regel vorhanden ist, der wenigstens die niedrige Wolkendecke im Stratusniveau aufzulösen imstande ist.

Die mittleren Bewölkungsstufen sind meist nur schwach vertreten. Auf die Bewölkungsgrade 1−9 entfallen im Jahresmittel nur etwa ein Drittel aller Beobachtungen, während die übrigen zwei Drittel von den extremsten Stufen 0 und 10 geliefert werden. Die Bewölkung bewegt sich also völlig in Extremen, noch stärker als bei der Gauß-Station. Die gebrochene Bewölkung ist sehr gering, sie beträgt in keinem Monat die Hälfte der Werte, im Frühjahr sogar noch weniger als $^1/_3$. Am stärksten ist sie noch im Winter vertreten. Im allgemeinen sind also auch hier die jahreszeitlichen Unterschiede größer als beim »Gauß«.

Einen weiteren Einblick in die Bewölkungsverhältnisse bekomme ich, wenn ich die Verteilung der wahren Tagesmittel der Bewölkung auf die einzelnen Stufen betrachte, wie sie in Tabelle 70 zusammengestellt sind.

Wie nach den Häufigkeitszahlen der stündlichen Werte zu erwarten war, sind auch hier die hohen Tagesmittel am stärksten vertreten. Die Tagesmittel 9−10 sind in allen Jahreszeiten außer Winter bei weitem am häufigsten. Im Winter sind alle Werte ziemlich gleich

Tabelle 70. Verteilung der Tagesmittel der Bewölkung über die Bewölkungsskala.

	0−1	1−2	2−3	3−4	4−5	5−6	6−7	7−8	8−9	9−10	≦ 5	> 5	10.0
Sommer . .	4	2	3	1	5	3	3	7	7	58	15	78	27
Herbst . .	3	2	2	1	7	5	9	16	7	35	15	72	7
Winter . .	7	9	7	11	9	11	8	11	10	9	43	49	2
Frühling . .	1	3	4	3	5	3	4	12	11	45	16	75	18
Jahr . . .	15	16	16	16	26	22	24	46	35	147	89	274	54

häufig, und völlig bedeckte Tage kamen nur 2 vor. Der Sommer dagegen hat die hohe Zahl von 27 solcher Tage. Im Jahresdurchschnitt ist rund jeder siebente Tag völlig trübe. Die jahreszeitlichen Gegensätze sind also recht erheblich. Heitere Tage mit Bewölkung bis 2.0 entfallen auf den Winter 16, während auf die ganze übrige Zeit nur 15 kommen.

Ganz bedeckte Tage kommen häufig in Gruppen vor, wie Tabelle 71 zeigt. In ihr wurden die Tage mit mehr als 24 Stunden dauernder völliger Bedeckung herausgesucht, ohne auf die Tageseinteilung Rücksicht zu nehmen. Ganz kurz dauernde Aufhellung auf Bewölkung 9 oder 8 wurde aber nicht als Unterbrechung

Tabelle 71. Bewölkung andauernd 10 (9, 8).

	1—2	2—3	3—4	4—5	5—6	6—7	7—8	8—9	9—10	>10	Tage
Sommer . . .	9	7	2	—	—	—	—	3	—	—	
Herbst	8	4	—	3	—	—	—	—	—	—	
Winter	7	1	—	—	—	—	—	—	—	—	Perioden
Frühling . . .	10	5	—	1	1	1	—	—	—	1	
Jahr	34	17	2	4	1	1	—	3	—	1	

gerechnet. Die kurzen Perioden von 1—2 Tagen sind dabei erheblich bevorzugt und treten im Winter fast allein auf, nur eine etwas längere wurde festgestellt. Im Gegensatz dazu fallen auf den Sommer nicht weniger als drei Perioden mit 8—9tägiger dauernder völliger Bedeckung, im Frühjahr sogar eine von mehr als 10 Tagen. Völlig wolkenlose Tage wurden nicht festgestellt, wohl aber mehrere, an denen nur an einem Termin die Bewölkung 1 geschätzt wurde. Diese Tage fallen charakteristischer Weise in die Zeit der Landnähe und in den Mittwinter, den Juni.

Über die Häufigkeit der Extreme 10 und 0 in den einzelnen Jahreszeiten gibt Tabelle 72 Aufschluß. Während Tagesmaxima vollkommener Bedeckung in allen Jahreszeiten recht häufig sind, mit einem Minimum im Winter und einem Maximum im Frühjahr, sind Tagesminima von 0 im Sommer selten und im Winter recht häufig.

Schon aus dieser Tabelle ist zu ersehen, daß die tägliche Amplitude der Bewölkung häufig 10 sein muß, da die Summe der beiden Werte für die Jahreszeiten immer größer als die Zahl der Tage ist. Der Überschuß ist am größten im Winter, in dem nicht weniger als 39 solcher Tage vorkommen. In der Tabelle 73 ist noch eine Zusammenstellung der Häufigkeit verschiedener Amplituden gegeben. Danach sind geringe Tagesamplituden im Sommer häufig und im Winter selten, während die großen Amplituden im Winter bei weitem am häufigsten sind. Nicht weniger als $^2/_3$ aller Tage haben Amplituden von 9 und 10. Derselbe jährliche Gang der Amplituden ergab sich übrigens schon aus der Tabelle 68, wo im Winter der Unterschied zwischen mittlerem Maximum und mittlerem Minimum 8 betrug, während der Sommer ohne den Februar nur 2.7 hatte.

Tabelle 72. Häufigkeit der Extreme 0 und 10 der Bewölkung.

	Sommer	Herbst	Winter	Frühling	Jahr
Tagesmaximum . . 10	82	79	70	84	315
Tagesminimum . . 0	18	25	61	32	136

Tab. 73. Häufigkeit der Tagesamplituden der Bewölkung.

Tagesamplitude	Sommer	Herbst	Winter	Frühling	Jahr
0 und 1 . . .	47	19	6	31	103
2 bis 8 . . .	24	34	25	19	102
9 und 10 . . .	22	34	61	41	158
10 . . .	7	17	39	26	89

3) Die interdiurne Veränderlichkeit der Bewölkung.

Die bisherigen Daten geben die Veränderlichkeit der Bewölkung innerhalb eines Tages. Tabelle 74 enthält die Veränderungen von Tag zu Tag, also die interdiurne Veränderlichkeit für die Jahreszeiten, wobei ich mich auf die Tagesmittel beschränke. Die interdiurne Veränderlichkeit zeigt einen ausgesprochenen jährlichen Gang. Das Maximum wird Ende des Winters erreicht und das Minimum im Sommer. Das Maximum ist mehr als dreimal so groß als das Minimum. Das gilt aber nur, wenn ich auch hier den sehr veränderlichen Februar ausschalte. Herbst und Frühjahr haben gleiche Veränderlichkeit. Die Zahl für den landnahen Februar erreicht ungefähr das sonstige Maximum im August. Die negativen Änderungen sind in den Jahreszeiten und auch in den meisten Einzelperioden größer als die positiven. Die Abnahme geschieht

Tabelle 74. Jährlicher Gang der interdiurnen Veränderlichkeit der Bewölkung. (Tagesmittel.)

	Interdiurne Veränderlichkeit			Größte Änderung		Mittlere Dauer der Änderungen		Wellen
	±	+	—	+	—	pos.	neg.	
Sommer . . .	1.67	1.91	1.97	6.00	7.50	1.92	1.62	3.54
Herbst	1.93	1.84	2.09	6.00	7.75	1.81	1.54	3.35
Winter	2.85	2.75	2.96	7.75	8.58	1.75	1.55	3.30
Frühling . . .	1.96	2.13	2.22	8.59	8.67	1.69	1.65	3.34
Jahr	2.10	2.17	2.33	8.59	8.67	1.77	1.59	3.36

also schneller als die Zunahme der Bewölkung. Der größte mögliche Wert 10.0 wird niemals erreicht, d. h. auf einen ganz klaren Tag folgt niemals ein ganz trüber und umgekehrt. Das Maximum ist aber diesem Wert schon ziemlich nahe mit 8.7. Die größten Änderungen erfolgen im Frühjahr, und auch hier ist die Schnelligkeit des Aufklarens größer. Zum Schluß sind noch die sogenannten Bewölkungswellen zusammengestellt. Sie zeigen nur geringe jahreszeitliche Schwankungen. Die Wellen sind auch hier unsymmetrisch, da die Abnahme der Bewölkung schneller vor sich geht als die Zunahme. Die mittlere Dauer der Welle ist kleiner als die nach derselben Methode abgeleitete der meisten anderen Elemente und dürfte wahrscheinlich hauptsächlich durch die kürzesten barometrischen Wellen beeinflußt sein, die hier den stärksten Einfluß ausüben.

4) Die Wolkenformen.

Die Wolkenformen wurden gleichzeitig mit den Schätzungen der Bewölkungsmenge beobachtet. Hierbei wurde der internationale Wolkenatlas zugrunde gelegt, nach dem ja auch in Europa beobachtet wird. Die meisten der dort wiedergegebenen Bilder sind leider ziemlich schlecht, so daß noch eine größere persönliche Erfahrung hinzukommen muß, um die Wolkenformen gut bestimmen zu können, wie ich sie selbst aus meiner mehrjährigen Beobachtertätigkeit am Meteorologischen Observatorium in Potsdam besaß, und damit auch an die anderen im Beobachtungsdienst tätigen Beobachter weitergeben konnte. Bei der Aufstellung der Tabellen beschränkte ich mich nicht auf die zweistündlichen Beobachtungen, sondern nahm auch noch die Terminwerte und die in den Zwischenzeiten beobachteten Formen hinzu, wodurch namentlich die höheren Wolken etwas reichlicher vertreten sind, die gelegentlich durch Wolkenlücken sichtbar wurden. Da häufig verschiedene Formen desselben Niveaus auftreten, z. B. kann ein Teil einer Wolkendecke als Stratus entwickelt sein, ein anderer als st-cu, und da diese Formen getrennt in die Tabelle aufgenommen wurden, braucht die Gesamtzahl der beobachteten Formen nicht mit der Zahl der Beobachtungsstunden übereinzustimmen, sondern kann größer sein. Das Ergebnis ist in Tabelle 75 niedergelegt.

Tabelle 75. Häufigkeit der Wolkenformen nach zweistündlichen Beobachtungen.

	st, nb fr-st	st-cu	fr-cu cu cu-nb	a-cu	a-st	ci-cu	ci-st	ci	Untere	Mittl.	Obere	cu	mittl.	oberen	mittl. u. ob.
									Untere Wolken	Mittl. Wolken	Obere Wolken	cu	mittl. Wolken	oberen Wolken	mittl. u. ob.
Sommer	970	291	51	75	114	15	91	100	1312	189	206	28	43	39	25
Herbst	988	88	4	55	64	6	107	97	1080	119	210	2	39	51	27
Winter	950	128	1	42	65	18	97	149	1079	107	264	1	37	56	25
Frühling	1127	92	27	45	30	28	86	123	1246	75	237	10	29	46	20
Jahr	4035	599	83	217	273	67	381	469	4717	490	917	41	148	192	97

Die Zahl der Stratusformen allein zeigt ein Häufigkeitsmaximum im Frühjahr, ein Minimum im Winter. Die st-cu, die eine größere Turbulenz in dieser Schicht andeuten, sind bei weitem am häufigsten im Sommer. Noch stärkere Turbulenz verraten die cu. Im Winter und Herbst fehlen diese Formen fast völlig, und der Sommer zeigt auch hier ein noch stärkeres Vorwiegen als bei den st-cu. Für die jahreszeitliche Verteilung der mittleren und höheren Wolken kommt natürlich wesentlich mit in Betracht, ob untere Wolken vorhanden sind oder nicht, da sie eben bei geschlossener unterer Wolkendecke nicht sichtbar werden können. Diese Zahlen geben also nicht ihre wahre Häufigkeit wieder, die sich vom Boden niemals einwandfrei feststellen lassen wird. Aus diesem Grunde dürfte die größere Häufigkeit der ci im Winter auch nur scheinbar sein. Die Zahl der Tage, an denen die beiden oberen Wolkenniveaus vertreten waren, zeigte keine merklichen jahreszeitlichen Schwankungen. Im ganzen ist im Vergleich zur Gauß-Station die Zahl der cu-Tage hier geringer als dort, die der Tage mit mittleren Wolken etwa gleich, während die Zahl der ci-Tage hier mit 192 gegen 128 erheblich größer ist. Ein gemeinsames Vorkommen von mittleren und oberen Wolken war dort etwa doppelt so häufig als hier mit 187 gegen 97. Die Dauer eines Jahres dürfte aber für allgemeinere Schlüsse noch zu wenig Material bieten.

5) Die Zugrichtung der Wolken.

So oft es möglich war, wurde auch die Zugrichtung der Wolken bestimmt. Daß dies nicht immer möglich ist, ist selbstverständlich. Bei den st-Wolken ist die Schicht oft so gleichmäßig, daß deswegen eine Zugbestimmung unterbleiben mußte, und die höheren Wolken treten nicht selten in solcher Entfernung vom Zenit auf, daß eine einwandfreie Richtungsangabe nicht möglich ist. Außerdem reicht oft die Helligkeit nur zur Form- aber nicht zur Zugbestimmung aus, was natürlich besonders für die Winternacht gilt, wenn nicht gerade heller Mondschein herrscht. So gelang bei den unteren Wolken nur in 13 % aller Beobachtungen eine Zugbestimmung, bei den mittleren waren es 26 % und bei den ci 21 %. Die Bestimmung der Zugrichtung geschah entweder durch Anvisieren eines Wolkenpunktes mit Hilfe der Schiffsmasten oder auch häufig mit dem Wolkenspiegel; bei schneller Bewegung ist eine Zugbestimmung natürlich rein nach Augenmaß möglich.

In der folgenden Tabelle 76 sind die Häufigkeiten der Zugrichtungen für die Jahreszeiten nach 16 Richtungen für untere, mittlere und obere Wolken getrennt wiedergegeben. Ferner wurde nach der Lambertschen Formel die mittlere Zugrichtung für die Jahreszeiten und das Jahr sowie die relativen Resultanten

Tabelle 76. Häufigkeit der Wolkenzugrichtungen.

	Untere Wolken					Mittlere Wolken					Obere Wolken				
	Sommer	Herbst	Winter	Früh-ling	Jahr	Sommer	Herbst	Winter	Früh-ling	Jahr	Sommer	Herbst	Winter	Früh-ling	Jahr
N	6.0	1.0	3.0	5.0	15.0	1.0	—	—	—	1.0	3.0	1.0	1.0	2.5	7.5
NNE	13.0	—	4.0	7.0	24.0	1.0	1.0	—	—	2.0	—	2.0	—	0.5	2.5
NE	8.0	8.0	—	4.0	20.0	1.0	—	—	3.0	4.0	—	2.0	1.0	9.5	12.5
ENE	2.0	3.0	—	1.0	6.0	—	1.0	—	—	1.0	—	—	—	—	—
E	3.0	17.0	6.0	—	26.0	—	4.0	1.0	—	5.0	—	7.0	—	—	7.0
ESE	3.0	12.0	—	—	15.0	2.0	3.0	—	—	5.0	1.0	2.0	—	—	3.0
SE	7.0	13.0	5.0	7.0	32.0	3.0	4.0	4.0	—	11.0	1.0	1.0	1.0	3.0	6.0
SSE	8.0	1.0	1.5	11.0	21.5	0.5	—	—	—	0.5	4.0	1.0	0.5	3.0	8.5
S	28.0	9.0	13.5	29.0	79.5	3.5	3.0	2.0	3.0	11.0	2.0	4.0	1.5	—	7.5
SSW	13.0	2.0	12.0	19.5	46.5	1.0	2.0	2.0	5.0	10.0	4.0	2.0	1.0	8.0	15.0
SW	21.0	14.0	22.0	22.0	79.0	2.0	5.0	5.0	9.5	21.5	4.0	6.0	6.0	20.5	36.5
WSW	12.0	6.0	8.0	27.5	53.5	3.0	4.0	4.0	4.5	15.5	6.5	1.0	4.0	9.5	21.0
W	8.0	3.0	15.0	12.5	38.5	2.0	1.0	4.0	7.0	14.0	5.5	4.0	11.0	10.0	30.5
WNW	5.0	1.0	1.0	12.5	19.5	2.0	1.0	4.0	2.0	9.0	4.0	—	3.0	—	7.0
NW	9.0	7.0	5.0	19.0	40.0	5.0	3.0	5.0	2.0	15.0	6.0	3.0	6.0	10.0	25.0
NNW	4.0	1.0	4.0	6.0	15.0	—	1.0	—	—	1.0	2.0	1.0	—	1.5	4.5
Summe	150.0	98.0	100.0	183.0	531.0	27.0	33.0	31.0	36.0	127.0	43.0	37.0	36.0	78.0	194.0

berechnet, siehe Tabelle 77. Es ergibt sich das Resultat, daß die mittlere Richtung des Wolkenzuges mit zunehmender Höhe nach rechts dreht und die Konstanz mit der Höhe größer wird. Die Drehung beträgt von den unteren Wolken nach den mittleren im Durchschnitt 18°, von den mittleren zu den oberen 17°. Im Frühjahr ist die Drehung nur gering, aber die Stetigkeit groß. Während nach dem allgemeinen Drehungsgesetz auf der Südhalbkugel eine Linksdrehung zu erwarten wäre, haben wir in größeren Höhen eine deutliche Drehung nach rechts. Dasselbe finden wir übrigens auch schon bei der Discovery-Station und ebenso, wenn auch nur schwach, auf den Südorkneys. Wie hier kurz vorweggenommen sein mag, wird diese Regel für das Weddellmeer durch die direkten Windbeobachtungen durch Pilotballone und Drachen bestätigt; in den alleruntersten Schichten zeigt sich allerdings die erwartete Linksdrehung. Näheres darüber wird sich später ergeben. Die mittlere Richtung des Zuges der oberen Wolken schließt sich den Beobachtungen an den anderen antarktischen Stationen gut an. In dem ganzen halben Erdumfang vom Viktorialand ostwärts bis zum Weddellmeer zeigen die Beobachtungen den häufigsten ci-Zug von SW-WSW-WzS, also im wesentlichen in der theoretisch geforderten Westrichtung, wobei allerdings betont sein mag, daß eine mehr oder weniger starke Südkomponente dabei beteiligt ist. Wenn wir die abweichenden Beobachtungen der Gauß-Station mit vorherrschendem nördlichen ci-Zug als gültig für ein größeres Gebiet[1]), etwa für die übrige Hälfte des Erdumfangs, annehmen dürfen, so würden wir dort die Kompensationsströmung für die sonstige Südkomponente anzunehmen haben. Oder allgemeiner gesprochen, die allgemeine westliche Luftströmung im ci-Niveau ist überlagert von einem anderen Luftstrom, der vom Indischen Ozean her quer über die Antarktis hinweg nach dem Pazifischen und Atlantischen Ozean fließt. Über die physikalische Ursache dieser Strömung kann allerdings noch nichts ausgesagt werden.

Tabelle 77. Mittlere Richtung des Wolkenzuges.

	Untere Wolken			Mittlere Wolken			Obere Wolken		
	Richtung	Resultante	Anzahl der Beob.	Richtung	Resultante	Anzahl der Beob.	Richtung	Resultante	Anzahl der Beob.
Sommer	215°	29%	150	258°	27%	27	257°	50%	43
Herbst	140°	32%	98	190°	34%	33	180°	16%	37
Winter	228°	39%	100	248°	55%	31	264°	67%	36
Frühling	234°	65%	183	238°	67%	36	243°	49%	78
Jahr	218°	35%	531	236°	42%	127	253°	43%	194

Wichtig für die Untersuchung ist auch die Beziehung zwischen dem Wolkenzug und der gleichzeitig herrschenden Bodenwindrichtung, da diese ja wegen der verhältnismäßig geringen Beobachtungszahl von den Mittelwerten erheblich abweichen kann. Ich beschränke mich hierbei auf die mittleren und oberen Wolken.

---

[1]) In der Tat findet auch Simpson (a. a. O. S. 131) sowohl bei Kap Evans als auch bei Kap Adare eine sehr erhebliche Nord-Komponente im Cirrenzug, was also meine oben geäußerte Ansicht bestätigen würde.

In der Tabelle 78 sind diese Beziehungen niedergelegt, wobei ich alle Angaben auf acht Zugrichtungen reduziere, um übersichtlichere Zahlen zu bekommen. Ein Blick auf die Tabelle zeigt, daß sich die Häufigkeitszahlen um eine Diagonale gruppieren, die von links oben nach rechts unten geht. Mit andern Worten heißt das, daß die Zugrichtungen der mittleren und oberen Wolken im großen und ganzen dem Unterwind gleichgerichtet sind. Daneben finden wir noch eine zweite Diagonale parallel zur ersten, die besagt, daß ein Richtungsunterschied von 180° außerdem bevorzugt wird. Vor allem gilt dies bei den östlichen Windrichtungen. Besonders bei NE- und E-Winden ist diese diametral entgegengesetzte Richtung häufig, so daß sie bei ersteren Winden sogar mehr bevorzugt wird als die gleiche Richtung, aber auch bei den westlichen Winden finden wir sie angedeutet. Diese Tendenz zur völligen Umkehrung tritt bei den oberen Wolken deutlicher auf als bei den mittelhohen Wolken.

Tabelle 78. Beziehung des Wolkenzuges zum Bodenwind.

		Wolkenzug: mittlere Wolken								Wolkenzug: hohe Wolken							
		N	NE	E	SE	S	SW	W	NW	Summe	N	NE	E	SE	S	SW	W	NW	Summe
Wind	N	1	—	—	—	—	1	1	2	5	5	1	—	1	1	3	1	4	16
	NE	—	2	—	—	—	—	—	2	4	2	2	—	1	1	4	8	2	20
	E	—	1	5	—	—	2	1	—	9	—	4	3	—	1	3	4	1	16
	SE	—	2	3	8	—	1	1	1	16	—	2	6	3	2	4	—	1	18
	S	—	—	2	1	17	5	1	4	30	—	2	1	6	11	9	4	—	33
	SW	1	—	—	2	4	20	8	2	37	3	1	—	2	5	19	9	8	47
	W	—	—	—	—	—	7	4	3	14	—	1	—	—	2	11	7	5	26
	NW	1	—	—	—	1	—	6	2	10	—	—	—	1	—	5	2	7	15
	C	—	—	—	—	—	2	1	—	3	—	—	—	1	—	—	1	1	3
Summe . . .		3	5	10	11	22	38	23	16	128	10	13	10	15	23	58	36	29	194

Wie sich schon aus den mittleren Richtungen ergibt, ist die vorherrschende Richtung beider Wolkenschichten SW bis W. Aus diesen Tatsachen kann man den Schluß ziehen, daß die allgemeine Zirkulation in großen Höhen sich mehr und mehr dem theoretisch geforderten Polarwirbel anschließt, ohne daß dieser allerdings so unbedingt vorherrscht. Auch die Ostwinde gehen in sehr vielen Einzelfällen bis in die Cirrusregion hinauf, wie auch die Pilotbeobachtungen zeigen.

Die Wolkenzugrichtungen können naturgemäß nur rohe Angaben über die Windverhältnisse in der Höhe ergeben, da vor allem die Höhen der Wolken sowie ihre wahre Geschwindigkeit nicht bekannt sind, und man dabei mit mittleren Höhen rechnen müßte, die aber vermutlich nicht ganz mit den aus den gemäßigten Nordbreiten stammenden Mittelhöhen übereinstimmen. Vermutlich sind die Höhen im Polargebiet bei gleichen Formen niedriger. Einige Angaben über wahre Wolkenhöhen werden wir später aus den Pilot- ballon- und Drachenaufstiegen erhalten, die uns auch erheblich genaueren Aufschluß über die Luftbewegung in größeren Höhen geben.

VI. Die Sonnenscheindauer.

a) Technisches.

Zur Aufzeichnung des Sonnenscheins sollten die beiden üblichen Apparate nach Jordan und Campbell- Stokes benutzt werden. Der Apparat für die photographische Registrierung wurde mit Bordmitteln gebaut. In eine Uhrtrommel für Thermographen wurden vier um je 90° auseinanderstehende Schlitze eingeschnitten, die vertikal gegeneinander versetzt waren, um ein Überdecken der Kurven zu vermeiden. Auf die Mitnahme fertigen Papiers hatte ich verzichtet, weil das Papier doch vermutlich nicht haltbar gewesen wäre und vor allem seine Empfindlichkeit gelitten hätte. Ich nahm deswegen die Chemikalien zur Herstellung des blausauren Eisen- papiers mit, um es kurz vor dem Gebrauch immer frisch herzustellen. Das gelang aber nicht in zufrieden- stellender Weise, und längeres Versuchen verbot die knappe Zeit. Daher wurde schließlich von der Verwenduug dieses Apparates abgesehen.

Der Apparat nach Campbell-Stokes entspricht in der Form, in der er in gemäßigten Breiten in Gebrauch ist, nicht den Anforderungen des Polarklimas. Da die Sonne immer recht tief steht, so mußte dafür gesorgt werden, daß die Sammelwirkung der Glaskugel stets voll ausgenutzt wird. Bei den meist gebrauchten Formen geschieht das besonders in den Morgen- und Abendstunden nicht, da der Streifenhalter gerade zu diesen Zeiten einen Teil der Kugel abdeckt. Auch die von der Discovery-Expedition gewählte Form, die im übrigen besonders für zirkumpolaren Sonnenschein gebaut war, entspricht nicht diesen Anforderungen. Nach längeren Verhandlungen mit der Firma Fueß entschloß man sich schließlich, einen neuen Typ zu bauen, bei dem der obere Teil des Apparates, Kugel und Streifenhalter, nach Art eines Theodoliten drehbar auf dem Untergestell war und durch einen in vorgebohrte Löcher einsteckbaren Stift in der gewünschten Lage festgehalten wurde. Auf diese Weise wurde erreicht, daß immer die ganze Glaskugel vollkommen frei die Sonnenstrahlen sammeln konnte.

Der Apparat hatte nur den Nachteil, daß der Streifenhalter dreimal am Tage umgelegt und mit einem neuen Papierstreifen beschickt werden mußte. Jeder dieser Streifen reichte für 10 Stunden aus, so daß die nötige Überdeckung der Zeit vorhanden war und man mit der Bedienung nicht genau an die Minute gebunden war. Um eine möglichst große Leistung des Apparates zu erhalten, wurde eine Kugel aus ganz weißem Glase genommen, die möglichst wenig verschluckt. Nach dem Vorgang von Maurer (Meteorol. Zeitschrift 1909, S. 461) wählte ich eine Kugel aus Borosilikatglas. Ferner ist auch die Farbe des Papierstreifens nicht unwichtig. Wenn es sich darum handelt, möglichst große Energiemengen zu sammeln, ist offenbar ein absolut schwarzes Papier das geeignetste. Aber auf einem solchen Streifen dürfte eine schwache Brennspur nur schwer sichtbar sein, was ja für die Auswertung auch leichter Brennspuren nicht unwichtig ist. Nach einer Reihe von Versuchen wurde ein dunkelgraues Papier gewählt, das unter den untersuchten Papieren verschiedener Farbe bei niedrigen Sonnenhöhen am meisten Sonnenschein anzeigte und auch feine Spuren noch deutlich erkennen ließ. Während so alles darauf angelegt war, möglichst schwachen Sonnenschein noch aufzeichnen zu können, mußte natürlich der Fehler der Überleistung bei starkem Sonnenschein in Kauf genommen werden. Dieser Fehler kann aber zum großen Teil durch die Art der Auswertung ausgeglichen werden, wenn man nach den von Marten (Meteorol. Zeitschrift 1908, S. 525) aufgestellten Regeln verfährt. Auch kommt wegen der geringen Sonnenhöhen im eigentlichen Polargebiet dieser Fehler nicht in dem Maße in Betracht wie in niedrigen Breiten.

Eine wichtige Frage für die Vergleichbarkeit der mit verschiedenen Apparaten gemessenen Sonnenscheindauer ist diejenige nach dem Schwellenwert der Energie, bei dem ein Einbrennen in den Streifen gerade beginnt. Die zeitlichen Mehr- oder Minderleistungen eines Apparates geben ja nur ein sehr rohes Bild davon und hängen eben sehr stark von der Reinheit der Luft ab. Dieser Schwellenwert sollte eigentlich für jeden Apparat genau bekannt sein. Im Frühjahr 1914 wurden nun eine Reihe Vergleichsmessungen mit dem Apparat und dem während der Expedition dazu benutzten Papier mit einem Michelsonschen Bimetallaktinometer in Potsdam gemacht. Sie ergaben, daß der Apparat schon bei der geringen Energiemenge von 0.17 g Cal./min eine eben wahrnehmbare Brennspur zeigte.

Diese Strahlungsenergie wird bei der äußerst durchsichtigen Luft der Polarzone bereits bei sehr geringer Sonnenhöhe erreicht. Für die extremsten Fälle wurde die Sonnenhöhe berechnet, bei denen die erste Spur der Aufzeichnung sichtbar wurde oder verschwand. Danach kann man bei wolkenlosem Himmel und einer Sonnenhöhe von 1—2° mit einer Brennwirkung rechnen. Am 21. und 22. Oktober betrug dabei die Sonnenhöhe sogar weniger als 1°, am 21. abends sogar nur 33 Minuten.

Es zeigten sich mancherlei Schwierigkeiten beim Arbeiten des Apparats. Namentlich nach klaren Nächten ist die Glaskugel bereift, und der Reif kann nicht immer sofort entfernt werden. Deshalb dürfte manchmal in den frühen Morgenstunden die Aufzeichnung zu spät begonnen haben. Eine andere Schwierigkeit lag in der Trift der Scholle. Dies machte häufige Neujustierungen des Instruments nötig, erstens wegen der unregelmäßigen Breitenänderungen und zweitens wegen der noch weniger regelmäßigen Drehungen der Scholle. Eine genaue Justierung konnte deshalb nicht immer aufrechterhalten werden. Sehr bald stellte es sich als notwendig heraus, auf jeden einzelnen Streifen mindestens eine Zeitmarke zu machen, indem zu irgend einer Zeit die Lage des Sonnenbildes durch einen Bleistiftstrich bezeichnet wurde, und diese Zeit dazu geschrieben wurde. Nur so war es möglich, die Dauer des Sonnenscheins richtig zu bestimmen.

Die erste Aufstellung des Sonnenscheinautographen erfolgte am 22. April 1912. Vor der Winternacht registrierte er aber nur 3.8 Stunden am 24. April. Nach der Winternacht begannen die Aufzeichnungen wieder am 27. Juli, an dem zwischen 10ᵃ und 1ᵖ 2.1 Sonnenscheinstunden registriert wurden. Die übrigen Tage im Juli waren ohne Sonnenschein. Am 24. November kurz vor dem Freiwerden des Schiffes mußte der Autograph wieder an Bord genommen werden. Der Apparat selbst stand auf zwei übereinander genagelten Kisten, die mit Schnee und Eis gefüllt, dann mit Wasser begossen wurden und so mit ihrer Eisunterlage zusammenfroren.

b) Die Ergebnisse der Sonnenscheinregistrierungen.

Die Stundensummen in den einzelnen Monaten sind in Tabelle 79 gegeben. Die bereits erwähnten Tage im April und Juli sind in ihr nicht mehr aufgeführt.

Die Dauer des möglichen Sonnenscheins ist nicht berechnet worden, da die Rechnung zu umständlich gewesen wäre und doch zu ungenauen Zahlen geführt hätte, da das Schiff dauernd seinen Ort veränderte.

Für eine eingehendere Diskussion ist die Beobachtungszeit zu kurz. Die tägliche Periode zeigt ein Maximum in den ersten Nachmittagsstunden. Das stimmt gut mit dem täglichen Gang der Bewölkung überein, deren Maximum im Frühjahr deutlich am Vormittag liegt, worauf sie bis zum Abend dauernd abnimmt.

Tab. 79. Sonnenscheindauer. Stundensummen nach »Campbell-Stokes«. (In Klammern die Anzahl der Tage.)

1912	4—5ᵃ	5—6ᵃ	6—7ᵃ	7—8ᵃ	8—9ᵃ	9—10ᵃ	10—11ᵃ	11ᵃ—0ᵖ	0—1ᵖ	1—2ᵖ	2—3ᵖ	3—4ᵖ	4—5ᵖ	5—6ᵖ	6—7ᵖ	7—8ᵖ	8—9ᵖ	Σ
August .	—	—	—	—	2.7 (4)	6.4 (8)	7.9 (10)	9.4 (12)	8.3 (10)	7.2 (9)	8.1 (10)	5.8 (8)	0.4 (1)	—	—	—	—	56.2 (14)
Sept. .	—	—	0.1 (1)	2.8 (6)	4.9 (6	3.8 (5)	4.9 (7)	5.5 (10)	6.1 (10)	8.3 (11)	8.8 (11)	6.6 (10)	3.7 (5)	0.4 (2)	—	—	—	55.9 (15)
Oktober	0.3 (1)	5.2 (7)	8.0 (10)	7.7 (10)	8.3 (12)	9.9 (12)	9.4 (12)	9.3 (12)	10.5 (13)	11.4 (13)	10.4 (13)	8.9 (13)	9.7 (12)	9.4 (13)	6.2 (10)	0.5 (1)	—	125.1 (22)
Nov. . .	—	—	0.8 (1)	2.5 (4)	3.2 (5)	2.9 (4)	4.2 (6)	5.2 (10)	5.6 (9)	5.2 (9)	6.7 (9)	6.2 (8)	5.2 (6)	5.6 (7)	4.4 (7)	4.6 (7)	1.2 (2)	63.5 (12)

VII. Die Niederschläge.

a) Technisches.

Die Messung der Niederschläge geschah nach den beiden üblichen Methoden. Erstens mit einem Hellmannschen Regenmesser von 200 qm Auffangfläche mit eingesetztem Schneekreuz, und zweitens mit Hilfe einer größeren Anzahl Schneepegel. Der Regenmesser stand bis zum Aufbau der Eisstation achtern auf dem Schiff, am 10. April wurde er auf das Eis versetzt, wo er bis Ende November verblieb, und von da ab wieder auf seiner alten Stelle auf dem Schiff. Auf dem Eise stand er in 1 m Höhe über dem Boden, einige Meter von der meteorologischen Hütte entfernt.

Die Messungen mit dem Regenmesser können natürlich nicht einwandfrei sein, wie sie es beim Schneetreiben überhaupt nicht sein können. Ein großer Teil der Schwierigkeiten, die bei andern Stationen auftraten, zeigte sich aber nicht. Bei den seltenen Stürmen kam es nie vor, daß der Regenmesser ganz verschneit oder ganz ausgeweht wurde. Wie die Einzelmessungen zeigen, wurde er auch nie mit Treibschnee gefüllt. Im Gegenteil hatte man den Eindruck, daß der darin befindliche Schnee zum größten Teil wirklich Schnee war. Ich glaube daher, daß die Messungen einigermaßen dem wahren Wert entsprechen. Einen Mangel aber haben diese Messungen; ihnen entgehen nahezu ganz die Rauhreifmengen, die sich fast nur an die vertikalen Flächen ansetzen. In diesem Falle setzen sie sich natürlich außen an den Regenmesser an, gelangen aber nur zum geringsten Teil hinein. Einige Werte sind als von Rauhreif herrührend besonders bezeichnet worden, sie liefern aber zusammen nur etwa 3 mm; dieser Betrag dürfte aber um das mehrfache zu erhöhen sein. Bei Wind wird der an vertikalen Flächen sich ansetzende Rauhreif abgeweht und trägt dann zur Schneedecke bei.

Die Aufstellung und Überwachung der Schneepegel hatte Herr Dr. Heim dankenswerter Weise übernommen. Nur ein Pegel dicht bei der meteorologischen Hütte wurde regelmäßig bei den Terminen mit abgelesen. Über die Aufstellung der Schneepegel schreibt mir Herr Dr. Heim: »Am 29. März wurden beim Wasserloch, etwas 70 m backbord vom Schiff die Pegel 1, 2 und 3 in dem damals etwa 30 cm starken Eis aufgestellt. Die Entfernung von 1 und 2 war etwa 20 m, die von 2 und 3 etwa 50 m; in größerem Umkreis um die Stäbe war das Eis ungestört; zwischen 2 und 3 zog ein niederer Preßwall, 3 geriet am 25. Mai in eine Pressung und ging verloren, 1 wurde am 7. September durch eine Pressung zerstört. 2 wurde am Tag danach durch eine Wake vom Schiff getrennt und später nicht mehr aufgefunden. Am 18. April wurde in dem 30 cm starken Eise einer Wake Pegel 4 gesetzt; er stand 120 m steuerbord vom Schiff. Ende September (?) wurde ein neues Wasserloch mit seinem Eis- und Schneewall in bedenklicher Nähe dieses Pegels, etwa 15 m nordwestlich von ihm, angelegt. Pegel 5 wurde ebenfalls am 18. April angelegt auf einem ebenen Feld steuerbord voraus etwa 250 m vom Schiff. Mitte August wurde er von einem Hundeschlitten umgerannt, und Anfang September ging er in einer Pressung verloren. Vom 14. Mai ab wurde auch achtern etwa 40 m vom Schiff Pegel 6 beobachtet (bei dem einen Bodenthermometerfeld). Pegel 4 und 6 sind die beiden einzigen bis zum Schluß beobachteten Pegel. Zwei Hilfspegel, die auch nur den Stand der Schneeoberfläche angeben sollten, standen zwischen Pegel 2 und Schiff; sie wurden vom 8. Mai bis 7. September gelegentlich beobachtet.«

b) Die Ergebnisse der Niederschlagsbeobachtungen.

1) Die Ergebnisse der direkten Messungen.

Tabelle 80 gibt die Tagessummen der Regenmessermessungen, die sich aus drei Terminwerten zusammensetzen. Monatliche Mengen von über 10 mm wurden nur dreimal gemessen, im Januar, Mai und September. Die Gesamtsumme des Jahres beträgt nur 110 mm. Der Winter scheint verhältnismäßig schneearm zu sein, wohl eine Folge der vorherrschenden südlichen Winde. Der Herbst zeigt die größte Menge. Doch dürften sich bestimmte Regeln aus den Messungen nur eines Jahres für das wechselnste meteorologische Element noch nicht ableiten lassen.

2) Die Ergebnisse der Schneepegelmessungen.

Die Zusammenfassung der Schneepegelmessungen ist nicht gerade leicht. Dr. Heim legt der Einzelmessung an Schneepegeln wohl mit Recht nicht allzu viel Wert bei, da es nicht leicht ist, einwandfreie Aufstellungen dafür zu finden und außerdem die Eisfläche durch Pressungen ständigen Veränderungen unterliegt. Mehr Wert haben nach ihm die Gesamtmessungen von Schneedeckenmessungen am Ende bestimmter Perioden, wo man sich solche Stellen aussuchen kann, an denen dem Augenschein nach die Schneedecke normal ist. Er schreibt darüber folgendes: »Es wurden die Schneemengen an sieben weit verteilten Pegeln fast täglich beobachtet. Aus der Liste ist zu ersehen, daß vom 1. Juni bis 1. September eine Zunahme der Schneedecke überhaupt nicht erfolgt ist. Anfang September trat reichlicher Schneefall ein, und es war deutlich die Tendenz, alle Unebenheiten einzuebnen, zu beobachten. Die normale durchschnittliche Schneedecke des ebenen ungestörten Eises der

Weddellsee dürfte mit 30 cm (Ende November) hoch genug eingeschätzt sein. Ergänzt werden die Pegel-beobachtungen durch die bei Bohrungen und sonstigen Gelegenheiten erfolgten Schneedickenmessungen, die von mir in jedem einzelnen Fall mit Vorsicht aufgenommen sind, da Umwandlungen von Schnee in Eis vorkommen. So betrug z. B. im November die anläßlich von Bohrungen, die an 7 verschiedenen Stellen gemacht wurden, gemessene mittlere Schneedecke 23 cm (Maximum 35, Minimum 14 cm). Im September wurde bei der gleichen Gelegenheit an 9 Stellen die mittlere Schneedecke etwas höher, zu 29 cm, bestimmt (Maximum 50, Minimum 4 cm).

Tabelle 80. Tagesmenge des Niederschlages (Regenmesser Hellmann).

Datum	1911	1912											
	Dezember	Januar	Februar	März	April	Mai	Juni	Juli	August	Septemb.	Oktober	November	Dezember
1		—	—	0.2	—	0.0	—	—	4.1	—	—	—	0.0
2		0.0	—	—	—	1.5	0.2	—	—	—	0.2	—	—
3		—	—	—	—	—	0.0	—	—	—	—	—	—
4		—	—	—	—	—	—	0.0	0.1 √	0.9	—	—	—
5		—	—	—	—	—	—	0.4	1.3	0.2	—	1.2	—
6		—	—	—	—	1.9	0.1	—	0.2	0.2	—	—	0.1
7		0.0	—	—	1.2	0.1	—	—	—	1.3	—	—	—
8		—	—	0.0	—	—	—	—	0.0	2.0	0.2	1.3	—
9		—	—	—	0.1	0.6	—	—	—	0.2	1.3	0.2	—
10		—	—	—	0.6	0.5	—	—	—	1.8	—	—	2.9
11	—	—	—	0.1	0.4	6.2	—	0.0	0.1	2.7	—	1.9	2.2
12	—	—	—	0.1	0.7	—	—	—	0.1	0.9	—	1.0	—
13	—	0.0	0.0	0.1	1.0	0.2	—	1.7 √	—	—	—	—	—
14	2.7	—	0.2	0.1	0.2	—	—	—	—	2.1	—	0.1	—
15	0.4	—	—	—	0.1	—	—	—	—	1.2	—	0.8	0.3
16	—	—	—	—	—	—	1.0 √	—	—	0.7	—	0.1	—
17	—	0.1	0.7	0.5	2.2	—	—	0.4	0.1	0.6	—	—	
18	—	—	1.0	0.0	0.3	3.0	—	1.3	—	0.3	—	—	
19	—	—	—	0.6	0.0	0.4	—	1.6	—	—	0.1	—	
20	—	0.8	—	2.7	0.2	—	0.3 √	0.5	0.1 √	0.1	0.0	—	
21	0.3	—	—	0.1	0.0	0.6	—	—	0.4	0.1	—	—	
22	—	1.8	—	0.6	—	1.3	—	—	—	0.0	—	0.0	
23	—	—	—	—	0.3	2.4	0.6	—	—	0.0	—	0.1	
24	—	0.5	—	0.0	0.6	0.9	0.3	—	—	0.5	—	0.1	
25	—	—	—	—	—	0.2	0.2	—	—	—	—	0.6	
26	—	2.5	—	—	—	—	—	—	—	—	0.0	—	
27	0.1	0.4	0.8	—	0.6	—	—	0.2	—	0.4	0.1	0.1	
28	—	0.5	1.4	0.0	—	—	—	—	—	0.1	—	—	
29	—	2.8	—	—	—	0.0	—	0.2	—	0.1	—	0.5	
30	—	1.3	—	—	—	6.2	—	0.1	—	0.1	—	0.5	
31	—	3.1	—	—	—	—	—	1.3	—	—	—	—	
Summe	3.5	13.8	4.1	5.1	8.5	26.0	2.7	7.7	6.5	16.5	1.9	8.5	

Es ist also in der Schneemächtigkeit ein Maximum im September, und von da ab wieder eine Abnahme zu verzeichnen. Letztere wird sowohl auf Abtragung durch Wind, wie auch auf Umwandlung der unter Wasser gedrückten Partien des Schnees in Eis zurückzuführen sein. Ersteres beweisen die direkten Ablesungen an Pegel 6, letzteres die an Pegel 4, wo am 23. November von den 32 cm Schnee die unteren 4 cm in Eis umgewandelt waren. Auf jeden Fall kommt Verdunstung als Ursache der Abnahme der Schneemächtigkeit bei uns nicht in Betracht. Lokal finden wohl an Pressungswällen Anhäufungen des Schnees bis zu mehreren Metern statt, doch können sichere Angaben hierüber nicht gemacht werden, da der Übergang von Schnee in Schneeeis wohl, aber von Schneeeis in Meereis fast nie festgestellt werden kann.«

Namentlich die weiteren Schneepegel konnten nicht mit voller Regelmäßigkeit abgelesen werden, das war eben bei Dunkelheit und Schneesturm nicht immer zu machen. Die Pegel in größerer Nähe des Schiffes sind auch nicht ganz einwandfrei, da sie gelegentlich im Windschatten des Schiffes lagen, wo das Niedersetzen des Schnees bei der geringeren Windgeschwindigkeit erleichtert ist. Aus diesem Grunde ist davon abgesehen worden, die Messungsergebnisse im einzelnen zu veröffentlichen, und ich beschränke mich auf die folgenden allgemeinen Angaben.

Bildet man den mittleren Zuwachs in jedem Monat, so erhält man als Gesamtsumme der Schneedecke in den rund 8 Monaten 59 cm. Das ist aber sicher zu viel, denn einige große Zuwachsmengen sind nur dadurch hervorgerufen, daß an dem Ort des Pegels sich eine Schneedüne gebildet hat, die nicht wieder abgeweht wurde, wie es an andern Orten vorgekommen ist. Lasse ich diese zweifelhaften Werte fort, so erhalte ich als mittlere Schneehöhe dieser 8 Monate 33 cm. Um Niederschlagshöhen zu bekommen, muß ich diese Zahlen mit dem Wasserwert multiplizieren. 28 Bestimmungen an frischem und bis mehrere Tage altem Schnee ergaben einen mittleren Wasserwert von 2.87. Die Niederschlagsmenge beträgt danach also 95 mm. Wenn ich dagegen den Wasserwert des ganz alten Schnees, von dem 10 Bestimmungen vorliegen, mit 3.83 benutze, so bekomme ich 126 mm Niederschlag. Die gleichzeitigen direkten Messungen mit dem Regenmesser, die nach obigen Ausführungen aber zu gering sein dürften, ergeben für diese Zeit 77.2 mm.·

Wie schon Dr. Heim betont hat, ergibt der Augenschein, daß eine merkliche Verdunstung während dieser Zeit nicht stattgefunden hat. Das ist eine Folge der schon besprochenen Feuchtigkeitsverhältnisse. Der ständige Rauhreifansatz ließ auch eine unmittelbare Messung der Verdunstung, etwa durch eine mitgenommene Wildsche Verdunstungswage, als zwecklos erscheinen. Sie wurde daher überhaupt nicht in Betrieb genommen. Die Vermutung von Drygalski (Sitz. Ber. der Bayerischen Akademie der Wissenschaften, Math.-Phys.-Klasse 1919, S. 1), daß die Abtragung durch Verdunstung größer ist als der Zuwachs, wird hierdurch nicht bestätigt. Eine Verdunstung kann nur dann eintreten, wenn die Luft nicht mit Feuchtigkeit gesättigt ist. Auch hierbei ist natürlich sehr streng zwischen Sättigung über Wasser und Eis zu unterscheiden, was bei Betrachtungen früherer Forscher über die Verdunstung von Eisflächen nicht immer geschehen ist.

Auch die direkte Schmelzwirkung im Sommer war bei weitem nicht so stark, wie sie z. B. bei der Gauß-Station beobachtet wurde. Erstens ist die Bewölkung im Sommer sehr groß, so daß die direkte Sonnenstrahlung nicht einwirken kann, und zweitens bleibt die Lufttemperatur fast durchweg unter dem Gefrierpunkt. Auch Schmelzwasserflächen, wie sie z. B. auf der Fram-Trift viel beobachtet wurden, kamen hier nicht vor. Daß der Schnee im Sommer feuchter wurde, ist ja selbstverständlich, er wurde aber selbst in der Nachbarschaft des Schiffes mit der unvermeidlichen Verschmutzung nie so weich, daß der Verkehr merklich behindert worden wäre.

3) Die Schneedichtemessungen.

Sämtliche Schneedichtemessungen wurden durch Herrn Dr. Heim ausgeführt. Das Verfahren war das übliche: Ausstechen eines bestimmten Volumens Schnee, Schmelzen desselben und Messung der Wassermenge. Wasservolumen/Schneevolumen ergibt dann die Schneedichte; multipliziert man diese Zahl mit 10, so erhält man den Wasserwert, d. h. die Zahl, die angibt,. wieviel mm Wasser auf eine Schneehöhe von 1 cm entfällt. Die Ergebnisse der mit fortlaufenden Nummern versehenen Messungen sind in Tabelle 81 zusammengestellt.

Sehr lockerer, bei Windstille gefallener frischer Schnee ergab den sehr geringen Wert von 0.02. (Messung Nr. 3, 13, 14 der Tabelle 81.) Am 21. August (Nr. 37) liegt der Schnee weniger locker. Seine Umwandlung zu Treibschnee zeigt deutlich Messung 38 und 39. Der Schnee in den Wehen ist erheblich dichter; die Werte gehen z. B. in Nr. 17 bis zu 0.50 herauf.

Die Schneedichte in den Wehen hängt in erster Linie von der Größe und Form der Schneebestandteile ab. Denkt man sich Kugeln von beliebiger, aber gleicher Größe so gelagert, daß sie senkrecht übereinander zu liegen kommen, so kann das Porenvolumen 47.6 % des Gesamtvolumens betragen, bei der dichtest möglichen Lagerung beträgt es aber nur 26.0 % (siehe darüber z. B. Solger u. a. »Dünenbuch«, Verlag von F. Enke, Stuttgart 1910, S. 184). Der Wind bewirkt nun sicher ein solches »Sacken« des Schnees. Das Porenvolumen ist aber immer größer als das theoretisch mögliche. Folglich sind auch die Formen der Schneekörner keine Kugeln, sondern andere Gebilde, Kristalltrümmer, die sich nicht so eng aneinander schmiegen können. Treibt der Schnee lange umher, ehe er sich absetzt, so können sich seine Bestandteile der Kugelform nähern, wie das Porenvolumen in Nr. 17 zeigt. Die gleichmäßige Form der Schneeteilchen in diesem Falle wird auch dadurch bewiesen, daß der an diesem Tage durch eine Türspalte gewehte Schnee,. der sich dort locker ohne Winddruck absetzen konnte, die hohe Dichte von 0.32 bezw. 0.25 hatte (Nr. 18 und 19). Den entgegengesetzten Fall zeigen die Messungen Nr. 37—39, wo noch deutlich Trümmer von Sternchen zu erkennen waren. Die Dichte beträgt zunächst nur 0.11. Am nächsten Tage dürften die Partikel schon mehr zerrieben gewesen sein, die Dichte ist dann 0.16.

Von besonderem Interesse ist die auch oft erwähnte Härtung des Schnees durch den Wind. Zunächst würde man geneigt sein, die Verhärtung einem Zusammensacken durch den Druck des Windes zuzuschreiben. Dann müßte aber auch die Schneedichte steigen. Das ist aber durchaus nicht immer der Fall. Beispiele dafür sind Nr. 27 und 29. Ebenso ist zwischen Nr. 41 und 43 keine Dichtezunahme zu bemerken. Einige Tage später (Messung Nr. 44) ist allerdings die Dichte größer geworden. Die Verhärtung dürfte wohl also auf einen anderen Vorgang zurückzuführen sein, nämlich den der Regelation unter Druck oder auch auf Sublimationserscheinungen und damit Ineinanderwachsen von Kristallen. Vielleicht kommt auch Ergänzung der alten Kristallform auf Grund von Dampfdruckdifferenzen zwischen großen und kleinen Kristallen in Frage, wodurch die Einzelkristalle mehr miteinander verfilzen. Das Ganze wäre wohl als Anfang der eigentlichen Firnbildung zu betrachten. In tieferen Schichten scheint noch ein eigenartiger Vorgang der Umkristallisierung vor sich zu gehen. Wahrscheinlich spielen hierbei die Temperaturverhältnisse eine wesentliche Rolle, denn bei der im allgemeinen dünnen Eisdecke steigt die Temperatur mit der Tiefe rasch an. Eine weitere Untersuchung muß aber hier unterbleiben.

Die Schneedichte ist auch eine Funktion der Temperatur. 10 Dichtebestimmungen in frischen Schneedünen im Juli ergaben als Mittel 0.317, 12 solche im August 0.263 und 4 weitere im September nur 0.225. Hierfür dürfte die Größe und Form der Schneekristalle von maßgebender Bedeutung sein, bei tiefer Temperatur bilden sich wie bekannt kleine Kristalle, dagegen bei höherer größere Formen und mehr Skelette, die sich nicht so eng zusammenpacken können.

Tabelle 81. Bestimmung der Schneedichte.

Nr.	Datum	Zeit	Schnee-höhe	Schnee-dichte	Poren-Vo-lumen[1]	Bemerkungen
1	20. VI.	—	12	0.34	63	} Alter Schnee an der meteorol. Hütte, oberste Schicht 12 cm, darunter liegende 10 cm.
2	»	—	10	0.44	52	
3	23. VI.	—	6.5	0.02	98	Frisch gefallener, lockerer Schnee.
4	2. VII.	—	12	0.32	65	Oberste Schicht }
5	»	—	19.5	0.33	64	} Gesamtdicke } alter Schnee bis zur harten Eisfläche bei Pegel 4.
6	»	—	19	0.34	63	
7	3. VII.	mtg.	18	0.25	72	Ausfüllung einer am 2. VII. gemessenen, bis auf das Eis hineinreichenden Vertiefung mit frischem Treibschnee.
8	4. VII.	mtg.	21	0.31	66	Oberer Teil einer in der Nacht gebildeten Wehe von Treibschnee. Steuerbord beim
9	5. VII.	10½a	21.5	0.26	72	Aus derselben Wehe wie am 4. VII. [Schiff.
10	»	2½p	23.5	0.34	63	Einige Meter von Messung Nr. 9 entfernt, mitten in der breiten Wehe.
11	9. VII.	2½p	11.5	0.37	60	Von einer etwa ¾ m hohen Schneewehe des letzten Schneetreibens vom 4. VII.
12	10. VII.	—	5	0.43	53	Bei Pegel 2 die ganze seit Beginn der Ueberwinterung, d. h. seit Bildung des Meereises überhaupt liegengebliebene, grobkörnige Schneeschicht.
13	11. VII.	—	2	0.02	98	} Sehr lockerer frischer Schnee.
14	»	—	2	0.02	98	
15	17. VII.	2p	20.5	0 28	69	Frischer Treibschnee.
16	18. VII.	—	?	0.42	55	} Von den durch Sturm (Stärke 9—10) steuerbord achtern angewehten Schneemassen;
17	»	—	?	0.50	46	} frischer Treibschnee.
18	»	—	6	0.32	65	} Von feinstem Treibschnee durch eine Türspalte in den Drachenschuppen geweht;
19	»	—	6	0.25	72	} also Ablagerung ohne Wind.
20	19. VII.	—	13.5	0.19	80	Von weicher, frischer Schneewehe am Weg zur magnetischen Hütte.
21	20. VII.	—	16	0.43	54	Fast 3 Tage alter, harter (durch Wind erhärteter) Treibschnee, Wehe in der Nacht
22	23. VII.	—	18.5	0.34	63	Frische weiche Wehe aus Treibschnee. [vom 17./18. Juli gebildet.
23	31. VII.	—	17	0.28	70	Von frischer, ungefähr 30 cm hoher Schneewehe.
24	1. VIII.	—	13	0.22	76	Von frischgebildeter Schneedüne, an der Luvseite achtern.
25	2. VIII.	—	19	0.20	78	Große, weiche, oberflächlich erhärtete Wehe (etwa 48 Stunden alter Treibschnee).
26	3 VIII.	—	19	0.34	63	Von frischer Scholle in Pressung, oben (ca. 8 cm) dichter, ziemlich erhärteter, mürber Schnee, darunter Schichtfuge mit großen, schön ausgebildeten Eiskristallen, die untersten 10 cm bis zum Eis der alten Scholle grobkristalliner Schnee oder Haufwerk von großen, schön ausgebildeten Kristallen.
27	4. VIII.	—	20.8	0.40	57	Frischer weicher Treibschnee bei den Bodenthermometern Backbord.
28	5. VIII.	—	20.8	0.35	62	Weicher frischer Treibschnee, etwa 50 m hinter dem Schiff.
29	»	—	19	0.38	59	Etwa 48 Stunden alter Schnee an derselben Stelle wie Nr. 27; ist so fest, daß man darübergehen kann, ohne einzubrechen.
30	6. VIII.	—	20	0.38	58	Etwa 36 Stunden alter Treibschnee bei den Bodenthermometern Backbord.
31	10. VIII.	—	15	0.26	71	30 cm Schnee auf einem Schollenstück. Nach Entfernung der oberen 15 cm dichten Schnees bleibt eine 15 cm dicke Schicht eines lockeren, von horizontalen Schichtfugen durchzogenen Haufwerkes von Eis- (Reif) Kristallen.
32	12. VIII.	—	13	0.28	69	Unter ca. 20 cm dichtem sehr lockeres Haufwerk von Kristallen (siehe Nr. 31).
33	14. VIII.	—	2	0.42	54	Etwa 4 Wochen alter, sehr harter Schnee, Ort wie Nr. 27.
34	15. VIII.	—	20.5	0.26	72	Frischer Treibschnee, Ort wie Nr. 27.
35	16. VIII.	—	9.5	0.27	71	Frischer Treibschnee, zwischen den Orten Nr. 27 und 28.
36	19. VIII	—	16	0.32	65	Auf angebrochener, 95 cm dicker Scholle, aus der 20 cm dicken, mindestens 4 Monate alten Schneeschicht.
37	21. VIII.	—	3.5	0.09	90	Frisch gefallener, trockener Schnee.
38	»	—	18	0.11	88	Sehr weicher, im Entstehen begriffener Treibschnee, etwa ½ Stunde nach Beginn des Schneetreibens; er besteht zum größten Teil aus deutlich erkennbaren Trümmern von Sternchen. Ort wie Nr. 26.
39	22. VIII.	—	21.5	0.16	82	Von demselben frischen Treibschnee wie Nr. 38.
40	23. VIII.	10a	19.5	0.22	76	Weicher, etwa 1—2 tägiger Treibschnee; achtern Backbord.
41	24. VIII.	5p	15	0.21	77	Von dem feuchten, weichen Schnee einer etwa 3 Tage alten Wehe.
42	1. IX.	—	22	0.20	78	Von gewaltiger, feuchter, weicher Düne am Schiff Backbord; frisch gebildet.
43	2. IX.	—	22.5	0.20	78	Von derselben Düne wie Nr. 41; Schnee ist erhärtet, so daß man gut darauf gehen
44	5. IX.	—	22	0.25	73	» » » » » 41; Schnee ist ziemlich hart. konnte.
45	6. IX.	—	20.5	0.25	73	Von einer in Bildung begriffenen Wehe; frischer Treibschnee.
46	11. IX.	—	9.5	0.11	88	Frisch gefallener Schnee.
47	3. X.	—	10	0.42	55	Alter Schnee von einer niederen 10 cm hohen Düne, die offenbar auf dem alten Eis unserer Schiffsscholle aufliegt. Der Schnee stammt in seinem unteren Teil sicher noch aus dem Eise.
48	9. XI.	—	23	0.40	56	Alter harter Schnee bei Pegel 4. Vergl. Nr. 5 und 6, 12, 26, (31), 36, 47.
49	10. XI.	—	43	0.37	61	Auf einer alten Scholle, deren Schnee sich am unteren Teil als ein Haufwerk schöner Eiskristalle erweist. [durchzogen.
50	18. XI.	—	44	0.42	54	Gesamtschneedecke bis aufs Eis hinunter; die untere Partie war stark mit Wasser
51	19. XI.	—	37	0.37	59	Gesamtschneedecke bis aufs Eis; flache harte Düne; der obere Teil ist pulveriger Schnee; der untere Teil, etwa 15 cm, große, schöne Sublimations-Kristalle, lose und schwach verkittet, trocken. [Körnern.
52	20. XI.	—	13.5	0.30	67	Wie Nr. 51; oberer Schnee entfernt, lockeres Haufwerk von Kristallen und groben
53	25. XI.	—	57	0.43	53	Achtern an der meteorol. Hütte; feuchter Schnee herab bis zu dem Niveau, in dem der Schnee von Wasser ganz durchzogen war.

---

[1] In % des Gesamtvolumens.

Einige Mittelwerte sind schon im vorigen Abschnitt benutzt. 28 Bestimmungen von frischem, höchstens zwei Tage altem Treibschnee ergaben als mittlere Schneedichte 0.287 (Grenzen 0.11 und 0.50). Nimmt man die Messungen der ganzen seit der Eisbildung liegengebliebenen Schneedecke, mit ihrer teilweisen Umbildung in ein Haufwerk von Kristallen, so erhält man als Mittel aus 10 Werten 0.383 (Grenzen 0.32 und 0.43).

4) Die Häufigkeit des Niederschlags.

In der folgenden Tabelle 82 sind die Angaben über den täglichen und jährlichen Gang der Niederschlagshäufigkeit enthalten. Es wurden nur die Stunden ausgezählt, in denen nach dem Tagebuch wirklich Schnee oder Regen gefallen war.

Tabelle 82. Täglicher und jährlicher Gang der Niederschlagshäufigkeit.

Schnee und Regen.

	2^a	4^a	6^a	8^a	10^a	12^a	2^p	4^p	6^p	8^p	10^p	12^p	Summe	Abs. Wahrscheinlichkeit	Zahl der Tage mit Niederschlag	●	Dauer in Stunden
1911/12. 17. XII.—10. I.	6	7	4	7	5*	4	3	5	4	4	6	1*	56	19	18	1	6
1912. 13.—29. I.	9	9	8	7	6*	7	6*	7	9	10	8	8	94	46	15	3	13
30. I.—4. III.	6	7	5	5	5	4	5	6	3*	4	8	5	63	15	18	—	7
6.—31. III.	9	11	10	7	9	5	4	3*	4	10	7	8	87	28	20	—	9
IV.	10	9	8	5*	9	13	13	9	9	8	6	6	104	29	24	—	9
V.	7	4	2*	2*	6	5	11	7	7	7	7	7	72	19	18	1	8
VI.	1	1	2	0*	2	1	1	4	2	2	3	2	21	6	8	—	5
VII.	4	6	3	4	2*	4	6	6	2*	5	5	3	50	13	16	—	6
VIII.	3	1*	2	1*	3	4	3	2	2	2	3	4	30	8	13	—	5
IX.	9	12	8	10	8	9	8	10	9	11	7*	7*	108	30	27	—	8
X.	5	8	7	7	7	7	7	9	4*	6	6	4*	77	21	21	4	7
XI.	8	15	13	16	14	11*	11*	13	13	13	18	14	159	44	28	4	11
1.—16. XII.	2	4	3	2	1	0*	3	5	3	5	4	2	37	19	10	4	7
Sommer	23	27	20	21	17	15*	17	23	19	23	26	16	250	22	61	8	8
Herbst	26	24	20	14*	24	22	28	19	20	25	20	21	263	25	62	1	8
Winter	8	8	7	5*	7	9	10	12	6	9	11	9	101	9	37	—	5
Frühling	22*	35	28	33	29	27	26	32	26	30	31	25	344	32	76	8	9
Jahr	79	94	75	73	77	73	81	86	71	87	88	71*	958	22	236	17	8

Die tägliche Periode zeigt kein gesetzmäßiges Verhalten. Die Extreme liegen ziemlich willkürlich zerstreut, auch treten meist mehrere Extreme auf. Ein Zusammenhang zwischen Niederschlag und Bewölkung ist in den meisten Monaten nicht festzustellen. Die Deutschland-Trift zeigt demnach ein ähnliches Verhalten wie die Fram-Trift.

Im jährlichen Verlauf zeigt sich ein ausgesprochenes Minimum im Winter und ein Maximum im Frühjahr. Die absolute Niederschlagswahrscheinlichkeit ist 9 bezw. 32 %, d. h. im Winter kommen auf 11 Beobachtungen nur eine mit Niederschlag, im Frühjahr dagegen eine solche auf 3, im Jahresmittel und den beiden anderen Jahreszeiten eine etwa auf 4—5 Beobachtungen.

Die Zahl der Tage mit Niederschlag ist zwischen 8 im Juni und 28 im November sehr wechselnd. Insgesamt fällt an 2 von 3 Tagen Niederschlag. Im Winter ist das Verhältnis 2 : 5, im Frühjahr 4 : 5. Die mittlere Dauer des Niederschlags in Stunden zeigt ein Maximum im Januar und November. (Berechnet nach Hann, Lehrbuch d. Meteorologie, 3 Aufl., S. 327.) Im Winter ist die mittlere Dauer natürlich erheblich kürzer und etwa halb so groß als im Frühjahr.

Regenfälle kamen insgesamt nur an 17 Tagen vor, also an 5 % aller Tage. Sie verteilen sich auf Sommer und Frühjahr. Der Winter ist ganz regenlos. Wirklich großtropfiger Regen wurde aber nie beobachtet, es handelte sich höchstens um Sprühregen und Nebelrieseln.

Andere Niederschlagsformen wurden auch nur selten beobachtet. Gelegentlich kamen graupelähnliche Fälle vor, die einen Übergang zwischen Schnee und eigentlichen Graupeln darstellten.

Gewittererscheinungen wurden überhaupt nicht beobachtet, auch sonstige elektrische Erscheinungen fehlten völlig. Auch bei den Drachenaufstiegen wurden elektrische Entladungen niemals festgestellt, trotzdem die Drachenwinde nicht geerdet war. Ein ähnliches Verhalten hat auch schon A. Wegener in Nordostgrönland gefunden. Dieses Fehlen elektrischer Erscheinungen ist besonders auffällig, da andere Polarexpeditionen sogar von Elmsfeuer bei Schneestürmen berichten, z. B. die Australische Südpolarexpedition in Adelie-Land.

5) Andere Kondensationsformen des Wasserdampfes.

Tabelle 83 gibt eine Übersicht über die sonstigen Kondensationsformen des Wasserdampfes.

Die Verteilung des Nebels ist in allen Jahreszeiten ziemlich gleichmäßig, ohne daß eine besonders hervortritt.

Der Rauhreif tritt sonst im Gefolge von Nebel auf, dessen Teilchen an festen Gegenständen erstarren, und pflegt gegen den Wind zu wachsen. Hier ist aber eine andere Entstehungsart die häufigere. Namentlich in den Wintermonaten ist die Luft mit Feuchtigkeit gesättigt und über Eis häufig übersättigt. Dieser überschüssige Wasserdampfgehalt wird in Form von feinen Kristallen ausgeschieden, die allerdings auch gegen den Wind wachsen. Er besteht dann nicht aus den Eisnadeln, die sich unter dem Mikroskop so deutlich als aus aneinander gereihten, nahezu kugelförmigen Tröpfchen bestehend zeigen, sondern aus reinen Kristallen oder Kristallskeletten. Sie sind infolgedessen auch viel zarter. Daß die Bedingungen für die sonst übliche Entstehungsart daneben nicht selten gegeben sind, zeigt der sehr häufige dicht gepackte Rauhreifansatz an den Drachen, besonders im Frühjahr. Der Rauhreif am Boden entsteht sehr häufig ohne merkbare Trübung der Atmosphäre, also ohne Nebel.

Der Reif dagegen tritt immer nur an horizontalen Flächen auf und verdankt sein Entstehen in der Regel der Abkühlung unter den Taupunkt durch Ausstrahlung bei geringer Bewölkung. Damit er aber ohne genauere Untersuchung sichtbar wird, gehört noch dazu, daß er nicht auf Eis, sondern auf vorher eisfreien Flächen entsteht. Zum Teil dürfte darauf sein Fehlen im Winter zurückzuführen sein, besonders zu der Zeit, als das Dach über dem Schiff angebracht war, das das Deck der Ausstrahlung entzog.

Das Glatteis entsteht als klarer Eisüberzug an allen Gegenständen durch Gefrieren von überkühlten Wassertröpfchen oder auch durch Auffallen von Regen auf unter null Grad abgekühlte Flächen. Es tritt fast nur im Sommer und Frühjahr auf, im ganzen an 22 Tagen, das sind 6 % aller Tage.

Eine feine Trübung, die man nicht als Dunst, aber auch nicht als Nebel betrachten konnte, wurde nicht in die Tabelle aufgenommen. Sie ist meist nur als eine leichte Verschleierung der Kimm kenntlich. Häufig ist sie durch den sogenannten Frostrauch verursacht, der über offenen Wasserflächen bei tiefer Temperatur entsteht. Er setzt sich in der Regel aus feinen Eiskristallen zusammen, die bei Sonnenschein glitzern und dann als Diamantstaub bezeichnet werden. Darin entstehen viele prächtige Haloerscheinungen. Wegen dieser Einzelheiten muß auf die Witterungsübersicht verwiesen werden.

Tabelle 83. Zahl der Tage mit ✳, ●, ≡, V, ⎵, ∾.

		Zahl der Tage						In Prozent aller Tage					
		✳	●	≡	V	⎵	∾	✳	●	≡	V	⎵	∾
1911/12.	17.XII.—10.I.	17	1	1	—	—	2	68	4	4	—	—	8
1912.	13.—29.I.	15	3	2	—	1	2	88	18	12	—	6	12
	30.I.—4.III.	18	—	7	4	4	2	51	—	20	11	11	6
	6.—31.III.	20	—	1	1	2	—	77	—	4	4	8	—
	IV.	24	—	3	5	2	—	80	—	10	17	7	—
	V.	17	1	6	7	3	—	55	3	19	23	10	—
	VI.	8	—	3	2	—	—	27	—	10	7	—	—
	VII.	16	—	7	5	—	—	52	—	23	16	—	—
	VIII.	13	—	4	8	2	1	42	—	13	26	6	3
	IX.	27	—	7	12	4	2	90	—	23	40	13	7
	X.	18	4	3	6	—	7	58	13	10	19	—	23
	XI.	27	4	3	3	—	3	90	13	10	10	—	10
	1.—16.XII.	8	4	2	—	1	3	50	25	12	—	6	19
Sommer		58	1	12	4	6	9	62	9	13	4	6	10
Herbst		61	8	10	13	7	—	70	1	12	15	8	—
Winter		37	—	14	15	2	1	40	—	15	16	2	1
Frübling		72	8	13	21	4	12	79	9	14	23	4	13
Jahr		228	17	49	53	19	22	63	5	14	15	5	6

VIII. Die meteorologischen Elemente in ihrer Abhängigkeit von der Windrichtung.

In den folgenden Zeilen soll die Abhängigkeit der meteorologischen Elemente von der Windrichtung behandelt werden. Am fruchtbringendsten pflegt der Weg zu sein, den auch Meinardus im Gauß-Werk eingeschlagen hat, bei dem man gewisse Witterungstypen heraussucht, die dann näher untersucht werden. Dies Verfahren läßt sich aber nur anwenden, wenn sich eine größere Anzahl solcher Einzelfälle finden läßt, wie es zum Beispiel an einer festen Station möglich ist. Aber auch dann muß entweder sich die Witterung in Gegensätzen bewegen, oder man muß eine längere Beobachtungszeit zur Verfügung haben. Der andere Weg ist ganz schematisch. Man ordnet einfach die verschiedenen Zahlen nach der Windrichtung und versucht dann allgemeinere Schlüsse daraus zu ziehen. Dieser zweite Weg ist im allgemeinen der einfachere und wird deswegen auch öfter als der erste angewandt. Er gibt namentlich bei längeren Reihen auch gute Resultate. Dieser zweite Weg schien hier der einzig gangbare zu sein, da der Witterungscharakter von der Lage des Beobachtungsortes abhängig ist, und dieser wegen der Trift ständig wechselte. Aus diesem Grunde verbot sich auch die Zusammenfassung nach

Tabelle 84. Windrosen.

Luftdruck (Abweichungen vom Mittel) mm

	N	NE	E	SE	S	SW	W	NW	C	Mittel	Ampl. ohne C
1911/12. 17.XII.—10.I.	+2.92	−9.01	−3.35	+5.39	+4.28	−1.20	−0.13	+ 0.01	+ 4.50	55.68	14.40
1912. 13.—29.I.	−1.88	−1.70	−2.47	+0.41	+1.91	+1.99	+2.36	+ 0.16	—	45.30	4.83
30.I.—4.III.	+0.19	+0.79	+1.81	+1.52	−1.20	−3.95	−0.69	− 2.13	− 1.13	46.01	5.76
6.—31.III.	−2.59	−0.23	−1.46	−2.05	−2.84	+2.99	+5.14	+ 4.70	+ 5.33	33.49	7.98
IV.	+0.89	−1.04	−1.40	−9.88	+4.37	+3.81	+6.13	+ 2.54	+ 8.89	39.01	16.01
V.	+5.35	−2.16	+0.09	−4.15	−0.81	−1.61	+2.70	+10.74	+18.22	36.54	14.89
VI.	−5.40	−2.98	−4.34	+2.04	+2.98	+1.14	−0.95	− 9.20	+ 2.60	44.37	13.18
VII.	−0.59	+5.19	+0.73	+0.12	+4.01	−1.46	−3.16	− 5.09	+ 6.35	39.79	10.28
VIII.	+3.71	−3.96	—	+1.21	−0.55	−2.18	+2.86	+ 2.90	+ 3.28	45.34	7.67
IX.	+0.38	+5.24	−2.20	+8.43	+3.28	−0.03	−4.22	− 2.55	+20.20	35.59	12.65
X.	+3.59	+1.34	−1.07	−4.49	−3.75	−0.03	−1.50	+ 4.01	—	40.93	8.50
XI.	+3.64	+2.62	−1.70	−0.84	−2.94	−0.90	+3.92	+ 5.59	+ 7.27	33.23	8.53
1.—16.XII.	+1.12	−3.52	−2.84	−1.87	+1.06	+0.75	−2.54	+ 4.51	− 7.99	48.39	7.83

Stündliche Druckänderung mm

	N	NE	E	SE	S	SW	W	NW	C	Mittel	Ampl. ohne C
1911/12. 17.XII.—10.I.	−0.33	−0.11	+0.20	+0.19	+0.01	−0.04	−0.05	−0.02	+0.14	—	0.53
1912. 13.—29.I.	−0.03	−0.10	+0.08	+0.20	+0.12	+0.06	+0.03	−0.09	—	—	0.30
30.I.—4.III.	+0.13	+0.06	−0.14	−0.11	−0.06	−0.08	+0.05	+0.02	+0.02	—	0.27
6.—31.III.	+0.20	−0.27	+0.01	+0.02	−0.03	+0.06	−0.11	−0.03	+0.04	—	0.47
IV.	−0.13	−0.09	−0.05	−0.06	+0.11	+0.16	+0.09	−0.16	−0.20	—	0.32
V.	−0.45	−0.24	−0 02	+0.27	+0.16	+0.05	+0.02	−0.01	+0.14	—	0.72
VI.	−0.36	−0.08	+0.02	+0.36	+0.16	0.00	−0.22	−0.10	+0.11	—	0.72
VII.	−0.83	−0.62	−0.03	+0.11	+0.13	+0.19	−0.01	−0.31	−0.04	—	1.02
VIII.	−0.37	−0.68	—	+0.38	+0.28	+0.10	−0.02	−0.46	+0.11	—	1.06
IX.	−0.50	−0.58	0.00	+0.31	+0.59	+0.43	+0.36	−0.20	+0.38	—	1.17
X.	−0.23	−0.04	−0.07	+0.36	+0.28	+0.09	−0 08	−0.07	—	—	0.59
XI.	−0.19	−0.50	−0.44	+0.05	+0.19	+0.22	+0.13	+0.05	−0.20	—	0.72
1.—16.XII.	−0.39	−0.22	+0.03	+0.07	+0.06	+0.16	+0.01	−0.25	−0.10	—	0.55

Temperatur (Abweichungen vom Mittel) °C

	N	NE	E	SE	S	SW	W	NW	C	Mittel	Ampl. ohne C
1911/12. 17.XII.—10.I.	−0.59	+1.09	+0.30	−0.19	−0.43	−0.45	−0.03	+ 0.78	− 2.05	− 1.64	1.54
1912. 13.—29.I.	+0.91	+0.71	−0.99	−0.32	+0.24	−0.97	−1.62	+ 0.30	—	− 2.21	2.53
30.I.—4.III.	+2.36	+1.46	+2.43	−0.79	−3.64	−4.35	−1.31	+ 1.55	− 1.18	− 5.66	6.78
6.—31.III.	+4.91	−1.60	+1.85	+0.46	+0.49	−3.41	+1.00	+ 0.82	+ 2.71	− 9.41	8.32
IV.	−0.97	+4.48	+3.68	+6.80	−4.76	−6.40	−8 52	− 2.75	−12.72	−15.98	15.32
V.	+0.54	+6.02	+4.66	+2.18	−0.77	−3.44	−6.04	− 2.95	− 9.04	−22.26	12.06
VI.	+5 51	+1.03	+1.17	−3.66	−1.60	−1.42	+1.61	+ 8.95	− 2.52	−25.95	12.61
VII.	+5.74	+5.21	−2.81	−0.93	+1.38	+0.07	−2.24	− 0.13	− 2.84	−25.96	8.55
VIII.	+1.91	+2.86	—	+0.90	−0.81	−2.59	+4.40	+ 4.41	+ 1.75	−23.04	7.00
IX.	+4.18	+0.59	−1.19	+2.89	−0.87	−4.20	−2.06	+ 2.51	− 7.03	−12.88	8.38
X.	+1.68	−0.14	−0.27	−0.99	−4.81	−4.73	+4.75	+ 6.66	—	−10.22	11.47
XI.	+2.15	+1.88	+0.97	−1.61	−0.85	−1.49	+1.45	+ 5.11	− 0.37	− 6.83	6.72
1.—16.XII.	+1.24	+1.01	+0.27	−0.53	−0.77	−0.27	+1.76	+ 1.04	+ 3.70	− 2.50	2.53

Stündliche Temperaturänderung °C

	N	NE	E	SE	S	SW	W	NW	C	Mittel	Ampl. ohne C
1911/12. 17.XII.—10.I.	−0.05	+0.02	−0.02	+0.08	−0.04	+0.02	−0.03	+0.05	+0.02	—	0.13
1912. 13.—29.I.	−0.03	+0.02	−0.01	+0.07	−0.06	−0.01	+0.02	+0.05	—	—	0.13
30.I.—4.III.	+0.04	+0.07	+0.34	−0.11	−0.08	−0.39	−0.37	+0.26	+0.32	—	0.73
6.—31.III.	0.00	+0.02	−0.02	+0.02	+0.05	0.00	−0.01	−0.04	−0.10	—	0.09
IV.	+0.30	+0.20	−0.06	+0.02	−0.10	−0.40	+0.09	+0.20	+0.40	—	0.70
V.	+0.20	+0.23	−0.07	+0.07	−0.24	−0.11	+0.13	+0.52	+0.62	—	0.76
VI.	+0.28	−0.07	+0.17	−0.07	−0.08	−0.11	+0.17	+0.43	−0.23	—	0.54
VII.	+0.65	+0.40	−0.06	+0.11	−0.01	−0.23	−0.17	+0.38	−0.21	—	0.88
VIII.	+0.40	+0.19	—	−0.72	−0.21	−0.10	−0.04	+0.55	+0.08	—	1.27
IX.	+0.49	+0.64	+0.10	−0.21	−0.31	−0.59	−0.44	+0.17	−0.06	—	1.23
X.	+0.23	+0.07	−0.11	−0.41	−0.11	+0.08	+0.15	+0.09	—	—	0.64
XI.	0.00	+0.26	+0.04	−0.04	−0.10	+0.03	+0.04	−0.04	+0.10	—	0.36
1.—16.XII.	+0.15	+0.12	+0.04	+0.05	−0.08	−0.09	+0.11	−0.07	−0.70	—	0.24

Dampfdruck (Abweichung vom Mittel) mm

	N	NE	E	SE	S	SW	W	NW	C	Mittel	Ampl. ohne C
1911/12. 17.XII.—10 I.	−0.15	+0.49	+0.34	−0.12	−0.15	−0.21	−0.03	+ 0.36	− 0.76	3.65	0.70
1912. 13.—29.I.	+0.38	+0.42	−0.30	−0.39	−0.45	−0.47	−0.48	+ 0.05	—	3.56	0.90
30.I.—4.III.	+0.55	+0.12	+0.17	−0.05	−0.43	−0.53	−0.04	+ 0.49	− 0.37	2.39	1.08
6.—31.III.	+0.93	−0.18	+0.31	+0.01	+0.05	−0.43	0.00	+ 0.02	+ 0.33	2.07	1.36
IV.	−0.13	+0.50	+0.55	+0.91	−0.48	−0.60	−0 74	− 0.31	− 1.14	1.34	1.65
V.	0.00	+0.50	+0 21	+0.07	−0.09	−0.25	−0.31	− 0.22	− 0.53	0.75	0.81
VI.	+0.41	0.00	+0.01	−0.20	−0.18	−0.08	+0.13	+ 1.05	− 0.15	0.50	1.25
VII.	+0.41	+0.38	−0.17	+0.01	0.00	−0.10	−0.08	+ 0.07	− 0.10	0.55	0.58
VIII.	+0.11	+0.15	—	−0.09	−0.13	−0.15	+0.44	+ 0.29	+ 0.07	0.64	0.59
IX.	+0.66	+0.06	−0.18	+0.30	−0.03	+0.04	−0.36	+ 0.40	0.86	1.70	1.02
X.	+0.17	−0.10	−0.07	−0 17	−0.92	−0.83	+0.94	+ 1.23	—	2.12	2.15
XI.	+0.81	+0.58	+0.04	−0.37	−0.23	−0.40	+0.21	+ 1.24	− 0.27	2 57	1.64
1.—16.XII.	+0.37	+0.42	+0.24	−0.22	−0.17	−0.17	+0.34	+ 0.31	+ 0.73	3.37	0.64

Relative Feuchtigkeit (Abweichung vom Mittel) %

	N	NE	E	SE	S	SW	W	NW	C	Mittel	Ampl. ohne C
1911/12. 17.XII.—10 I.	−0.6	+2.8	−0.8	− 2.6	+ 0.4	− 3.3	+0.3	+2.3	− 6.3	89.6	6.1
1912. 13.—29.I.	+1.8	+5.3	−2.0	− 8.7	−12.0	− 5.1	−2.9	+0.4	—	90.7	17.3
30.I.—4.III.	+3.2	−2.3	−7.9	+ 0.4	+ 5.7	+ 6.4	+7.7	+6.9	− 5.6	76.5	15.6
6.—31.III.	+3.1	−3.5	−7.5	− 1.7	− 0.2	− 3.3	−6.8	−5.8	− 2.7	87.9	14.3
IV.	+3.0	+9.6	+4.9	+10.5	− 6.1	− 8.6	−7.2	+2.4	−31.1	78.1	19.1
V.	+1.0	+4.9	+3.8	+ 4.7	− 2.0	− 2.5	−6.5	−4.9	− 7.6	79.0	11.4
VI.	+3.7	+2.7	+3.4	− 8.1	− 3.6	− 0.7	+1.4	+8.7	+ 1.1	75.1	16.8
VII.	+5.8	+7.3	−1.9	+ 2.1	+ 0.9	− 2.8	+1.4	−3.8	− 2.8	74.5	11.1
VIII.	−0.5	+2.5	—	+ 5.4	− 0.2	− 1.0	+1.1	+1.7	+ 2.1	77.3	6.4
IX.	+3.9	−9.9	+0.6	+ 3.6	− 0.7	− 4.4	−2.1	+2.5	− 5.6	87.1	13.8
X.	+1.9	+0.7	+1.9	+ 1.7	− 5.0	−10.3	+2.0	+6.6	—	86.0	16.9
XI.	+6.2	+5.0	−0.5	− 3.4	− 0.2	− 1.5	−1.2	+3.7	− 4.2	87.2	9.6
1.—16.XII.	+1.6	+4.8	+3.0	− 3.2	+ 0.6	− 2.2	−3.4	+1.4	− 8.0	88.0	8.2

Tabelle 84. Windrosen (Fortsetzung).

Bewölkung

	N	NE	E	SE	S	SW	W	NW	C	Mittel	Ampl. ohne C
1911/12. 17.XII.—10.I.	+0.21	+0.65	+0.09	−0.62	+0.55	−0.31	−0.32	+0.46	−2.52	9.12	1.27
1912. 13.—29.I.	−0.50	+0.58	+0.65	+0.65	+0.60	−0.44	−1.15	−0.08	—	9.35	1.80
30.I.—4.III.	+0.85	+1.25	−0.48	−2.34	−0.79	−1.19	+3.85	+3.25	−1.77	6.15	6.19
6.—31.III.	+1.56	+1.56	−0.59	−0.85	+0.41	+0.27	+0.80	+1.56	+0.78	8.44	2.41
IV.	+1.39	+1.16	+1.37	+1.05	−0.10	−2.66	−3.51	+0.85	+1.22	7.78	4.90
V.	+1.16	+2.50	+0.81	+1.72	−0.51	−1.06	−3.03	−0.10	−0.93	6.43	5.53
VI.	+2.38	+2.30	+1.74	−0.75	−0.87	−0.98	−1.25	+1.13	−2.54	4.42	3.63
VII.	+3.12	+3.68	+0.61	+0.43	+0.85	−0.55	−3.46	−1.16	−2.54	5.12	7.14
VIII.	+2.00	+3.30	—	−0.10	+0.39	−2.16	+0.12	+2.67	+2.23	6.10	5.46
IX.	+2.31	+1.80	−2.95	+1.95	+2.05	−2.11	−1.05	−0.13	−2.42	7.22	5.26
X.	+1.04	−0.08	−0.86	+1.33	+0.55	−2.52	+1.17	+2.29	—	7.60	4.81
XI.	+0.77	+0.83	+1.05	−0.75	−0.28	−0.26	+0.43	+1.15	—	8.85	1.90
1.—16.XII.	+0.42	+0.36	+0.42	−0.49	+0.06	−0.11	−0.05	+0.32	+0.42	9.58	0.91

Relative Feuchtigkeit (beobachtete — Eissättigung)

	N	NE	E	SE	S	SW	W	NW	C	Mittel	Ampl. ohne C
1911/12. 17.XII.—10.I.	− 9.0	− 7.1	−10.0	−11.3	− 8.1	−11.8	− 8.6	− 7.3	−13.3	− 8.9	4.5
1912. 13.—29.I.	− 6.3	− 2.6	− 8.4	−15.7	−19.5	−11.5	− 8.7	− 7.2	—	− 7.3	16.9
30.I.—4.III.	−17.3	−21.9	−28.4	−17.1	− 9.3	− 8.0	− 9.3	−12.8	−22.7	−18.2	20.4
6.—31.III.	− 4.8	− 5.7	+ 2.4	− 5.6	− 4.1	− 3.9	−11.1	− 9.9	− 8.5	− 3.5	13.5
IV.	− 3.8	− 2.0	− 6.0	− 3.0	− 9.7	−10.9	− 7.7	− 2.9	−28.0	− 7.8	8.9
V.	− 0.9	− 1.7	− 1.6	+ 1.4	− 2.8	− 1.0	− 2.8	− 3.9	− 1.5	− 1.5	5.3
VI.	− 3.2	− 0.4	+ 0.2	− 7.2	− 4.5	− 1.7	− 2.2	− 1.1	+ 1.0	− 2.2	7.4
VII.	− 1.8	+ 0.1	− 2.3	+ 0.1	− 3.1	− 4.8	+ 0.5	− 6.5	− 3.2	− 2.8	7.0
VIII.	− 4.6	− 2.4	—	+ 2.1	− 2.0	− 1.3	− 5.1	− 4.5	− 1.9	− 2.5	7.2
IX.	− 1.0	−11.8	+ 0.2	− 0.2	− 2.8	− 2.1	− 1.8	− 1.0	− 0.9	− 1.4	12.0
X.	− 4.2	− 3.9	− 2.6	− 2.2	− 5.7	−11.1	− 6.9	− 4.1	—	− 4.7	8.9
XI.	− 2.3	− 3.2	− 7.8	− 8.4	− 5.8	− 6.6	− 9.0	− 7.5	−10.3	− 6.4	6.7
1.—16.XII.	− 9.2	− 5.8	− 7.0	−12.4	− 8.4	−11.6	−14.7	− 9.3	−20.0	− 9.7	8.9

Nebel (Zahl der Fälle)

	N	NE	E	SE	S	SW	W	NW	C	Summe
1911/12. 17.XII.—10.I.	—	—	—	2	—	—	—	—	—	2
1912. 13.—29.I.	2	1	—	—	—	—	—	—	—	3
30.I.—4.III.	1	4	2	2	19	6	1	—	—	35
6.—31.III.	—	—	1	2	—	—	—	—	—	3
IV.	—	—	1	2	9	3	—	—	—	15
V.	2	7	11	2	2	4	—	—	—	28
VI.	—	—	—	2	4	1	1	—	—	8
VII.	2	—	—	—	3	5	—	4	—	14
VIII.	3	—	—	—	—	2	6	1	—	12
IX.	5	4	—	2	—	—	2	6	—	19
X.	—	2	—	—	—	2	1	—	—	5
XI.	2	1	—	—	—	—	1	—	—	4
1.—16.XII.	—	1	3	2	—	—	1	—	—	7

Regen (Zahl der Fälle)

	N	NE	E	SE	S	SW	W	NW	C	Summe
1911/12. 17.XII.—10.I.	—	—	—	—	—	—	—	—	—	—
1912. 13.—29.I.	—	6	—	—	—	—	—	—	—	6
30.I.—4.III.	—	—	—	—	—	—	—	—	—	—
6.—31.III.	—	—	—	—	—	—	—	—	—	—
IV.	—	—	—	—	—	—	—	—	—	—
V.	—	—	—	—	2	—	—	—	—	2
VI.	—	—	—	—	—	—	—	—	—	—
VII.	—	—	—	—	—	—	—	—	—	—
VIII.	—	—	—	—	—	—	—	—	—	—
IX.	—	—	—	—	—	—	—	—	—	—
X.	—	1	4	—	—	—	—	3	2	10
XI.	1	4	1	1	2	2	2	—	—	13
1.—16.XII.	1	1	1	2	2	2	—	—	—	9

Schnee (Zahl der Fälle)

	N	NE	E	SE	S	SW	W	NW	C	Summe
1911/12. 17.XII.—10.I.	—	15	—	5	11	11	8	11	—	61
1912. 13.—29.I.	10	51	5	3	6	5	5	17	—	102
30.I.—4.III.	12	34	4	4	7	2	3	6	2	74
6.—31.III.	1	6	19	11	34	16	6	3	1	97
IV.	7	61	9	20	4	11	—	6	1	119
V.	5	8	25	14	11	11	—	4	1	79
VI.	2	8	8	1	3	—	—	—	3	25
VII.	10	6	6	12	9	9	3	4	—	59
VIII.	5	2	—	—	12	13	—	4	—	36
IX.	45	26	4	8	7	18	11	11	—	130
X.	10	5	7	14	2	7	12	24	—	81
XI.	8	30	15	31	47	33	9	8	—	181
1.—16.XII.	—	7	3	5	14	1	2	—	—	32

Absolute Niederschlagswahrscheinlichkeit (Regen u. Schnee) %

	N	NE	E	SE	S	SW	W	NW	C	Mittel
1911/12. 17.XII.—10.I.	0	41	0	17	17	18	12	28	0	18
1912. 13.—29.I.	43	75	83	60	38	9	33	57	—	47
30.I.—4.III.	24	21	9	9	8	4	38	40	8	15
6.—31.III.	100	67	23	14	50	18	29	50	22	27
IV.	39	56	22	32	7	12	0	22	100	28
V.	17	19	32	42	14	12	7	17	0	19
VI.	10	16	25	8	2	0	0	14	0	6
VII.	29	40	18	23	10	7	6	15	0	14
VIII.	12	40	—	0	10	8	0	7	0	8
IX.	57	46	27	67	47	19	15	15	0	31
X.	30	11	29	31	6	6	27	41	—	21
XI.	38	77	50	44	51	34	28	42	—	45
1.—16.XII.	12	44	27	21	17	24	12	0	0	18

Rauhreif und Reif [in Klammern] Zahl der Fälle

	N	NE	E	SE	S	SW	W	NW	C	Summe
1911/12. 17.XII.—10.I.	—	—	—	—	—	—	—	—	—	—
1912. 13.—29.I.	—	—	—	—	—	−(1)	—	—	—	−(1)
30.I.—4.III.	—	−(1)	−(1)	1	9 (2)	3 (6)	1 (1)	—	—	14 (11)
6.—31.III.	—	—	2	2 (1)	−(2)	−(1)	—	—	—	4 (4)
IV.	—	3	8	2 (7)	6 (4)	7 (5)	—	7	—	33 (16)
V.	2	21	18	7	1	6 (3)	−(1)	—	—	55 (4)
VI.	—	—	—	1	1	—	—	—	—	2
VII.	—	2	4	3	2	1	1	2	2	17
VIII.	8 (1)	—	—	—	2	−(1)	4 (2)	17 (1)	−(2)	31 (7)
IX.	8	16	4 (1)	5	1	−(4)	2	5 (2)	2	43 (7)
X.	3	7	4	—	2	5	2	3	—	26
XI.	2	1 (1)	—	—	2	—	1	—	—	6 (1)
1.—16.XII.	—	—	−(2)	−(1)	—	—	—	—	—	−(3)

Glatteis (Zahl der Fälle)

	N	NE	E	SE	S	SW	W	NW	C	Summe
1911/12. 17.XII.—10.I.	—	2	1	—	—	—	—	—	—	3
1912. 13.—29.I.	—	7	—	—	—	—	—	—	—	7
30.I.—4.III.	3	1	—	—	—	—	—	—	—	4
6.—31.III.	—	—	—	—	—	—	—	—	—	—
IV.	—	—	—	—	—	—	—	—	—	—
V.	—	—	—	—	—	—	—	—	—	—
VI.	—	—	—	—	—	—	—	—	—	—
VII.	—	—	—	—	—	—	—	—	—	—
VIII.	—	—	—	—	—	—	2	1	—	3
IX.	2	—	—	4	—	—	—	—	—	6
X.	2	3	1	1	—	—	6	5	—	18
XI.	1	2	2	—	—	1	—	—	—	6
1.—16.XII.	—	—	—	—	5	1	—	—	—	6

Jahreszeiten und für das ganze Jahr, wodurch sonst so manche Zufälligkeiten ausgeschaltet werden. Ich mußte mich daher für die erste Zeit auf die schon mehrfach benutzten natürlichen Zeitabschnitte und für die eigentliche Trift auf Monatsmittel beschränken. Ursprünglich wurden die Tabellen für 16 Windrichtungen angelegt, sind dann aber auf 8 Windrichtungen reduziert worden, wobei N und NNE als N, NE und ENE als NE bezeichnet wurden usw. Eine Ausgleichung der Zahlen wurde unterlassen, da ein solches Verfahren manche Eigentümlichkeiten verwischt oder auch ganz unterdrückt. Die Ergebnisse sind in der Tabelle 84 auf S. 66/67 gegeben. Gelegentlich wird in der Diskussion auf die ursprüngliche Tabelle nach den 16 Richtungen zurückgegriffen werden, wenn sich Besonderheiten ergeben. Es werden folgende Windrosen behandelt: Luftdruck, stündliche Aenderung des Luftdrucks, Temperatur und ihre stündlichen Aenderungen, Bewölkung, Dampfdruck und relative Feuchtigkeit, sowie die Abweichungen der relativen Feuchtigkeit von der Eissättigung. Ferner sind eingehender die Formen des Niederschlags dargestellt, wie Nebel, Regen, Schnee, Rauhreif, Reif, Glatteis und die absolute Niederschlagswahrscheinlichkeit (Regen und Schnee zusammen). Statt der Angaben der Absolutwerte der Elemente wurden für Luftdruck, Temperatur, Feuchtigkeit und Bewölkung die Abweichungen vom Mittel gegeben, die anschaulicher sind, während für die Druck- und Temperaturänderungen die wahren Mittel berechnet sind und in gleicher Weise die Häufigkeitszahlen des Niederschlags usw. Die in der letzten Spalte angegebenen Gesamtmittel weichen öfter etwas von früher gegebenen Mitteln ab, da die Windrichtungen nicht in allen Perioden für jede Stunde, sondern manchmal nur zweistündlich, für einige Zeiträume auch zweistündlich und einstündlich gemischt, vorliegen. Die hier wiedergegebenen Mittel sind aus den in diesen Tabellen wirklich benutzten Zahlen gebildet. Die Zahlen für die Windstillen sind nur der Vollständigkeit halber mitgeteilt, trotzdem sie keine besondere Bedeutung haben, da ja die Zahl der Calmen sehr gering war.

In der ersten Periode vom 17. Dezember 1911 bis 10. Januar 1912 ist der Luftdruck bei NW und N, sowie SE und S über dem Mitttel, sonst darunter; er steigt zwischen E und S und fällt sonst, am stärksten bei N. Die Temperatur ist zwischen NW und E außer N über dem Mittel, sonst darunter, Amplitude nur 1.54°. Die Temperaturänderungen sind unregelmäßig. Der Dampfdruck folgt wie üblich sehr der Temperatur. Die relative Feuchtigkeit schwankt nur um 6°/₀ und bleibt mit wenig Schwankungen etwa 9°/₀ unter der Eissättigung. Nebel kommt nur zweimal bei S vor, Regen gar nicht, Schnee am häufigsten bei NE, und die Niederschlagwahrscheinlichkeit ist mit 41.°/₀ ebenfalls bei dieser Richtung am größten.

Vom 13. bis 29. Januar ist der Luftdruck bei N bis E unter dem Mittel und sonst darüber, am meisten bei W. Die Druckänderungswindrose ist um einen Oktanten nach links gedreht und damit parallel zur Temperaturrose. Die Temperaturänderungen sind wenig ausgesprochen. Der Gang der Feuchtigkeit geht der Temperatur parallel. Der besonders trockene Südwind liegt 12°/₀ unter dem Mittel und 19¹/₂°/₀ unter der Eissättigung, die bei NE fast erreicht wird. Die Bewölkung ist zwischen NE und S über dem Mittel, sonst darunter, Nebel gibt es nur bei N und NE, Regen nur bei NE und zwar in 6 Fällen. Schneefälle sind bei allen Richtungen häufig. Die Niederschlagswahrscheinlichkeit ist in der Osthälfte zwischen NW und SE meist über 50°/₀, bei E sogar 83°/₀, bei SW dagegen nur 9°/₀. Glatteis kam nur bei NE vor, 7 Beobachtungen im engsten Zusammenhang mit dem Regen. Rauhreif wurde gar nicht und Reif nur einmal bei SW beobachtet.

In der Vahselbucht vom 30. Januar bis 4. März ist der Luftdruck auf der Landseite zwischen N und SE über dem Mittel, sonst darunter, er steigt zwischen W und NE. Die Temperaturrose ist gut ausgeprägt, zwischen NW und E ist sie über dem Mittel, am stärksten bei E (Föhn), sonst darunter, am meisten bei SW (Eisbarriere). Parallel dazu geht die stündliche Aenderung; das stärkste Steigen mit im Mittel 0.34° findet bei E vom Inlandeise her statt (Föhn), ein noch stärkeres Fallen finden wir bei SW nnd W, wo der Wind von der kalten Eisbarriere herweht. Der Uebergang zwischen W und NW ist recht schroff. Die Feuchtigkeit ist nur bei den Föhnwinden aus NE und E unter dem Mittel, am höchsten ist sie bei den Winden vom offenen Meer her. Am meisten von der Eissättigung entfernt ist E (Föhn) mit 28°/₀, am wenigsten mit 8°/₀ der SW. Am trübsten ist der W, der im Durchschnitt Bewölkung 10 bringt, am heitersten der Landwind SE mit einer Bewölkung unter 4; auch der NE ist noch über dem Mittel, wohl, weil dieser Wind zum Teil wenigstens nach kurzer Ueberschreitung des Inlandeises dem offenen Meer entstammt. Nebel kam bei fast allen Richtungen vor, am meisten bei S, in der Regel in Form von Frostrauch, der auch am meisten Rauhreif erzeugte; der Reif entstand bei dem kältesten und heitersten SW. Schnee war am häufigsten bei NE. Die Niederschlagswahrscheinlichkeit ist bei den Landwinden E-SE unter 10°/₀ und steigt dann bei den reinen Seewinden W und NW unvermittelt auf 40°/₀. Glatteis gab es nur bei N und NE. Regen fiel gar nicht.

Im März ist der Luftdruck in der Osthälfte N bis S unter dem Mittel, sonst erheblich darüber; die ausgesprochenste Änderung finden wir bei N mit +0.20 mm und bei dem benachbarten NE mit —0.24 mm in der Stunde, sonst wechselnd. Die Temperatur ist nur bei NE und SW (—3,41°) unter dem Mittel, ihre Änderung ist wenig ausgesprochen. Die relative Feuchtigkeit ist nur bei N und E über dem Mittel, sonst darunter, am meisten bei W. Bei E ist die Luft mit 2.4°/₀ für Eis übersättigt, sonst etwas unter der Eissättigung, am meisten bei W und NW. Nur E und SE bringen Nebel. Selten ist auch Reif und Rauhreif, nur zwischen E und SW. Glatteis und Regen kamen nicht vor. Schnee ist am häufigsten bei S. Die Niederschlagswahrscheinlichkeit ist ziemlich groß, über 50°/₀ bei N, NE, S und NW.

Im April ist die barische Windrose sehr stark ausgeprägt, Amplitude über 16 mm, nur zwischen NE bis SE ist der Druck unter dem Mittel, bei W am stärksten darüber, besonders starker Gegensatz zwischen SE und S, über 14 mm. Der Druck steigt nur bei S bis W, sonst fällt er. Ebenso ist die thermische Windrose sehr ausgesprochen, Amplitude über 15°; NE bis SE ist über dem Mittel, alles andere darunter. Auch hier besonders großer Unterschied zwischen SE und S, +6.8 und —4.8°; Temperaturänderung fast ganz der Druckänderung entgegengesetzt; stärkstes Fallen bei SW, stärkstes Steigen bei N. Die relative Feuchtigkeit ist bei S bis W unter dem Mittel, sonst darüber; größte Monatsamplitude 19%; auch hier großer Gegensatz zwischen SE und S mit etwa 17%. Am weitesten entfernt von der Eissättigung ist SW mit 11%, Eissättigung fast nur bei NE und NW. Die Bewölkungsrose ist auch gut entwickelt; am meisten unter dem Mittel ist W, am meisten darüber N. Nebel ist am häufigsten bei S, sonst nur noch zwischen E und SW. Rauhreif und Reif sind ziemlich häufig, nur N und W fallen aus. Schneefall gibts bei allen Richtungen außer W; am meisten bei NE, wo auch die Niederschlagswahrscheinlichkeit 56% erreicht. Am geringsten ist diese bei S bis W. Regen und Glatteis kamen nicht vor.

Im Mai ist der Luftdruck zwischen W und N und ein wenig noch bei E über dem Mittel, am meisten bei NW mit 11 mm. Er steigt zwischen SE und W, am stärksten mit 0.45 mm stündlich bei N. Die Temperatur ist zwischen N und SE über, sonst unter dem Mittel, die Amplitude ist groß (12°). Stärkstes Steigen bei NW mit 0.5° in der Stunde. Die relative Feuchtigkeit ist zwischen S und NW unter dem Mittel, sonst darüber. Übersättigung herrscht bei SE, sonst ist nahezu immer die Eissättigung fast erreicht, am wenigsten bei NW, wenn ich hier wie schon S. 36 annehme, daß die Feuchtigkeitswerte nach der Formel um etwa 2 % zu hoch sind. Bewölkung, Temperatur und relative Feuchtigkeit gehen einander parallel. Die Amplitude der nephischen Windrose ist mit 5.5 groß. Die geringste Bewölkung finden wir bei W. Nebel kommt ziemlich häufig vor, nur bei W und NW gar nicht, Maximum bei E. Rauhreif ist sehr häufig außer W und NW, am meisten bei NE und E, ebenso wie beim Nebel. Regen kam nur zweimal vor. Die Zahl der Schneebeobachtungen hat gegen den Vormonat abgenommen, Maximum bei E mit 25 Fällen. Die Niederschlagswahrscheinlichkeit beträgt nur bei E und SE über 30 %, bei W unter 10 %. Glatteis kam nicht vor.

Im Juni ist der Luftdruck bei SE bis SW über dem Mittel, sonst darunter. Die Änderungsrose ist um einen Oktanten nach links gedreht, Maximum des Fallens bei N, des Steigens bei SE. Die Temperatur ist nur zwischen SE und SW unter dem Mittel, wie beim Druck, NW ist mit 9° über dem Mittel bei weitem der wärmste Wind. Temperatur- und Druckänderungen verlaufen außer bei NE entgegengesetzt. Auch die relative Feuchtigkeit geht parallel der Temperatur, am feuchtesten ist der NW, am trockensten der SE, starker Gegensatz zwischen E und SE. Die Bewölkung ist zwischen SE und W unter, sonst über dem Mittel; am heitersten ist der W mit 3.2, am trübsten N und NE, stärkere Sprünge zwischen E und SE, sowie W und NW. Die Häufigkeit des Nebels ist im Gegensatz zum Vormonat gering, nur zwischen SE und W kommt er vor. Entsprechend tritt auch der Rauhreif nur bei SE und S auf. Regen und Glatteis kommen nicht vor. Der Schneefall ist gegenüber den anderen Monaten sehr selten; SW und W sind schneefrei, NE und E am schneereichsten. Die Niederschlagswahrscheinlichkeit erreicht nur bei E 25 %.

Im Juli ist der Luftdruck zwischen NE nnd S über dem Mittel, er steigt nur zwischen SE und SW, bei N sehr starkes Fallen mit 0.83 mm in der Stunde. Die Temperatur ist bei N und NE weit über dem Mittel, schwächer noch bei S und SW, sie steigt ziemlich stark zwischen NW und NE und langsamer bei SE. Die relative Feuchtigkeit ist zwischen N und NE am meisten über dem Mittel, sonst wechselnd. Am weitesten von der Eissättigung entfernt ist die Luft bei NW; bei NE, SE und W Eissättigung. Die Bewölkung hat eine sehr große Amplitude von über 7 und ist nur zwischen SW und NW unter dem Mittel, am meisten bei W mit nur 1.6, während NE 8.8 hat. Nebel ist am häufigsten bei SW. Rauhreif fehlt nur bei N. Regen und Glatteis fehlen ganz. Schnee fällt bei allen Richtungen, am meisten bei SE. Die Niederschlagswahrscheinlichkeit ist am größten bei NE mit 40 % und bleibt bei SW und W unter 10 %.

Im August ist der Luftdruck zwischen NE und SW außer SE unter dem Durchschnitt; er steigt zwischen SE und SW und fällt besonders stark bei NE mit 0.68 mm in der Stunde. Die Temperatur ist nur bei S und SW unter dem Mittel, die Amplitude ist für den Winter mit nur 7° gering; sie steigt zwischen NW und NE, am stärksten mit +0.55° bei NW und fällt am stärksten bei SE mit 0.72° in der Stunde. Temperatur- und Druckänderungen sind fast durchweg entgegengesetzt. Die Feuchtigkeit schwankt wie die Temperatur nur wenig und ist zwischen NE und SW sehr nahe der Eissättigung; die größte gefundene mittlere Übersättigung herrscht bei SE mit 2.1 %, W bis N bleiben am weitesten darunter. Nebel kommt nur zwischen W und N vor, am häufigsten bei NW. Dasselbe gilt für den Rauhreif. Glatteis kommt nur in drei Fällen bei W und NW vor, Regen gar nicht. Schneefall ist selten. Die Niederschlagswahrscheinlichkeit erreicht ihr Maximum bei NE mit 40 % und bleibt sonst unter 12 %; bei SE und W schneit es gar nicht.

Im September ist der Luftdruck zwischen N und S über dem Mittel, nur E bleibt außer der Westhälfte der Windrose darunter und zeigt damit sehr starke Gegensätze zu seinen Nachbarrichtungen. Der Druck steigt in der Südhälfte zwischen E und W, am meisten bei S mit 0.59 mm und fällt am stärksten bei NE mit 0.58 mm in der Stunde. Die Temperatur ist zwischen E und W außer SE unter dem Durchschnitt, wodurch diese Richtung sprunghafte Änderungen gegen die Nachbarrichtungen hat, ebenfalls Sprung zwischen W und NW. Temperatur- und Druckänderungen sind völlig entgegengesetzt. Die relative Feuchtigkeit schwankt nur um wenige Prozent um das Mittel, nur NE mit — 10% fällt heraus, und entsprechend wird hier die Eissättigung nicht erreicht, während sie sonst nahezu erreicht und bei E sogar überschritten wird. Nebel ist verhältnismäßig selten, nebelfrei sind E und S bis SW. Schnee ist häufig, besonders bei N. Die Niederschlagswahrscheinlichkeit überschreitet zwischen N und S, außer E, 45 % (Maximum 67 % bei SE), und ist zwischen SW und NW unter 20 %. Rauhreif ist besonders bei NE häufig. Auch Glatteis tritt bei N und SE auf, während Regen noch fehlt.

Im Oktober ist der Luftdruck zwischen NW und NE über dem Durchschnitt, er steigt nur zwischen SE und SW. Die Temperaturwindrose ist um einen Oktanten nach links gegen die des Drucks verschoben. Die Amplitude ist beträchtlich; die höchste Temperatur hat NW, die tiefste S; besonders schroff ist der Unterschied zwischen SW und W mit 9¹/₂°. Die Temperatur- und Druckänderungen sind meist gegensätzlich außer bei E und SW. Die Bewölkung ist bei NE und E und am stärksten bei SW unter dem Mittel, während bei NW die hohe Bewölkung 9.9 herrscht. Die Feuchtigkeit ist in der Osthälfte nur wenig über dem Mittel, darunter sind nur S und SW, am meisten der SW mit 10 %, während der feuchteste der NW mit + 6¹/₂ % ist. Die Eissättigung wird nur noch zwischen E und SE annähernd erreicht. Nebel ist wenig zahlreich, auch die Häufigkeit des Rauhreifes hat erheblich gegen den Vormonat abgenommen. Er kommt bei allen Richtungen außer SE vor, am häufigsten bei NE und SW. Regen wurde zu zehn Terminen beobachtet, bei NE bis E und W bis NW. Glatteis war von allen Monaten im Oktober am häufigsten und kam bei allen Richtungen außer S und SW vor, am häufigsten bei W und NW. Schnee kommt bei allen Richtungen vor, aber seltener als im September, am meisten noch bei NW, wo die Niederschlagswahrscheinlichkeit 41 % gegen nur 6 % bei S und SW betrug.

Im November ist der Luftdruck zwischen E und SW unter dem Mittel und fällt zwischen N und E, bei NE mit 0.5 mm in der Stunde. Die Temperatur ist zwischen SE und SW unter dem Mittel, sonst darüber, bei weitem am stärksten mit 5.1° bei NW; sie fällt nur bei SE bis S und NW und steigt sonst, am stärksten bei NE. Die Bewölkung geht parallel der Temperatur, die Amplitude ist aber gering. Die Feuchtigkeit ist nur zwischen NW und NE über dem Mittel; Eissättigung wird nur bei N annähernd erreicht. Die Nebelhäufigkeit ist gering, nur 4 Beobachtungen, dementsprechend ist auch der Rauhreif sehr selten. Regen wurde in 8 Fällen zwischen W und NE in der Nordhälfte der Rose beobachtet. Glatteis kommt wieder seltener und nur bei N bis E und SW vor. Schnee ist sehr häufig und hat im November die größte Zahl aller Beobachtungen in einem Monat. Die Niederschlagswahrscheinlichkeit ist sehr groß, bei allen Richtungen 30 % und darüber, bei NE sogar 77 %.

In der ersten Hälfte des Dezember ist der Luftdruck zwischen NE und SE und bei W unter dem Mittel, sonst darüber, am meisten bei NW. Er fällt nur zwischen NW und NE, am meisten bei N. Die Temperatur liegt bei SE bis SW unter dem Durchschnitt, am wärmsten ist W und C, wo die Temperatur sogar über 0° liegt (Strahlungsfehler wahrscheinlich) die Amplitude ist sommerlich gering. Die Temperatur fällt bei S bis SW und außerdem bei NW. Bei NE ist es am feuchtesten und bei W am trockensten, unter dem Mittel ist SE und SW bis W; die Eissättigung wird immer weit unterschritten, am meisten bei W und SE. Die Bewölkung ist bei allen Richtungen hoch und schwankt wenig, nur zwischen 9 und 10; SE, SW und W sind unter dem Mittel. Nebel kommt wieder etwas häufiger vor, am meisten bei E. Rauhreif fehlt ganz, und Reif wurde nur dreimal bei E und SE beobachtet. Regen ist verhältnismäßig häufig, W und NW sind regenfrei. Glatteis gab es nur bei S und SW, und zwar sechsmal. Schnee ist ziemlich selten, am häufigsten bei S. Die Niederschlagswahrscheinlichkeit hat ihr Maximum mit 44 % bei NE und bleibt sonst unter 30 %; NW hat keinen Niederschlag.

Die Verhältnisse bei den wenigen Windstillen wechseln, weil sie offenbar bald im Kern eines Hochdruckgebietes, bald bei tiefem Druck auftreten und dementsprechend von klarem oder bedecktem Himmel begleitet sind.

Der Luftdruck ist meist am höchsten bei nördlichen Winden und hat ein sekundäres Maximum häufig bei Südwinden. Er fällt dagegen meist bei nördlichen Winden und steigt bei südlichen. Dies zeigt, daß die meisten Depressionen von Westen nach Osten ziehen.

Die Temperatur ist bei nördlichen Winden meist hoch und bei südlichen tief; sie steigt bei nördlichen und fällt bei südlichen Winden.

Die Bewölkung ist in der Regel bei nördlichen Winden weit über dem Durchschnitt und bei westlichen darunter. Besonders auffällig ist der schroffe Gegensatz zwischen S und SW. Bei den SW-Winden ist offenbar der antizyklonale Typus besonders scharf ausgeprägt, während noch die S-Winde häufig zum Bau der Osthälfte der Tiefs gehören.

Die winterliche Übersättigung über Eis kommt am häufigsten bei NE bis SE vor, weil diese Winde offenbar nördlichen, also wärmeren Ursprungs sind und sich bei Berührung mit dem kalten Eise abkühlen, wobei die Anpassung der Feuchtigkeit an die Temperatur nicht so rasch erfolgt, während bei den westlichen und südlichen Winden diese Anpassung wegen des längeren Weges über das Eis schon zur Genüge erfolgt ist. Ferner ist zu berücksichtigen, daß diese Winde aus dem Inneren der Antarktis stammen, sich beim Strömen nach Norden langsam erwärmen und so etwas geringere Feuchtigkeiten bekommen. Daß aber auch bei ihnen Übersättigungen vorkommen, zeigt die nicht seltene Rauhreifbildung bei diesen Winden; sie ergibt sich ja auch aus den Drachenaufstiegen.

Die Schneefälle und die absolute Niederschlagswahrscheinlichkeit zeigen, daß wir hauptsächlich bei NE-Winden zyklonalen Charakter haben, während die Winde von S über W nach N ziemlich rein antizyklonaler

Natur sind. Der jährliche Gang lehrt deutlich eine nahe Beziehung zum Luftdruck. Die mittlere Niederschlagswahrscheinlichkeit folgt diesem bis in Einzelheiten hinein. Je tiefer der Luftdruck im Monatsmittel ist, um so häufiger ist der Niederschlag. Daraus kann man schließen, daß die Verhältnisse um so zyklonaler werden, je tiefer der Luftdruck am Beobachtungsort ist. Der Winter ist besonders arm an Niederschlag, was sich durch die geringe Niederschlagswahrscheinlichkeit ergibt.

Rauhreif und Nebel pflegen in engstem Zusammenhang zu stehen, so daß Nebel bei Temperaturen unter 0° in der Regel zur Rauhreifbildung führt. Die Nebel- und Rauhreifwindrosen zeigen im allgemeinen einen parallelen Gang, wie zu erwarten war. Die Zahl der Rauhreifbeobachtungen ist aber erheblich höher. Zum geringen Teil mag dies daher rühren, daß der Rauhreif beständiger ist als der Nebel und so auch häufiger notiert wird, wenn auch darauf gesehen wurde, daß Rauhreif nur dann aufgeschrieben wurde, wenn er sich wirklich bildete. Sonst hätte man vor allem im Winter nahezu bei jeder Beobachtung das Rauhreifzeichen machen müssen. Für den Überschuß der Rauhreif- über die Nebelbeobachtungen kommt aber hier noch eine andere Art der Entstehung des Rauhreifes oder besser gesagt Rauhfrostes in Betracht, nämlich die durch direkte Ausscheidung des dampfförmigen Wasserdampfes an festen Gegenständen. Diese Form der Sublimation, die auch oft direkt beobachtet wurde (siehe Witterungsbericht) hat eine Übersättigung des Wasserdampfes, d. h. in erster Linie Eisübersättigung zur Voraussetzung. Diese wurde hauptsächlich bei NE- und E-Winden beobachtet. Namentlich im Winter muß diese Form des Rauhreifes häufiger sein, wie sich aus den Feuchtigkeitszahlen ergibt. In der Tat ist auch in dieser Zeit der Überschuß der Rauhreif- über die Nebelbeobachtungen im Durchschnitt am größten.

Glatteis und Regen stehen natürlich ebenso im engsten Zusammenhang. Der Regen ist natürlich bei den fast durchweg negativen Temperaturen unterkühlt, so daß hier nur die eine Art der Glatteisbildung durch unterkühlten Regen in Frage kommen kann. Temperaturen über Null kommen ja gelegentlich am Boden und auch in der Höhe, wie die Drachenaufstiege lehren, vor, sind aber Ausnahmen. Andererseits kann Glatteis auch bei Nebel eintreten, zumal die Grenze zwischen Regen und Nebel fließend ist. Es wurde auch nur kleintropfiger Regen, den man als Sprühregen zu bezeichnen pflegt, beobachtet. Eigentlicher großtropfiger Regen kam niemals zur Beobachtung.

IX. Die Eistemperaturen.

a) Technisches.

Die Messung der Temperaturen im Eise geschah mit elektrischen Widerstandsthermometern in der bereits im Abschnitt „Lufttemperatur" geschilderten Weise. Die Kabel hatten eine genau abgemessene Länge, die nicht ohne weiteres geändert werden konnte. Diese Einrichtung war für eine Landstation vorgesehen worden, wo ein kleines Häuschen zur Aufnahme dieser und anderer Apparate geplant war, in unserem Falle erschwerte sie aber die Auswahl des Ortes. Ferner wäre es zweckmäßiger gewesen, die ganze Anlage transportabel zu gestalten, oder wenigstens eine kleinere transportable Anlage mitzunehmen, denn unsere Apparatur konnte nur an einem festen Orte aufgestellt werden. Als geeignetster Ort erwies sich das sogenannte luftelektrische Häuschen an Deck, doch war die Auffindung geeigneter Meßorte für Eistemperaturen nicht leicht. Es wurden zwei Felder von Erdbodenthermometern angelegt. Eins einige Meter backbord vom Schiff. Dort war Jungeis vorhanden, das Anfang März sich gebildet hatte. In dieses wurde eine Anzahl von Thermometern mit einer Kabellänge von 20 Metern eingegraben. Die Tiefen betrugen 2, 5, 15, 30 cm. Ein weiteres Thermometer lag in 2 m Tiefe, tauchte also in das Wasser unter dem Eise hinab. Der Dickenzuwachs des Eises wurde leider nicht verfolgt. Auch war diese Aufstellung, wie sich ergab, sehr wenig günstig, da diese Stelle in Lee der herrschenden Winde lag und daher sehr häufig verweht wurde. Diese Schneewehen wurden zwar so häufig wie möglich bis auf die ursprüngliche Eisoberfläche, die durch einen Schneepegel festgelegt war, beseitigt. Da aber der Schnee nicht weit fortgeschafft werden konnte, so entstand ein hoher Schneewall um das Thermometerfeld, der dazu beitrug, das Thermometerfeld bald unter den Wasserspiegel hinabzudrücken. Der Schneewall bewirkte ferner, daß sich in dem Loche besonders leicht wieder Schnee ansammelte. Auch konnte ich mich um diese Messungen, wegen der vielen anderen Arbeiten, nicht so kümmern, wie es eigentlich nötig gewesen wäre. Ein zweites Thermometerfeld wurde achtern vom Schiff mit den noch brauchbaren Thermometern an 50 m langen Kabeln angelegt. Hier war kurz nach der Festlegung des Schiffes ein Pressrücken von geringer Höhe aus dem Jungeis entstanden. Seine Mächtigkeit ist aber auch nicht gemessen worden. Von ihm wurde der Schnee überhaupt nicht entfernt, sondern alles so gelassen, wie es war. Die Tiefen betrugen 10, 30 und 50 cm unter der Oberfläche. Auch hier war der ursprüngliche Stand durch einen Schneepegel festgelegt worden, der durch Herrn Dr. Heim öfter abgelesen wurde. Bald nach Beginn der Messungen etwa Ende April legte sich auch hier eine flache Schneedüne darüber, die 30 cm Dicke erreichte und sich im Laufe der Zeit wenig veränderte; sie schwankte zwischen 30 und 38 cm. Die durchschnittliche Tiefe betrug also während des größten Teils der Zeit 40, 60 und 80 cm. Die Temperaturmessungen fanden um 7ᵃ, 10ᵃ, 2ᵖ, 5ᵖ, 9ᵖ und 12ᵖ bei Gelegenheit der anderen Ablesungen der Widerstandsthermometer für Lufttemperatur in verschiedenen Höhen statt, sie wurden von Herrn Dr. Filchner und nur um 12ᵖ von Herrn Dr. König besorgt. Die Messungen begannen am 18. April und dauerten bis zum 7. September. Dann war eine Verlegung der Meßanordnung in das Laboratorium nötig, weil ein Freiwerden des Schiffes befürchtet wurde und das Schiff seeklar gemacht werden mußte; die Kabel reichten aber nicht bis zu dem neuen Meßort. Daher wurden diese Messungen eingestellt. Als die Bedrohung des Schiffes durch die Eispressungen aufhörten und die Verhältnisse sich wieder gefestigt hatten, wurde am 23. September in der Nähe der neuen meteorologischen Station ein anderes, kleineres Thermometerfeld angelegt, das bis zum 23. November in Tätigkeit war. Es bestand aus vier Fueßschen Bodenthermometern in 2, 5, 10 und 20 cm Tiefe. Es waren meist Thermometer mit Alkoholfüllung, da die entsprechenden Quecksilberthermometer bei dem ersten Versuch, eine Eistemperaturmessung einzurichten, meist zerbrochen waren. Ich hatte nämlich bereits im März versucht, mit diesen Messungen zu beginnen, und einige Thermometer in das ganz junge Eis eingegraben. Aber bereits einige Stunden später setzte eine Eispressung ein, die die Anlage zerstörte. Diese Ablesungen fanden bei Gelegenheit der meteorologischen Termine um 7ᵃ, 2ᵖ und 9ᵖ statt.

Da es wichtig erschien, die Widerstandsthermometer nachträglich noch einmal zu eichen, war es nötig, sie mit ihren Kabeln aus dem Eise zu befreien. Dies machte einige Schwierigkeiten, da mit möglichster Vorsicht gearbeitet werden mußte, um die empfindlichen Widerstandsthermometer nicht zu beschädigen, was eine Kontrolle ja unmöglich gemacht hätte. Bei dem Thermometerfeld achtern ging es ziemlich leicht. Die beiden obersten konnten leicht ausgegraben werden; das tiefste wurde so weit wie möglich freigelegt und dann in das Loch Chlorkalzium geschüttet, das mit dem Eise zusammen eine Flüssigkeit bildet, die in konzentrierter Form erst bei —55⁰ erstarrt. Diese Methode hatte Erfolg, das Kabel lockerte sich, sodaß es sich leicht heraus ziehen ließ. Bei dem Thermometerfeld backbord war die Bergung erheblich schwieriger, da zu dieser Zeit das Wasser ziemlich tief über der ursprünglichen Eisoberfläche stand und so eine Arbeit mit Hacke und Spaten unmöglich machte. Es wurde daher zunächst Asche und dergleichen hineingeschüttet, um so die Sonnenwärme wirksam zu machen. Dies Verfahren hatte aber keinen Erfolg, da hierzu nicht genügend Zeit zu Gebote stand. Ferner wurde das Bilge-Wasser durch eine Holzrinne in das Loch hineingeleitet. Da aber schließlich die Zeit drängte, wurde bei Gelegenheit der ersten Maschinenprobe einige Zeit heißes Wasser hineingeführt, das dann schließlich die Thermometer bis auf das letzte ausschmolz. Auch dieses wäre schließlich so noch zu befreien gewesen, wenn es nicht die Rücksicht auf den Kohlenverbrauch verboten hätte. So wurde schließlich noch zu einem Gewaltmittel gegriffen, dem Sprengstoff, Trinitrotoluol. Einige kleine Patronen wurden in der Nähe zur Explosion gebracht. Merkwürdigerweise wurde das Thermometer hierdurch nicht beschädigt!

b) Die Ergebnisse der Messungen.

Da die Tiefe der Backbordthermometer sehr wenig konstant war und sich häufig in unkontrollierbarer Weise änderte, so halte ich es für besser, diese Zahlen bei der Diskussion nicht zu verwerten. Es bleiben also nur die Zahlen für das Thermometerfeld achtern für die Zeit vom 18. April bis zum 7. September und die Werte für die geringen Tiefen vom 23. September bis zum 23. November übrig. Aus Raummangel teile ich ferner nicht die Einzelwerte mit, sondern begnüge mich mit der Wiedergabe der Dekadenmittel und Monatsmittel sowie der absoluten Schwankungen Von der Wiedergabe der Mittelwerte für die einzelnen Termine kann ich ebenfalls absehen, da ein erkennbarer täglicher Gang in den größeren Tiefen nicht vorhanden ist. Dies ist ja auch verständlich, da weder die Wassertemperatur unter dem Eise im Winter einen merkbaren täglichen Gang besitzt, noch die Lufttemperatur in dieser Zeit einen größeren täglichen Gang hat, und dieser Gang sich noch mit der Tiefe stark verringert. In den geringen Tiefen im Oktober und November ist dies jedoch anders, weswegen ich hier die Terminmittel wiedergebe. Diese Zahlen finden sich in der Tabelle 85.

Der tägliche Gang der Eistemperatur in den geringen Tiefen ist erheblich größer als der der Lufttemperatur. Dies ist sicher eine Folge der direkten Sonnenstrahlung, die ziemlich tief in das Eis hineindringt. In dieser letzten Beobachtungsperiode wurden mehrfach noch positive Temperaturen beobachtet, und zwar bis 10 cm Tiefe hinab, wo am 28. Oktober +1.5⁰ gemessen wurde, während in 2 cm sogar 3.4⁰ am 26. Oktober festgestellt wurde. Da das Eis selbst natürlich keine positive Temperatur haben kann, so sind diese auf direkte Strahlung der Sonne zurückzuführen. Zur richtigen Korrektion der Temperatur wäre noch ganz besonders die Temperatur des herausragenden Fadens zu berücksichtigen gewesen, wofür aber keine Messungen vorliegen. Die Absorption dürfte in dem rot gefärbten Alkohol ziemlich beträchtlich gewesen sein, jedenfalls größer als in Quecksilberthermometern, die aber nicht mehr verfügbar waren. Da der herausragende Faden, soweit er über die Eisoberfläche emporragte, bei allen Thermometern annähernd gleich lang war, so kann er allein nicht für die positiven Temperaturen verantwortlich sein, sondern nur einen bei allen Tiefen annähernd gleich großen Fehler hervorgerufen haben. Die Temperatur in 20 cm Tiefe geht ja nicht über den Gefrierpunkt hinaus. Es muß also die Sonnenstrahlung noch in erheblicher Intensität bis mindestens in 10 cm Tiefe hineindringen. Es ist dabei anzunehmen, daß das Eis um das Thermometergefäß selbst geschmolzen und das Schmelzwasser versickert ist, sodaß das Gefäß selbst von einer Lufthülle umgeben war. Bei einer unmittelbaren Berührung mit dem Eise kann ja das Thermometer niemals über dem Gefrierpunkt stehen.

Die höchste Temperatur zeigt sich in den geringsten Tiefen um 2ᵖ; die Abend- und Morgentermine zeigen annähernd gleiche Werte. Die 9ᵖ-Temperaturen sind häufig sogar tiefer als die 7ᵃ-Zahlen. Es ist aber deutlich eine Verschiebung des Tagesmaximums mit der Tiefe feststellbar. In 20 cm Tiefe ist der 2ᵖ- und 9ᵖ-Wert nicht mehr sehr von einander verschieden, so daß man die Eintrittszeit des Tagesmaximums um etwa 4—5ᵖ ansetzen kann, was einer Verspätung um etwa 3 Stunden in 20 cm gleichkommt.

Die absolute Temperaturschwankung nimmt mit der Tiefe erheblich ab und beträgt in 20 cm weniger als die Hälfte des 2 cm-Wertes. Betrachten wir die Mitteltemperaturen der Dekaden bis 20 cm, so finden wir bis zur ersten Oktoberdekade die tiefste Temperatur in 2 cm und die höchste in 20 cm Tiefe. In den nächsten vier Dekaden liegt das Minimum in 5 cm. In der zweiten Novemberdekade haben wir fast Isothermie und in den letzten Tagen ist die Temperatur in 20 cm am tiefsten und entspricht ungefähr dem Gefrierpunkt des Meerwassers. Während wir bis zur zweiten Novemberdekade einen zeitlich abnehmenden Wärmestrom nach oben haben, kehren sich die Verhältnisse etwa um den 20. November um, und wir haben einen Wärmestrom von der Oberfläche nach unten.

Tab. 85. Eistemperaturen. Dekaden und Monatsmittel.

	10 cm				30 cm				50 cm			
	Mittel	Max.	Min.	Diff.	Mittel	Max.	Min.	Diff.	Mittel	Max.	Min.	Diff.
April III	-15.09	-22.2	-10.4	11.8	-11.18	-13.9	-8.9	5.0	-5.19	-5.8	-3.5	2.3
Mai I	-10.14	-11.2	- 8.4	2.8	- 8.17	- 8.8	-7.6	1.2	-4.49	-5.2	-4.0	1.2
II	-10.83	-14.5	- 9.0	5.5	- 8.54	-10.2	-7.6	2.6	-4.47	-5.2	-4.1	1.1
III	-12.55	-15.2	-10.8	4.4	- 9.56	-10.5	-8.8	1.7	-5.25	-5.6	-4.8	0.8
Juni I	-10.94	-12.0	- 9.7	2.3	- 8.91	- 9.8	-8.5	1.3	-5.31	-5.7	-5.1	0.6
II	-12.51	-13.2	-11.5	1.7	- 9.68	-10.2	-8.8	1.4	-5.42	-6.0	-5.1	0.9
III	-11.36	-13.0	-10.4	2.6	- 9.36	-10.2	-8.7	1.5	-5.84	-6.1	-5.6	0.5
Juli I	-11.17	-12.0	-10.6	1.4	- 8.98	- 9.4	-8.7	0.7	-5.60	-6.2	-5.3	0.9
II	-11.44	-11.9	-10.8	1.1	- 9.28	- 9.5	-9.0	0.5	-5.80	-6.1	-5.7	0.4
III	-11.18	-11.7	- 9.7	2.0	- 9.21	- 9.5	-8.4	1.1	-6.01	-6.3	-5.7	0.6
Aug. I	- 9.36	-10.2	- 8.5	1.7	- 7.98	- 8.5	-7.4	1.1	-5.46	-6.1	-5.0	1.1
II	-10.33	-11.0	- 9.6	1.4	- 8.62	- 9.0	-8.3	0.7	-5.51	-5.7	-5.3	0.4
III	- 8.84	- 9.6	- 8.4	1.2	- 7.82	- 8.5	-7.3	1.2	-5.39	-5.7	-5.2	0.5
Sept. I	- 7.35	- 9.3	- 5.7	3.6	- 6.88	- 7.6	-6.1	1.5	-5.00	-5.3	-4.6	0.7
Mai . . .	-11.22	-15.2	- 8.4	6.8	- 8.78	-10.5	-7.6	3.1	-4.76	-5.6	-4.0	1.6
Juni . .	-11.60	-13.2	- 9.7	3.5	- 9.32	-10.2	-8.5	1.7	-5.52	-6.1	-5.1	1.0
Juli . . .	-11.26	-12.0	- 9.7	2.3	- 9.16	- 9.5	-8.4	1.1	-5.81	-6.3	-5.3	1.0
Aug. . .	- 9.49	-11.0	- 8.4	2.6	- 8.13	- 9.0	-7.3	1.7	-5.45	-6.1	-5.0	1.1

	2 cm				5 cm			
	7ᵃ	2ᵖ	9ᵖ	Mittel	7ᵃ	2ᵖ	9ᵖ	Mittel
Sept. III	-16.57	-13.63	-17.37	-15.86	-15.54	-13.14	-16.54	-15.08
Okt. I	-16.12	-11.63	-14.78	-14.18	-14.81	-10.98	-13.52	-13.10
II	- 7.56	- 2.23	- 7.50	- 5.76	- 7.68	- 4.05	- 6.58	- 6.10
III	- 6.87	- 2.06	- 7.37	- 5.44	- 7.34	- 3.22	- 6.45	- 5.67
Nov. I	-10.72	- 2.80	-10.59	- 8.04	-11.10	- 6.00	- 9.49	- 8.86
II	- 4.90	- 0.07	- 4.97	- 3.27	- 5.55	- 1.70	- 4.56	- 3.94
(III)	- 1.47	+ 2.13	- 0.97	- 0.10	- 2.17	+ 0.60	- 0.87	- 0.81

	10 cm				20 cm			
	7ᵃ	2ᵖ	9ᵖ	Mittel	7ᵃ	2ᵖ	9ᵖ	Mittel
Sept. III	-13.39	-11.87	-13.69	-12.98	-11.10	-10.91	-11.13	-11.05
Okt. I	-12.65	- 9.97	-11.55	-11.39	-10.04	- 9.17	- 9.34	- 9.52
II	- 6.95	- 4.54	- 5.70	- 5.73	- 6.08	- 4.87	- 5.04	- 5.33
III	- 6.17	- 3.23	- 5.41	- 4.94	- 5.04	- 4.00	- 4.48	- 4.51
Nov. I	- 9.68	- 6.05	- 7.95	- 7.89	- 7.35	- 6.05	- 6.18	- 6.53
II	- 5.00	- 2.12	- 4.00	- 3.71	- 4.04	- 3.20	- 3.39	- 3.54
(III)	- 2.40	0.00	- 1.10	- 1.17	- 2.47	- 1.53	- 1.67	- 1.89

In den größeren Tiefen finden wir im Winter natürlich einen dauernden Wärmestrom nach oben. Die Temperatur an der Unterfläche des Eises ist dauernd gleich dem Gefrierpunkt des Meerwassers anzunehmen, während wir an der Oberfläche die tiefen Lufttemperaturen haben. Die Temperaturschwankungen des jährlichen Gangs sind in den tiefsten Schichten am geringsten und in den obersten am größten. Die tiefste Temperatur in 40 cm Tiefe liegt im Juni und verschiebt sich in 80 cm deutlich auf den Juli. Die Schneebedeckung des Thermometerfeldes um den Anfang Mai macht sich deutlich durch ein Ansteigen aller Temperaturen bemerkbar. Die Temperatur steigt zwischen der dritten April- und ersten Maidekade in der obersten Schicht um etwa 5⁰ und in der untersten Schicht um 0.6⁰. Die Temperatur in der größten Tiefe bleibt im Winter ziemlich konstant und geht beträchtlicher erst Anfang September in die Höhe. Die starken Temperaturschwankungen der Luft pflanzen sich mit stark abnehmender Amplitude und zeitlicher Verzögerung nach unten fort. Die Verspätung beträgt zwischen 40 und 60 cm etwa einen Tag und zwischen 60 und 80 cm sogar etwa zwei Tage im Mittel. Wenn sich eine auch nur dünne Schneedecke auf die Oberfläche legt, so zeigt sich das in den Temperaturen sehr deutlich. Die Temperatur steigt nicht unerheblich. Zum Teil rührt dies von der geringen Wärmeleitfähigkeit des frisch gefallenen lockeren, lufthaltigen Schnees, zum Teil auch von der Temperatur des Schnees selbst her.

Betrachtet man die Mittelwerte der Temperatur der Wintermonate Mai bis August, so haben wir einen Temperaturunterschied von 5.5⁰ zwischen 40 und 80 cm Tiefe, also auf 1 cm rund 0.14⁰. Mit diesem Gradienten und der Temperatur in 80 cm Tiefe kann man ohne weiteres finden, daß in 100 cm Tiefe der Gefrierpunkt des Meerwassers erreicht wird. Dies entspricht auch der in dieser Zeit tatsächlich gemessenen durchschnittlichen Dicke des Scholleneises. Es ist dabei natürlich zu berücksichtigen, daß die Isothermen in diesem kleinen Preßrücken eine geringe Aufbeulung nach oben und unten erfahren, wodurch die auf diesem Wege gemessene Schollendicke etwas zu groß erscheinen muß.

Es wäre ein interessantes Problem, den wirklichen Wärmestrom zu berechnen, der im Polarwinter von unten nach oben strömt und damit die unterste Schicht der Luft erwärmt. Daß dieser Wärmestrom nicht unmerklich ist, zeigen die auf S. 22 angeführten Angaben, namentlich die Unsymmetrie der Häufigkeitskurve der stündlichen Lufttemperaturwerte und die Tatsache, daß die Lufttemperatur über dem eisbedeckten Meer durchschnittlich höher ist als über dem dicken Landeise. Dieser Erklärung schließt sich übrigens auch Simpson an (a. a. O. S. 58). Zu einer exakten Bestimmung des Wärmestromes sind aber die gemessenen Werte doch noch mit zu viel Unsicherheiten behaftet, besonders weil die Reihe noch zu kurz ist. Ich unterlasse daher hier diese Rechnung, die außerdem auch nur rohe Überschlagswerte geben würde.

Eine solche Untersuchung wäre ein wichtiges Problem für eine künftige Polarexpedition oder noch besser eines gut ausgestatteten polaren Laboratoriums. Über die rein physikalischen Eigenschaften des Meereises ist ja noch recht wenig bekannt. Zu untersuchen wären unter anderem die thermischen Eigenschaften, wie Wärmeleitfähigkeit, Wärmekapazität bei verschiedenen Temperaturen, ferner die Abhängigkeit dieser Größen von Struktur und chemischer Beschaffenheit, wie Salzgehalt usw. Außerdem wären Untersuchungen über die mechanischen Eigenschaften, wie spezifisches Gewicht, elastische Eigenschaften, Zähigkeit usw., alles in Abhängigkeit von der Temperatur, dem Salzgehalt usw. anzustellen. In diesem Zusammenhang sei auch erwähnt, daß man in Eis von etwa 10 cm Dicke noch sehr deutlich Wellenbewegung bemerken kann, und es sich unter dem Gewicht eines Menschen oder Schlittens merkbar durchbiegt. Auch bei Pressungen im jungen Eise treten manchmal Gewölbe auf. Dasselbe konnten wir übrigens auch in den Randgebieten des dicken Schelfeises an der Vahsel-bucht beobachten. Derartige Untersuchungen würden z. B. die bei Eispressungen auftretenden Kräfte abzuschätzen erlauben, ferner wären sie von Wert für die Mechanik der Gletscherbewegungen in dem stark durchkälteten Inlandeise, für das Aufreißen von Spalten usw.

X. Die Erforschung der höheren Luftschichten.

a) Technisches.

In den Plan der Deutschen Antarktischen Expedition war die Untersuchung der höheren Luftschichten mit aufgenommen. Meine praktische Ausbildung in den Methoden erhielt ich in Lindenberg und Hamburg. Dank dem Entgegenkommen von Herrn Geheimrat Aßmann konnte ich mich im November 1910 einige Zeit am Lindenberger Observatorium aufhalten, und ich verdanke sowohl ihm wie den anderen Beamten, vor allem Herrn Dr. Coym, die wertvollsten Ratschläge für die Ausrüstung mit dem nötigen Gerät sowie für die Methoden der Auswertung. Wegen der in diese Zeit fallenden großen internationalen Woche konnte ich auch einer größeren Anzahl von Nachtaufstiegen beiwohnen, die ja für eine Polarexpedition besonders wichtig sind. Später konnte ich meine Ausbildung noch an der Hamburger Drachenstation in Groß-Borstel vervollständigen, deren Studium mir die Deutsche Seewarte gestattete. Dort lernte ich auch einfachere Verhältnisse kennen, die sich Expeditionsverhältnissen mehr näherten als die sehr großen Lindenberger Verhältnisse. Hier verdanke ich vor allem der tätigen Anteilnahme von Herrn Prof. Köppen sehr viel, der ja schon bei der Ausrüstung mancher Expedition beteiligt war. Ferner konnte ich sehr viel den verschiedenen Expeditionswerken entnehmen; in erster Linie ist hier A. Wegener zu nennen, der als erster und bis dahin einziger Drachenaufstiege im Polargebiet ausgeführt hatte. Besonders seine Erfahrungen sind schließlich maßgebend für die Ausrüstung gewesen, worauf noch mehrfach zurückgekommen werden muß.

Ebenso wie bei A. Wegener erschien es ausgeschlossen, täglich Aufstiege zu machen, da sie viel zu viel Material und Arbeitsaufwand erfordert hätten. So wurden auch hier 10 Aufstiege monatlich als möglich und erreichbar angenommen. Es wurden aber in vielen Monaten erheblich mehr.

Als Ort der Aufstiege kamen wegen der Trift der Expedition nur das treibende Schiff selbst in Frage. Auf Fesselaufstiege während der Fahrt durch den Atlantischen Ozean wurde von vornherein verzichtet, da nach den Erfahrungen der Gauß-Expedition ein Arbeiten von einem Segelschiff aus als sehr schwierig erscheinen mußte. Außerdem sollte das Material für das eigentliche Arbeitsfeld aufgespart werden. Mit dem etwaigen Rest des Materials konnten dann solche Versuche auf der Rückfahrt gemacht werden. Es war daher zunächst in Aussicht genommen worden, die Aufstiege zuerst nach Ankunft auf der zu erwartenden festen Landstation zu machen. Es dauerte aber recht lange, bis sich das Schiff so weit nach Süden durchgekämpft hatte. Und so wurde der Plan gefaßt, bereits während dieser Eisfahrt mit ihrem oft tagelangen Festliegen einige Aufstiege zu unternehmen. Da die Drachenwinde noch unausgepackt im Schiff verstaut war und auch auf dem noch fahrbereiten Schiff schwer aufzustellen war, so wurde aushilfsweise die Lukas-Lotmaschine des Ozeanographen dazu benutzt. Die Lotmaschine ist aber nur für Zug nach unten gebaut, während der Drachen hauptsächlich nach oben zieht. Das macht die Verwendung einer Hilfsrolle nötig, die an einem Bolzen an der Schiffswand befestigt wurde. Da die Lotwinde steuerbord und somit bei Südkurs des Schiffes und bei westlichen Winden in Luv stand, so ergab sich die Notwendigkeit, den Draht noch quer über das Schiff zu führen, was zwei weitere Hilfsrollen nötig machte. Ferner war der Lotdraht 0.9 mm stark, also für Drachenaufstiege reichlich schwer, und ein Zugmesser war ebenfalls dafür nicht vorhanden. Mit diesen Behelfsmitteln wurden im Januar fünf Aufstiege gemacht, die vielversprechend ausfielen. Auch zum Schluß gelangen nach dem Freikommen des

Schiffes noch mehrere Aufstiege auf diese Weise. Während der südlichsten Lage des Schiffes in der Vahselbucht konnten leider keine Fesselaufstiege gemacht werden, da das Schiff meist in offenem Wasser lag und auch die Mannschaft zu stark mit den Landungsarbeiten beschäftigt war. Die ersten Aufstiege waren erst wieder im März möglich, als das Jungeis genügend tragfähig geworden war. Das Eis in der unmittelbaren Umgebung des Schiffes war erst Anfang März entstanden und daher so dünn, daß es unmöglich erschien, die schwere Drachenwinde dort aufzustellen, ohne befürchten zu müssen, daß sie eines Tages versunken wäre. Einige nahe Bruchstücke alter, dicker Schollen waren für die notwendigen Baulichkeiten für geodätische und erdmagnetische Zwecke besetzt. Es blieb daher nur übrig, die Drachenwinde auf dem Schiff zu belassen. Zuerst stand sie auf dem Achterdeck und wurde schließlich auf das Dach des Laboratoriums geschafft, als das Schiff sein Segeltuchdach erhielt. Wegen des Tauwerks war es jetzt immer nötig, eine Hilfsrolle zu benutzen, die je nach der Windrichtung in den Wanten an Backbord oder Steuerbord angebunden wurde. In dem Falle, wo der Wind ganz von achtern oder von vorn kam, war es nötig, die Hilfsrolle auf das Eis zu verlegen, wo sie an einem Eisanker angebunden wurde. Immer nötig war dies auch für die Fesselballonaufstiege. Es wurde zu diesem Zweck ein Stück Balken mit quer angenagelten Leisten in etwa 50 m backbord in das Eis eingegraben und dann festfrieren lassen. Das Ausbringen eines Eisankers wurde auch während eines Aufstiegs gelegentlich dann nötig, wenn der Wind besonders stark mit der Höhe drehte.

Das Gelände in der Umgebung des Schiffes war weithin eben; die größte Erhebung war auf viele Kilometer hin das Schiff, der nächste Eisberg lag etwa 12 km weit. Auch die Windverhältnisse waren sehr gut, meist Winde mittlerer Stärke, wenig Windstillen und wenig Stürme. Bei der Beurteilung der erreichten Höhen ist zu beachten, daß die meisten Aufstiege mit Handbetrieb gemacht werden mußten. Eine der Hauptschwierigkeiten bestand in der Aufstellung der Winde auf dem Schiffe, wodurch der Verkehr zwischen Schiff und Eis nicht immer mit der oft nötigen Geschwindigkeit vor sich gehen konnte. Erschwerend bei dem Auflassen und Landen der Drachen waren die zahllosen kleinen Unebenheiten der Eisoberfläche, Preßhügel, Schneewehen usw., die ein weites Austragen sehr erschwerten. Etwa 100 m weit mußte der Drache immer ausgetragen werden, um sofort nach der Überwindung der untersten Schicht von den durch das Schiff erzeugten Windwirbeln frei zu kommen, die sonst das Auflassen und Landen erschwerten. Besonders beim Landen kam es nicht selten vor, daß man im entscheidenden Moment in irgend eine Vertiefung trat und stolperte, und das bekam dem Drachen in der Regel nicht gut, weil dadurch oft irgendwelche Leisten brachen. Auch das Auftreten von Rissen und Waken unmittelbar am Schiff war recht hinderlich und machte gelegentlich ein richtiges Austragen unmöglich.

Die Drachenwinde war nach dem Modell der Eimsbütteler Maschinenfabrik von Schmarje in Hamburg gebaut und bewährte sich im großen und ganzen gut. Zum Einholen des Drahtes war ein Benzinmotor bestimmt. Bei der Auswahl des Motors ging ich von folgenden Gesichtspunkten aus. Um auch im Winter die Betriebsfähigkeit zu sichern, mußte der Motor von der eigentlichen Winde leicht lösbar sein, so daß er während des Nichtgebrauches in einem geheizten Raum aufbewahrt werden konnte, auch durfte er nicht zu schwer sein. Um ein mögliches Einfrieren zu verhüten, wurde von einer Wasserkühlung abgesehen und ein luftgekühlter Motor genommen. Es zeigte sich aber, daß die Ansatzvorrichtung nicht bequem genug war. Es dauerte bis zum Festmachen des Motors so lange, daß er schon wieder durchkühlt war, ehe er angeworfen werden konnte. Als Kupplung war ein Vierkanteisen zwischen Winde und Motor einzuschalten. Dies Stück erwies sich aber als zu kurz, so daß es sich leicht klemmte und daher zu viel Kraft verbrauchte. Von Herrn Heyneck wurde die ganze Vorrichtung wesentlich verbessert. Aber auch dann streikte der Motor. Es gelang zwar, ihn im geheizten Raum zum Laufen zu bringen, wenn er aber draußen war, ging er nicht. Zudem stellte es sich heraus, daß er die geforderten 5 Pferdestärken bei weitem nicht leistete, da vor allem seine Umlaufszahl viel geringer, als angegeben war. Da ein Tourenzähler nicht an Bord vorhanden war, wurde von Herrn Heyneck folgende Methode angewandt. Ein kleiner Dynamo zum Laden von Akkumulatoren war mitgenommen worden, der mit diesem Motor gekuppelt werden sollte. Da die Umdrehungszahl und die dazu gehörige Spannung des Dynamo bekannt waren, so ließ sich indirekt durch Spannungsmessung leicht auch die Umdrehungszahl feststellen. Wenn einmal der Motor im Freien lief, zeigte es sich, daß trotz der tiefen Außentemperatur die Kühlung nicht hinreichte, weil er auf dem Achterdeck zu windgeschützt stand und nur arbeitete, wenn die Magnetzündung durch eine stärkere Induktorzündung ersetzt wurde. Schließlich stellte sich heraus, daß bei Temperaturen unter −20°C das Benzin nicht mehr genügend verdampfte oder auch der Vergaser einfror. Kurzum der Schwierigkeiten waren so viele, daß auf den Motor ganz verzichtet wurde. Es blieb daher nur übrig, Handbetrieb zu benutzen. Die Winde besaß zu dem Zweck zwei aufsteckbare Handgriffe, die aber für reinen Handbetrieb nicht handlich genug waren, weil sie ja eigentlich nur zur Aushilfe dienen sollten. Sie konnten aber nicht umgearbeitet werden, da die Bauart der Winde es nicht zuließ. Sie verschlangen unnötig viel Kraft. Glücklicherweise waren aber wegen der Trift des Schiffes genügend Hilfskräfte zur Verfügung, die im allgemeinen nicht voll beschäftigt waren. Bei den meisten Drachenaufstiegen konnten zum Einholen 6 Mann benutzt werden, von denen je drei gleichzeitig drehten und sich nach je 200 m abwechselten. Die Einholgeschwindigkeit betrug aber bei starkem Zug 3—4000 m in der Stunde, so daß auch die höchsten Aufstiege in weniger als zwei Stunden heruntergeholt werden konnten. Leider konnte diese Geschwindigkeit nur auf ganz kurze Zeit und auch nur wenig gesteigert werden. Es ist ja selbstverständlich, daß ein gut arbeitender

Motor weit mehr geleistet hätte und dadurch viel höhere Aufstiege möglich gewesen wären. Es wurden daher auch niemals mehr als drei Drachen verwandt. Eine solche Arbeit bei Temperaturen bis zu — 30° und Windstärke 6 — 7 gehört ja auch nicht gerade zu den Annehmlichkeiten, zumal die Winde im wesentlichen ganz ungeschützt stand.

Für zukünftige Expeditionen währe es wohl das empfehlenswerteste, einen abnehmbaren Elektromotor zu verwenden. Für den Strom könnte dann ein mit einem Benzinmotor direkt gekuppelter Dynamo verwandt werden, der im Schiff oder geheizten Expeditionshause aufzustellen wäre.

Die Drachen waren alle von der Lindenberger Bauart und von Bräske in Beeskow gebaut. Ich nahm im ganzen 25 Stück mit, die auch vollkommen ausreichten. Alle vier verschiedenen Typen, die 7 qm, 6 qm, 4 qm und 4 qm-Sturmdrachen, bewährten sich gleichmäßig gut. Es gelang z. B. mehrfach mit einem einzigen 4 qm-Drachen etwa 1 500 m Höhe zu erreichen. Der Unterbringung wegen wurden später die kleinen Formen bevorzugt. Das Unterbringen der Drachen an Bord machte einige Schwierigkeiten. Ein Teil und namentlich die kleineren konnten unter der Decke der Instrumentenkammer verstaut werden, wo aber nicht alle Platz finden konnten. Der Rest wurde in der großen Kiste, die zur Versendung gedient hatte, an Deck aufbewahrt. Die Kiste konnte mittschiffs neben dem Uebergang zwischen dem hinteren Halbdeck und dem Dach des Laboratoriums aufgestellt werden. Da sie hier zwischen den Booten stand, war sie gegen direkte Brecher einigermaßen geschützt. In Hamburg war sie nach guter Ausfugung der Ritzen mit Kitt, mit einem gut deckenden Oelfarbenanstrich versehen worden. Diese Methode der Aufbewahrung hat sich über Erwarten gut bewährt, so daß die Drachen nach der achtmonatigen Seereise mit ihrer großen Feuchtigkeit sofort gebrauchsfähig und aufstiegsfähig waren. Ein großer Reservevorrat an Beschlägen, Schnur und der auch sonst so verwendbaren Holzleisten war mitgenommen worden. Gänzlich verloren gingen einige Drachen durch Abreißer oder andere Unglücksfälle. Die Reparaturen erstreckten sich fast nur auf das Aufsetzen von Flicken, Ausbessern von Querstäben und Erneuerung von Längsstäben. Das Drachenmaterial war also vorzüglich. Vor der Abnahme war es möglich gewesen, am Lindenberger Observatorium alle Drachen erst einzufliegen.

Die Ballone. Nach den Erfahrungen von A. Wegener in Nordostgrönland wurde von der Mitnahme gefirnißter Ballone abgesehen, da diese in der Kälte zu spröde sind und leicht einreißen. Ich wählte daher Ballone aus einfach gummiertem Stoff, die sich in Friedrichshafen gut bewährt hatten. Ihre Größe betrug 20 bis 25 Kubikmeter. Ich hoffte, die Ballone würden so gasdicht sein, daß mehrere Aufstiege mit ihnen gemacht werden könnten, was in Anbetracht der geringen verfügbaren Wasserstoffmenge sehr erwünscht gewesen wäre. Leider zeigten sich auch hier einige Mängel. Wenn die Ballone gefüllt in dem Schuppen stehen blieben, so erwiesen sie sich so undicht, daß sie bald ihr Gas verloren. Nach einigen Tagen hatten sie schon einen so großen Gasverlust, daß zum mindesten eine erhebliche Nachfüllung nötig war. Andererseits hatte sich auch das Wasserstoffgas so erheblich verschlechtert, daß es den Ballon selbst nicht mehr trug. Es muß angenommen werden, daß sich in der Gummischicht ganz feine Risse bildeten, durch die das Gas verhältnismäßig schnell entwich, jedenfalls weit schneller als nach den Friedrichshafener Erfahrungen. Auch setzte sich während des Stehens in dem Schuppen soviel Rauhreif an den Ballon an, daß er stark beschwert wurde und dadurch keine größeren Höhen erreichen konnte. Daher wurde später vor jedem Aufstieg frisch gefüllt und immer ein trockener Ballon benutzt. Dann konnten allerdings mehrere Aufstiege hintereinander gemacht werden, was auch bei geeignetem Wetter mehrfach geschah. Da für die Drachenwinde keine zweite Trommel vorhanden war, mußten auch die Ballonaufstiege mit Draht von 0.7 mm gemacht werden, was auch die Höhen etwas beeinträchtigte. Ferner ist das Vorhandensein der großen Inversionen zu beachten, die ebenfalls den Aufstieg vor allem im Winter stark hemmen, wo das Ballongas nicht durch Strahlung erwärmt wird. Schließlich kam es vor, daß nur wenige Hundert Meter über dem Boden eine starke Windschicht lag, in die der Ballon trotz schnellen Auslassens nur wenig eindringen konnte. Im allgemeinen herrschten aber nur wenige Tage Ballonwetter, so daß diese Mängel im Mittel wenig zu besagen hatten.

Das nötige Wasserstoffgas wurde in Flaschen auf 150 Atmosphären komprimiert mitgeführt. Des Gewichtes wegen wurden die größten erhältlichen genommen, von 6 cbm Inhalt, weil hierbei das Gewichtsverhältnis das günstigste ist. Davon wurden bereits 10 auf der Seereise verbraucht, so daß mit einem Bestande von 40 Flaschen oder 240 cbm die eigentliche Polarreise angetreten wurde. Diese mußten für die Fesselaufstiege und die Pilotballone reichen, so daß der Vorrat recht knapp war. Die Flaschen wurden an Bord in der Instrumentenkammer untergebracht, die deswegen einen besonderen Ventilationsschacht erhielt. Während des Winters wurden dann die Flaschen alle stehend auf dem Deck angelascht; wegen der Gefahr des Versinkens konnten sie auf dem dünnen Meereis nicht untergebracht werden. Zur Füllung des Ballons diente ein etwa 10 m langer Druckschlauch mit Zeugeinlage, der einfach in den Füllansatz eingeführt wurde, so daß die Füllung sehr rasch geschehen konnte. Für die Füllung der Piloten wurde dagegen ein Reduzierventil benutzt, das eine leichte Regulierung gestattete und auch während des Polarwinters gut funktionierte.

Als Drachendraht wurde der bewährte überhärtete Tiegelgußstahldraht der Firma Felten & Guillaume benutzt. Nach den Erfahrungen A. Wegeners wurden im Ganzen 64 000 m mitgenommen, eine Menge, die aber lange nicht gebraucht wurde. Es waren im Ganzen 16 Spulen von etwa je 4000 m vorhanden, und zwar 5 zu 0.6 mm, 8 zu 0.7 mm, und 3 zu 0.8 mm. Die meisten Aufstiege wurden ganz mit 0.7 mm Draht ausgeführt, und nur gelegentlich kam noch der unten auf der Trommel liegende 0.8 mm Draht in Benutzung. Ein Versuch mit 0.6 mm Draht führte zu keinen guten Ergebnissen, da er bald abriß und dann schließlich ganz abgenommen wurde. Der Gesamtverlust war nicht erheblich, weil größere Abreißer nur selten vorkamen. Da schließlich der zu vielen Aufstiegen benutzte Draht auf der Trommel nicht mehr ganz einwandfrei erschien, wurde einmal die ganze Lage von 0.7 mm Draht entfernt Um ihn bequem und nicht zwecklos beseitigen zu können, wurde eine Tiefseelotung damit gemacht, worauf man ihn nach weiterem Ablauf abschnitt. Besondere Sorgfalt wurde natürlich den Splißen zugewandt. Die Winde blieb während der ganzen Zeit frei auf Deck stehen ohne Bedeckung.   Während der kalten Jahreszeit wurde sie auch nicht unter Oel gehalten. Das geschah erst später bei höherer Temperatur, als die Gefahr des Rostens auftrat, wenn die Sonne auf die Winde mit der Drahttrommel schien und den Reif zum schmelzen zu bringen vermochte.

Drachen- und Ballonschuppen.   Während bei den ersten Aufstiegen die Drachen jedesmal vorher neu zusammengesetzt werden mußten, konnte später aus den Resten des Wohnhauses, die geborgen werden konnten, eine Ballonhalle gebaut werden.   Sie war so bemessen, daß sie einen gefüllten Ballon und drei Drachen aufzunehmen vermochte. Ihre Vorderseite war dreiteilig herabklappbar, so daß der Ballon bequem herausgebracht werden konnte.   Es war damit eine sehr große Annehmlichkeit verbunden, indem nämlich immer die genügende Anzahl Drachen aufstiegsbereit dastand.   Später, als der Ballon nicht mehr gefüllt aufbewahrt wurde, war natürlich erheblich mehr Platz vorhanden, und die Halle konnte auch als windgeschützter Arbeitsplatz zum Zusammensetzen von Drachen und zu Reparaturen benutzt werden.   Als im September in der Nähe des Schiffes größere Pressungen einsetzten, wurde neben den magnetischen Häusern auch die Ballonhalle abgebrochen, damit das Holz nicht verloren ging und noch später zu etwaigen Bauten verwandt werden konnte.   Nur die sogenannte geodätische Hütte blieb noch stehen, die den Windmesser trug und erst im allerletzten Augenblick abgerissen werden sollte.   Sie stand noch als Drachenschuppen zur Verfügung.   Ihr Eingang war allerdings nicht hoch und breit genug, um die größeren Drachen aufzunehmen.   Seit dieser Zeit wurden daher nur noch 4 qm-Drachen benutzt.

Die Instrumente.   Die Zahl der Instrumente für Drachenaufstiege betrug 7, wozu noch eins für Fesselballone kam.   Alle Instrumente wurden von der Firma Bosch in Straßburg bezogen und waren von der Bosch-Kleinschmidtschen Bauart.   Sie haben sich recht gut bewährt.   Alle waren für Rußregistrierung eingerichtet, die ebenfalls sich wie auch sonst gut bewährte. Alle Dracheninstrumente hatten Anemometer. Die Konstanten der Instrumente mit Ausnahme der Anemometer waren in Friedrichshafen bestimmt worden.   Sie wurden, soweit noch vorhanden, alle zweimal während der Überwinterung nachgeprüft, und zeigten nur sehr geringfügige Änderungen gegen die ursprüngliche Eichung.   Auch die Anemometerkonstanten wurden durch Vergleich mit einem danebengesetzten kleinen registrierenden Anemometer, gelegentlich auch mit einem Fueßschen Handanemometer geprüft.   Mit Hilfe von Blechschellen und einer Drachenleiste wurden die Instrumente zum Gebrauch im Drachen selbst befestigt, in derselben Weise, wie es am Lindenberger Observatorium üblich ist.

Vor jedem Aufstieg wurden die Instrumente, nachdem die Federn geeignet gestellt waren, mindestens 10—15 Minuten in eine der geöffneten meteorologischen Hütten gestellt, nachdem sie vorher an die Schellen und den Drachenstab angebunden waren. Dann wurden die Federn angestellt, worauf man die Einstellung abwartete. In der Zwischenzeit wurde alles zum Aufstieg bereit gemacht. Dann wurden die Federn wieder abgehoben, die Instrumente im Drachen befestigt und die Federn wieder angelegt, so daß die Zeit der Kontrollablesung genau festzustellen war. Leider machten bei tieferen Temperaturen die Uhrwerke viel Schwierigkeiten, sie blieben häufig stehen, während sie gelegentlich aber auch durchhielten. In diesen Fällen kam der Umstand zugute, daß die großen Bodeninversionen so häufig herrschten, daß damit als Regel gerechnet werden konnte. Bei solchen Temperaturen, bei denen ein Stillstehen der Uhr vorauszusehen war, wurde diese Erscheinung ausgenutzt. Das Instrument wurde dann im geheizten Raum fertig gemacht und dann sofort in den Drachen eingebunden und ausgetragen. Dann wurde der Drachen etwa 5 Minuten flach hingelegt und ein Aspirationspsychrometer auf den Drachen gelegt und dann abgelesen.   Während dieser Zeit hatte sich wohl das Thermometergefäß auf die Lufttemperatur abgekühlt und vermutlich auch das Barometer nahezu die Außentemperatur angenommen, während das besser geschützte Uhrwerk noch nicht soweit abgekühlt war.   Auch das Haarhygrometer war meist noch nicht eingestellt.   Ganz einwandfrei ist dies Verfahren jedenfalls nicht, aber es konnte doch der Aufstieg gerettet werden.

Das Balloninstrument wurde in senkrechter Stellung an den Vorläufer aus geklöppelter Schnur, der zwischen Ballon und Draht in etwa 25 m Länge sich befand, oben und unten festgebunden.

Die Berußung des zur Aufzeichnung der Kurven dienenden Leinenpapiers mit Millimeterteilung wurde über einer Petroleumlampe ausgeführt. Nach der Schlußeinstellung des Instrumentes wurden Zeitmarken gemacht, die Trommel des Instruments wurde gelöst und die Aufzeichnung mit dünnem Schellackfirnis fixiert.

Die Umlaufszeit der Trommeln betrug zwei und vier Stunden, bei den Ballonaufstiegen meist zwei Stunden, bei den längerdauernden Drachenaufstiegen in der Regel vier Stunden.

Als Reserve waren noch einige Uhrwerke vorhanden. Einige Uhren zeigten in der Kälte Klemmungen, die vermutlich von Verbiegungen wegen der verschiedenen Ausdehnungskoeffizienten der benutzten Metalle herrührten.   Dieser Fehler war nicht ohne weiteres zu beheben.

Der Verlust an Instrumenten war nicht groß. Zwei gingen sehr bald verloren, das eine durch Abreißen im Sturm, das andere durch Eispressung. Der Drachen fiel wegen zu schwachen Windes herab, konnte aber nicht geborgen werden, weil eine Wake dazwischen war, die nicht überschritten oder umgangen werden konnte. Der nächste Tag brachte dichtes Schneetreiben, und dann war der ganze Drachen bis auf Reste der Fesselung verschwunden und ist vermutlich in eine Eispressung geraten und dort zerquetscht worden. Das dritte Instrument ging durch einen Abreißer aus unbekannten Gründen verloren. Von den 7 Dracheninstrumenten blieben also noch vier übrig, mit denen noch viele Aufstiege bei einer etwaigen zweiten Überwinterung hätten gemacht werden können.

Der geringe Verlust ist hauptsächlich dem Umstand zuzuschreiben, daß ich bei den Aufstiegen weit unter der Reißfestigkeit des Drahtes blieb. Während man bei uns in der Regel bis zur halben Bruchgrenze freiwillig gehen kann, ging ich in der Regel nur bis $^1/_4$ bis $^1/_3$, das war schon mit Rücksicht auf den Handbetrieb nötig. Vor allem aber bedeutete ein Abriß, der in größerer Höhe oder bei ungünstigem Wetter eintrat, in der Regel den völligen unwiederbringlichen Verlust des Instrumentendrachens mit dem Instrument und der Aufzeichnung. An ein Wiederfinden war in größerer Entfernung vom Schiff in dem unübersehbaren Gewirr von Preßhügeln nicht zu denken. Ein Abreißer, bei dem Richtung und Lage in einem Kilometer Entfernung genau festgestellt waren, erforderte doch etwa $2^1/_2$ Stunden zur Bergung, und seine Auffindung gelang auch nur so schnell, weil mehrere hundert Meter Draht noch am Drachen hingen.

Die Basiswerte für den Luftdruck wurden nicht jedesmal abgelesen, sondern nachträglich dem Barographen entnommen. Eine sofortige Auswertung des Aufstiegs war leider nicht möglich, doch wurde immer eine rohe Höhenbestimmung aus der Kurve vorgenommen.

Die Beleuchtung bei Nachtaufstiegen. A. Wegener hatte sehr über das Fehlen einer geeigneten Beleuchtung für Aufstiege in der Winternacht geklagt. Ich nahm daher eine helle Lampe mit, und zwar einen kleinen Automobilscheinwerfer für Azetylenlicht, der sich bei den Aufstiegen, bei denen überhaupt künstliche Beleuchtung nötig war, auch vorzüglich bewährte. Bei den ersten Versuchen zeigte es sich allerdings, daß die Lampe trotz der bei der Gasentwicklung entstehenden Wärme einfror, so daß die Gasentwicklung aufhörte. Dem konnte aber leicht abgeholfen werden, indem die Lampe bis auf den Reflektor in einem Holzkasten eingebaut wurde. Dann kam ein Einfrieren auch bei der größten Kälte und starkem Wind nicht mehr vor. Das Licht reichte völlig aus, um Drachen zusammenzusetzen, kleinere Reparaturen auszuführen und schließlich auch den Drachen auszutragen, wobei Licht wegen der Unebenheiten des Eises erwünscht war. Dabei stand die Lampe an Deck. Diese Aufstiege wurden daher nicht als eine so sehr große Unannehmlichkeit empfunden. In den meisten Fällen war es übrigens in den Mittagsstunden, in denen die Aufstiege stattfanden, so hell, daß eine künstliche Beleuchtung entbehrt werden konnte.

Sonstige Hilfsmittel. Die Hilfsdrachen wurden mit dem Drachendraht nicht wie sonst meist üblich durch einen Draht verbunden, sondern mit einer geklöppelten Schnur, die weicher war und sich daher in der Kälte leichter handhaben ließ. Zur Befestigung an den Hauptdraht dienten die in Lindenberg üblichen Knoopschen Klemmen, die sich rasch und bequem auch in der Kälte ansetzen und abnehmen lassen. Nur müssen die Schrauben fest angezogen werden, sonst kann es, wie bei einem Aufstieg, vorkommen, daß der Hilfsdrachen mit der Klemme an dem Hauptdraht hinaufrutscht. Wie durch ein Wunder flog nur der Hilfsdrachen ab und verschwand mit Klemme, während der Hauptdrachen nur eine leichte Beschädigung davontrug, so daß er sich in der Luft halten konnte.

Zur Messung der Winkelhöhen diente ein einfacher Pendelquadrant mit Teilung in ganze Grade. Um stärkere Züge zu vermeiden, wurden nie mehr als zwei Hilfsdrachen angehängt. Auch wurde die Tragfähigkeit der Drachen ganz ausgenutzt. Trotz der geringen möglichen Einholgeschwindigkeit gelang doch manchmal ein Hochwerfen, wenn das auch ausgiebiger nur durch Motorkraft möglich ist. Im ganzen sind daher die Winkelhöhen nicht besonders gut.

Zur Herabminderung des Zuges wurde gelegentlich auch eine Methode benutzt, die mir Herr Geheimrat Aßmann schon empfohlen hatte. Bei stärkeren Winden wurde der Drachen lose gefesselt, d. h. nur die oberen Schnüre hielten den Drachen, während die unteren gelöst wurden. Erinnert wurde ich bei einem Aufstiege daran, als einmal die unteren Schnüre durch den Draht selbst während eines Aufstiegs durchschnitten worden waren. Die mit dieser Fesselungsart erreichten Höhen und ebenso die Winkelhöhen waren nicht schlecht.

Beim Austragen des Drachens waren meist zwei Mann beschäftigt. Einer trug den Drachen, und der andere zog den Draht ab und hielt ihn steif, da der Drachenträger leicht stolpern konnte und der Draht lose wurde und damit Knickbildung verursachte. Ich selbst blieb meist an der Winde, um den Zugmesser und die Bremse zu überwachen. Bei stärkeren Winden stieg der Drache von selbst, während er sonst durch kurzes schnelles Einholen hochgeworfen werden mußte.

Eine besondere Schwierigkeit bildete der Rauhreif. Bei sehr vielen Aufstiegen, bei denen tiefliegende Wolken vorhanden waren, setzte er sich in sehr großen Mengen an Drachen, Draht und Instrument. Da ich bestrebt war, an jedem Tage, wo es das Wetter und die anderen Arbeiten erlaubten, außer Sonntags, Aufstiege zu machen, so wurden manche Aufstiege dadurch abgekürzt und erreichten nur geringe Höhen. Es mußte bei solchem Wetter mit der größten Beschleunigung gearbeitet werden, um den Drachen so hoch wie möglich zu bringen, ehe sich zuviel Rauhreif und Glatteis angesetzt hatte. Wenn der Drachen einmal in den Wolken war, so war es oft trotz frischer Winde nicht möglich, ihn oben zu halten, weil er rasch zu schwer wurde und der Rauhreif am Draht eine große Abtrift verursachte. Auch die Bestimmung der Windgeschwindigkeit aus dem Zuge des Drachens war dann nicht möglich, da das Gewicht des Drachens und die vermehrte Reibung am Draht das Resultat fälschen.

Die Messung des Drachenzuges geschah anfangs durch das an der Winde angebrachte Dynamometer, das aber öfters versagte und neu geeicht werden mußte, was mit Hilfe einer Federwage geschah. Später versagte der Zugmesser gänzlich, und ich war auf die Federwage allein angewiesen. Bei festgezogener Bremse wurde die Federwage einerseits an die Drachenwinde, andererseits durch eine Knoopsche Klemme an dem Draht befestigt; wenn nun die Bremse gelockert wurde, so zog der Drachen nur auf die Federwage, dann wurde die Kurbel etwas gedreht und die Klemme vom Draht gelöst, und dann konnte der Aufstieg weiter gehen.

Die Pilotballone. Das Arbeiten mit den Pilotballonen gestaltete sich sehr befriedigend. Nach den Vorschlägen von Herrn Geheimrat Hergesell wählte ich drei Größen von Ballonen der »Russian American India-Rubber Co. »Treuglnik«« und zwar von 20 g, 30 g und 70 g Gewicht; für die Aufstiege vom fahrenden Schiff außerdem noch solche von rund 170 g Gewicht, von jeder Sorte die eine Hälfte ungefärbt, die andere dunkelrot gefärbt. Erstere wurden bei klarem Wetter, letztere bei bedecktem Himmel verwandt. Die ganzen Ballone waren in Blechkisten eingelötet, und zwar je 10 Stück in einer Kiste. Für die Seereise wurde nur die größte Sorte mitgenommen. Die anderen trafen erst in Buenos Aires ein, um möglichst frisch zu sein. Das Material war im großen Durchschnitt vorzüglich. Das beweisen die erreichten Höhen. In manchen Packungen waren die Ballone besonders gut, so daß diejenigen einer Kiste eine Durchschnittshöhe von 8000 m ergaben. Die Gesamtzahl der Ballone betrug etwa 200. Ihre Zahl hätte bedeutend größer sein können. Ich hatte aber damit gerechnet, daß der Gummi sich bei der Kälte nicht halten würde, da er dabei sonst leicht brüchig wird. Die Ballone wurden an einem frostfreien Ort aufbewahrt. Von jeder Sorte war immer eine Kiste angebrochen, und diese bewahrte ich dann in meiner Kammer auf. Vor jedem Aufstieg, besonders bei fortschreitendem Winter wurden die Ballone sehr sorgfältig angewärmt, indem sie mehrere Stunden in der Hosentasche getragen, oder auch in die Nähe des warmen Ofens gehängt wurden. Je sorgfältiger die gleichmäßige Durchwärmung geschah, um so besser ließen sie sich füllen, und um so größer waren die erreichten Höhen. Nicht ganz gleichmäßig durchgewärmte Ballone zeigten bei der Füllung gelegentlich eine »dicke Backe« und erreichten nur dann geringe Höhen oder platzten auch schon bei der Füllung. Die Füllung geschah, wenn die Ballone noch warm waren. Es zeigte sich aber schließlich doch noch die Notwendigkeit ihnen einen geringeren Auftrieb zu geben; das zeigte sich dann sofort in der besseren Höhe, wenn auch die Verfolgung dann länger dauerte und die Ballone stärker abtrieben. Gelegentlich wurde auch der ganze Vorrat durchgewärmt. Auch beim Füllen geplatzte Ballone konnten durch Überkleben der Risse manchmal noch wieder gebraucht werden. Bei nicht zu starker Füllung wurden auch dann noch gute Höhen erreicht. Bei Beginn der Triftfahrt im März hatte ich noch etwa 90 Ballone zur Verfügung. Ich hatte die Wahl, entweder möglichst viele Aufstiege auch bei niedriger Wolkendecke hintereinander zu machen, oder nur seltener bei klarem Wetter, aber dann größere Höhen zu erreichen. Beides hatte seine Vorzüge. Ich entschloß mich aber dazu, jeden Monat etwa 10 Aufstiege bei gutem Wetter zu machen, um eine einjährige Reihe zu bekommen. Wenn mehr Ballone vorhanden gewesen wären, hätte gut an jedem geeigneten Tage ein Aufstieg gemacht werden können. Als Aushilfe beim Versagen der Gummipiloten hatte ich noch etwa 50 Papierpiloten nach dem Vorschlag von Herrn Geheimrat Schreiber in Dresden mitgenommen. Durch Undichtwerden einer Dampfleitung in der Nähe ihres Aufenthaltsortes waren sie aber naß und daher unbrauchbar geworden. Im übrigen hätten sie aber auch eine Verfolgung von zwei Punkten nötig gemacht, was die Arbeit erheblich vermehrt hätte. Die Erfahrungen, die im Weltkrieg mit Papierballonen gemacht wurden, lagen ja noch nicht vor, wonach man auch hierbei mit einer einfachen Anvisierung auskommen kann.

Die Füllung der Ballone geschah meist auf folgende Art und Weise. In den Füllansatz wurde ein Stück Glasrohr eingebunden, und daran kam ein Stück weichen, dünnen Gummischlauchs, der durch ein zweites Zwischenstück mit dem dickwandigen Füllschlauch verbunden war. An das Glasrohr am Füllansatz wurde dann das Gewicht angehängt, das der Ballon tragen sollte. Der Ballon wurde zuerst in der Hand gehalten, bis seine Füllung soweit fortgeschritten war, daß er sich selbst tragen konnte. Dann wurde das Gewicht mit dem Gummischlauch auf den Boden gelegt. Mit Hilfe des Reduzierventils konnte die Füllung so reguliert werden, daß der Ballon gerade das Gewicht und ein Stück des mitgerechneten Schlauches trug. Schließlich wurde der Ballon mit einem Stück Kabelgarn sorgfältig abgebunden. Die Füllung mußte natürlich an einem windgeschützten Ort geschehen, der namentlich während der Fahrt nicht immer leicht zu finden war.

Die Verfolgung des Ballons geschah auf See mit einem Sextanten. Der Einfachheit halber überließ ich dies einem der damit besonders vertrauten Schiffsoffiziere. Ein anderer beobachtete die Uhr und rief 5 Sekunden vor jeder halben Minute »Achtung« und dann »stopp«, darauf las ich die Teilung ab, und ein dritter peilte die Ebene des Sextanten mit einem kleinen Fluidkompaß. Der Schiffskompaß hatte leider keine für größere Winkelhöhen geeignete Peilvorrichtung, und auch der freie Blick war durch die Segel und Takelwerk behindert. Bei guter Sicht gelang es, die Ballone bis auf etwa 10 km absolute Entfernung zu verfolgen. Zur Beobachtung an Land waren zwei Bungesche Theodoliten vorhanden, um gelegentlich auch von zwei Punkten aus beobachten zu können, was ja für Papierpiloten nötig war. Da auch an nächtliche Aufstiege gedacht war, so mußten die Theodoliten auch dafür eingerichtet werden. Der eine Theodolit hatte ein Fadenkreuz von folgender Form: In der Okularebene befand sich eine Glasplatte mit zwei eingeritzten Strichen, die aber in der Mitte des Gesichtsfeldes nicht ganz zusammenliefen, so daß der Ballon genau im Zentrum gehalten werden konnte, ohne durch die Striche verdeckt zu werden. Der andere Theodolit trug eine Teilung auf der Glasplatte, um auch absolute Abstandsmessungen machen zu können. Wenn unter dem Ballon eine Papierscheibe in gemessenem Abstande hängt, so ergibt sich durch Messung des Winkelabstandes zwischen Ballon und Scheibe auch die absolute Entfernung des Ballons und damit die Steiggeschwindigkeit des Ballons direkt. Diese Vorrichtung wurde aber schließlich doch nicht gebraucht. Vorversuche hatten gezeigt, daß eine ganz einfache Vorrichtung bei Aufstiegen in der Dunkelheit Erfolg versprach. An den Ballon sollte eine kleine Lampe aus rotem durchscheinendem Papier gehängt werden. Mit zwei solcher Lampen in bestimmtem Abstande untereinander konnten auch absolute Messungen gemacht werden. Als Lichtquellen sollten 1—2 cm lange Stücke Kerzen verwandt werden, die für diesen Zweck genügend lange brannten und auch leicht genug waren. Es mußte aber auch das Fadenkreuz beleuchtet werden. In die Okularfassung wurde ein kleines Loch an der Stelle, wo das Okularmikrometer saß, gebohrt und dort ein Stück Messingrohr angelötet, das eine kleine elektrische Glühlampe aufnehmen sollte. Das Licht drang dann in die Glasplatte des Mikrometers ein, konnte aber nur an den Stellen herausdringen, wo die Oberfläche verletzt war, also an dem Fadenkreuz, das sich so als feine helle Linien auf dunklem Grunde zeigte. Die Vorrichtung funktionierte auch bei den Vorversuchen gut, brauchte aber schließlich doch nicht benutzt zu werden. Auch im Winter war bei klarem Himmelsgrund, wie noch später auseinandergesetzt werden soll, der Himmel, besonders im Nordteil des Horizonts, wohin bei den vorherrschenden südlichen Winden die Ballone trieben, immer so hell, daß der Ballon sich stets so deutlich vom Himmel abhob, daß er gut verfolgt werden konnte. Es gelang so im dunkelsten Monat, dem Juni, Aufstiege von über 5000 m Höhe zu erreichen. Daher war es die einfachste Lösung des Problems, die Aufstiege nur in den Mittagsstunden zu machen.

Die Verfolgung der Piloten geschah durch zwei Personen, einer hielt den Ballon im Gesichtsfeld des Fernrohrs, der andere las alle halbe Minute die Teilung ab und schrieb die Zahlen auf. Der Kontrolle wegen wurden die Ablesungen immer laut gemacht. In der Winterkälte war es oft keine leichte Arbeit, bei —30° und Wind bis zu einer Stunde still vor dem Theodoliten zu stehen und zu beobachten. Bald beschlug das Okular und mußte immer wieder mit einem Holzstäbchen oder Bleistift gereinigt werden, die Drehungen der Axen gingen schwer, weil das Oel steif wurde, und weitere derartige Annehmlichkeiten kamen vor. Des Windschutzes wegen wurde je nach der Richtung der Beobachtungsort gewechselt, auch Schneewehen nötigten dazu. Das Azimut wurde jedesmal durch Anpeilen eines fernen Punktes und durch Bestimmung seiner Richtung mit dem Peilkompaß bestimmt. Öfter wurde auch ein Stern, die Sonne oder der Mond zur Azimutbestimmung benutzt. Namentlich bei stärkerer Schollendrehung mußte ein dritter Beobachter regelmäßig einen Peilkompaß oder auch den Schiffskompaß ablesen, wodurch dann Drehungen der Unterlage eliminiert werden konnten. Bei blendendem Sonnenlicht war es nötig für den Beobachter, das schädliche Nebenlicht durch ein um den Kopf geschlungenes, schwarzes Tuch abzudecken, um Schneeblindheit zu vermeiden, da mit den Schneebrillen schlecht zu beobachten war.

Messungen von zwei Punkten wurden nicht gemacht. Nach der Winternacht war zwar einmal eine Basis abgesteckt worden, aber in der folgenden Nacht zerriß das Eis, und die Scholle mit dem einen Punkt hatte sich um etwa 90° gedreht und im übrigen so verschoben, daß der bezeichnete Punkt nur schwer wiedergefunden werden konnte. Eine neue Basis wurde daraufhin nicht wieder abgesteckt. Wegen der großen Temperaturinversionen sind die Aufstiegsgeschwindigkeiten namentlich in den untersten Schichten sicher nicht konstant, so daß die Geschwindigkeit und Richtung dieser Schichten nicht ganz einwandfrei sind. Der Fehler konnte aber nicht vermieden werden.

Die Methode der Verarbeitung. Zur Höhenberechnung der Pilotaufstiege diente zunächst die Hergesellsche Formel, bei der definitiven Berechnung in der Heimat aber die auf größerem Material beruhenden Werte von Hesselberg und Birkeland (Beiträge zur Physik der freien Atmosphäre Bd IV, S. 196—216), die für die vorliegenden Verhältnisse geeigneter erschienen. Die Projektion der Flugbahn wurde für jeden $^1/_2$ Minutenwert berechnet und dann in ein Polarkoordinatennetz eingetragen. Hierzu diente ein besonderes Papier, das die Firma Schleicher & Schüll in Düren auf meine Anregung hin anfertigte. In den allermeisten Fällen bleibt die Flugbahn innerhalb eines Quadranten, folglich genügt auch ein Koordinatenpapier, das nur einen Quadranten enthält. Ohne unhandlich zu werden, kann dann der Radius des Kreises 30 cm groß werden. Bei einem Maßstab von 1/10000 ergibt dies 3 km Projektion, und für 1/20000 6 km, was für viele Fälle bereits ausreicht. Für die untersten Schichten wurde als Maßstab immer 1/10000 gewählt, und weiterhin je nach Erfordernis wurden andere Maßstäbe verwandt. Den Kurven wurden Richtung und Geschwindigkeit und zwar für Stufen von 200 m entnommen; für Höhen über 5000 m erschienen Stufen von 500 m ausreichend. Wenn die Schicht zwischen zwei Punkten der Kurve lag, wurde der Abstand dieser beiden Punkte als Windgeschwindigkeit benutzt, sonst das Mittel von zwei $^1/_2$-Minutenintervallen. Die Richtung wurde auf 2° genau durch Ueberlegen einer in qmm geteilten Glasplatte den Kurven entnommen. Bringt man eine der Linien mit der Kurve zur Deckung, so findet sich irgend eine andere, die mit einem Radius sich deckt, und dies ist dann die Windrichtung; oder eine der Linien ist die

Tangente an die Viertelkreise, was sich auch gut schätzen läßt, dann ist die Richtung um 90° davon verschieden. Die Ablesung ist genau und bequem. Zur Mittelbildung wurden dann Differenzen benutzt, um richtigere Werte namentlich für größere Höhen zu bekommen, wo die Zahl der Werte stark abnimmt. Die Erfahrung zeigt ja, daß die Differenzen weniger veränderlich sind als die absoluten Werte selbst.

Die Kurven der Fesselaufstiege wurden nach der Bjerknesschen Methode berechnet und zwar für alle charakteristischen Punkte, zwischen denen ein linearer Verlauf angenommen werden konnte. Bei den vielen Inversionen und Isothermien war die Zahl dieser Punkte beträchtlich. Für jeden Aufstieg wurden die Zahlen graphisch dargestellt. So erhielt man einen guten Ueberblick über die Verteilung der Elemente mit der Höhe, und auch etwaige Rechenfehler konnten entdeckt werden. Diesen Zeichnungen wurden die Zahlen für die Höhenstufen entnommen. Der Häufigkeit und Größe der Inversionen wegen schien es aber nicht ratsam zu sein, sich auf 500 m Schichten zu beschränken. Dadurch wären auch die Mittelwerte zu ausdruckslos geworden. Ich nahm daher 200 m-Stufen, aber auch die 500 m und 1500 m Schicht wurden mitgenommen, um Vergleiche mit anderen Orten zu gestatten. Wenn die Maximalhöhe weniger als 100 m unter einer Stufe lag, wurde der Stufenwert interpoliert, entweder unter Benutzung des darunter liegenden Gradienten, oder bei Inversionen die letzte abgelesene Temperatur genommen. Auch hier wurde zur Berechnung der Mittelwerte die Differenzenmethode benutzt, wenn auch bei den großen Bodeninversionen starke Bedenken dagegen bestanden, da in diesen Fällen vielleicht der Gradient veränderlicher ist als die Temperatur selbst. Für die einzelnen Aufstiege wurde immer das Mittel aus Aufstieg und Abstieg benutzt, falls nicht zu besonderen Zusammenstellungen beide getrennt behandelt werden mußten. Wurde eine Schicht mehrfach gekreuzt, so ist das Mittel aller Zahlen genommen. Diese Mittelzahlen wurden auch zur Kurvendarstellung benutzt.

Ebenfalls zu Vergleichszwecken wurden die Haupthöhenschichten berechnet, wenn diese Zahlen auch hier in der Diskussion keine Verwendung gefunden haben. Hierzu noch eine Bemerkung. Die 1000 Millibar-Schicht liegt bei dem tiefen Luftdruck der Antarktis in den meisten Fällen unter dem Meeresniveau. Hierfür ist es nach Bjerknes üblich, einen mittleren Gradienten der Temperaturverteilung anzunehmen. Ein solcher aus den untersten Schichten abgeleiteter Gradient hätte aber bei den Bodeninversionen zu Unwahrscheinlichkeiten geführt. Denke ich mir die Eisoberfläche bis zur jeweiligen 1000 mb-Schicht gesenkt, so wäre wahrscheinlich die Temperatur auf ihr nahe dieselbe gewesen wie bei der unveränderten Schicht. Die Temperatur der untersten Luftschicht ist hier eben nicht wesentlich durch vertikale Luftmischung bedingt, sondern zum großen Teil durch Strahlungsvorgänge der Eisfläche selbst. Als Kompromiß wurde daher Isothermie für die unter dem Meeresniveau liegende Schicht angenommen und unter dieser Annahme die Höhe der 1000 mb-Schicht berechnet.

Die Einschränkung, die bei der ganzen vorliegenden Veröffentlichung geboten war, ließ es leider nicht zu, die Aufwertungen der Einzelaufstiege abzudrucken. Sie sind, wie alles Urmaterial, übersichtlich zusammengestellt im Preußischen Meteorologischen Institut in Berlin niedergelegt worden. Einen schwachen Ersatz bieten vielleicht für manche Zwecke die in der »Witterungsübersicht« im Kapitel XII über die Ergebnisse der einzelnen Aufstiege gemachten Angaben.

b) Die Ergebnisse der Aufstiege.

1) Die Lufttemperatur.

Die Temperaturverhältnisse der höheren Luftschichten in der Antarktis, wie sie uns die Fesselaufstiege der Deutschen Antarktischen Expedition enthüllt haben, sind außergewöhnlicher Natur. Ganz besonders auffällig ist im Winter die so gut wie regelmäßige Temperaturumkehr von ganz enormem Betrage. Infolge dieser Bodeninversion finden wir statt der sonst im Durchschnitt überall immer vorhandenen Temperaturabnahme mit der Höhe eine durchschnittliche Temperaturzunahme. Sie erreicht im Juli ein Maximum im Monatsmittel mit 11.7°. Selbst im Gesamtmittel des Winters, (Juni-August), der mit 50 Aufstiegen sehr gut besetzt ist, haben wir eine mittlere Inversion von 7.1°. Nur im Sommer und im Frühjahr finden wir durchschnittliche Temperaturabnahme, aber auch noch geringe Gradienten. Allerdings liegen diese Beobachtungen wegen der Trift des Schiffes schon nördlich vom Polarkreise. Selbst das Jahresmittel zeigt noch eine Inversion von 1.2°, wenn ich es aus den Monatsmitteln ableite. Andernfalls würde die Inversion wegen der größeren Aufstiegszahl im Winter auf 2.5° steigen. In Tabelle 86 sind alle Temperaturmittel und in Figur 14 die Mittelwerte für Jahreszeiten und Jahr für die verschiedenen Höhen im einzelnen wiedergegeben.

Da die Inversionen in den einzelnen Fällen verschieden hoch hinaufreichen, so haben wir über der Schicht mit durchschnittlicher Temperaturumkehr, die bis rund 1000 m Höhe reicht, eine Zone schwacher Gradienten, die etwa erst von 1500 m Höhe an in schnellere Temperaturabnahme überzugehen beginnt. Doch ist dieser durchschnittliche Gang auch in sehr vielen einzelnen Fällen anzutreffen.

Einen noch eindrucksvolleren Ausdruck für die Bedeutung der Temperaturumkehr bekomme ich, wenn ich die Höhe feststelle, in der die Bodentemperatur wieder erreicht wird, wie es in Figur 15 geschehen ist. In den beiden kältesten Monaten, Juni und Juli, kann ich bereits nicht mehr im Bereich der Aufstiege bleiben, sondern muß extrapolieren, da die Bodentemperatur erst in 3000 m Höhe erreicht wird. Im Mittwinter ist also rund ein Drittel der gesamten Atmosphärenmasse wärmer als die Bodenschicht.

Es ist kaum anzunehmen, daß diese Umkehrung der sonst auf der Erde herrschenden Temperaturverhältnisse nur zufällig in diesem einen Beobachtungsjahr vorhanden gewesen ist. Es widerspricht dem vor allem die Regelmäßigkeit ihres Auftretens bei den einzelnen Aufstiegen, sodaß, wie auf S. 77 dargelegt wurde, damit bei der Technik der Aufstiege gerechnet werden konnte. Quantitative Änderungen können und werden natürlich von Jahr zu Jahr vorhanden sein, aber der Sinn dürfte nicht geändert werden, schon weil dazu die quantitativen

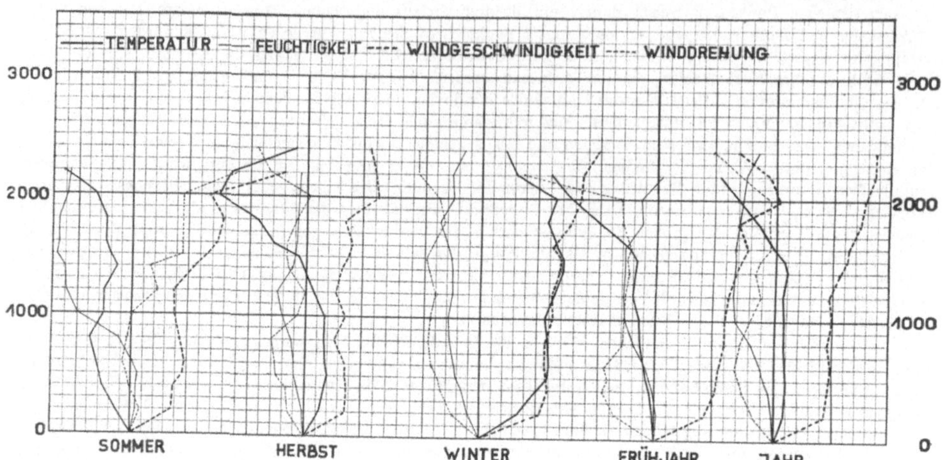

Fig. 14. Ergebnisse der Fesselaufstiege.

Ein Teilstrich = 1º C Temperatur, 10⁰/₀ Feuchtigkeit, 1 mps Windgeschwindigkeit, 5º Winddrehung.

Änderungen zu erheblich sein müßten. Auch die Auffassung, daß es sich um eine lokale Besonderheit des Aufstiegsortes handele, ist von der Hand zu weisen, denn bei der weithin gleichmäßigen Umgebung des Aufstiegsortes ist eine direkte lokale Beeinflussung etwa wie in den Tälern Spitzbergens äußerst unwahrscheinlich. Nach den Untersuchungen von Meinardus ist das Weddellmeer, wenigstens in seiner westlichen Hälfte, eins der großen Ausfuhrgebiete der kalten antarktischen Luftmassen. Da nun die Trift der „Deutschland" in diesem großen Luftstrom stattfand, wie die Richtung der Trift und die vorherrschenden Winde lehren, so wird sich eine etwaige regionale Beeinflussung auf ein noch weit größeres Gebiet, als es das Weddellmeer ist, verteilen. Vielmehr muß hiernach der Ursprung der eigenartigen Verhältnisse im Inneren der Antarktis liegen, die den großen Ausfuhrstrom speist. Diese Temperaturverhältnisse, namentlich im Winter, müssen daher als charakteristisch für einen sehr erheblichen Teil der Antarktis, wenn nicht für die ganze gelten. In den diametral gegenüberliegenden

Tabelle 86.   Monats- und Jahreszeitenmittel der Temperatur in verschiedenen Höhen unter Benutzung d⸗ klimatologischen Temperaturmonatsmittel.

(n = Anzahl der Aufstiege.)

Monat 1912	Boden t°	200 t°	n	400 t°	n	500 t°	n	600 t°	n	800 t°	n	1000 t°	n	1200 t°	n	1400 t°	n	1500 t°	n	1600 t°	n	1800 t°	n	2000 t°	n	2200 t°	n	2400 t°
Januar	− 2.1	− 3.7	5	− 5.1	5	− 5.1	4	− 5.1	4	− 5.5	4	− 4.7	4	− 4.7	4	− 3.5	3	− 4.1	2	− 4.5	2	− 4.5	2	− 5.5	2	− 8.3	1	—
Februar	− 5.5	—	—	—	—	—	—	—	—	—	—	—	—	—	—	—	—	—	—	—	—	—	—	—	—	—	—	—
März	−10.6	− 8.7	2	− 8.5	2	− 8.6	2	−10.0	2	−11.7	2	−12.7	2	−13.2	2	−13.2	2	−13.2	2	−13.7	2	−14.9	2	−22.8	1	—	—	—
April	−16.0	−15.3	7	−15.0	7	−15.0	7	−15.0	7	−14.9	7	−13.8	6	−16.0	5	−17.5	3	−18.1	3	−24.3	2	−26.2	2	−25.8	1	−26.5	1	—
Mai	−22.3	−21.0	15	−19.9	14	−19.2	12	−18.5	11	−17.2	9	−17.3	6	−17.5	6	−19.1	5	−19.7	4	−19.3	3	−20.7	3	−21.6	2	−21.8	2	−23.3
Juni	−26.0	−19.7	20	−17.3	18	−17.1	17	−16.8	16	−17.8	12	−17.5	12	−17.4	11	−19.0	9	−18.6	7	−19.2	7	−21.4	5	−18.7	3	−20.0	1	−21.4
Juli	−26.0	−23.8	15	−21.6	12	−20.2	10	−20.0	10	−19.5	9	−19.5	9	−18.7	10	−14.3	4	−14.7	4	−15.0	4	−15.6	2	−16.4	2	−21.3	3	−21.2
August	−23.0	−21.6	15	−21.0	13	−20.1	11	−20.0	11	−19.8	9	−20.2	9	−20.1	7	−20.2	7	−20.3	7	−20.8	7	−20.6	5	−20.6	4	−24.2	1	−25.8
September	−12.9	−12.4	12	−11.9	12	−12.1	10	−12.2	9	−12.8	7	−12.2	4	−12.0	3	−11.3	2	−12.0	2	−12.6	2	−16.0	1	—	—	—	—	—
Oktober	−10.2	−10.8	19	−11.1	17	−11.3	17	−11.3	17	−11.3	16	−11.1	13	−11.9	7	−11.4	5	− 9.8	4	−10.4	4	−11.7	4	−13.3	3	−16.7	2	—
November	− 6.8	− 7.4	14	− 8.5	13	− 8.8	13	− 9.1	13	− 9.8	10	−10.8	8	−12.0	8	−12.7	5	−13.2	5	−13.7	5	−14.2	4	−18.4	1	−18.4	1	—
Dezember	− 1.8	− 3.0	4	− 4.2	4	− 4.7	4	− 5.3	4	− 5.9	3	− 4.3	2	—	—	—	—	—	—	—	—	—	—	—	—	—	—	—
Sommer	− 2.0	− 3.4	9	− 4.6	9	− 4.9	8	− 5.2	8	− 5.8	7	− 4.6	6	− 4.6	4	− 3.4	3	− 4.0	2	− 4.4	2	− 4.4	2	− 5.4	2	− 8.2	1	—
Herbst	−16.3	−15.1	24	−14.6	23	−14.3	21	−14.5	20	−14.6	18	−14.6	14	−15.6	13	−16.6	10	−17.0	9	−19.1	7	−20.6	7	−23.9	4	−21.8	3	−17.4
Winter	−25.0	−21.7	50	−20.0	43	−19.2	38	−19.0	37	19.1	30	−19.2	30	−18.6	28	−17.9	20	−17.9	18	−18.4	18	−19.2	12	−18.6	9	−21.8	5	−22.8
Frühling	−10.0	−10.2	45	−10.5	42	−10.8	40	−10.9	39	−11.3	33	−11.4	25	−12.0	18	−11.9	12	−11.7	11	−12.3	11	−15.0	9	−14.9	4	−16.0	3	—
Jahr	−14.3	−13.8	128	−13.5	117	−13.3	107	−13.4	104	−13.7	88	13.5	75	−13.2	63	−13.1	45	−13.2	40	−14.2	38	−15.7	30	−16.8	19	−17.7	12	−12.9

Teilen der Antarktis hat auf der englischen zweiten Scott'schen Expedition Simpson einige Ballonaufstiege gemacht (Quarterly Journal 1914, S. 221), die im wesentlichen zu demselben Resultat führen, nämlich starke Temperaturumkehr im Winter und Temperaturabnahme im Sommer. Freilich könnte bei den Simpsonschen Aufstiegen der Einwand gemacht werden, es handele sich um eine Ausnahme, da die dort angewandte Methode nur bei ruhigem Wetter anwendbar ist, und die Versuche nur bei windstillem Wetter gemacht wurden. Hierbei ist aber leicht eine Bodeninversion vorhanden. Dagegen spricht aber schon die Höhe, bis zu der die Bodeninversion dort hinaufragt, nämlich ebenfalls bis rund 1000 m. Im Weddellmeer ist dieser Einwand von vornherein nicht vorhanden, da es hier meist Drachenaufstiege sind, die frische Winde zur Voraussetzung haben. An anderer Stelle (Ann. d. Hydrographie usw. 1916, S. 316 ff) konnte ich aber zeigen, daß über dem südlichen Roßmeer ähnliche Temperaturverhältnisse herrschen müssen, wie sie die D.A.E. im Weddellmeer gefunden hat, nämlich schwache Gradienten im Sommer und starke Temperaturzunahme im Winter, die sogar quantitativ noch größer sein muß als hier. Zahlenmäßig ergab sich, daß im August 1911 die Bodeninversion mindestens 25 — 30° betragen mußte. Auch die weiterhin im Verlaufe der Untersuchung behandelten Eigentümlichkeiten in den Windverhältnissen, der relativen Feuchtigkeit und der Dämmerungserscheinungen geben weitere Anhaltspunkte dafür, daß die Bodeninversion das ganze Gebiet der Antarktis beherrscht.

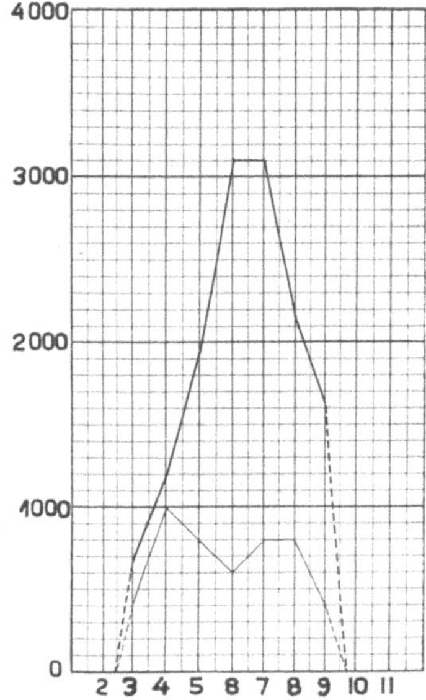

Fig. 15. ━━ Höhe, in der in den einzelnen Monaten die Bodentemperatur wieder erreicht wird.
Mittlere Höhe der Bodeninversion.

Als physikalische Ursache der kalten Bodenschicht kommt zweifellos die Ausstrahlung des Bodens sehr wesentlich in Betracht. Nehme ich an, eine Luftsäule werde von unten abgekühlt, so bleibt die kalte Luft aus Gleichgewichtsgründen unten liegen und kann nur durch äußere Kräfte in größere Höhen gebracht werden. Als Ursache dafür dürfen wir die Wirbelbewegungen, die in jedem Luftstrom herrschen, ansehen. Die Reibung am Boden mit seinen Unebenheiten, in unserem Falle Schneewehen, Eispressungen, Eisbergen usw., erzeugt vertikale Bewegungen. Daneben sind innere Gründe maßgebend. Bekanntlich ist eine Flüssigkeitsströmung, z. B. ein Fluß, fast stets turbulent. Auch für die Atmosphäre wissen wir das aus Erfahrung, wenn auch die näheren Verhältnisse der Turbulenz hierbei noch wenig geklärt sind. Eine laminare Strömung mit einander parallelen Stromfäden ist jedenfalls nur unter besonderen Umständen stabil (siehe meine Ausführungen Ann. d. Hydrographie usw. 1917, S. 1—6). Alle diese Bewegungen müssen dazu führen, daß eine etwa vorhandene scharfe Grenzschicht allmählich verwischt wird. Je größer die Höhe ist, um so weniger wird von der kalten Luft hinaufgelangen.

In dem jeweiligen Zustand der Temperaturverteilung steckt also erstens der ursprünglich vorhandene Anfangszustand, dann wird die Länge der Zeit, die die unterste Luftschicht dem Abkühlungsprozeß ausgesetzt gewesen ist, eine wesentliche Rolle spielen und damit auch in Abhängigkeit von der Windgeschwindigkeit die Länge des Weges, die die Luftmenge über die eisbedeckte Antarktis zurückgelegt hat, und schließlich die Größe der äußeren und inneren Turbulenz, wie ich die beiden oben erwähnten Arten der Unstetigkeit der Luftbewegungen einmal nennen will. Dieser Punkt soll später noch etwas weiter untersucht werden. Zum Schluß kommen noch die Strahlungsvorgänge in der Luft selbst in Betracht.

Die Ausstrahlung am Boden wird nun sicher verschieden sein, je nachdem es sich um das mehrere hundert Meter dicke Inlandeis handelt, oder ob wir es mit dem relativ dünnen Meereis zu tun haben, dessen durchschnittliche Dicke im Weddellmeer etwa ein Meter ist. Bei letzterem ist jedenfalls die Wärmeabgabe beim Gefrieren und auch die Wärmeleitung von dem verhältnismäßig warmen Wasser nach oben durch das Meereis hindurch nicht zu vernachlässigen. Das wird natürlich besonders dann eintreten, wenn das Meer ganz oder teilweise eisfrei ist, wie es auch im Winter in Waken oft der Fall ist. Aus diesen Erwägungen heraus ist es verständlich, daß die Luft über dem Festlandeis kälter ist als über dem benachbarten Meer, wie unter anderm die gleichzeitigen Temperaturmessungen auf dem Inlandeis und dem Schiff in der Vahselbucht zeigen (siehe Witterungsübersicht). Deswegen dürfte auch die Inversion über dem mächtigen Inlandeis größer sein als über dem Meereis. Die schon oben (S. 21) behandelte Häufigkeitskurve der Temperaturverteilung mit ihrem schnellen Absinken bei tiefen Temperaturen läßt erkennen, daß eine gewisse Erwärmung von unten her stattfindet, die der Ausstrahlung entgegenwirkt, sodaß die Lufttemperatur der Bodenschicht nicht beliebig stark sinken kann. Damit wird natürlich auch die Bodeninversion geringer sein.

Noch eine weitere Ursache für die Ausbildung einer Bodeninversion dürfte in nicht unerheblichem Maße mitwirken. Wie zuerst Margules (siehe Exner: Dynamische Meteorologie, S. 81) gezeigt hat, tritt beim

Herabsinken einer Luftmenge unter gleichzeitiger Vergrößerung ihres Querschnittes eine Abschwächung des Temperaturgradienten ein, der unter Umständen sogar negativ werden kann, also eine Inversion. Dieser Fall ist nun in der Antarktis in großem Maße verwirklicht. Die aus der südpolaren Antizyklone ausströmende Luft breitet sich beim Vordringen in nördlichen Breiten erheblich aus. Nehmen wir beispielsweise an, die Luft ströme radial von 80° bis zu 70°. Die vom 70. Grad umschlossene Fläche ist nun sehr nahe viermal so groß wie die vom 80. Grad umschlossene. Dadurch wird eine anfängliche Temperaturabnahme von 0,5° auf 100 Meter in eine Inversion von 1.0° auf 100 Meter umgewandelt. Sei diese Schicht in 70° noch 500 Meter mächtig, so haben wir schon eine Gesamtinversion von 5°. Da die Antarktis ein Hochplateau ist, so strömt die Luft außerdem noch herab, und das steigert die Wirkung noch, wie aus der Formel von Margules hervorgeht:

$$\frac{d\,T'}{d\,z} = \frac{Q'\,p'}{Q\,p}\left(\frac{d\,T}{d\,z}+\frac{A\,g}{c_p}\right) - \frac{A\,g}{c_p}$$

Es ist daraus schon ersichtlich, daß diese Erscheinung qualitativ und auch zum größten Teil quantitativ zur Erklärung ausreicht. Unter Zuhilfenahme der Ausstrahlung können wir dann auch die erheblichen Inversionen, wie sie im Weddellmeer und in der Roßsee vorkommen, erklären.

Setze ich in der Formel dT/dz = −0.5, und nehme ich an, daß die Luft in Framheim dem rund 3000 m hohen Plateau entstammt, das in rund 85° in die Eisplatte übergeht, so vervierfacht sich ungefähr der Querschnitt. Dabei ist der Luftdruck in 3000 m Höhe p rund 500 mm und der Druck im Meeresniveau 740 mm. Ich erhalte dann eine Inversion von rund 2° auf 100 m, also bei rund 1000 m Höhenstreckung der Inversion eine Gesamtzunahme der Temperatur von etwa 20°.

Der jährliche Gang der Temperatur (siehe Figur 16, die zugehörigen Werte sind der Tabelle 86 zu entnehmen) zeigt deutlich eine Verschiebung der Extreme mit der Höhe. Wegen der Ortsveränderung des Schiffes besonders im Sommer und der geringen Zahl der Aufstiege kann das genauer nur beim Minimum festgestellt werden. Am Boden liegt das Minimum im Juni und Juli, schon in 200 m Höhe deutlich im Juli, in 600 m zwischen Juli und August und von da ab deutlich im August. Die Ausnahmestellung, die der September am Boden einnimmt, zeigt sich gut bis etwa 1200 m Höhe, darüber wahrscheinliche Verschiebung auf den Oktober. Vom Maximum dürfte sich mit einiger Wahrscheinlichkeit sagen lassen, daß es am Boden im Dezember liegt, ebenso in 200 und 400 m Höhe, und im Januar in 600 und 800 m angetroffen wird.

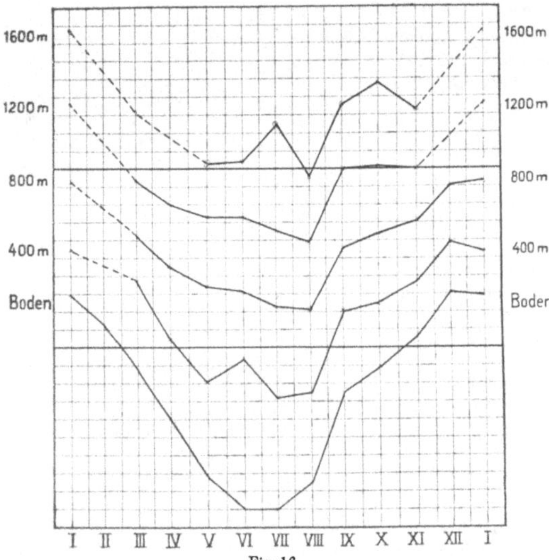

Fig. 16.

Jährlicher Gang der Temperatur in verschiedenen Höhen.

Ein Teilstrich = 2° C.

Für die Amplitude des jährlichen Gangs der Temperatur in der Höhe folgt schon aus der Tatsache, daß der Gradient im Sommer gering ist und im Winter eine erhebliche Inversion herrscht, eine Abschwächung mit der Höhe. Figur 17 möge das näher zeigen. Wenn ich die Temperaturdifferenzen an die Bodentemperatur der Aufstiege selbst anbringe, so ergeben sich quantitativ geringfügig andere Werte, als wenn ich die klimatologischen Mittelwerte benutze. In Figur 17 sind beide Werte, durch eine schwächere bezw. stärkere Kurve, wiedergegeben. Die mittlere jährliche Amplitude beträgt am Boden etwa 25° und sinkt bis auf 14° in 800 m Höhe, um dann wieder allmählich auf etwa 17° zuzunehmen. Auch in den mittleren Breiten der nördlichen gemäßigten Zone finden wir eine ähnliche Erscheinung, freilich liegt das Minimum bedeutend höher, in etwa 3000 m. Die Amplitudenabnahme ist aber in Europa im allgemeinen geringer als in der Antarktis, ist aber in dem kontinentalen Nordamerika etwa gleich groß. (Hann, Lehrbuch der Meteorologie, 3. Auflage, S 160.) In Nordostgrönland fand A. Wegener nur eine geringe Abnahme. In Spitzbergen ist die Schwankung größer und dürfte sich als noch größer herausstellen, wenn die dort fehlenden Monate dazukommen; das Minimum liegt dort in etwa 1300 m Höhe. (G. Rempp u. A. Wagner: Die Temperaturverhältnisse über Spitzbergen. Veröffentlichungen des deutschen Observatoriums Ebeltofthafen-Spitzbergen.)

Die wahre Ursache dieses Minimums dürfte darin liegen, daß die Bodeninversionen meist in 800 m Höhe aufhören, ähnlich wie in gemäßigten Breiten die Störungen des vertikalen Temperaturgefälles durch

Bodeneinfluß im Durchschnitt höchstens bis 3000 m Höhe hinaufreichen, wo auch das Minimum der Amplitude liegt. Die Richtigkeit dieser Auffassung, daß die Abnahme der Jahresamplitude mit der Höhe zum größten Teil durch die Bodeninversion bedingt ist, kann ich auch noch auf eine andere Weise klar zum Ausdruck bringen.

Ordne ich nämlich die Aufstiege nach den Bodentemperaturen und nehme Gruppen von 5°. also unter —30°, —25 bis —30° usw., so erhalte ich ein lehrreiches Bild, Figur 18.

Die Abnahme der Amplitude mit der Höhe ist auch hier sehr deutlich ausgeprägt. Besonders interessant sind aber die drei Gruppen der tiefsten Bodentemperaturen. Sehr bemerkenswert ist der nahe Anschluß der zweiten und dritten Kurve von etwa 300 m Höhe an. Da beide Kurven auf genügend zahlreichen Aufstiegen, 28 bezw. 24, beruhen, so dürfte die Darstellung wohl der Wirklichkeit nahe kommen. Die erste Gruppe beruht dagegen nur auf 5 Aufstiegen, sodaß sie etwas unregelmäßiger verläuft. Aber auch diese Kurve hat in 1000 m Höhe dieselbe absolute Temperatur wie die beiden anderen. Es läßt sich daraus der Schluß ziehen, daß die Temperatur in 1000 m Höhe von dem zufälligen Temperaturzustand in Bodennähe fast unabhängig ist. Diese drei Kurven beruhen nun fast durchweg auf Winteraufstiegen. Auch der jährliche Gang, Figur 16, zeigt, daß das Winterminimum in der Höhe ganz bedeutend flacher ist als am Boden.

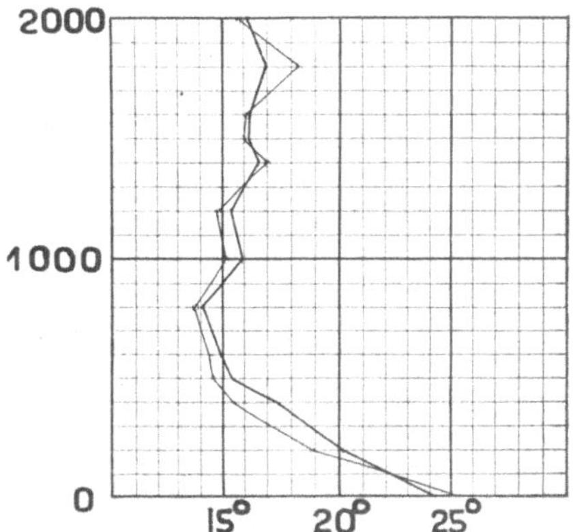

Fig. 17. Amplitude des jährlichen Gangs der Temperatur in verschiedenen Höhen.

An diese Betrachtung möchte ich noch eine Bemerkung knüpfen, die vielleicht mehr als zufälliger Natur ist. Als Temperaturmittel einer 2000 m mächtigen Schicht über dem südlichen Roßmeer hatte ich für August 1911 (Annalen der Hydrographie 1916, S. 326) einen Wert von —19.7° berechnet. Ich kann nun ähnliche Werte aus den Temperaturkurven für die Weddellsee ablesen. Ich bekomme für August ein Mittel von —19.5°, für Juli —17°, für Juni —19.5° und für den ganzen Winter —19°. Für Kap Evans ergibt sich dagegen 26°. Die Uebereinstimmung zwischen diesen Werten in den entgegengesetzten Teilen der Antarktis ist jedenfalls auffällig und würde, falls sie sich allgemein bestätigen sollte, eine sehr bemerkenswerte Gleichmäßigkeit der Temperatur in den verschiedenen Teilen der Antarktis ergeben. Diese Zahlen vermögen in gewissem Grade die auch sonst schon aufgestellte Behauptung zu stützen, daß die tiefen Temperaturen der Oberflächenschicht nur eine Erscheinung der untersten Schicht sind, und daß die lokalen Verschiedenheiten am Boden sich mit der Höhe mehr und mehr ausgleichen. Für die Sommermonate läßt sich zwar eine ähnliche Betrachtung durchführen, aber mit etwas geringerer Sicherheit, da die Sommermonate im Weddellmeer bei der D. A. E. in weit nördlichere Gegenden fallen, und auch namentlich im Dezember die Aufstiegshöhe gering ist. Als Mittel für die 2000 m - Schicht erhalte ich für November —12°, während ich für Framheim als Mittel für November und Dezember —12.3° erhielt, also auch hier bemerkenswerte Übereinstimmung. Der Dezember zeigt für die Schicht unterhalb 1000 m und wahrscheinlich auch für die 2000 m - Schicht aber höhere Temperaturen, so daß sich hier im Mittel eine höhere Temperatur ergeben würde, was mit der niedrigen Breite gut vereinbar wäre.

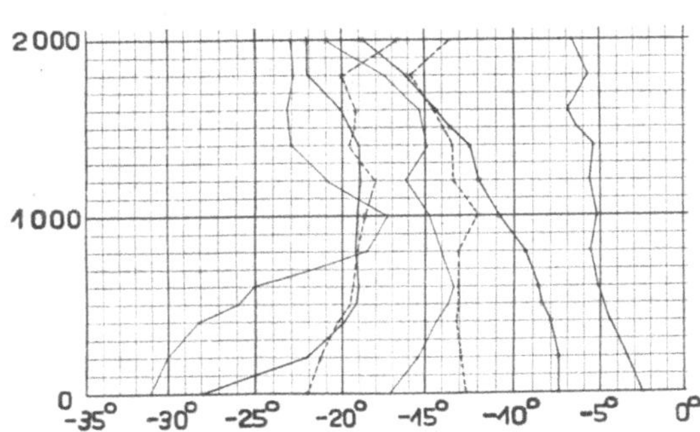

Fig. 18. Temperaturverlauf in der Höhe, geordnet nach Temperaturstufen am Erdboden von 5° zu 5°.

2) Die Luftfeuchtigkeit.

Das Element der relativen Feuchtigkeit wird bei allen polaren Aufstiegen immer mit größerer Unsicherheit behaftet sein, da das allein in Betracht kommende Haarhygrometer bei Kälte sehr träge wird, und außerdem im Weddellmeer vor allem im Frühjahr und Sommer die sehr häufigen Störungen durch Rauhreif und Glatteis in den niedrigen Wolken auftreten. Dadurch werden besonders für die größeren Höhen die Aufstiegszahlen stark reduziert und auch die absoluten Werte geändert, denn vor allem werden die Aufstiege, in denen der Drachen in die Wolken hineingeht oder sie passiert, ausgeschaltet und dadurch gerade die höheren Feuchtigkeitswerte an Zahl verringert. Hierdurch fallen natürlich die Mittel zu gering aus und werden nicht mehr streng vergleichbar.

Die Monats- und jahreszeitlichen Mittel der relativen Feuchtigkeit der verschiedenen Höhen sind in der Tabelle 87 wiedergegeben, während außerdem eine graphische Darstellung für die Jahreszeiten sich mit auf Figur 14, S. 82, befindet.

Als wichtigster Zug sei hervorgehoben, daß die Feuchtigkeit am Boden sich durchschnittlich zwischen 80 und 90 % bewegt und dann mit der Höhe auf etwa 60 % abnimmt, um weiter nach oben wieder zuzunehmen. Das Minimum wird im Herbst und Winter zwischen 1000 und 1200 m und im Frühjahr und Sommer bei etwa 1500 m Höhe erreicht. In diesen Jahreszeiten finden wir auch zuerst ein schwaches Ansteigen vom Boden bis 500 bezw. 200 m.

Tabelle 87. Monats- und Jahreszeitenmittel der relativen Feuchtigkeit in verschiedenen Höhen.

(n = Anzahl der Aufstiege.)

Monat	Boden %	200 %	n	400 %	n	500 %	n	600 %	n	800 %	n	1000 %	n	1200 %	n	1400 %	n	1500 %	n	1600 %	n	1800 %	n	2000 %	n	2200 %	n	2400 %	n
Januar ...	86	87	5	87	3	87	2	91	2	70	2	36	2	27	2	25	2	20	1	21	1	21	1	27	1	29	1	—	—
März	79	67	2	61	2	62	2	61	2	59	2	63	2	55	2	51	2	51	2	53	2	63	2	73	1	—	—	—	—
April	89	91	4	91	4	91	4	91	4	91	4	75	4	87	2	86	2	86	2	86	2	86	1	—	—	—	—	—	—
Mai	86	89	10	83	7	72	5	72	6	69	3	54	3	38	2	80	1	86	1	87	1	80	1	72	1	68	1	—	—
Juni	84	77	13	72	12	69	12	66	11	66	9	65	8	63	8	70	6	69	6	62	5	55	4	76	1	80	1	—	—
Juli	86	74	9	70	9	66	8	67	8	59	7	57	7	60	5	54	4	54	4	54	4	64	2	63	2	47	1	71	1
August ...	86	76	7	66	7	59	6	56	6	49	5	49	5	57	4	56	4	56	4	54	4	49	3	46	3	51	1	—	—
September .	86	86	9	82	8	84	8	81	6	64	4	50	3	34	2	33	2	32	2	31	2	—	—	—	—	—	—
Oktober...	87	87	15	83	12	78	9	73	8	62	7	55	4	61	4	67	4	69	4	70	4	70	3	67	3	90	1	—	—
November .	84	88	12	85	11	81	10	77	8	74	7	73	6	74	6	73	5	73	5	74	4	76	1	75	1	—	—	—	—
Dezember..	85	93	4	93	3	94	2	82	1	77	1	—	—	—	—	—	—	—	—	—	—	—	—	—	—	—	—
Sommer...	86	90	9	90	6	91	4	87	3	74	3	36	2	27	2	25	2	20	1	21	1	21	1	27	1	29	1	—	—
Herbst ...	85	83	16	78	13	75	11	75	12	73	9	64	9	60	6	73	5	75	5	76	5	77	4	75	2	67	1	—	—
Winter ...	85	75	29	69	28	64	26	63	25	58	21	57	20	60	17	60	14	59	14	56	13	49	9	61	6	59	3	70	1
Frühling ..	86	87	25	84	22	81	20	77	15	67	12	60	9	57	8	58	7	58	7	58	6	74	1	72	1	89	1	—	—
Jahr	86	84	79	81	69	78	61	76	55	68	45	55	40	52	33	54	28	54	27	53	25	56	15	59	10	62	5	71	1

Zur genaueren Untersuchung der Feuchtigkeitsverhältnisse reicht aber der Begriff der relativen Feuchtigkeit nicht aus. Für die Verhältnisse am Erdboden mit den verhältnismäßig geringen Schwankungen des Drucks läßt sich mit dem Dampfdruck mehr anfangen. Sowie aber größere Druckdifferenzen in Frage kommen, so gehe ich über zu dem Mischungsverhältnis. Dies ist eine Zahl, die angibt, wieviel Gramm Wasserdampf in 1 kg trockener Luft vorhanden sind. Dieser Wert berechnet sich nach der Formel $622 \frac{e}{b-e}$, wo e der Dampfdruck ist (aus der relativen Feuchtigkeit nach der Beziehung $R = e \frac{100}{E}$ zu berechnen, bei der E die Maximalspannung bei der betreffenden Temperatur ist) und b den Luftdruck darstellt. Eine bequeme tabellarische Form dieser Größe ist in den Aspirations-Psychrometertabellen des Preußischen Meteorologischen Instituts enthalten. Für eine ausgewählte Zahl von Aufstiegen, für die die Aufzeichnung der relativen Feuchtigkeit einwandfrei erschien, es sind ihrer 36, wurde nun für jede Höhenstufe das Mischungsverhältnis berechnet. Als Vorbereitung für die weitere Diskussion wurde zunächst eine kleine Tabelle zusammengestellt, die angibt, wie groß das Mischungsverhältnis

Tab. 88. Mischungsverhältnis bei Sättigung über Wasser bezw. Eis.

b / t°	Wasser						Eis					
	750	700	650	600	550	500	750	700	650	600	550	500
0°	3.81	4.09	4.41	4.78	5.22	5.75	3.81	4.09	4.41	4.78	5.22	5.75
— 5°	2.64	2.83	3.04	3.30	3.61	3.96	2.52	2.70	2.90	3.14	3.43	3.75
— 10°	1.79	1.92	2.07	2.25	2.45	2.70	1.63	1.74	1.88	2.04	2 22	2.45
— 15°	1.20	1.28	1.38	1.50	1.63	1.80	1.04	1.11	1.20	1.30	1.41	1.56
— 20°	0.80	0.85	0.92	1.00	1.09	1.20	0.65	0.69	0.75	0.81	0.88	0.98
— 25°	0.51	0 54	0.58	0.63	0.69	0.76	0.40	0.43	0.46	0.50	0.54	0.60
— 30°	0.32	0.34	.0.37	0.41	0.44	0.49	0 24	0.26	0.28	0.30	0.33	0.36
— 35°	0.20	0.21	0.23	0.25	0.27	0.30	0.14	0.15	0.16	0.18	0.19	0.21

ist, wenn bei der betreffenden Temperatur Sättigung herrscht. Auch hier wurde, wie schon bei der Betrachtung über die Feuchtigkeit am Boden streng zwischen der Sättigung über Wasser und der Sättigung über Eis unterschieden. Diese kleine Tabelle gebe ich hier für Temperaturstufen von 5° (von 0° bis 35°) und Luftdruckstufen von 50 mm wieder, Tabelle 88, da sie auch für andere Versuche Verwendung finden könnte.

Das Mischungsverhältnis bei den 36 ausgewählten Aufstiegen wurde nun nach Jahreszeiten in Tabelle 89 zusammengefaßt. Für den Herbst waren 6, für den Winter 20 und für das Frühjahr 10 Aufstiege verfügbar, für den Sommer keiner, der genügend hoch hinaufreichte. Die Tabelle zeigt ein charakteristisches Verhalten. Das Mischungsverhältnis ist praktisch konstant in allen Höhen. Daß im Herbst und Frühjahr in 800 m Höhe Änderungen vorkommen, liegt nur daran, daß einer bzw. zwei Aufstiege mit großen Änderungen das Mittel stark beeinflussen, weil die Zahl der Aufstiege nicht groß genug ist, um dies genügend auszugleichen. Diese Konstanz des Mischungsverhältnisses finden wir auch bei vielen Einzelaufstiegen wieder. Ein konstanter Wert des Mischungsverhältnisses besagt aber, daß die Luft ein und derselben Herkunft ist. Das Mischungsverhältnis ist bekanntlich eine Invariante, die sich bei Wärmezufuhr oder Wegnahme und bei Druckänderungen nicht verändert, vorausgesetzt, daß keine Feuchtigkeit durch Niederschläge ausfällt oder auch von außen aufgenommen wird.

Tabelle 89. Mischungsverhältnis bei ausgewählten Aufstiegen.

Vierteljahrsmittel.

	Anzahl	Boden	Höhe in m											
			200	400	500	600	800	1000	1200	1400	1500	1600	1800	2000
Herbst . . .	6	0.93	1.14	1.16	1.12	1.07	1.04	0.82	0.44	0.68	0.69	0.69	0.70	0.55
Winter . . .	20	0.42	0.63	0.73	0.70	0.70	0.67	0.67	0.73	0.70	0.69	0.69	0.60	0.56
Frühling . .	10	1.67	1.57	1.52	1.55	1.53	1.33	1.20	1.25	1.26	1.26	1.26	1.17	0.91

Wir haben also zunächst das wichtige Resultat, daß im Durchschnitt die untersten 2000 m Luft einheitlicher Herkunft sind. Nur der Wert am Boden ist im Herbst und Winter geringer und im Frühjahr etwas größer. Das zeigt sich auch bei fast allen Einzelaufstiegen. Die physikalische Ursache für diese Abnahme des Mischungsverhältnisses liegt in der Wirkung der kalten Luftschicht am Boden, da man doch nur sehr schwer annehmen kann, daß diese dünne Schicht mit einem Male anderen Ursprungs sein könnte als die darüber liegenden 2000 m. Wegen ihrer tiefen Temperatur kann sie nicht mehr den ganzen Wasserdampfgehalt behalten, da sie dadurch übersättigt wird, der Rest muß sich also ausscheiden. Die Winterwerte zeigen, daß sich im Durchschnitt etwas weniger als die Hälfte des gesamten Wasserdampfes niederschlagen muß; in Einzelfällen, wie z. B. bei Aufstieg 43, sogar bis zu drei Viertel. Wenn diese Verminderung des Mischungsverhältnisses am Boden oder auch nur in Bodennähe eine Folge einer Ausscheidung ist, so muß hierbei der Wert des Mischungsverhältnisses seinem Sättigungswert entsprechen. Und dies ist tatsächlich der Fall, wie einige in Tabelle 90 zusammengestellte Beispiele

Tabelle 90. Mischungsverhältnis bei Einzelaufstiegen.

S_W = Sättigung über Wasser, S_E = Sättigung über Eis.

Aufstieg		Boden	200	400	500	600	800	1000	1200	1400	1500	1600	1800	2000
Nr. 25	beob.	0.34	0.71	0.73	0.74	0.73	0.71	0.65	0.65	0.66	0.67	0.63	0.54	0.46
	S_W	0.37	0.78	0.86	0.91	0.92	0.96	0.90	0.88	0.78	0.74	0.68	0.63	0.60
	S_E	0.28	0.64	0.71	0.75	0.76	0.78	0.73	0.71	0.63	0.59	0.54	0.50	0.47
Nr. 39	beob.	0.32	0.51	0.74	0.75	0.84	0.89	0.86	0.80	0.77	0.76	0.72	0.60	
	S_W	0.37	0.56	0.92	1.04	1.13	1.10	1.04	0.98	0.91	0.88	0.85	0.89	
	S_E	0.28	0.44	0.76	0.86	0.94	0.93	0.87	0.80	0.73	0.70	0.69	0.72	
Nr. 43	beob.	0.25	0.25	0.36	0.40	0.50	0.81	1.00	0.90					
	S_W	0.30	0.35	0.61	0.79	1.05	1.62	1.92	1.88					
	S_E	0.22	0.26	0.49	0.64	0.89	1 42	1.72	1.69					
Nr. 63	beob.	0.29	0.71	0.76	0.69	0.67	0.61	0.57	0.49	0.42	0.40	0.39		
	S_W	0.33	1.26	1.44	1.45	1.48	1.55	1.62	1 64	1.61	1.61	1.61		
	S_E	0.25	1.09	1.26	1.27	1.29	1.37	1.44	1.45	1.43	1.42	1.41		
Nr. 126	beob.	1.20	1.23	0.99	0.90	0.87	0.83	0.80	0.77	0.77	0.78	0.78		
	S_W	1.55	1.51	1.49	1.65	1.55	1.39	1.26	1.12	1.01	0.96	0.90		
	S_E	1.39	1.35	1.30	1.45	1.37	1.23	1.08	0.94	0 83	0.77	0.73		

zeigen mögen, wo ich außer den beobachteten Werten des Mischungsverhältnisses für jede Höhenstufe auch noch die Sättigungswerte über Eis und Wasser beifüge. Aufstieg Nr. 25 vom 15. Mai zeigt in den ganzen 2000 m Höhe, daß der Wert des Mischungsverhältnisses fast ganz dem Sättigungswert über Eis entspricht, in vielen Fällen sogar etwas größer ist, aber kleiner bleibt als der Sättigungswert über Wasser. Dasselbe zeigt Aufstieg Nr. 39 vom 10. Juni. Die Luft ist in diesen Fällen also in der ganzen durchmessenen Schicht für Eis gesättigt und in der Nähe des Bodens sogar übersättigt. Nr. 43 vom 17. Juni zeigt am Boden Übersättigung, in 200 m noch Sättigung und darüber geringere Werte, ebenso Nr. 63 vom 10. Juli. Daß der beobachtete Bodenwert zwischen den beiden Sättigungswerten liegt, zeigt sich in fast allen Einzelfällen im Herbst und Winter. Im Frühjahr sehen wir meist das umgekehrte Verhalten, daß nämlich der Bodenwert größer ist, als der sonst konstante Wert in der Höhe, wie Nr. 126 vom 6. November zeigt. Das beweist offenbar, daß die sonst einheitliche Luftmenge in den bodennahen Schichten neuen Wasserdampf aufgenommen hat. Der Aufstiegsort liegt aber schon erheblich nördlich vom Polarkreis.

Diese Ausführungen führen also zu dem grundlegenden Ergebnis, daß infolge der Bodeninversion in der kalten Jahreszeit in Bodennähe durchschnittlich Sättigung, ja Übersättigung über Eis herrscht und herrschen muß. Und damit haben wir die physikalische Erklärung für die bereits früher in dem klimatologischen Kapitel über die Feuchtigkeit erwähnten und angenommenen Sättigung mit Feuchtigkeit in der untersten Luftschicht gewonnen, die zur Erklärung des eigenartigen täglichen Ganges der relativen Feuchtigkeit vorweggenommen wurde.

Wir haben also gesehen, daß ein beträchtlicher Prozentsatz der Luftfeuchtigkeit infolge der Wirkung der Bodeninversion am Boden oder Bodennähe ausgeschieden wird. Es erscheint nun interessant, einmal die Fragestellung gewissermaßen umzukehren. Angenommen, es herrsche am Boden gerade Sättigung und es bestehe eine Bodeninversion von bestimmtem Betrage, wie groß ist dann die relative Feuchtigkeit an ihrer oberen Grenze? Die Beantwortung dieser Frage ist nicht schwer. Aus der Tabelle 88 auf S. 86 entnehme ich für den Bodendruck und die Bodentemperatur das Mischungsverhältnis und ebenso für die an der oberen Grenze herrschenden Drucke und Temperaturen. Der Quotient dieser beiden Zahlen gibt dann direkt die relative Feuchtigkeit an. In der Tabelle 91 gebe ich das Resultat für einige Beispiele, die unter folgenden Voraussetzungen berechnet sind. Unten herrsche ein Luftdruck von 750 mm, und die Inversion reiche bis 1000 m Höhe. Dann ergeben sich für die Stufen der Bodentemperatur von —5° bis —35° von 5 zu 5° fortschreitend und für die Inversionsbeträge von I°, ebenfalls von 5 zu 5° fortschreitend bis 25° die folgenden Zahlen der Tabelle 91.

Tabelle 91. Relative Feuchtigkeit in 1000 m Höhe bei Sättigung am Boden über Wasser bezw. Eis.

Luftdruck unter 750 mm, t° Temperatur, l° Inversion.

t° \ l°	Wasser					Eis				
	5°	10°	15°	20°	25°	5°	10°	15°	20°	25°
— 5°	61	42	30	22	16	58	41	29	21	15
— 10°	60	41	29	20	15	54	37	26	19	13
— 15°	59	40	28	19	14	51	35	24	17	12
— 20°	58	39	27	18	13	48	32	22	15	10
— 25°	57	38	25	17	12	43	29	20	13	9
— 30°	55	35	23	16	11	41	26	18	12	8
— 35°	54	34	22	15	10	38	24	15	10	7

Das Ergebnis ist recht überraschend, da sich sehr niedrige relative Feuchtigkeiten in der Höhe ergeben. Es zeigt sich klar, welche Feuchtigkeitsunterschiede durch eine Inversion ausgeglichen werden können. Da in der Tabelle ein konstantes Mischungsverhältnis angenommen ist, wie es ja auch im Durchschnitt sich gezeigt hat, so kann die Tabelle direkt für unsere Verhältnisse angewandt werden. Ist die relative Feuchtigkeit größer als die Tabellenwerte zeigen, so tritt am Boden Uebersättigung und damit Ausscheidung von Feuchtigkeit ein. Die Tabellenwerte sind nun in den meisten Fällen geringer als die tatsächlich registrierten Werte, so daß auch aus dieser Tabelle folgt, daß in der kalten Jahreszeit meist Uebersättigung und damit Ausscheidung von Feuchtigkeit am Boden eintreten muß. Es sind dabei durchweg die Werte für Eis zu benutzen, da in der Antarktis mit ihrer Schnee- und Eisbedeckung schon die Sättigungswerte über Wasser eine Uebersättigung über der Oberfläche bedeuten.

Das Vorkommen solcher geringen Feuchtigkeiten, wie sie die Tabelle voraussetzt, wird nun und wohl mit vollem Recht zurückgeführt auf mächtige absteigende Luftströme, wie sie in großen Antizyklonen vorkommen. Man sieht also aus den Zahlen der Tabelle, daß solche Bodeninversionen, wie sie in der Antarktis häufig und im Winter sogar im Durchschnitt vorkommen, selbst mächtige antizyklonale Strömungen mit ihren erheblichen dynamischen Erwärmungen und dadurch bedingten Lufttrockenheiten zu kompensieren, ja überzukompensieren vermögen. Eine wichtige Schlußfolgerung hieraus, die uns noch in einem späteren Kapitel beschäftigen wird, ist die, daß selbst in mächtigen Antizyklonen noch Sättigung und Uebersättigung am Boden und damit Ausscheidung von Feuchtigkeit stattfindet.

3) Der Wind.

Die Windverhältnisse sollen zunächst, wie auch sonst vielfach üblich, nach den Fesselaufstiegen und den Pilotaufstiegen getrennt behandelt werden, da eben häufig die Bedingungen, unter denen die Aufstiege stattfinden, verschieden sind.

a) Der Wind nach den Fesselaufstiegen.

Die Windgeschwindigkeit nach den Fesselaufstiegen nimmt, wie Tabelle 92 und die Darstellung in Figur 14 (S. 82) zeigen, in allen Zeitabschnitten mit der Höhe beträchtlich zu. Diese Zunahme ist in den untersten 200 m am größten, darüber ändert sich die Geschwindigkeit nur wenig mehr und nimmt sogar vorübergehend etwas ab. Das so entstehende Windmaximum liegt in einzelnen Monaten bereits in 200 m Höhe, in den meisten Fällen in etwa 400 m, und rückt in einigen Fällen, wie im Mai und Januar, bis etwa 600 m hinauf. Dieses Maximum ist auch in unseren Breiten eine wohlbekannte Erscheinung und hat durch die theoretischen Untersuchungen von Exner, sowie Hesselberg und Sverdrup (Annalen der Hydrographie usw. 1912, S. 226

Tabelle 92. Mittlere Windgeschwindigkeiten in verschiedenen Höhen.

(n = Anzahl der Aufstiege)

	Boden	200		400		500		600		800		1000		1200		1400		1500		1600		1800		2000		2200		2400	
	mps	mps	n	mps	n	mps	n	mps	n	mps	n	mps	n	mps	n	mps	n	mps	n	mps	n	mps	n	mps	n	mps	n	mps	n
Januar	6.6	9.8	5	10.5	5	12.0	4	12.5	4	11.7	4	10.5	4	10.4	4	12.1	3	13.1	2	13.8	2	14.4	2	13.4	2	19.6	1	—	—
März	4.2	7.0	2	6.2	2	6.0	2	5.7	2	5.0	2	5.2	2	4.7	2	6.2	2	8.4	2	8.7	2	7.4	2	11.2	1	—	-	—	—
April	6.8	12.4	7	13.5	7	12.9	7	12.7	7	10.7	7	12.2	5	10.8	4	11.3	3	12.0	2	12.0	2	11.0	2	—	—	—	—	—	—
Mai	6.1	8.6	13	8.6	14	9.0	11	9.4	8	9.2	7	10.2	5	9.7	5	9.2	4	8.1	3	8.6	2	9.1	2	11.6	1	12.1	1	11.6	1
Juni	4.0	6.6	19	7.3	18	7.1	16	7.3	15	7.7	11	7.8	11	8.0	10	7.6	8	7.3	7	7.1	7	8.2	5	10.7	3	—	—	—	—
Juli	6.5	12.5	14	13.6	11	13.9	10	13.5	10	12.9	10	12.8	10	12.7	6	13.1	5	13.8	5	12.3	4	13.5	2	13.0	2	12.5	2	14.0	1
August . . .	5.2	12.2	11	12.5	10	12.0	9	11.8	9	12.3	9	13.8	8	13.6	6	15.4	5	15.3	5	14.9	5	16.7	4	17.0	2	18.2	1	17.2	1
September . .	6.0	10.1	11	11.7	9	11.6	8	11.8	8	12.3	5	11.2	4	11.0	2	11.0	2	11.0	2	10.9	2	—	—	—	—	—	—	—	—
Oktober . . .	5.7	10.5	17	12.0	15	11.9	14	12.7	12	13.8	9	12.6	6	13.8	5	14.2	4	16.2	3	16.4	3	15.9	3	15.2	3	12.7	1	—	—
November . .	6.8	10.9	4	10.5	3	10.6	3	10.6	3	10.3	2	—	—	—	—	—	—	—	—	—	—	—	—	—	—	—	—	—	—
Dezember . .	8.8	12.9	4	12.5	3	12.6	3	12.6	3	12.3	2	—	—	—	—	—	—	—	—	—	—	—	—	—	—	—	—	—	—
Sommer . . .	7.7	11.3	9	11.5	8	12.3	7	12.5	7	12.0	6	11.6	4	11.5	4	13.2	3	14.2	2	14.9	2	15.5	2	14.5	2	20.3	1	—	—
Herbst . . .	5.7	9.3	22	9.4	23	9.3	20	9.3	17	8.3	16	9.2	12	8.4	11	8.9	9	9.5	7	9.8	6	9.2	6	11.9	2	11.7	1	11.2	1
Winter . . .	5.2	10.4	44	11.1	39	11.0	35	10.8	34	10.9	30	11.4	29	11.4	22	12.0	18	12.1	17	11.4	16	12.8	11	13.5	7	13.7	3	15.0	2
Frühling . .	6.2	10.5	40	11.4	35	11.5	33	11.7	31	12.2	23	12.2	17	12.4	14	13.0	10	14.0	9	13.2	8	16.4	4	15.7	3	13.2	1	—	—
Jahr	6.2	10.4	115	10.8	105	11.0	95	11.1	89	10.8	75	11.1	62	10.9	51	11.8	40	12.4	35	12.5	32	13.5	23	13.9	14	14.8	6	14.8	3

bis 239 bezw. Veröffentlichungen des Geophysikalischen Instituts der Universität Leipzig 2. Serie Bd. I, Heft 10) seine Erklärung gefunden. Es ist die Folge der Reibungsverhältnisse in der Atmosphäre. Nur scheint hier das Maximum tiefer als in den gemäßigten Breiten zu liegen.

Der absolute Betrag der Geschwindigkeitszunahme gegen den Boden zeigt eine deutliche jährliche Periode. Am besten zeigt sich dies, wenn ich den Quotienten Höhenwind zu Bodenwind bilde, wie es in Tabelle 93 für die Jahreszeiten und das Jahr geschehen ist. Die geringste Zunahme finden wir im Sommer, die größte im Winter. In 200 m Höhe ist die Windgeschwindigkeit im Sommer das 1.5-fache und im Winter das 2-fache. Unter den Monaten ist der August derjenige mit der stärksten Zunahme. Er ist auch der einzigste Monat, in dem die Windgeschwindigkeit in irgend einer Höhe den dreifachen Betrag des Bodenwindes erreicht, und zwar geschieht das etwa über 1700 m Höhe.

Tabelle 93. Windgeschwindigkeit nach Fesselaufstiegen in % des Bodenwindes.

Höhe . . .	200	400	500	600	800	1000	1200	1400	1500	1600	1800	2000	2200	2400
Sommer . .	147	150	160	163	156	151	150	172	185	194	201	189	265	—
Herbst . . .	163	165	163	163	146	161	148	156	167	172	161	209	205	196
Winter . .	200	213	211	207	209	219	219	231	233	219	246	260	263	288
Frühling . .	170	184	185	189	197	197	200	210	226	213	265	254	213	—
Jahr . . .	168	174	177	179	174	179	176	190	200	202	218	224	239	239

Tabelle 94. Lufttransport, Boden = 100 gesetzt.

	200	400	500	600	800	1000	1200	1400	1500	1600	1800	2000	2200	2400
Januar . . .	146	164	172	172	163	142	135	153	165	173	174	230	230	—
März . . .	158	138	131	124	105	108	96	124	168	169	143	209	—	—
April . . .	178	188	175	171	144	120	138	149	148	140	124	—	—	—
Mai	145	143	134	146	155	148	137	118	116	118	152	142	143	—
Juni . . .	157	166	165	167	165	162	159	145	140	139	151	308	—	—
Juli	183	199	189	179	166	163	151	150	156	152	168	157	160	164
August . .	220	210	207	198	208	230	233	239	235	227	248	250	—	—
September .	164	184	180	181	182	144	158	155	153	150	—	—	—	—
Oktober . .	178	197	193	203	213	190	200	201	225	224	212	199	168	—
November .	155	161	159	153	148	156	144	138	135	111	125	145	—	—
Dezember . .	144	136	137	135	129	—	—	—	—	—	—	—	—	—
Sommer . .	144	150	154	156	148	136	131	146	156	163	164	212	212	—
Herbst . . .	156	158	149	156	144	131	130	128	135	136	134	157	142	—
Winter . . .	184	190	186	181	179	181	174	177	176	174	190	225	177	181
Frühling . .	166	181	177	179	179	167	166	165	167	160	186	182	164	—
Jahr . . .	168	177	172	173	169	162	158	159	162	160	173	196	180	172

Einen noch tieferen Einblick in diese Verhältnisse erhalte ich, wenn ich den Massentransport in verschiedenen Höhen bilde. Dies geschieht durch Multiplikation der Windgeschwindigkeit mit der Luftdichte. So bekomme ich gleichzeitig einen Einblick in die bewegenden Kräfte, mit anderen Worten den Luftdruckgradienten in den verschiedenen Höhenstufen (Tabelle 94). Es ergibt sich als allgemeines Resultat, daß der Gradient überall in etwa 400 m Höhe ein Maximum hat, was dem Geschwindigkeitsmaximum in dieser Höhe entspricht. Darüber nimmt der Lufttransport wieder ab, und zwar stärker, als es der Windgeschwindigkeit entspricht, um erst etwa von 1800 m Höhe an wieder langsam zuzunehmen. Im großen und ganzen ist aber der Lufttransport und damit der Luftdruckgradient in allen betrachteten Höhen eine annähernd konstante Größe, wie wir es auch aus unseren Breiten für die Luftbewegungen in Tiefdruckgebieten wissen. Diese Erscheinung wird aber überlagert durch eine andere, die ein Maximum in den untersten Schichten und ein zweites in der Höhe von etwa 2000 m hat. Ob die darüberliegende Abschwächung reell ist, oder nur durch die stark abnehmende Aufstiegszahl vorgetäuscht wird, sei dahingestellt. Das untere Maximum dürfte nicht allein dadurch hervorgerufen sein, daß die Windgeschwindigkeit in diesen Höhen ein Maximum hat, das nach den Untersuchungen von Exner, Hesselberg und Sverdrup (a. a. O.) etwas größer ist als dem Gradienten eigentlich zukommt, sondern dürfte eine allgemeinere Ursache haben, auf die später noch zurückzukommen sein wird.

Wegen der Ablenkung durch die Erdrotation muß auf der Südhalbkugel der Wind mit der Höhe nach links drehen. Das zeigen auch die Aufstiege sehr deutlich, siehe Tabelle 95 und die graphische Darstellung in Figur 14 auf S. 82. Auch in den meisten Einzelaufstiegen ist diese Linksdrehung zu erkennen, wenn auch nicht selten Ausnahmen vorkommen, die dann oft eine spätere Winddrehung am Boden zur Folge haben.

Tabelle 95. Mittlere Winddrehung gegen den Boden in Grad.

(+ = Rechts-, — = Linksdrehung.)

	200	n	400	n	500	n	600	n	800	n	1000	n	1200	n	1400	n	1500	n	1600	n	1800	n	2000	n	2200	n	2400	n
Januar ..	0	5	— 2	5	— 2	4	— 7	4	0	4	0	4	+11	4	+ 8	3	+22	2	+22	2	+22	2	+22	2	+45	1	—	—
März ...	−11	1	−11	1	−34	1	−34	1	−34	1	−11	1	−11	1	−11	1	−11	1	−11	1	−11	1	0	1	—	—	—	—
April ...	+ 1	8	— 2	9	+ 1	7	— 4	7	— 1	7	+ 1	6	+24	4	+ 8	3	+11	2	+11	2	+22	1	+22	1	—	—	—	—
Mai	−11	14	−11	12	— 7	11	— 2	8	−10	6	0	5	−12	4	−19	3	−26	3	−26	3	−25	2	−20	2	−17	2	−22	1
Juni	— 9	20	−11	17	−12	17	−15	14	−10	11	−12	11	— 4	9	— 4	8	−10	6	— 8	5	−11	5	−32	2	−34	1	—	—
Juli	−16	16	−24	13	−27	13	−27	13	−33	12	−32	12	−35	8	−46	5	−46	5	−44	4	−28	2	−28	2	−11	1	−11	1
August ..	−11	14	−17	13	−17	12	−24	10	−26	10	−24	9	−20	7	−18	7	−17	7	−14	7	— 8	5	+ 2	3	−39	1	−45	1
September	−32	12	−38	10	−34	9	−35	8	−22	6	−18	4	— 6	2	— 6	2	— 9	2	— 4	2	—	—	—	—	—	—	—	—
Oktober..	−12	18	−18	17	−18	17	−19	17	−20	14	−19	9	−25	5	−24	4	−25	4	−25	4	−14	3	−15	3	−56	1	—	—
November	−10	13	−14	13	−11	12	−15	13	— 1	9	— 4	8	−10	7	— 7	5	— 7	5	— 6	4	−17	1	−17	1	—	—	—	—
Dezember .	+ 7	4	+ 1	4	— 2	4	— 1	4	— 3	3	0	1	—	—	—	—	—	—	—	—	—	—	—	—	—	—	—	—
Sommer ..	+ 3	9	— 1	9	— 2	8	— 4	8	— 2	7	0	5	+11	4	+ 8	3	+22	2	+22	2	+22	2	+22	2	+45	1	—	—
Herbst ..	— 7	23	— 8	22	−13	19	−14	16	−15	14	— 3	12	0	9	— 8	7	— 9	6	— 9	6	— 4	4	+ 1	4	−17	2	−22	1
Winter ..	−12	50	−17	43	−19	42	−22	37	−23	33	−22	32	−20	24	−23	20	−24	18	−22	16	−16	12	−19	7	−28	3	−28	2
Frühling .	−18	43	−23	40	−21	38	−23	38	−15	29	−14	21	−14	14	−12	11	−14	11	−12	10	−15	4	−16	4	−56	1	—	—
Jahr	— 8	125	−12	114	−14	107	−16	99	−14	83	−10	70	— 6	51	— 9	41	— 6	37	— 2	34	— 3	22	— 3	17	−14	7	−25	3

Ähnlich wie bei der Windgeschwindigkeit nimmt die Drehung mit der Höhe zunächst zu, um dann wieder zurückzugehen. Die Höhenlage dieser Umkehrschicht zeigt eine deutliche Beziehung zu dem Geschwindigkeitsmaximum, sie liegt in der Regel etwas höher als dieses. Die Drehung ist im Sommer am geringsten und im Winter am größten. Nur in den untersten 600 m dreht der Wind im Frühjahr stärker als im Winter. Diese Ausnahme ist durch die besonders starke Drehung im September, wo sie den größten mittleren Betrag der ganzen Zeit mit −38° in 400 m Höhe erreicht, verursacht.

Wie schon die einfache Zusammenstellung der Änderung der Windgeschwindigkeit und Windrichtung zeigt, können diese beiden Dinge nicht unabhängig voneinander sein. Die physikalische Verknüpfung liegt in den Reibungsverhältnissen der Atmosphäre. Die schon mehrfach erwähnten theoretischen Untersuchungen von Exner, Hesselberg und Sverdrup haben gelehrt, daß der Endpunkt des Windvektors, der den Wind nach Stärke und Richtung darstellt, sich auf einer logarithmischen Spirale bewegt. Danach muß, je stärker der Wind nach oben hin zunimmt, auch die Drehung um so größer sein. Die Zunahme des Windes mit der Höhe ist nun um so größer, je stabiler die Schichtung ist. Die Stabilität der Schichtung läßt sich aber darstellen durch die Temperaturschichtung. Je geringer der Gradient ist, um so stabiler ist die Schichtung. Daraus ergibt sich ohne weiteres, daß die Windzunahme und damit auch die Drehung im Winter zu der Zeit der großen Inversionen den größten Wert, und im Sommer zur Zeit der Temperaturabnahme mit der Höhe den geringsten Wert haben muß.

Dieser Zusammenhang ergibt sich noch deutlicher und quantitativer, wenn ich die Aufstiege nach Temperaturgradienten ordne. Für diese Untersuchung lasse ich zunächst einmal die Ballonaufstiege fort, da besonders bei ihnen die Winddrehungen oft zufälliger Natur und dann sehr groß sind, sodaß dadurch das Mittel gefälscht wird, wenn die Aufstiegszahl nicht sehr groß ist. Zweitens lasse ich die Aufstiege unter 500 m Höhe fort. Ich behalte so 96 zur Diskussion übrig, die ich nun nach dem Temperaturgradienten der untersten 500 m-Schicht ordne. Ich kann zweckmäßig die Aufstiege in 7 Gruppen einteilen und erhalte so die folgende Tabelle 96.

Das Einteilungsprinzip ist aus ihr ersichtlich. Die Zahl der Aufstiege, die auf die einzelnen Gruppen entfällt, ist für Richtung und Geschwindigkeit nicht immer die gleiche, da namentlich die Geschwindigkeit bei einigen durch Rauhreif gestörten Aufstiegen nicht einwandfrei war.

Tabelle 96. Änderung von Windgeschwindigkeit und Windrichtung mit der Höhe als Funktion des Temperaturgradienten der untersten 500 m.

Temperaturunterschied gegen den Boden

Temperatur-abnahme bis 500 m	Anzahl der Aufstiege	Boden t^0	200 t^0	400 t^0	500 t^0	600 t^0	800 t^0	1000 t^0	1200 t^0	1400 t^0	1500 t^0	1600 t^0	1800 t^0	2000 t^0
≧ + 4.0⁰ . . .	4	−11.1	−1.7	− 3.4	− 4.2	− 5.0	− 6.4	− 5.7	− 4.8	+ 0.5	—	—	—	—
+ 2.0⁰ bis + 3.9⁰	27	− 9.7	−0.9	− 2.3	− 2.7	− 3.0	− 3.1	− 2.8	− 3.3	− 3.7	− 4.0	− 4.6	−4.7	−4.1
± 0.0⁰ » + 1.9⁰	21	− 9.8	−0.6	− 1.0	− 1.1	− 1.2	− 1.2	− 1.9	− 2.1	− 1.5	− 2.4	− 2.8	−3.8	+0.1
−0.1⁰ bis − 2.0⁰	11	−15.8	+0.4	+ 0.6	+ 1.0	+ 1.2	+ 1.1	+ 0.7	− 1.2	− 3.1	− 3.4	− 4.0	−5.5	—
−2.1⁰ » − 5.0⁰	12	−18.5	+1.2	+ 3.1	+ 3.8	+ 4.4	+ 4.1	+ 4.0	+ 3.6	+ 2.9	+ 2.6	+ 2.0	+0.4	−0.8
−5.1⁰ » −10.0⁰	14	−25.8	+4.4	+ 7.8	+ 8.6	+ 9.0	+ 9.4	+ 9.3	+ 9.2	+ 7.8	+ 7.3	+ 6.6	+6.3	+5.0
über −10.0⁰ . .	7	−25.8	+8.9	+12.2	+12.8	+13.1	+12.6	+12.8	+13.1	+13.0	+12.5	+12.2	+9.9	+9.2

Zunahme der Windgeschwindigkeit gegen den Boden in % des Bodenwindes

Temperatur-abnahme bis 500 m	Anzahl der Aufstiege	Boden mps	200	400	500	600	800	1000	1200	1400	1500	1600	1800	2000
≧ + 4.0⁰ . . .	3	5.7	38	47	44	50	47	49	—	—	—	—	—	—
+ 2.0⁰ bis + 3.9⁰	26	6.9	64	73	75	77	79	80	81	92	101	103	115	134
± 0.0⁰ » + 1.9⁰	17	7.2	65	69	64	70	54	70	53	57	42	39	59	—
−0.1⁰ bis − 2.0⁰	11	7.2	81	95	93	86	76	110	78	88	98	93	83	97
−2.1⁰ » − 5.0⁰	12	6.1	93	118	116	115	112	108	111	152	204	208	212	180
−5.1⁰ » −10.0⁰	14	5.4	103	116	113	115	113	113	120	108	115	109	129	147
über −10.0⁰ . .	7	4.9	119	113	103	99	108	111	95	89	96	86	103	103

Änderung der Windrichtung in Grad gegen den Bodenwind

Temperatur-abnahme bis 500 m	Anzahl der Aufstiege	Boden	200	400	500	600	800	1000	1200	1400	1500	1600	1800	2000
≧ + 4.0⁰ . . .	4		− 1	− 1	− 2	− 4	+ 1	+ 9	+34	+22	—	—	—	—
+ 2.0⁰ bis + 3.9⁰	27		−10	−14	−14	−18	−14	−14	− 12	−10	−10	−10	− 8	− 1
± 0.0⁰ » + 1.9⁰	20		− 8	−13	−10	−12	− 8	0	+10	+10	+ 6	+10	+ 8	+11
−0.1⁰ bis − 2.0⁰	11		−11	−15	−21	−15	−21	−20	−10	− 9	−12	−11	−17	−11
−2.1⁰ » − 5.1⁰	12		−12	−17	−12	−14	−18	−11	− 6	−17	−15	−15	− 6	− 6
−5.1⁰ » −10.0⁰	14		−17	−18	−20	− 21	− 21	−20	−30	−20	−24	−23	−20	−27
über −10.0⁰ . .	7		−29	−26	−28	−28	−29	− 26	−41	−41	−41	−41	−28	−45

Es ergibt sich aus der Tabelle mit überraschender Deutlichkeit, daß mit abnehmendem Gradienten sowohl die Geschwindigkeitszunahme erheblich steigt, als auch der Wind um so stärker nach links dreht. Bei letzterem ist noch zu berücksichtigen, daß die Windrichtung aus Drachenaufstiegen nicht mit der Genauigkeit festgestellt werden kann, wie es für den vorliegenden Zweck wünschenswert wäre. Über die allgemeinere Bedeutung dieser Ergebnisse siehe meine Ausführungen in den Annalen der Hydrographie 1917, S. 1—6.

b) Der Wind nach den Pilotaufstiegen.

Die Mittelwerte für die Windgeschwindigkeit in den Monaten, Jahreszeiten und das Jahr, die den folgenden Ausführungen zugrunde liegen, sind in Tabelle 97 enthalten. Die Windmessungen mit Pilotballonen führen im großen und ganzen zu den gleichen Ergebnissen wie die Fesselaufstiege, soweit die Höhen überhaupt vergleichbar sind. Nur die absolute Größe der Windgeschwindigkeit ist bei den Piloten erheblich geringer. Das dürfte aber zum großen Teil auf die Methode zurückzuführen sein. Drachenaufstiege verlangen ja ein gewisses Minimum von etwa 6 mps in etwa 50—100 m Höhe, um überhaupt ausführbar zu sein, während die Pilotaufstiege in der Regel nur bei ziemlich ruhigem, klarem Wetter unternommen wurden. Namentlich Tage mit niedriger Wolkendecke fallen hierbei fast völlig aus, da an solchen Tagen wegen der geringen Zahl der mitgenommenen Piloten Aufstiege nur selten gemacht wurden. Auch die größeren Windgeschwindigkeiten am Boden fallen fort, da dann wegen des Schneetreibens die Luft in Horizontnähe zu unsichtig ist, um die Ballone überhaupt auf brauchbare Höhen verfolgen zu können.

Das relative Maximum der Geschwindigkeit finden wir auch hier in fast allen Monaten zwischen 200 und 800 m Höhe. Der Aufstieg vom Bodenwind bis zu diesem Wert ist aber nicht so groß wie bei den Drachenaufstiegen. Auf diesen Höchstwert folgt ein kleines Minimum dicht darüber. Dann steigt die Geschwindigkeit zuerst langsam, dann etwas schneller an. Im Jahresmittel wird eine mittlere Geschwindigkeit von 10 mps in etwa 3000 m Höhe erreicht, 15 mps in etwa 5000 m und schon in 6500 m 20 mps. Es zeigt sich ein deutlicher jährlicher Gang. Das Maximum liegt fast durchweg im Frühjahr, das Minimum fällt unterhalb 1500 m in den Sommer, darüber bis 5000 m in den Herbst. Dieser Gang dürfte wohl zum Teil durch die Ortsveränderung bedingt sein und in der Annäherung an den Hauptdepressionsweg seine Erklärung finden. Die größten Geschwindigkeiten finden wir meist im Oktober.

Die Änderung der Windrichtung mit der Höhe ist in ähnlicher Weise wie bei den Drachenaufstiegen als Unterschied gegen den Bodenwind in Tabelle 98 auf S. 93 dargestellt. Hierzu ist zu bemerken, daß bei Ableitung der Tabelle alle großen Drehungen über einem willkürlich festgesetzten Betrag von 60⁰ nicht mitgerechnet wurden, da bei der geringen Aufstiegszahl solche Einzelwerte von großem Einfluß auf das Mittel sein müssen.

Tabelle 97. Windgeschwindigkeit in mps nach den Pilotaufstiegen.

Höhe in Hektometern	Dez.	Jan.	Febr.	März	April	Mai	Juni	Juli	Aug.	Sept.	Okt.	Nov.	Sommer	Herbst	Winter	Frühling	Jahr
0	4.6	4.0	2.0	4.6	4.3	5.6	5.0	6.4	5.1	3.9	5.7	7.0	3.5	4.8	5.5	5.5	4.8
2	6.2	4.4	2.8	5.8	5.8	6.7	7.1	8.9	8.3	6.3	8.7	9.1	4.5	6.1	8.1	8.0	6.7
4	6.4	5.1	3.4	6.2	6.0	7.3	7.3	9.9	7.7	7.5	9.3	9.3	5.0	6.5	8.3	8.7	7.1
6	6.1	5.1	3.9	6.7	6.8	7.0	8.4	8.6	8.1	8.1	10.0	8.1	5.0	6.8	8.4	8.7	7 2
8	5.4	4.6	4.7	6.5	6.7	7.6	7.4	9.7	8.1	8.0	11.2	7.5	4.9	6.9	8.4	8.9	7.3
10	4.9	6.0	5.1	6.4	6.3	7.7	8.2	9.6	8.6	8.2	10.4	8.0	5.3	6.8	8.8	8.9	7.4
12	5.4	7.0	5.5	6.1	6.7	7.1	8.0	8 8	9.2	8.1	10.4	6.8	6.0	6.6	8.7	8.4	7.4
14	6.5	6.9	6.1	5.7	6.8	6.9	9 0	8.2	8.9	7.6	12.0	5.7	6.5	6.5	8.7	8.4	7.5
16	7.0	8.7	6.5	5.7	6.5	7.2	8.8	8.8	8.7	9.5	13.0	6.7	7.4	6.5	8.8	9.7	8.1
18	8.5	4.7	7.4	5.4	5.9	7.4	9.6	8.1	9.7	10.7	13.0	6.6	6.9	6.2	9.1	10.1	8.1
20	8.3	6.3	7 9	6.4	5.2	6.7	10.2	8.8	9.7	10.8	13.0	6.4	7.5	6.1	9.6	10.1	8.3
22	8.0	6.5	7.8	6.1	6.4	7.0	9.8	10.2	9.5	10.7	12.6	6.2	7.4	6.5	9.8	9.8	8.4
24	7.8	5.3	8.2	5.0	6.5	7.6	9.3	8.6	11.0	10.5	12.3	7.4	7.1	6.4	9.6	10.1	8.3
26	9.2	6.9	8.8	5.8	7.1	6.3	9 5	8.5	9 6	9.9	12.7	6.8	8.3	6.4	9.2	9.8	8.4
28	9.3	8.7	8.9	5.8	7.8	6.5	9.9	11.2	12.4	10.3	13.3	6.6	9.0	6.7	11.2	10.1	9.2
30	8.0	11.7	9.5	6.0	9.3	6.4	13.3	11.5	10.7	10 6	13.9	9.9	9.7	7.2	11.8	11.5	10.0
32	10.6	11.1	9.2	6.3	9.6	7.8	14.2	11.7	11.0	11.4	14.3	10.1	10.3	7.9	12.3	11.9	10.6
34	8.4	10.9	9.4	5.8	10.3	7.1	14 3	15.3	12.1	12.0	14.0	9.6	9.6	7.7	13.9	11.9	10.8
36	10.2	11.2	9.6	7.2	11.2	8.1	15.2	13.3	12.3	12.8	15.5	10.2	10.3	8.8	13.6	12.8	11.4
38	9.9	13.8	11.9	7.2	13.3	7.0	8.0	11.3	12.4	15.0	9.9	11.9	9.2	9.8	12.4	10.8
40	7.6	17.9	10.7	6.4	13.1	8.5	16.0	10.4	12.4	13.0	16.1	11.7	12.1	9.3	12.9	13.6	12.0
42	11.7	20.3	12 8	7.1	13.7	9.0	12.7	6.0	11.8	13.3	17.2	11.6	14 9	9.9	13.5	14.0	13.1
44	10.6	25.6	12.3	6.9	13.7	9.9	18.3	—	13.0	15.0	17.4	16.2	16.2	10.2	15.6	16.2	14.6
46	11.9	27.1	11.7	8.1	16.4	11.1	10.8	—	13.6	13.3	17.0	14.2	16.9	11.9	12.2	14.8	14.0
48	18.0	25.7	12.3	6.9	18.0	13 8	22.7	—	13.4	15.6	16.8	17.6	18.7	12.9	18.0	16.7	16.6
50	12.7	26.2	13.8	7.4	—	14.0	—	—	12.8	14.7	16.4	12.8	17.6	10.7	12.8	14.6	13.9
55	16.1	29.3	15.5	5.6	—	20 5	—	—	11.9	18.6	17.6	13.5	20.3	13.0	11.9	16.6	15.4
60	—	—	17.8	10.7	—	19.5	—	—	15.1	19.0	16.7	14.8	17.8	15.1	15.1	16.8	16.2
65	—	—	19.6	9.2	—	25.6	—	—	14.5	21.0	21.0	20.6	19.6	17.4	14.5	20.9	18.1
70	—	—	16.7	8.0	—	24 1	—	—	10.8	—	25.8	25.4	16.7	16.0	10.8	25.6	17.3
75	—	—	17.0	7.8	—	28.3	—	—	23.5	—	26.0	22.9	17.0	18.0	23.5	24.4	20.7
80	—	—	19.1	6.2	—	—	—	—	—	—	27.0	24.1	19.1	6.2	—	25.6	17.0
85	—	—	22.1	7.0	—	—	—	—	—	—	24.0	26.1	22.1	7.0	—	25.0	18.0
90	—	—	22.8	10.4	—	—	—	—	—	—	24.0	29.4	22.8	10.4	—	26.7	20.0
95	—	—	14.6	10.2	—	—	—	—	—	—	24.5	—	14.6	10.2	—	24.5	16.3
100	—	—	22.5	—	—	—	—	—	—	—	—	—	22.5	—	—	—	22.5

Der Wind dreht in den untersten Schichten immer nach links, am stärksten in derselben Höhe wie die Windgeschwindigkeit und bleibt dann ziemlich konstant. Darüber erfolgt wieder eine Annäherung an den Bodenwind, wobei allerdings Ausnahmen in einzelnen Monaten stattfinden. Wir haben also auch hier wieder ein ähnliches Verhalten wie bei den Drachenaufstiegen. Die Drehung ist wieder im Winter am stärksten, im Sommer am geringsten. Im Sommer, oder besser definiert, von November bis März liegt oberhalb von 1000—2000 m die Windrichtung nach rechts gegen den Bodenwind verschoben, in allen übrigen Monaten nach links mit alleiniger Ausnahme des August, der auch geringe Rechtsdrehung zeigt. Die allgemeine Änderung mit der Höhe ist sonst gering, Oberhalb 7000 m setzt dann eine schärfere Rechtsdrehung ein, deren Höhenlage in den einzelnen Monaten verschieden ist, die sich aber in fast allen Einzelaufstiegen wiederfindet. Diese Tatsache findet eine unabhängige Bestätigung in den schon auf S. 57 behandelten ci-Beobachtungen, die ebenfalls eine schärfere Rechtsdrehung gegen die Zugrichtung der mittelhohen Wolken zeigen. Wir können aus den Pilotaufstiegen also schließen, daß die ci-Wolken demnach über 7000 m hoch liegen müssen. Nur im Winter zeigt sich diese Drehung nicht, weil die Aufstiege hier nicht so hoch hinauf reichten.

Eine andere Darstellung dieser Verhältnisse, die aber auch unabhängig davon Interesse hat, erhält man, wenn man die Häufigkeitsverteilung der einzelnen Windgeschwindigkeiten und der Winddrehungen in den einzelnen Schichten von je 200 m Dicke unter 5000 m Höhe und von 500 m darüber betrachtet, wie die folgenden Tabellen 99 und 100 auf S. 94 zeigen.

Die Windgeschwindigkeiten sind nach Stufen von 5 zu 5 m geordnet. Die häufigsten Windgeschwindigkeiten sind die von 5—10 mps und zwar vom Boden bis zu etwa 4000 m Höhe, darüber bis etwa 7500 m rückt der häufigste Wert zu immer größeren Geschwindigkeiten vor. Dann tritt eine ruckweise Verschiebung zu geringeren Geschwindigkeiten ein. Deutlich zeigt sich das auch, wenn wir die kleinste Geschwindigkeitsstufe verfolgen. Am Boden umfaßt sie annähernd 50% aller Fälle und nimmt dann kontinuierlich ab, bis sie in 6500 und 7000 m Höhe gar nicht mehr vertreten ist. Darüber finden wir wieder eine sehr merkbare Häufung der geringen Werte. Die Streuung der Werte nimmt also mit der Höhe zu. Die größten gemessenen Geschwindigkeiten finden wir in den ganz großen Höhen, wo mehrfach 40 mps überschritten wurden.

Tab. 98. Änderung der Windrichtung gegen den Bodenwind in Grad nach Pilotballonaufstiegen.

Höhe in Hektometern	Dez.	Jan.	Febr.	März	April	Mai	Juni	Juli	Aug.	Sept.	Okt.	Nov.	Sommer	Herbst	Winter	Frühling	Jahr
2	— 4	— 6	— 1	— 9	—16	—18	—15	—17	—16	—12	— 8	— 9	— 4	—14	—16	—10	—11
4	— 5	—10	— 2	— 5	—14	—23	—26	—16	—11	— 7	—17	—18	— 5	—14	—18	—14	— 13
6	— 4	—20	+12	— 2	— 6	—29	—26	—21	0	—13	—18	—12	— 4	—12	—16	—15	— 12
8	— 3	—15	+20	+ 4	+ 7	—30	—23	—27	+ 4	—14	—22	—11	+ 1	— 7	—15	—16	— 9
10	—19	— 8	+27	+ 6	+17	—34	—26	—30	+ 3	—12	—25	—10	0	— 4	—18	—16	— 9
12	—21	— 6	+27	+ 6	+18	—34	—25	—25	+ 8	—10	—23	—12	0	— 3	—14	—15	— 8
14	—20	0	+30	+12	+16	—36	—26	—29	+ 7	— 9	—22	— 9	+ 4	— 2	—16	—14	— 7
16	—10	+ 2	+25	+19	+17	—32	—30	—28	+ 9	— 9	—22	— 4	+ 6	+ 1	—17	—12	— 5
18	—14	+ 9	+27	+ 8	+13	—34	—27	—37	+13	— 5	—18	— 4	+ 7	— 4	—17	— 9	— 6
20	— 9	0	+33	+18	+ 5	—39	—32	—36	+14	0	—19	— 2	+ 8	+ 6	—18	— 7	— 3
22	— 2	— 8	+29	+19	+10	—32	—31	—28	+12	— 3	—24	+ 8	+ 6	— 1	—16	— 6	— 4
24	+ 7	+ 4	+30	+13	+ 5	—33	—28	—20	+ 9	— 2	—29	+20	+13	— 5	—13	— 4	— 2
26	+ 9	+28	+30	+27	— 1	—32	—25	—12	+10	— 2	—22	+18	+22	— 2	— 9	— 2	+ 2
28	+11	+40	+25	+26	— 7	—33	—28	—14	+10	0	—20	+14	+25	— 5	—11	— 2	+ 2
30	+16	+34	+24	+21	— 4	—24	—38	—32	+ 4	— 4	—20	+20	+25	— 2	—22	— 1	0
32	+13	+10	+26	+21	— 3	—26	—34	—16	+ 6	— 4	—20	+22	+16	— 2	—15	— 1	0
34	+15	+ 4	+22	+32	—14	—28	—34	+ 2	+ 6	— 6	—22	+22	+14	— 3	— 9	— 2	0
36	+10	+ 4	+26	+32	—14	—26	—36	+12	+ 4	— 7	—17	+19	+13	— 3	— 6	— 2	+ 1
38	+12	+ 6	+27	+32	—18	—21	—32	+ 6	+ 5	—10	—21	+23	+15	— 2	— 7	— 3	+ 1
40	+18	+14	+29	+33	—15	—25	—29	+12	+ 3	—13	—22	+23	+20	— 2	— 5	— 4	+ 2
42	+ 5	+14	+30	+34	—16	—33	—31	+14	+ 1	—16	—22	+23	+16	— 5	— 6	— 5	0
44	0	+ 4	+27	+32	—20	—27	—30		+ 1	—10	—20	+24	+10	— 5	—15	— 2	— 3
46	0	+ 4	+26	+28	—14	—30	—31		+ 4	— 7	—18	+25	+10	— 5	—13	0	— 2
48	+ 1	+ 4	+26	+26	—14	—39	—32		+ 8	—10	—12	+29	+10	— 9	—12	+ 2	— 2
50	+ 6	+ 6	+27	+12		—37			+ 5	— 7	—16	+21	+13	—12	+ 5	— 1	+ 1
55	— 3	+ 6	+21	— 9		—38			+11	— 5	—12	+29	+ 8	—23	+11	+ 4	0
60			+21	—28		—32			+11	— 4	—13	+38	+21	—30	+11	+ 7	+ 2
65			+21	—32		—30			+ 7	—12	+17	+25	+21	—31	+ 7	+10	+ 2
70			+22	—26		—34			+ 7		+39	+53	+22	—30	+ 7	+46	+11
75			+21	—18		—32			+ 5		+45	+43	+21	—25	+ 6	+44	+11
80			+22	—28							+61	+55	+22	—28		+58	+17
85			+27	— 6							+42	+59	+27	— 6		+50	+24
90			+42	—18							+52	+54	+42	—18		+53	+25
95			+47	+ 2							+71		+47	+ 2		+71	+30
100			+64										+64				+64

Die Häufigkeitsverteilung der Winddrehungen ist in Tabelle 100 dargestellt. Hier sind alle Werte, auch die über 60° mitgeführt, die in Tabelle 98 fortgelassen waren. Wir ersehen daraus, daß die positiven Drehungen im Durchschnitt häufiger sind als die negativen, abgesehen von den alleruntersten Schichten, wo die negativen d. h. Linksdrehungen beträchtlich überwiegen. Das Häufigkeitsmaximum liegt, abgesehen von diesen untersten Schichten, bei den geringen Rechtsdrehungen unter 10°. Überhaupt überwiegen die geringen Drehungen unter 10°, die meist ³/₄ aller Beobachtungen umfassen. Die großen Drehungen sind am häufigsten in der bodennahen Schicht, sie kommen mit abnehmender Häufigkeit bis etwa 2500 m Höhe vor. Die positiven Werte reichen etwas weiter hinauf als die negativen, die auch an Zahl stärker und schneller abnehmen als die positiven. Ein zweites Maximum der großen Drehungen liegt etwa bei 3000 m, ein weiteres zwischen 5000 und 6000 m. Dann treten sie oberhalb 7500 m wieder stärker auf, und zwar nur die positiven, was mit der mittleren Drehung in dieser Höhe in Übereinstimmung steht. Abgesehen von diesen Fällen nimmt die Stetigkeit der Windrichtung mit der Höhe beträchtlich zu, um aber oberhalb 7500 m wieder abzunehmen.

Eine größere Unstetigkeit des Windes tritt also in etwa 3000, 5500 und 7500 m Höhe auf, wahrscheinlich auch noch in etwa 2000 m. Vielleicht dürfen wir hierin eine Andeutung einer ähnlichen Schichtbildung erblicken, wie wir sie aus unseren Breiten kennen, die sich unter anderem auch in Wolkenbildungen zeigen. Wir können also vielleicht in 3000 m Höhe den Repräsentanten des a-cu-Niveaus sehen, in etwa 5000 m Höhe das ci-cu Niveau und in 7500 m Höhe eine Hauptschicht, die besonders ausgeprägt sein muß, da in ihr alle Veränderungen am stärksten sind. Es liegt nahe, in dieser Schicht das ci-Niveau und die Grenze der Stratosphäre zu erblicken. Sie würde also erheblich niedriger liegen, als es sonst bekannt ist. Die Höhenlage der oberen Inversion scheint nach den sonst gemachten Beobachtungen zum großen Teil durch die Vertikalbewegungen und den Energieaustausch in den unteren Schichten bedingt zu sein. So liegt allgemein die Grenze der Troposphäre am höchsten in den Depressionen mit ihren starken vertikalen Bewegungen, und in ähnlicher Weise in den Tropen erheblich höher als in der gemäßigten Zone. Da aber die Höhenerstreckung des vertikalen Luftaustausches in der Antarktis gering ist, wie unter anderm auch die geringe Höhe des Minimums der jährlichen Schwankung der Temperatur zeigt, so ist danach auch die geringe Höhenlage der oberen Inversion oder der Stratosphäre verständlich.

Es sei hier kurz an eine Frage gerührt, die noch ihrer Lösung harrt. Die Stratosphäre wird allgemein nach den Ausführungen von Emden als Strahlungseffekt gedeutet. Wie liegen nun die Verhältnisse, wenn der eine der maßgebenden Faktoren, die Einstrahlung der Sonnenwärme, fortfällt, wie es z. B. in der Polarnacht der Fall ist, und nur der zweite Faktor, die Ausstrahlung, wirksam bleibt? Wenn auch so die Entstehung des Unterschiedes zwischen Stratosphäre und Troposphäre im Polarwinter noch zweifelhaft bleibt, so bleibt doch natürlich die Möglichkeit vorhanden, daß die einmal bestehende Schichtung durch die Luftbewegung mit fortgeführt wird und sich solange aufrecht erhalten kann, wie es für diese Zwecke nötig ist. Jedenfalls sind Untersuchungen über diese fundamentale Schicht in dem Polarwinter eine der wichtigsten Aufgaben künftiger meteorologischer Polarforschung.

Tabelle 99.
Prozentische Häufigkeit der Windgeschwindigkeiten nach den Pilotaufstiegen.

Höhe in Hektometern	Stufen mps 0-5	5-10	10-15	15-20	20-25	> 25
0	48	50	2	—	-	—
2	36	46	16	2	—	—
4	35	42	19	4	—	—
6	35	44	14	5	2	—
8	37	40	17	4	1	1
10	33	43	15	9	—	—
12	29	48	18	4	1	—
14	24	55	16	4	1	—
16	20	55	17	5	1	2
18	20	51	22	5	1	1
20	25	49	14	11	1	—
22	18	55	13	13	1	—
24	24	49	17	6	4	—
26	22	46	23	9	—	—
28	19	42	28	6	3	2
30	9	53	24	9	5	—
32	9	43	31	13	4	—
34	8	47	29	8	4	4
36	4	48	24	16	4	4
38	4	43	28	19	4	2
40	7	26	33	24	5	5
42	5	22	40	22	8	3
44	3	25	41	6	22	3
46	8	29	33	22	17	—
48	3	29	23	22	13	10
50	4	25	43	21	4	3
55	8	16	28	32	8	8
60	6	11	22	44	6	11
65	—	18	18	23	23	18
70	—	15	38	23	8	15
75	8	8	25	25	—	34
80	20	—	30	20	10	20
85	13	25	13	25	12	12
90	—	29	43	—	14	14
95	20	20	40	—	20	—
100	—	50	50	—	—	—

Tabelle 100. Prozentische Häufigkeit der Winddrehungen bestimmter Größe für je 200 bzw. 500 m Höhe nach den Pilotaufstiegen.

(+ = Rechtsdrehung, — = Linksdrehung.)

Höhe in Hektometern	Winddrehung > 30 −	11-30 −	0-10 −	0-10 +	11-30 +	> 30 +	Σ +	Σ −
0- 2	10	42	30	11	4	3	18	82
2- 4	5	18	31	24	15	7	46	54
4- 6	4	15	29	27	20	5	52	48
6- 8	5	10	26	33	21	5	59	41
8- 10	7	9	33	33	16	2	51	49
10- 12	3	9	33	40	10	5	55	45
12- 14	2	10	32	45	10	1	56	44
14- 16	1	8	32	41	15	3	59	41
16- 18	6	7	36	40	11	—	51	49
18- 20	1	11	36	37	11	4	52	48
20- 22	1	11	31	41	10	6	57	43
22- 24	1	8	30	49	10	2	61	39
24- 26	—	9	33	42	13	3	58	42
26- 28	—	9	41	45	5	—	50	50
28- 30	6	7	38	42	5	2	49	51
30- 32	—	5	41	45	5	4	54	46
32- 34	—	13	45	36	4	2	42	58
34- 36	—	4	39	49	8	—	57	43
36- 38	—	10	28	53	9	—	62	38
38- 40	—	7	33	55	5	—	60	40
40- 42	—	13	43	40	4	—	44	56
42- 44	—	6	44	39	11	—	50	50
44- 46	—	11	28	56	5	—	61	39
46- 48	—	6	42	42	10	—	52	48
48- 50	—	11	39	39	11	—	50	50
50- 55	8	5	26	48	9	4	61	39
55- 60	6	6	16	72	—	—	72	28
60- 65	—	12	50	25	13	—	38	62
65- 70	—	—	39	31	30	—	61	39
70- 75	—	—	42	58	—	—	58	42
75- 80	—	10	20	40	20	10	70	30
80- 85	—	13	13	25	25	24	74	26
85- 90	—	17	33	33	17	—	50	50
90- 95	—	—	—	67	33	—	100	—
95-100	—	—	—	50	—	50	100	—

4) Höhe der Wolken.

Wie oben schon gesagt, pflegen mit den Schichtgrenzen Wolkenschichten eng verknüpft zu sein. Fesselaufstiege und Pilotaufstiege geben nun häufig erwünschte Gelegenheit, die Wolkenhöhe unmittelbar zu bestimmen. Das Material dafür hätte noch reichhaltiger sein können, vor allem für die mittelhohen Wolken, wenn mit den Piloten nicht hätte gespart werden müssen, so daß bei ihnen die wolkenfreien Tage stark bevorzugt sind. Hierbei läßt es sich auch nicht immer entscheiden, ob der Pilot in den Wolken verschwindet, oder aber nur niedrigere Wolken ihn verdecken. Im ganzen liegen 70 Wolkenhöhenbestimmungen durch Fesselaufstiege und 30 weitere durch Piloten vor. Davon sind allerdings noch einige unsicher, da auch bei Fesselaufstiegen in der Dämmerung nicht immer sicher zu entscheiden ist, ob der Drachen in Wolken ist oder nicht. Ich zähle nun die Wolkenhöhen nach Gruppen von je 100 m aus und rechne in die Gruppen die, deren Höhe sich auf die betreffende Zahl abrunden läßt. Diese Zahlen sind in Tabelle 101 nach Jahreszeiten getrennt wiedergegeben.

Im Jahresmittel sehen wir Häufigkeitsmaxima bei etwa 200, 400, 700, 1700 und 2700 m. Diese beiden letzten Höhen lassen sich vielleicht mit den im vorigen Abschnitt sich ergebenden Schichtgrenzen indentifizieren, die dort bei rund 2000 und 3000 m Höhe lagen. Da die Messungen nur die unteren Wolkengrenzen ergeben und die Windänderungen und dergleichen vermutlich eher mit der oberen Grenze zusammenfallen werden, so würde die Uebereinstimmung dadurch noch besser hervortreten. Zu der Schicht von 5500 m würde die eine Wolkenmessung, nach der ci in 5400 m Höhe angetroffen wurden, recht gut passsen. Im übrigen sind die Wolkenschichten nicht gerade sehr scharf ausgeprägt, und auch namentlich für die etwas höheren Wolken sind die Zahlen noch zu gering.

Tabelle 101. Wolkenhöhen nach Fessel- und Pilotaufstiegen (untere Grenzen)
Häufigkeit ihres Auftretens.

Höhe in Hektometern	Sommer	Herbst	Winter	Frühling	Jahr	Höhe in Hektometern	Sommer	Herbst	Winter	Frühling	Jahr
1	1	1	1	1	4	16	—	1	—	—	1
2	1	4	3	7	15	17	1	—	1	1	3
3	—	1	3	6	10	18	—	—	1	—	1
4	3	4	1	7	15	19	—	—	—	—	—
5	4	4	2	4	14	20	—	—	1	—	1
6	—	—	2	2	4	21	—	—	—	—	—
7	—	2	5	1	8	22	—	—	—	—	—
8	1	—	1	1	3	23	—	—	—	—	—
9	1	1	2	—	4	24	—	1	—	—	1
10	—	2	—	1	3	25	—	—	—	—	—
11	2	—	—	—	2	26	1	—	—	—	1
12	1	—	1	—	2	27	1	—	—	—	1
13	—	1	—	1	2	28	—	1	—	—	1
14	—	—	—	—	—	29	—	—	—	—	—
15	—	—	1	—	1	30	—	—	—	—	—
						31	—	1	—	—	1
									3700	5400	2

5) Das Verhalten der meteorologischen Elemente bei verschiedenen Wetterlagen.

Eine eindeutige Charakterisierung einer Wetterlage, zu der ein Aufstieg gehört, läßt sich nur dann geben, wenn synoptische Karten vorhanden sind. Da diese hier fehlen, so wurde eine schematische Ordnung der Aufstiege nach Luftdruckwerten am Boden vorgenommen, die wenigstens in großen Zügen insofern der Wetterlage entsprechen dürften, als tiefer Luftdruck mehr einem zyklonalen Typus und hoher Luftdruck einem antizyklonalen Typus entspricht. Die Methode muß zum Ziele führen, wenn das zur Verfügung stehende Material reichhaltig ist, so daß die Zufälligkeiten sich ausgleichen. Bei der hier gewählten Gliederung nach 5 Luftdruckstufen und Jahreszeiten reicht allerdings die Aufstiegzahl nicht immer aus. Auf eine Zusammenfassung für das ganze Jahr wurde verzichtet, weil die Beteiligung der einzelnen Jahreszeiten daran zu ungleich ist.

In der Tabelle 102 sind nun die Resultate dieser Untersuchung, zunächst auf Grund der Fesselaufstiege, zusammengestellt. Ich beschränke mich hierbei auf die untersten 1000 m. Die Temperaturverhältnisse lassen den Einfluß der Wetterlage am klarsten erkennen. Herbst und Winter zeigen eine sehr deutliche Abnahme des Gradienten, je höher der Luftdruck wird. In den untersten Druckstufen haben wir eine Abnahme der Temperatur, bei den oberen die übliche Inversion, deren Größe mit der Höhe des Luftdrucks zunimmt. Der eigentliche Träger der winterlichen Inversionen ist also die winterliche Antizyklone. Im Sommer finden wir genau das entgegengesetzte Verhalten, steigende Temperaturabnahme bei steigendem Luftdruck. Freilich ist die Zahl der benutzbaren Aufstiege recht gering, und der Aufstiegsort liegt in verhältnismäßig nördlichen Breiten. Das Frühjahr zeigt hier gut das Verhalten einer Uebergangsjahreszeit zwischen den beiden Extremen, da es keinen ausgesprochenen Gang aufweist. Auch hieraus würde sich ergeben, daß die sommerlichen Verhältnisse reell sein dürften.

Die Feuchtigkeit zeigt kein so gleichmäßiges Verhalten, zum Teil, weil noch ein großer Teil der Aufstiege hierbei ausfällt. Der Winter hat durchweg Abnahme der Feuchtigkeit, wobei die Verringerung mit der Zunahme der Inversion Schritt hält. Im Frühjahr und Sommer haben wir im wesentlichen bis 500 m Zunahme, darüber Abnahme, die mit zunehmendem Luftdruck größer zu werden scheint.

Die Aenderung der Windgeschwindigkeit bietet nicht überall ein klares Bild. Im großen und ganzen läßt sich feststellen, daß mit zunehmendem Luftdruck der Wind mit der Höhe stärker zunimmt. Sehr deutlich zeigt sich dies im Frühjahr und Sommer, aber nur oberhalb 500 m. Im Winter gilt eher das umgekehrte, nur bei dem höchsten Luftdruck haben wir auch hier die stärkste Zunahme, die aber rasch nach oben hin geringer

Tabelle 102. Verhalten der meteorologischen Elemente bei verschiedenen Luftdrucken nach den Fesselaufstiegen.

(Die bei den Bodenwerten stehenden eingeklammerten Zahlen bezeichnen die Zahl der Anfstiege.)

	Luft-druck-stufen	Sommer							Herbst						
		Boden	200	400	500	600	800	1000	Boden	200	400	500	600	800	1000
Temperatur (Unterschiede gegen den Boden)	710—720	—	—	—	—	—	—	—	−21.9 (1)	−1 0	−2.1	−1.9	−1.4	−0.5	—
	720—730	—	—	—	—	—	—	—	−18.2 (1)	−0.7	−1.4	−0.2	−0.3	−0.2	− 0.6
	730—740	−0.5 (1)	−1.0	−1 4	−1.5	−1.4	−1.4	−1.4	−15.2 (10)	−0.1	−0.3	−0.2	0.0	+0.5	− 0.4
	740—750	−0.7 (2)	−1.8	−2.4	−2.5	−2.0	−2.6	−3.1	−20.1 (12)	+2 6	+4.2	+4 8	+4.5	+4.4	+4 0
	750—760	−2.6 (5)	−1.4	−3.1	−3.4	−4.0	−4.7	−2.0	—	—	—	—	—	—	—
Relative Feuchtigkeit (Unterschiede gegen den Boden)	710—720	—	—	—	—	—	—	—	80 (1)	+7	+12	—	—	—	—
	720—730	—	—	—	—	—	—	—	—	—	—	—	—	—	—
	730—740	—	—	—	—	—	—	—	86 (7)	−2	− 8	−10	− 6	− 6	−28
	740—750	86 (3)	+4	+17	+18	—	—	—	87 (9)	+3	− 3	− 9	−12	−11	−20
	750—760	84 (5)	+4	+ 3	+ 1	+5	−16	−50	—	—	—	—	—	—	—
Windgeschwindigkeit (Unterschied gegen den Boden in Proz. des Bodenwindes)	710—720	—	—	—	—	—	—	—	11.0 (1)	—	−18	−18	—	—	—
	720—730	—	—	—	—	—	—	—	—	—	—	—	—	—	—
	730—740	5.5 (1)	+82	+73	+55	+55	+36	—	6.2 (10)	+50	+58	+55	+36	+50	+61
	740—750	7.5 (3)	+40	+63	+67	+69	+51	+33	5.7 (12)	+73	+84	+84	+84	+68	+73
	750—760	8.0 (5)	+48	+39	+63	+69	+88	+65	—	—	—	—	—	—	—
Winddrehung gegen den Bodenwind	710—720	—	—	—	—	—	—	—	−1 (1)	0	0	+11	+11	—	—
	720—730	—	—	—	—	—	—	—	—	—	—	—	—	—	—
	730—240	−(1)	+6	+6	+2	+ 6	+ 1	—	− (9)	−9	−14	−16	−16	−15	0
	740—750	−(3)	0	0	0	0	+ 8	+ 8	− (11)	−6	− 2	− 2	− 2	− 6	−1
	750—760	−(5)	+4	−2	−6	−10	−11	−11	—	—	—	—	—	—	—

	Luft-druck-stufen	Winter							Frühling						
		Boden	200	400	500	600	800	1000	Boden	200	400	500	600	800	1000
Temperatur (Unterschiede gegen den Boden)	710—720	—	—	—	—	—	—	—	−10.6 (4)	−0 2	−1.4	−2.0	−2.5	−3.4	−5.2
	720—730	−16.9 (3)	−0.9	−0.8	−1.4	−2.0	−3.3	−2.0	− 9.0 (8)	+0.2	−0.9	−1.4	−1.5	−1.7	−2.6
	730—740	−23.1 (18)	+1.3	+1.6	+2.0	+2.2	+3.3	+3.3	− 7.3 (12)	−0.7	−1.5	−2.1	−2.5	−3.7	−4.3
	740—750	−25.6 (32)	+5.2	+7.0	+7.7	+8.0	+7.6	+7.2	−10.2 (16)	−0 2	+0.4	+0.4	+0.5	+0.4	+0.5
	750—760	−22.7 (7)	+1.1	+3.8	+5.8	+6.5	+7.6	+7.6	− 8.3 (5)	−0.4	−0.5	−0.9	−0.7	−2.5	−3.3
Relative Feuchtigkeit (Unterschiede gegen den Boden)	710—720	—	—	—	—	—	—	—	87 (4)	+3	+ 2	+ 4	+ 1	− 2	− 2
	720—730	92 (1)	− 1	− 2	− 2	− 1	− 1	− 3	83 (7)	+3	+ 2	+ 1	− 1	−15	−23
	730—740	89 (5)	−10	−15	−17	−17	−26	−26	88 (8)	+3	+ 2	+ 2	− 5	−11	+ 4
	740—750	85 (19)	−10	−16	−20	−21	−24	−25	85 (15)	−2	−11	−17	−18	−30	−34
	750—760	82 (5)	− 9	−12	− 18	−22	−33	−45	91 (3)	+5	+ 4	+ 4	—	—	—
Windgeschwindigkeit (Unterschied gegen den Boden in Proz. des Bodenwindes)	710—720	—	—	—	—	—	—	—	7.9 (4)	+53	+ 55	+ 49	+ 44	+ 48	+ 57
	720—730	10.0 (1)	+120	+130	+120	+115	+ 90	+ 90	6.9 (7)	+52	+ 61	+ 55	+ 58	+ 70	+ 77
	730—740	5.4 (7)	+ 78	+109	+118	+114	+ 89	+144	6.8 (11)	+59	+ 82	+ 78	+ 78	+ 71	+ 85
	740—750	4.5 (32)	+ 82	+ 96	+ 96	+ 96	+116	+111	5.7 (15)	+84	+108	+114	+124	+133	+108
	750—760	5.9 (5)	+147	+135	+115	+106	+115	+122	5.1 (4)	+98	+161	+157	+147	—	—
Winddrehung gegen den Bodenwind	710—720	—	—	—	—	—	—	—	− (4)	−24	−22	−22	−22	−56	−68
	720—730	− (2)	−11	0	−11	−14	−14	− 9	− (7)	−17	−19	−20	−22	−22	−20
	730—740	− (8)	−14	−19	−20	−16	−20	−15	−(12)	−22	−30	−30	−30	−15	−14
	740—750	−(30)	− 9	−20	−22	−26	−22	−25	−(15)	−12	−20	−14	−15	−11	−11
	750—760	− (6)	− 8	−14	− 6	−14	−20	−26	− (4)	− 7	− 6	− 6	+ 2	−34	—

wird. Wodurch das auffällige Verhalten der Windgeschwindigkeit bedingt ist, läßt sich noch nicht feststellen. Der Bodenwind zeigt mit Ausnahme des Sommers fast durchweg Abnahme mit zunehmendem Luftdruck, wie wir es auch aus unseren Breiten kennen. Im Winter finden wir dies auch in der Höhe. Im Frühjahr dagegen ist der Wind in allen Höhen bei allen Luftdruckstufen praktisch konstant. Der Druckgradient, der, wie die Wind_ geschwindigkeit am Boden beweist, dort mit zunehmendem Druck abnimmt, tut dies offenbar in der Höhe nicht. Die Winddrehung zeigt ebenfalls kein klares Verhalten.

Dasselbe Verhalten zeigen die Windverhältnisse nach den Piloten, wobei das Material ganz unabhängig von dem andern gewonnen worden ist (Tabelle 103), und zwar gilt dies bis zu recht großen Höhen hinauf. Im Frühjahr scheint in der Stufe von 740 bis 750 mm überall ein Maximum der Geschwindigkeit zu herrschen, im Sommer in der nächst höheren Gruppe. Die nur mit einem Aufstieg besetzten Gruppen scheiden dabei natürlich von der Diskussion aus. Das Maximum der Geschwindigkeit scheint also bei einem Luftdruck zu liegen, der etwas über dem normalen liegt. Besonders auffällig ist, daß die Aufstiege, die bei Drucken unter 720 mm gemacht wurden, nur sehr geringe Geschwindigkeiten aufweisen, während andererseits gerade bei hohem Druck mehrfach, wenigstens in größeren Höhen, stürmische Winde herrschen und sich unten nur geringe Geschwindigkeiten vorfinden.

In dem Verhalten der Winddrehung zur Höhe des Luftdruckes nach den Pilotaufstiegen zeigen sich ebensowenig wie bei den Fesselaufstiegen besondere Gesetzmäßigkeiten. Die Zahlen sind deshalb hier fortgelassen worden. Es sei nur hervorgehoben, daß die größten absoluten Drehungen bei den höchsten und tiefsten Drucken zu finden sind, was auf eine leicht verständliche Änderung der Gradienten in den Maxima und Minima hinweist.

Tabelle 103. Windgeschwindigkeit bei verschiedenen Luftdrucken nach den Pilotaufstiegen.

Höhe in Hektometern	Sommer						Herbst						Winter						Frühling					
	710—20	720—30	730—40	740—50	750—60	760—70	710—20	720—30	730—40	740—50	750—60	760—70	710—20	720—30	730—40	740—50	750—60	760—70	710—20	720—30	730—40	740—50	750—60	760—70
Anzahl	—	—	1	13	12	4	1	2	17	11	1	—	—	1	4	19	3	1	1	2	9	13	1	1
Boden			5.7	2.4	3.7	5.2	3.0	5.0	5.4	4 5	2.8			8.7	6.5	5.2	4.5	3.9	5.7	6.5	5.2	6.0	1.9	2.1
2			5.8	3.1	5.2	6.6	2.8	4.6	6 9	6.0	3.2			8.7	9.5	8.1	6.1	6.9	5.0	8.2	7.2	9.4	3.0	3.2
4			6.3	3.7	5.6	6.9	4.2	3.9	7.5	6.2	3.2			14.9	9.9	8.0	6 4	8.6	4.9	8.2	7.9	10.2	4.7	3.4
6			6.6	4.1	5.7	5.8		3.7	8.0	5.9	3.3			16.3	10.7	8.0	5.9	9.3	3.5	6.3	7.4	11.0	5.7	3.6
8			1.9	4.5	5.6	4.9		3.3	8.3	5.8	4.2			17.1	11.4	7.8	7.0	6.8	3.3	7.2	7.0	11.2	7.4	4.3
10			1.9	4.8	5.7	3.6		4.4	8.0	5.5	5.3			15.8	10.1	8.5	6.6		4.7	7.0	7.7	10.6	8.2	4.3
12			6.9	5.3	5.6	5.4		5,7	7.7	5 1	5.7			19.5	7.5	8.6	6,9		5.1	7.6	7.3	9.9	7.7	5.0
14				5.5	6.6	6.4		9.0	7.0	5.4	6.4			19.3	5.5	8.5	8.5		5.2	9.2	6.8	9.8	9.7	5.0
16				5.9	7.6	6.2		9.0	7.1	5.3	5.9			21.7	5.3	8.5	7.8		6.0	9.8	6.1	12.2	14.0	6.6
18				6.8	8.4	6.4		3.5	6.4	6.2	7.2			17.0	9.7	8.8	8.6		5.3	10.4	7.0	12.3	16.0	6.7
20				7.2	8.7	6.4		2.0	6.0	6.2	7.6			18 5	3.7	9.9	9.6		10.0	8.0	6.2	12.7	16.2	6.3
22				7.2	8 4	6.8		4.5	6.3	6.2	10.5			24.8	4.4	9.7	9.5		9.1	5.1	6.5	11.7	17.3	6.3
24				7.6	7.9	7.6		5.0	5.9	6.6	10 6			21.0	12.7	10.7	7.8		8.1	6.0	5.7	12 4	19.7	5.0
26				8.3	9.4	6.2		6.2	5.9	6.1	11.0			17.7	4.7	10.7	8.1		5.5	2.4	7.1	12.0	15.8	4.9
28				8.3	10.1			8.8	6.5	5.6	13.2			22.3	10.4	12.2	10.0		5.2	8.2	7.9	11.5	14.5	6.5
30				9.1	9.8			14.4	7.2	5.2	15.0			21.3	5.0	12.8	10.2		7.2		9.3	12.7		6.7
32				8.6	11 5			18.1	7.7	5.2	16.7			20.7	5.0	13.1	11.5		7.2		8 6	13.4		9.3
34				8.8	10.0			18.3	7.0	5.4	11.2			27.7	18.2	13.9	8.0		7.5		8.2	13.5		10.5
36				8.9	11.3			18.5	4.9	5.2	19.2			22.7	17 0	14.6	8.5				9.7	14.3		9.1
38				11.1	12.1			23.0	4.0	4.6	18.9			19.3	11.9	11.4	9.5				10.5	13.3		8.2
40				9.6	11.8			22.0	4.8	5.4	19.4			17.7	17.0	14.2	10.3				11.7	14.6		8.4
42				11.9	15.0				6.8	4.6	20.0			18.3		12.9	9.3				13.7	14.4		
44				11.5	15.2				4.5	5.5	20.0					16.0	10.0				14.3	17.2		
46				10.0	17.4				7.0	5.4	22.7					14.0	10.6				14.6	15.1		
48				9.7	18.0				6.5	8.7	24.3					17.5	11.4				14.6	17.4		
50				11.1	17 2				6.7	9.2						14.3	13.1				16.4	14.9		
55				13.0	19.6				8.8	12.4						13.5	12.1				22.5	15.5		
60				16.2	16.6				13 9	11.4						16.7	15.1				22.1	15.8		
65				17.3	22.6				12.4	17.5						15.6	15.1				28.1	18.5		
70				14.5	18.9				11.2	16.0						11.9						21.7		
75				14.9	17.6				11.0	20.2						24.6						20.5		
80				16.3	23.2				9.4													21.6		
85				19.3					10 2													21.1		
90				19.9					13.4													22.7		
95				11.7					11.0													22.9		
100				19.6																				

6) Das Verhalten der meteorologischen Elemente in der Höhe in Abhängigkeit von der Windrichtung.

Einen weiteren tieferen Einblick in die Meteorologie der höheren Luftschichten in Abhängigkeit von der Windrichtung, wobei gleichzeitig über die Herkunft der angetroffenen Luftmassen Aufschluß erhalten wird, bekommen wir durch eine Betrachtung der Beziehungen zwischen den meteorologischen Elementen in der Höhe und der Windrichtung. Eine weitgehende Unterteilung des Materials verbietet leider die hierfür zu geringe Anzahl der Aufstiege. Ich muß mich daher darauf beschränken, im allgemeinen 4 Windrichtungsgruppen zu unterscheiden, und zwar wähle ich aus Zweckmäßigkeitsgründen die Quadranten NE—ENE, E—SSE, S—WSW und W—NNW. Nur der SW-Quadrant hat genügend zahlreiche Aufstiege, um eine weitere Unterteilung in zwei Hälften zu gestatten. Ich erhalte so 5 Gruppen, die wenigstens im Jahresmittel ziemlich gleichmäßig mit Aufstiegen besetzt sind. Um ferner den jahreszeitlichen Einfluß und damit auch zum Teil den der Ortsveränderung des Schiffes zu berücksichtigen, wurden als weiteres Einteilungsprinzip die meteorologischen Jahreszeiten benutzt. Ich bekomme so im ganzen 20 Zahlengruppen, die im Durchschnitt mit je 6—7 Aufstiegen besetzt sind, doch ist im einzelnen die Verteilung ungleichmäßig. Immerhin enthält jede Gruppe mindestens einen Aufstieg, Bei den Pilotaufstiegen wurde ein etwas anderes Schema gewählt, indem z. B. für Ostwinde die in die Richtungen ± 60° von der wahren

Ostrichtung fallenden Aufstiege zusammengefaßt wurden und entsprechend für die anderen Richtungen verfahren wurde. Die Gruppen für die einzelnen 4 Hauptrichtungen überdecken sich also um 30°, die in diesen Winkelraum fallenden Aufstiege gehen demnach in die Tabellen doppelt ein.

Das Resultat dieser Zusammenfassungen ist in den folgenden Tabellen 104—110 enthalten, deren Mittelwerte wie üblich nach der Differenzenmethode gebildet sind.

Die Temperatur-Unterschiede (Tabelle (104) sind recht typisch ausgeprägt. Die tiefste Temperatur finden wir im Sommer bei S—SSW, demnächst bei SW—WSW, dasselbe gilt für die anderen Jahreszeiten. Nur der Winter zeigt die tiefste Temperatur deutlich bei SW—WSW-Winden. Die höchste Temperatur liegt immer in der nördlichen Hälfte der Windrose, im Sommer und Herbst deutlich im NE-Quadranten, im Winter und Frühjahr im NW-Quadranten. Die Bodeninversionen sind fast ganz auf den Herbst und Winter beschränkt. Im Herbst zeigt nur der NE-Quadrant keine Inversion, wenn auch die Temperaturgradienten gering sind. Die größten Inversionen im Herbst hat der NW-Quadrant. Der Winter zeigt die größten Inversionen in der Osthälfte der Windrose und demnächst im NW-Quadranten, während der SW-Quadrant dagegen zurückbleibt. Dies Verhalten erscheint zunächst auffällig, läßt sich aber doch wohl physikalisch erklären. Vergegenwärtigen wir uns die Windbewegung in der Nähe eines Tiefs auf der Südhalbkugel, so dürfen wir annehmen, daß die am Messungsort herrschenden Winde bei ihrem Heranströmen sich mehr oder weniger nach rechts drehen. SE-Winde werden also etwa aus östlichen Winden hervorgehen, NW-Winde aus etwa westlichen usw. Im Osten der Weddellsee haben wir die Hochfläche des Coatslandes und des Prinzregent-Luitpold-Landes, im Westen das Hochland der Westantarktis, im Süden dagegen eine große Eisbarriere, also meist ebenes Gelände. Als Erklärung der Bodeninversionen hatten wir früher auf S. 84 gefunden, daß neben der Ausstrahlung am Boden noch die Ausbreitung einer Luftmasse und ihr Herabströmen aus der Höhe dafür verantwortlich gemacht werden kann. Bei den östlichen und westlichen Winden haben wir den Fall des Herabsteigens einer Luftmasse und zum Teil auch wohl noch den der Ausbreitung auf eine größere Fläche. Für die Winde südlicher Herkunft gilt letzteres allein. Bei diesen dürfte aber auch noch eine gewisse Erwärmung der Bodenschicht, also Verminderung der Inversionsgröße eintreten, da wir bei südlichen Winden wohl im Durchschnitt ein Loslösen der Treibeisschicht von der Barriere und dadurch die Bildung größerer Wasserflächen annehmen dürfen, in ähnlicher Weise, wie die Expeditionen im südlichen Roßmeer ein häufiges Forttreiben des Eises aus dem Mac Murdo-Sund auch mitten im Winter gefunden haben. Dasselbe findet übrigens auch an der Küste des Adelielandes statt. Bei nördlichen Winden kann man sich auch folgenden Vorgang vorstellen. Die Luft wird zunächst wegen ihrer Herkunft aus gemäßigteren Breiten eine höhere Temperatur haben. Am Boden tritt dann bei der Berührung mit dem durchkälteten Eise eine starke Abkühlung ein, was eine Inversion hervorrufen muß. Verstärkt wird dieser Vorgang noch dadurch, daß die Bodenschicht stärker durch die Reibung zurückgehalten wird als die höheren Schichten, wodurch erstens die Bodenschicht mehr Zeit zur Abkühlung hat, und zweitens sozusagen eine Überschiebung der unteren kälteren durch die

Tabelle 104. Temperaturen bei verschiedenen Windrichtungen.

(n = Anzahl der Aufstiege.)

		Boden t°	200 t°	200 n	400 t°	400 n	500 t°	500 n	600 t°	600 n	800 t°	800 n	1000 t°	1000 n	1200 t°	1200 n	1400 t°	1400 n	1500 t°	1500 n	1600 t°	1600 n	1800 t°	1800 n	2000 t°	2000 n	2200 t°	2200 n	2400 t°
Sommer	N-ENE	− 0.2	− 2.2	1	− 1.6	1	− 1.2	1	+ 0.3	1	+ 0.4	1	+ 0.1	1	+ 0.1	1	+ 0.1	1	0.0	1	− 0.4	1	− 0.8	1	− 2.1	1	—	—	—
	E-SSE	− 0.5	− 1.5	1	− 1.9	1	− 2.0	1	− 1.9	1	− 1.9	1	− 1.9	1	—	—	—	—	—	—	—	—	—	—	—	—	—	—	—
	S-SSW	− 3.2	− 4.6	4	− 6.0	4	− 6.8	4	− 7.4	4	− 8.6	3	− 8.2	2	−10.5	1	—	—	—	—	—	—	—	—	—	—	—	—	—
	SW-WSW	− 1.7	− 3.5	2	− 5.5	2	− 5.4	1	− 5.7	1	− 5.4	1	− 4.9	1	− 5.2	1	− 5.5	1	− 5.8	1	− 6.2	1	− 5.9	1	− 6.5	1	− 7.9	1	—
	W-NNW	− 1.6	− 2.2	1	− 3.8	1	− 4.6	1	− 5.4	1	− 6.2	1	− 2.4	1	− 1.5	1	− 2.2	1	—	—	—	—	—	—	—	—	—	—	—
Herbst	N-ENE	−10.4	−11.1	6	−11.8	6	−11.5	5	−11.8	4	−12.0	4	−12.5	3	−12.7	3	−11.4	2	−17.4	1	−18.1	1	−19.4	1	−20.2	1	−20.9	1	—
	E-SSE	−16.4	−16.1	8	−16.1	8	−16.0	7	−16.0	7	−15.7	5	−16.1	4	−17.0	4	−18.0	4	−18.4	4	−19.2	4	−21.2	4	−24.4	2	−20.8	1	−21.4
	S-SSW	−23.6	−24.4	1	−24.2	1	−22.6	1	−21.1	1	−19.8	1	—	—	—	—	—	—	—	—	—	—	—	—	—	—	—	—	—
	SW-WSW	−23.5	−20.4	5	−17.7	4	−17.5	4	−18.1	4	−18.0	4	−17.9	3	−19 5	2	−18.9	2	−18.9	2	−23.3	1	−23.3	1	—	—	—	—	—
	W-NNW	−24.3	−20.4	3	−17.3	3	−16.9	3	−16.7	3	−17.1	3	−18.1	3	−18.8	3	−21.8	2	−21.9	2	−19.9	1	−20.9	1	−21.9	1	−20.9	1	−21.4
Winter	N-ENE	−24.6	−19.6	6	−17.4	6	−16.9	6	−16.9	6	−17.0	6	−17.1	6	−14.9	5	−14.1	4	−14.5	4	−15.0	4	−16.9	1	—	—	—	—	—
	E-SSE	−25.7	−19.6	3	−15.4	2	−15.1	2	−14.5	2	−19.6	1	−20.4	1	—	—	—	—	—	—	—	—	—	—	—	—	−23.3	1	—
	S-SSW	−24.6	−23.2	10	−20.8	7	−19.3	6	−18.8	6	−18.3	5	−19.0	5	−18.9	4	−17.7	3	−17.7	2	−17.8	2	−17.8	2	−17.8	2	—	—	—
	SW-WSW	−26.7	−24.4	16	−22.9	14	−22.5	12	−21.9	12	−21.9	8	−21.9	8	−21.3	11	−25.1	6	−25.4	6	−25.9	6	−25.6	5	−21.9	3	−20.3	2	−22.0
	W-NNW	−20.3	−15.3	14	−14.5	13	−13.5	11	−13.9	10	−15.0	9	−14.9	9	−14.0	7	−13.0	6	−12.3	5	−12.8	5	−13.1	4	−14.6	4	−16.1	2	−23.1
Frühling	N-ENE	− 9.2	− 9.5	11	− 9.1	11	− 9.6	10	− 9.9	9	− 9.5	7	− 9.5	3	− 9.9	2	− 7.0	1	− 7.0	1	− 7.6	1	− 9.2	1	—	—	—	—	—
	E-SSE	− 8.5	− 9.7	8	−10.6	7	−10.8	7	−10.8	7	−11 4	7	−11.0	4	−11.4	3	−11.5	2	−11.6	2	−11.9	2	−13.9	2	—	—	—	—	—
	S-SSW	−10.3	−10.6	9	−12.0	8	−12.2	8	−12.2	8	−13.1	6	−13.6	6	−14.2	6	−12.3	3	− 9.2	2	− 9.7	2	−10.7	2	−11.8	2	−15.5	1	—
	SW-WSW	−12.0	−12.1	7	−11.6	7	−11.5	7	−11.4	7	−12.2	7	−12.4	6	−14.9	5	−16.3	4	−17.0	4	−17.7	4	−22.4	2	−23.6	1	−23.6	1	—
	W-NNW	− 6.8	− 6.5	10	− 6.9	9	− 7.5	8	− 7.9	8	− 7.8	6	− 8.1	6	− 8.2	2	− 9.6	2	−10.2	2	−10.9	2	−12.4	2	−13.1	1	−14.6	1	—
Jahr	N-ENE	−13.0	−12.9	24	−11.5	24	−11.4	22	−11.2	20	−10.9	18	−10.1	13	− 9.3	11	− 7.7	8	− 7.9	7	− 8.4	7	−13.5	4	−18.8	2	−23.5	1	—
	E-SSE	−13.9	−13.4	20	−13.5	18	−13.5	17	−13.5	17	−14.8	14	−14.4	10	−15.5	7	−15.9	6	−16.3	6	−16.9	6	−18.5	6	−21.9	2	−14.9	2	−18.9
	S-SSW	−15.6	−15.4	24	−15.6	20	−15.4	19	−15.3	19	−15.5	15	−15.7	13	−16.3	11	−13.1	6	−11.6	4	−11.9	4	−12.4	4	−13.0	4	−21.2	1	—
	SW-WSW	−21.1	−19.5	30	−18.5	27	−18.0	24	−17.8	24	−18.4	20	−18.3	18	−18.5	19	−21.2	13	−21.7	13	−23.0	12	−23.2	9	−21.5	5	−23.3	4	−16.4
	W-NNW	−15.2	−12.2	28	−11.6	26	−11.4	23	−11.8	22	−12.1	19	−12.1	19	−10.8	13	−11.3	11	−11.0	9	−11.0	8	−12.2	7	−12.0	6	−14.2	4	−15.2

oberen wärmeren stattfindet. Im Herbst braucht dieser Vorgang nicht unbedingt zur Bildung einer Inversion zu führen, da in dieser Jahreszeit ein Gefrieren des Wassers in größerem Umfang stattfindet, wobei eine wesentliche Abkühlung unter Null Grad nicht stattfinden kann. Ob diese Erklärungen für den vorliegenden Fall schon allgemeine Gültigkeit besitzen, mag noch dahingestellt bleiben. Die Trajektorien der Windbahnen brauchen ja auch in den einzelnen Fällen nicht dem durchschnittlichen Verlauf zu entsprechen, wie er im Mittel ist, und wie er bei einem Durchschnitt von sehr vielen Fällen sein würde.

Der Gang der relativen Feuchtigkeit (Tabelle 105) läßt nicht allzuviel erkennen. Im großen und ganzen nimmt die Feuchtigkeit mit der Höhe, wie schon bekannt, ab. Diese Abnahme ist im allgemeinen im SW-Quadranten am geringsten, wenigstens in den mittleren Höhen. In den unteren Schichten zeigt vielfach der NE-Quadrant die geringste Abnahme und damit die höchsten Werte der relativen Feuchtigkeit. Besonders bemerkenswert ist die große Trockenheit der Winde aus der Nordhälfte der Windrose oberhalb etwa 800 m, die sich in allen Jahreszeiten zeigt. Die Grenzschicht liegt im NE-Quadranten einige hundert Meter höher als im NW-Quadranten.

Tabelle 105. Relative Feuchtigkeit bei verschiedenen Richtungen.

(n = Anzahl der Aufstiege.)

		Boden	200		400		500		600		800		1000		1200		1400		1500		1600		1800		2000		2200		2400	
		%	%	n	%	n	%	n	%	n	%	n	%	n	%	n	%	n	%	n	%	n	%	n	%	n	%	n	%	n
Sommer	N-ENE	95	100	1	—	—	—	—	—	—	—	—	—	—	—	—	—	—	—	—	—	—	—	—	—	—	—	—	—	—
	E-SSE	88	93	1	88	1	88	1	85	1	85	1	—	—	—	—	—	—	—	—	—	—	—	—	—	—	—	—	—	—
	S-SSW	85	90	4	97	2	100	1	—	—	—	—	—	—	—	—	—	—	—	—	—	—	—	—	—	—	—	—	—	—
	SW-WSW	81	84	2	80	2	77	1	85	1	50	1	30	1	20	1	16	1	15	1	16	1	16	1	22	1	24	1	—	—
	W-NNW	83	83	1	89	1	89	1	89	1	83	1	33	1	26	1	26	1	—	—	—	—	—	—	—	—	—	—	—	—
Herbst	N-ENE	90	92	5	93	4	93	4	93	4	87	4	76	3	50	2	88	1	88	1	88	1	87	1	—	—	—	—	—	—
	E-SSE	90	86	4	85	4	72	2	75	2	78	2	84	2	76	2	72	2	72	2	74	2	84	1	96	1	—	—	—	—
	S-SSW	81	81	1	77	1	71	1	66	1	—	—	—	—	—	—	—	—	—	—	—	—	—	—	—	—	—	—	—	—
	SW-WSW	82	90	3	70	2	62	2	56	2	62	1	40	2	58	1	58	1	58	1	56	1	56	1	—	—	—	—	—	—
	W-NNW	87	87	3	80	2	64	2	77	3	62	2	60	2	71	1	81	1	87	1	88	1	81	1	73	1	69	1	—	—
Winter	N-ENE	88	76	4	78	4	75	4	75	4	62	3	60	3	58	3	58	3	54	3	54	3	72	1	—	—	—	—	—	—
	E-SSE	78	45	2	48	2	42	2	37	2	26	1	34	1	—	—	—	—	—	—	—	—	—	—	—	—	—	—	—	—
	S-SSW	81	81	6	74	6	73	6	73	6	74	5	72	4	76	4	87	2	86	2	78	2	67	2	58	1	—	—	—	—
	SW-WSW	84	79	4	72	4	70	4	67	4	69	4	67	4	68	4	75	3	74	3	62	2	65	2	66	2	63	2	69	1
	W-NNW	85	78	12	69	11	61	9	58	8	48	7	47	7	45	5	44	5	45	5	46	5	42	4	49	3	50	1	—	—
Frühling	N-ENE	88	91	9	86	7	86	7	82	6	71	3	39	1	40	1	54	1	62	1	66	1	—	—	—	—	—	—	—	—
	E-SSE	87	87	6	84	5	79	4	70	3	60	2	62	2	63	2	65	2	65	2	65	2	—	—	—	—	—	—	—	—
	S-SSW	82	87	7	89	6	87	6	84	4	71	4	68	3	70	3	68	2	67	2	65	2	61	2	61	2	85	1	—	—
	SW-WSW	82	85	7	78	6	76	6	76	6	74	6	68	5	68	4	68	4	68	4	68	3	74	1	73	1	—	—	—	—
	W-NNW	90	83	7	82	7	72	4	63	3	45	3	44	2	49	2	50	2	48	2	50	2	82	1	72	1	—	—	—	—
Jahr	N-ENE	89	88	19	86	15	85	15	84	14	77	10	64	7	53	6	64	5	63	5	64	5	79	2	—	—	—	—	—	—
	E-SSE	86	81	13	79	12	71	9	66	8	64	6	65	5	68	4	67	4	67	4	68	4	80	1	92	1	—	—	—	—
	S-SSW	85	85	18	83	15	81	14	76	11	72	9	69	7	72	7	77	4	76	4	71	4	64	4	61	3	82	1	—	—
	SW-WSW	82	84	16	75	14	72	13	71	13	69	12	60	12	62	10	63	9	63	9	57	7	55	5	56	4	49	3	67	1
	W-NNW	87	81	23	75	21	68	16	65	15	53	13	48	12	47	9	48	9	51	8	53	8	56	6	59	5	60	2	—	—

Diese Erscheinung steht wahrscheinlich in Zusammenhang mit Inversionen in und oberhalb dieser Höhe. Im Sommer tritt hier überhaupt erst Inversion ein, und im Winter äußert sie sich in einer erneuten Verstärkung der Inversion über einer Schicht mit schwacher Abnahme oder Isothermie. Da diese Erscheinung fast nur bei nördlichen Winden eintritt, deutet dies auf einen Ursprung dieser Inversionen in Gegenden, die nicht mehr der Antarktis angehören.

Die Windgeschwindigkeit (Tabelle 106) zeigt wieder charakteristische Unterschiede mit der Windrichtung. Wie schon die Häufigkeitsverteilung der Winde im Herbst zeigt, befand sich das Schiff in dieser Jahreszeit im wesentlichen südlich des durchschnittlichen Weddellseetiefs. Das Windgeschwindigkeitsmaximum finden wir hier im NE-Quadranten. Die Trift des Schiffes geht wie schon früher auseinandergesetzt in ungefähr gleichem mittleren Abstand von dem Zentrum um das stationäre Minimum herum. So wandert auch das Windgeschwindigkeitsmaximum im Winter nach SW—WSW und im Frühjahr nach NW.

Die Windgeschwindigkeit steigert sich von Süden nach Norden mit der Annäherung an die große Tiefdruckrinne, die die Haupfbahn der Depressionen darstellt, wie die allgemeine Erörterung schon zeigte. Hier ergibt sich, daß dies für alle Windrichtungen gilt. Das Minimum liegt fast überall im Herbst, wie besonders auch die Pilotaufstiege (s. Tabelle 109 auf S. 102) zeigen, und zwar um so ausgesprochener, je größer die Höhe ist. Nur die Ostwinde machen insofern eine Ausnahme, als auch hier das absolute Maximum bis etwa 4000 m Höhe im Herbst liegt; ein sekundäres Maximum liegt daneben im Frühjahr und wird oberhalb 4000 m zum Hauptmaximum.

Der absolute Höchstwert der Geschwindigkeit liegt fast durchweg in allen Jahreszeiten bei den westlichen Winden, nur die herbstlichen Ostwinde sind unterhalb 5000 m höher als die andern. Besonders klar tritt das hervor, wenn ich im Jahresmittel die Höhenlage betrachte, in denen ein gewisser Schwellenwert der

Windgeschwindigkeit erreicht wird. Die Grenze von 10 mps wird nach den Pilotaufstiegen bei Westwinden schon in 1500 m erreicht, bei Südwinden erst in 3000 m und bei Nord- und Ostwinden erst in rund 4000 m Höhe. Die Grenze von 15 mps liegt bei Westwinden in rund 4000 m, bei Südwinden in rund 5000 m und bei den andern in etwa 6000 m Höhe. 20 mps wird bei West in 5500 erreicht, bei Süd in etwa 8000 und bei Ost in 9000 m Höhe. Diese Bevorzugung der Westwinde läßt wohl den Schluß zu, daß das allgemeine Ferrelsche Zirkulationsschema des großen Polarwirbels wenigstens für größere Höhen zutrifft. Als ungefähre Höhengrenze können wir nach diesen Kriterien vielleicht rund 4000 m Höhe ansetzen, in der die Windgeschwindigkeit im Durchschnitt erst stärker zu steigen beginnt. Die unteren Schichten werden dagegen hauptsächlich von anderen Bedingungen beherrscht, die mehr lokaler Natur sind, worauf ich später noch zurückkommen werde.

Tabelle 106. Windgeschwindigkeit bei verschiedenen Windrichtungen. Fesselaufstiege.

(n = Anzahl der Aufstiege.)

		Boden	200		400		500		600		800		1000		1200		1400		1500		1600		1800		2000		2200		2400	
		mps	mps	n	mps	n	mps	n	mps	n	mps	n	mps	n	mps	n	mps	n	mps	n	mps	n	mps	n	mps	n	mps	n	mps	n
Sommer	N-ENE	7.5	12.0	1	15.0	1	14.5	1	13.5	1	11.5	1	11.0	1	11.5	1	12.0	1	11.5	1	12.0	1	11.0	1	8.5	1	—	—	—	—
	E-SSE	5.5	10.0	1	9.5	1	8.5	1	8.5	1	7.5	1	—	—	—	—	—	—	—	—	—	—	—	—	—	—	—	—	—	—
	S-SSW	8.8	12.2	4	11.8	3	12.3	3	12.8	3	12.6	2	10.3	1	8.8	1	—	—	—	—	—	—	—	—	—	—	—	—	—	—
	SW-WSW	6.0	8.5	2	9.0	2	13.5	1	14.0	1	14.0	1	12.5	1	13.0	1	14.0	1	15.0	1	16.0	1	18.0	1	18.5	1	19.0	1	—	—
	W-NNW	8.0	13.0	1	12.0	1	13.0	1	14.0	1	14.0	1	12.0	1	12.0	1	12.0	1	—	—	—	—	—	—	—	—	—	—	—	—
Herbst	N-ENE	7.2	12.9	5	13.0	6	13.3	5	13.0	4	11.4	4	13.4	2	14.4	2	14.4	2	14.7	1	13.7	1	10.7	1	—	—	—	—	—	—
	E-SSE	5.6	8.2	7	7.4	7	7.1	6	8.1	4	7.4	3	7.1	3	7.3	3	8.8	3	10.3	3	10.6	3	10.1	3	12.6	1	—	—	—	—
	S-SSW	10.0	11.0	1	11.0	1	10.0	1	10.0	1	5.0	1	—	—	—	—	—	—	—	—	—	—	—	—	—	—	—	—	—	—
	SW-WSW	6.1	8.1	6	9.6	5	10.5	4	10.5	4	10.3	4	11.6	3	6.3	2	6.1	2	3.6	1	4.1	1	4.1	1	—	—	—	—	—	—
	W-NNW	4.5	9.7	3	9.8	3	9.7	3	9.7	3	9.5	3	9.2	3	8.2	3	7.5	2	7.5	2	9.5	1	10.5	1	10.0	1	10.5	1	10.0	1
Winter	N-ENE	4.9	8.1	5	8.6	5	8.1	5	8.2	5	7.6	5	8.0	5	8.1	5	8.8	4	8.8	4	8.7	4	6.4	1	—	—	—	—	—	—
	E-SSE	4.2	7.2	3	8.7	2	8.2	2	7.7	2	7.2	1	9.2	1	—	—	—	—	—	—	—	—	—	—	—	—	—	—	—	—
	S-SSW	5.2	9.2	7	10.6	6	9.9	5	9.2	6	9.7	6	8.9	5	9.0	4	10.2	2	10.2	1	9.2	1	9.2	1	9.2	1	—	—	—	—
	SW-WSW	5.7	10.6	15	11.4	13	12.0	12	11.7	11	12.8	9	12.6	9	13.1	7	12.9	6	13.3	6	12.1	5	13.4	5	15.2	2	12.7	1	13.2	1
	W-NNW	4.9	10.9	13	11.2	12	11.1	10	12.0	9	12.6	8	13.8	8	13.8	5	13.5	5	13.5	5	13.2	5	14.1	4	13.3	4	13.9	2	16.9	1
Frühling	N-ENE	5.2	9.2	9	9.2	8	8.7	7	8.6	5	9.7	2	9.2	1	10.2	1	9.2	1	—	—	—	—	—	—	—	—	—	—	—	—
	E-SSE	6.4	10.0	8	11.4	7	12.1	7	12.0	7	12.4	5	12.4	3	12.4	3	12.9	1	12.4	1	11.9	1	—	—	—	—	—	—	—	—
	S-SSW	6.7	10.5	8	10.9	6	10.1	6	10.4	6	10.8	6	13.4	5	14.1	4	16.7	2	16.9	2	17.2	2	16.7	2	15.9	2	13.7	1	—	—
	SW-WSW	6.9	10.9	7	13.1	6	12.9	6	13.1	6	13.7	6	11.0	5	11.0	4	11.1	4	11.1	4	9.5	3	10.9	1	12.9	1	—	—	—	—
	W-NNW	5.8	12.4	8	14.4	8	14.9	7	14.9	7	15.6	4	13.8	3	12.3	2	12.8	2	13.3	2	13.3	2	16.3	1	15.8	1	—	—	—	—
Jahr	N-ENE	5.8	10.0	20	10.4	20	10.1	18	10.0	15	9.4	12	9.7	9	10.2	9	10.6	8	10.3	6	10.1	6	8.6	3	6.8	1	—	—	—	—
	E-SSE	5.7	8.9	19	9.3	17	9.5	16	9.9	14	9.7	10	9.6	7	9.5	6	9.7	4	10.7	4	10.8	4	10.2	3	12.7	1	—	—	—	—
	S-SSW	6.5	10.1	20	10.7	16	10.1	15	10.1	16	10.1	15	11.3	11	11.4	5	14.0	4	15.0	3	14.8	3	14.5	3	14.0	3	13.5	1	—	—
	SW-WSW	6.1	10.0	30	11.3	26	12.0	23	11.9	22	12.5	20	12.0	18	11.5	14	11.4	13	11.9	12	10.9	10	12.7	8	15.5	4	16.1	2	13.6	1
	W-NNW	5.3	11.4	25	12.1	24	12.3	21	12.7	20	12.9	16	12.9	15	11.9	11	12.0	10	12.4	9	13.0	8	14.2	6	13.5	6	13.3	3	14.1	2

Auch die Betrachtung des Luftmassentransportes läßt diese Schichtung deutlich erkennen (Tabelle 107). Wie schon im allgemeinen Teil ausgeführt, erreicht der Lufttransport in etwa 400 m Höhe ein Maximum und nimmt darüber wieder ab, und zwar bei verschiedenen Windrichtungen verschieden stark. Die Abnahme ist am stärksten in der Osthälfte der Windrose und am geringsten im SW-Quadranten. Die Zunahme des Druckgradienten, die im Durchschnitt bei 1500 m wieder einsetzt, ist vielleicht schon auf Rechnung des Polarwirbels zu setzen. Doch ist natürlich auch möglich, daß wir ein zufälliges Maximum vor uns haben, das durch die nach oben zu immer geringere Aufstiegsanzahl vorgetäuscht wird. Namentlich die erneute Abnahme braucht nicht reell zu sein, da gerade die Aufstiege mit der stärksten Luftbewegung aus technischen Gründen der Abreißsicherheit nicht bis zur Höhe von etwa 2000 m fortgesetzt wurden. Den allgemeinen Anstieg nach dem Minimum halte ich dagegen für reell. Daß hier das Einsetzen der Ferrelschen Zirkulation schon in so geringer Höhe einzutreten scheint, braucht nicht Wunder zu nehmen. Die Grenze zwischen beiden Einflußgebieten wird niemals scharf sein können, sondern es wird sich eine mehr oder weniger mächtige Übergangszone bilden; bis wie weit herab man diese annehmen kann, hängt natürlich wesentlich von der Schärfe des angewandten Kriteriums ab, und da ist der Lufttransport eben erheblich besser geeignet als die Windgeschwindigkeit allein. Nach obigem können wir wohl also als die Übergangszone die Schicht von etwa 1500 bis 4000 m ansehen, von der ab die obere Schicht erst vorherrscht. Diese Schlüsse sind natürlich nicht für das ganze Südpolgebiet bindend. In erster Linie herrschen in dem westlichen Teil der Weddellsee schon am Boden Winde mit starker Westkomponente vor, wodurch ein weiteres Herabreichen des oberen Zirkulationssystems erleichtert wird. In anderen Teilen der Antarktis, wo die Bodenwinde erheblich konstanter sind, mag diese Grenzschicht höher liegen und auch schärfer ausgeprägt sein. Vermutungen darüber schweben natürlich aus Mangel an Kenntnis über die höheren Luftschichten mehr oder weniger in der Luft.

Betrachten wir jetzt die Winddrehungen (Tabelle 108) mit der Höhe. Die allgemeine Erscheinung ist, wie wir schon wissen, eine Linksdrehung gegen den Bodenwind. Auch hier lassen sich einige wichtige Züge herausschälen. Im Jahresmittel z. B. zeigt sich nach den Fesselaufstiegen ein Maximum der Drehung für

NE-Winde, ein Minimum für S-SSW-Winde, letzteres rührt wesentlich vom Herbst und Winter her. Dieselbe Erscheinung zeigen die Pilotaufstiege (Tabelle 110); stärkere Linksdrehung der N-Winde und schwächere der S-Winde, die sogar von 800m Höhe an in Rechtsdrehung übergeht. Die mittlere Rechtsdrehung der Ostwinde kommt hier nicht in Betracht, da sie wesentlich durch die 2 winterlichen Aufstiege hervorgerufen wird, die mit ihrer zufälligen starken Rechtsdrehung das Jahresmittel erheblich beeinflussen, während die stärker besetzten Jahreszeiten fast durchweg Linksdrehung aufweisen. Besonderer Erklärung bedürftig erscheint aber die nach oben hin abnehmende Linksdrehung, die sogar in vielen Fällen in Rechtsdrehung übergeht.

Tabelle 107. Lufttransport bei verschiedenen Windrichtungen. Fesselaufstiege.

Bodenwert = 100 gesetzt. (n = Anzahl der Aufstiege.)

	Richtung	Boden	200	n	400	n	500	n	600	n	800	n	1000	n	1200	n	1400	n	1500	n	1600	n	1800	n	2000	n	2200	n	2400	n
Sommer	N-ENE	100	158	1	197	1	183	1	168	1	139	1	130	1	132	1	135	1	128	1	132	1	118	1	—	—	—	—	—	—
	E-SSE	100	178	1	165	1	146	1	143	1	125	1	—	—	—	—	—	—	—	—	—	—	—	—	—	—	—	—	—	—
	S-SSW	100	135	4	128	3	134	3	137	3	133	2	110	1	93	1	—	—	—	—	—	—	—	—	—	—	—	—	—	—
	SW-WSW	100	139	2	177	1	213	1	220	1	213	1	186	1	187	1	196	1	208	1	220	1	240	1	242	1	242	1	—	—
	W-NNW	100	179	1	144	1	155	1	166	1	162	1	135	1	129	1	126	1	—	—	—	—	—	—	—	—	—	—	—	—
Herbst	N-ENE	100	176	6	175	5	176	5	166	5	153	4	153	3	158	3	147	2	142	2	133	2	129	1	—	—	—	—	—	—
	E-SSE	100	171	6	127	6	117	6	143	3	120	3	113	3	113	3	133	3	155	3	152	3	203	1	180	1	—	—	—	—
	S-SSW	100	107	1	105	1	93	1	91	1	—	—	—	—	—	—	—	—	—	—	—	—	—	—	—	—	—	—	—	—
	SW-WSW	100	132	4	158	3	152	3	150	3	141	2	52	1	52	1	52	1	58	1	64	1	64	1	—	—	—	—	—	—
	W-NNW	100	205	3	200	3	194	3	191	3	183	3	172	3	149	2	138	2	137	2	157	1	168	1	154	1	156	1	—	—
Winter	N-ENE	100	157	5	161	5	148	5	148	5	138	5	136	5	136	5	141	4	139	4	142	3	94	1	—	—	—	—	—	—
	E-SSE	100	190	2	184	2	171	2	160	2	142	1	177	1	—	—	—	—	—	—	—	—	—	—	—	—	—	—	—	—
	S-SSW	100	170	8	168	6	169	6	150	6	142	4	138	3	137	3	157	1	154	1	137	1	133	1	—	—	—	—	—	—
	SW-WSW	100	179	14	192	11	192	11	196	8	192	7	188	7	185	6	177	5	179	5	175	5	189	5	215	2	171	1	175	1
	W-NNW	100	212	13	220	11	221	9	218	9	222	8	234	7	234	5	222	5	221	5	214	5	266	3	230	3	—	—	—	—
Frühling	N-ENE	100	173	9	167	8	157	7	152	4	163	2	155	1	167	1	146	1	—	—	—	—	—	—	—	—	—	—	—	—
	E-SSE	100	154	8	171	7	179	7	176	7	177	5	173	3	170	3	168	1	159	1	150	1	—	—	—	—	—	—	—	—
	S-SSW	100	151	8	154	6	141	6	142	6	144	6	169	5	175	4	201	2	201	2	202	2	191	2	179	2	157	1	—	—
	SW-WSW	100	154	7	181	6	179	6	174	6	179	6	140	5	139	4	137	4	136	4	113	3	112	1	144	1	—	—	—	—
	W-NNW	100	200	8	225	8	230	7	226	7	230	4	193	2	174	2	177	2	183	2	180	2	217	1	204	1	—	—	—	—
Jahr	N-ENE	100	170	21	172	19	162	18	157	15	147	12	143	10	146	10	143	8	139	7	139	6	117	3	—	—	—	—	—	—
	E-SSE	100	165	17	157	16	154	16	165	13	154	10	149	7	145	6	143	4	155	4	153	4	202	1	179	1	—	—	—	—
	S-SSW	100	150	21	148	16	144	16	139	16	140	12	151	9	134	8	182	3	182	3	178	3	169	3	179	2	157	1	—	—
	SW-WSW	100	163	27	184	21	184	21	182	18	182	16	160	14	157	12	153	11	154	11	147	10	168	8	200	4	201	2	170	1
	W-NNW	100	199	25	215	23	216	20	215	20	212	16	201	13	192	10	185	10	190	9	194	8	230	5	204	5	148	1	—	—

Tabelle 108. Änderung der Windrichtung gegen den Bodenwind in Grad. Fesselaufstiege.

(n = Anzahl der Aufstiege.)

	Richtung	200	n	400	n	500	n	600	n	800	n	1000	n	1200	n	1400	n	1500	n	1600	n	1800	n	2000	n	2200	n	2400	n
Sommer	N-ENE	0	1	0	1	0	1	0	1	0	1	0	1	0	1	0	1	0	1	0	1	0	1	—	—	—	—	—	—
	E-SSE	+6	1	+6	1	+2	1	+6	1	+1	1	—	—	—	—	—	—	—	—	—	—	—	—	—	—	—	—	—	—
	S-SSW	+6	4	0	4	−2	4	−2	4	+3	3	+11	2	+22	1	—	—	—	—	—	—	—	—	—	—	—	—	—	—
	SW-WSW	0	2	0	2	0	1	0	1	0	1	0	1	+45	1	+45	1	+45	1	+45	1	+45	1	+45	1	+45	1	—	—
	W-NNW	0	1	−11	1	−11	1	−28	1	−22	1	−22	1	−22	1	−22	1	—	—	—	—	—	—	—	—	—	—	—	—
Herbst	N-ENE	−3	6	−18	5	−12	5	−25	4	−13	4	−11	3	−6	2	−22	1	−22	1	−22	1	−22	1	—	—	—	—	—	—
	E-SSE	−9	8	−10	8	−9	7	0	5	0	4	+6	4	+4	4	+1	4	−4	4	−4	4	−17	2	−6	2	−11	1	—	—
	S-SSW	+51	1	+51	1	+34	1	+28	1	—	—	—	—	—	—	—	—	—	—	—	—	—	—	—	—	—	—	—	—
	SW-WSW	−25	5	−17	4	−22	3	−22	3	−34	3	−34	2	0	1	0	1	—	—	—	—	—	—	—	—	—	—	—	—
	W-NNW	−6	2	−9	3	−2	2	−2	2	−2	2	+6	2	−34	1	−28	1	−28	1	−28	1	−28	1	−28	1	−22	1	—	—
Winter	N-ENE	−16	6	−18	6	−17	6	−22	6	−24	5	−26	5	−28	4	−34	4	−34	4	−37	3	—	—	—	—	—	—	—	—
	E-SSE	−24	4	−17	3	−20	3	−22	3	−28	1	−34	1	−34	1	—	—	—	—	—	—	—	—	—	—	—	—	—	—
	S-SSW	+1	10	−4	8	−4	8	−3	7	−12	7	−14	6	0	4	+3	3	+6	2	+17	2	+17	2	+6	2	—	—	—	—
	SW-WSW	−14	16	−19	14	−21	14	−27	11	−26	11	−26	11	−20	9	−18	7	−18	7	−12	6	−16	5	−20	2	−22	2	−11	1
	W-NNW	−14	14	−22	12	−24	11	−27	10	−27	9	−24	9	−21	6	−24	6	−32	5	−32	5	−27	4	−28	3	−39	1	−45	1
Frühling	N-ENE	−37	11	−45	10	−39	8	−39	9	−38	4	−32	2	−51	1	−39	1	−39	1	−39	1	—	—	—	—	—	—	—	—
	E-SSE	−9	8	−16	7	−15	7	−17	7	+2	5	−10	4	−6	3	+2	2	+2	2	+2	2	—	—	—	—	—	—	—	—
	S-SSW	−16	8	−20	8	−19	8	−21	7	−20	6	−15	6	−21	4	−22	2	−25	2	−25	2	−20	2	−17	2	−56	1	—	—
	SW-WSW	−12	7	−14	7	−15	7	−15	7	−15	7	−14	5	−6	4	−11	4	−10	4	−9	3	−17	1	−17	1	—	—	—	—
	W-NNW	−4	9	−8	8	−9	8	−9	8	−9	7	−6	4	−9	2	−9	2	−14	2	−11	2	−11	1	−11	1	—	—	—	—
Jahr	N-ENE	−21	24	−29	22	−24	20	−29	20	−24	14	−20	11	−21	8	−28	7	−28	7	−29	6	−8	3	−11	2	—	—	—	—
	E-SSE	−11	21	−12	19	−12	18	−11	16	−1	11	−6	9	−4	8	+2	6	−2	6	−2	6	−17	2	−6	2	−11	1	—	—
	S-SSW	−2	23	−7	21	−8	21	−9	19	−12	16	−10	14	−7	9	−7	5	−10	4	−4	4	−1	4	−6	4	−56	1	—	—
	SW-WSW	−15	30	−16	27	−19	25	−21	22	−22	22	−21	19	−10	15	−10	13	−10	12	−6	10	−7	7	−2	4	0	3	−11	1
	W-NNW	−10	26	−16	24	−16	22	−18	21	−18	19	−15	16	−20	10	−20	10	−27	8	−26	8	−25	6	−25	5	−32	2	−34	2

Hierzu verhilft uns wieder zum Teil eine Betrachtung der Landumrahmung der Weddellsee. Im Westen haben wir das verhältnismäßig schmale, im Durchschnitt etwa als 2000 m hoch zu betrachtende Kettengebirge der Westantarktis, über dessen Fortsetzung nach Süden wir allerdings noch nichts wissen. Schon Meinardus hat die westliche Weddellsee als Hauptausfuhrgebiet der antarktischen Luft bezeichnet, was schon eine erhebliche Größe des Speisegebiets bedeutet. Die D. A. E. hat nun weiter gefunden, daß den Süden der Weddellsee eine große Schelfeisbildung einnimmt, die seitlich vermutlich und sicher im Osten von größeren Höhen begrenzt ist, wie der sichtbare südliche Verlauf des Prinzregent-Luitpold-Landes zeigt. Wie weit sich allerdings die Einbuchtung nach Süden erstreckt, wissen wir noch nicht, doch mag einmal hier die Vermutung als Hypothese ausgesprochen werden, daß sie sich sehr weit ins Innere des Kontinents hinein erstreckt, und daß die merkwürdige Einsattelung, auf der der Südpol selbst liegt, sich zum Gebiet der Weddellsee senkt und damit zum Einzugsgebiet der Weddellsee-Barriere gehört. Amundsen sowohl wie Scott haben ja bekanntlich gefunden, daß sie von ihrem höchsten Punkt in etwa 87 bis 88° Breite zum Südpol selbst wieder einige hundert Meter hinabsteigen mußten. Die Westseite des Gebietes dürfte nach den Beobachtungen von Amundsen auch nicht in direkter Verbindung im Meeresniveau mit der Roßsee stehen. Für diese Auffassung spricht die Sichtung des »Carmenlandes« und der nördlich davon gesehenen »Andeutung von Land« durch Amundsen. Ferner hatte ich bereits aus den meteorologischen Beobachtungen der Polreise Amundsens die Vermutung ableiten können, daß sein Reiseweg zwischen dem 82° und dem 85° auf einer Landstufe von etwa 100 m Höhe liegen könnte (Annalen der Hydrographie 1916, S. 322). Außerdem liegt nördlich davon das im Inneren freilich noch unbekannte König-Eduard VII.-Land. Wir können also zum mindesten wohl mit einer Schwelle von einigen Hundert Metern

Tabelle 109. Windgeschwindigkeit in mps für verschiedene Windrichtungen und Höhen nach Pilotballonaufstiegen.

Höhe in Hektometern	E (30°–150°)					S (120°–240°)					W (210°–330°)					N (300°–60°)				
	Sommer	Herbst	Winter	Frühling	Jahr	Sommer	Herbst	Winter	Frühling	Jahr	Sommer	Herbst	Winter	Frühling	Jahr	Sommer	Herbst	Winter	Frühling	Jahr
Zahl der Aufstiege	9	11	2	11	33	12	18	20	9	59	13	10	9	12	44	5	3	4	3	15
0	3.2	5.0	4.7	4.8	4.4	3.1	5.1	5.1	6.6	4.9	3.8	5.5	6.9	6 8	5.6	4.4	3.7	5.0	4.7	4.5
2	4.1	6.8	5.8	6.5	5.9	3.9	6.4	7.6	8.0	6.5	4.9	7.0	11.4	9.7	8.0	5.9	5.3	7.8	8.1	6.7
4	4.5	8.0	4.4	6.3	6.2	4.5	6.0	7.0	8.4	6.4	5.3	6.1	12.0	11.1	8.4	6.4	6.8	8.2	8.9	7.5
6	4 4	8.2	3 6	5.4	5.9	4.9	5.7	7 1	8.3	6.4	5.3	6.5	12.5	13.3	8.9	6.0	6.8	8.7	8.5	7.4
8	4.7	8.1	3.3	5.7	6.0	5.2	5.5	7.5	8.8	6.6	5.2	6.8	12.4	13.3	8.9	4.9	6.2	7.7	8.5	6.6
10	5.1	8.0	3.7	6.4	6.3	5.5	5.3	7.8	8.6	6.7	5.0	6.8	13.0	12 5	8 7	4.3	4.9	7.3	9.1	6.3
12	5.5	8.4	5.5	6.0	6.5	5.7	4.7	7.6	8.5	6.5	5.2	6.8	12.9	11.9	8.6	5.2	5.1	7.9	8.7	6.7
14	6.1	8.5	3.5	6.3	6.6	6.3	4.8	7.5	8.4	6.6	6.4	6.4	13.1	12.3	8.9	6.3	5.7	6.7	6.6	6.3
16	6.3	8.3	3.8	5.6	6.4	7.9	4.8	7.9	9.8	7.3	7.7	6.9	14.3	15.3	10.6	5.7	4 2	6.7	7.8	6.3
18	7.1	8.0	3.6	6.4	6.8	8.3	5.4	8.7	9.6	7.8	8.4	6.4	14.9	16.3	11.1	7.0	4.6	6.9	7.9	6.9
20	6.7	8.1	4.2	6.0	6.6	9.2	5.9	8.8	9.3	8.1	9.4	6.2	14 9	16.8	11.5	7.1	3.2	6.5	7.8	6.7
22	6 3	7.8	4.4	5.6	6.3	8.4	6.2	8.8	9.3	8.0	9 4	7.4	15.1	16.4	11.7	6.7	2 4	6.1	8.8	6.7
24	6.5	7.6	5.0	6.0	6.5	8.3	5 5	9.5	10.4	8.3	8 7	7.7	16.1	16.8	12.0	6.8	0.4	6.4	6.9	6.0
26	7.0	7.8	5.1	6.1	6.8	9.8	5.9	9.0	9.2	8.3	10.2	7.5	13.8	16.3	11.7	7 0	2.4	5.8	8 4	6.6
28	8.2	8.3	4.9	7.1	7.6	10.2	6.7	11.0	11.5	9.8	10.2	7.5	19.3	16.6	12.7	7.7	1.2	6.2	7.6	6 5
30	7.6	9.1	5.9	8.6	8.1	10.3	6.8	10.5	14.1	10.2	12.3	7.7	14.5	17.7	12.5	8.2	3.2	11.0	9.0	8.1
32	8.7	9.1	7.5	9.2	8.8	11.8	6.3	11.1	15.0	10.8	11.3	8.9	14.4	17.6	12 6	7.7	1.3	11.1	8.8	7.6
34	8.5	9.8	6.9	9.0	8.7	10.5	5.9	11 8	14 8	10.7	11.3	7.9	19.9	18.1	13.7	6.6	3.6	12.5	8.1	7.4
36	9 4	10.2	7.3	10.8	9.7	11.7	6.7	12.3	14.9	11.3	11.8	10.0	18.8	17.8	14 0	5.9	3.2	12.2	11.3	8 2
38	10.4	11.4	6.8	10.0	10.0	13.0	6.9	9.7	14 4	10 6	14.2	9.0	14.2	18.7	13.4	7.9	—	10.5	10.3	8 4
40	8.7	11.9	6.3	10.7	9.4	11.5	6 7	12 4	15.9	11.5	14.6	9.7	16.8	20.3	14.8	9.8	—	—	13.4	10.9
42	12.3	12.3	6.6	12.8	11.9	14.5	7.5	11.2	15.8	12.3	16.2	10.0	14.2	20.9	15.1	10.8	—	—	10.0	9.7
44	10 4	12.1	8.2	12.2	10.9	13.7	7.9	13.3	20.4	13.7	19.2	8.8	16.2	25.1	17.3	14.5	—	—	12.4	12.7
46	10.1	13.5	7.7	13.5	11.3	15.5	9.1	12.3	17.8	13.6	20.8	10.3	18.1	22.3	17.0	13.6	—	—	9.0	10.5
48	11.6	13.5	6.2	14.3	12.1	16.7	10.9	15.1	21.2	15.8	19.4	11.6	18.1	25.2	18.4	12.2	—	—	9.9	10.6
50	12.4	13.5	6.0	13.3	12.3	16.6	10.7	14.5	16.4	14.8	21.0	12.8	14.9	23 0	17.7	12.7	—	—	9.8	10.6
55	15.1	12.4	4.1	13.5	13.7	17 6	11.0	13.6	17.1	15.2	23.7	16.4	15.1	27.3	21.0	15 8	—	—	10.5	12.1
60	17.1	15 4	5.2	13.2	15.4	18.7	14.1	16.8	18.4	17.5	25 7	23.6	20.7	27.1	23.4	—	—	—	9.7	11.3
65	20.4	15.4	—	17 5	18.4	19.8	15 7	16.2	24.2	18.9	27.3	20.6	19.6	29 0	23.7	—	—	—	15.7	17.3
70	17.0	12.5	—	22.3	16.3	17.3	15.2	12.5	19.4	16.5	22.8	21.1	15.9	—	21.1	—	—	—	—	—
75	16.4	13.4	—	22.5	16.0	19.0	16.6	25.2	16.9	19.2	27.5	19.8	28.6	—	26.5	—	—	—	—	—
80	19.0	12.0	—	23.5	17.8	21.6	14.8	—	18.1	20.4	27.1	18.0	—	—	25.4	—	—	—	—	—
85	21.4	12.0	—	20.5	18.6	26.2	16.3	—	20.1	23.1	31.7	19.5	—	—	28.4	—	—	—	—	—
90	26.0	10.7	—	20.5	21.1	—	24.3	—	23.4	28.7	—	27.5	—	—	36.4	—	—	—	—	—
95	17.8	—	—	21.0	15.8	—	21.9	—	23.4	27.5	—	25.1	—	—	34 0	—	—	—	—	—
100	25.7	—	—	18.0	20.1	—	—	—	—	—	—	—	—	—	—	—	—	—	—	—

Höhe zwischen den beiden großen Schelfeismassen rechnen. Wie die Umrandungen aber auch im einzelnen sein mögen, so haben wir jedenfalls ein großes, tiefliegendes Becken für die von den umgebenden Höhen herabströmende Luft, die sich nur nach Norden hin einen Ausweg suchen kann. Da der Ausfuhrstrom nach allem, was wir darüber wissen, mächtiger als der ähnliche des Roßmeeres ist, so ist wahrscheinlich auch sein Nährgebiet im Ganzen größer als das für das Roßmeer. Die Linksdrehung dieser schweren, kalten Bodenluft, die infolge der Erddrehung eintreten müßte, wird aber nun durch den Höhenzug der Westantarktis gehindert und so die Luftströmung zusammengehalten. Der so verhinderten stärkeren Linksdrehung sind vor allem die südlichen Winde ausgesetzt, und so dürfte diese auffällige Erscheinung eine natürliche Erklärung finden. Erst wenn sich die Weddellsee nach Norden hin weiter öffnet und die Trift das Schiff weiter von der Küste entfernt, ist auch für die Linksdrehung des Windes mehr Raum vorhanden. Hierzu paßt die im Durchschnitt steigende Linksdrehung des südlichen Windes von Herbst bis Frühjahr, die sowohl die Fesselaufstiege als auch die Pilotaufstiege zeigen, sehr gut.

Tabelle 110.

Änderung der Windrichtung gegen den Bodenwind in Grad nach Pilotballonaufstiegen.

Nach Quadranten geordnet.

Höhe in Hektometern	E (30—150°)					S (120—240°)					W (210—330°)					N (300—60°)				
	Sommer	Herbst	Winter	Frühling	Jahr	Sommer	Herbst	Winter	Frühling	Jahr	Sommer	Herbst	Winter	Frühling	Jahr	Sommer	Herbst	Winter	Frühling	Jahr
Zahl der Aufstiege	9	11	2	11	33	12	18	20	9	59	13	10	9	12	44	5	3	4	3	15
2	− 0	−11	−18	−12	−10	+ 2	−11	−13	− 7	− 7	− 3	−21	−23	− 9	−14	− 7	− 0	− 21	−15	−11
4	−10	−14	− 2	−18	−11	+ 8	− 5	−10	−15	− 5	− 3	−16	−26	−11	−14	−12	−18	− 35	−14	−20
6	− 4	−13	+18	−19	− 5	+16	− 4	− 1	−13	− 1	− 6	−17	−29	−13	−16	−17	− 6	− 38	−15	−19
8	− 5	−11	+38	−28	− 1	+22	+ 2	+ 4	−15	+ 3	− 5	−11	−30	−11	−14	−16	+ 1	− 41	−18	−18
10	+ 3	− 7	+40	−27	+ 2	+21	+ 1	+ 0	−14	+ 2	−20	− 7	−30	−10	−17	−23	+ 1	− 44	−21	−22
12	− 2	− 7	+50	−22	+ 5	+27	− 0	+ 8	−15	+ 5	−17	− 6	−30	−12	−16	−29	+ 5	− 44	−21	−23
14	− 3	− 4	+54	−17	+ 7	+34	− 1	+ 7	−12	+ 7	−13	− 4	−28	−13	−15	−28	+10	− 45	−21	−21
16	+ 0	− 4	+56	−17	+ 9	+38	+ 1	+ 8	− 4	+11	− 4	− 1	−27	−14	−11	−37	+ 4	− 42	−29	−26
18	− 7	− 2	+48	−16	+ 6	+43	− 7	+ 9	+ 1	+12	+ 2	− 9	−29	− 9	−11	−54	− 4	− 43	−35	−34
20	− 3	− 4	+40	−17	+ 4	+44	− 3	+ 8	+ 6	+14	+ 5	+ 5	−27	− 5	− 5	−59	− 9	− 45	−38	−38
22	− 0	− 2	+44	−17	+ 3	+44	+ 2	+11	+18	+19	+ 3	+13	−28	− 4	− 4	−64	+11	− 49	−44	−36
24	+11	− 5	+52	−14	+11	+44	− 3	+15	+28	+21	+ 7	+ 6	−27	− 3	− 4	−49	+ 3	− 57	−44	−37
26	+14	−10	+61	−11	+14	+44	+ 4	+17	+30	+24	+13	+11	−27	− 4	− 2	−36	−10	− 48	−47	−35
28	+12	−18	+61	− 9	+11	+40	+ 4	+16	+27	+22	+15	+10	−25	− 3	− 1	−30	−10	− 52	−53	−36
30	+12	−16	+44	− 9	+ 8	+42	+ 2	+10	+28	+20	+14	+15	−27	− 3	− 0	−30	+14	− 90	−50	−39
32	+14	− 4	+60	− 3	+17	+41	+ 2	+14	+28	+21	+ 5	+14	−30	− 6	− 4	−41	+21	− 77	−53	−37
34	+15	−13	+78	− 7	+18	+38	+ 9	+18	+28	+23	− 4	+19	−29	− 8	− 5	−44	− 0	− 88	−54	−46
36	+17	−14	+91	− 8	+21	+38	+10	+20	+27	+24	− 5	+20	−30	− 7	− 5	−48	+ 3	− 93	−47	−46
38	+21	−15	+89	−11	+21	+41	+ 9	+21	+29	+22	− 5	+25	−29	− 3	− 3	−56	—	−100	−53	−52
40	+24	−14	+86	−11	+21	+46	+11	+21	+29	+27	− 4	+22	−27	− 8	− 4	−51	—	—	−51	−51
42	+22	−24	+72	−10	+15	+40	+ 7	+18	+28	+23	− 7	+22	−25	− 8	− 5	−58	—	—	−58	−58
44	+17	−15	+72	− 8	+16	+39	+ 6	+18	+30	+23	−15	+20	−31	− 6	− 8	−66	—	—	−46	−56
46	+13	−18	+71	− 4	+16	+42	+ 5	+21	+31	+24	−10	+19	−30	− 2	− 6	−74	—	—	−47	−61
48	+16	−29	+72	+ 8	+17	+39	+ 3	+23	+34	+25	−13	+15	−24	− 4	− 6	−74	—	—	−51	−63
50	+19	−28	+69	− 2	+14	+40	−12	+21	+26	+19	−17	+ 8	−27	− 3	−10	−72	—	—	−44	−58
55	+11	−34	+86	+ 2	+17	+35	−32	+27	+34	+16	−23	− 9	−33	− 1	−16	−72	—	—	−36	−54
60	+13	−34	+80	+ 4	+16	+33	−49	+27	+43	+14	−35	−48	−23	− 1	−27	—	—	—	−33	−33
65	+16	−38	—	+34	+ 4	+30	−49	+23	+30	+ 9	−41	−51	−29	− 9	−32	—	—	—	−61	−61
70	+15	−40	—	+56	+10	+32	−43	+23	+58	+17	−45	−36	−29	—	−37	—	—	—	—	—
75	+14	−34	—	+62	+14	+35	−38	+20	+48	+16	−41	−27	−32	—	−33	—	—	—	—	—
80	+14	−45	—	+78	+16	+34	−48	—	+60	+15	−37	−37	—	—	−37	—	—	—	—	—
85	+12	−33	—	+59	+12	+52	−14	—	+64	+34	−19	− 3	—	—	−11	—	—	—	—	—
90	+22	−34	—	+69	+19	—	−39	—	+59	+10	—	−28	—	—	−28	—	—	—	—	—
95	+27	—	—	+88	+58	—	−19	—	+72	+27	—	− 8	—	—	− 8	—	—	—	—	—
100	+45	—	—	+75	+60	—	—	—	—	—	—	—	—	—	—	—	—	—	—	—

Die mechanisch verhinderte Linksdrehung der Südwinde hat aber noch eine andere Konsequenz, auf die ich hier auch eingehen möchte. Da in weiterem Abstande von der Küste die normale Linksdrehung stattfindet, so ist die Folge, daß in der Nachbarschaft der Küste eine Zusammendrängung der Stromlinien und dadurch eine Steigerung der Windgeschwindigkeit gegenüber den weiter von der Küste entfernt liegenden Orten stattfindet. Diese erhöhte Windgeschwindigkeit zeigt sich nun sehr deutlich in der großen mittleren Windgeschwindigkeit, die die schwedische Expedition in Snow Hill gefunden hat. Dies noch von Meinardus als Problem hingestellte

Verhalten (Geographische Zeitschrift 1914, S. 27) hat also dadurch einen guten Teil seines Rätselhaften eingebüßt. Derselben Erklärung zugänglich ist auch die größere Windgeschwindigkeit des Westrandes des Roßmeeres, wie sie sich deutlich im Vergleich mit den gleichzeitigen Beobachtungen in Framheim zeigt. [1]

Diese Beeinflussung des Bodenwindes hat aber natürlich ihre Grenze in Höhen, die über der mittleren Kammhöhe des Gebirges liegen, also hier in etwa 2000 m Höhe. Hierfür benötigen wir aber noch einer anderen Erklärung. Bei Südwinden dreht der Wind noch weiter nach rechts und bei Nordwinden weiter nach links, und zwar nicht nur im Jahresmittel, sondern auch in den einzelnen Jahreszeiten. Die Westwinde zeigen im Mittel wieder eine Annäherung an die Bodenrichtung. Hierin möchte ich eine Bestätigung der Ferrelschen Theorie erblicken, die ja auch schon bei den Windgeschwindigkeiten herangezogen wurde. Die Wirkungsgrenze liegt nach den Pilotaufstiegen wieder in etwa 1800 m Höhe, wo wenigstens im Jahresmittel eine Aenderung der Drehung sich bemerkbar macht, mit Ausnahme der Ostwinde, bei denen diese Grenze einige hundert Meter höher liegt. Diese Theorie verlangt westliche Winde. Eine Annäherung an diese Richtung geschieht bei Südwinden durch Rechtsdrehung, bei Nordwinden durch Linksdrehung, und die Westwinde behalten ihre Richtung bei, bezw. nähern sich ihr wieder, wenn sie in den unteren Schichten von ihr abgewichen waren. Diese Forderungen der Theorie werden durch die Beobachtungen erfüllt, wie Tabelle 110 zeigt.

7) Untersuchung verschiedener Inversionstypen.

Zur näheren Untersuchung der Inversionen werden 4 verschiedene Typen unterschieden, die zum Teil wieder, je nach der Größe der Inversion, in mehrere Unterabteilungen zerfallen. Diese Typen bieten sich zwanglos dar und sind die folgenden:

1. Bodeninversionen, die bis 500 m Höhe und darüber reichen. Der Inversionsbetrag ist:
   a) unter 5°, b) 5—10°, c) über 10° C.

2. Am Boden liegt eine dünne Schicht mit Temperaturabnahme oder Isothermie, die bis etwa 100—200 m Höhe reicht. Darüber herrscht Inversion, deren Betrag der folgende ist:
   a) unter 5°, b) 5—10°, c) über 10° C.

3. Geringe Bodeninversion bis etwa 100 m Höhe reichend, darüber stetige Abnahme der Temperatur.

4. Inversionen in größerer Höhe. Höhenlage etwa:
   a) 500 m, b) 1000 m.

Die Verteilung der meteorologischen Elemente mit der Höhe auf diese Gruppen zeigt Tabelle 111. Im Folgenden seien diese Zahlen etwas näher beleuchtet:

1a. Inversion um 3.2° bis 500 m Höhe, darüber mit scharfer Grenze einsetzende langsame Temperaturabnahme, Gradient rund 0.35° auf 100 m. Feuchtigkeitsabnahme von 83% auf 48% in 800—1000 m Höhe, darüber langsame Zunahme. Schnelle Windzunahme bis 200 m und langsamere bis 4—500 m. Abnahme bis 800 m, darüber fast konstant. Die Luftversetzung hat ein Maximum in 400 m Höhe, darüber zuerst schnelle Abnahme bis 600 m, dann langsame bis 1400 m, darüber wieder langsame Zunahme. Bis 400 m Linksdrehung, darüber Richtung konstant bis 1200 m und dann langsame Rechtsdrehung.

1b. Inversion bis 800 m, darüber Isothermie bis etwa 1400 m, dann ganz langsame Abnahme. Feuchtigkeit bis 400 m abnehmend, darüber ziemlich konstant. Die Windgeschwindigkeit nimmt bis 200 m stark und dann langsamer bis 4—500 m zu, Minimum bei 600 m, dann ganz langsame Zunahme. Die Luftversetzung nimmt bis 400 m zu und darüber ganz langsam ab. Langsame Linksdrehung bis 1200 m, darüber wechselnd. Das Mischungsverhältnis steigt allmählich bis etwa 1200 m an und bleibt darüber konstant; am Boden herrscht Übersättigung über Eis.

1c. Inversion bis 600 m, darüber Isothermie, die in langsame Abnahme übergeht. Feuchtigkeitsabnahme bis 1000 m, dann wieder langsame Zunahme. Das Mischungsverhältnis steigt bis 400 m und bleibt darüber konstant; am Boden Übersättigung über Eis. Die Absolutwerte sind dieselben wie bei 1b. Der Wind nimmt bis 200 m zu, Minima in 500 und 1600 m, darüber wieder Zunahme. Zunahme der Linksdrehung bis 600 m, Minimum in 1000 m, darüber Zunahme bis 1600 m, dann schwankend.

2a. Die unterste Schicht mit Temperaturabnahme bzw. Isothermie macht sich im Mittel nur durch geringere Gradienten bemerkbar. Die obere Grenze der Inversion liegt in etwa 550 m, darüber Abnahme, also sehr ähnlich wie bei 1a. Feuchtigkeitsmaximum in 200 m, darüber langsame Abnahme. Starke Windgeschwindigkeitszunahme bis etwa 500 m, darüber ziemlich konstant. Der Lufttransport geht parallel dazu, der Gang ist aber ausgeprägter. Starke Linksdrehung, die aber nur von 2 Aufstiegen bei NE-Wind herrührt.

---

[1] Auch Simpson nimmt als Ursache für die große Windgeschwindigkeit im Mac Murdo-Sund eine solche Zusammendrängung der Luft an und führt darauf, wenn auch nur zum Teil, die zahlreichen dortigen Stürme zurück.

Tabelle 111. Meteorologische Elemente bei verschiedenen Inversionstypen.

Temperaturen.

Inversionstypus	Boden	200 t°	n	400 t°	n	500 t°	n	600 t°	n	800 t°	n	1000 t°	n	1200 t°	n	1400 t°	n	1500 t°	n	1600 t°	n	1800 t°	n	2000 t°	n	2200 t°	n	2400 t°	n
1a	−8.9	−7.2	3	−5.9	3	−5.7	3	−6.4	3	−7.2	3	−8.0	3	−8.5	3	−9.0	3	−9.0	3	−9.5	3	−10.5	3	−15.2	1	−16.7	1	—	—
1b	−25.7	−22.2	7	−19.9	6	−19.3	6	−18.6	6	−17.5	5	−17.6	5	−17.2	4	−17.5	4	−18.0	4	−18.4	4	−18.6	3	−18.0	2	−22.7	3	−21.0	2
1c	−26.8	−17.6	19	−15.2	18	−15.0	17	−14.6	16	−15.1	12	−15.1	11	−15.4	10	−16.1	9	−16.4	8	−16.6	7	−19.0	5	−19.8	4	−20.4	2	−23.9	1
2a	−14.6	−13.4	6	−12.2	6	−11.8	3	−11.6	2	−12.7	2	−15.9	1	−16.2	1	—	—	—	—	—	—	—	—	—	—	—	—	—	—
2b	−22.9	−21.1	11	−17.9	11	−16.7	10	−16.3	10	−15.9	10	−15.8	10	−16.8	7	−16.5	4	−17.0	4	−17.5	4	−21.2	1	−22.7	1	−24.0	1	−25.7	1
2c	−23.0	−18.9	3	−16.0	3	−15.2	3	−14.2	3	−13.1	3	−12.5	3	−12.0	3	−16.1	2	−16.7	2	−17.2	2	−16.6	1	−18.2	1	—	—	—	—
3	−8.7	−8.7	23	−9.8	23	−10.4	23	−11.0	23	−11.8	21	−12.2	18	−13.2	13	−13.3	10	−14.3	9	−15.5	8	−16.8	7	−16.3	3	−20.3	1	—	—
4a	−18.7	−19.7	22	−20.1	21	−19.4	21	−18.8	20	−18.2	18	−18.5	16	−18.0	17	−19.1	12	−19.6	11	−20.1	10	−20.6	9	−19.1	5	−23.5	2	−23.7	1
4b	−11.2	−12.6	4	−14.2	4	−15.0	4	−15.8	4	−16.9	4	−14.9	4	−13.5	3	−11.2	2	—	—	—	—	—	—	—	—	—	—	—	—

Relative Feuchtigkeit.

Inversionstypus	Boden %	200 %	n	400 %	n	500 %	n	600 %	n	800 %	n	1000 %	n	1200 %	n	1400 %	n	1500 %	n	1600 %	n	1800 %	n	2000 %	n	2200 %	n	2400 %	n
1a	83	66	3	58	3	57	3	50	3	48	3	48	3	53	3	58	3	60	3	63	3	66	2	65	1	—	—	—	—
1b	86	67	5	58	5	60	5	62	5	63	4	59	4	66	3	64	3	62	3	58	3	66	2	68	2	64	2	71	1
1c	85	76	15	68	14	64	14	60	13	55	10	54	10	56	8	61	7	61	7	61	7	60	5	69	2	67	1	—	—
2a	90	94	4	92	3	90	2	88	2	88	2	86	1	—	—	—	—	—	—	—	—	—	—	—	—	—	—	—	—
2b	83	70	7	65	7	60	6	60	6	56	6	44	6	59	4	48	3	48	3	48	3	49	1	49	1	48	1	—	—
2c	85	71	3	57	3	50	3	46	3	42	3	43	3	44	3	41	2	44	2	47	2	29	1	28	1	—	—	—	—
3	86	85	20	85	19	84	17	82	16	72	13	70	10	68	10	66	9	70	8	69	7	68	3	71	3	—	—	—	—
4a	83	85	14	84	13	78	10	74	10	66	8	62	8	57	7	70	6	70	6	63	5	61	3	59	3	86	1	—	—
4b	78	84	2	90	2	90	2	84	1	78	1	28	1	22	1	22	1	—	—	—	—	—	—	—	—	—	—	—	—

Windgeschwindigkeit.

Inversionstypus	Boden mps	200 mps	n	400 mps	n	500 mps	n	600 mps	n	800 mps	n	1000 mps	n	1200 mps	n	1400 mps	n	1500 mps	n	1600 mps	n	1800 mps	n	2000 mps	n	2200 mps	n	2400 mps	n
1a	5.0	8.8	3	9.5	3	9.5	3	9.0	3	8.3	3	8.7	3	8.7	3	8.7	3	9.2	2	9.4	2	9.2	2	15.0	1	—	—	—	—
1b	3.9	8.1	7	8.5	6	8.5	6	8.3	6	8.7	5	8.8	5	8.8	4	8.9	4	9.1	4	9.1	4	10.2	3	13.4	2	10.9	1	11.4	1
1c	4.2	7.8	19	8.0	18	7.9	17	8.0	16	8.7	12	8.8	11	8.4	10	8.0	9	8.0	8	7.6	8	8.6	5	9.1	4	9.7	2	9.7	1
2a	6.2	10.7	6	12.0	4	14.4	2	14.4	2	13.2	2	15.2	1	—	—	—	—	—	—	—	—	—	—	—	—	—	—	—	—
2b	5.4	10.8	11	11.1	11	11.2	10	11.0	10	10.2	10	11.0	10	10.0	7	12.2	4	12.2	4	12.0	4	16.4	1	16.9	1	18.4	1	17.4	1
2c	5.2	11.7	3	12.5	3	12.9	3	14.5	3	14.4	3	16.9	3	16.4	3	16.0	2	16.0	2	15.4	2	20.7	1	17.2	1	—	—	—	—
3	6.9	11.5	19	11.9	18	11.9	17	12.1	17	11.9	14	11.4	11	11.1	11	11.2	9	11.8	8	12.2	6	14.0	4	14.7	3	—	—	—	—
4a	7.4	11.4	15	11.8	16	11.9	16	12.1	15	11.2	15	12.7	14	12.8	11	13.3	9	13.2	8	13.6	7	15.3	5	16.6	2	14.4	1	—	—
4b	7.8	11.8	3	12.0	3	12.1	3	12.5	3	12.5	3	11.8	2	11.8	1	11.8	1	—	—	—	—	—	—	—	—	—	—	—	—

Winddrehung gegen den Boden in Grad.

Inversionstypus	Boden	200	n	400	n	500	n	600	n	800	n	1000	n	1200	n	1400	n	1500	n	1600	n	1800	n	2000	n	2200	n	2400	n
1a		−22	2	−28	2	−28	2	−29	2	−28	2	−28	2	−32	2	−25	2	−25	2	−25	2	−11	1	−11	1	—	—	—	—
1b		−9	7	−10	6	−11	6	−11	6	−17	5	−17	5	−19	5	−14	4	−14	4	−11	4	−17	2	−20	2	−22	2	−11	1
1c		−17	18	−21	16	−24	16	−26	13	−24	11	−18	10	−24	8	−25	8	−28	7	−29	6	−21	5	−36	2	−22	1	−22	1
2a		−36	6	−51	4	−54	2	−54	2	−47	2	−17	1	—	—	—	—	—	—	—	—	—	—	—	—	—	—	—	—
2b		−12	11	−9	10	−7	10	−10	10	−15	9	−20	8	−8	6	−27	4	−24	4	−25	3	−39	1	−39	1	−39	1	−45	1
2c		−17	3	−25	3	−25	3	−25	3	−25	3	−30	3	−26	3	−28	2	−25	2	−25	2	0	1	0	1	—	—	—	—
3		−7	22	−9	22	−9	22	−9	22	−9	18	−1	14	0	10	−1	9	−1	8	+1	7	−6	3	+2	3	—	—	—	—
4a		−7	20	−14	20	−12	20	−15	18	−17	16	−15	16	−9	12	−7	10	−10	10	−8	10	−9	7	0	4	−34	2	—	—
4b		−2	4	−6	4	−6	4	−12	4	−11	4	−2	4	−11	2	0	2	—	—	—	—	—	—	—	—	—	—	—	—

Lufttransport (Windgeschwindigkeit × Luftdichte). Boden = 100 gesetzt.

Inversionstypus	Boden	200	n	400	n	500	n	600	n	800	n	1000	n	1200	n	1400	n	1500	n	1600	n	1800	n	2000	n	2200	n	2400	n
1a	100	169	3	177	3	174	3	163	3	147	3	151	3	147	3	144	3	152	2	154	2	147	2	228	1	—	—	—	—
1b	100	207	7	209	6	205	6	199	6	199	5	194	5	192	4	191	4	193	4	189	4	275	2	267	2	202	1	208	1
1c	100	174	19	175	17	171	16	170	14	171	11	167	11	157	9	146	8	144	8	141	7	148	5	165	2	158	1	—	—
2a	100	166	6	201	3	209	2	205	2	184	2	206	1	—	—	—	—	—	—	—	—	—	—	—	—	—	—	—	—
2b	100	188	11	199	10	186	10	181	10	164	10	156	8	155	7	182	4	180	4	197	3	245	1	249	1	—	—	—	—
2c	100	214	3	223	3	225	3	250	3	239	3	272	3	258	3	245	2	242	2	232	2	302	1	246	1	—	—	—	—
3	100	160	21	161	20	157	19	158	19	154	15	146	12	138	11	137	9	144	8	143	6	170	3	167	3	—	—	—	—
4a	100	149	18	147	18	148	17	148	16	148	12	151	12	152	10	152	8	149	8	150	7	164	5	172	2	153	1	—	—
4b	100	149	3	148	3	149	3	151	3	148	3	139	2	130	1	127	1	—	—	—	—	—	—	—	—	—	—	—	—

Mischungsverhältnis.

	Boden	200	n	400	n	500	n	600	n	800	n	1000	n	1200	n	1400	n	1500	n	1600	n	1800	n	2000	n
1b gemessen	0.40	0.42	5	0.47	5	0.51	5	0.56	5	0.65	4	0.61	4	0.75	3	0.73	3	0.70	3	0.62	3	0.82	2	0.80	2
Sättig. über Eis	0.36	0.51		0.65		0.69		0.75		0.84		0.85		0.94		0.95		0.92		0.92		1.04		0.99	
1c gemessen	0.37	0.74	15	0.82	14	0.80	14	0.79	13	0.75	10	0.75	10	0.80	8	0.85	7	0.83	7	0.80	7	0.66	5	0.71	2
Sättig. über Eis	0.33	0.82		1.04		1.09		1.15		1.19		1.20		1.24		1.20		1.17		1.10		0.90		0.83	
2b gemessen	0.54	0.58	7	0.74	7	0.79	6	0.81	6	0.77	6	0.61	6	0.71	4	0.64	3	0.61	3	0.60	3	0.48	1	0.42	1
Sättig. über Eis	0.53	0.67		0.98		1.15		1.19		1.20		1.20		1.04		1.14		1.09		1.04		0.78		0.70	
2c gemessen	0.52	0.64	3	0.67	3	0.63	3	0.64	3	0.65	3	0.74	3	0.79	3	0.54	2	0.56	2	0.59	2	0.38	1	0.34	1
Sättig. über Eis	0.49	0.74		1.00		1.10		1.23		1.39		1.50		1.60		1.15		1.08		1.05		1.15		1.00	

2 b. Temperaturverlauf ähnlich wie bei 1 b, aber stärkere Abnahme oberhalb 1600 m. Feuchtigkeitsabnahme bis 1000 m, dann konstant. Mischungsverhältnis: Maximum in 600 m Höhe, darüber stetige Abnahme; am Boden Übersättigung über Eis. Starke Windzunahme bis 200 m, Maximum in 500 m, Minimum in 800 m, darüber weitere Zunahme. Lufttransport: Maximum in 400 m, dann ziemlich starke Abnahme bis 1200 m, darüber starke Zunahme. Im ganzen ständige Linksdrehung.

2 c. Auch hier geht die unterste Schicht im Mittel verloren. Inversion bis 1200 m, darüber Abnahme. Feuchtigkeitsabnahme bis 800 m, dann konstant. Das Mischungsverhältnis nimmt bis 1200 m zu, darüber Abnahme wie bei 2 b, am Boden Übersättigung über Eis. Starke Geschwindigkeitszunahme bis 1000 m, darüber geringe Abnahme bis 1600 m, Lufttransport ähnlich, aber stärker ausgeprägt. Linksdrehung nimmt zu bis 1000 m, darüber geringe Abnahme.

3. Die geringe Bodeninversion zeigt sich im Mittel der untersten 200 m nur als Isothermie, darüber Abnahme. Feuchtigkeit bis 600 m fast konstant, darüber langsame Abnahme. Windgeschwindigkeit und Luftversetzung nehmen bis 400 m zu, ausgesprochene Abnahme bis 1200 m, darüber Zunahme. Die Linksdrehung ist gering, zwischen 400 und 800 m konstant, dann wieder gleich dem Bodenwind.

4 a. Inversion zwischen 400 und ungefähr 1200 m, darüber Abnahme bis 1800 m. Geringe Feuchtigkeitszunahme bis 200 m, dann Abnahme bis 1200 m, darüber konstant. Zuerst schnelle Windzunahme bis 200 m, dann langsamer bis 600 m, Minimum in 800 m, dann Zunahme. Zunahme des Lufttransportes bis 200 m, dann konstant bis 1500 m. Langsame Linksdrehung bis 800 m, darüber Rückdrehung bis zur Bodenrichtung.

4 b. Inversion von 800 m Höhe an, verbunden mit scharfer Feuchtigkeitsabnahme, darunter bis 500 m Zunahme und dann langsame Abnahme bis zur Inversionsgrenze. Windzunahme bis 200 m, darüber fast konstant. Lufttransport von 200—800 m konstant, darüber Abnahme. Geringe Linksdrehung bis 600 m, darüber Rückdrehung.

Für die am meisten interessierenden großen Inversionen finden wir danach keinen wesentlichen Unterschied zwischen dem Typus 1 und 2. Die Temperaturen in 200 m Höhe sind bei 1 b und 2 b bzw. 1 c und 2 c fast genau gleich, nur die Bodentemperaturen sind bei dem Typus 2 höher als bei 1. Die geringe Isothermie bzw. Temperaturabnahme in den untersten 100 m verschwindet bereits im Mittel der 200 m Schicht. Das in beiden Fällen übereinstimmende Verhalten läßt den Schluß zu, daß die Entstehungsbedingungen in beiden Fällen gleich waren; nur muß beim Typus 2 am Boden eine geringe nachträgliche Erwärmung stattgefunden haben. Hierbei könnte man an die Möglichkeit denken, daß eine Erwärmung infolge offenen Wassers vorgekommen ist. Wir finden in der Tat bei diesen Aufstiegen öfter die Bemerkung, daß Risse und Waken in der Nähe des Schiffes vorhanden waren, wenn auch durchaus nicht immer. Diese Erklärung dürfte also nicht vollkommen genügen. Noch bemerkenswerter erscheinen mir aber die Windgeschwindigkeitsverhältnisse. Die Geschwindigkeit beim Typus 1 ist in 200 m Höhe 8—9 mps, während sie beim Typus 2 erheblich höher, nämlich 11—12 mps ist. Diese Tatsache legt einen ursächlichen Zusammenhang nahe. Infolge der größeren Windgeschwindigkeit ist wegen der Reibung am Boden die Inversion in Bodennähe nicht mehr stabil, sondern eine Aufwirbelung beginnt einzusetzen, wobei die dynamische Wirkung die thermische Stabilität überwiegt. Es tritt dann eine Durchmischung der untersten Schichten ein, wodurch die Temperatursteigerung der Bodenschicht hervorgerufen wird, ohne daß die Mitteltemperatur dabei geändert wird. Während des Aufstieges Nr. 54 vom 25. Juni tritt z. B. ein Abflauen des Windes in 200 m Höhe ein, während des Aufstieges haben wir 11.5 mps und während des Abstieges nur 7.5 mps. Demgemäß gehört der Aufstieg dem Typus 2 b an, der Abstieg dem Typus 1 c.

An und für sich ist es ja weniger auffällig, daß dies Aufwirbeln der Bodenluft eintritt, als daß es erst bei so hohen Windgeschwindigkeiten einsetzt, mit anderen Worten, daß die Inversionen so außerordentlich stabil sind. Aus dem ganzen Mechanismus dieses Aufwirbelns muß nach den darüber ausgeführten Betrachtungen folgen, daß, je größer die als vorhanden angenommene Inversion ist, um so größer auch die zur Umschichtung nötige Windgeschwindigkeit sein muß. Auch diese Folgerung findet ihre Bestätigung. Die Windgeschwindigkeit in 200 m Höhe ist bei 2 a im Mittel 10.7 mps und steigt auf 11.7 mps bei dem Typus 2 c. Eine Windgeschwindigkeit von etwa 11—12 mps würde demnach die ungefähre Grenze der Stabilität der durchschnittlichen Inversionen der Antarktis sein. Das ist aber genau dieselbe Zahl, die wir ganz unabhängig hiervon schon bei der Betrachtung der Temperaturschichtung bis zur Masthöhe (s. Seite 29) gefunden hatten.

Bei noch größeren Windgeschwindigkeiten, z. B. den eigentlichen Stürmen, wird sehr wahrscheinlich die durch die Aufwirbelung der Bodenschicht hervorgerufene Mischungszone erheblich höher hinaufreichen, sodaß dadurch schon ein größeres Steigen der Bodentemperatur hervorgerufen werden muß. Namentlich muß das der Fall sein, wenn die Reibung am Boden größer ist, wie sie es über einem unebeneren Gelände, z. B. über festem Land, sein wird. Es wird z. B. in den Berichten über die beiden Scottschen Expeditionen oft als merkwürdige Tatsache erwähnt, daß bei Stürmen auch aus südlicher Richtung die Temperatur recht erheblich steigt. Ich kann nun versuchen, die auf die angeführte Ursache zurückzuführende Temperaturerhöhung zu berechnen, wenn ich plausible Annahmen mache. Ich setze voraus, daß die Mitteltemperatur der ganzen von dem Vorgang betroffenen Schicht sich nicht ändert. Ferner nehme ich als anfängliche Temperaturverteilung mit der Höhe die des Typus 1 c, und schließlich soll die Aufwirbelung 500 m hoch reichen. Die Mitteltemperatur der 500 m Schicht ist —18°, während die anfängliche Bodentemperatur —27° beträgt. Wenn also Isothermie in der Mischungsschicht herrschen würde, so würde die Bodentemperatur auf —18° steigen, also um volle 9°. In Wirklichkeit dürfte sich aber eine Temperaturabnahme mit der Höhe einstellen, wodurch die Temperatursteigerung noch größer sein würde. Da die Temperaturinversionen über der Roßbarriere vermutlich noch größer sind, so würden selbst noch größere Temperaturerhöhungen zwanglos erklärt werden können [1]).

8) Der Luftdruck.

Im klimatologischen Teil wurde für den Luftdruck eine jährliche Doppelwelle abgeleitet. Auf Grund der Fesselaufstiege läßt sich nun ein interessanter und wichtiger Einblick in die Veränderungen tun, die dieser Gang mit der Höhe erleidet. Zu diesem Zweck bilde ich mir für jeden Aufstieg die Druckdifferenzen Boden —500 m, Boden —1000 m usw. und bringe dann die mittleren Differenzen für jeden Monat an die wahren Monatsmittel des Bodendrucks an. So erhalte ich dann die Luftdruckmittel für die verschiedenen Höhenschichten. Etwa fehlende Mittel bekomme ich mit genügender Genauigkeit durch Interpolation bei den Differenzen; diese interpolierten Werte sind durch kursiven Druck hervorgehoben. Alle diese drei Zahlengruppen sind in Tabelle 112 enthalten. Um den jährlichen Gang reiner zu erhalten, gleiche ich noch die Werte in jeder Höhenschicht besonders aus. Betrachte ich namentlich diese letzteren Zahlen, so ergibt sich gleich das sehr wichtige Resultat, daß die doppelte Jahreswelle mit der Höhe mehr und mehr verschwindet und statt dessen eine einfache Welle erscheint. Mit anderen Worten, das winterliche Luftdruckmaximum ist nur eine Erscheinung der unteren Luftschichten und ist eine Folge der Abkühlung dieser Schichten im Winter. Sehr klar zeigt dies auch die graphische Darstellung in Figur 19.

Der gestrichelte Teil der Kurve soll andeuten, wie der Gang des Luftdrucks im Winter etwa aussehen würde, wenn das winterliche Maximum nicht vorhanden wäre. Diese Darstellung läßt dann sehr deutlich erkennen, daß das winterliche Maximum nur eine aufgesetzte Welle ist, deren Größe mit der Höhe erheblich abnimmt. Die zeitliche Verspätung des Höchstwertes ist ebenfalls sehr klar, wodurch auch wieder der Ursprung dieser Winterwelle als Bodeneinfluß erkennbar wird. Nach der Zeichnung würde das Ausmaß dieser Welle von rund 8 mm am Boden auf etwa 3 mm in 1500 m Höhe zurückgehen. Ob die erneute Zunahme in 2000 m Höhe reell ist, oder nur auf die geringe Aufstiegszahl zurückzuführen ist, bleibe dahingestellt, ich selbst halte das letztere für wahrscheinlicher. Das Maximum der einfachen Welle liegt

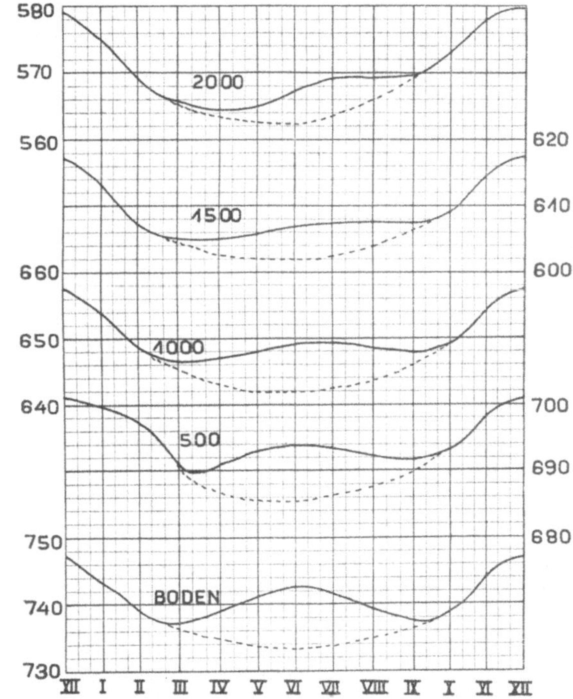

Fig. 19. Jährlicher Gang des Luftdrucks in verschiedenen Höhen.

durchweg im Januar und das Minimum im Juli. Verschiebungen mit der Höhe finden nicht statt. Die Amplitude nimmt deutlich mit der Höhe zu. All dies läßt erkennen, daß diese Welle universelleren Ursprungs ist und wegen des nahen Anschlusses an den Gang der Strahlung wohl auf diese zurückzuführen ist. Das Anwachsen der Amplitude mit der Höhe ist ja nur ein anderer Ausdruck dafür, daß der Luftdruck in einer wärmeren Luftsäule langsamer mit der Höhe abnimmt als in einer kälteren. Die ganze Atmosphäre muß im

---

[1]) Auch Simpson führt die Temperaturerhöhung bei Südstürmen auf die Beseitigung der Bodeninversionen zurück, wenn auch seine Erklärung noch nicht ganz einwandfrei sein dürfte, wie ich an anderer Stelle begründete. (Ann. der Hydrographie 1921, S. 308).

Tabelle 112. Luftdruck in verschiedenen Höhen.

	Druckunterschiede mm				Luftdruck in m Höhe									
	500-1	1000-1	1500-1	2000-1	Boden	500	1000	1500	2000	Boden	500	1000	1500	2000
										ausgeglichen				
Januar . .	45.8	89.0	129.5	168.5	747.1	701.3	658.1	617.6	578.6	743.5	699.8	653.9	612.9	575.0
Februar. .	46.2	89.6	130.6	168.5	745.9	699.7	656.3	615.3	577.4	738.8	697.4	648.5	607.3	569.6
März . . .	46.5	90.2	131.8	168.5	735.2	688.7	645.0	603.4	566.7	737.4*	690.0*	646.4*	605.0*	565.9
April . . .	47.7	91.2	131.8	171.5	739.0	691.3	647.8	607.2	567.5	739.1	691.0	647.0	605.0*	564.4*
Mai . . .	47.8	91.7	134.2	174.5	736.5	688.7	644.8	602.3	562.0	741.3	692.8	648.0	605.6	564.8
Juni . . .	48.9	94.0	136.4	178.2	744.4	695.5	650.4	608.0	566.2	**742.3**	**693.7**	649.0	606.5	567.2
Juli . . .	48.5	93.3	135.6	175.2	739.8	691.3	646.5	604.2	564.6	741.6	693.6	**649.1**	607.0	**569.1**
August . .	48.5	92.9	135.8	171.9	745.3	696.8	652.4	609.5	573.4	739.4	692.3	648.4	**607.4**	568.8*
September .	46.2	90.4	130.9	170.6	735.6	689.4	645.2	604.7	565.0	737.6*	691.6*	647.8*	607.3*	569.4
Oktober. .	46.3	89.9	130.4	169.3	740.9	694.6	651.0	610.5	571.6	738.9	693.0	649.4	609.1	573.0
November .	45.6	89.1	129.6	164.0	733.2	687.6	644.1	603.6	569.2	744.3	698.3	654.7	614.7	578.0
Dezember .	46.2	90.1	129.6	166.2	748.4	702.2	658.3	618.8	582.2	**747.1**	**701.1**	**657.7**	**617.3**	**579.2**

Sommer durch die Einstrahlung wärmer werden und im Winter kälter durch Ausstrahlung. Der erstere Vorgang ist nun der intensivere. Dadurch dürfte sich zum größten Teil die Erscheinung erklären, daß das sommerliche Maximum steiler ist und das winterliche Minimum flacher. Zum Teil wird das aber auch daher rühren, daß die Sommeraufstiege wegen der Fahrt und Trift des Schiffes in nördlichere Breiten fallen, wo die Sonnenstrahlung steiler einfällt und daher die Erwärmung intensiver sein muß, was sich wieder in einem steileren Druckmaximum äußert.

Tab. 113. Höhe der Hauptschichten (Millibarflächen) in m.

	1000 mb	900 mb	800 mb
Januar . . .	+ 3	819	—
Februar . .	—	—	—
März . . .	−135	657	1531
April . . .	− 81	701	1580
Mai	−149	622	1482
Juni . . .	− 48	710	1563
Juli . . .	− 99	667	1573
August . .	− 50	720	1576
September .	−114	683	1569
Oktober . .	− 86	714	1616
November .	−207	593	1474
Dezember . .	− 27	794	—

Im Anschluß an diese Darlegungen sei noch kurz die Berechnung der Höhenlage der Hauptschichten, der 1000, 900 und 800 Millibarflächen nach Bjerknes in Tabelle 113 mitgeteilt. Bei dem tiefen Luftdruck in der Antarktis liegt die 1000 mb-Schicht in fast allen Monatsmitteln und auch bei den allermeisten Einzelaufstiegen unter dem Meeresniveau. Über die hierbei nötige Extrapolation der Temperatur siehe die Bemerkung am Schluß des technischen Teils auf Seite 81. Die Höhe der 700 mb-Schicht wurde nur bei einem Aufstieg im Juli erreicht und hierbei zu 2489 m bestimmt.

9) Die Luftdichte.

Die Luftdichte wurde schon bei obigen Betrachtungen über die Luftversetzung benutzt. Da sie aber auch an und für sich von gewisser praktischer Wichtigkeit ist, so seien noch ihre Mittelwerte für die verschiedenen Monate, Jahreszeiten und das Jahr in Tabelle 114 zusammengestellt. Die Luftdichte ergibt sich aus Temperatur und Luftdruck nach der Formel $\varrho = \dfrac{1}{R} \cdot \dfrac{p}{T}$, wo R die Gaskonstante, p der Druck und T die absolute Temperatur ist. Die Größe der Dichteänderung in einer bestimmten Schicht ist im wesentlichen beeinflußt durch die Temperaturänderung. Die Luftdruckunterschiede in den Monatsmitteln sind nach Tabelle 112 am Boden etwa 15 mm, das sind rund 2 % des mittleren Drucks; die absolut größte Druckänderung am Boden ändert die Dichte um etwa 6 bis 7 %. Die mittlere Jahresamplitude der Temperatur von etwa 25° bedeutet eine Dichteänderung von rund 10 % und im Maximum von etwa 15 %. Der Einfluß der Druckschwankungen tritt also gegen den der Temperaturschwankungen stark zurück. Dies zeigt sich unter anderem sehr deutlich im Jahresgang der Luftdichte, der eine einfache Welle mit einem Maximum im Winter zeigt, während die Doppelwelle des Luftdrucks am Boden sich nicht bemerkbar macht, höchstens durch die kleine Senkung im November. Der einfache Jahresgang zeigt sich dementsprechend in allen Höhen. Da die Druck- und Temperaturschwankungen, wie aus vielen der früheren Erörterungen hervorgeht, im Durchschnitt entgegengesetzt verlaufen, so ist die Dichteschwankung auch in den einzelnen Fällen recht groß, wenn auch etwas geringer als die absolut mögliche. Besonders im Jahresgang tritt das klar hervor. Die Amplitude der jährlichen Druckwelle vergrößert sich nach Tabelle 112 mit der Höhe, und die Temperaturwelle nimmt nach Fig. 17 ab. Beide Wellen gehen einander parallel, wirken aber auf die Luftdichte nach obiger Formel in entgegengesetztem Sinne. Das Resultat ist eine starke Abnahme der Dichteschwankung mit der Höhe. Siehe darüber auch die Arbeit von F. Linke (Beiträge zur Physik der freien Atmosphäre, Bd. VIII, S. 73—85, 194—199). Nach Tabelle 114 beträgt die Jahresamplitude der Dichte am Boden 9.5 % des Jahresmittels, nimmt darauf schnell auf etwa 4 % in 800 m Höhe ab und bleibt dann bis 2000 m Höhe konstant, während natürlich der absolute Betrag der Dichteschwankung dauernd abnimmt.

Aus einer hier nicht wiedergegebenen Zusammenstellung der extremen Werte der Luftdichte teile ich folgendes mit: Die absoluten Dichteextreme am Boden sind 1455 und 1238 g/m (nur nach Fesselaufstiegen, sonst natürlich noch größer). Ihr Unterschied, 217, beträgt 16.4 % des Jahresmittels, also noch nicht das Doppelte der Jahresamplitude. Die Störungen treten demnach gegen die normale jährliche Schwankung zurück. Um diese unperiodischen Aenderungen besser untersuchen zu können, suche ich mir die Extreme für verschiedene Aufstiegsgruppen heraus und betrachte die Aufstiege, die 500, 1000, 1500 und 2000 m Höhe erreichten. Da deren Zahl mit wachsender Höhe immer geringer wird, so ist es selbstverständlich, daß die absolute Größe der Dichteschwankung abnimmt. Betrachte ich aber den Ueberschuß dieser prozentischen absoluten Schwankung über die normale Jahresschwankung, so ergibt sich eine beträchtliche Zunahme der unperiodischen Aenderungen mit der Höhe. Diese unperiodischen Dichteschwankungen scheinen ein Maximum in etwa 1000 m Höhe zu haben, um dann schnell nach oben hin abzunehmen; sie liegen also in der ungefähren Höhe der oberen Grenze der Bodeninversionen. Es ist allerdings auch nicht unmöglich, daß die Abnahme von dieser Höhe an durch die immer geringer werdende Aufstiegszahl vorgetäuscht wird.

Tabelle 114. Die Luftdichte in verschiedenen Höhen nach den Fesselaufstiegen.

gr/m³.

	Boden	200	400	500	600	800	1000	1200	1400	1500	1600	1800	2000
Januar	1281	1258	1231	1217	1201	1173	1144	1112	1086	1073	1062	1036	1012
Februar	—	—	—	—	—	—	—	—	—	—	—	—	—
März	1314	1271	1238	1221	1213	1190	1164	1136	1106	1091	1079	1066	1052
April	1337	1303	1268	1251	1234	1201	1171	1144	1121	1109	1097	1075	1050
Mai	1349	1308	1269	1249	1231	1198	1169	1140	1114	1100	1088	1064	1038
Juni	1405	1333	1283	1263	1244	1208	1173	1143	1116	1103	1090	1065	1044
Juli	1385	1332	1290	1268	1251	1218	1189	1159	1131	1117	1105	1091	1053
August	1375	1328	1292	1274	1251	1215	1185	1152	1122	1108	1095	1068	1047
September . . .	1317	1280	1245	1230	1215	1188	1161	1135	1111	1100	1088	—	—
Oktober	1301	1271	1241	1226	1210	1180	1152	1124	1100	1088	1077	1056	1032
November. . . .	1279	1249	1222	1207	1193	1168	1143	1119	1095	1082	1070	1050	1030
Dezember. . . .	1286	1259	1233	1220	1207	1181	1144	—	—	—	—	—	—
Sommer	1284	1258	1232	1218	1204	1177	1144	1112	1086	1073	1062	1036	1012
Herbst	1333	1294	1258	1240	1226	1196	1168	1140	1114	1100	1088	1068	1047
Winter	1388	1331	1288	1268	1249	1214	1182	1151	1123	1109	1097	1075	1048
Frühling	1299	1267	1236	1221	1206	1179	1152	1126	1102	1090	1078	1053	1031
Jahr	1326	1279	1254	1237	1221	1192	1162	1132	1106	1093	1081	1058	1034
Amplitude . . .	126	84	70	67	58	50	46	47	45	44	43	55	41
» in % d. Mittels	9.5	6.6	5.6	5.4	4.8	4.2	4.0	4.2	4.1	4.0	4.0	5.2	4.0

XI. Die Dämmerungserscheinungen.

In der Witterungsübersicht (Kap. XII) sind eine ganze Anzahl von Fällen angegeben und teilweise durch Zeichnungen erläutert, an denen das Purpurlicht und die Dämmerung überhaupt außergewöhnlich entwickelt waren. Vor allem fiel die sehr lange und helle Dämmerung auf. Während der Expedition und auch noch später war ich geneigt, diese Erscheinungen auf eine atmosphärische Störung zurückzuführen und habe das auch (Meteorol. Zeitschr. 1913, S. 350) geäußert. Diese Ansicht schien mir damals die richtige zu sein, zumal sich gleichzeitig auf der Nordhalbkugel eine beträchtliche Störung, die sogenannte »Katmai-Störung«, zeigte und erheblichen Einfluß auf die Sonnenstrahlung gewann. Da aber außer meinen Beobachtungen keine weiteren von der Südhalbkugel bekannt geworden sind, vielmehr sogar Störungsfreiheit, z. B. aus Chile, gemeldet wurde, so entstanden Zweifel, ob für diese in der Weddellsee beobachteten Dämmerungsanomalien die Annahme einer wirklichen, allgemeinen atmosphärischen Störung nötig sei. Ich bin jetzt zu der Ueberzeugung gekommen, daß es sich hierbei nicht um eine ungewöhnliche, sondern um eine normale Erscheinung handelt, die durch die eigenartige Temperaturschichtung hervorgerufen wird.

Eine ungewöhnlich lange Dämmerung wurde bisher meist dadurch erklärt, daß Wolken oder Trübungen in sehr hohen Schichten vorhanden gewesen seien, wo normaler Weise keine Trübungen mehr aufzutreten pflegen, die die Strahlen der Sonne noch zu einer Zeit auffangen und zurückwerfen, wenn normaler Weise schon Dunkelheit herrscht. So hohe Dunstschichten sind nun tatsächlich z. B. für die Krakatau-Störung und andere nachgewiesen. Ich erinnere nur an die sogenannten leuchtenden Nachtwolken.

Es gibt aber meines Erachtens noch eine andere Erklärungsmöglichkeit. Bei den sonst allgemein vorhandenen Temperaturverhältnissen der Atmosphäre ist die Krümmung der Strahlen in der Luft gering und dürfte im allgemeinen nur wenig von den mittleren Verhältnissen abweichen. Anders liegt es in der Antarktis. Wie die Fesselaufstiege unserer Expedition und manche sonstige Merkmale, die im allgemeinen Schlußkapitel noch behandelt werden sollen, zeigen, ist das Vorherrschende in den unteren Schichten der

Atmosphäre in der Antarktis eine beträchtliche Temperaturinversion, also eine Umkehrung der sonst beobachteten Verhältnisse. Das hat nun auch einen anderen Strahlengang zur Folge. A. Wegener hat (Ann. d. Physik 1918, S. 203—230) gezeigt, daß der Krümmungsradius des Lichts in Inversionen viel geringer ist. Während er im allgemeinen erheblich größer als der Erdradius ist, ist er bei einer Inversion von 11° auf 100 m gleich dem Erdradius und bei größeren Inversionen noch kleiner. Wäre eine Inversion von obigem Betrage auf der ganzen Erde gleichmäßig verbreitet, so würde es überhaupt keine völlige Dunkelheit geben, sondern immer Dämmerung, abgesehen natürlich von der Absorption des Lichts. Bei noch größeren Inversionen würde sogar eine Spiegelung der Sonne möglich sein.   So wurde z. B. am 16., 18. und 19. Juni 1912 ein heller grünlicher Fleck oberhalb der unter dem Horizont stehenden Sonne beobachtet, der vielleicht hiermit zusammenhängt. Das Spiegelbild kann natürlich nicht scharf sein, sondern wegen der im einzelnen unregelmäßigen Strahlenbrechung, etwa Schlieren, verschwommen. Dieser Fleck ist auch auf mehreren Photographien deutlich zu erkennen. Diese Bilder dürften sich aber kaum zur Wiedergabe eignen, da die Einzelheiten nur bei einem kostspieligen Druckverfahren herauskommen würden.   Es muß daher davon Abstand genommen werden.   Andererseits ist aber auch die Möglichkeit vorhanden, daß es sich bei dieser Erscheinung um eine obere Nebensonne handelt, deren Farbe nur durch Kontrast gegen den rötlichgelben Himmel grünlich erschien. Es wäre demnach eine Haloerscheinung in den gleichzeitigen sehr hohen Cirren, die man vielleicht mit De Quervain »Ultra-Cirren« nennen könnte.

Ob man in diesen beobachteten sehr hohen ci, die dem Aussehen und der Beschreibung nach mit ähnlichen auf der Nordhalbkugel beobachteten zu vergleichen sind, wirklich eine atmosphärische Störung erblicken soll oder nicht, ist nicht mit Bestimmtheit zu sagen.   Es sei aber hervorgehoben, daß auch nicht alle Erscheinungen auf der Nordhalbkugel mit dem Katmai-Ausbruch in Beziehung gebracht werden können.   Das gleichzeitige Einsetzen der eigenartigen sehr hohen ci im Norden und im Süden läßt natürlich die Möglichkeit einer von außen kommenden Trübung offen. Jedenfalls muß aber die Strahlenbrechung von erheblichem Einfluß auf die Helligkeit der Dämmerung sein.

Die tatsächlichen Beobachtungen über die Inversionen am Beobachtungsort stimmen nun recht gut zu obigen Auseinandersetzungen.   Am 17. Juni wurde die größte, überhaupt beobachtete Inversion von rund 20° bei einem Drachenaufstieg gemessen.   Am 19. Juni betrug die Inversion 14°, vielleicht aber mehr, da der Ballonaufstieg nicht hoch war und möglicherweise die Inversion nicht ganz erschöpft hat. Es wurde zwar bei diesen Messungen nicht der theoretische Betrag von 11° auf 100 m erreicht, aber am 19. Juni doch 7° vom Boden bis 100 m Höhe. Die Krümmung der Strahlen muß demnach also schon recht erheblich gewesen sein.

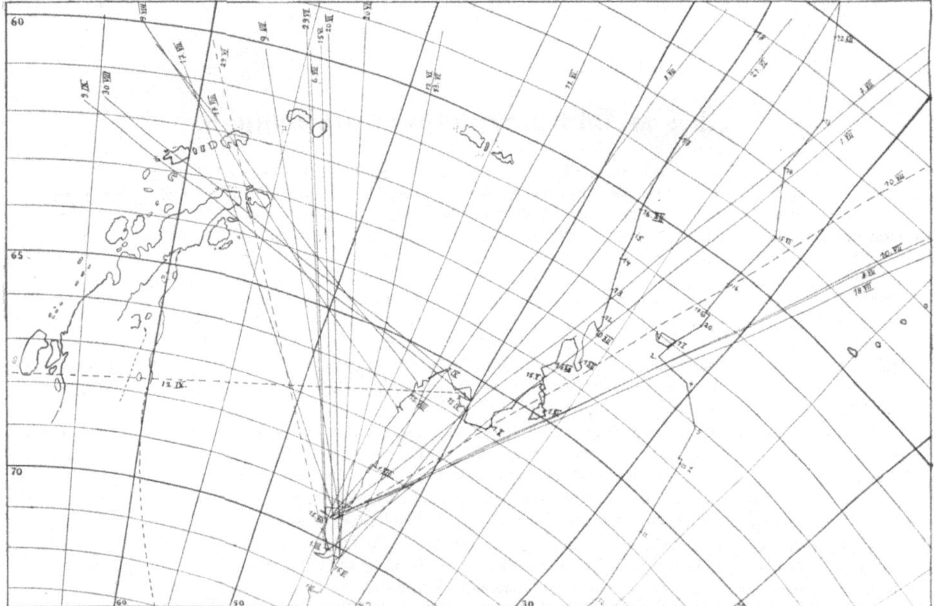

Fig. 20. Sonnenazimute beim Auftreten des strahligen Purpurlichtes.

Die weiteren besonderen Beobachtungen sind in der Witterungsübersicht mitgeteilt und sollen hier nicht genauer untersucht werden. Nur einen Teil davon möchte ich hier zu einer besonderen Untersuchung herausgreifen. Das sind die strahlenförmigen Purpurlichter oder die Purpurlichter mit Schattenstreifen. In dieser letzten Bezeichnung liegt schon, daß es sich hierbei um Schatten von Gegenständen handelt. In Europa ist diese Frage schon verchiedentlich behandelt worden, so von Ricco (Annali d. Uff. Centr. Met. Ital., Ser. 2, Bd. 7, I, 1885) und Berson (Das Wetter 1892, S. 145—150). Es wurde hierbei nachgewiesen, daß es sich bei dieser Erscheinung um Schatten von Bergen oder Wolken handelt. Um klare Schatten zu geben, ist es nötig, daß es sich um steile Gegenstände handelt, also entweder um steile Berge, oder um große Cumuli. Diese letztere Möglichkeit kann hier wohl ziemlich sicher ausgeschaltet werden, da turmartige Wolken, cu-nb, in der Antarktis vor allem im Winter nur sehr selten vorkommen. Außerdem setzt das Entstehen von Purpurlicht voraus, daß der Himmel in weitem Umkreis wolkenfrei ist und es sich somit um eine antizyklonale Wetterlage handeln dürfte, wozu noch kommt, das die großen Inversionen mit darüber befindlichen Isothermien der Entwickelung von cu-nb sehr ungünstig sind. Es bleibt also nur übrig, daß Berge die schattenwerfenden Körper sind. Die andere Bedingung, daß die Berge steil sind, ist für die Westantarktis mit den vorgelagerten Inseln, sowie bei den anderen subantarktischen Inseln im Norden der Weddellsee zur Genüge erfüllt. Andererseits braucht nicht jedes Bergland mit alpinen Gipfeln geeignete Schatten zu werfen, zumal, wenn sich die Berge in der Sichtrichtung sehr drängen. Hierbei bilden sich so viele einzelne Schatten, daß sie sich überdecken und kein klares Bild mehr ergeben, so daß entweder überhaupt kein Purpurlicht mehr entsteht, oder die Schattenstreifen nur andeutungsweise zu sehen sind. Ein Beweis, daß es sich um irdische Körper handelt, liegt darin, daß sich die Schattenstreifen in umgekehrtem Sinne als die Sonne bewegen oder drehen, wie ich es beobachten konnte.

Um diese Erscheinung näher zu untersuchen, wurden für die 20 Tage, an denen strahlige Purpurlichter zu sehen waren, die Azimute der Sonne für die betreffenden Beobachtungszeiten berechnet und in der folgenden Tabelle 115 mit den sonst nötigen Angaben wiedergegeben. Diese Schattenstreifen brauchen natürlich nicht genau auf den schattenwerfenden Körper hinzuweisen. Erstens sind die ganz genauen Beobachtungszeiten nicht immer

Tabelle 115. Beobachtungen über strahliges Purpurlicht (Ppl).

Nr.	Datum 1912	Zeit	Ort der Beob. Breite S	Länge W	Sonnen-tiefe	Azimut von N aus (nach E + nach W —)	Bemerkungen
1	11. Juni	Mittag	$70^0\,36'$	$42^0\,56'$	$3^0\,41'$	o	Schwaches, strahliges Ppl gegen Mittag.
2	12. »	1p	$70^0\,33'$	$43^0\,1'$	$4^0\,21'$	$-14^0\,30'$	
3	13. »	1p	$70^0\,29'$	$43^0\,0'$	$4^0\,21'$	$-14^0\,30'$	Schwaches, sehr strahliges Ppl.
4	15. »	2p	$70^0\,24'$	$43^0\,2'$	$6^0\,5'$	$-27^0\,30'$	Strahliges Ppl.
5	20. »	$1^3/_4$p	$70^0\,12'$	$42^0\,54'$	$5^0\,28'$	$-23^0\,50'$	Schönes, strahliges Ppl.
		2p	$70^0\,12'$	$42^0\,54'$	$6^0\,3'$	$-27^0\,28'$	
6	21. »	11^a	$70^0\,11'$	$42^0\,54'$	$4^0\,15'$	$+13^0\,46'$	Ppl², 11^a sind die Strahlen markant abgegrenzt und konvergieren alle nach einem Punkt, 12^a hat die Helligkeit des Ppl schon abgenommen, und die Strahlen sind verschwunden.
7	29. »	ca. 2p	$70^0\,14'$	$44^0\,0'$	$5^0\,53'$	$-27^0\,30'$	Gegen 2p tritt schönes, strahliges Ppl² auf, das langsam immer tiefer sinkt und 2^{50}p ganz verschwunden ist.
		2^{50}p	$70^0\,14'$	$44^0\,0'$	$8^0\,5'$	$-38^0\,23'$	
8	1. Juli	10^{10}a	$70^0\,7'$	$43^0\,56'$	$5^0\,22'$	$+25^0\,42'$	Strahliges Ppl.
9	6. »	2p	$69^0\,37'$	$44^0\,55'$	$4^0\,48'$	$-27^0\,34'$	Schwaches, strahliges Ppl.
10	7. »	10^a	$69^0\,30'$	$44^0\,58'$	$5^0\,11'$	$+27^0\,37'$	Strahliges Ppl[1].
11	8. »	9^a	$69^0\,26'$	$44^0\,50'$	$7^0\,23'$	$+41^0\,12'$	Strahliges, ziemlich intensives, bogenförmiges Ppl. Ppl² etwas strahlig.
		11^a			$2^0\,34'$	$+13^0\,51'$	
12	9. »	2^{32}p	$69^0\,23'$	$44^0\,32'$	$5^0\,44'$	$-34^0\,54'$	Schwach strahliges Ppl.
13	10. »	9^5a	$69^0\,25'$	$44^0\,28'$	$6^0\,56'$	$+40^0\,22'$	9^a breiter Schattenstreifen in den rot beleuchteten ci im hellen Segment.
		9^{35}a			$5^0\,39'$	$+34^0\,56'$	9^5a erstes Auftreten des Ppl, 9^{30} etwa senkrechte Stellung des Hauptstreifens, 9^{55}a sind die Streifen verschwunden.
14	17. »	3^{10}p	$69^0\,12'$	$44^0\,59'$	$6^0\,27'$	$-43^0\,45'$	Strahliges Ppl.
15	18. »	9a	$69^0\,9'$	$44^0\,36'$	$5^0\,48'$	$+41^0\,33'$	
16	9. Aug.	4^{10}p	$66^0\,28'$	$44^0\,1'$	$4^0\,15'$	$-59^0\,1'$	Ppl[1-2] nur rechte Hälfte entwickelt, etwas strahlig.
17	17. »	4^{30}p	$65^0\,48'$	$43^0\,36'$	$3^0\,27'$	$-64^0\,10'$	Ppl[1], fast nur rechte Hälfte entwickelt, starke Schattenstreifen.
18	30. »	$5^1/_2$p	$65^0\,14'$	$42^0\,18'$	$5^0\,7'$	$-79^0\,25'$	Schwach strahliges Ppl[0].
19	9. Sept.	5^{10}p	$65^0\,30'$	$40^0\,2'$	$2^0\,50'$	$-83^0\,13'$	Strahliges Abendrot.
20	12. »	8p	$65^0\,27'$	$40^0\,31'$	$15^0\,55'$	-116^0	Im WSW helles Segment ca. 2^0 hoch, in der rechten Hälfte sehr schräg liegender, dunkler Streifen; noch Dämmerung, Wolken. Streifen ist 8^{55}p verschwunden.

bekannt, zweitens weisen die Schattenstreifen nur dann genau auf den Gegenstand, wenn der Schattenstreifen genau senkrecht auf dem Horizont steht.   Von einer lateralen Strahlenberechnung kann man wohl in diesem Falle absehen, trotzdem der Weg zu dem Berge sehr weit ist und zweifellos Temperatur- und Dichteunterschiede der Luft in dem durchlaufenen Raume vorhanden sind.   Ferner wurden die Azimute auf einer Karte eingezeichnet, die als Figur 20 stark verkleinert wiedergegeben ist[1]).   Diese Karte bringt nur einen Teil der Fahrt und Trift der »Deutschland«.   Zwecks leichterer Orientierung sei daher ein Vergleich mit Figur 1 empfohlen

Bemerkenswert ist, daß die in die Karte eingezeichneten Richtungen durchweg auf den Raum zwischen NE und WNW beschränkt sind.   Gewisse Häufungsstellen liegen bei den Süd-Sandwich-Inseln, besonders den nördlichen und bei der Nordostecke des Graham-Landes.   Davon weisen 5 direkt auf die Joinville-Insel und das Ludwig-Philipp-Land, 5 weitere auf die Gruppe der Elephant- und Clarence-Inseln; 2 weitere direkt auf Süd-Georgien am 2. VI. und 8. VII.   Diese Häufigkeitsstellen dürften dafür beweiskräftig sein, daß tatsächlich diese Inseln die schattenwerfenden Körper darstellen, die sich so auf sehr große Entfernungen bemerkbar machen.   Der Abstand vom Beobachtungsort ist sehr beträchtlich und erreicht bis Süd-Georgien und bis zu den Süd-Sandwich-Inseln den großen Betrag von rund 1700 km.   Die Ueberbrückung einer so großen Entfernung kann auch nur dadurch erklärt werden, daß die Lichtstrahlen eine ziemlich starke Krümmung besitzen, eine Folge der Temperaturinversion.   Es ist damit ein indirekter Beweis für die gewaltige räumliche Ausdehnung dieser Inversion erbracht, zumal die Höhe der Berge wohl nur in Süd-Georgien etwa 3000 m erreicht, während sie sonst höchstens etwa 2000 m beträgt.   Es wäre natürlich auch denkbar, daß ganz lokale cu-Bildung infolge aufsteigender Luftströme an den Bergen die Höhe noch vermehrt, doch ist dies bei der wahrscheinlichen Wetterlage wohl kaum der Fall.

Wenn also diese Erklärung der Schattenstreifen die richtige ist, und eine andere ist schwer denkbar, so würde man in ihrer Beobachtung ein geographisches Forschungsmittel besitzen, das wenigstens in Polargegenden die Richtung noch unbekannter Alpenlandschaften mit vereinzelt hervorragenden Gipfeln festzustellen gestattet. Wenn zwei Expeditionen oder Teile von ihnen solche Beobachtungen machten, so könnte auch die angenäherte Entfernung einer solchen Gegend bestimmt werden.   Leider ist aber meines Wissens auf den anderen Südpolarexpeditionen dieser Erscheinung keine besondere Beachtung geschenkt worden.   Auch Beobachtungen oder wenigstens Bemerkungen über die Helligkeit der Dämmerung liegen anscheinend nicht vor.   Die einzige Andeutung, die ich gefunden habe, stammt von Amundsen (»Die Eroberung des Südpols«, Bd. I, S. 389).   Er führt an, daß am Mittwintertag die Helligkeit des Nordhimmels so groß gewesen sei, daß man die Aufschriften auf den Proviantkisten habe lesen können.   Dabei stand die Sonne etwa $12^{1}/_{2}{}^{0}$ unter dem Horizont.

In der weiteren Umgebung, namentlich im Süden und Osten der Weddellsee scheinen scharf aufragende Alpengipfel zu fehlen, wie die Beobachtungen zeigen.   Trotzdem im Spätsommer und Herbst die Witterung, hauptsächlich die Bewölkung, günstig genug war, wurden niemals Schattenstreifen im Purpurlicht außerhalb der in der Tabelle angeführten beobachtet.   Wenn die Möglichkeit dazu gegeben gewesen wäre, so hätten Schattenstreifen beobachtet werden müssen. Namentlich über dem Festland war die nötige Wolkenfreiheit häufig genug vorhanden.   Da aber trotzdem keine solchen Beobachtungen gemacht wurden, so kann man mit einiger Wahrscheinlichkeit schließen, daß in diesen Gegenden keine hervorragenden Gipfel zu finden sind.   Aber erst ein längerer Aufenthalt in der Antarktis könnte den Schluß bindend machen.

Ich kann zukünftigen Expeditionen nur dringend empfehlen, sich mit den Erscheinungen der Dämmerung eingehender zu befassen und möglichst die Helligkeit zu beobachten, oder noch besser photometrisch zu messen.   Die obigen Erörterungen zeigen zur Genüge, daß diese Probleme lohnend sind und noch manche Aufschlüsse zu geben versprechen.

---

[1]) Zu dieser Kartendarstellung war eine Kartenprojektion nötig, in der die Großkreise gerade Linien sind. Es wurde daher eine gnomische erdachsige Projektion gewählt.   Herr Prof. Dr. Hans Maurer hatte die Freundlichkeit, mir diese, als für den vorliegenden Zweck geeignet, zu empfehlen.

XII. Witterungsübersicht.

a) Die Witterung an den einzelnen Tagen.

Abkürzungen:

Bar. = Barometer.	Pbdn. = Polarbanden.	abd. = abends.
Temp. = Temperatur.	R.-Dreh. = Rechts-Drehung.	n. = nachts.
Rel. Feucht. = Relative Feuchtigkeit.	L.-Dreh. = Links Drehung.	Mn. = Mitternacht.
Bew. = Bewölkung.	morg. = morgens.	ztw. = zeitweise.
	mtg. = mittags.	

Die Pilot- und Drachenaufstiege sind fortlaufend numeriert. Die Nummern 1—66 der Pilotaufstiege gehören der Reise vorm Erreichen von Süd-Georgien an. Die sonst fehlenden Nummern entsprechen Aufstiegen, die sich nicht zur Veröffentlichung eigneten.

1911. Dezember.

10. Sturm aus SW, starke Fallwinde in der Cumberlandbai, die Waldampfer kehren zurück. Über dem Mt. Paget und den anderen Hochgipfeln lag eine Wolkendecke, die sich nach NE hin wie ein Vorhang senkte, parallel dazu stationäre Wolkenstreifen mit sehr starken, inneren Bewegungen, erster Kamm von Hinderniswellen, zweiter Kamm ztw. auch vorhanden Abd. wurde die Bewölkung gleichmäßiger, Sturm läßt nach. Ausreise auf den nächsten Tag verschoben.

11. Langsam steigendes Bar., hohe gleichmäßige a-st-Decke, langsam ziehend; höchste Berge wolkenfrei. Auf See schwacher östl. Wind. Im Osten der Insel tiefe st-Decke, die die unteren Berge verhüllt. Bei der Ausfahrt aus dem Fjord sinkt die Temp. um etwa 5°, rel. Feucht. steigt von 47 auf 91 %, Föhnwirkung im Fjord! Wind dreht nach S.

12. Bar. fällt langsam, ebenso Temp.; rel. Feucht. hoch, sinkt abd. beim Zerreißen der st-cu-Decke; Mn. Bew. 4; stark bewegte See; 7ᵖ erster Eisberg.

13. Bar. fällt langsam bis 4ᵖ; Temp. etwas unter 0°; Wind flaut unter L.-Dreh. WSW—S ab; Bew. tags 10¹, abd. Aufklaren, △-Bö a, ✳⁰⁻¹ tagsüber mit Unterbrechung; einige Eisschollen mtg.; See wurde ganz ruhig; rel. Feucht. sinkt abd.

14. Bar. steigt langsam; Temp. um 0°; Wind dreht a nach links von SSW bis NE und schnellt zurück nach SSE, schwach, nimmt abd. etwas zu. Bew. zunehmend; ✳⁰ a, p öfter; 7ᵖ ci E. Seit 2ᵃ ztw. Treibeis, schwache Dünung. Feucht. sinkt 3¹/₂ᵖ auf 68 %.

15. Bei steigendem Bar. Wetter unverändert; Temp. um 0°; Wind SE 2—3; ✳-Böen früh mehrfach, 0ᵖ Bew. hoch, 2ᵖ st-cu aus SE in Pbdn. SE—NW. Scholleneis wird dichter, mehrere Eisberge.

16. Bar. steigt weiter; schwacher, linksdrehender SE-Wind; st-cu 2ᵖ aus SSW, abd. Aufklaren, wobei Temp. auf −3° sinkt, prachtvolle Abenddämmerung, ✳⁰ 1¹/₂ᵖ. Nach **Pilot 67,** 7¹/₂ᵖ: E bis 900 m, langsame R.-Dreh. bis 2100 m nach SSW, dann schneller nach SW, Wolkengrenze 2570 m, in allen Höhen etwa 4—5 mps.

17. Bar. steigt langsam weiter; Wind dreht durch mehrstündige Stille nach NW (rechts); Temp. −5°, steigt mit zunehmender Bew. auf −1°; Feucht. gleichmäßig hoch. Nach **Pilot 68,** 10¹/₂ᵃ: Drehung aus WNW links nach SW in 1000 m. Richtung bleibt so bis Wolkenhöhe 2700 m.

18. Bar. steigt langsam bis mtg. zu dem ungewöhnlich hohen Stande von 763.4 mm und beginnt dann zu fallen. Schwacher W—NW. Bew. hoch, ✳ fl. öfter, a-st SW—WSW, abd. ci-st am Horizont. Nach **Pilot 69,** 11ᵃ: WNW bis Wolkengrenze 750 m. Eis wird dichter.

19. Bar. fällt ziemlich stark; Wind dreht stark nach NE unter beträchtlichem Auffrischen bis Stärke 7. Kurzes Aufklaren um 10ᵃ; ci, ci-st NNW in Pbdn. NE-SW, st NE, ⊕ p, ✳ fl. abd., 8ᵖ im Süden blauer Himmel. Feucht. sinkt beim Aufklaren um 10ᵃ etwas. **Pilot 70,** 9ᵃ zeigt nach oben an Stärke abnehmenden NNE bis 1700 m, bis 2300 m NNW, darüber NNE, der in 4500 m über N nach NNW dreht.

20. Bar. fällt weiter und bleibt p stationär, ENE-Sturm hält an, abd. ztw. Abflauen. Bew. dauernd 10, ✳⁰ ⇉ ∽. Feucht. gleichmäßig hoch. [1]

21. Bar. steigt, Wind stetig aus ENE, flaut ab. Bew. dauernd 10, 2ᵖ st, a-st NE, ✳ nachts. Lange NE-Dünung in dichtem Scholleneis.

22. Bar. steigt langsam bei weiter abflauendem E. Bew. meist 10, st E—ENE, früh Schneewolken im NW. Feucht. gleichmäßig hoch. Temp. sinkt abd. auf −2°, während sie die Tage vorher um 0° geschwankt hatte.

23. Bar. steigt langsam weiter; R.-Dreh. des schwachen E nach SE. Bew. nimmt ab, st, st-cu ESE in 2 Schichten, die obere st-cu undul SSW—NNE. Temp. sinkt abd. auf −4°. Feucht. tags unruhig, Min. 76 % 7ᵃ. Nach **Pilot 72,** 4ᵖ: langsame L.-Dreh. von ESE—SE in 1500 m, dann geringe Rückdrehung bis 5700 m.

---

[1] Das vom Verfasser gewählte Zeichen ⇉ bedeutet Schneetreiben.

15

24. Bar. steigt weiter; schwacher SE; Bew. rasch wechselnd, a-cu, a-st ESE—SE, cu, st-cu SE—SSE; Temp. sinkt bei stärkerem Aufklaren nachts auf −5.5°, Feucht. tags schwankend.

25. Bar. steigt langsam bis zum absoluten Maximum der ganzen Zeit, 766,4 mm; schwacher SE—S; Bew. dauernd 10; 2 Wolkenschichten, obere st-cu S, untere st-nb, ✳ fl a, ✳ 5—7ᵖ und abd.

26. Bar. hoch, beginnt langsam zu fallen; schwacher S—SSW; gleichmäßig bedeckt, st, st-cu, nb 2ᵖ SSW, abd. a-st; ✳⁰ früh ztw.

27. Bar. ganz langsam fallend; mäßiger, stetiger SSW; Bew. meist 10, kurzes Aufklaren 4ᵃ und 9—10ᵖ, ci sichtbar, a-st 8ᵖ S, st-nb mtg.—abd. SSW; ✳, ✳ fl, △n —mtg. öfter; Feucht. wie in den Vortagen mtg. etwas unruhig, nachts gleichmäßig.

28. Bar. gleichmäßig; mäßiger SSW; Bew. meist 10¹, a-st 2ᵃ SzE, st, st-cu, nb tagsüber, Zug 8ᵖ aus S, später SW; ≡̗ früh. **Pilot 73,** 8¹/₂ᵖ: langsame L.-Dreh. bis 800 m, darüber schwache Rückdrehung bis 1060 m (Wolkengrenze).

29. Bar. stetig; schwacher SSW, langsam rechtsdrehend nach WSW; Bew. gleichmäßig 10¹, st, st-cu 8ᵖ aus E.

30. Bar. unverändert; Wind unter geringer Auffrischung weiter rechtsdrehend nach NW; Bew. hoch (kurzes Aufklaren 10ᵖ), aber dünn, st, st-cu 8ᵃ NW, mtg.—6ᵖ SW, dann WSW, 10ᵃ ci sichtbar, 10ᵖ a-cu WSW; ✳ fl 10ᵃ. **Pilot 74,** 10¹/₂ᵃ: bis 950 m langsame R.-Dreh. von WNW—NNW unter Windabnahme, von 1050 m an plötzliche L.-Dreh. von 90° unter Zunahme, Wolkengrenze 1270 m.

31. Bar. fällt bei stetigem NW, der allmählich zunimmt und zum Sturm wird; Bew. gleichmäßig, st-cu, st-nb 10ᵖ NW, Mn. NNW; ✳⁰ 6—7ᵃ, 4—6ᵖ.

Zugrichtung der hauptsächlichsten Depressionen: **12.—15.** nähert sich von Osten, zieht dann von SE nach N, östlich vorbei. **19.—24.** aus SW, im NW vorbei.

1912. Januar.

1. Bar. fällt bis 2ᵖ, steigt dann wieder; Wind dreht plötzlich von N—NNW nach WSW, Stärke sinkt gleichmäßig schnell von 8—9 auf 3. Gleichmäßig bedeckt, ✳⁰⁻¹ 8ᵃ—2ᵖ, p ztw. ⊙⁰, 8¹/₂ᵖ sind ci durch Lücken des aus SW ziehenden st sichtbar.

2. Bar. langsam steigend bei schwachem W. Wechselnde Bew.; 8ᵃ ci NW, 10ᵃ NNW, 2ᵖ W, 6ᵖ NW, 8ᵖ WNW in Pbdn. ESE—WNW; 10ᵃ st, st-cu NNW, 0ᵖ WNW, 4ᵖ SW, 5ᵖ Pbdn.-artig. ⊕ 9ᵃ; Feucht. schwankend. **Pilot 75,** 9ᵃ: langsame L.-Dreh. bis 460 m und von 1020—1860 m, dazwischen und darüber R.-Dreh. bis 2880 m, von 1600 m an starke Zunahme von 7 auf 15 mps.

3. Bar. wenig Änderung; schönes, sonniges Wetter; schwacher SW—W; Bew. wechselnd, st, st-cu zwischen SSW und W, ci und a-st ztw. in Pbdn. NW—SE; morg. rasche Bildung von st und fr-st, die bald den größten Teil des Himmels bedecken. **Pilot 76,** 9¹/₂ᵃ: WSW bis 3200 m, ziemlich gleichbleibend, in 1200 m fast C (Wolkenhöhe); **Pilot 77,** 8¹/₂ᵖ: W bis 800 m, SW bis etwa 1700 m, darüber W bis 2860 m. Wind erheblich stärker als a; Temp. fällt abd. auf −5°; Jungeisbildung.

4. Bar. wenig Änderung; mäßiger WSW; bedeckt, 0ᵖ st W.

5. Bar. wenig Änderung; mäßiger Wind, vorm. L.-Dreh. W—SSE; bis 2ᵖ bedeckt. ✳ fl 8ᵃ. Nachm. zerreißt die st, st-cu-Decke, die aus zwei Schichten besteht, Zug aus SSW—SSE. Temp. sinkt abd. auf −5¹/₂°.

6. Bar. wenig Änderung; mäßiger S, der früh zu stetigem WSW übergeht; wechselnde Bew., 6ᵖ ci SSW, p auch öfter a-st; st, st-cu SW—SSW; Temp.-Min. nachts −7°. **Drachen 1,** 2—3ᵖ: Temp.-Abnahme. **Pilot 78,** 9ᵃ: S—SSW, L.-Dreh. zwischen 800—1400 m, darüber stark zunehmender S bis 4500 m.

7. Bar. zunächst schwach fallend, dann stetig; mäßiger WSW linksdrehend nach S. Bedeckt, ✳⁰ nachts, tags ✳ fl und Sprüh ● häufig. Untere Wolkengrenze nach **Pilot 79,** 11ᵃ etwa 500 m, obere nach **Drachen 2,** 1—4ᵖ 1250 m (Inversion); bis 1200 m Temp.-Abnahme.

8. Bar. stetig; Wind schwach, abd. rechtsdrehend S—W; gleichmäßig bedeckt; ✳⁰ öfter.

9. Bar. fällt langsam; mäßiger, etwas zunehmender W—NW, meist bedeckt, ✳⁰⁻¹ oft, gegen 7ᵖ rasches, vorübergehendes Aufklaren, 9ᵖ st-nb NW, a-cu W.

10. Bar. fällt ganz langsam; frischer linksdrehender NW—SW; gleichmäßig bedeckt, ztw. ⊙⁰; ✳⁰ n.—n. mit Unterbrechung.

11. Bar. steigt sehr langsam; Wind flaut ab, SW—W; meist bedeckt, ztw. ⊙⁰, ✳ʳ-Böen früh, abd. st, st-cu in zwei Schichten aus SW, st-cu undul SSE—NNW.

12. Bar. steigt ganz langsam; schwacher bis mäßiger rechtsdrehender Wind S—W—N nach ESE; gleichmäßig bedeckt; a feuchte Luft, ztw. Sprüh ●, p fast dauernd ✳⁰⁻¹. Wolken in zwei Schichten, die untere in E—W gerichteten Streifen.

13. Bar. steigt langsam weiter; Wind dreht weiter nach rechts SSE—SW, Stärke 2; gleichmäßig bedeckt, morg. und abd. ✳⁰. 2 Wolkenschichten st-nb und a-st, die höhere aus SW, nach **Pilot 80,** 7ᵖ 1670 m hoch; Wind in 300 m von S—SW drehend.

14. Bar. fällt langsam; schwacher stetiger SW; gleichmäßig bedeckt, st-cu 4ᵖ WSW, 12ᵖ S, 2 Wolkenschichten, unten cu-castellatus, anscheinend über Waken entstehend, nachts ✳⁰.

15. Bar. wenig Änderung, p schwaches Minimum; Wind abflauend, früh W, von 6ᵃ an SW; bedeckt, ztw. Lücken, 2 Wolkenschichten, untere fr-st, obere st-cu, ✳⁰ 4ᵃ.

16. Bar. steigt langsam; schwacher rechtsdrehender SW—NW; bedeckt, morg. ztw. Lücken, ✳⁰ n., a—p häufig, st-cu-nb 8ᵃ und 4ᵖ W, mtg. cu am Horizont; Temp. ist an den Vortagen langsam gefallen und hält sich um —4⁰. **Pilot 81,** 9ᵃ: bis 800 m SW, darüber R -Dreh. nach W, Wolkengrenze 1150 m.

17. Bar. steigt langsam weiter; auffrischender rechtsdrehender Wind, ESE—SW; gleichmäßig dünne Wolkendecke, st, fr-st-nb S, 4ᵖ cu am Horizont, Schmelzwolken (lenticularis). ✳⁰⁻¹ öfter. Temp. steigt mtg. bis nahe 0⁰. Feucht. sinkt vorm., Minimum 1¹/₂ᵖ 48⁰/₀, und steigt von 4ᵖ an schnell auf 90⁰/₀.

18. Bar. steigt langsam weiter; mäßiger rechtsdrehender Wind, SW—WNW, nachm. abflauend. Bis 6ᵖ meist bedeckt, dann aufklarend, 8ᵖ ci W in Pbdn. N—S, 6ᵖ st-cu SSW; Temp. sinkt auf —7⁰; **Pilot 83,** 7ᵖ: W nach oben linksdrehend bis SW, 400—1000 m, darüber W bis 1500 m.

19. Bar. zuerst stetig, dann fallend bis Mn. unter Auffrischung des Windes, rechtsdrehend WNW—NNW, abd Windabnahme mit schwacher L.-Dreh.; Temp. steigt; st-Decke vorm. ztw. zerrissen, ☉⁰⁻¹, nachm. gleichmäßig bedeckt, mtg. a-cu WNW, 4ᵃ st, st-cu wechselnd WNW, 10ᵃ NNW, 0ᵖ NW, 2ᵖ WNW, ✳⁰⁻¹ 4³/₄ p—n. **Drachen 3,** 1¹/₂—3¹/₂ᵖ: untere Wolkengrenze 400—500 m, obere 900 m (Inversion), Luft über den Wolken sehr trocken, 20⁰/₀.

20. Bar. steigt; frischer Wind, linksdrehend NW—SW, flaut abd. ab; Temp. sinkt auf —6⁰; bis 2ᵖ bedeckt, dann schnell aufklarend, abd. ci-cu WSW, st, st-cu, fr-st SW—WSW, ✳⁰ n.—a öfter, ∽ ⌣ fr. **Pilot 84,** 4¹/₂ᵖ: bis 2800 m nach oben stark zunehmender SSW—SW. **Drachen 4,** 1¹/₂—3¹/₂ᵖ: st-Grenze bei 500 m, Temp. Abnahme bis 400 m, darüber wenig Änderung, über 1000 m sehr geringe Feucht.

21. Bar. bis mtg. stetig, dann langsames Fallen; Wind schwach, abd. auffrischend, R.-Dreh. SW—W—N—NE; Bew. wechselnd, abd. bezieht sich der Himmel fast völlig mit ci und a—st, am Tage meist klar, ci 2ᵃ WSW, 8ᵃ SSW, 2ᵖ und 8ᵖ SW (ziehen sehr schnell), a-st sichtbar; p ci in Pbdn. SW—NE; vom NW-Horizont kommen die Pbdn. und später auch die a-st her, Zugrichtung der Wolken aber aus SW; Wolkenbildung schreitet senkrecht zur Zugrichtung fort. 7¹/₂—8ᵖ ⊕ und linke Nebensonne, farbig, die nur eine Verstärkung des 22⁰ Ringes ist und nicht dem Horizontalkreis angehört und deshalb auch nicht außerhalb des Ringes stand, gemessener Abstand 22⁰ 5', Sonnenhöhe 12⁰. Temp. steigt nahe auf 0⁰. Gegen 8¹/₂ᵃ schnelle Feucht.-Abnahme um 22⁰/₀. **Pilot 85,** 11ᵃ: NW—N bis 370 m, dreht plötzlich nach SE und weiter über S—SW, 2400—2600 m C, dann WSW bis 3000 m, darüber an Stärke rasch zunehmend SW bis 5700 m (24 mps).

22. Bar. fällt; Wind frischt auf, bleibt stetig NE; gleichmäßig bedeckt; ✳ n.—7ᵃ, ✳ und ● 5—9ᵖ, ∽ abd.; Temp. steigt bis —¹/₂⁰. **Drachen 5,** 1¹/₂—4ᵖ: Wolkengrenze 100—150 m, Temp.-Abnahme bis 200 m, darüber bis 2000 m Inversion und Isothermie, Windmaximum in 4—500 m, darüber Abnahme.

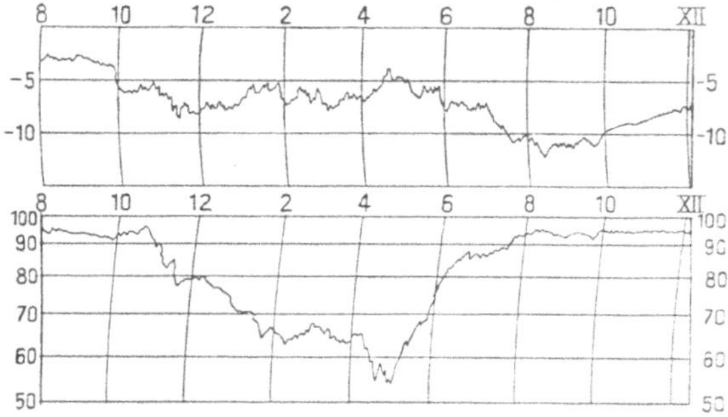

Fig. 21. Temperatur und relative Feuchtigkeit: 1912, Januar 31., 8ᵃ—12ᵖ.

23. Bar. unverändert; ziemlich stetiger NE—NNE, abflauend; ∽ n.—a, ✳ ● 6—8ᵃ, ≡¦¹ abd.. Himmel gleichmäßig bedeckt.

24. Bar. gleichmäßig; mäßiger NE; Himmel gleichmäßig mit tiefen Wolken bedeckt, vereinzelte Lücken und ☉⁰; ←, ⚹, Sprüh ● häufig.

25. Bar. unverändert; _ an Stärke zunehmender NE, a ztw. böig; gleichförmige st und nb-Decke; ✳⁰⁻¹ 7ᵃ—n.

26. Bar. wenig Änderung; frischer NE, langsam nach E rechtsdrehend, ztw. böig; p Wolken dünn, ☉ häufig durchscheinend. ✳⁰⁻¹ n.—n.; nb 4ᵖ aus NE, a ⇉.

27. Bar. unverändert; Wind langsam linksdrehend E—NE, flaut nachm. erheblich ab; Wolkendecke gleichmäßig, nb; ✳¹⁻⁰ Sprüh ● n.—n. mit Unterbrechung.

28. Bar. unverändert; mäßiger Wind aus wechselnder Richtung; ztw. unterbrochene, dünne nb-Decke, 8^a ci sichtbar, 2^P a-cu undul NW, nb NNE; $*^0$ n.—n.; ztw. ☉. **Pilot 86,** 2^P: N langsam linksdrehend bis NE in 1200 m

29. Bar. wenig Änderung, in den letzten sieben Tagen ist es um 7 mm gefallen; mäßiger ENE—NNW; Bew. hoch, meist bedeckt, $*$ n.—n., 8^a a-cu NW, 8^P N, 10^P NNE, ztw. ☉, nb-Decke dünn; ⊕ 9^P, Lichtsäule über und unter der Sonne und rechte farbige Nebensonne.   11^P SE-Dünung!

30. Bar. steigt langsam; Wind frischt mtg. auf, R.-Dreh. morg. von NW—NE, abd. L.-Dreh. NE—N und sprungweise nach SE, Wind vom Inlandeise her! Meist bedeckt, ci n., p—n. a-st sichtbar, nb, st-cu, 6^a aus NNE, Bew. über dem Inlandeise geringer, dort mehrfach blauer Himmel, $*^{0\cdot2}$ n. — 2^P, ≡^{1} 8—12^a.

31. Bar. steigt langsam weiter; Wind schwach, mtg. 6^P C, zuerst SE nach SSW drehend, abd. R.-Dreh. nach E; während der Windstille fast völliges Aufklaren, vorm. ≡^{1}, a-cu und ci sichtbar, a-cu 8^P NW, st, st-cu 10^a SSE, mtg.—8^P st am Wasserhorizont, abd. Nebelbildung, kalte Luft auf warmem Wasser, 8$^1/_2$^{P} bezieht sich der Himmel schnell mit a-cu.   Temp. sinkt stark unter ständigen Schwankungen auf —12$^1/_2$^{0} und steigt wieder mit zunehmender Bew. (siehe Figur 21).   Feucht. fällt um 5^P auf 54 $^0/_0$, um dann wieder auf 94$^0/_0$ zu steigen, der Dampfdruck steigt deshalb trotz weiterer Temp.-Abnahme.   Die Dichte der Bew. nahm nach dem Meere hin zu, während auf dem Inlandeise ein wolkenfreier Streifen blieb.   Gegen mtg. sehr schöne Luftspiegelung, in der Höhe der Mars am Großmast verschwand die Spiegelung, während sie darüber und darunter sichtbar blieb.   **Pilot 87,** 1—2^P: WSW bis 1100 m, R.-Dreh. nach NNW, von 2800 m beginnt Rückdrehung nach WSW und bleibt so von 5000—8300, stärkere Geschwindigkeitszunahme von etwa 5000 m an.

Zugrichtung der hauptsächlichsten Depressionen: **31. 12.—2. 1.** etwa westlich aus SE nach SW, südlich vorbei. **19.—20.** aus westlicher Richtung, südlich vorbei.

1912. Februar.

1. Bar. steigt langsam; Wind dreht nach links unter Schwankungen von NW—W—SSE bei mäßiger Stärke; Bew. hoch, meist bedeckt, a-st den ganzen Tag, um 8^P undul., vorm. st-cu; $*^0$ n.—2^a. Luftspiegelung im E. Über dem Inlandeis den ganzen Tag ein Strich blauen Himmels. Der von der Eisbarriere herabwehende E nimmt nach **Pilot 88,** 8$^1/_2$^{P}, an Stärke nach oben hin ab und dreht sprungweise in 300 m nach SSW. Temp. niedrig; Feucht. etwas schwankend.

2. Bar. steigt langsam weiter; mäßiger SSE etwas schwankender Richtung; morgens ziehen die a-st nach SE fort, bleiben aber den ganzen Tag bei sonst klarem Himmel am Horizont sichtbar, bis 10^a auch st, st-cu. Temp. ziemlich tief, unruhig, mäßige Feucht.-Schwankungen.   **Pilot 89,** 11^a: höchster Aufstieg der ganzen Reise, NNE bis 550 m, R.-Dreh. über N (900 m) nach WNW—NW bis etwa 3000 m, dann N bis 4700 m, NE bis 8000 m, dreht durch windstille Zone nach SW bis 10000 m, darüber WSW bis 15800 m, in rund 8500 m vermutlich obere Inversion.

3. Bar. gleichmäßig, dabei Witterungsänderung; Wind dreht von SSW links nach N und nimmt nachm. auf Stärke 5 zu; ci in Pbdn. NE—SW ziehen aus NW heran, darin ⊕ von 22^0 und Andeutung des Halo von 46^0; am SW—N-Horizont liegt den ganzen Tag eine dunkle st-cu-Bank, die erst am Spätnachm. heraufkommt und von 10^P an $*^0$ und ꝏ bringt.   Über der Eisbarriere bleibt aber ein heller Blink; Temp. nimmt zu, ebenso Feucht. von 2^P an.   Wind dreht nach **Pilot 90,** 0^P, nach rechts, von NNE nach NE in etwa 1300 m und darüber zurück nach NNW und NW bis 3900 m.

4. Bei wenig steigendem Bar. bleibt das Wetter unverändert; $*^{0\cdot1}$ öfter am Tage, dauernd tiefe Wolken, st, nb, um 9^P aus E, dabei auch a-st sichtbar; dauernd heller Blink über der Eisbarriere.   Wind nimmt unter R.-Dreh. von NNE—E an Stärke ab, um abd. bei geringer R.-Dreh. wieder zuzunehmen.   Temp. wenig unter 0^0, Feucht. hoch, bei beiden Kurven wenig Schwankungen.

5. Bar. bis mtg. stetig, fällt dann stark; bis 1^P bedeckt, st, nb, $*^0$ ztw., dann Aufklaren; nachm. ziehen ci aus WSW herauf und bedecken den größten Teil des Himmels, Pbdn. NE—SW; Wind wechselt nach Richtung und Stärke, abd. starke Fallwinde aus NE vom Inlandeis her.   Temp. schwankend, steigt über den Gefrierpunkt, Feucht. ebenso schwankend; gegen 10$^1/_2$^{P} setzt eine Sturmbö ein, die das Schiff vom Anker losreißt; gleichzeitig Temp.-Steigerung um 3^0, Feucht.-Fall um 25$^0/_0$.   **Pilot 91,** um 7^P: bis 300 m NE, L.-Dreh. nach N bis 900 m, nach NNE bis 1800 m, darüber windschwache Zone bis 3400 m, in der der Wind nach SW dreht, um von 5200—7850 m nach S zu drehen; von etwa 5000 m Höhe an starke Windzunahme bis 30 mps.

6. Bar. fällt bis mtg. stark weiter, die Kurve ist sehr unruhig.   Im Witterungscharakter wenig Änderung. Windstillen wechseln ztw. mit starken Fallwinden (Stärke 6), abd. wieder starke Fallwinde aus NE, gegen 10^P sehr heftige Böen. Bew. am ganzen Tage sehr gering, fast nur ci, vereinzelt a-cu und st am Horizont, ⊕ früh.   Temp. hoch, +3$^1/_2$^{0}, beständig schwankend, Feucht. sehr schwankend und gering, Minimum 37$^0/_0$.   Siehe Kurven der Figur 22.

7. Bei stark steigendem Bar. hält der starke NE an, in Böen bis 10, das Schiff kann nicht am Eisanker liegen bleiben und wird in der Bucht beigedreht; Wind nimmt bald ab. Bew. bleibt den ganzen Tag gering, über dem offenen Meer st-cu-Bank, Zug mtg. aus NE, ci früh aus N. Temp. und Feucht. wesentlich gleichmäßiger als am 6. Temp. einige Grad unter null.

8. Bar. steigt bis um 4^p weiter und fällt dann. Wind nimmt ab und dreht mtg. rechts von NE—SE. Die st-Bank im NW und N verschiebt ihre Grenze ztw. südwärts, Zug 10^a aus NE, sodaß die Wolkengrenze den Zenith überschreitet, abd. wieder Aufklaren; über dem Inlandeis bleibt immer ein Streifen blauen Himmels, dort abd. ci-st sichtbar. Temp. einige Grad unter null. Feucht. 60—70% mit verhältnismäßig wenig Schwankungen.

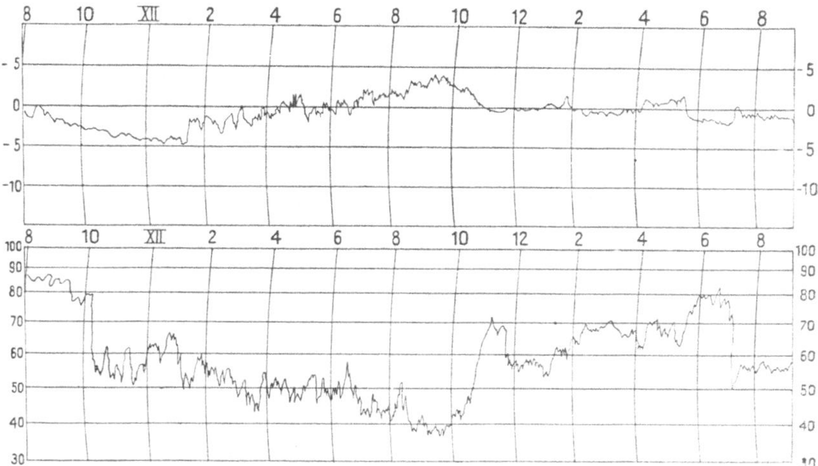

Fig. 22. Temperatur und relative Feuchtigkeit: 1912, Februar 5., 8^p—6., 9^p.

9. Bar. fällt stark bis 1^p und steigt wieder langsam. Bei ablandigen, schwachen Winden starke Temp.-Abnahme bis −12°; ci bedecken den Himmel, Zug aus SSE (stark südlicher Zug, wie bei der vorhergehenden Depression) in Pbdn. SSE—NNW mtg.—abd., st-cu am N- und NW-Horizont. Wind rechtsdrehend von SE—SW—NE, mtg. C. Dann dreht der Wind unter plötzlicher Temp.-Steigerung um 6° und Feucht.-Fall um 28% von S nach NNW unter starker Zunahme der Stärke, n. Stärke 9, in Böen 10; während des Sturmes bleibt der Himmel klar. Siehe Kurven der Figur 23.

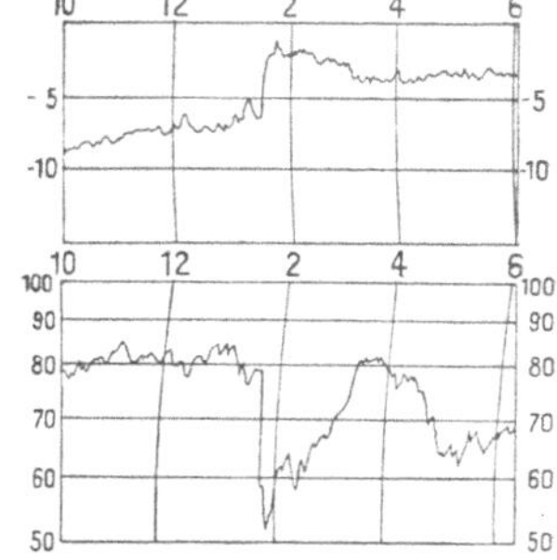

Fig. 23. Temperatur u. relative Feuchtigkeit: 1912, Februar 9., 10^a—6^p.

10. Bar. steigt bis etwa 6^a und fällt von 10^a an stark unter böenartigen Schwankungen. Wind nimmt früh zu und fällt dann sehr schnell auf fast C, um beim Sinken des Bar. plötzlich zur Sturmesstärke, 8—9, zuzunehmen; abd. Bar. wieder ruhiger, dabei flaut der Wind bis C ab. Wind dreht morg. bis 8^a rechts nach SSE, dann zurück nach ESE und am Ende des Nachm.-Sturmes nach NE weiter. Temp. hoch, über 0°, stark schwankend. Luft sehr trocken, bis 30%, starke Schwankungen; siehe Kurven (Figur 24). Vom Inlandeis herab Schneetreiben. Luftelektrisches Potentialgefälle zeigt hohe negative Werte, abd. hohe positive Werte, Elektroskop schlägt durch. Bei der Leitfähigkeit nichts besonderes. Ganz feiner Eisstaub, auch auf dem Schiff. Fast wolkenlos, nur vereinzelte ci am NE-Horizont.

11. Bar. fällt langsam weiter und beginnt um 2^p ganz langsam zu steigen; Wind schwach, dreht während des Tages nach links von SSE—NE und frischt nachm. etwas auf. Morg. ziemlich starke ci-Bedeckung, Zug aus SSE, um 4^p erscheinen tiefe Wolken, st-cu, am Horizont und bedecken spät abd. den ganzen Himmel, auch über dem Inlandeis, Zug NNE. Temp. sinkt stark, auf −10°, steigt nachm. fast auf 0°. Feucht. wechselnd.

12. Bar. steigt ganz langsam; Wind frischt rasch zum NE-Sturm auf, der abd. plötzlich nach W umspringt, zur C abflaut und rasch wieder unter Auffrischen links nach NE dreht. Während des Abflauens Temp.-Erniedrigung um etwa 3°; Feucht. sinkt um etwa 20%. Himmel gleichmäßig bedeckt mit st, st-cu-nb, Zug vorm. N—NNE; ✳ abd.; Feucht. hoch.

13. Bar. und Temp. wenig Änderung; mäßiger N, der allmählich rechts nach S dreht. Himmel gleichmäßig bedeckt, st, st-cu, nb. Wolkenfreier Streifen am W-Horizont. $*$ morg. und abd..

14. Bar. wenig Änderung, fällt etwas bis 3ᵖ, steigt dann wieder wenig. Früh schwacher S, der von 4ᵖ an unter Auffrischung zum Sturm nach E dreht, wobei sich die Temp. kaum ändert und nur die Feucht. auf 60% herabgeht. Der Sturm scheint, wie an den Vortagen, nur auf die untersten Schichten beschränkt zu sein; die st-cu ziehen äußerst langsam aus SSE; vorm. Wolkendecke dünn, blauer Himmel scheint durch, Streif blauen Himmels am W-Horizont, abd. wieder Wolkenlücken; nachm. Luftspiegelung nach unten.

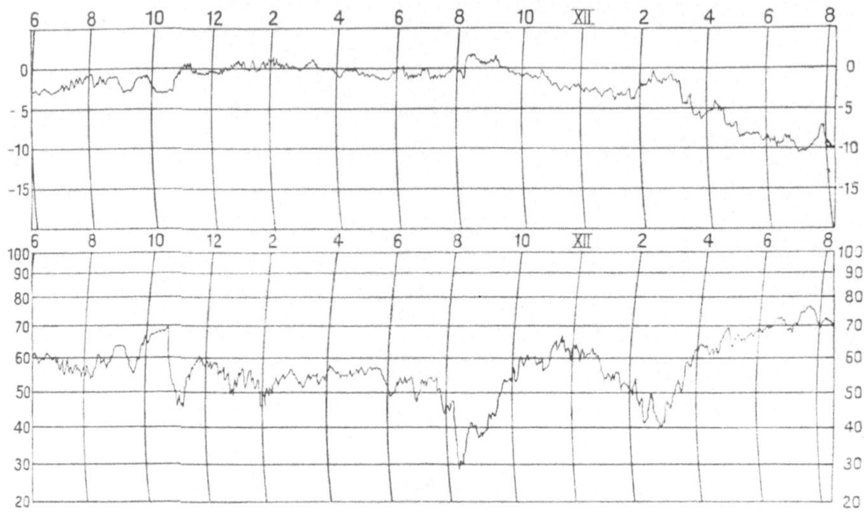

Fig. 24. Temperatur und relative Feuchtigkeit: 1912, Februar 10., 6ᵃ—11., 8ᵃ.

15. Bei steigendem Bar. erreicht der ESE-Sturm früh sein Maximum, wobei der Himmel aufklart; bis mtg. dreht der Wind links nach NE und flaut bis auf Stärke 2 ab; von 10ᵃ an bewölkt sich der Himmel wieder mit st, st-cu, die sehr langsam aus wechselnden Richtungen ziehen, beobachtet wurden N, NW, WNW, SW, NE, NNE. Gegen Abend frischt der Wind wieder auf. Während des Sturmes sinkt die Temp. unter wellenförmigen Schwankungen, um beim Abflauen zu steigen. Feucht. steigt zunächst gleichzeitig, um dann wieder etwas zu sinken.

16. Bar. fällt von Mn. an. Der mäßige bis frische Wind dreht nach links von E—WNW unter Schwankungen. Himmel gleichmäßig mit st-cu bedeckt bis auf wolkenfreien Streifen am NW-Horizont. Gegen 2ᵖ teilweises Aufklaren, 3 Wolkenschichten, ci, a-cu, st-cu. Bald ziehen von neuem dicke st herauf, im N und NW sehr dunkle Wolkenbank, aus der beim Näherkommen von 6ᵖ an $*$¹⁻ᵃ fällt. Zwischen 2ᵖ—4ᵖ starkes Abflauen des Windes. Temp und Feucht. nur kleine Schwankungen zwischen 7ᵖ—8ᵖ; Feucht.-Zunahme um 20% ohne merkbare Temp.-Änderung.

17. Bei gleichmäßig fallendem Bar. windstill, darauf setzt schwacher SSE ein, der rasch unter Auffrischen nach NE—NNE dreht, spät abd. wieder C. Himmel gleichmäßig mit st, st-cu, nb bedeckt. Zug mtg. NNE. $*$⁰⁻¹ häufig, nachts anhaltendes starkes Schneetreiben. Temp. und Feucht. nichts besonderes.

18. Bar. steigt von Mn. an bei schwachem, durch C unterbrochenen SW; abd. für kurze Zeit mäßiger ENE, der rasch wieder links nach SSW unter Abflauen zurückdreht. Mit der Winddrehung ist geringfügiges Fallen des Bar. und Temp.-Zunahme verbunden; n.—früh bedeckt, dann um 8ᵃ von SW her aufklarend, ci-st und a-cu, letztere auch in Pbdn. N—S sichtbar; um 2ᵖ ziemlich bedeckt, st-cu N, ≡' über dem offenen Meer; von 4—6ᵖ wieder fast wolkenlos, st-cu-Bank im NW, die rasch heraufzieht, Zug 6—10ᵖ NW, Mn. NE. Am Tage bei klarem Himmel ztw. leichter Schnee, die ganz winzigen Kristalle glitzern in der Sonne. Andeutung der vertikalen Lichtsäule, sonst kein Halo. Temp. tags tief bis —14°, schwankend; Feucht. wenig schwankend. Um 11ᵖ plötzliches Sinken der Temp. um 4¹/₂° und Steigen der Feucht. um 20%. Siehe Kurven Fig. 25. Die tiefen Temp. sind offenbar nur auf die tiefsten Schichten beschränkt, dafür sprechen auch die Luftspiegelungen, Hebung der Kimm und teilweise Spiegelung nach unten, ferner Nebelbildung in ganz dünner Schicht auf dem offenen Wasser.

19. Bar. steigt langsam weiter und fällt nachm. langsam. Bei schwachen SW-lichen Winden starke Abkühlung unter erheblichen Schwankungen, nachts bis −20.4°. Feucht. hoch ohne Schwankungen, ≡-Bildung über dem Meer, ztw. sehr dicht, ⌣ und V-Bildung, ⁕° nachm. ztw.. Vorm. aufklarend, 10ᵃ Bew. 2¹, st-cu aus NNE bei SW-Wind. Abendröte.

20. Schwaches Minimum des Bar. morg. bei schwachen S—SSW-Winden, um 9¹/₂ᵖ plötzliche L.-Dreh. nach NE, wobei die Temp. plötzlich um 6¹/₂° steigt und die Feucht. wenig herabgeht (s. Kurve der Figur 26).; im übrigen tagsüber erhebliche Schwankungen der Temp. zwischen −13° und −20° bei hoher gleichmäßiger Feucht. Wechselnde Bew., den ganzen Tag ≡ mehr oder weniger hoch über dem Wasser, meist jedoch nur ganz niedrig; bis mtg. V bis zu etwa 5 cm Dicke am Tauwerk. Nachm. Diamantstaub, darin kurze Lichtsäule über und unter der Sonne; ci ziehen 8ᵃ aus SSW, a-cu, a-st 8ᵃ aus S, 2ᵖ aus WSW, st 10ᵖ aus NE; mtg. kurze Zeit ganz bedeckt bis auf blauen Streifen über dem Inlandeis.

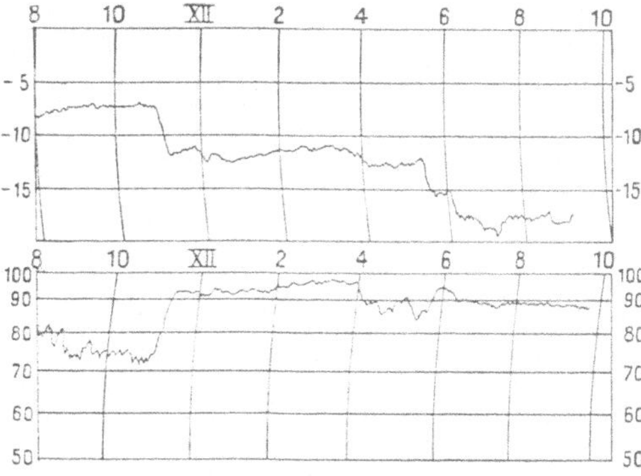

Fig. 25.   Temperatur und relative Feuchtigkeit:
1912, Februar 18., 8ᵖ—19., 10ᵃ.

21. Bar. steigt bis 8ᵃ, der Wind dreht dabei unter Abflauen links, bis wieder NNE; bei fast unverändertem Druck steigt die Windgeschwindigkeit unter geringer Drehung nach ENE zum schweren Sturm an, sodaß das Schiff aus der Vahselbucht vertrieben wurde. Bew. gleichmäßig, gelegentlich mit Lücken, durch die ci-st und a-st sichtbar sind; ⁕° früh und abd. ztw., ⊕° 2ᵖ. Temp. gleichmäßig, −5°; Feucht. wenig Schwankungen.

22. Bar. ziemlich gleichmäßig, steigt nach schwachem Minimum um 9ᵃ langsam. ENE-Sturm nimmt bis 6ᵃ zu und flaut allmählich unter Drehung nach NE ab; ⁕⁰·¹ tagsüber. Bew. gleichmäßig, abd. heller Streifen im SE über dem nicht mehr sichtbaren Inlandeis, nb, st, 6ᵖ NE. Temp. steigt auf −1¹/₂°; Feucht. hoch und gleichmäßig.

23. Bei langsam steigendem Bar. flaut der Sturm mtg. zur C ab, dann schwacher S-licher Wind, dabei beginnt das Bar. wieder zu fallen, und die Wolkendecke wird dünner; st-Decke bleibt über dem offenen Meer, die a-cu-Decke bekommt abd. Lücken, Zug 8ᵖ aus NW. Temp. und Feucht. gleichmäßig, ohne wesentliche Schwankungen.

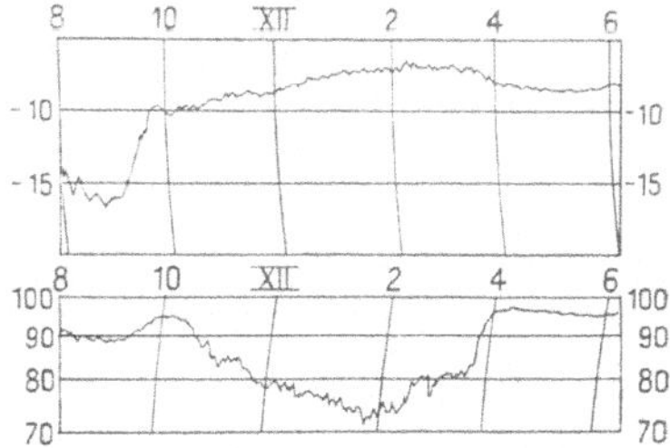

Fig. 26. Temperatur und relative Feuchtigkeit:
1912, Februar 20., 8ᵖ—21., 6ᵃ.

24. Bar. fällt weiter, schwache Winde von E nach SW rechtsdrehend; Temp. relativ hoch, steigt nachm. bei auffrischendem SE 4 über 0° und sinkt abd. wieder. Bis mtg. bedeckt, bis 8ᵃ ≡ und ≡⌣, (5—6ᵃ ≡ frei), 8ᵃ st SE; von mtg. an sehr schnell vom Inlandeis her völlig aufklarend, st-Bank bleibt über dem offenen Meer liegen. Während des frischen SW sinkt die Feucht. zwischen 4—6ᵖ auf 53%, um nachher schnell wieder zu steigen. Siehe Kurven der Figur 27. Abd. Erdschatten² und Gegendämmerung². **Pilot 92,** 7ᵖ: bis 1000 m SSE, bis 3700 m S, darüber SSW bis 5500 m, Wind mit der Höhe langsam zunehmend.

25. Bar. fällt bis mtg., bleibt einige Stunden stetig und steigt dann; bis mtg. leichte wechselnde Winde, dann Auffrischen bis SW—SSW 7, dabei bleibt der Himmel klar, nur ganz wenig ci und st, die vom Inlandeis herkommen. Auf dem offenen Meer weiße Dunstbank. Bei Sonnenuntergang Lichtsäule über der Sonne, die sich ztw. verdoppelt; vermutlich laterale Refraktion wegen der verschiedenen Temp. über Inlandeis und Meer. Temp. sinkt unter Schwankungen; Feucht. ziemlich hoch und verhältnismäßig wenig schwankend.

26. Bar. steigt bis 7ᵃ und bleibt dann stetig; Wind nimmt unter geringer L.-Dreh. nach S ab; 7ᵃ C, dann allmähliches Auffrischen bis Stärke 6—7 unter L.-Dreh. nach N und Rückdrehung nach NE. Temp. nimmt von 6ᵃ an zu, während die Feucht. zwischen 7—9ᵃ um 33% sinkt (Föhn) und dann von 0¹/₂ᵖ wieder steigt. N ⌣ und ≡° über Land, während es im N klar bleibt. 8ᵃ ci aus W in Pbdn. N—S; Bew. nimmt zu, von mtg. an ganz bedeckt; ⁕ nachm. und abd. ztw.; abd. zeigen die Wolken gekrümmte Fallstreifen, die nach SW stark ausgekämmt sind. Der Wind scheint nicht hoch hinauf zu reichen, da die Wolken langsam ziehen.

27. Bar. fast ganz gleichmäßig; der frische NE hält unter geringer Zunahme bis mtg. an und flaut dann rasch unter L.-Dreh. bis WSW ab, vorher in einer Bö Drehung nach W. Richtung und Stärke abd. schwankend. Den ganzen Tag $\ast^{0\cdot 1}$. Abd. Sinken der Temp., sonst gleichmäßige Temp.; Feucht. hoch ohne große Schwankungen.

28. Bar. gleichmäßig; schwache Winde aus wechselnder Richtung. Himmel klart von 6ᵃ an schnell auf; ci um 6ᵖ in 2 Schichten aus SW und ESE, 8ᵖ WNW, st-Bank bleibt am Horizont. Vorm. Luftspiegelung, Hebung und teilweise Spiegelung nach unten. 11³/₄ᵃ dreht der Wind von NE nach SW, wobei die Luftspiegelung verschwindet; ≡° über dem Wasser zieht heran, Frostrauch, Luft ist viel feuchter; der ≡ besteht aus Diamantstaub (kleine Sterne), keine Haloerscheinung, abd. schöner Sonnenuntergang, rechte Nebensonne, sehr farbenprächtig, schwache Lichtsäule über der Sonne. Temp. sinkt kurz vor 2ᵃ plötzlich um 2°, und die Feucht. steigt um 13 %, von 6ᵃ an werden Temp. und Feucht.-Kurve sehr unruhig, siehe Kurven Figur 28. **Pilot 93,** 5ᵖ: bis 500 m sehr schwacher Wind, zuerst SSW, dann SE, von 600 m an WSW mit geringen Schwankungen bis 7100 m, Zunahme der Geschwindigkeit auf 15 mps.

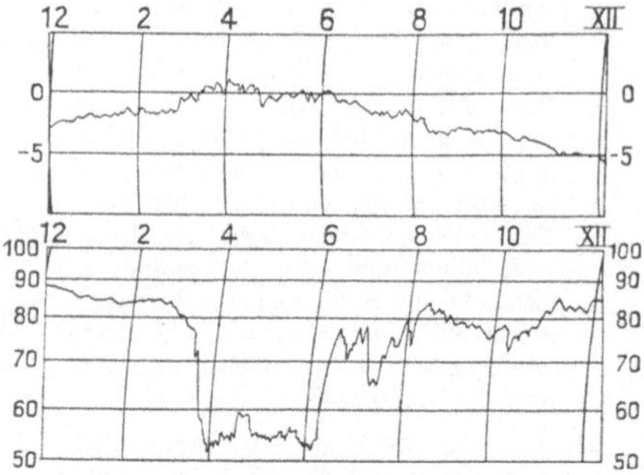

29. Bar. wenig Änderung, schwaches Fallen bis 7ᵖ, dann Steigen. Schwache Winde aus etwas wechselnder Richtung, die im Durchschnitt langsam von ENE nach WSW rechtsdrehen. Bew. nimmt zu, von 6ᵃ an be-

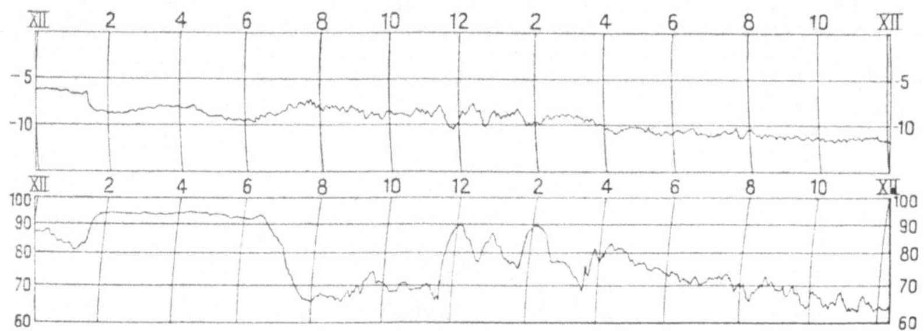

Fig. 27.   Temperatur und relative Feuchtigkeit: 1912, Februar 24, 0ᵖ—12ᵖ.

deckt; 4ᵃ ci-st nördlich in Pbdn. ENE—WSW, sonst st, nb, untere Grenze nach **Pilot 94,** 4ᵖ in 900 m; bis 400 m schwacher SE, der plötzlich nach W springt und allmählich nach NW weiter dreht. $\ast^{0\cdot 1}$ 10ᵃ—4ᵖ, △ von etwa 1 mm Durchmesser, an denen sich strahlige Rauhreiffahnen ansetzen, igelförmig. Temp. tief; 5—8ᵖ stärkere Feucht.-Schwankung ohne gleichzeitige Temp.-Änderungen. Starke Jungeisbildung.

Zugrichtung der hauptsächlichsten Depressionen: **5.—7.** aus ENE nördlich vorbei; Sturm bei steigendem Bar. **9.** aus E, fast zentral; Sturm bei steigendem Bar. **10.—12.** aus ENE, nördlich vorbei; Sturm bei ganz wenig steigendem Bar. **14.—15.** aus E, nördlich vorbei; Sturm bei steigendem Bar. **16.—18.** aus WSW über N nach ESE, nördlich vorbei. **21.—22.** schwerer Sturm ohne wesentliche Luftdruckänderung. **24.—25.** aus WNW, nördlich vorbei.

Fig. 28.   Temperatur und relative Feuchtigkeit: 1912, Februar 28., 0ᵃ—12ᵖ.

1912. März.

1. Bei steigendem Bar. schönes Wetter; Wind mäßig aus wechselnder Richtung, dreht im allgemeinen rechts von SW—NE; nachts bedeckt, früh aufklarend, dunkle st-Bank über dem offenen Meer, st zieht tags zwischen NNE—ENE, ci-st häufig zu sehen. Temp. tief bis —15°, bis 7ᵃ ruhiger Gang, dann kurz dauernde Schwankungen. **Pilot 95,** 11ᵃ: bis 100 m SE, dann NE bis 650 m, darüber unvermittelt einsetzender SW, stetig bis 8700 m, starke Windzunahme bis über 30 mps.

2. Bar. steigt bis mtg. und beginnt dann langsam zu fallen; keine Änderung des Wetters; schwache Winde, die in der Frühe links herum von NE—SE drehen. Bew. sehr gering. ⌣, V n.—früh, ≡ bis 4¹/₂ᵃ, tags Luftspiegelung nach unten; ci und st am Horizont; abd. Gegendämmerung, Purpurlicht, Erdschatten. Temp. tief bis —17°; Feucht. schwankend, steigt 10¹/₂ᵖ rasch. **Pilot 96,** 11ᵃ: die untersten paar hundert Meter ganz schwach S, darüber mit der Höhe zunehmender SW, in 7900 m bis 20 mps.

3. Bar. fällt weiter; schwach S—SW; Himmel fast wolkenlos, ci, ci-st am Horizont, Luft außerordentlich durchsichtig, Platzen des **Piloten 97**, 9¹/₂ᵃ, in etwa 60 km Entfernung bei nur 10⁰ über dem Horizont beobachtet. Unten etwa 100 m dicke E-Windschicht, darüber S, von etwa 2000 m an SSW bis 11000 m. Wind nimmt mit der Höhe zu bis etwa 25 mps, von 9000 m an Windabnahme mit etwas wechselnder Richtung (obere Inversion!). Temp. tief, steigt nachm. bis —7⁰, gegen 10¹/₂ᵖ plötzliches Einsetzen von E 5 (Fallbö) mit Temp.-Steigerung von 1⁰ und Feucht.-Fall auf 50 %. Siehe Kurven der Figur 29.

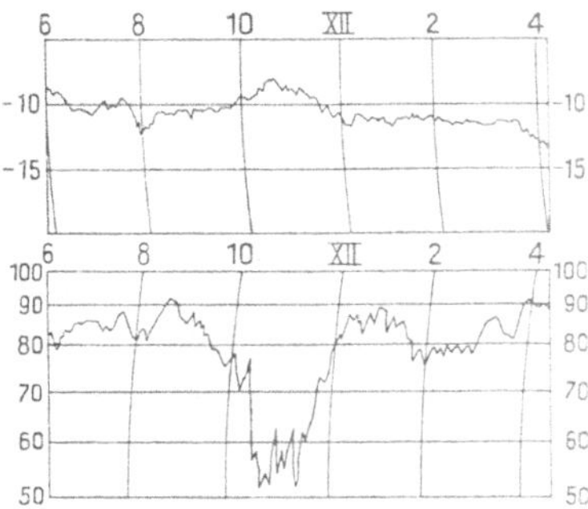

Fig. 29. Temperatur und relative Feuchtigkeit: 1912, März 3., 6ᵖ—4., 4ᵃ.

4. Bar. fällt langsam weiter bei auffrischendem S—SW, Temp. steigt dabei auf —3⁰ um 6ᵖ und fällt dann wieder; gleichzeitig Feucht.-Erniedrigung auf etwa 50%, siehe Kurven der Figur 30. Geringe Bew., ci den ganzen Tag sichtbar, ziehen vorm. aus S, Pbdn. N—S. Verlassen der Vahselbucht mit Kurs auf Süd-Georgien. Beim Herausfahren dreht der Wind zunächst nach SSW und SW, bei plötzlichem Einsetzen einer Bö aus SE gegen 3¹/₂ᵖ fällt die Feucht. stark, während die Temp. langsam weiter steigt, dann setzt durch C SW ein mit Temp.-Abnahme und Feucht.-Zunahme, gleichzeitig bezieht sich der Himmel mit dünner st-Decke, über dem Inlandeis bleibt es klar.

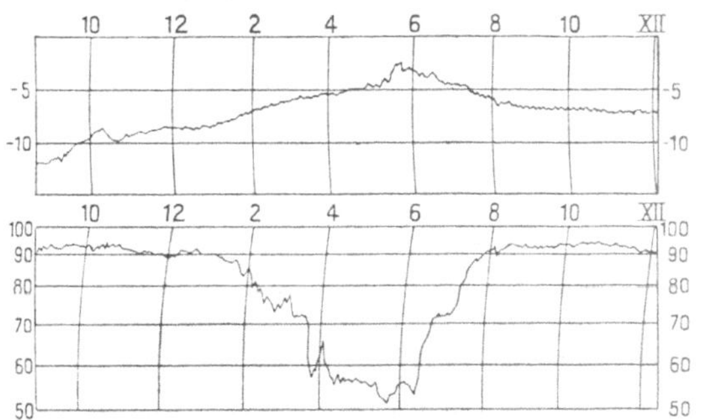

Fig. 30. Temperatur und relative Feuchtigkeit: 1912, März 4., 9ᵃ—12ᵖ.

Am 28. Februar begaben sich die Herren Dr. Brennecke und Dr. Heim auf das Inlandeis, um dort mit den Messungen zu beginnen. Sie machten dort auch einige Tage lang meteorologische Beobachtungen, die besonders durch den Vergleich mit den gleichzeitigen Schiffsbeobachtungen von Interesse sind. Sie sollen deshalb an dieser Stelle zusammen mit den Schiffsbeobachtungen wiedergegeben werden. Es sind leider nur wenige Tage, vom 28. 2. 9ᵖ bis 3. 3. 4³/₄ᵖ, also 12 Termine, bei denen auch Eistemperaturen gemessen wurden, Tabelle 116.

Tabelle 116. Gleichzeitige meteorologische Ablesungen auf dem Inlandeise (H = etwa 45 m) und dem Schiff.

		28. II.	29. II.			1. III.			2. III.			3. III. 1912	
		9ᵖ	7¹⁵ᵃ	2ᵖ	9ᵖ	7ᵃ	2¹/₂ᵖ	9ᵖ	7ᵃ	3ᵖ	9ᵖ	7ᵃ	4³/₄ᵖ
Inlandeis	Temperatur . . .	—13.6[1]	—11.5	—13.4	—14.7	—16.9	—17.2	—20.7	—18.0	—15.7	—14.6[1]	—15.0	—
	relative Feuchtigk.	—	70	84	83	90	75	76	63	47	38	83	—
	Wind	E 2-3	E 2	ESE 1	SW 1	ENE 1	NE 3	NE 6	NE 2	ENE 1	E 2	C	—
	Temp.-Oberfläche .	—20.0	—13.0	—12.8	—15.0	—18.0	—16.9⊙	—22.1	—24.0	—18.7⊙	—19.8	—22.2	—13.2⊙
	» 10 cm Tiefe	—	—	—	—13.7	—15.0	—15.9	—18.0	—20.1	—18.7	—19.2	—20.2	—17.3
Schiff	Temperatur . . .	—11.6	— 9.5	—11.7	—12.8	—14.6	—13.5	—14.7	—16.3	—13.7	—14.7	—16.3	—13.5
	relative Feuchtigk.	64	65	86	85	87	72	80	66	56	60	77	
	Windrichtung . .	ENE	NNE	E	WSW	SW	ENE	NE	SE	S	S	SSW	
	» -stärke mps .	1.4	3.8	2.0	1.9	3.4	4.5	2.8	1.4	1.9	1.6	2.8	
Ts—Ti		+ 2.0	+ 2.0	+ 1.7	+ 1.9	+ 2.3	+ 3.7	+ 6.0	+ 1.7	+ 2.0	— 0.1	— 1.3	

[1] Temperatur schwankt stark.

Diese Beobachtungen sind trotz ihrer kurzen Dauer bereits recht lehrreich, da sie unter anderem zeigen, daß die Luft über dem Inlandeise im Durchschnitt erheblich kälter ist als auf dem nur wenige Kilometer entfernten Schiff, das in dieser Zeit in der Vahselbucht trieb. Am 1. März 9ᵖ war die Luft in Augeshöhe auf dem Inlandeis um volle 6⁰ kälter und die Oberflächentemperatur noch um 1¹/₂⁰ niedriger. Im Mittel aller Fälle war das Inlandeis um etwa 2⁰ kälter, bei einer Meereshöhe von nur 45 m, und die Temperatur an der Oberfläche selbst ist sogar noch um rund 3⁰ niedriger. Es ist also bereits in dieser Jahreszeit, dem Spätsommer, eine erhebliche Temperatur-Inversion über dem Inlandeise vorhanden. Die höhere Temperatur über dem Meer ist also nicht allein eine Folge der adiabatischen Erwärmung der absteigenden Luft, sondern ist wohl nur dadurch zu erklären, daß nicht die unmittelbar dem Eise aufliegende Luft das Schiff trifft, sondern solche aus etwas größerer Höhe. Beim Herabfließen tritt also eine Durchmischung dieser Luftschichten ein. In ähnlicher Weise ist auch wohl die öfter positive Temperatur am Schiff zu erklären. Daraus folgt aber, daß die Inversion sicher noch um mehrere Grade größer ist, als sich aus diesen Beobachtungen ergibt. Ein solcher stark überadiabatischer Gradient ist übrigens auch in Grönland durch De Quervain am Rande des Inlandeises gefunden worden. Ähnliche überadiabatische Gradienten, die z. B. von Stade bei Föhn am Großen Karajak-Gletscher gefunden wurden, sind wohl auf dieselbe Weise zu erklären.

Die Häufigkeit der ablandigen Winde ist auf dem Inlandeise ebenfalls erheblich größer als auf dem benachbarten Schiff, und auch ihre Stärke ist gelegentlich viel größer. Dies zeigt, daß das Inlandeis häufig seine eigenen Winde hat, die von ihm herabwehen, während ihre Wirkung sich aber kaum über den Rand selbst erstreckt. Über die allgemeine Bedeutung dieser Erscheinung und ihre Erklärung wird später im letzten Kapitel noch einiges zu sagen sein.

Die Temperatur in 10 cm unter der Oberfläche ist im Durchschnitt höher als an der Oberfläche selbst. Die Erklärung bietet sich zwanglos in der zeitlichen Verspätung der Temperatur beim Eindringen in die Tiefe, zumal der kalten Periode der Beobachtungszeit eine erheblich wärmere vorausging.

Wie man schon aus dieser kurzen Beobachtungsreihe ersieht, bietet der Inlandeisrand manche eigenartige und wichtige meteorologische Probleme dar, deren eingehende Untersuchung durch eine vollständig ausgerüstete Parallelstation sich sehr gelohnt hätte. Leider war es uns durch die Ungunst der Verhältnisse nicht vergönnt, an dieser Stelle zu überwintern.

5. Bar. fällt langsam bis 9ᵃ und steigt dann wieder; Wind nimmt ab und dreht 9ᵃ von SW nach W—WNW; Bew. hoch, st-cu früh aus SW, 2ᵖ aus W; ✳ fl. 4ᵖ. Luftspiegelung, Hebung und Spiegelung nach unten, prachtvolles Abendrot. Auf dem Meere überall Jungeisbildung. Temp. und Feucht. gleichmäßig.

6. Bar. gleichmäßig; Wind flaut unter L.-Dreh. W—SSE ab; Bew. ziemlich hoch, a-cu morg. SW—SSW, 4ᵖ NW, langsam drehend bis 9ᵖ WSW, st-cu den ganzen Tag, morg. aus SW, a-cu 6ᵖ strahlig, Divergenz-Punkt WNW; Pbdn.-artige Streifung der st und a-cu, einem wolkenfreien Streifen der oberen Schicht entspricht ein Wolkenstreifen der unteren und umgekehrt. Abd. aufklarend, Abendrot, Gegendämmerung, Erdschatten. Temp. und Feucht. gleichmäßig. **Pilot 98,** 10ᵃ: WSW bis 300 m, darüber zunehmender W, Wolkenhöhe 1000 m.

7. Bar. bis mtg. stetig, dann fallend; Wind nimmt zu bis Stärke 7 unter anfänglicher L.-Dreh. S—E, dann geringe Rückdrehung. Temp. steigt zunächst, um bei stärker zunehmendem Wind wieder zu fallen. Bew. meist hoch, abd. bedeckt, Zug der st-cu meist ESE, ci-st 6ᵃ NW.

8. Bar. fällt bis 4ᵖ, dann stetig. Nach kurzem Abflauen steigt der ESE—E zum Sturm an. Bew. hoch, nachm. kurzes Aufklaren, st E, a-cu E, ziehen langsam; ✳⁰⁻¹ morg. und abd. ztw. Temp. nimmt morg. bis auf —3⁰ zu. Feucht. gleichmäßig hoch.

9. Bar. steigt langsam bis 6ᵖ, fällt dann. Der E-Sturm läßt unter R.-Dreh. nach S nach. Bis mtg. bedeckt, st ESE, dann aufklarend, ci, ci-st SSW, ✳⁰⁻¹ früh, ⊕ a-p, ☉ früh und abd., ci in Pbdn. SE—NW, Abendrot², Gegendämmerung, Erdschatten². Temp. und Feucht. gleichmäßig.

10. Bar. fällt langsam auf 726 mm; stetiger, frischer S; Bew. vorm. gering, dann zunehmend, nachm. bedeckt, ci früh aus südlicher Richtung, a-cu sehr langsam aus westlicher Richtung, st aus S, ✳⁰⁻¹ abd. Temp. und Feucht. gleichmäßig.

11. Bar. zunächst stetig, steigt dann langsam; Wind flaut unter L.-Dreh. S—ESE ab; meist gleichmäßig bedeckt, die tiefsten st aus E, die ztw. sichtbaren a-cu und ci in Pbdn. aus SE. Temp. verhältnismäßig hoch, —4⁰, und ebenso wie die Feucht. gleichmäßig. Den ganzen Tag diesige Luft und ✳⁰ mit Unterbrechung. Merkwürdig ist die Luftruhe bei diesen tiefen Bar.-Ständen; offenbar große Ausdehnung des Tiefs.

12. Bar. steigt langsam weiter. Wind nimmt unter L.-Dreh. weiter ab, abd. wechselnde Winde. Himmel gleichmäßig bedeckt, ✳⁰ n.—n. mit Unterbrechung; völlig gleichmäßige st-Decke. Luft sehr mild, außerordentlich gleichmäßige Temp., —4⁰ bis —4¹/₂⁰, Feucht. gleichmäßig hoch.

13. Bar. steigt langsam weiter bei sehr schwachen wechselnden Winden, vorm. westlich, abd. östlich. Die gleichmäßige st-Decke zerreißt gegen Abend, die dann sichtbaren a-st langsam aus ENE, die st ebenfalls langsam aus E, mtg. SSW. Bei dem Zerreißen der st-Decke beginnt die Temp. zu sinken.

14. Bar. steigt ganz langsam weiter bei sehr schwachen südwestlichen Winden; st-cu werden dünner und lassen ztw. die Sonne und höhere Wolken durchscheinen, ✳ n.; die Luft ist anscheinend auch in der Höhe sehr ruhig. Temp. und Feucht. gleichmäßig.

15. Bar. steigt langsam weiter bei schwachen SW-Winden, die abd. nach W—NW drehen. Himmel mit gleichmäßiger st-Decke bezogen; ✳⁰ vorm. Temp. ganz gleichmäßig. Feucht. sinkt von 7ᵖ an ohne ersichtlichen Grund auf 54 % und beginnt um 11ᵖ wieder zu steigen, siehe Kurven der Figur 31.

16. Bar. gleichmäßig; ist seit dem 11. früh stetig um 16 mm in 5 Tagen gestiegen. Wind sehr schwach aus westlicher Richtung, mehrfach C. Bew. zunächst gleichmäßig, klart nachm. auf, a-cu, st, st-cu WSW, ✳-Bö 6ᵃ, von 9ᵖ an ✳⁰; beim Aufklaren beginnt die Temp. etwas zu sinken, steigt während der abendlichen Bew.-Zunahme 8—10ᵖ wieder um einige Zehntel, um bei erneutem Aufklaren weiter zu sinken. **Pilot 99,** 4¹/₂ᵖ: C bis etwa 250 m, dann mäßiger SE bis 1200 m.

17. Bar. stetig; der SW frischt etwas auf; Bew. nimmt zu, von 10ᵃ an gleichmäßig bedeckt, 2ᵖ st NNW, 8ᵃ a-st NW; Wolkendecke vielfach dünn und durchscheinend, ⊕ 8ᵃ; linke und rechte Nebensonne; ✳⁰ den ganzen Vormittag, nachm. öfter. Temp. fällt stark bis —18¹/₂⁰; Feucht. nimmt etwas ab.

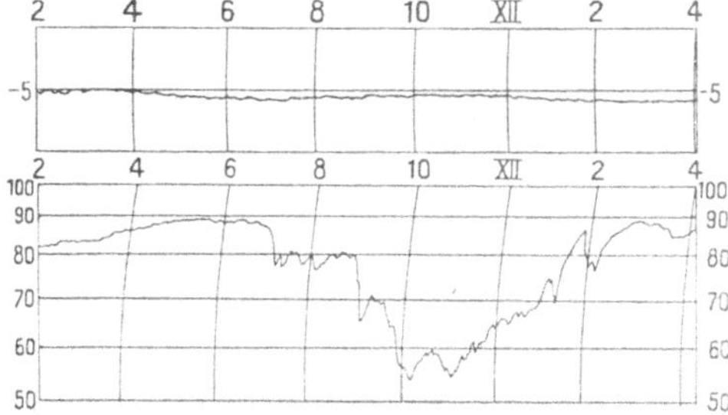

Fig. 31.   Temperatur und relative Feuchtigkeit:
1912, März 15., 2ᵖ—16., 4ᵃ.

18. Bar. beginnt Mn. ziemlich stark zu fallen; Wind flaut zunächst ab, um nachm. unter starker R.-Dreh. SW—E zuzunehmen. Gleichmäßig bedeckt, st-Decke WSW, morgens ztw. Zerreißen der Decke, dann ☉⁰, ⊕ mit Nebensonne. Temp. steigt langsam. Feucht. wenig Änderung.

19. Bar. fällt bis 7ᵖ weiter, bleibt dann stetig, 721.6 mm. Unter weiterer allmählicher R.-Dreh. nach SSW steigt der Wind zum Sturm an. ✳¹ den ganzen Tag, ⇉² nachm., morg. scheint die Sonne ztw. durch; Himmel mit gleichmäßig tiefen Wolken bedeckt. Temp. steigt langsam. Feucht. gleichm. hoch. Sturm flaut von 6ᵖ an unter Drehung nach S ab.

20. Bar. einige Stunden stetig, steigt bis mtg., ist bis 8ᵖ stetig und steigt dann weiter. Erneutes Aufleben des Sturmes, der unter langsamer L.-Dreh. nach SSE schnell abflaut. Zug der Depression aus westlicher Richtung, nahezu zentral, etwas nördlich vorbei. Himmel gleichmäßig bedeckt, ✳⁰ n.—10ᵃ und abd. öfter, abnehmendes ⇉ bis abd. Wind morg. und abd. böig. Temp. steigt bis 6ᵃ, fällt dann langsam. Bei Beginn des raschen Abflauens, rasches Steigen der Temp. um 2⁰, ohne wesentliche Feucht.-Änderung.

21. Bar. steigt weiter bis 6ᵖ, fällt bis Mn. wieder. Schwacher, etwas linksdrehender SSE—E, beim abendlichen Bar.-Fall kurzes Auffrischen unter vorübergehender R.-Dreh. nach SSW. Meist bedeckt mit 2 Wolkenschichten, niedrige langsam ziehende st, schnell ziehende höhere st-cu, beide aus E, ☉⁰ ztw., ✳⁰⁻¹ 8ᵖ—n., ⇉⁰ 10ᵖ. Temp. langsam steigend; Feucht. geringe Schwankungen.

22. Bar. steigt langsam; abnehmender SE; früh und abd. bedeckt, ci morg. E in Pbdn. SSW—NNE, von mtg. an zieht a-st-Decke aus SE heran; ✳⁰⁻¹ nachts, abd. im S heller Streifen. Während des Aufklarens Sinken der Temp., abd. wieder Steigen. Feucht. hoch, wenig Änderung. **Pilot 100,** 10ᵃ: unten ESE, der nach oben links bis E dreht, 925 m. **Drachen 6,** 4—7ᵖ: geringe Bodeninversion, darüber wesentliche Abnahme.

23. Bar. unverändert. Gegen Abend etwas zunehmender, langsam rechtsdrehender SE—S; n.—früh klar, von 8ᵃ an bezieht sich der Himmel mit schnell aus SE ziehenden a-cu, darunter st SE; von 4¹/₄ᵃ an ⌣¹, ✳⁰ 1ᵖ 10—3ᵖ 30 und abd. öfter, zuweilen in großen Flocken. Von 7¹/₄ᵖ an wird der Wind stärker und böiger; n. sinkt die Temp. schnell auf —13¹/₂⁰ und steigt bei zunehmender Bew. wieder. Feucht. gleichmäßig hoch. **Pilot 101,** 9¹/₂ᵃ: SSE—SE bis 1900 m, bis 500 m linksdrehend darüber rechtsdrehend, bis 800 m Zunahme, dann Abnahme, Wolkengrenze etwa 1700 m.

24. Bar. außer kleinen Schwankungen wenig Änderung; allmählich abflauender SW; n. bedeckt, früh Wolkendecke aufbrechend, a-cu SSW, st SW; mtg. ci-st und a-st NW, 2ᵖ a-st NW, st S; ⌣⁰ früh, ☉⁰⁻¹ tags, bei Sonnenuntergang Lichtsäule, rechte und linke Nebensonne mit Ansatzstücken des Halo von 22⁰. Temp. sinkt. **Pilot 102,** 2¹/₂ᵖ: bis 400 m SW, darüber bis 950 m schwacher NNW, bis 2500 SW, dann WSW, der allmählich bis 3550 m nach NW dreht, st-Grenze in etwa 250 m.

25. Bar. steigt langsam; schwacher stetiger SW; Bew. wechselnd, vorm. meist gleichmäßig bezogen, von 2¹/₂ᵖ an von W her aufklarend, st-Decke löst sich auf, gegen 5ᵖ bezieht sich der Himmel wieder mit schnellziehenden st, ci-st 5ᵖ W in Pbdn. N—S; nachts diesige Kimm; Temp. und Feucht. gleichmäßig. **Pilot 103,** 9¹/₂ᵃ: SW abnehmend zu fast C in 500 m, Wolkenhöhe. **Pilot 104,** 4—5ᵖ: bis 600 m SW, Maximum in etwa 250 m darüber Windabnahme, dreht nach WSW bis 1100 m, nach NW in 1900 m, in 2300 m N, dann langsam nach NNW bis 4900 m, nimmt dann an Stärke ab, dreht bis 5500 m nach W, darauf schroff nach SW und allmählich nach W bis 9570 m; in 5500 m obere Inversion?

16*

26. Bar. steigt weiter bis 5ᵖ und fällt dann; Wind mäßig bis schwach, stetig aus SW; Bew. wechselnd, st aus SW, nachm. ci-st ziemlich schnell aus NE, in Pbdn. NE—SW. Temp. sinkt bis 4ᵃ auf −22 ¹/₂, steigt dann schnell um 5⁰ unter geringen Schwankungen. **Ballonaufstieg** 10—11ᵃ: Windschicht am Boden reicht bis 700 m, Bodeninversion um etwa 5⁰ bis etwa 500 m, 900—1900 m fast isotherm. **Pilot 105,** 2ᵖ: SE nach ESE drehend, Wolkengrenze 250 m.   Vorm. wesentlich ruhiger.

27. Bar. fällt; Windgeschwindigkeit sinkt nach Auffrischen morg., L.-Dreh. mtg. SW—SSE und zurück nach S; meist bedeckt, kurzes Aufklaren mtg. und Mn., ci mtg. SE, meist nur st, abd. ruhiges, diesiges Wetter; ✶⁰ häufig, morg. zuweilen ⇗⁰, ⊕ 11ᵃ, rechte Nebensonne; n. böiger Wind; Temp. steigt auf −7¹/₂⁰ und bleibt von 1ᵖ an stetig.

28. Bar. fällt bis 8ᵃ und beginnt ganz langsam zu steigen; Wind schwach, dreht gegen 6ᵃ links S—ESE; tags meist bedeckt, abd. aufklarend, st-Decke meist sehr dünn, ci und a-cu aus E in Wogen scheinen durch, bis mtg. diesige, feuchte Luft und ✶⁰; ⊕ 8¹/₂ᵃ; Temp. hoch mit langsamen Schwankungen, sinkt abd. beim Aufklaren.

29. Bar. steigt ganz langsam; schwacher ESE−SE, der gegen Abend auffrischt; bis mtg. schönes, klares Wetter, ci E, st am Horizont, nachm. bewölkt mit st, fr-st SE; Temp. sinkt bis 9ᵃ auf −16¹/₂⁰, steigt mit zunehmender Bew. um 8ᵖ auf −9⁰, um beim abendlichen Aufklaren wieder zu sinken. **Pilot 106,** 9¹/₂ᵃ: bis 1000 m E, dann allmähliches Drehen nach ENE bis 8800 m, Geschwindigkeitszunahme bis 1000 m, Minimum bei etwa 2000 m, dann Zunahme bis über 16 mps, also starke Ostströmung bis zu sehr großen Höhen.

30. Bar. fast unverändert; mäßiger ESE; n. klar, 6ᵃ—6ᵖ bedeckt, st, fr-st um 6ᵖ SE, abd. völliges Aufklaren; mit zunehmender Bew. steigt die Temp. von −17¹/₂⁰ auf −7¹/₂⁰, und fällt abd. schnell wieder. Feucht. wie auch an den Vortagen hoch mit wenig Schwankung.

31. Bar. stetig, steigt nachm. ganz langsam; schwacher ESE—SE; bis mtg. klar, ci in Pbdn. aus SE, 9¹/₄ᵃ ci, a-cu E, von 4ᵖ an bedeckt; V¹ ⚌⁰ 7ᵖ—n., fr-st nachm. SE; mit zunehmender Bew. steigt die Temp. auf −8¹/₂⁰. **Pilot 107,** 9ᵃ: ESE, der allmählich nach E dreht, unterhalb der Wolkengrenze, in 2400 m, nimmt der Wind stark ab, von 13 auf 6 mps.

  Zugrichtung der hauptsächlichsten Depressionen: **7.−9.** bleibt im NNE, Sturm bei fallendem und steigendem Bar. **10.—12.** aus östlicher Richtung, nördlich vorbei. **18.—20.** aus W, nördlich vorbei, fast zentral.

1912. April.

1. Bar. steigt bis 8ᵃ und fällt dann, zuerst langsam, dann schneller; Wind bis mtg. sehr schwach, nimmt dann stark zu; langsame L.-Dreh. ESE—ENE, um 10¹/₂ᵖ wieder nach ESE; Himmel gleichmäßig mit tiefem st bezogen; V bis 2ᵖ, ✶⁰ mtg.—abd. mit Unterbrechung, abd. naßkaltes Wetter, feuchte Luft; Temp. steigt nachm.

2. Bar. fällt stark bis 7ᵖ, dann stetig, 714¹/₂ mm; ESE—SE steigt nachm. zur Sturmesstärke an, sinkt abd. etwas; Himmel gleichmäßig bedeckt mit st aus ESE—SE, vorm. ztw. im Zenith etwas aufklarend, durchschimmernde ci SSE; ✶⁰ 7ᵃ, ✶ und ⇗⁰⁻¹ nachm., von 8¹/₂ᵖ an hört das Schneetreiben auf, bei Windstärke 8!

3. Bar. bis 9ᵃ stetig, dann steigend; der stetige SE flaut dabei stark ab; gleichmäßig mit st bezogen, Zug nachm. SE—ESE; ✶⁰⁻² n.—2ᵖ mit Unterbrechung; Temp. beginnt beim Abflauen des Windes zu steigen und erreicht abd. −3⁰. Depression zog anscheinend aus westlicher Richtung heran und nach ENE ab, nördlich vorbei.

4. Bar. steigt langsam; der SE frischt zunächst wieder etwas auf, um nachm. schnell abzuflauen; Himmel meist bedeckt mit tiefen st aus NE, früh und abd. Wolkenlücken, darin a-cu aus NE; ⊙⁰⁻¹ ztw.; Temp. sinkt unter geringen Schwankungen ein wenig; früh, nachm. und abd. ✶⁰⁻¹.

5. Bar. stetig bis 5ᵃ, fällt langsam bis 7ᵖ und beginnt wieder zu steigen; Wind schwach, dreht nach rechts SE—ESE—NW; bis 8ᵃ bedeckt, dann aufklarend, Wolkenzug sehr langsam, 2¹/₂ᵖ ci, ci-cu NE in Pbdn., st-cu, st 2—6ᵖ aus S, dann aus NW, a-st öfter sichtbar; ✶⁰ n.—6ᵃ; ⚌⁰ V 11ᵃ—2ᵖ; 9¹/₄ᵖ dreht der Wind nach NW, in Wolkenhöhe über eine Stunde früher; Temp. schwankt wellenförmig zwischen −5 und −10⁰. **Pilot 108,** 9³/₄ᵃ: ESE, der zunächst rasch nach E und dann nach ENE dreht bis 1000 m, darüber Rückdrehung und Windabnahme nach ESE—SE, von 2400 m an unter starker Geschwindigkeitszunahme Drehung nach NE bis 3900 m.

6. Bar. steigt von 6ᵖ an sehr langsam; früh auffrischender ENE, der unter geringer R.-Dreh. schnell abflaut; meist bedeckt mit st, st-cu aus ENE—NE, nachm. etwas aufklarend, dann ci und a-st sichtbar; Temp. sinkt unter geringen Schwankungen bis 4ᵖ und steigt dann; ✶⁰ abd. **Pilot 109,** 4ᵖ: schwacher NNE, der unter Zunahme bis NNW in 550 m dreht, bis 1700 m abnimmt und zurück nach NE und später weiter nach N—NNE unter erneuter Zunahme bis 3100 m dreht.

7. Bar. bis 9ᵃ stetig, steigt dann langsam; Wind schwach, nachts plötzliche Drehung von ENE—S, dann bis 10ᵃ nach ESE und allmähliche R.-Dreh. nach SW; gleichmäßig bezogen, nur morgens mit Lücken, st, st-cu früh aus SE; ✶⁰ n., ⚌⁰ V 10ᵃ—n.; Temp. hoch mit wenig Änderung von −7 bis −9⁰.

8. Bar. steigt bis mtg. langsam, bleibt dann stetig; Wind mäßig, dreht zunächst langsam nach rechts von SW—NNW und dann plötzlich 9ᵖ 30 nach ENE; meist gleichmäßig bedeckt mit st, st-cu, um 2ᵃ SW, 10ᵃ W, 2ᵖ NW, mtg. Lücken, darin ci W (langsam) und a-st; 2ᵖ zwei Wolkenschichten st und st-cu; V den ganzen Tag, 2ᵖ 2 cm dick; 2ᵃ Südlicht, ⊕ mtg. Bei dem mittäglichen Aufklaren sinkt die Temp. um 5°, steigt dann wieder.

9. Bar. fällt langsam bis 3ᵖ und bleibt dann stetig; mäßiger ENE den ganzen Tag; gleichmäßig bezogen mit st, nb, um 2ᵖ durch Lücken a-st sichtbar; Vᵒ n., ✳ᵒ 1ᵃ 30—n.; Temp. steigt gleichmäßig auf —5½°. **Drachen 8,** 9½ᵃ—2½ᵖ: Temp.-Abnahme, Inversion um rund 2° zwischen 160 und 300 m.

10. Bar. steigt langsam bis 6ᵖ und fällt wieder ganz wenig; mäßiger E—ENE; wechselnde Bew., ci 2ᵖ NE, 5ᵖ mit stark gekrümmten, großen Fallstreifen, st abd. in Wogen SE—NW; ✳ n. und mtg.; ⊕ öfter, Halo von 22°, farbig mit schwacher Nebensonne, ▽ 8—9ᵖ, Lichtsäule über und unter dem Mond, schwacher linker Nebenmond; Temp. sinkt unter Schwankungen. **Drachen 9,** 9ᵃ—mtg.: Temp.-Abnahme mit geringer Störung in den untersten 100 m, Linksdrehen um rund 150° in 150 m, Windmaximum in etwa 200 m, Minimum in 1000 m. **Pilot 110,** 4ᵖ: NE—NNE bis 3650 m.

11. Bar. fällt langsam bis 8ᵃ, dann stetig; mäßiger E—ENE; gleichmäßig bezogen mit st-nb, um 2ᵃ aus NE; ✳ᵒ 3—4ᵃ, 10ᵃ—4ᵖ. Temp. gleichmäßig etwa —6°.

12. Bar. steigt langsam; gleichmäßiger ENE, flaut nach Auffrischen in den Morgenstunden wieder ab; bis 2ᵖ bedeckt, dann aufklarend. Himmel ist mit einem feinen, durchsichtigen Dunstschleier überzogen, ✳ᵒ⁻² n.—2ᵖ mit Unterbrechung, ⊕ 11ᵃ—4ᵖ mit Unterbrechung, Lichtsäule unter der Sonne; Temp. sinkt bis auf —16½°. **Drachen 11,** 10ᵃ—2ᵖ: fast durchweg Temp.-Abnahme mit der Höhe, st-Grenze 550 m. **Pilot 111,** 4ᵖ: ENE, der nach NE dreht und von 700 m an langsam nach E zurückdreht bis 3000 m, darüber sprungweise Drehung nach NNW.

13. Bar. steigt langsam; schwacher Wind den ganzen Tag, ENE dreht um 6ᵃ rechts bis SE; Himmel bezogen, morg. mit Lücken, nachm. aufklarend, ci-st nachm. sichtbar, a-cu 4ᵖ SE, in Wogen N—S, st-cu 2ᵖ SSE; ✳ᵒ 8—9ᵖ 15 trotz des klaren Zeniths; ⊕, Lichtsäuleᵒ über der untergehenden Sonne; Temp. sinkt unter Schwankungen, gegen 1ᵃ schnelle Temp.-Zunahme um 3°, Himmel bewölkt sich! **Pilot 112,** 5ᵖ: SE—SSE bis Wolkengrenze 3150 m, a-st.

14. Bar. fällt langsam; Wind schwach, kurzes Auffrischen 3—4ᵃ, rechtsdrehend von SE—SW; wechselnde Bew., a-cu SW—WSW, ci ztw. sichtbar, a-cu undul SW—NE, st, st-cu den ganzen Tag; ✳ᵒ 7ᵃ 20, mtg., nachm. mit Unterbrechung; Wind abd. etwas böig; um 3ᵖ a-cu mit gekrümmten Fallstreifen; ⊕ 8ᵃ 30 vor einem Eisberg, mtg. Lichtsäule unter der Sonne und Teile des farbigen Halo von 22°. Temp. sinkt langsam unter Schwankungen.

15. Bar. fällt sehr langsam; schwacher bis mäßiger SW—WSW; Himmel früh mit st bedeckt, von 7ᵃ an rasch aufklarend, ci, ci-st, a-cu sichtbar, st am Horizont; tags Diamantstaub, ⊕ 8ᵃ 30, Teile des Halo von 22°, unter der Sonne Spiegelung derselben; 4ᵖ 10 Abendrot, ⊕, Lichtsäule über der untergehenden Sonne; 10ᵖ 5—n. Südlicht im S, ztw. helle senkrechte Strahlen. Beim Aufklaren des Morgens sinkt die Temp. schnell auf —30°. **Pilot 113,** 10ᵃ: SW bis 700 m, dreht nach W bis etwa 1100 m, darüber SW bis 1500 m. **Drachen 12,** 11ᵃ—4ᵖ: Bodeninversion um 8° bis 450 m, darüber Isothermie.

16. Bar. fällt langsam bis 3ᵖ, dann stetig; schwache bis mäßige Winde, abd. etwas auffrischend, rechtsdrehend von WSW—NE; Himmel nachts klar, bewölkt sich gegen 7ᵃ mit st, klart gegen 8ᵖ wieder auf, 5ᵃ funkelt die Venus; ✳ᵒ 11ᵃ—n.; starkes Steigen der Temp., bis gegen 4ᵖ, dann langsamer, im ganzen 15½°.

17. Bar. steigt langsam; Windgeschwindigkeit nimmt unter L.-Dreh. ab, NNE—WSW; n. bewölkt, im Zenith klar, später fast ganz bedeckt mit st, st-cu-nb, vorm. a-cu aus NNW; ✳ᵒ n.—8ᵃ und 2ᵖ; ⊕ 10ᵃ, Lichtsäule über und unter der Sonne, rechte Nebensonne², ⊙. Temp. bis 4ᵖ gleichmäßig, fällt dann langsam.

18. Bar. steigt langsam; mäßiger SW—S; bis 8ᵃ gleichmäßig bezogen mit st-Decke, tags Bew. wechselnd, abd. aufklarend, nachm. ci-st WSW, Pbdn.-artig WSW—ENE, 5ᵖ ci mit Fallstreifen; ✳ᵒ 2ᵖ; Temp. sinkt. **Pilot 114,** 2ᵖ: S, der zunächst links nach SSE, von 300 m an stark nach rechts bis SW und von 700 an bis 1030 m (Wolkengrenze) nach WSW dreht.

19. Bar. steigt unter geringen Schwankungen langsam weiter; mäßig bis schwacher S, der langsam nach WSW dreht; von 0¾ᵃ bis mtg. meist mit st bezogen, 2ᵖ NW, dann aufklarend, abd. wolkenlos, st ist mtg. sehr dünn und durchsichtig, am SW-Horizont Fallstreifen. **Drachen 13,** 11½ᵃ—3ᵖ: bis 200 m Isothermie, darüber Inversion um 7½° bis 1100 m, zeitlich starke Abkühlung der untersten Schichten, starkes L.-Drehen des Windes, Windminimum 800—1000 m. Temp. sinkt erheblich unter Schwankungen. Diese Schwankungen sind, wenn nichts anderes gesagt wird, von der Größenordnung von Stunden und nicht von Minuten wie in der Vahselbucht in Landnähe, also großer systematischer Unterschied!

20. Bar. sinkt langsam bis zu einem Minimum um 8ᵖ; schwacher WSW, dreht von 4ᵃ an links nach E—ESE, von 9ᵖ an wieder rechts bis SW; während der östlichen Winde meist bezogen, vorher und nachher klar, ci, ci-st, ci-cu um 8ᵃ W; ✳ᵒ 8ᵃ—2ᵖ; ⊕ 3½ᵖ, Teile des Halo von 22°, Lichtsäule über der untergehenden Sonne, Abendrot; Temp. steigt langsam.

21. Bar. steigt langsam; schwacher SSE langsam rechts nach SW drehend; Bew. wechselnd, meist klar, vereinzelte ci am Horizont, st-cu 2ᵖ SE, ziehen schnell; ⊕ 9—10ᵃ, Lichtsäule, rechte und linke Nebensonne, oberer Berührungsbogen; Temp. sinkt beim Aufklaren um 4ᵃ schnell und bleibt dann nach geringem Steigen unter —30°.

22. Bar., wenig Änderung, steigt langsam bis mtg. und beginnt um 9ᵖ zu fallen; mäßiger SW beginnt mtg. unter Auffrischen nach rechts bis NW zu drehen; Himmel fast wolkenlos, ruhiges sonniges Wetter, nachm. ci, ci-st, ci-cu SW, meist nur am Horizont; ⊕° 8¹/₂ᵃ stückweise; Morgenrot, Abendrot; Temp. sehr gleichmäßig unter —30°. **Pilot 115,** 1—2ᵖ: SW, der langsam und stetig nach S dreht unter stetiger Geschwindigkeitszunahme bis 4850 m auf 24 mps.

23. Bar. fällt schnell bis um 5ᵖ, um dann ebenso schnell wieder zu steigen; Wind frischt rasch unter weiterer Rechtsdrehung nach NNE zum Sturm auf, nimmt unter L.-Dreh. nach NNW ab und beginnt um 5ᵖ unter rascher L.-Dreh. nach SW wieder zuzunehmen; Himmel bezieht sich nachts sehr schnell und klart von 9ᵖ völlig auf, vorm. bis nachm. unsichtiges, diesiges Wetter; ✳°, ⇗° 7ᵃ—9ᵖ; früh Wind böig, zwischen 6¹/₄—6³/₄ᵖ springt der Wind in Böen von NW bis SW und bleibt böig. Temp.-Verlauf umgekehrt wie Luftdruckgang, bis 6ᵖ starkes Steigen um 17° auf —15¹/₂°, dann unruhiges, noch schnelleres Fallen um 12° bis Mn.

24. Bar. steigt langsam bis mtg., um dann wieder zu fallen; Wind nimmt dauernd unter langsamer R.-Dreh. SW—W ab, zwischen 8—9ᵖ schnelles Rückdrehen nach SW, 10¹/₂ᵖ springt der Wind nach SE, von 10ᵖ an langsames Steigen der Windgeschwindigkeit; früh und abd. wechselnde st-Bew., tags ci-st am Horizont; ✳° 4ᵃ, ⇗° 7ᵃ—mtg.; Temp. steigt langsam, 6—7ᵖ schneller unter Feucht-Abnahme bis 54 %. **Drachen 15,** 10ᵃ—mtg.: bis 600 m langsame, dann bis 1000 m schnelle Temp.-Zunahme, dort Wogenbildung einer Schichtgrenze, Wellenlänge etwa 1450 m, Amplitude etwa 80 m (Mittel aus 10 Wellen), Luft oben sehr trocken.

25. Bar. fällt schnell bis Mn.; rasches Zunehmen der Windgeschwindigkeit bis Mn., Sturm, bis 5ᵃ L.-Dreh. von SE—ENE; nachts klar, von 7ᵃ an schnelle Zunahme der Bew., st und nb, von 10ᵃ an bezogen, morgens ci-st in Pbdn. ENE—WSW, a-st Pbdn.-artig; ✳°, ⇗¹⁻² 10ᵃ—n.; Temp. steigt.

26. Bar. steigt; Windgeschwindigkeit nimmt bis 6ᵖ ab, um dann unter rascher R.-Dreh. ENE—SW um 7ᵖ wieder zuzunehmen; diesiges, unsichtiges Wetter, n.—n. gleichmäßig bezogen; ✳° n., 10ᵃ—n., ⇗° n.—mtg. Temp. steigt bis 2ᵖ, um dann langsam abzunehmen, Maximum etwa in der Mitte des Bar.-Anstieges. **Drachen 16,** 2—3ᵖ: Temp.-Abnahme bis 400 m (untere Wolkengrenze), darüber Isothermie, Wind-Maximum um 400 m, in 700 m schnelle Abnahme auf etwa die Hälfte.

27. Bar. steigt weiter bis 4ᵖ, beginnt dann langsam zu fallen; nach geringem Auffrischen Windabnahme bis mtg., dann erneute Zunahme unter R.-Dreh. WSW—ENE; Bew. wechselnd, sehr dünne ci-Schicht 2ᵖ aus W, sonst st; ⊕ 8¹/₂ᵃ, kurze Lichtsäule über und unter der Sonne, ▽ abd.; Temp. fällt stark bis 9ᵃ, steigt von 3ᵖ an langsam unter geringen Schwankungen.

28. Bar. fällt schnell bis 5ᵖ, steigt von 8ᵖ an wieder; Zunahme des Windes zum Sturm 6—8ᵃ, dann Abflauen bis 6ᵖ und Zunahme bis 8ᵖ, ENE—NE bis 6ᵖ, dann schnelle L.-Dreh. nach SW; meist bedeckt mit nb und st, 6³/₄ᵖ ziehen cu aus W bei NE-Wind, 10—11ᵖ völlig klar; ✳°⁻¹ 6ᵃ—6ᵖ, ⇗°⁻¹ 7ᵃ—8ᵖ; Temp. steigt stetig bis 9¹/₂ᵖ und fällt dann schnell, Temp.-Maximum etwa 2 Stunden später als Beginn des Bar.-Steigens; Temp.-Sturz fällt mit Winddrehung und Aufklaren zusammen.

29. Bar. steigt bis mtg. und fällt dann wieder; Wind nimmt langsam ab, dreht bis 6ᵃ links SW—S und 10ᵖ nach SE; meist bedeckt, vorm. Lücken, darin ci, ci-st aus E; ∇° 3¹/₂ᵖ—n., ≡° 4—9ᵖ, ✳° abd.; Temp. fällt bis 9ᵃ und steigt dann wieder; Temp.-Minimum und Druck-Maximum fallen sehr nahe zusammen.

30. Bar. fällt bis 9ᵃ und beginnt mtg. zu steigen; Wind mäßig, dreht vorm. rechts SE—WSW; n.—10ᵖ meist bedeckt, ztw. Lücken, dann völliges Aufklaren; ∇¹ n.—9ᵖ, ✳° ztw., ≡° n.—1ᵃ, 7—8ᵃ sind ci sichtbar; Temp. steigt bis 8ᵃ und beginnt 1ᵖ zu fallen; Temperatur-Maximum und Druck-Minimum fallen sehr nahe zusammen.

Zugrichtung der hauptsächlichsten Depressionen: **1.—3.** aus W, nördlich vorbei, Sturm bei fallendem Bar. **23.** aus westlicher Richtung, südlich vorbei. **25.—26.** scheint aus dem Osten zu kommen, nördlich vorbei zu ziehen bis NW und dann wieder rückwärts nach E und SE zu ziehen. **28.** aus WNW, südlich vorbei.

1912. Mai.

1. Bar. stetig; Wind schwach, dreht um 8ᵃ schnell links WSW—ENE, von 6ᵖ an etwas auffrischend; Himmel bewölkt sich schnell um 1ᵃ, dann bedeckt, diesiges Wetter; ∇° 4ᵃ—n., ←° nachm.; 2ᵃ sehr ausgeprägter Halo von ungewöhnlichem Radius, Außenhalbmesser 19°; Temp. sinkt bis 1ᵃ und steigt dann langsam.

2. Bar., von geringen Schwankungen abgesehen, stetig bis 3ᵖ, steigt dann; Wind mäßig, E—ENE; meist bedeckt, ztw. mit Lücken; 3ᵖ sind durch die st-Decke cu aus E zu sehen; ✳° früh ztw., Kimm diesig, ∇° 7ᵃ—n., doppelter ∪ 1ᵃ; ▽ 2ᵃ mit ungewöhnlichem Radius, Außenhalbmesser 16°; Temp. steigt unter geringen Schwankungen bis —6°. **Drachen 18,** 9¹/₂ᵃ—1ᵖ; blättrige Inversion bis 1320 m, Luft über 1000 m sehr trocken, untere st-Grenze 140 m, obere etwa 900 m, zeitliche Windzunahme in 200—800 m.

3. Bar. steigt; Wind flaut ab und dreht um 2^p rechts ENE—ESE; gleichzeitig völliges Abziehen der st-Decke; V^0 früh—2^p, Kimm diesig, $\equiv^0$ ztw., Spr. ● gegen 10^a und 2^p; nachm. öfter �, ztw. doppelt und dreifach, 9^p weißer Mondregenbogen, siehe Zeichnung Figur 32; Messung des �, 9^p15 erstes Rot 38′, zweites Rot $1^0\,21'$, drittes Rot $2^0\,14'$, 9^p25 erstes Rot $1^0\,15'$, zweites Rot $2^0\,46'$. Temp. hoch, sinkt bei Aufklaren schnell um 10^0. **Drachen 19,** 11^a—mtg.: untere st-Grenze 165 m, obere 300 m?, V-Bildung.

4. Bar. stetig; fast windstill, wechselnde Richtung; veränderliche Bew., meist klar, ci, a-cu ESE, meist wie st nur am Horizont, Zug sehr langsam; $\equiv^0\,6^p$—n., V^0 früh, � früh—n. öfter, ztw. doppelt und dreifach, Messung $4\frac{1}{2}^p$ 1. Rot $1^0\,15'$, 2. Rot $3^0\,0'$, 6^p 1. Rot 43′, 2. Rot $1^0\,14'$, gleichzeitig weißer Mondregenbogen, der auch vorm. und abd. öfter beobachtet wurde; Mondhöhe 15^0, unterer Rand $22^0\,34'$ über dem Horizont, Breite $1^0\,16'$; Temp. wellig, —16 bis —23^0. **Ballon 20,** 10—11^a: Bodeninversion um etwa 10^0 bis rund 1000 m. **Pilot 116,** 2—3^p: ESE, der allmählich bis 4900 m links nach NE dreht.

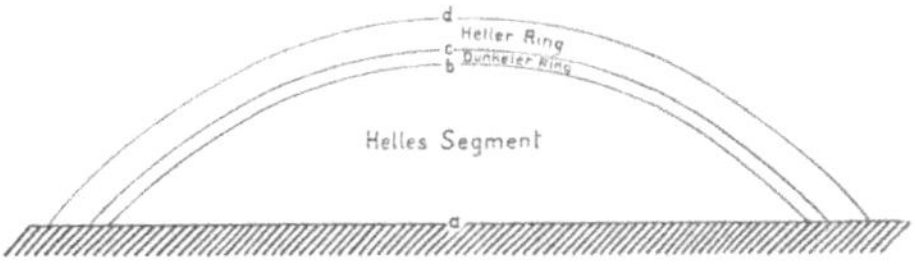

Fig. 32. Mondregenbogen vom 3. 5. 1912, 9^{p15}.

Gemessene Abstände:

9^p15.   a—c = 8^0 9^p25.   a—d = $10^0\,40'$
      b—c = $0^0\,32'$ c—d = $2^0\,40'$
      c—d = $1^0\,11'$

5. Bar. fällt langsam; mäßige Winde, die vorm. langsam nach rechts drehen S—E; wechselnde Bew. ztw. bedeckt, mehrfach höhere Wolken, ci, ci-st, 4^p in Pbdn. E—W, sonst st, st-cu; V^0 n.—p, $*^0\,1^p$—n., $\equiv^1\,10^a$—mtg., $\equiv^0\,9^p$—n.; � häufig, öfter drei- bis vierfach, $\varpi^0\,8$—9^p, Andeutung von Lichtsäulen über und unter dem Mond. Temp. steigt wellenförmig.

6. Bar. fällt weiter; schwache Winde wechselnder Richtung, Himmel bedeckt, den ganzen Tag ruhiges Wetter und leichter $\equiv$; V 7^a—n., wächst ziemlich schnell, an einer Drachenleiste von 11^a40—1^p um 1 cm; $*^0$ n.—früh und mtg.; 11^p rasche Winddrehung SE—SW; Temp. ziemlich gleichmäßig, —12 bis —15^0. **Ballon 21,** 10^a: geringe Temp.-Abnahme bis 560 m, untere st-Grenze etwa 200 m.

7. Bar. stetig, schwaches Minimum um 9^a; frischer SW, ztw. böig; diesiges Wetter, Himmel mit st-Decke bezogen, 4^a WSW, mtg. SW, ztw. Lücken; V bis 2^a; Temp. bis 8^a wenig Änderung, bis 10^a schnelles, dann langsameres Fallen, gleichmäßig.

8. Bar. fällt bis 7^p und steigt dann wieder; frischer, nachm. abflauender Wind, der um 5^a links von SW—S dreht, von mtg. an rechts nach W; Himmel bezogen, diesiges Wetter, st wird mtg. dünner, ci-st scheinen durch, von 4^p an aufklarend; $*^0\,1^p30$—2^p; gegen $7^p\,\varpi$, Lichtsäule über und unter dem Mond, rechter und linker Nebenmond. Temp. steigt von 3^a—6^p und fällt dann wieder; Temp.-Minimum etwas verspätet gegen Bar.-Maximum, Temp.-Maximum etwas verfrüht gegen Bar.-Minimum.

9. Bar. steigt; Wind flaut gegen 6^a unter L.-Dreh. W—SW ab und nimmt langsam wieder zu; wechselnde Bew., ci, ci-st, a-cu NNE, st 6^a N; $*^0\,2$—9^p; Temp. sinkt bis um 10^a auf —32^0 und steigt mit zunehmender Bew. schnell um etwa 8^0 bis 4^p; das abendliche völlige Aufklaren bringt nur geringe Erniedrigung der Temp. **Pilot 117,** 11^a: SSW, an Stärke abnehmend bis etwa 400 m, darüber schnelle Drehung nach ESE bis 950 m und NE bis 1100 m.

10. Bar. stetig; Wind flaut von mtg. an ab, SW—W, n. böig; diesiges, unsichtiges Wetter, um $5\frac{1}{2}^p$ klärt der Himmel im Zenith auf, st bleiben rings um den Horizont; $*^0\,10^a$—10^p; Temp. steigt bis etwa 10^a und bleibt dann stetig. **Pilot 118,** $1\frac{1}{2}^p$: mit der Höhe abnehmender SW. **Drachen 22,** 10—11^a: blättrige Bodeninversion bis über 300 m.

11. Bar. ganz schwach steigend; schwacher Wind, der von 7^a an von WSW—E rechts dreht; n. klar, von 7^a an ist der Himmel, bis auf wenige Lücken um 2^p, gleichmäßig bezogen mit st, st-cu, 7^a WNW, 2^p N; $\varpi\,1\frac{1}{2}^a$, � 6^a; Abkühlung bis 6^a auf —26^0, dann erst schnelle, später langsamere Erwärmung um 8^0. **Ballon 23,** 10—11^a: geringe Temp.-Änderung mit der Höhe, Wolkengrenze 1000 m. **Pilot 119,** 2^p: N, der stetig nach NE dreht bis 850 m.

12. Bar. steigt langsam; schwache Winde, die langsam SE—SSW rechtsdrehen; meist bedeckt, ztw. mit Lücken, Aufklaren 9—$11\frac{1}{2}^p$, abd. ci sichtbar, sonst nur st, st-cu; mtg. 2 Wolkenschichten; $*^0$ n.—2^p10 mit Unterbrechung; abd. haben einige Sterne Höfe; Südlicht 10—$11\frac{1}{2}^p$; Temp. steigt bis 11^a, sinkt von 4^p an wieder. **Pilot 120,** 2^p: SSE, der bald unter Geschwindigkeits-Abnahme nach SE dreht, Wolkengrenze 1350 m.

13. Bar. steigt langsam weiter; schwacher SSW—SW; Bew. wechselnd, von 5^p an aufklarend, ci, ci-st sichtbar, st 2^p SW; $\equiv^0\,10^a$—2^p zieht in Schwaden, $V\,2^p$—n., �$^0\,7^a$, Sternenhöfe abd., Südlicht 10^p30? Nach dem Aufklaren sinkt die Temp. wellenförmig bis —29^0. **Pilot 121,** 10^a: S—SSE bis 1420 m. **Drachen 24,** 11^a—2^p: Bodeninversion um 10—11^0 in etwa 500 m, Feucht. oben geringer, $\equiv$-Grenze in etwa 300 m.

14. Bar. wenig Änderung sinkt langsam; mäßige bis frische Winde, W—SW, Minimum 11^a; Bew. wechselnd, vielfach heiter, ci-st, a-st, st, gegen 4^p Bew.; 10′ $*^0$; schöne Dämmerung, n. Sternhöfe. Temp. schwankt wellenförmig. **Pilot 122,** mtg.: WSW, in 150 m plötzlich nach SW, dann allmählich WSW nach W, von 2000—2700 m nach N, Geschwindigkeits-Maximum in 1200 m.

15. Bar. steigt; frische, abd. abflauende Winde aus westlicher Richtung, n. böig; klarer Himmel, ci-st und st nur am Horizont; prächtiges Abendrot, abd. völlig sternenklar, Sterne sind bis an den Horizont zu sehen; Temp. sehr gleichmäßig, −28 bis − 29°. **Drachen 25,** $10^{1}/_{2}$^a−$2^{1}/_{2}$^p: Bodeninversion von 10−11° bis etwa 700 m, weiter Inversion über 2900 m; starke zeitliche Änderungen von Temp. und Feucht.

16. Bar. steigt bis 9^p, fällt dann; mäßiger Wind, der abd. zu C abflaut, W−NNW; Bew. wechselnd, meist st, ci-st?; ztw. ≡; Temp. steigt morgens rasch um $8^{1}/_{2}$° mit zunehmender Bew. und zunehmendem Wind, fällt dann wieder bis − $32^{1}/_{2}$° unter Schwankungen und steigt abd. bei zunehmender st-Bedeckung von 9^p bis Mn. um 10°.

17. Bar. fällt; mäßiger Wind, der langsam NNW−NE rechts dreht, abd. geringe Rückdrehung, n. böig; bis $1^{1}/_{2}$^a bedeckt, dann schnell aufklarend und wechselnd bewölkt, von 8^p an bedeckt, ci, ci-st am E-Horizont, sonst st, 2^p NW, ⚹^o 9^p−n.; Sternenhöfe früh, abd. öfter, schöne Dämmerung; beim nächtlichen Aufklaren fällt die Temp. um 5° und steigt dann unter geringen Schwankungen bis Mn. auf −16°. **Drachen 26,** 11−12^a: Bodeninversion um 12° bis 600−700 m.

18. Bar. wenig Änderung, gegen 3^a Minimum, abd. schwaches Maximum; schwacher Wind, tags etwas auf-frischend unter R.-Dreh. N−S; bis mtg. bedeckt, gegen 1^p völlig aufklarend; n. Wolkendecke dünn, Sterne scheinen durch; ⚹^{o-1} n.−mtg. mit Unterbrechung; Temp. sinkt stark, von − 16 auf −33°, Maximum fällt nahe mit dem Bar.-Minimum zusammen. **Drachen 27,** $9^{1}/_{2}$−$11^{1}/_{2}$^a: Temp. wenig Änderung, Wolken-grenze 370 m, dort starke Windabnahme. **Pilot 123,** $2^{1}/_{2}$^p: SSE bis 1000 m, darüber drehend nach SSW bis 7300 m, von 4500 m an stärkere Windzunahme bis 26 mps.

19. Bar. fällt gleichmäßig; Wind frischt unter starker R.-Dreh. SSW−NE bis mtg. auf; bis 8^a klar, dann bis 4^p bedeckt, aufklarend, um Mn. wieder bedeckt; Temp. steigt gleichmäßig von −34 auf −19°, Temp.-Minimum kurz nach Mn. folgt zeitlich dem Bar.-Maximum; ⇉^o 7^p−n.

20. Bar. fällt unter Schwankungen bis 3^p, steigt dann wieder; NE nimmt bei dem fallenden Bar. etwas zu, um kurz vor dem Eintritt des Minimums unter R.-Dreh. NE−ESE rasch abzuflauen; Bar.- und Temp.-Gang entgegengesetzt. **Drachen 28,** 10−12^a: geringe Temp.-Zunahme, untere Wolkengrenze 400 m, dort Beginn einer kleinen Inversion.

21. Bar. steigt bis mtg. bleibt dann stetig; Wind mäßig, kurzes, schnelles Abflauen gegen 10^a unter Drehung ESE−SE, später Rückdrehung nach E, früh böiger Wind; Bew. vorm. wechselnd, gegen 11^a ziehen niedrige st heran, die bald den ganzen Himmel gleichmäßig bedecken; ⚹^{o-1} 5^p−n. mit Unterbrechung; Morgen-dämmerung; vorm. ci, ci-st sichtbar; Temp.-Minimum während des Abflauens des Windes.

22. Bar. bis mtg. stetig, fällt dann langsam; mäßiger, gleichmäßiger E, ztw. etwas böig; bedeckt, 8^a−9^p Wolken-lücken, st, nb, gegen 9^a im Zenith st-cu E; ⚹^o den ganzen Tag mit Unterbrechung; Temp. bis mtg. stetig, steigt dann etwas. **Drachen 29,** $9^{1}/_{2}$−11^a: unten schwache Temp.-Abnahme; über 200−300 m Inversion, oben Windabnahme.

23. Bar. fällt langsam weiter; Wind flaut bis mtg. ab und beginnt nachm. unter R.-Dreh. E−ESE stärker zuzunehmen, nachts böig; meist bedeckt, abd. mehrfach Lücken, st, nb, mtg. ESE, auch a-st sichtbar; Temp. wenig Änderung, Minimum um 2^p während des Abflauens des Windes.

24. Bar. fällt langsam bis mtg., steigt dann wieder; frischer S−SSE, morgens böig; bis mtg. bedeckt mit dünnem st, nb, gegen 4^p aufklarend, dann ci, ci-st am N-Horizont sichtbar; ⇉^{1·0} n.−n., ⚹^o n.−2^p mit Unter-brechung; ☽ 6−10^p, Halo von 22°, rechter und linker Nebenmond, Andeutung von Lichtsäule über und unter dem Mond. Temp. gleichmäßig, sinkt beim Aufklaren und Steigen des Bar. **Drachen 30,** 10^a−2^p: langsame Temp.-Abnahme mit geringen Störungen bis 2350 m, untere Wolkengrenze 750 m.

25. Bar. ganz stetig; mäßiger S; meist klar, $9^{1}/_{2}$^a erscheint im N eine a-st-Bank, mit der sich bald fast der ganze Himmel bedeckt, Wolkenzug aber aus S, von 4^p bis abd. klar, um Mn. ganz bedeckt; schöne Dämmerung; ☽^o $3^{1}/_{2}$−4^p, Halo von 22°, Lichtsäulen über und unter dem Mond, die heller als der ☽ sind; Temp. sinkt auf −31°, steigt gegen 11^p etwas mit zunehmender Bew. **Drachen 31,** $9^{1}/_{2}$−11^a: geringe Temp.-Abnahme bis 400 m, darüber Inversion, oben Windabnahme. **Pilot 124,** 1−2^p: S, der allmählich bis 2800 m nach SE dreht.

26. Bar. steigt von 3^a an: frischer S, der gegen mtg. allmählich rechts nach SW dreht, Wind böig; bis 11^a gleichmäßig bezogen, dann aufklarend, um 1−$2^{1}/_{2}$^p wieder mit st bedeckt, untere Grenze nach **Pilot 125,** 240 m, ci-st sichtbar; ☽ 6^p, Lichtsäulen über und unter dem Mond, 9^p oberer Teil schwach sichtbar, unter dem Mond am Horizont sehr helles Segment, vermutlich besonders intensiver Kreuzungspunkt von Licht-säule und Halo, Winkelhöhe der hellen Stelle ungefähr 4°, Breite etwa 20°, der Mond ist 24° über dem Horizont; starker Frostrauch über im N gebildeten Waken; wegen der großen Zahl der Eiskristalle in diesem Frostrauch ist die Intensität des Halo dort sehr groß, vielleicht auch Spiegelung; Verbreiterung der Erscheinung durch Pendeln der spiegelnden Flächen.

27. Bar. fällt etwas zwischen 9^a−2^p, sonst stetig; Wind flaut ab unter R.-Dreh. SW−W; n. böig, Himmel fast ganz klar, ci, ci-st abd. in Pbdn. SW−NE und a-cu, abd. auch st am Horizont. ☽ 4^a, Lichtsäule über und unter dem Mond, am Horizont stark verbreitert; $1^{3}/_{4}$^p geht der Mond glutrot und ganz verzerrt auf; ☽^o 6^p, ☽^σ 8^p; Temp. tief und sehr gleichmäßig, −35 bis −$36^{1}/_{2}$°. **Pilot 126,** 11^a: SW, der bis 1500 m nach S und dann wieder zurück nach SSW bis 5500 m dreht.

28. Bar. steigt bis 3ᵖ und fällt dann sehr schnell wieder; Wind zunächst schwach, steigt von 3ᵖ an sehr stark und dreht zwischen 3—4ᵖ plötzlich von W—N und weiter nach NE; bis 3ᵖ ruhiges, klares Wetter, dann bezieht sich der Himmel schnell, zunächst mit ci, ci-st, Pbdn.-artig SW—NE, Zug langsam aus S, allmählich gleichmäßigere Bew., um 8ᵖ scheint aber der Mond noch durch; Mn. Schnee; ▽ 4ᵃ, Halo mit ungewöhnlichem Radius, außen etwa 16⁰, ᴜ⁰ 4¹/₂ᵖ; Temp. tief, von 3ᵖ an stärkeres Steigen. **Pilot 127,** 11ᵃ: WSW, der schnell nach SSE dreht und von 850 m an S—SSW bleibt bis 5070 m, sehr windschwache Zone 4100—4800 m.

29. Bar. fällt sehr schnell weiter bis 10ᵃ auf 714.7 mm und steigt sehr schnell wieder; von 2—4ᵃ NE-Sturm, dann sehr schnelles Abflauen unter R.-Dreh. von NE—E, es wird so ruhig, daß ein Drachenaufstieg nicht gelingt. **Pilot 128,** 11ᵃ zeigt schwachen, nach oben abnehmenden NW, der in 350 m plötzlich nach NE dreht, Pilot verschwindet in 400 m in den st. Mit steigendem Bar. setzt 11ᵃ40 plötzlich in einer Bö SE 5 ein, dann rasches Weiterwachsen bis zum Sturm unter geringer R.-Dreh. nach SSE; Himmel gleichmäßig bezogen, abd. wird die Wolkendecke dünner, Mond und Sterne scheinen durch; ⇗¹ n.—7ᵃ, 2ᵖ—n.; ▽ Mn.; Temp. steigt bis 9ᵃ und bleibt dann stetig. **Drachen 33,** 1—3ᵖ: Temp.-Abnahme bis 400 m, darüber Inversion, Wolkengrenze 700 m, starker Rauhreif in den Wolken.

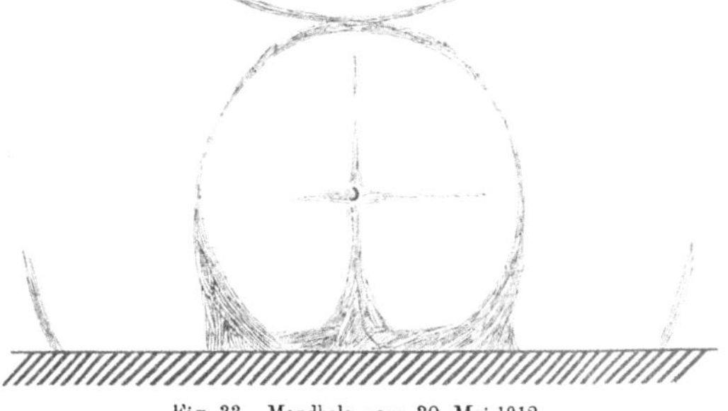

Fig. 33.   Mondhalo vom 30. Mai 1912.

30. Bar. steigt schnell weiter bis 9ᵖ, um dann wieder zu fallen; Wind flaut ab und dreht allmählich rechts von SSE bis WSW; n. bedeckt mit dünnem st, Mond und Sterne scheinen durch, später aufklarend und ci; ▽ 0ᵃ40, Halo mit ungewöhnlichem Radius, Außenradius etwa 18⁰, ᴜ⁰ 7ᵃ in ci, nachm. ▽ mehrfach, 2¹/₂ᵖ Lichtkreuz, gegen 5ᵖ Halo von 22⁰, Teile des Halo von 46⁰, Lichtkreuz, helles, dreieckiges Segment am Horizont, oberer Berührungsbogen, siehe Figur 33, ᴜ Mn.; ⇗¹⁻⁰ n.—4ᵖ; Temp. sinkt nach 8ᵃ schnell, und steigt abd. wieder; Minimum mit Bar.-Maximum zeitlich zusammenfallend.

31. Bar. fällt schnell; wechselnde Windstärke, meist frisch, R.-Dreh. WNW—NNE; dünne Wolkendecke aus höheren Wolken, ci, ci-st, a-cu, a-st aus SW, morg. st, st-cu aus SW; schöne, helle Dämmerung mtg., abd. ci in Pbdn. S—N; ᴜ sehr häufig, meist in ci; Temp. steigt bis 5ᵖ und fällt dann. **Pilot 129,** 1ᵖ: NW, der rasch nach links bis WSW dreht, bis 1100 m, stürmischer Wind, Ballon kann der Luftschlieren wegen nicht weiter verfolgt werden.

Zugrichtung der hauptsächlichsten Depressionen: **8.—9.** bleibt im E—S, heran- und davonziehend; **20.** aus SSW, zieht östlich vorbei; **29.** aus WSW, fast zentral, zuletzt nach SW abziehend.

1912. Juni.

1. Bar. fällt bis 6ᵃ und steigt wieder bis Mn.; mäßige bis frische Winde wechselnder Stärke, die im allgemeinen von NE links nach W drehen; Bew. wechselnd, morg. fast nur ci, ci-st, kurz nach 8ᵃ ziehen niedrige st aus N heran und verschwinden wieder gegen 3ᵖ, 3—4ᵖ ci aus W, dann ziehen gegen 4ᵖ st oder a-cu herauf, es schien so, als ob eine zusammenhängende Wolkendecke vorbeizog, während der Wind böig wurde und zunahm, abd. wieder völlige Bedeckung mit dünnem st; ✳⁰ n. und 2ᵖ; ᴜ n.—früh öfter, ▽ 7ᵃ; Temp. sinkt mit fallendem Bar. und steigt von 7ᵃ—4ᵖ um 10⁰, dann wieder Abkühlung, Minimum um Mn. fällt mit dem Bar.-Maximum zusammen. **Pilot 130,** 1ᵖ: NW, der rasch über W nach WSW in 350 m dreht, Wolkengrenze 760 m.

2. Bar. fällt schnell bis 2ᵖ, steigt etwas bis 6ᵖ und fällt weiter bis Mn.; Windstärke steigt bis 7, Wind dreht bis 8ᵃ rechts NW—NE, dann links zurück nach NW; morg. böig; bis 1¹/₂ᵖ bedeckt mit st, nb, Zug aus NW, dann rasches Aufklaren, gegen 6ᵖ Zunahme der Bew., zuerst ci-st NW, dann a-cu, a-st WNW, ziemlich schneller Zug, von 10ᵖ an bedeckt; ✳⁰ 9ᵃ—mtg., ⇗⁰ 7ᵃ—n.; ▽⁰ 8ᵖ, oberer Teil des Halo von 22⁰ in ci; Temp. steigt schnell bis 2ᵖ, sinkt dann um 2⁰ und steigt wieder Mn. auf —3⁰.

3. Bar. steigt von 3ᵃ an schnell; Wind flaut ab unter durchschnittlicher L.-Dreh. WNW—SSW; bis 7¹/₂ᵖ gleichmäßig bezogen, dann völliges Aufklaren, st 2ᵃ WNW, ztw. st-cu durchscheinend, st, st-cu 9ᵖ SSW, n. Bew. dünn, Mond scheint durch; kurz nach 2ᵃ heftige Bö; ⇗⁰ n.—mtg.; Temp. sinkt von 3¹/₂ᵃ an sehr schnell bis 10ᵃ, in den ersten 20 Minuten um 4¹/₂⁰, bleibt dann stetig und fällt erneut von etwa 4ᵖ an auf —28⁰ um Mn. beim Aufklaren; gleichzeitig sinkt die Feucht. und schwankt um einige ⁰/₀, während in den Wochen vorher der Hygrograph glatte, gleichmäßige Kurven gezeichnet hatte. **Drachen 34,** 9¹/₂—11ᵃ: Temp.-Abnahme bis 800 m, darüber Inversion um 8⁰ bis 1400 m.

4. Bar. steigt langsam bis zum Maximum um 6^p, sinkt dann langsam wieder; Wind mäßig W—SW; fast wolkenlos, n. st, tags ci am Horizont; ▽ 10^a, Lichtsäulenansätze über und unter dem Mond, ebenso 2^p, ⌣^{0} 3½^p, ▽ 8½—10^p, Halo von 22^0 und 46^0, beide mit oberen Berührungsbögen, Lichtsäulenansatz am Horizont, Nebenmonde mit Schweif, siehe Zeichnung, Figur 34. Mn. Halo von 22^0 und 46^0, Lichtkreuz, heller Fleck am Horizont unter dem Mond; Pupurlicht^0 2—4^p, helle Dämmerung mtg. **Pilot 131,** 11½^a: W—WSW bis 1730 m, Ballon wird wegen der Luftschlieren unsichtbar.

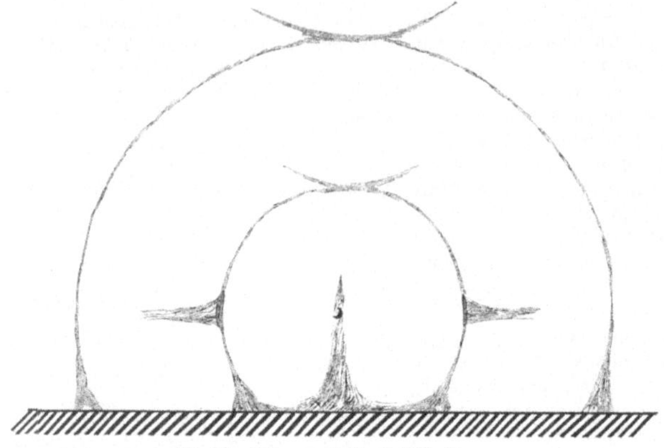

Fig. 34. Halo vom 4. Juni 1912, 9^p.

5. Bar. fällt bis 11^a, bleibt stetig bis 8^p und steigt dann; Wind schwach, frischt von 5^p an auf, dreht von WNW—S um mtg., dreht dann etwas zurück; am Tage ab und zu kleine Böen; n. schönes, klares Wetter, Himmel ist um 7^a größtenteils mit a-st, a-cu bezogen in Pbdn. E—W, dann kommen st, st-cu aus SW auf; ⇗^{0} 8^p—n.; Purpurlicht mtg., großer ⌣ Mn.; Temp. schwankt um —22^0, unruhig. **Pilot 132,** 11^a: Wolkenhöhe 140 m. **Ballon 35,** 2^p: schwache Temp.-Abnahme bis 300 m, darüber Windzunahme.

6. Bar. steigt langsam bis 7^p und fällt dann etwas wieder. Frischer SW, n. etwas böig; Himmel gleichmäßig mit st, st-cu SW bezogen, vorübergehendes Aufklaren 2½—5^a, 3½^p schnelles, völliges Aufklaren, sternenklar bis auf die Kimm. ⇗^{0} n.; ▽ 10^p, Lichtsäule über und unter dem Mond, Verbreiterung am Horizont und Teile des 22^0-Halo am Horizont (Diamantstaub über Waken); Temp. steigt mit zunehmender Bew., um beim Aufklaren abzunehmen. **Drachen 36,** 9—12^a: Temp.-Abnahme mit eingestreuter Inversion, st-Grenze etwa 1200 m.

7. Bar. fällt schwach bis 7^a, steigt etwas bis 6^p, dann stetig; frischer SW—S, ztw. böig; von 3^a—3½^p gleichmäßig bezogen; um 4½^p am NW—W-Horizont heller Schein bis 8^0 Höhe mit verschiedenen zum Horizont parallelen Streifen (vielleicht leuchtende Wolken?); Erwärmung um 4½^0 mit zunehmender Bew., dann langsame Abkühlung um 3^0. **Drachen 37,** 9½^a—2^p: st-Grenze über 1000 m, etwa 300 m dick.

8. Bar. fällt langsam bis 9^p, beginnt dann zu steigen; frischer SW; morgens fast wolkenlos, nachm. wechselnd bewölkt, vielfach klar, mtg. ci am Horizont, a-cu, a-st SSW, in Pbdn. S—N, sonst st, st-cu; mtg. schöne Dämmerung, 2^p Purpurlicht^1, gleichmäßig. Temp. steigt mit Zunahme der Bew., zweites Maximum zur Zeit der stärksten Bew. **Drachen 38,** 9—12^a: Bodeninversion um rund 10^0 bis 800 m, Luft oben trocken.

9. Bar. steigt langsam; mäßiger SSW—S, ztw. böig; n.—früh wechselnd bewölkt mit ci-st, ci SSW und S, schnell ziehend, st SSW, 7^a—mtg. fast wolkenlos, dann bezieht sich der Himmel gleichmäßig mit st; mtg. schönes gleichmäßiges Purpurlicht; ✳^{0} 8—10^p; Temp. sinkt. bis mtg. und steigt mit zunehmender Bew. **Pilot 133,** 11½^a: Mit der Höhe auf 30 mps zunehmender S bis 4800 m.

10. Bar. stetig, bei mäßigem S—SSW, n. bedeckt, früh Aufklaren, seit 5^a wolkenlos bis auf wenige ci und st am Horizont, sternenklar bis auf die Kimm; mtg. schwache Dämmerung; Temp. sinkt bei abnehmender Bew. um 9^0, bleibt von mtg. an ganz stetig. **Drachen 39,** 11^a—2^p: Bodeninversion um 12^0 bis etwa 600 m, von 1850 m an neue Inversion, scharfes Wind-Maximum, das beim Abstieg verschwunden ist, in 450 m.

11. Bar. steigt langsam; SSW flaut langsam ab; Himmel den ganzen Tag fast wolkenlos, nur st und ci am Horizont, ztw. ganz leichter Schleier über dem Himmel, um 8^a Pbdn. N—S; ▽ 7^a Lichtsäule^0 über und unter dem Mond 6—7^a, mtg. schwaches, strahliges Purpurlicht, Gegendämmerung, letzte Spur der Dämmerung verschwindet erst 5¼^p, abd. Sternhöfe; Temp. völlig gleichmäßig, schwankt während des ganzen Tages nur um wenige Zehntel, etwa —30^0. **Pilot 134:** SSW, linksdrehend von 250—850 m nach SSE, darüber SE—ESE bis 3650 m, mäßiger Wind in allen Höhen.

12. Bar. fällt langsam bis Mn.; Wind mäßig, dreht gegen 9^a rechts von SW—NW, um 3^p links nach S zurück; wechselnd bewölkt, vielfach heiter, am Tage a-cu, a-st sehr langsam aus W—WSW, von 9^p an ganz mit st bedeckt; Dämmerung, 1^p schwaches, strahliges Purpurlicht; Temp., mit geringen Schwankungen, —28 bis —31°. **Drachen 40,** 10^a—$2^1/_2^p$: Bodeninversion um 10—$11°$ bis etwa 800 m, darüber Isothermie bis 1600 m, dann Abnahme, Feucht. ziemlich hoch.

13. Bar. steigt langsam bis 10^p; mäßiger Wind, n. etwas frischer, S dreht nachm. nach SW, n. böig; Bew. wechselnd, meist klar, abd. sternenklar bis auf die Kimm; Dämmerung, Gegendämmerung, um 7^a helles, halbkreisförmiges Segment im E, mtg. schwaches, strahliges Purpurlicht; st-Zug S; Temp. gleichmäßig tief, mit geringen Schwankungen. **Drachen 41,** 10^a—2^p: untere st-Grenze 260 m, Bodeninversion um etwa 12°.

14. Bar. fällt bis 7^p; schwacher Wind, der unter R.-Dreh. von SW—N zur C abflaut und gegen Mn. schwach aus SE wieder einsetzt; wolkenlos und sternenklar bis auf die Kimm bis mtg., gegen 1^p zieht von NW her st heran, der den ganzen Himmel bedeckt, um 4^p beginnt es im Zenith aufzuklaren, dann wieder wolkenlos bis auf st am Horizont; mtg. Dämmerung; Temp. bis 9^a gleichmäßig tief, nimmt bis 6^p um $7°$ zu, dann wieder ab, Maximum trifft mit dem Bar.-Minimum zusammen. **Drachen 42,** $10^1/_2^a$—$2^1/_4^p$: Bodeninversion 9—$13°$ bis etwa 700 m, Isothermie bis 1400 m, darüber Abnahme. Die Erwärmung am Boden reicht blos bis 350 m herauf, Luft oben sehr trocken.

15. Bar. steigt bis um 6^p und bleibt dann stetig; ganz schwacher Wind, der langsam rechts SE—WSW dreht; wolkenlos, sternenklar bis auf die Kimm, nur ci und st am Horizont; Temp. sinkt langsam unter geringen Schwankungen bis —35°; außergewöhnlich helle Dämmerung, in W—NW blutrot beleuchtete ci, besonders ausgeprägt um 2^p, endet um 3^p5—3^p10; um mittag waren die ci glänzend gelb, letzte Spur von Beleuchtung verschwand $5^1/_4^p$ im NW, überhaupt fiel die lange Dämmerung in der letzten Zeit auf. **Pilot 135,** $11^1/_2^a$: ESE—SE bis 2750 m.

16. Bar. stetig bis 6^a, steigt dann bis Mn.; schwacher Wind, der gegen abd. auffrischt, L.-Dreh. WSW—SE, dann langsame R.-Dreh. bis SW; wechselnde Bew., ztw. ganz bezogen, $\equiv^0$, $\vee^0$ öfter, n. und abd. Sternhöfe, 9^a20 treten die rötlich gefärbten ci wieder auf, 10^a20 war bereits Purpurlicht entwickelt, in den ci war ein heller, ziemlich scharf begrenzter, gelblich-grüner Fleck deutlich vom Untergrund unterscheidbar, weitere Beobachtung wegen des aufkommenden tiefen st nicht möglich; auffällige Refraktionsstörungen waren, wie durch Messung von Sternhöhen festgestellt wurde, nicht vorhanden, die ci dürften demnach sehr hoch gewesen sein. Temp. wellig, schwankt um —30°.

17. Bar. fällt langsam; mäßiger, langsam abflauender SW, der gegen 9^p nach W dreht; Bew. gering, vielfach wolkenlos, nur ci, ci-st und st am Horizont, mtg. Anfang von Pbdn. N—S; schöne Dämmerung, schwaches Purpurlicht, um 6^p über den Wolken in etwa $15°$ Höhe ein schwacher heller Streifen; Temp. tief und gleichmäßig. **Drachen 43,** $9^3/_4$—11^a: Bodeninversion um $20°$ bis 920 m, Feucht.-Abnahme, starke Windzunahme mit der Höhe.

18. Bar. fällt weiter bis 2^p und steigt dann; mäßiger Wind, der von W um 8^a nach SW und dann zurück dreht; morg. und abd. fast wolkenlos bis auf st am Horizont, 10^a—4^p wechselnd bewölkt, ci, ci-st, a-st WSW, anscheinend 2 ci-Schichten, die untere in der normalen Höhe, die obere sehr hoch, und sehen wellig oder schlierig aus, Zugrichtung anscheinend westlich; sehr helle Beleuchtung der ci im N, besonders eines bogenförmigen Stücks. Temp. steigt bis auf —19°, 7—9^p, und sinkt dann, Maximum folgt mit einigen Stunden Verspätung dem Bar.-Minimum.

19. Bar. steigt langsam bis 10^a und bleibt dann stetig; schwacher Wind, vielfach C, n. SSW—WSW, nachm. NW—N; wechselnd bewölkt mit dünnen ci, ci-st NW und a-st; herrlich beleuchtete Wolken, hohe ci wieder sichtbar, darin heller, gelblich grüner Fleck wie am 16. 6., im allgemeinen zum Horizont parallele Streifen, die abwechselnd gelblich und rötlich gefärbt sind; Purpurlicht und Gegendämmerung; morg. und abd. Sternhöfe; Temp. sinkt bis 3^a, steigt zwischen 10^a—3^p um $4°$, bleibt dann stetig. **Ballon 44,** $10^1/_2$—11^a: Bodeninversion um etwa $12°$ bis 700 m; Luftspiegelung, Hebung der Kimm, viele, sonst nicht sichtbare Eisberge erscheinen, gelegentlich nur die oberen Teile, während der Mittelteil scheinbar im Nebel ist. **Ballon 45,** 1—2^p: Bodeninversion um 13°.

20. Bar. gleichmäßig; schwache Winde aus wechselnder Richtung, mehrfach C; wechselnde Bew., tags zwei Schichten ci W, die obere wieder sehr hoch, gegen 2^p sehr niedrige st W, ztw. $\equiv^0$, $\vee^0$ 5—6^p, 9^p prächtige Dämmerung, gegen 2^p strahliges Purpurlicht; Andeutung einer Lichtsäule, Sonne unter dem Horizont, morg. und abd. Sternhöfe; Temp. ganz gleichmäßig —25 bis —27°, tags Luftspiegelung, Spiegelung nach unten und Hebung der Kimm. **Ballon 46,** $10^1/_2$—11^a, **Nr. 47,** $11^1/_4$—$11^3/_4^a$: Bodeninversion 13—$16°$, reicht anfangs bis etwa 400 m, über 150 m fast isotherm, Mächtigkeit der Inversion nimmt ab. **Ballon 48,** 1—$1^1/_2^p$: Bodeninversion über $14°$, die Luftspiegelung ist fast verschwunden, nur im E noch sichtbar, der heraufziehende st ist 170 m hoch.

21. Bar. gleichmäßig, beginnt um 7^p langsam zu fallen; sehr schwacher Wind, öfter C, vorm. WSW—SW, nachm. ENE; Bew. wechselnd, meist klar, ci, ci-st, abd. in Pbdn.; es scheint so, als ob die ci-Höhe abd. abnimmt; prächtige Dämmerung, Purpurlicht ist gegen 11^a sehr hell mit scharf abgegrenzten Schattenstreifen, die alle nach einem Punkt hin konvergieren, gegen mtg. hat die Helligkeit des Purpurlichtes abgenommen, und die Streifen sind verschwunden; $\vee^0$, $\vee^0$ abd.; Temp. gleichmäßig. **Ballon 49,** 10—$10^1/_2^a$: Bodeninversion etwa $15°$ bis 400 m. **Ballon 50,** 1—2^p: Bodeninversion 14—$16°$ bis etwa 700 m, darüber Isothermie bis 1200 m, weiterhin Abnahme.

22. Bar. fällt bis Mn.; Wind frischt etwas auf und dreht rechts NE—ESE; morg. klar, ci, gegen mtg. ziehen st-cu, st aus NNE heran, von $3^1/_2{}^P$ an ganz bezogen; $\divideontimes^{2-1}$ 3^P—n.; früh Sternhöfe; 11^a Luftspiegelung und Hebung der Kimm, um mtg. nur noch im E—S, sonst verschwunden, weit entfernte Eisberge werden sichtbar. Sehr intensives braunrotes, bogenförmiges Purpurlicht gegen 11^a am stärksten entwickelt; Purpurlicht und gelbliche Wolken geben eigenartige Farbenkontraste; Temp. beginnt gegen mtg. mit zunehmender Bew. zu steigen. **Drachen 51:** Bodeninversion um etwa 17^0 bis über 600 m.

23. Bar. zunächst stetig, steigt dann langsam, mäßige ESE—ENE linksdrehende Winde; meist bedeckt, st, st-cu, ztw. Lücken, Zenith häufig klar, Wolkendecke dünn, Mond und Sterne scheinen durch, Zug 6^P SSW? Mtg. Dämmerung durch Lücken sichtbar; Temp. wenig Änderung.

24. Bar. unverändert; mäßiger ENE—E; bedeckt, ztw. mit Lücken, Wolken langsam aus E, dünn, Mond und Sterne scheinen ztw. durch; $\divideontimes^0$ öfter; Temp. gleichmäßig. **Ballon 53,** $1^1/_2—2^1/_4{}^P$: Bodeninversion 6—9^0, blättrig bis 1250 m.

25. Bar. steigt langsam bis 6^P, bleibt dann stetig; mäßiger NE; Bew. wechselnd, durchschnittlich hoch, mtg. a-cu, a-st langsam aus NW, st-cu N—NNE, vorm. aufklarend, 10^a gebogene Fallstreifen, $\divideontimes^0$, $\rightrightarrows^0$, früh, $\divideontimes$ nachm. ztw.; Temp. steigt etwas, um während des Aufklarens um 5^0 zu sinken. **Drachen 54,** $9^1/_2{}^a—0^1/_4{}^P$: blättrige Bodeninversion 7—10^0 bis etwa 600 m, darüber geringe Abnahme. Die Abkühlung am Boden erstreckt sich hauptsächlich auf die untersten 120 m.

26. Bar. fällt langsam; mäßiger NE, der langsam rechts nach E dreht, böig, nachts bezogen, klart gegen 6^a auf, tags ganz dünner Wolkenschleier, nachm. und abd. ganz klar; schwache Dämmerung; in häufig sehr schnell aus NE vorbeiziehenden Wolkenfetzen mehrfach $\curlyvee$ mit wechselndem Radius; morgens Fallen und nachm. Steigen der Temp. um je etwa 6^0.

27. Bar. steigt; wechselnde Windstärke, 6^a und 10^P frisch, gegen 2^P stark abflauend, R.-Dreh. zwischen $6^a—6^P$ E—S; mäßige Bew., gegen 3^P ziehen cu, st-cu aus SE herauf, von 7^P an bedeckt; ztw. $\rightrightarrows^0$, $\bigtriangledown$ und $\curlyvee$ mehrfach, ztw. Nebenmond unter dem Mond und Lichtsäulen über und unter dem Mond; Temp. sinkt und steigt wieder mit zunehmender Bew. um 7^0 unter Schwankungen; von $10^1/_2{}^a$ an leichte Luftspiegelung im NE—N, im E leichte Hebung der Kimm; Dämmerung, wie in den letzten Tagen, sehr schwach, daher mtg. geringe Helligkeit. **Drachen 55,** $9^1/_2{}^a—1^1/_4{}^P$: Bodeninversion 10—11^0 bis etwa 300 m, blättrige Isothermie bis 1400 m, darüber Temp.-Abnahme.

28. Bar. steigt bis 4^P auf 757 mm, sinkt dann langsam; Wind flaut ab, abd. fast windstill, dreht abd. rechts S—WSW; Bew. wechselnd, früh aufklarend, von 9^a an bedeckt sich der Himmel schnell mit niedrigen st und $\equiv^{0-1}$, der V hervorruft, von 4^P an aufklarend zur Wolkenlosigkeit; ztw. st-Fetzen mit doppeltem $\curlyvee$; $\bigtriangledown^0$, $\curlyvee$ früh; Temp. sinkt jedesmal beträchtlich beim Aufklaren und steigt während der Tages-Bew. um 7^0; schwache Dämmerung. **Drachen 56,** $9^1/_2—12^a$: Unten Schicht mit Temp.-Abnahme, darüber zeitlich abnehmende Inversion; die Erwärmung der Bodenschicht reicht nur bis 200 m, untere Wolkengrenze 400 m, Dicke 150 m.

29. Bar. wenig Änderung, schwaches Minimum um 9^a, beginnt von 7^P an zu fallen; Wind schwach, frischt gegen abd. auf, S—SW; bis 10^a wolkenlos, dann ziehen ci herauf, die sehr hoch und schön beleuchtet sind, mtg. Pbdn. S—N. Gegen 2^P erscheint intensives, strahliges Purpurlicht, das 2^P50 verschwunden ist; gegen Mn. dünner st, $\curlyvee^0$ abd., $\bigtriangledown$ Mn. mit ungewöhnlichem Radius $= 18^0$; Temp. tief und gleichmäßig, beginnt abd. etwas zu steigen, $—34^0$ bis $—32^0$. **Pilot 136,** $11^1/_2{}^a$: SSE—S bis 3500 m.

30. Bar. fällt stark; frischer SW—W; wechselnde Bew., n. bedeckt mit st, früh aufklarend, zwei ci-Schichten, die sehr hohen ci sind weißlich bis gelb-grün, die unteren rot gefärbt, mtg. im unteren Niveau Wogenbildung und Pbdn. S—N; die rasch heraufziehende st-Decke beendet die schöne Dämmerung, es wird früh dunkel, Wolkendecke meist dünn, sodaß Mond und Sterne durchscheinen; morgens $\curlyvee$, ztw. doppelt, $\bigtriangledown$ 7^a, heller Fleck unter dem Monde am Horizont, Andeutung einer Lichtsäule, abd. häufig $\curlyvee$ in st und anscheinend in den durch Wolkenlücken sichtbaren ci; Temp. wechselnd, Maximum 5^a, sinkt dann um $7^1/_2{}^0$ beim Aufklaren und steigt wieder mit zunehmender Bew. **Pilot 137,** $11^1/_4{}^a$: kräftiger SW bis 18 mps bis 2500 m.

Zugrichtung der hauptsächlichsten Depressionen: **1.** aus SE südlich vorbei bis ENE, dann zurück nach SE, wieder südlich vorbei; **2.—3.** wesentlich aus WNW, südlich vorbei; **5.** aus SW, im SE vorbei; **8.—9.** bleibt im E., nähert sich erst und zieht dann wieder ab; **14.** zieht rings im Sinne des Uhrzeigers herum; **18.** aus NE, zieht zurück nach NE, bleibt im SE-Quadranten.

1912. Juli.

1. Bar. fällt weiter; Wind flaut ab und dreht um 5^P rechts SW—W; n. bewölkt, von 4^a an aufklarend, tags bis abd. meist klar, zwei Schichten ci, darin Wogen, a-st mtg. SW; 10^a10 strahliges Purpurlicht; Temp. sinkt von $—27$ bis $—35^0$. **Drachen 57,** $9^1/_2{}^a—2^1/_2{}^P$: Bodeninversion um etwa 8^0 bis etwa 1800 m, darüber Isothermie bis 2000 m, Temp.-Abnahme bis 3000 m.

2. Bar. fällt bis 9[a] weiter, steigt dann; Wind frischt unter L.-Dreh. W—E auf; n. klar, Himmel bezieht sich gegen 4[p] und klart gegen 10[p] wieder auf, tags ztw. Lücken, Sterne scheinen durch, ci 4[a] WSW, st, st-cu nachm. E; ✶[0] 7—9[p]; ⌣ doppelt 4[a], 10[p], ▽ 7[p] in st, Anzeichen einer Lichtsäule, 3¹/₂[p] geht der Mond verzerrt auf; Temp. wellig —29 bis —35°.

3. Bar. steigt bis 9[a], sinkt dann; Wind bis 9[a] mäßig, nimmt bis Mn. zum Sturm zu, rechtsdrehend ESE—S, Wind böig; n. klar, Himmel bedeckt sich gegen 3[a] mit st, st-cu, nb, die nachm. aus S ziehen, ztw. Lücken, darin mtg. a-cu SE, Wolkendecke vielfach dünn, Mond und Sterne scheinen durch; ✶[0] früh und abd. öfter, ⇗ nachm.; 11[a] Purpurlicht[0], Gegendämmerung, diesige Luft, ≡[0] 2[p]; mit zunehmender Bew. steigt die Temp. um 10° und bleibt nach einigen Schwankungen gleichmäßig. Nach **Drachen 58,** 9¹/₂—2¹/₂[p], Wolkengrenze 350 m.

4. Bar. fällt bis 8[a] und steigt dann; Sturm nimmt bis 3[a] zu und flaut dann ab, bis 3[a] S, dann L.-Dreh. bis SE und von 3[p] an Rückdrehung nach S, Wind böig; bis 2[p] bedeckt, unsichtige Luft, Mond scheint ztw. durch die Wolken, nachm. Aufklaren im Zenith; ⇗[1-2] n.—n., ✶[0] n.—mtg.; ▽ Mn., Halo von 22°, kleine Lichtsäule und Nebenmonde rechts und links; Temp. steigt bis 3[p] auf —17° und sinkt dann etwas.

5. Bar. steigt langsam weiter; frische, nachm. ztw. abflauende Winde S—SSW; wechselnd bewölkt, 5[a]—1[p] gleichmäßig bezogen, um 4[a] ci, ci-st in Pbdn. NNW—SSE, st, st-cu vorm. S—SSE, um 1[p] a-st, a-cu in Pbdn. N—S; 2[p] schönes, strahliges Purpurlicht[2], ⌣ Mn., ⇗ 6[a]; Temp. sinkt unter Schwankungen um 11°, relatives Maximum während der stärkeren Bew. **Drachen 59,** 10¹/₂[a]—2[p]: isotherm bis 200 m, Inversion um 4—7° bis 450 m, darüber Abnahme, Windmaximum in etwa 400 m, darüber starke Abnahme.

6. Bar. steigt langsam weiter; frischer, nachm. ztw. abflauender S—SSW; Bew. wechselnd, meist gering, gegen 8[p] rasche Bew.-Zunahme, ci, ci-st, a-cu sichtbar, st, st-cu meist am Horizont, 7—8[a] SSW; ⌣, ▽[0] 4[a], heller Fleck am Horizont unter dem Mond; schwache Dämmerung, um 2[p] schwaches, strahliges Purpurlicht; Temp. schwankt wie die Bew.; ✶ ⇗[0] abd. **Drachen 60,** 9—12[a]: Temp.-Abnahme bis 400 m, dann geringe Inversion, weitere Abnahme, darüber vermutlich Inversion von 13¹/₂°. **Pilot 138,** 1—2[p]: SSW bis 1500 m, darüber rasche R.-Dreh. über W nach NW bis 2650 m, von 1200 m an geringe Geschwindigkeit.

7. Bar. gleichmäßig; frischer S—SSW, der nachm. rechts bis W dreht, um 6[a] ist der Wind in der Höhe der Mastspitze anscheinend viel stärker als am Boden; bis 8[a] bedeckt, st S, ci-st, a-st am Horizont; abd. Sternhöfe, 9[p] auffallend groß, 10[a] strahliges Purpurlicht[1], 2[p] Purpurlicht[2], mtg. Gegendämmerung[2], Erdschatten[2]; Temp. steigt bis 8[a] um 7°, geht beim Aufklaren bis 4[p] um ebensoviel zurück, steigt wieder bei erneuter Bew.-Zunahme.

8. Bar. fällt langsam; mäßiger W; Bew. sehr gering, ci, ci-st, ci-cu am Tage, morg. und abd. st, alles am Horizont, n. Sternhöfe, ▽ 4[a], Lichtsäule über und unter dem Mond; schon um 9[a] strahlenförmiges Purpurlicht, ziemlich intensiv, das mehr braunrot als purpurn war und mtg. in ein braunrotes Ringsegment überging, das eine helle, grünlich-gelb gefärbte Fläche umschloß, Figur 35, mtg. sehr helles Segment, Gegendämmerung[1], Erdschatten[1], gegen 2[p] ist das Purpurlicht noch intensiver als vorm.; Temp. gleichmäßig, um —25°. **Drachen 61,** 11[a]—2¹/₂[p]: Temp.-Zunahme; **Pilot 139,** 1[p]: WSW, langsam nach SW drehend bis 2400 m, etwa 14 mps.

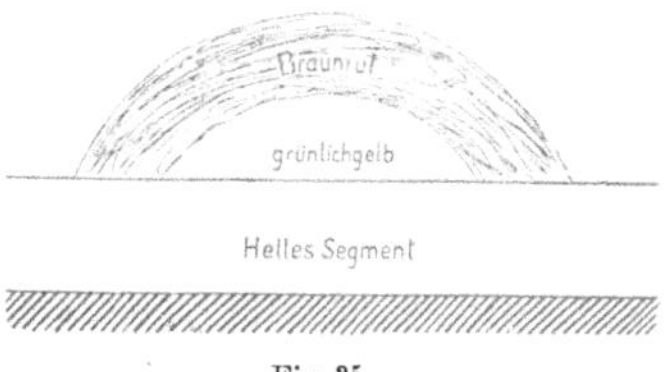

Fig. 35.
Ringförmiges Purpurlicht am 8. Juli 1912, mtg.

9. Bar. sinkt langsam bis 7[a], steigt dann langsam; Wind flaut ab, WNW—NW; Bew. sehr gering, ci, ci-st am Horizont; ▽[0] in ci 6—7[a], Lichtsäule über und unter dem Mond, 7[a] Lichtkreuz; prächtige Dämmerung, zweites Purpurlicht um 8[a]50 deutlich sichtbar, 9[a]10 taucht das erste Purpurlicht auf, wieder braunrot, es

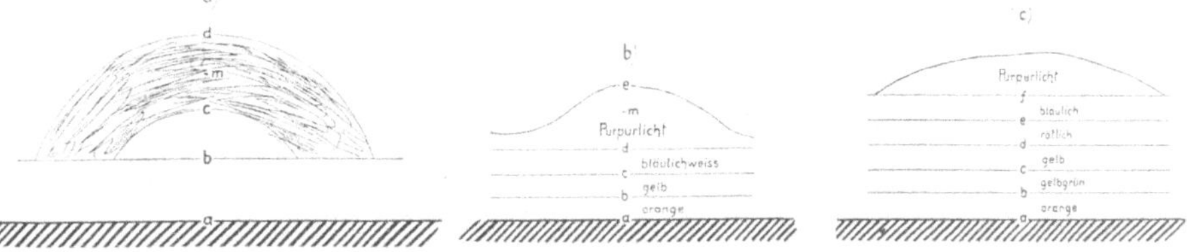

Fig. 36. Purpurlicht und Dämmerung am 9. Juli 1912.
Gemessene Abstände:

zu a)	11[a]25	1[p]49	2[p]4
a—b =	—	= 6°	= 4°
a—c =	18°	= 12°	= 8°
a—m =	—	= 21°	= 23°
a—d =	24°	= 45°	= 47°

zu b)	2[p]20
a—b =	2.0°
a—c =	4.9°
a—d =	7.0°
a—m =	14.0°
a—e =	39.0°

zu c)	2[p]32
a—b =	2.0°
a—c =	2.6°
a—d =	4.8°
a—e =	6.1°
a—f =	10.0°

wird mtg. wieder ringförmig und dauert bis 2^p46, helles Segment in mehreren Streifen verschiedener Farbe, parallel zum Horizont, zweites Purpurlicht $3-3^p10$, 2^p46 ist das erste Purpurlicht verschwunden, 2^p54 helles Segment 2.7^0 hoch; 3^p1 zweites Purpurlicht, helles Segment $= 8^0$, obere Grenze $= 25^0$, Maximum $= 14^0$; 3^p10 helles Segment $= 8^0$, obere Grenze $= 23^0$, Maximum $= 11^1/_2{}^0$, siehe Zeichnungen Figur 36. $4^3/_4{}^p$ im Dämmerungsschein eigentümliche dunkle Zone, vielleicht hohe ci.· Temp. sinkt langsam und stetig auf -30^0. **Drachen 62,** $9-12^a$: Bodeninversion von $16-17^0$ bis etwa 1000 m, darüber Abnahme bis 2200 m, Feucht.-Abnahme mit der Höhe.

10. Bar. stetig bis 9^a, fällt dann langsam; sehr schwacher Wind wechselnder Richtung, ztw. C, nach 9^p ESE; wechselnde Bew., allmählich zunehmend, tags ci, ci-st, ci-cu sehr hoch NE?; $8^1/_2{}^a$ kräftiges zweites Purpurlicht, 9^a breite Schattenstreifen in den rot beleuchteten ci im hellen Segment, Ansatzpunkt NEzN, 9^a5 N 36^0E, erstes Auftreten des ersten Purpurlichtes, Schattenstreifen wandern im Purpurlicht nach rechts und sind 9^a35 verschwunden, Figur 37; gegen 10^a beginnt das Purpurlicht ringförmig zu werden, abd. bedeckt sich der Himmel, ztw. Lücken und große Sternhöfe; $\divideontimes^0$ $7^1/_2{}^p$—n.; Temp. gleichmäßig, etwas sinkend bis 5^p, dann schneller Anstieg um 11^0 mit zunehmender Bew. Mtg. Luftspiegelung, meist Hebung der Kimm und stellenweise Spiegelung nach unten. **Pilot 140,** 10^a: NNW—N bis 2500 m. **Drachen 63,** 11^a-2^p: Bodeninversion von 17^0 bis etwa 300 m, darüber fast isotherm, Luft oben sehr trocken.

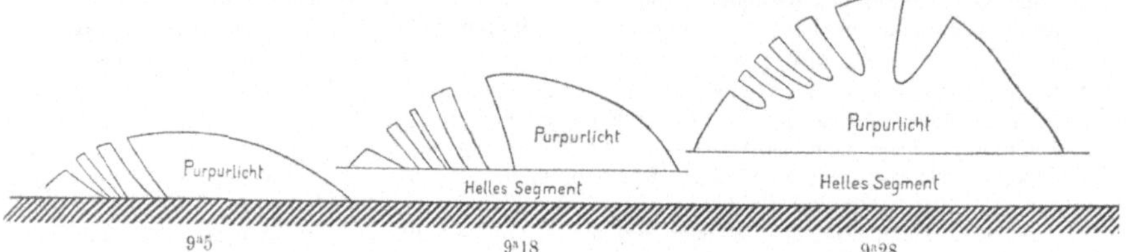

Fig. 37. Entwicklung des Purpurlichts mit Schattenstreifen am 10. Juli 1912.

11. Bar. fällt langsam bis 9^a und steigt nachm. ganz wenig; Wind nimmt etwas zu, ESE—SSE; Bew. wechselnd, n. und nachm. bis 6^p gleichmäßig bezogen, st, st-cu $8-10^a$ NW, mtg. W; $\divideontimes^0$ $2-4^a$ mit Unterbrechung, $0-2^p$, $\vee^1$ morg.; Temp. morg. hoch, -20^0, sinkt dann stark auf -34^0. **Drachen 64,** $1-2^p$: Isothermie bis 130 m.

12. Bar. gleichmäßig; mäßiger bis schwacher Wind, der zwischen ESE und NE hin und her schwankt; 4^a-2^p gleichmäßig bezogen, diesige Luft, dann aufklarend bis zur Wolkenlosigkeit; $\divideontimes^0$ 6^a, $\vee^0$ vorm., abd. mit Unterbrechung; n. Sternhöfe, zum Teil auffällig groß; Temp. steigt zunächst mit zunehmender Bew. um 9^0 und sinkt beim Aufklaren um 10^0 auf -36^0.

13. Bar. steigt sehr langsam; schwacher Wind aus wechselnder Richtung, S—ESE, ztw. C; meist wolkenlos, nur von 10^a-2^p Heraufziehen von sehr langsam ziehenden a-cu NE?; Temp. wenig Änderung, meist unter -35^0. **Pilot 141,** 11^a: SE bis 500 m, dann Schleifen und fast Stille, von 1900 m an WSW, von 2900 bis 3200 m SW, darüber Drehung bis WNW bis 4000 m, überall geringe Geschwindigkeit.

14. Bar. fällt bis mtg.; fast C, dann auffrischend, Richtung zwischen SE—NE schwankend; n. klar, dann ziehen a-cu, a-st Pbdn.-artig E—W herauf, ztw. nur ein Pol entwickelt im ENE, der Himmel bedeckt sich allmählich mit st, $2-6^p$ bezogen mit dünnem st, durch den die Sterne hindurchscheinen, 7^p Aufklaren, Zenith klar, n. funkeln die Sterne stark; mit zunehmender Bew. und abnehmendem Bar. steigt die Temp. auf -26^0.

15. Bar. bis 9^a stetig, steigt dann; mäßiger bis frischer Wind, böig, dreht bis mtg. von SSE—SSW; wechselnde Bew., n.—vorm. klar, um 10^a a-cu aus E ziemlich schnell in Pbdn. E—W, 2^p st-cu SE, 4^p gleichmäßig bezogen, klart dann im Zenith auf, Sternhöfe; $\divideontimes^0$ 10^p; Temp. tief, steigt mit zunehmender Bew. und sinkt dann wieder. **Drachen 66,** 10^a-3^p: Bodeninversion um 7^0 bis 700 m, darüber erst Isothermie, dann Abnahme, Luft unterhalb 1000 m sehr trocken, etwa 25 %.

16. Bar. steigt bis 4^a, sinkt dann schnell bis 5^p, um wieder zu steigen; Wind nimmt unter L.-Dreh. S—E zur C ab, springt zwischen $6-7^a$ nach NNW—N, dreht zwischen $5-8^p$ links nach SW; n. und abd. klar, 10^a-4^p bezogen mit a-st, a-cu und st, a-cu $10^1/_2{}^a$ NW, Andeutung von Pbdn., ztw. Lücken im Zenith, durch die Sterne blinken, diesige Luft, n. Sternhöfe; $\equiv^0$ $10-12^a$, $\divideontimes^0$ $2-4^p$, $\leftrightarrows^0$ abd.; Temp. sinkt unter Schwankungen auf -35^0 um 6^a, steigt bis 5^p auf -22^0, sinkt dann wieder auf -28^0, Temp. und Luftdruck entgegengesetzt. **Drachen 67,** $9^1/_2-11^1/_2{}^a$: Bodeninversion um 11^0 bis 700 m, darüber geringe Abnahme.

17. Bar. bis 4^a stetig, fällt dann in 8 Stunden um 18 mm bis mtg. auf 720 mm und steigt wieder um $11^1/_2$ mm; Wind flaut zunächst ab, steigt $7-9^a$ zum Sturm an unter R.-Dreh. SW—NNE, flaut dann etwas ab, und steigt von 4^p an zu schwerem Sturm an, unter Rückdrehung bis SW, Wind böig; n. klar, $3-11^a$ gleichmäßig bezogen, klart dann auf und ist spät abd. wieder bedeckt; um mtg. ci sehr schnell aus NW, ebenso st, fr-st; $\divideontimes^1$ $7-8^a$, $\leftrightarrows^{0·2}$ 7^a—n., um mtg. sind die ci von der Sonne beleuchtet; Temp. und Luftdruckgang entgegengesetzt; Temp. steigt 3^a—mtg. um 16^0 auf -13^0 und sinkt dann sehr schnell bis 9^p auf -32^0 bei 18 mps! 3^p10 strahliges Purpurlicht.

18. Bar. steigt schnell weiter bis mtg., fällt dann wieder schnell; der SW-Sturm hält bis 6ᵖ in gleicher Stärke an und flaut dann unter R.-Dreh. nach NNE um 6ᵖ sehr schnell auf 3 mps um 2ᵖ ab; n. bezogen, klart dann rasch auf und bezieht sich vorm. wieder, zuerst mit ci, a-cu SW und von mtg. an mit st, st-cu SW, 9—10ᵖ fast wolkenlos, um Mn. wieder bedeckt; abnehmendes ⇗ bis 10ª, ✳⁰ n. — 4ª, 1ᵖ40—2ᵖ; um 9ª strahliges Purpurlicht, um 9ᵖ im W etwa 11⁰ über dem Horizont ein heller Schein über der st-Bank, leuchtende Wolken? Temp. bleibt bis mtg. tief und steigt dann schnell um etwa 9⁰, bei fallendem Bar. und dem nach N drehenden Wind; das abendliche Aufklaren verzögert den Anstieg etwas. Um 2ᵖ ist **Drachen 68** des geringen Windes wegen nicht hochzubringen!

19. Bar. fällt schnell bis mtg. um 13 mm auf 720 mm und steigt dann wieder; Wind frischt bis 5ª auf und flaut abd. wieder ab; Maximum nur 10 mps trotz des sehr tiefen Bar.-Standes und des starken Fallens; Wind dreht bis 2ᵖ links NE—SW, n. böig; bis 6ᵖ gleichmäßig bezogen, st-Decke wird abd. dünn, Sterne und Mond scheinen durch, 8—10ᵖ sternenklar bis auf die Kimm, dann ziehen wieder dünne st-Schleier herauf, Sternhöfe; gegen mtg. diesige Luft, ≡⁰ 2ᵖ, ✳⁰, ⇗⁰ 4ª—4ᵖ mit Unterbrechung; Temp. steigt schnell bis auf —7¹/₂⁰ um 1ᵖ, bleibt 1¹/₂ Stunden stetig und fällt dann bei steigendem Bar. äußerst schnell um 25⁰ bis —32¹/₂⁰, in der ersten Stunde um 8⁰. **Drachen 69,** 9¹/₂—11ª: Boden-Inversion um 4⁰ bis 300 m, wird zeitlich geringer; Erwärmung nur in den untersten 200 m, Wind nimmt mit der Höhe stark zu und wird auch zeitlich heftiger, untere Wolkengrenze 650 m. Während des starken Sinkens der Temp. **Drachen 70,** 1¹/₂—3ᵖ: Leider durch Stehenbleiben der Uhr sehr beeinträchtigt; der Einbruch der kalten Luft erfolgte nur in den untersten Schichten, kaum höher als 500 m, unten ist eine Schicht mit starker Temp.-Abnahme eingedrungen, in etwa 1000 m Höhe ist gegen den Vormittag mit seiner um 10—15⁰ höheren Bodentemp. so gut wie keine Temp.-Änderung eingetreten. Wind an der Grenze der beiden Schichten sehr böig.

20. Bar. steigt etwas bis 11ª und sinkt dann wieder; frische, später abflauende Winde, 7—9ª rasche R.-Dreh. SW—WNW; 2ª bedeckt, dann fast wolkenlos bis auf ci am Horizont; um 9ª und 4ᵖ Purpurlicht⁰, 2ᵖ Erd-schatten¹, Gegendämmerung¹; 9ᵖ40 kleine Windbö; ▽ Mn., Lichtsäule und Teile des Halo von 22⁰ am Horizont. Temp. gleichmäßig tief, —32 bis —35⁰. **Pilot 142,** 11ª: W, der rasch bis SW, dann WSW dreht, Wind stürmisch bis 4200 m, etwa 20—25 mps.

21. Bar. fällt bis 10ª und steigt dann wieder; Wind flaut ab, NW dreht rechts bis N und von 10ª an zurück nach W und wieder zurück bis NW; bis 8ª klar, dann zieht dünner st mit ≡¹·⁰ und V⁰ auf, der gegen 4ᵖ ganz abzieht; ▽ 1ª, heller Fleck am Horizont unter dem Mond, ⌣⁰ 3¹/₂—4ᵖ; Temp. tief, vorübergehendes Ansteigen um 5⁰ während der Bew., abd. mit kurz dauernden, geringen Schwankungen.

22. Bar. steigt; Wind nimmt etwas zu, dreht bis mtg. links NW—SW; fast wolkenlos den ganzen Tag, vorm. ci, ci-st am Horizont, nachm. Dunstschleier rings um den Horizont; Sonne beim Untergang verzerrt, um 2ᵖ Gegendämmerung⁰, Erdschatten⁰, ▽ Mn. Lichtkreuz und helle Stelle am Horizont unter dem Mond; V⁰ n.; die kurzdauernden, geringen Temp.-Schwankungen halten bis 6ᵖ an, —30 bis —33⁰. **Pilot 143,** 1ᵖ: SW bis 2050 m.

23. Bar. steigt langsam weiter; Wind frischt auf, SW; fast klar, ci am Horizont, um 8ᵖ zunehmende Bew., st-cu SW, klart dann wieder auf; ≡⁰, ⇗ 10ª—2ᵖ, V⁰ 2ᵖ, ▽ 4—6ª, Lichtsäule über und unter dem Mond, helle Stelle auf der Kimm unter dem Mond, ⌣ abd. öfter, ▽ 5ᵖ40, Halo von 22⁰, elliptischer Ring, Teile des Halo von 46⁰, siehe Figur 38. Um 7ª geht der Mond verzerrt auf, Gegendämmerung⁰; Temp. gleichmäßig und tief, steigt langsam von —33 auf —30⁰. **Drachen 71,** 9¹/₂ bis 12ª: fast isotherm bis 700 m.

24. Bar. wenig Änderung; dauernd SW, frischt von 4ª an erheblich auf, böig; Bew. nimmt zu, von 8ª an ganz bezogen mit dünnem st, ztw. Lücken, Mond scheint öfter durch, 10¹/₂ª st-cu S; Sternhöfe früh,

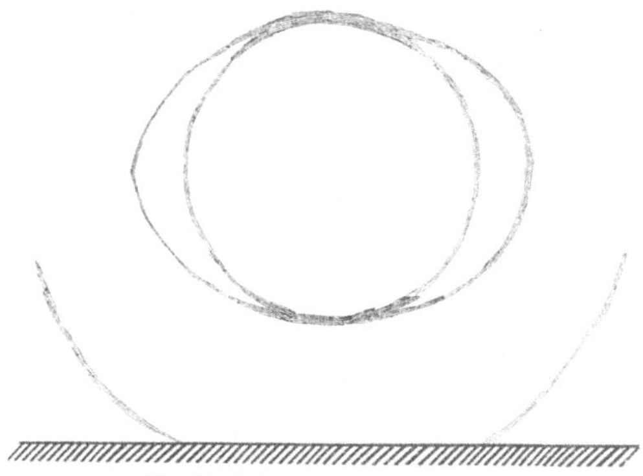

Fig. 38. Halo vom 23. Juli 1912, 5ᵖ40.

▽⁰ 10—12ᵖ; ⇗⁰·¹ 4ª—Mn.; mit zunehmendem Wind und Bew. steigt die Temp. rasch um 4⁰ und bleibt dann konstant. **Drachen 72,** 10¹/₂ª—0¹/₂ᵖ: Temp.-Abnahme bis 250 m, darüber Inversion um 7⁰ bis etwa 500 m, dann schwache Abnahme, untere Wolkengrenze 900 m.

25. Bar. steigt bis 10ª und sinkt dann; S—SSW nimmt bis 1ᵖ ab, wird dann etwas stärker; abd. böig; bis 7ª bedeckt, dann wolkenlos bis auf einige ci, st am Horizont; Morgenrot, Sonne 10ª stark verzerrt, ⊕ 1ᵖ, Teile des 22⁰-Halo, oberer Berührungsbogen, Lichtsäule in aufgewirbeltem Schneestaub, ▽⁰ 8ᵖ—Mn.; ⇗¹·⁰ n.—n.; Temp. steigt bis 8ª und sinkt beim Aufklaren unter geringen Schwankungen, ebenso Feucht.

26. Bar. bis 7ª stetig, steigt dann langsam; beständiger SSW, der langsam abflaut; Bew. n. wechselnd, dann gleichmäßig bezogen mit dünnen, sehr schnell aus SW ziehenden st, st-cu, Mond sieht ztw. durch; abd. ⌣; abnehmendes ⇉ bis mtg., ▬⁰ 10—12ª; Temp. steigt bis mtg. um 10⁰ und bleibt dann stetig; Feucht.-Kurve etwas unruhig.

27. Bar. stetig bis auf geringe Schwankungen; Wind flaut weiter ab und bleibt stetig SSW—SW; Bew. wechselnd, meist klar, 7—8ª Bew. 9¹, st-cu S, sehr schnell, 6—9ᵖ Bew. 8⁰, st-cu S, mtg. ci am Horizont; 1—2ᵖ ▬⁰, Diamantstaub, darin Halo von 22⁰, oberer Berührungsbogen, ztw. farbiges Bruchstück des 46⁰-Halo, über dem Gegenpunkt der Sonne weißer Lichtring von etwa 2⁰ Breite, Maximalhöhe über dem Horizont 34—35⁰ (Bouguerscher Halo), darin Lichtsäule über dem Gegenpunkt der Sonne, ziemlich lichtschwach, etwa 2⁰ breit und 8⁰ hoch auf dem Horizont aufsitzend, farblos. Soweit mir bekannt, ist dies die erste Beobachtung einer solchen Haloerscheinung; der weiße Ring ist kein Nebelbogen, Eisflitter glitzern in der Sonne. Siehe Zeichnung Figur 39. 5ᵖ10 ☾ in st doppelt, 1. Rot 2.2⁰, 2. Rot 3.9⁰, ▽,

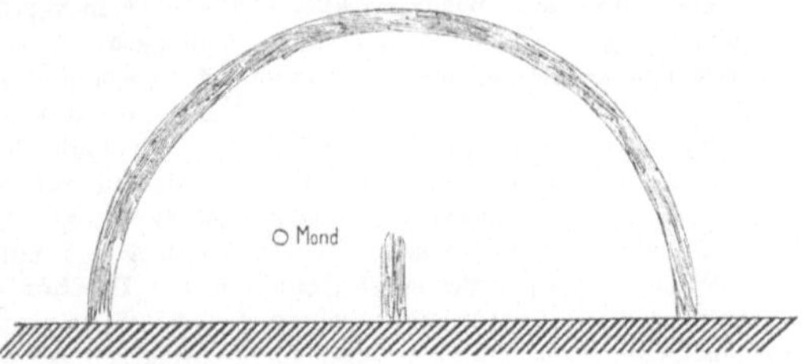

Fig. 39. Halo über dem Gegenpunkt der Sonne vom 27. Juli 1912, 1ᵖ30.

nur schwacher, heller Fleck auf der Kimm unter dem Mond, Mondhöhe 25⁰. Temp. etwas schwankend, —20 bis —24". **Pilot 144,** 11ª: SSW—S in 1450 m, bis 1100 m Zunahme, dann starke Abnahme des Windes.

28. Bar. bis 6ª stetig, steigt dann wenig; mäßiger, stetiger SW; wechselnde Bew., mehrfach ganz bezogen, nachm. a-cu, a-st ziemlich schnell aus SE, sonst st, st-cu, um 8ª schnell aus S; ✳⁰ mtg.—4ᵖ, ▬⁰ mtg; ⊕ vorm., Teile des 22⁰-Halo und Lichtsäulen, um 6ᵖ heller Fleck an der Kimm unter dem Mond, weißgelblich mit oberem rötlichem Rand, ▽, ☾ Mn., Temp. wellig, —20 bis —25⁰.

29. Bar. steigt; Wind nimmt ab, 9ᵖ C, dreht von 7ª ab links, SW—NE; gleichmäßig bezogen, st, st-cu, ztw. Lücken, durch die der Mond scheint, Zug ziemlich schnell aus S; ✳⁰ 4ª (nasser ✳), 11ª—mtg., V⁰ mtg.—abd., 8ª feuchte Luft; ▽ 1ª, 22⁰-Halo; Temp. steigt bis mtg. auf —15⁰ und sinkt dann wieder. **Pilot 145,** 10¹/₂ª: SSW—S, st-Grenze 240 m.

30. Bar. steigt bis 8ª und fällt von mtg. an sehr schnell, Maximum 756 mm; Wind nimmt stark zu, abd. Sturm, dann wieder abnehmend, dreht um 3ª links NE—N, bleibt N bis 3ᵖ, dreht dann zurück nach NE, beim Abflauen geringe L.-Dreh., nachm. böig; Himmel gleichmäßig mit st bezogen, unsichtige, feuchte Luft; ✳⁰, ⇉⁰⁻¹ 2ᵖ—n., der ✳ fühlt sich fast wie ● an; Temp. steigt unter Schwankungen auf —12⁰. **Drachen 74,** 10ª—1ᵖ: geringe Bodeninversion bis 150 m, darüber Abnahme, oberhalb 980 m Inversion um mehr als 4⁰, untere Wolkengrenze 850 m, obere 1000 m, sehr starke Rauhreifbildung.

31. Bar. fällt bis 8ª, bleibt einige Stunden stetig, fällt dann von mtg. an bis 8ᵖ um 14 mm auf 718.6 mm und steigt wieder bis Mn. um 11¹/₂ mm; Wind flaut sehr stark ab, bis 6ª auf 2¹/₂ mps, steigt von 1ᵖ an, wird gegen 9ᵖ zum Sturm, um dann rasch wieder abzuflauen; alles dies während der ungewöhnlich schnellen Bar.-Änderung, Wind dreht um 5ª einmal ganz links herum, Wind böig; meist bedeckt, während des Stillstandes des Bar. mehrstündiges Aufklaren auf 3⁰, ci, ci-st, a-cu, a-st ziemlich schnell aus WNW, sonst st, nb; ✳⁰⁻¹ n.—6ª, 0¹/₂ᵖ—n. mit Unterbrechung, ⇉¹ n.—4ª, 4ᵖ—n.; Temp. steigt bis 7ª auf —6⁰, sinkt dann während des stetigen Bar. auf —13⁰, steigt dann zuerst langsam, später sehr schnell auf —1¹/₂⁰ (5—6ᵖ um 8⁰), bleibt darauf zwei Stunden fast stetig und sinkt dann zuerst sehr schnell, später langsamer wieder auf —13⁰ (8ᵖ12—8ᵖ42 Fall von 6¹/₂⁰). Feucht. geht der Temp. parallel. **Drachen 75,** 9¹/₂—11ª: Bodeninversion, Drachen ist nicht hochzubringen.

Zugrichtung der hauptsächlichsten Depressionen: **1.—2.** nähert sich von E und zieht wieder dahin ab; **4.** bleibt im NE-Quadranten; **14.—15.** aus NW im NE vorbei; **16.—22.** die Depression scheint aus W zu kommen und südlich vorbei zu ziehen, kehrt vermutlich wieder um und wiederholt dies anscheinend viermal; **30.—31.** nahe dem Zentrum, zieht im S hin und her.

1912. August.

1. Bar. steigt schnell weiter bis 5ᵖ, bleibt dann stetig; Wind flaut während des Tages zur C ab, W—SW; wechselnde Bew. ci, ci-st, ci-cu morg. aus SW, 0—2ᵖ W in zwei Schichten, sehr hohe ci und niedrigere ci-cu, st meist nur am Horizont, abd. st, st-cu SW, Mn. aus WNW; mtg. ✳⁰, Diamantstaub, der anscheinend infolge von Waken entsteht; ☾² 4ª, doppelt, ▽⁰ 2ª, ⊕ mehrfach, 9ª40 Lichtsäulen, linke Nebensonne, 11¹/₄ª Lichtsäule über dem Gegenpunkt der Sonne, wie am 25. VII., etwa 9⁰ hoch dem Horizont aufsitzend, gegen mtg. 22⁰-Halo mit Nebensonnen, oberem Berührungsbogen, Stücke vom 46⁰-Halo, die Lichtsäule über dem Gegenpunkt der Sonne wird schwächer. Temp. sinkt gleichmäßig weiter bis 7ᵖ, um 12¹/₂⁰ auf —25¹/₂⁰. Der Fall beträgt in den letzten 23 Stunden 24⁰!, Temp. steigt dann wieder. **Drachen 76,** 10ª—2ᵖ: geschichtete Inversion bis etwa 1500 m, darüber Abnahme, Luft oben ziemlich trocken.

2. Bar. sinkt wenig bis 5ª und steigt dann; Wind mäßig, frischt etwas auf, dreht bis 4ª links SSW—ESE, dann langsam rechts bis SW; Bew. wechselnd, 2ª ci-st WNW, 4ª ci-cu SW, 10ª WSW, mtg. SW, a-st 2ᵖ W, st meist nur am Horizont; ∪ früh ztw. doppelt, Purpurlicht⁰ um 8ª; Temp. gleichmäßig. **Drachen 77,** 9¹/₂—12ª: Bodeninversion mindestens 9⁰ bis 700 m. **Pilot 146,** 1ᵖ: S—SSE bis 700 m, dreht bis 1000 m nach SW, dann rasch nach NW bis 1700 m (Wolkengrenze?), Wind überall schwach.

3. Bar. bis mtg. stetig, fällt dann; Wind bis 5ᵖ mäßig, frischt dann auf, dreht vorm. langsam links SW—S; Bew. wechselnd, ci, ci-st, ci-cu, 10ª SzE, a-st, a-cu NW, sonst st, meist am Horizont; ∪ früh ztw. doppelt, Sternhöfe abd., Purpurlicht⁰ um 8ª, intensiv dunkles Abendrot um 4ᵖ, 11¹/₂ª Hebung der Kimm im SW; ✳⁰ 9ᵖ, ⊋ Mn.; Temp. wellig, wenig Änderung. **Drachen 78,** 9¹/₂—11¹/₂ª: Bodeninversion mindestens 5¹/₂⁰ in 300 m, 9ª50 plötzliche R.-Dreh. des Windes in 200 m Höhe. **Pilot 147,** 1—2ᵖ: SSE bis 500 m, mit der Höhe abnehmend, SSW bis 600 m darüber L.-Dreh. bis E in 1500 m, dort plötzliche Drehung nach WNW, von 1750 m an NNW—NW bis 2700 m.

4. Bar. fällt stark bis 10ᵖ auf 722.7 mm; Windgeschwindigkeit nimmt stark zu, wird von 9ª an zum schweren Sturm, langsame R.-Dreh. S—SW, abd. geringe Rückdrehung nach SSW; n.—früh wechselnd bewölkt, im Zenith einige Sterne; von 10ª an bedeckt; ⊋⁰·¹ 4ª—n., ✳⁰ 10ª—n., fraglich wegen ⊋. Temp. sinkt langsam bis 3ᵖ auf —31⁰ bei etwa 18—20 mps! sehr ungemütlich! steigt dann rasch um 11¹/₂⁰.

5. Bar. steigt weiter, von mtg. an fast stetig; Sturm hält bis mtg. in gleicher Stärke an und läßt abd. wenig nach, SSW—SW, Wind böig; ⊋¹·⁰ n.—n.; bis 2¹/₂ᵖ bedeckt, dann Aufklaren im Zenith, dort ci SSW ziemlich schnell, dann Wolken oder auch nur Schneetreiben am Horizont; Temp. bis 10ª stetig, —20⁰, sinkt dann langsam um 4⁰.

6. Bar. wenig Änderung; Wind flaut langsam weiter ab, SW, böig; wechselnd bewölkt, meist klar, vereinzelt ci am Horizont, a-cu SW schnell, st-cu SW bedecken den Himmel 2—4ᵖ ganz, Mn. bedeckt; ✳⁰ abd., 7ª ∪⁰, ⊽, Lichtsäule über und unter dem Mond, 9¹/₄ª und mtg. Teile des 22⁰-Halo rechts und links der Sonne; Temp. gleichmäßig. **Pilot 148,** 10—11ª: SSW in der Höhe zunehmend bis 30 mps in 3950 m.

7. Bar. zunächst stetig, beginnt gegen mtg. langsam zu steigen; stetiger SW, flaut unter Schwankungen weiter ab, böig; bis 6ᵖ gleichmäßig bezogen mit st, nb, klart dann auf; ✳⁰ n.—2ᵖ mit Unterbrechung; Temp. gleichmäßig, beginnt beim Aufklaren um 6⁰ auf —27⁰ zu sinken. **Drachen 79,** 9³/₄—11³/₅ª: Inversion um 3⁰ zwischen 400—700 m, darunter und darüber Abnahme, untere st-Grenze 700 m.

8. Bar. steigt ziemlich stark; etwas wechselnder, meist frischer SW—SSW; wechselnd bewölkt, 10ª—6ᵖ bedeckt, st, st-cu schnell aus SSW, mehrfach Sternhöfe; Temp. sinkt bis 3ª steigt dann etwas wellig.

9. Bar. steigt weiter; der stetige SW flaut gegen abd. ab, dreht von 10ᵖ an langsam rechts; Bew. meist gering, ci ztw. am Horizont, um 4ᵖ sind die sehr hohen ci wieder sichtbar, um 10¹/₂ª zieht eine dunkle st, st-cu-Bank aus SW heran, bedeckt den ganzen Himmel, zieht dann rasch wieder ab, von 10ᵖ an wieder bedeckt, Sternhöfe; 2ᵖ ⊕, 22⁰-Halo, Nebensonne rechts und links, Teile des 46⁰-Halo und oberer Berührungsbogen, bestehend aus 2, etwa 1⁰ entfernten, parallelen Bögen, siehe Zeichnung Figur 40; gegen 4ᵖ Purpurlicht¹, bogenförmig, gelbbraun (ähnlich Figur 36, a—e = 9⁰, a—m = 17⁰, a—d = 29⁰), 4ᵖ10 ist nur die rechte

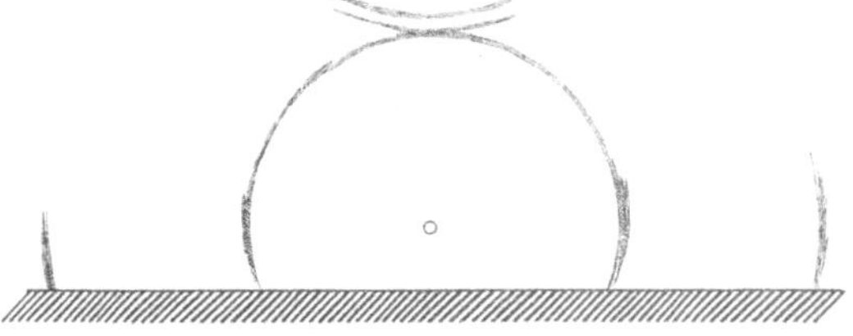

Fig. 40. Halo vom 9. August 1912, 2ᵖ.

Hälfte entwickelt, etwas strahlig; Temp. sinkt bis 9ª auf —28¹/₂⁰, steigt während des Bew.-Maximums um einige Grad, sinkt dann wieder etwas wellig. **Pilot 149,** 9¹/₅ª: SSW—S bis 4200 m, Windstärke stark zunehmend, in 400 m scharfes Minimum, dann weiter Zunahme, von 2400 m an 20—30 mps.

10. Bar. fällt; mäßiger Wind, der langsam rechts W—NNE dreht; Himmel meist gleichmäßig bezogen, von 11ª—8ᵖ ztw. aufklarend, mtg. wieder die sehr hohen ci aus WSW, um 2ᵖ ci-st, ci-cu, tieferes Niveau N; abd. Sternhöfe, um 9ᵖ sehr feuchte Luft; ⌣⁰ 7ª—2ᵖ mit Unterbrechung, ∨⁰ 8—9ᵖ; Temp. gleichmäßig, —25 bis —28⁰. **Pilot 150,** 2ᵖ: NNW—NW bis zu 2800 m, dann schnelle Drehung nach W bis 3700 m (a-st-Grenze?).

11. Bar. fällt zunächst, ist von 4ª—5ᵖ stetig, steigt dann langsam; Wind flaut unter L.-Dreh. N—WNW um 4ᵖ zur C ab, frischt abd. unter weiterer L.-Dreh. nach SSW etwas wieder auf, morg. etwas böig; den ganzen Tag mit niedrigen Wolken gleichmäßig bezogen, abd. dünne Wolkendecke, Sternhöfe; ✳⁰, ∨⁰ 7ª—2ᵖ, dann ⌣⁰ bis abd.; Temp. steigt bis 2ᵖ um 6⁰ auf —20⁰, bleibt bis 10ᵖ gleichmäßig und sinkt dann schnell mit zunehmendem Wind.

12. Bar. steigt langsam weiter bis 9ᵖ; mäßiger S, dreht nachm. langsam rechts nach SW; klart bis 4ª rasch auf, ist bis 4ᵖ wechselnd bewölkt, ci, ci-cu 10ª—mtg. W, a-cu, a-st 7—8ª WSW, st meist am Horizont, mtg. dicke st-Bank im S, 1—2ᵖ deutlich 2 Schichten st erkennbar, außerdem a-st; Morgenrot, ⊕ 10ª, Nebensonne rechts und links, Teile des 22°-Halo; Temp. sinkt erst schneller, dann langsamer. **Drachen 80,** $9^1/_2$—11^a: Drachen ist nicht hoch zu bringen, Temp.-Abnahme bis 100 m. **Pilot 151,** 1^p: SW, der von 400 m an über SSW nach SW und weiter bis W dreht, in 1850 m Grenze der höheren st.

13. Bar. sinkt ganz langsam; mäßiger SW, nachm. WSW, der ganz langsam zunimmt; wolkenlos bis auf einige ci, um 4^p die sehr hohen und normalen ci; n.—früh funkeln die Sterne stark; Diamantstaub[2] am Tage; 10^a—2^p ⊕ im Diamantstaub, 22°-Halo mit oberem Berührungsbogen, Nebensonne rechts und links, Lichtsäule über und unter der Sonne, 46°-Halo teilweise, Verstärkungsstellen am Horizont, siehe Zeichnung Figur 41; Morgenrot und Abendrot, abd. Gegendämmerung[1], Erdschatten[1], Purpurlicht[1], n. Sternhöfe; Temp. tief, —29 bis —33° mit geringen Schwankungen. **Pilot 152,** 10—11^a: SSW—S, 10—15 mps in allen Höhen bis 7500 m.

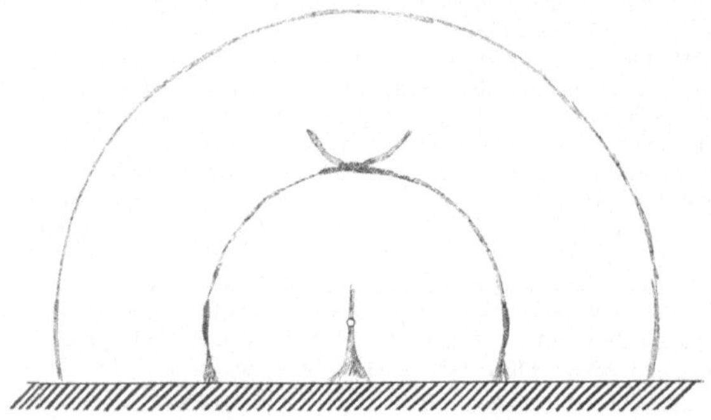

Fig. 41. Halo vom 13. August 1912, $1^1/_2^p$.

14. Bar. fällt langsam; mäßiger bis frischer, stetiger SW, n. und 4^p etwas böig; wechselnd bewölkt, 6—8^a gleichmäßig bezogen mit st, st-cu SW, 10^a—4^p a-cu, a-st SW ziemlich schnell, ztw. ci; ⊕ 3^p, $5^1/_2^p$ Purpurlicht[0], Abendrot, früh und abd. Sternhöfe; ztw. ⇝[0] auf dem Eise; Temp. sehr gleichmäßig, um —30°. **Drachen 81,** $9^1/_2$—$11^1/_4^a$: geschichtete Inversion zwischen 500 und 1500 m, darüber und darunter Temp.-Abnahme.

15. Bar. sinkt langsam bis 5^a, ist dann stetig und steigt von 3^p an langsam; frischer SW, abd. abflauend; n.—6^a wenig Wolken, ebenso 6—8^p, sonst bedeckt mit st, st-cu, mtg. SSW; ⇝[0] n.—4^p auf dem Eise; Sternhöfe; Temp. bis 9^a wenig Änderung, dann Zunahme bis 2^p um 5°. **Drachen 82,** $9^1/_2$—11^a: Inversion 3—4° zwischen 400—800 m, von 1600 an wieder geringe Inversion, untere Grenze der st-cu 500 m.

16. Bar. steigt; SSW nimmt zu; meist bedeckt mit st, st-cu SSE um 8^a, morg. gelegentlich a-cu, a-st, S, ztw. Wolkenlücken, um 2^p diesige, unsichtige Luft; ✳[0] 3^p10—9^p; Temp. steigt mit geringen Schwankungen um 6° auf —18°. **Drachen 83,** $9^1/_2^a$—$0^1/_2^p$: Temp.-Abnahme bis 400 m, untere Wolkengrenze 900 m.

17. Bar. steigt langsam bis mtg. auf 755.5 mm und beginnt um 9^p zu fallen; SSW—SW flaut stark ab, dreht von 8^p an rasch rechts nach N; bis 8^a wechselnd bewölkt mit st, st-cu, von 9^a an wolkenlos bis auf ci-st, a-st am Horizont; 2^a ⇝[0] auf dem Eise; Abenddämmerung, Erdschatten[2], Gegendämmerung[2], Purpurlicht[1], fast nur die rechte Hälfte entwickelt, starke Schattenstreifen; Temp. sinkt unter einigen Schwankungen um 10°, vom Aufklaren ab schneller, auf —29°. **Pilot 153,** $10^1/_2^a$: SW—SSW bis 6200 m.

18. Bar. fällt; N—NNW, schwach bis mäßig; n. wechselnd bewölkt, von 7^a an bedeckt, ztw. mit Lücken, a-st 10^a aus NW, st 9^p NNW; ∨[0] früh, ≡[0-1] $10^1/_2^a$—$4^1/_2^p$; n. Sternhöfe, zum Teil recht groß, ∪ abd.; Temp. steigt auf —17°, zwischen 4—7^a kurzes Abnehmen der Feucht.

19. Bar. fällt weiter bis 9^p, beginnt dann zu steigen; mäßiger NNW, der von 6^p an links bis SW dreht; wechselnd bewölkt, etwa 11^a—7^p gleichmäßig bezogen, a-cu, st, st-cu WSW—SW; ∨[0] 7^a—4^p; früh Sternhöfe, ⊕ 9^a, oberer Berührungsbogen des 22°-Halo, Morgenrot, Abendrot, ▽[0] 9^p; Wolkenzug st-cu SW ziemlich schnell; Temp. sinkt bis 5^a, steigt bis 2^p auf —14°, sinkt dann erneut; Temp. und Bew. gehen parallel. **Drachen 84,** 10^a—$0^1/_4^p$: Bodeninversion um 9—12° bis 300 m, von 400 m an Abnahme, zeitliche Erwärmung der Bodenschicht reicht bis 300 m, Feucht. gering, untere Wolkengrenze ist höher als 1700 m.

20. Bar. steigt bis 11^a und sinkt von 5^p an; SSW flaut bis 3^p langsam zur C ab, um 8^p setzt N—NNE ein, der rasch auffrischt; n.—früh klar, von $9^3/_4^a$ an sich sehr schnell mit st, st-cu bewölkend, schneller Zug SSW, 2^p ziehen st, st-cu WSW, ci-cu SW; nachm.—abd. ztw. ✳[0]; Wolkendecke abd. dünn, Mond scheint manchmal durch; Temp. sinkt bis 9^a und steigt dann langsam bei abnehmendem Bar. und zunehmender Bew. **Pilot 154,** $10^1/_2^a$: SSE, der schnell rechts nach SW dreht und von 800 m an nach SSW zurückdreht, starke Geschwindigkeitszunahme, in 1200 m 19 mps, darüber etwas Abnahme bis zur st-cu-Grenze in 1650 m.

21. Bar. fällt schnell bis 7ᵃ und steigt dann schnell wieder; NE nimmt bis 2ᵃ zu, bis 7ᵃ unter geringer R.-Dreh. nach NNE ab, dreht 7¹/₄—8ᵃ rechts nach S und langsam weiter nach SW, Wind frischt mit steigendem Bar. stark auf und nimmt nach 6ᵖ wieder ab; bis 6ᵃ bedeckt, während des Bar.-Minimums kurz aufklarend bis Bew. 2⁰ um 10ᵃ, mtg.—6ᵖ ganz bedeckt, von 7ᵖ an klar, st-cu 7ᵃ W, 8ᵃ schnell SW, 10ᵃ schnell S, mtg. SSW; ✳¹·⁰ n.—6ᵃ, ✳⁰, Diamantstaub vorm., ⇉⁰ 2—9ᵖ; ⊕ 8¹/₂ᵃ, hohe Lichtsäule über der Sonne, 9ᵃ10 Halo von 22⁰ teilweise, Nebensonne⁰, 10ᵃ20 Halo und Lichtsäule unter der Sonne, ▽⁰ 9ᵖ10; Temp. steigt bis 7ᵃ und sinkt dann ziemlich schnell unter einigen Schwankungen um 13⁰ auf −31⁰; Temp.- und Bar.-Gang entgegengesetzt. **Drachen 85,** 9¹/₂—11³/₄ᵃ: bis 500 m schwache Abnahme, darüber Inversion um etwa 8¹/₂⁰ bis etwa 1600 m, starke zeitliche Änderungen, Feucht. ist hoch, st-cu-Grenze über 1950 m.

22. Bar. steigt bis 10ᵃ und beginnt um 4ᵖ wieder zu fallen; Wind nimmt bis 3ᵖ ab, steigt dann wieder, von 11ᵃ an R.-Dreh. SW—NNW; bis nachm. klar bis auf die Kimm,. um 3ᵖ zeigen sich ci am Horizont, die den Himmel immer mehr bedecken, von 6ᵖ an ziehen niedere Wolken, st-cu, aus W herauf, später ganz bedeckt, st-cu WSW; ▽ n., Ansatzpunkt der Lichtsäule auf der Kimm, 8³/₄ᵖ Halo mit ungewöhnlichem Radius, zwei Messungen ergaben 19⁰ und 18.5⁰, der Halo war nicht sehr scharf begrenzt und weiß, nach Schätzung etwa 2⁰ breit, Mondhöhe 51⁰, gleichzeitig in st, wie abd. öfter, ▽ von 1.1⁰ Radius, da vorher auch ci sichtbar waren, ist es nicht sicher, ob der Halo in den st entstand oder bloß durch sie hindurch schien; Morgenrot, Abendrot, Morgendämmerung; Temp. sinkt bis 7ᵃ, um dann unter einigen Schwankungen wieder zu steigen. **Drachen 86,** 9³/₄—10ᵃ: geschichtete Bodeninversion bis über 550 m um 5⁰ mindestens.

23. Bar. fällt bis 6ᵃ, steigt dann langsam bis 7ᵖ und fällt erneut; Wind nimmt bis 4ᵃ zu, flaut dann unter L.-Dreh. NNW—S zur C ab, setzt gegen 5ᵖ aus N—NNE schwach wieder ein, bei fallendem Bar.; bis 10ᵖ gleichmäßig bedeckt, Mn. klar, mtg. diesig, st 2ᵃ W, 6ᵖ SW?; ⇉ früh, ≡⁰ 4ᵖ, V⁰ 8—10ᵖ; ▽ 8ᵖ—n.; Temp. steigt bis 9ᵃ, bleibt dann fast konstant; gegen 2¹/₄ᵃ steigt die Feucht. plötzlich um 10⁰/₀ ohne Änderung der Temp.

24. Bar. fällt bis mtg., steigt dann wieder; mäßiger Wind, der im Laufe des Tages links NNE—SSE dreht; wechselnd bewölkt, 4ᵃ10—n. bedeckt, ztw. Lücken, st-Zug mtg.—abd. W; ≡⁰, ≡⁰ 6ᵃ—mtg., ⌒⌣ mtg —4ᵖ, 9ᵃ fällt es so naß, daß man es beinahe als Sprühregen bezeichnen kann; n. und abd. ▽ ztw. doppelt, 3¹/₂ᵃ weißer Regenbogen bei −18⁰, siehe Zeichnung der Figur 42, 9ᵖ Wogenwolken; bei fallendem Bar. steigt die Temp. rasch um 13⁰ auf −6¹/₂⁰ um mtg. und fällt bei steigendem Bar. wieder ebensoviel. **Drachen 88,** 9¹/₂—11ᵃ: geringe Temp.-Abnahme, sehr starker V- und ⌒⌣-Ansatz am Drachen.

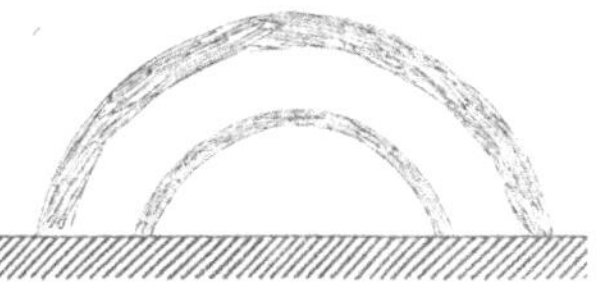

Fig. 42. Weißer Regenbogen vom 24. August 1912, 3¹/₂ᵖ.

Breite des großen Bogens = 3⁰, höchster Punkt 21⁰ 40′ über dem Horizont, Öffnung = 50¹/₂⁰.

25. Bar. steigt ziemlich stark; Wind nimmt ab, S—SSE; wechselnd bewölkt, ztw. klar, ci am Horizont, st, st-cu 2ᵃ WSW, mtg. SSW, 2ᵖ und 9ᵖ SW, 9ᵖ sehr schnell; 7¹/₂ᵃ Gegendämmerung⁰, Erdschatten¹, ▽ abd., 9ᵖ15 dreifach, 1. Rot 0.8⁰, 2. Rot 1.7⁰, 3. Rot 2.6⁰; Temp. sinkt stark bis 8ᵃ auf −28⁰ und bleibt dann unter Schwankungen tief. **Pilot 155,** 11ᵃ: SSE bis 500 m, dreht rechts bis SSW, 800 bis 4600 m.

26. Bar. steigt bis mtg., 761.5 mm, fällt dann wieder; n. fast windstill, Wind nimmt dann langsam zu, dreht zuerst schnell, dann langsam ENE—NNW; Bew. wechselnd, vielfach bedeckt, st, st-cu W 2ᵃ und 10ᵃ—5ᵖ, dann WSW, schönes Morgenrot, abd. Gegendämmerung⁰, Erdschatten², ▽ 2ᵃ doppelt, ⊕ 1¹/₂ᵖ—2¹/₄ᵖ (Bouguerscher Halo), Sonnenhöhe 11.8⁰, größte Höhe außen 28.3⁰, Breite 2.1⁰; weißer Bogen über den Gegenpunkt der Sonne ohne weitere Haloerscheinungen; Temp. steigt bis −17⁰, unterbrochen durch kurzes Sinken beim Aufklaren um 5ᵖ. **Pilot 156,** 2ᵖ: N dreht gleichmäßig bis WNW, st-Grenze 750 m.

27. Bar. fällt bis 4ᵖ, beginnt dann wieder zu steigen; Wind nimmt zu bis mtg., sinkt dann und frischt abd. wieder auf, ziemlich gleichmäßige Drehung von 7ᵃ an NNW—SW; wechselnd bewölkt, ztw. bedeckt, nachm. klar, 6ᵃ ci NW, 2ᵖ a-st NW, 8ᵖ a-st W, langsam, sonst st, st-cu, 4—6ᵃ NNW; vorm. diesige, feuchte Luft, Mn. ziehen die st-cu sehr schnell; um 10ᵖ ▽, Sternhöfe; Temp. steigt schnell auf −9⁰ bis mtg., sinkt dann um 10⁰, etwas unruhig; Temp.- und Feucht.-Maximum fallen zusammen, zeitlich etwas verfrüht gegen das Bar.-Minimum. **Drachen 89,** 9¹/₂ᵃ: geringe Temp.-Abnahme bis 400 m.

28. Bar. steigt bis 7ᵖ, dann stetig; frischer SW, von 2ᵖ an abflauend; bis 11ᵃ gleichmäßig bedeckt mit st, die schnell aus S ziehen, dann schnell aufklarend und wolkenlos; ⇉⁰ n.—4ᵖ, n. Diamantstaub¹, ⊕ mehrfach, oberer Berührungsbogen, 5ᵖ50 geht der Mond verzerrt auf, ▽ abd., Lichtsäule an der Kimm verbreitert zum Lichtkegel; abd. Wolkenzug S, ziemlich langsam; Temp. sinkt weiter.

29. Bar. fällt schnell bis Mn. um 19 mm; im ganzen abflauende Winde mit Auffrischung zwischen 10ᵃ—7ᵖ; Wind dreht 5ᵃ rechts bis 9ᵃ, SW—NW, von 7ᵖ an um ebensoviel zurück; bis etwa 6ᵃ klar, ci-st, ci-cu W, dann bezieht sich der Himmel mit st, st-cu, die schnell aus W—WSW heranziehen; von 3ᵖ an ≡⁰, V⁰, diesige, feuchte Luft; ▽ n.—6ᵃ, ztw. doppelt, ▽⁰ 2ᵃ, Luftspiegelung nach oben 7¹/₂—8ᵃ. **Drachen 90,** 10—12ᵃ: geschichtete Bodeninversion 10—11⁰ bis etwa 900 m, starke Windschicht in 100—350 m, Feucht. sehr gering, Wolkengrenze über 1100 m; Temp. am Boden steigt von 6ᵃ an sehr schnell auf −11¹/₂⁰ und sinkt dann wieder etwas; Feucht. sinkt bis mtg., steigt dann bis 4ᵖ um 32⁰/₀ und bleibt hoch; Druck- und Temp.-Kurve entgegengesetzt.

30. Bar. steigt langsam; Wind nimmt weiter ab, SSW—SSE, 4^p C, von 7^p an zunehmend, Wind springt abd. von WSW—NNE, dreht dann links nach NNW; Bew. wechselnd, vielfach klar, ci, ci-st 8^a SW, st meist am Horizont; n. V^0 und diesige Luft; ∇ 4^a, $\cup$ 6^a, Morgenrot, Abendrot, morg. und abd. Gegendämmerung^0, Erdschatten^1, Purpurlicht 5$^1/_2$^{p} sehr schwach, 9^p Mond geht verzerrt auf, mtg. weißer Regenbogen, Farbe weiß, außen ganz schwach rötlich, gleichzeitig $\oplus$^{0}, Radius 1^0, keine Haloerscheinung, siehe Zeichnung der Figur 43; Temp. sinkt unter Schwankungen, steigt abd. wieder. **Pilot 157,** 10$^1/_2$^{a}: SE dreht von 400 m an rechts nach SSW—S bis 5950 m, 5—10 mps in allen Höhen.

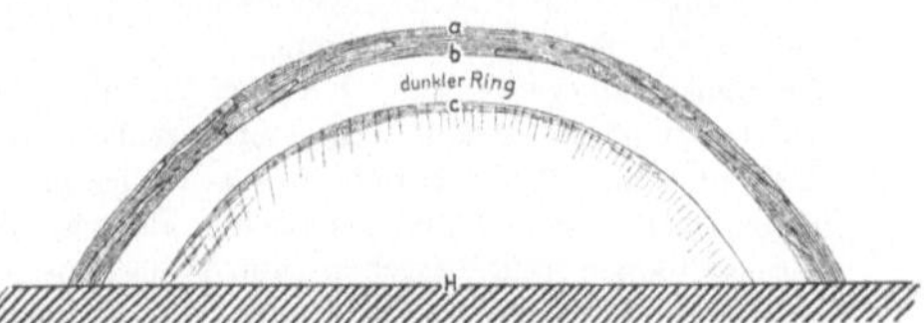

Fig. 43. Weißer Regenbogen vom 30. August 1912, mtg.
Gemessene Abstände: H—a = 24.6^0, H—b = 22.2^0, H—c = 15.6^0, Breite am Horizont = 78.3^0, Sonnenhöhe = 15.6^0.

31. Bar. stetig bis 7^a, steigt bis 2^p, fällt dann schnell; mäßiger bis frischer Wind, nimmt von 10^p an stark zu, NNW 6—9^a, L.-Dreh. nach W, mtg.—6^p rechtsdrehend nach N; Bew. wechselnd, bis 8^a meist bedeckt mit st, st-cu, 4^a NNW, 8^a W, dann klar bis auf ci, ci-st, gegen 3^p kommen a-cu in Pbdn. N—S auf, von 9^p ab bezogen mit st; ∇ 0^{a}50, Lichtsäule über und unter dem Mond, $\oplus$ 4^p, linke Nebensonne in ci, Abstände: innerstes Rot 20.6^0, weißgelb 21.8^0, größter Abstand 24.5^0, Sonnenhöhe 3.6^0, 5^p Hebung der Kimm und Luftspiegelung nach unten; Erdschatten^1, abd. Sternhöfe, nachm. ztw. Diamantstaub^0; $*$, $\rightarrow$ 10^p—n.; Temp. steigt unter Schwankungen, von 6^p an schnell bei fallendem Bar. **Drachen 91,** 10^a—0$^1/_4$^{p}: Bodeninversion von 9^0 bis 500 m, darüber Abnahme bis 2350 m.

Zugrichtung der hauptsächlichsten Depressionen: **4.—5.** bleibt im Osten, erst sich nähernd, sich dann wieder entfernend; **11.** aus W, südlich vorbei; **13.—16.** bleibt im ESE, erst sich nähernd, dann sich wieder entfernend; **19.—20.** aus WSW, südlich vorbei; **21.** aus W, zentral; **24.** aus WSW, fast zentral; **27.—28.** aus W, südlich vorbei; **29.—30.** zieht im SE bleibend hin und her.

<h3 style="text-align:center">1912. September.</h3>

1. Bar. fällt stark bis 3^p und steigt langsam; Wind steigt zum Sturm an und flaut gegen abd. etwas ab, dreht etwas links N—NW, Wind böig; bis gegen 6^p bedeckt mit st, abd. wird die Bew. dünner, 2 Schichten st aus NW und NNW, die untere zieht sehr schnell, nachm. ci NW, von 8^p an klar; $*$^{0} n.—6^a, $\rightarrow$$^{0\cdot1}$ n.—2^p; Temp. steigt weiter bis auf —$^1/_2$^{0} und sinkt wieder unter Schwankungen bis auf —9^0; Temp. und Druck entgegengesetzt.

2. Bar. gleichmäßig, beginnt um mtg. stark zu fallen bis 8^p, 721$^1/_2$ mm, steigt dann wieder; Wind flaut ab bis mtg. und nimmt wieder bis zum Sturm zu, Maximum um 9^p, dann Abnahme, Wind dreht allmählich rechts NW—N, kurz nach 8^p plötzlich nach W, Mn. wieder NNW, böiger Wind; bis 11^a klar, nur st am Horizont, 2 Schichten, die eine zieht schnell aus W, um 11^a aus NW aufkommende ci und schnelle Bedeckung mit st, st-cu NW, gegen 5^p einige echte cu; $\rightarrow$$^{0\cdot2}$ 2$\leftarrow$10^p, $*$^{0} 3—8^p, gegen 4^p leichter $\triangle$-Schauer; Mn. wieder klar; Temp. sinkt bis 8^a auf —11$^1/_2$^{0}, steigt zuerst schnell, dann langsamer bis 8^{p}40 und sinkt dann plötzlich wieder, in den ersten 10 Minuten um 3$^1/_2$^{0}, gleichzeitig sinkt die Feucht. um etwa 10^0/$_0$. **Drachen 92,** 9$^3/_4$—12^a: Bodeninversion um 4^0 bis 200 m, darüber Abnahme mit kleinen Inversionen bei 650 m bezw. 900 m beim Abstieg, dort Feucht.-Sprung um 60—65^0/$_0$.

3. Bar. steigt bis 2^a, sinkt um etwa 1 mm bis 5^a und steigt dann wieder; während des Minimums steigt der Wind wieder zum Sturm an unter rascher L.-Dreh. NNW—WSW, von 8^a an schnelle Windabnahme unterbrochen durch Auffrischen 6—9^p, von 8^p an R.-Dreh. nach NW; n. böiger Wind; von 3^a—12^a meist bedeckt mit st, st-cu, fr-st WSW, ztw. ci aus W sichtbar mit Wogen, von mtg. an klar, $\rightarrow$$^{1\cdot0}$ n.—10^a, nachm. dunstige Kimm; Temp. nimmt ab, zusammenfallend mit Bar.-Minimum langsame Zunahme der Temp. und plötzliche Abnahme.

4. Bar. bis 3^a stetig, fällt bis 11^a und steigt dann stark; Wind bis 9^a schwach, nimmt dann sehr schnell zu und bleibt dann von 1^p an hoch, er dreht bis 4^a rechts NW—N und zwischen 8^a—mtg. schnell links bis WSW, springt 11$^1/_2$^{a} in einer Bö nach WSW; Himmel bei fallendem Bar. 3^a—mtg. gleichmäßig bezogen, klart dann rasch zwischen mtg.—1^p von WSW her völlig auf, st WSW; $*$^{0} 6^a—mtg., $\rightarrow$$^{0\cdot1}$ 10^a—4^p, V^0 4^a; Sternhöfe, 5^p Erdschatten^1, Gegendämmerung^1, Purpurlicht$^{0\cdot1}$; Temp. steigt von 2^a an um 16^0 auf —1$^1/_2$^{0} bis 10^a, bleibt zwei Stunden stetig und sinkt dann schnell um 12^0, Temp.- und Druckkurve entgegengesetzt. **Drachen 93,** 9$^3/_4$—11^a: Temp.-Abnahme, starke Windzunahme in 180 m, untere Wolkengrenze 260 m, starker Glatteis- und Rauhreifansatz.

5. Bar. steigt schnell weiter bis 9^a, und sinkt von 2^p an; Wind flaut schnell zur C ab, 10^a, und frischt ebenso schnell wieder auf, vorher WSW—SW, nachher NE, langsam linksdrehend nach N; n. klar, bewölkt sich dann schnell, zuerst mit ci, ci-st, a-cu, a-st aus W, um 4^p ziehen st aus N heran, dann gleichmäßig bezogen; $*$^{0} 8^p—n., $\rightarrow$^{0} 9^p—n.; n. Sternhöfe, $\oplus$ 10—11^a, Teile des 22^0-Halo mit Nebensonnen; Temp. sinkt bis 7ᵃ auf —17¹/₂° und steigt dann wieder um 10°, während der C geringe Temp.-Erhöhung um 1¹/₂°. **Pilot 158,** 10ᵃ: W—WSW bis 2800 m, Wind nimmt nach oben zu, von etwa 1500 m an schneller bis auf etwa 20 mps.

6. Bar. fällt bis 10ᵃ und steigt dann; bis 6ᵃ frischer NNE, dreht dann unter Abflauen über N nach NW, 10³/₄ᵃ springt er in ganz kurzer Zeit NW—SW und frischt gleichzeitig für einige Stunden erheblich auf, flaut dann schnell wieder ab; bis gegen mtg. gleichmäßig bezogen, bei der Winddrehung wird die Wolkendecke dünn und zieht dann ganz ab, von 2ᵖ ab nur noch ci, ci-st NW, die auch bald abziehen; ✳⁰ 4—12ᵃ, ⟲⁰ n.—4ᵃ und 0—2ᵖ; Abendrot, Gegendämmerung¹, Erdschatten¹, gegen 8ᵖ sehr deutliches Zodiakallicht, Richtung Spica—Jupiter; Temp. steigt bis 9ᵃ auf —2°, fällt von 10¹/₂ᵃ an schnell auf —20°, gleichzeitig sinkt die Feucht. 1—2ᵖ um 13 °/₀ und steigt dann wieder langsam. **Pilot 159,** 5ᵖ: SW, von 1106 m an WSW, Maximum in 600 m, 23 mps, dann Abnahme bis 1650 m.

7. Bar. fällt bis 3ᵖ und bleibt dann stetig; unter R.-Dreh. WSW—N frischt der Wind von 4ᵃ an stark auf, um vom Maximum, 4ᵖ, ab wieder abzunehmen, mtg. böig; n. klar, von 6ᵃ an gleichmäßig bezogen, feuchte Luft, V⁰, ≡⁰ früh, ✳ 7ᵃ—10ᵖ, ⟲ 10ᵃ—2ᵖ; n. Sternhöfe; Temp. steigt 4ᵃ—2ᵖ um 15¹/₂° unter geringen Schwankungen auf —5° und bleibt dann stetig.

8. Bar. wenig Änderung, schwaches Minimum 8ᵃ; Wind flaut bis mtg. fast zur C ab, dreht von 8ᵃ ab rasch wieder links NNE—E; bis 8ᵃ gleichmäßig bedeckt mit st, nb, dann klar bis gegen Mn., abgesehen von wenigen a-st, Pbdn.-artig; ✳⁰ n.—8ᵃ, ≡¹ 10¹/₂ᵃ—5¹/₂ᵖ in Schwaden aus N ziehend, ztw. mit Diamantstaub, V⁰; weißer Regenbogen, 10¹/₂ᵃ—4ᵖ, ztw. doppelt, ähnlich wie Figur 43, H—a = 23.9°, H—b = 18.1°, H—c = 14.1°, Sonnenhöhe 17.0°, der Ring ist weiß, außen, wenigstens an den helleren Stellen, deutlich rötlich, daher trotz der Eisflitter wohl Regenbogen und nicht der Bouguersche Halo, der sonst einen sehr ähnlichen Durchmesser hat, trotz der Eisflitter, auch sonst keine Haloerscheinung zu sehen; Temp. bis gegen 9ᵃ stetig, sinkt dann unter ständigen Schwankungen. **Pilot 160,** 4ᵖ: SE, von 200 m an sehr schnell linksdrehend über E nach N in 500 m, von etwa 700 m NNW bis 2200 m.

9. Bar. fällt langsam bis 5ᵃ, steigt dann; morg. schwacher Wind, ztw. C, dreht zwischen 6ᵃ—mtg. links SE—NE, 3—6ᵖ NE—SSW; wechselnd bewölkt, vielfach mit ci, ci-st, a-cu, a-st aus NE bedeckt, sonst st, diesige, feuchte, unsichtige Luft; V⁰⁻¹ n.—6ᵖ, ≡ᵖ⁰, ≡¹ vorm. ztw., ✳⁰ 8ᵖ—n. mit Unterbrechung; ⊕⊙ 10ᵃ10, 5ᵖ40 strahliges Purpurlicht, Sternhöfe; Temp. etwas unruhig, steigt bis auf —7°. **Pilot 161,** 4ᵖ: E dreht nach NE, nach kurzer Rückdrehung zwischen 1600—2000 m weitere L.-Dreh. bis N bis 3870 m.

10. Bar. steigt ganz langsam weiter; Wind frischt morg. unter L.-Dreh. SSW—NNE auf und flaut dann unter R.-Dreh. nach SE wieder ab; gleichmäßig bezogen mit st, nb, ztw. höhere Wolkenschicht, st-cu NE, sichtbar, sehr feuchte und unsichtige Luft; V n., ✳⁰⁻¹ n.—n. mit geringen Unterbrechungen; Temp. steigt noch etwas, bis —5°, bleibt bis 9ᵃ konstant und fällt langsam wieder bis Mn. **Drachen 94,** 9¹/₄—11ᵃ: geringe Temp.-Abnahme, untere Wolkengrenze über 750 m.

11. Bar. steigt stark; Wind bis 2ᵖ mäßig bis schwach, frischt dann auf und läßt abd. wieder nach, während der Auffrischung R.-Dreh. SE—SSW—SW; bis 6ᵖ bedeckt, dann völlig aufklarend, Wolkendecke dünn, ztw. blinken Sterne durch, 4—5ᵖ a-cu, st SSW, 6ᵖ ci-cu, ci-st SSW in Pbdn. SW—NE; ✳⁰ n.—2ᵖ, V⁰ früh, ⌒⌒⁰ 7ᵃ—mtg., ⟲⁰ 4—5ᵖ; ⊕ 5¹/₂ᵖ, Lichtsäule über und unter der Sonne, am Horizont verbreitert, rechte und linke Nebensonne; abd. Gegendämmerung⁰, schönes Abendrot, helles Zodiakallicht; Temp. sinkt von 5ᵃ an erst langsam, von 2ᵖ an (beim Beginn des Aufklarens) schnell bis —24°. **Drachen 95,** 1¹/₄—2³/₄ᵖ: Schwache Temp.-Abnahme bis 400 m, darüber Inversion um mehr als 4°, Wolkengrenze über 600 m.

12. Bar. steigt bis 9ᵃ, bleibt bis mtg. annähernd stetig, 761¹/₂ mm, beginnt dann wieder zu fallen; SW—WSW flaut ab, nachm. vielfach C; wechselnd bewölkt, meist mit hohen Wolken, vielfach klar, ci, ci-cu 6—8ᵃ WSW, a-cu 4—6ᵖ WNW, st 6ᵃ SW, sonst meist nur am Horizont; Morgenrot und Abendrot; Temp. fällt bis 8ᵃ auf —30°, steigt dann rasch bis gegen 3ᵖ um 10° und sinkt dann wieder um 6°, sehr häufige Schwankungen. **Pilot 162,** mtg.: SSW—S bis 700 m, darüber R.-Dreh. bis WSW in etwa 2800 m, SW bis

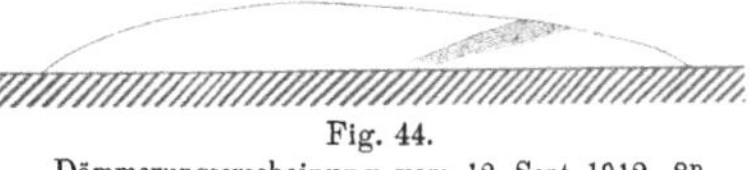

Fig. 44.
Dämmerungserscheinung vom 12. Sept. 1912, 8ᵖ.

4050 m. 8ᵖ im WSW heller Schein, vielleicht Rest der Dämmerung, etwa bis 2° über dem Horizont, an der rechten Seite darin dunkler Streifen (Schattenstreifen?), 8ᵖ35 ist die Erscheinung verschwunden, siehe Zeichnung Figur 44, gegen 9ᵖ helles Zodiakallicht.

13. Bar. fällt; Wind dreht unter Auffrischung um Mn. rasch nach ENE—NE; Bew. nimmt gegen 3ᵃ rasch zu, dann dauernd völlig bedeckt, ztw. sind einige Sterne zu sehen, st, nb 6ᵃ NE, Luft diesig, gegen mtg. sehr feucht, es fällt naß; V⁰ n.—abd., ✳⁰ 4—6ᵖ bei etwas böigem Wind; Morgenrot; mit zunehmender Bew. steigt die Temp. ohne wesentliche Schwankungen auf —12°. **Drachen 96,** 9¹/₂—11ᵃ: geringe Inversion bis über 350 m, Wolkengrenze 150 m, starker Rauhreifansatz in den Wolken.

14. Bar. wenig Änderung, schwaches Minimum um 9ᵃ, schwaches Maximum um 6ᵖ, beginnt dann zu fallen; Wind mäßig, flaut gegen abd. ab, dreht links ENE—W, um 4ᵖ dreht er zurück nach NNW; meist bedeckt, klart gegen 5¹/₂ᵖ schnell auf, st, fr-st W, von 8ᵖ an wieder ganz bedeckt; ✳⁰ n.—8ᵃ, V⁰ n.—6ᵃ, von 4ᵖ an

≡⁰, ≡⅟₀⁰, ztw. sprühregenartig; von 3ᵖ40 an weißer Regenbogen, zuerst einfach, dann doppelt, 5ᵖ20 irisierende Wolken; Temp. bis 7ª stetig, steigt bis 3ᵖ auf —6⁰, fällt beim Aufklaren bis 6¹/₂ᵖ schnell auf —15⁰, und steigt dann wieder; Temp.-Minimum fällt mit Bar.-Maximum zusammen. **Drachen 97,** 9¹/₂—11ª: Inversion bis etwa 400 m, untere Wolkengrenze 400 m, Glatteis am Drachen.

15. Bar. fällt; Wind frischt um mtg. auf, läßt dann wieder nach, NW—N; wechselnd bewölkt, meist bedeckt, 4¹/₂ª auf kurze Zeit sehr schnell aufklarend, st, st-cu, früh NW, 8ᵖ WNW, diesige, feuchte Luft den ganzen Tag; Temp. steigt bis auf —4⁰ unter Schwankungen.

16. Bar. fällt weiter bis 9ª, steigt rasch bis 5ᵖ um 5 mm, sinkt dann wieder; Windstärke wechselnd, während des Steigens des Bar. rasch zunehmend, dann wieder abflauend, gleichzeitig zuerst L.-Dreh. N—WSW, von 3ᵖ an Rückdrehung nach ENE, Stärke nimmt dabei wieder zu; bis gegen 11ª bedeckt, die st, st-cu, nb ziehen mtg. WSW, ztw. ci-cu SW (?), um 8ᵖ beginnt sich der Himmel wieder zu beziehen, zunächst mit ci, ci-st WSW in Pbdn. WSW—ENE, feuchte Luft, V⁰ öfter, ✳⁰ n.—8ª, ꬶ⁰, ≡⅟ 7—8ª, beinahe Spr. ●, ⇗⁰ gegen mtg.; ✳⁰ Mn.; ⊕ 11³/₄ª, 22⁰-Halo, links in der Höhe der Sonne ztw. doppelt, Nebensonne (?), 46⁰-Halo mit oberem Berührungsbogen, farbig, siehe Zeichnung der Figur 45, Eisflitter, Diamantstaub oder nur aufgewirbelter Schnee? ꞔ abd., ꞔ⁰ 8ᵖ40, Halo mit einem Radius von ungefähr 19.4⁰, sehr lichtschwach, in ci; Temp. steigt im allgemeinen bis 9ª auf —3¹/₂⁰, sinkt dann rasch bis 8ᵖ um 18⁰ und steigt dann schnell wieder. **Pilot 163,** 2ᵖ: W mit Schwankung WSW—WNW bis 5300 m.

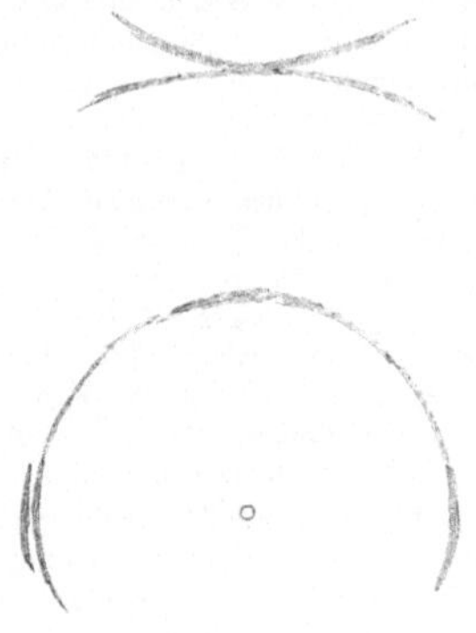

Fig. 45. Halo vom 16. Sept. 1912, 11³/₄ᵖ.

17. Bar. fällt schnell bis 7ª, steigt bis 12ª, sinkt bis 10ᵖ und beginnt dann zu steigen; Wind wechselnd, steigt zwischen 2—9ª unter L.-Dreh. E—W, flaut dann stark ab, beginnt dabei rechts zu drehen W—ENE, dreht dann wieder links bis etwa NW, 6—8ᵖ erneutes Auffrischen; meist bedeckt, klart 11ª—3ᵖ ganz auf, mtg. ci NE, in Pbdn. NE—SW, 2ᵖ50 tauchen polarbandenartige a-cu im Zenith aus NWzN auf, sind um 3ᵖ anscheinend tiefer st-cu, von 4ᵖ an st, st-cu NNE, ziehen sehr schnell, ꞔ 10ᵖ; Temp. steigt sehr schnell bis 3ª auf —4⁰, dann langsam weiter bis 7¹/₂ª auf —2⁰, sinkt rasch unter Schwankungen bis mtg. auf —14⁰, steigt bis 9¹/₂ᵖ auf —7⁰ und sinkt wieder; Druck- und Temp.-Kurve genau entgegengesetzt, Feucht. schwankend, geht parallel der Temp. Das hier und später öfter beobachtete Verhalten der Temp. läßt sich meines Erachtens damit erklären, daß in dieser Zeit das offene Meer nicht sehr entfernt war; zunächst wird die Luft herangeführt, die mit dem Eise in Berührung war, und dann solche Luft, die über das offene Wasser strömte; hiervon rührt der ziemlich unvermittelte Übergang zwischen dem schnellen und langsamen Steigen her; das dann folgende schnelle, oft sehr rapide Fallen hängt mit einer Winddrehung zusammen, die plötzlich einsetzt und dann einen Einbruch kalter Luft verursacht, der aber zunächst nicht hoch hinaufreicht, wie die beiden Drachenaufstiege am 19. Juli zeigen. Der ganze Vorgang entspricht wohl dem Vorübergang einer V-Depression in unseren Breiten. **Pilot 164,** 2ᵖ: NW dreht in 3500 m allmählich NNW nach N bis 6400 m, meist zwischen 10—15 mps.

18. Bar. steigt zunächst sehr schnell, dann langsam bis 7ᵖ, beginnt dann zu fallen; Wind frischt zunächst stark auf, 2—3ª, um dann unter Schwankungen bis Mn. abzunehmen, dreht zuerst links nach SW, dann mit der Windabnahme rechts bis NNW; wechselnd bewölkt, klart gegen 2ª sehr schnell auf, ist bis auf ci und st am Horizont bis 3ᵖ wolkenlos, 3—6ᵖ gleichmäßig mit st bezogen, klart dann wieder auf, und beginnt sich dann wieder mit ci, in Pbdn. SW—NE, zu beziehen; ✳⁰, ⇗⁰ n., Morgenrot, 5¹/₂ª Erdschatten, Abendrot, ꞔ 2ª, ⊕ 7ª teilweise, in den Mittagsstunden Nebensonnen rechts und links in Diamantstaub, abd. ꞔ⁰, ꞔ 9¹/₂ᵖ mit ungewöhnlichem Radius, ungefähr 19.6⁰, weiß, geschätzte Breite 1¹/₂⁰, Mondhöhe 42¹/₂⁰, gleichzeitig doppelter ꞔ, r = 1.7⁰, wahrscheinlich in ci-st, auch st vorhanden; Temp. sinkt schnell bis 7ª auf —22⁰, steigt bis 6ᵖ um 5⁰, sinkt bis 10ᵖ um 5⁰ und beginnt dann wieder zu steigen. **Drachen 98,** 10³/₄ª—2ᵖ: Bodeninversion um etwa 9⁰ bis 700 m, Isothermie bis 900 m, mäßige Abnahme bis 1650 m, Feucht. gering.

19. Bar. fällt um 10 mm bis 7ᵖ, steigt dann; Wind nimmt früh zu und läßt nach einer Auffrischung gegen 10ᵖ wieder etwas nach, 4—7ª R.-Dreh. NNW—NNE, dann erst langsame, gegen 8ᵖ schnellere L.-Dreh. nach W; meist bedeckt, gegen 9—10ᵖ aufklarend, st, st-cu WNW sehr schnell 8—9ᵖ, mtg. unsichtige, diesige Luft; ⇗⁰ 7ª, 4ᵖ, ✳⁰ 9ª—6ᵖ; ꞔ, ꞔ⁰. 2ª, um 10ᵖ elliptischer Halo für kurze Zeit, später nur oberer und unterer Berührungsbogen; Temp. steigt sehr schnell bis 2$^\mathrm{p}$ auf —1$^1/_2^0$, bis 8$^1/_2^\mathrm{p}$ weiter um einige Zehntel und fällt dann schnell unter Schwankungen, Temp.- und Druckverlauf entgegengesetzt. **Drachen 99,** 9$^1/_4$—11$^\mathrm{a}$: Bodeninversion um 4—5^0 bis etwa 600 m, dann langsame Abnahme untere Wolkengrenze 330 m.

20. Bar. steigt bis 3$^\mathrm{a}$, fällt etwas bis 9$^\mathrm{a}$, beginnt gegen 1$^\mathrm{p}$ wieder zu steigen; rasch abflauender W, dreht gegen 5$^\mathrm{a}$ plötzlich nach NE und dreht zuerst schnell, dann langsamer zurück nach SW, rasche Zunahme des Windes bis mtg., stark böig, flaut bis 6$^\mathrm{p}$ fast zur C ab und nimmt wieder etwas zu; bis mtg. gleichmäßig bezogen mit st, st-cu 8$^\mathrm{a}$ N, trübe, feuchte Luft, nachm. ztw. aufklarend, ci, ci-st NW 10$^\mathrm{p}$ in Pbdn. SSW—NNE; $\bigvee$^{0} n.—früh, $\equiv$$^{0\cdot1}$ 7—8$^\mathrm{a}$, $\ast$^{0} 5$^\mathrm{p}$40—9$^\mathrm{p}$; $\oplus$ 9$^\mathrm{a}$5, Halo von 22^0, mit oberem Berührungsbogen, 46^0-Halo, verschwinden sehr schnell, $\triangledown$ abd. in ci, Radius 22.2^0 bei 49$^1/_2^0$ Mondhöhe; Temp. sinkt bis 6$^\mathrm{a}$ auf —11^0, steigt bis mtg. auf —5^0 und fällt dann schnell unter Schwankungen auf —21$^1/_2^0$; beim Sinken der Temp. zunächst sprungweises Sinken der Feucht. um etwa 13 $^0/_0$, dann Zunahme. **Drachen 100,** 10—11$^1/_2^\mathrm{a}$: geringe Temp.-Abnahme, untere Wolkengrenze 400—500 m, Glatteisansatz. **Pilot 165,** 4$^\mathrm{p}$: W bis 220 m, dreht nach WNW—NW bis 3600 m, 6—7 mps.

21. Bar. steigt bis mtg. und sinkt dann schnell; Wind nimmt bis 1$^\mathrm{p}$ ab und frischt dann erheblich auf, 8$^\mathrm{p}$ stark böig, 5$^\mathrm{a}$—5$^\mathrm{p}$ R.-Dreh. SW—NE; bis 2$^1/_2^\mathrm{p}$ klar bis auf wenige ci im NW und a-st, a-cu aus NW, von 4$^\mathrm{p}$ an bedeckt, st-cu WzN; $\ast$^{0} 6$^\mathrm{p}$—n., $\equiv$$^{!0}$ 8—10$^\mathrm{p}$; 5$^\mathrm{a}$ Morgendämmerung, Erdschatten; Temp. fällt bis gegen 7$^\mathrm{a}$ auf —28^0, um bei drehendem Wind unter dauernden kleinen Schwankungen schnell zu steigen, bis Mn. auf —11^0. **Drachen 101,** 9$^1/_2$—10$^1/_2^\mathrm{a}$: Bodeninversion über 3$^1/_2^0$. **Pilot 166,** 1$^\mathrm{p}$: WNW, der in etwa 3500 m allmählich nach WSW dreht bis 6600 m, bei der Drehung erhebliche Zunahme bis über 20 mps.

22. Bar. fällt bis 9$^\mathrm{a}$ sehr stark um 16 mm, steigt von mtg. an wieder; NE steigt zum Sturm an, flaut 7—11$^\mathrm{a}$ sehr schnell ab und bleibt unter Schwankungen frisch bis stürmisch, 10$^\mathrm{a}$—2$^\mathrm{p}$ rasche L.-Dreh. NE—W; bis gegen 3$^\mathrm{p}$ meist bedeckt, st, st-cu 2$^\mathrm{a}$ NNE, 2—4$^\mathrm{p}$ WNW, bis gegen 9$^\mathrm{p}$ klar, dann wieder bedeckt; $\rightarrow$$^{0\cdot1}$ 4—8$^\mathrm{a}$ bei böigem Wind, $\ast$^{0} ztw. nachm. und abd., mtg. unsichtige, diesige Luft; $\cup$, $\triangledown$ 1$^\mathrm{a}$; Temp. steigt langsam weiter, bleibt stetig bis 9$^1/_2^\mathrm{a}$, steigt erneut um 2$^1/_2^0$, bleibt 2$^1/_4$ Stunden gleichmäßig und fällt dann plötzlich von 0$^1/_4$ bis 6$^1/_2^\mathrm{p}$ um 14^0, nach kleinem Maximum, erneutes Fallen. Zum schnellen Fall der Temp. gehört ein langsamer der Feucht.

23. Bar. steigt bis 7$^\mathrm{a}$, fällt bis 8$^\mathrm{p}$ und steigt wieder; Wind nimmt bis 7$^\mathrm{a}$ stark ab, steigt dann erheblich, R.-Dreh. 5$^\mathrm{a}$ W—NNE und N, schlägt 8$^3/_4^\mathrm{p}$ in einer Bö herum von N nach W; meist bedeckt, gegen 4$^\mathrm{a}$ fast klar, st, st-cu SW, von 6$^\mathrm{a}$ an gleichmäßig bezogen, diesige Luft; $\ast$^{0} 10$^\mathrm{a}$—10$^\mathrm{p}$, $\rightarrow$ 2$^\mathrm{a}$, 9$^\mathrm{p}$—n.; Temp. sinkt bis 5$^\mathrm{a}$ auf —19^0, steigt unter Schwankungen bis 1$^1/_2^\mathrm{p}$ um 15$^1/_2^0$, weiteres ganz gleichmäßiges Steigen um $^1/_2^0$ bis 8$^\mathrm{p}$40, und fällt beim Einsetzen der W-Bö äußerst schnell, in den ersten 10 Minuten um 4^0, bis Mn. um 11^0; gleichzeitig geht die Feucht. herab, 7—10$^\mathrm{a}$ stärkere Schwankungen, abd. bei der W-Bö plötzliches Sinken der Feucht.; Luftdruck und Temp. entgegengesetzt.

24. Bar. steigt bis 6$^\mathrm{a}$, fällt dann äußerst schnell bis 11$^\mathrm{p}$ auf 711$^1/_2$ mm, insgesamt um 25$^1/_2$ mm, mit einer kleinen Unterbrechung 6—7$^\mathrm{p}$; Wind flaut bis 8$^\mathrm{a}$ stark ab und steigt dann schnell zum Sturm an, dreht bis 9$^\mathrm{a}$ rechts WSW—NE und von 4$^\mathrm{p}$ an links bis WNW, Wind abd. stark böig; meist bedeckt, früh aufklarend, und gegen 8$^\mathrm{p}$ kurzes, fast völliges Aufklaren, st, st-cu 2$^\mathrm{a}$ WNW, 9$^\mathrm{p}$ NW, morg. ci, ci-st, ci-cu 2$^\mathrm{a}$ W in Pbdn. NNW—SSE, 5$^3/_4^\mathrm{p}$ 2 Wolkenschichten, untere st N, obere st-cu; $\rightarrow$$^{0\cdot2}$ 10$^\mathrm{a}$—n., ztw. $\ast$^{0}(?); $\cup$ 1$^\mathrm{a}$, $\triangledown$ 4$^\mathrm{a}$ in Diamantstaub, 22^0-Halo, linker Nebenmond, Lichtsäule über und unter dem Mond, am Horizont verbreitert, $\triangledown$^{0} 7$^1/_2^\mathrm{p}$, Lichtsäule über und unter dem Mond; Temp. fällt weiter bis 6$^\mathrm{a}$ auf —22^0, steigt sehr schnell bis 4$^\mathrm{p}$ auf —2^0 und weiter auf —1$^1/_2^0$ bis 6$^\mathrm{p}$10, fällt dann sehr schnell, in der ersten Stunde um 10^0 bei der kleinen Unterbrechung des Bar.-Falls, steigt erneut um 3^0 bis 11$^\mathrm{p}$ und fällt dann weiter; Feucht. und Temp. gleichsinnig.

25. Bar. steigt bis 10$^\mathrm{a}$ auf 722$^1/_2$ mm und fällt dann langsam; W-Sturm nimmt zunächst noch auf über 20 mps zu und flaut allmählich ab, dreht langsam rechts nach NW, Wind böig, von 8$^\mathrm{p}$ an weniger; gleichmäßig bedeckt, ztw. Lücken, 2 Wolkenschichten, untere sehr niedrig WNW, die obere st-cu, ebenfalls WNW, zieht abd. langsam, bei Windstärke 8 (!); $\rightarrow$^{2} abnehmend bis gegen 8$^\mathrm{p}$, abd. $\ast$^{0}, $\rightarrow$; $\oplus$ 4—5$^\mathrm{p}$ öfter; Temp. sinkt langsam bis 9$^\mathrm{a}$ auf —18^0, um dann langsam wieder zu steigen; Druck- und Temp.-Verlauf entgegengesetzt.

26. Bar. fällt ganz langsam; Wind flaut weiter bis gegen 10$^\mathrm{p}$ ab, frischt dann wieder etwas auf, dreht 6$^\mathrm{a}$—7$^\mathrm{p}$ langsam links NW—SSW, abd. puffiger Wind; den ganzen Tag gleichmäßig mit st bezogen; $\ast$^{0} 2$^\mathrm{p}$—n. mit Unterbrechung, nachm. fällt es naß; Temp. wenig Änderung, —13 bis —15^0.

27. Bar. fällt langsam weiter bis auf 715 mm; Wind ist frisch, dreht 11$^\mathrm{a}$—10$^\mathrm{p}$ SW—N und flaut von 4$^\mathrm{p}$ an ab; meist bedeckt mit st und nb, ztw. Lücken, Wolkendecke vielfach dünn, von 9$^\mathrm{p}$ an stark aufklarend; $\ast$^{0} n.—8$^\mathrm{a}$, 2—9$^\mathrm{p}$, $\rightarrow$^{0} 6$^\mathrm{a}$—4$^\mathrm{p}$; trotz der westlichen bis nördlichen Winde langsame Abkühlung von —14 auf —20^0.

28. Bar. gleichmäßig, sehr tief 714—715 mm; Wind flaut weiter ab, ztw. C, dreht von 6$^\mathrm{a}$ an weiter rechts N—ESE und springt 8—9$^\mathrm{p}$ nach WSW—W; Himmel meist klar, vielfach wolkenlos, zwischen 4$^1/_2$—6$^1/_2^\mathrm{a}$ bezieht sich der Himmel schnell mit ci, ci-st, st aus NNW, Bew. 2$^\mathrm{p}$20 8^0 cu E, 3$^\mathrm{p}$40 wieder klar, 9$^\mathrm{p}$ st in Pbdn. NW—SE, feiner Dunstschleier rings um den Horizont; Temp. etwas unruhig, schwankt zwischen —19 und —24^0. **Drachen 102,** 9$^1/_2$—12$^\mathrm{a}$: geringe Bodeninversion um etwa 1^0 bis 100 m, darüber Abnahme, starke L.-Dreh. des mäßigen Windes, Drachen wird bis auf 730 m heraufgequält. **Pilot 167,** 2$^\mathrm{p}$: ENE

dreht von 1000 m an allmählich rechts bis SE, geringe Windgeschwindigkeit, Maximum 10 mps in 2000 m, darüber Abnahme bis 3340 m; merkwürdig geringe Luftbewegung bei dem außergewöhnlich geringen Bar.-Stande von 715 mm. Die Depression muß sehr geringe Druckgradienten haben und daher von sehr großem Flächeninhalt sein.

29. Bar. fällt zunächst weiter bis 713.6 mm um 10^a, steigt dann langsam; Wind frischt im Durchschnitt auf, dreht 9^a—mtg. von NW rechts nach SW, unter vorübergehendem Abflauen; Himmel bewölkt sich schnell mit st, nb, um 2^a ci-st NW in Pbdn. NW—SE, diesiges, trübes Wetter, abd. einige Sterne sichtbar; ⌣⁰ früh, ✻⁰ mtg.—n. mit Unterbrechung; Temp. steigt bis 1^p von —24 bis —11° und sinkt dann wieder; Druck und Temp. entgegengesetzt.

30. Bar. steigt stark um etwa 18 mm; Wind nimmt bis 9^a etwas zu, flaut dann erheblich ab, mtg.—6^p vorübergehende Drehung SW—S und zurück und weiter nach WSW; bis 6^p bedeckt, ztw. Lücken, dann ganz klar, st $9^1/_2^a$ und 2^p S; ✻⁰ 2—4^a, ⇗⁰ 4—8^a, ⌣ abd.; Temp. bis 2^p gleichmäßig unter geringen Schwankungen, sinkt dann um 8°. **Drachen 103,** 1—3^p: Schwache Temp.-Abnahme bis 950 m, dünne st-Schicht in 570 m, die Abkühlung am Boden erstreckt sich auf alle Schichten.

Zugrichtung der hauptsächlichsten Depressionen: **1.—4.** kommt aus W, bleibt dann ziemlich stationär, wechselnde Verlagerung des Kerns, zieht schließlich nach E ab, bleibt dabei im S des Beobachtungsortes; **6.** aus W, ziemlich zentral ziehend; **13.—18.** aus NW, bleibt mit Schwankungen im SW stationär und zieht nach SE ab; **19.—20.** im allgemeinen aus WNW, stationär etwa im S, zieht nach SE ab; **21.—22.** Zug aus NNW, zieht im Süden nahe dem Beobachtungsort vorbei; **23.** westlicher Zug, südlich vorbei; **24.—30.** aus WNW heranziehend, wird mehrere Tage in der Nähe des Beobachtungsortes stationär, zieht schließlich nach Osten ab.

1912. Oktober.

1. Bar. steigt langsam weiter bis 9^a und fällt dann; mäßig bis schwacher Wind, bis 6^a abnehmend, dann langsam zunehmend, dreht 4^a—3^p rechts WSW—ENE und weiter nach E; bis 8^a gleichmäßig bezogen, st-cu, st N, auch a-st sichtbar Pbdn.-ähnlich, klart dann auf, ztw. wolkenlos, ci, ci-st, ci-cu N, bezieht sich von 2^p an mit st-cu NW, diesige, feuchte Luft; ✻⁰ 9^p—n.; Temp. steigt langsam, geringe Schwankungen. **Pilot 168,** 10^a: NNW—N bis 250 m.

2. Bar. fällt langsam weiter und steigt von 7^a an gleichmäßig; mäßiger Wind, etwas wechselnd, dreht rechts E—SW, abd. nach S zurück; gleichmäßig bezogen mit st, st-cu, nb, feuchte, diesige Luft den ganzen Tag, ztw. klare Kimm; ✻⁰, △⁰ n.—mtg. mit Unterbrechung, ztw. ∨⁰; Temp. gleichmäßig, —15°. **Drachen 104,** $9^1/_2$—11^a: gleichmäßige Temp.-Abnahme, untere Wolkengrenze 370 m.

3. Bar. steigt im Durchschnitt langsam; Wind frischt nachm. unter R.-Dreh. SSE—WSW auf; gleichmäßig bedeckt mit st, st-cu S—SSW, 4^p20 schnelles Aufklaren, einige ci in Pbdn., gegen 9^p kommt st-Bank aus SW—S herauf und bedeckt rasch den Himmel ganz; Temp. gleichmäßig, sinkt beim Aufklaren auf —$21^1/_2$° und steigt mit dem Heraufziehen der st-Bank rasch um 2°; Temp. und Feucht. gleichsinnig. **Drachen 105,** 1—5^p: bis 1100 m Temp.-Abnahme, darüber Inversion mindestens 6°, scharfe Grenze, untere st-Grenze 720 m, obere etwa 1100 m, ∨-Ansatz.

4. Bar. steigt bis gegen 7^p langsam, beginnt dann zu fallen; Wind schwankt zwischen S und WSW, flaut bis 9^a ab, nimmt dann zu, Wind böig; gleichmäßig bezogen, ztw. mit Lücken, st, st-cu mtg. S, kurz dauerndes, rasches Aufklaren um $1^1/_2^p$ und 11^p; Temp. wellig, steigt bis auf —$12^1/_2$°; Feucht. abd. etwas unruhig. **Drachen 106,** $9^1/_2$—$11^1/_4^a$: Temp.-Abnahme, untere Wolkengrenze 250 m, wechselnd, starker ∨-Ansatz.

5. Bar. sehr wenig Änderung, fällt ganz langsam bis mtg.; frischer WSW, an Stärke schwankend, nimmt nachm. erheblich ab; n. wechselnd bewölkt, von 5^a an fast wolkenlos bis auf fr-st, der mtg. sehr schnell aus WSW vorbeizieht; ⇗⁰ n.—4^p; Morgen- und Abenddämmerung, früh schöner ⊕, Halo von 22° mit oberem Berührungsbogen, Nebensonnen, Lichtsäule über und unter der Sonne, Teil des 46°-Halo in Diamantstaub, mtg. ebenso, helle Stelle unter der Sonne an der Kimm, doppelter ⊙; Temp. schwankend zwischen —15° und —21°, von 7^p an etwas unruhig.

6. Bar. steigt; mäßiger bis frischer WSW; wechselnd bewölkt, n. und abd. klar, fast nur a-cu lenticularis SW, abd. Pbdn.-artig, ztw. ci; Morgen- und Abenddämmerung, um 6^a schwache Hebung der Kimm, ⊙ 4^p; Temp. sinkt bis 6^a, steigt um 9° bis 5^p, sinkt dann wieder. **Pilot 169,** 2^p: WSW, von 100 m an SW bis 6200 m, überall zwischen 10—20 mps.

7. Bar. stetig, beginnt von 11^a an zu fallen; mäßiger Wind, nimmt ganz langsam zu und dreht langsam rechts W—NW, böig; n. klar, bezieht sich um $6^1/_2^a$ schnell und bleibt gleichmäßig bedeckt, ci-st 4^a WSW, 6^a WNW in Pbdn. E—W, st, st-cu 6^a NW; ✻⁰ 7—8^a, 8^p—n., ✻⁰-Bö 4^p; Morgenrot, früh Hebung der Kimm, $5^1/_2^a$ zwischen E—NW 10 Eisberge zu sehen; Temp. steigt von 4^a an von —$19^1/_2$° auf —5°; Feucht. etwas schwankend. **Drachen 107,** $11^1/_4^a$—1^p: geschichtete Bodeninversion um 3—4° bis 1000 m, untere Wolkengrenze 350 m, starker ∨- und ᖆ-Ansatz.

8. Bar. fällt stark bis 8ᵖ, dann stetig, 726¹/₂ mm; mäßiger Wind, flaut abd. ab, dreht bis mtg. rechts NW—NNE, gegen 7ᵖ schnell zurück nach WNW; gleichmäßig bedeckt mit st, nb, zuweilen ⊙⁰, von 10ᵖ an im Zenith klar; ✳⁰ n.—n.; Temp. steigt langsam bis 4ᵖ auf —1¹/₂⁰ weiter, beginnt dann langsam zu fallen. **Drachen 108,** 9¹/₂—11ᵃ: fast isotherm bis 1000 m, untere Wolkengrenze sinkt von 850 auf 730 m, kein ∨ oder ꝋ, trotzdem der Drache in den Wolken war.

9. Bar. stetig bis 2ᵃ, steigt dann stark um 21 mm; Wind dreht 1ᵃ50 zugleich mit dem Steigen des Bar. in einer heftigen Bö WNW—SE und steigt sehr rasch zum heftigen Sturm an, der von mtg. an abzuflauen beginnt, Wind böig; bis 6ᵖ bedeckt, dann ganz aufklarend, Wolken tagsüber dünn, fr-st S, ztw. ci-st, ci-cu SW in Pbdn. SE—NW; ⇗¹⁻² 2ᵃ—n., ✳⁰ n.—4ᵖ mit Unterbrechung; ⊕ nachm. in st, 4¹/₄ᵖ 46⁰-Halo; bei der Bö sinkt die Temp. plötzlich, später langsamer von —4⁰ auf —22¹/₂⁰; Temp. und Feucht. gleichsinnig, Temp. und Luftdruck entgegengesetzt.

10. Bar. steigt langsam bis 6ᵃ, fällt bis 6ᵖ, und ist dann stetig; Wind flaut langsam ab, dreht n. rechts S—SW, abd. Zurückdrehen nach S, Wind böig; wechselnd bewölkt, meist klar, nachm. ci, ci-cu, st-cu SSW, 6ᵖ a-cu lenticularis ziemlich schnell SSW, abd. a-cu und st in Pbdn. N—S; ✳⁰⁻¹ n.—8ᵃ und gegen 6ᵖ; ⊕ 6ᵃ in Diamantstaub, 22⁰-Halo, rechte und linke Nebensonne, oberer Berührungsbogen, Lichtsäule über und unter der Sonne, 46⁰-Halo; Abendrot; Temp. steigt zwischen 6ᵃ und 5ᵖ um 7⁰, vorher und nachher stetig; Feucht. unruhig. **Pilot 170,** 4¹/₂ᵖ: SW bis 600 m, darüber SSW bis 1700 m, 20—30 mps.

11. Bar. stetig, steigt von 7ᵃ an langsam; Wind flaut weiter ab, ztw. böig, SW—S; n. wechselnd bewölkt, dann bis 10ᵃ meist bedeckt mit st, st-cu, um 10ᵃ SSW, dann fast wolkenlos bis auf st-Fetzen; ✳⁰ 6ᵃ, ⇗⁰ 7—8ᵃ; Temp. steigt etwas bis 7ᵃ und fällt dann auf —20⁰; Feucht.-Schwankungen nachm. **Drachen 109,** 9¹/₂—12ᵃ: Inversion um 6⁰ zwischen 550 und 1450 m, verbunden mit starker Feucht.-Abnahme, darüber und darunter Temp.-Abnahme; Wolkengrenze etwa 500 m.

12. Bar. stetig bis gegen 6ᵖ, beginnt dann langsam zu fallen; mäßiger SW, dreht abd. ztw. nach W; wechselnd bewölkt, bis mtg. fast klar, ci-st zwischen 10ᵃ und 6ᵖ SSW—SW in Pbdn. SW—NE, st, fr-st SW, abd. WSW, Dunststreifen am Horizont häufig; vorm. Diamantstaub, darin ⊕, nur Stücke entwickelt, 2ᵖ schöner, gleichmäßiger ⊕, 22.2⁰ Radius; Morgenrot, Erdschatten, Gegendämmerung, Abenddämmerung; Temp. steigt von 5ᵃ an bis 3ᵖ unter Schwankungen um 12¹/₂⁰ auf —8⁰; ztw. geringe Feucht.-Schwankungen. **Drachen 110,** 9—11ᵃ: geschichtete Bodeninversion bis etwa 900 m um etwa 6⁰, überall zeitliche Erwärmung. **Pilot 171,** 4¹/₂ᵖ: SW bis 1020 m, 20 mps.

13. Bar. fällt langsam bis mtg., steigt dann langsam wieder; Wind flaut ab, besonders abd., dreht von 4ᵖ an schnell links WSW—ENE; bis 8ᵃ bedeckt mit st, dann fast wolkenlos, nur ci, ci-cu SW in Pbdn. SW—NE, st am Horizont; ✳⁰ n., ∨⁰, ≡⁰ früh; Abendrot; ⊕ 7ᵖ10, Lichtsäule über der Sonne; Temp. geringe Schwankungen zwischen —7 und —10⁰ bis 4ᵖ, fällt dann rasch auf —18¹/₂⁰; Feucht. sinkt bis gegen 9ᵖ.

14. Bar. steigt langsam; mäßiger Wind, der langsam links ENE—NNE dreht; fast wolkenlos bis auf vereinzelte ci N, von 10ᵖ an mit st bedeckt, morg. Dunst, schönes, klares Wetter, tiefblauer Himmel, sichtige Luft; morg. und abd. leichte Hebung der Kimm, Morgenrot, Abendrot, ⊕ 7—8ᵖ, linke Nebensonne und Lichtsäule, ∪ 9—10ᵖ; Temp. schwankt zwischen —21 und —14⁰; gegen 11ᵖ plötzliches vorübergehendes Steigen der Feucht. um etwa 8⁰/₀ ohne gleichzeitige Temp.-Änderung.

15. Bar. ganz stetig; mäßiger Wind, der langsam links N—WNW dreht; ganz gleichmäßig bedeckt, st 2ᵖ WNW; etwas böiger Wind abd.; sehr feuchte, nässende Luft, feiner Sprüh-● öfter, ∨⁰ 4—8ᵃ, und öfter, ꝋ⁰ 7ᵃ—n.; Temp. steigt schnell auf —3¹/₂⁰ um 1ᵖ, bleibt dann stetig; geringe Feucht.-Schwankungen nachm. **Drachen 111,** 9¹/₂ᵃ: geringe Bodeninversion. **Drachen 112,** 3¹/₂—5ᵖ: meist Temp.-Abnahme bis 700 m, untere Wolkengrenze 270 m, vereister Rauhreifansatz.

16. Bar. fällt langsam; Wind frischt etwas auf, NNW—NW, dreht abd. links bis W; gleichmäßig bezogen, abd. ztw. Wolkenlücken, darin a-st NW, st, st-cu sehr schnell NW; sehr feuchte Luft, ztw. feiner Sprüh-●, ✳⁰ 3—4ᵖ, 10ᵖ, ꝋ n.; Temp. steigt etwas weiter auf —1¹/₂⁰; abd. geringe Feucht.-Schwankungen. **Drachen 113,** 10—11¹/₄ᵃ: geringe Temp.-Abnahme bis 900 m, Wolkengrenze etwa 500 m, darunter fr-st 300 m, ꝋ-Ansatz.

17. Bar. steigt bis 10ᵃ, fällt dann langsam; Wind frischt stark auf, nachm. böig, W—NW; gleichmäßig bedeckt, ztw. Lücken, Sonne und Mond scheinen durch, a-st oder ci 10—12ᵃ aus W, 2ᵖ aus SW; ✳⁰ 4—6ᵃ, ≡⁰ 6ᵃ, ꝋ⁰ 7—8ᵃ, ✳⁰, ⇗⁰ 6ᵖ—n.; ⊕⁰ 11ᵃ; Temp. gleichmäßig hoch, beinahe 0⁰; mit steigender Temp. sinkt die Feucht. **Drachen 114,** 9¹/₂—12ᵃ: Bodeninversion 3—5⁰ bis 300 m, darüber ziemlich gleichmäßige Temp.-Abnahme bis 2100 m, über der Inversion geringe Feucht.

18. Bar. fällt langsam bis 10ᵃ, steigt dann ein wenig; NW bis 10ᵃ stürmisch, flaut dann ab, Wind etwas böig; gleichmäßig bezogen, n. einige Lücken, Mond scheint durch; ⇗⁰ n.—10ᵃ, ✳⁰ 7ᵃ—n., ●⁰, ←⁰ 2ᵖ, abd. nasser ✳ in großen Flocken; Temp. gleichmäßig hoch, wenig unter 0⁰.

19. Bar. fällt langsam; Wind wechselnder Stärke, dreht rechts 2ᵃ—mtg. NW—E, gegen 6ᵖ ztw. zurück nach NE, dann weiter nach ESE; gleichmäßig bezogen, diesige, unsichtige Kimm, sehr feuchte Luft mtg.—n., Sprüh-●⁰ oft, ꝋ 4ᵃ; Temp. gleichmäßig hoch, erreicht zum ersten Mal den Gefrierpunkt. **Drachen 115,** 9¹/₂—11ᵃ: Temp.-Abnahme, untere Wolkengrenze 200 m, starker Rauhreifansatz.

20. Bar. fällt bis gegen 5^p, beginnt dann zu steigen; Wind frischt vorm. auf, flaut dann wieder ab, ESE—SE, etwas böig; gleichmäßig bezogen mit st, nb, 2^p SE, gegen 2^p einige Lücken, darin höhere st-cu, die viel langsamer ziehen; ꙮ 4^a, ✳^{0} mtg.; Temp. sinkt allmählich bis auf —7^0.

21. Bar. steigt langsam; Wind nimmt unter geringer R.-Dreh. NE—E weiter ab; gleichmäßig bedeckt, klart gegen 3^p völlig auf; abd. st und ci nur am Horizont; ✳^{0} mehrfach bis 2^p; 7^{p}50 Abendrot, Gegendämmerung[1], Erdschatten[1], ⌣ 10^p—n.; Temp. bis 2^p gleichmäßig, sinkt beim Aufklaren bis —16^0; Feucht.-Schwankungen mtg. **Drachen 116,** 1^1/$_4$—2^1/$_4$^{p}: Inversion von 230 m an, untere st-Grenze (Zug SE) 170 m, obere 230 m? **Pilot 172,** 5—6^p: E bis 5500 m, dreht dann schnell nach SSW—SW bis 9700 m, in 5500 m vielleicht obere Inversion.

22. Bar. steigt bis 10^a, bleibt stetig bis 10^p, beginnt dann zu fallen; Wind schwach, Minimum um mtg., dreht 7^a—mtg. links E—N; n. klar, Himmel bezieht sich allmählich mit ci, ci-st in 2 Schichten, die obere SSW, die untere fast bewegungslos, ENE?, um mtg. werden die ci immer dichter und ziehen 4^p N—W, um 3^p erscheint im NW eine st-Bank, die gegen 5^p rasch aus NW heraufzieht, darüber a-cu NW; prächtiges Morgenrot, Gegendämmerung, Erdschatten um 4^a, ⊕ 10^a—2^p in ci, Radius 21.5^0; Temp. sinkt bis 5^a auf —18^0, steigt bei zunehmender Bew. bis 3^p auf —9^0 und bleibt dann stetig. **Pilot 173,** 10^a: NNE, der in 800 m zu N wird, von 2800 m über NNW nach NW dreht bis 5400 m, Windgeschwindigkeit überall gering, nur von 3600 bis 4400 10—15 mps.

23. Bar. fällt; mäßiger, langsam zunehmender Wind, langsame R.-Dreh. N—E; meist bedeckt, bis 8^a st, st-cu, um 8^a N, dann ziehen die tiefen Wolken ab, es bleiben ci, ci-st W, langsam, abd. wieder st; ⊕^{0} in ci 10^a—6^p mit Unterbrechung, ▽, ⌣ abd., Abendrot; Temp. gleichmäßig, sinkt von 3^p an um einige Grad; Schwankungen der Feucht. nachm. **Drachen 117,** 10^a—2^p: geschichtete Inversion bis etwa 1100 m, darüber geringe Abnahme bis 1750 m, Feucht. gering. **Pilot 174,** 4^1/$_2$^{p}: ENE, von 200 m an NE, dreht von 3000 m an über E—ESE in 5500 m, gegen 10 mps in allen Höhen.

24. Bar. gleichmäßig; mäßiger E—ENE; n. bedeckt, gegen 4^a bezieht sich der Himmel mit feinen ci, ci-st sehr schnell aus NE, von 9^a an kommen von E her st auf, fr-st aus NE sehr schneller Zug, diesige, feuchte Luft mit unsichtiger Kimm; ∨^{0} 6—7^a, Diamantstaub^0 vorm., ✳^{0} 10^a—8^p, ≡^{0} 9—10^p, ꙮ Mn.; ⊕^{0} 7—8^a; Wolkendecke dünn, Sonne sieht vielfach durch; ⌣ 1^a, Morgenrot, Erdschatten um 3^a; Temp. sinkt bis 5^a und steigt mit zunehmender Bew. von —17 auf —8^0.

25. Bar. stetig, beginnt um 6^a langsam zu steigen; mäßiger ENE, nur um 2^p stark böig; gleichmäßig bezogen, diesige, feuchte Luft, unsichtige Kimm; ∨^{0} n.—2^p, ꙮ^0 7—8^a; Temp. sehr gleichmäßig, um —7^0. **Drachen 118,** 10—11^a: fast isotherm bis 650 m, darüber Inversion mit scharfer Grenze, wohl obere Wolkengrenze, untere st-Grenze 160 m.

26. Bar. steigt bis 9^a, fällt dann langsam und von 6^p an schneller; mäßiger Wind, der von NE links nach NW bis etwa 2^p dreht und dann stürmisch wird; gleichmäßig bezogen mit st, nb, um 4^p 2 Schichten sichtbar, untere fr-st schnell aus NNW, obere st-cu aus NW; ꙮ^0 n., ✳^{0} 4^a—2^p, ⇥$^{0-1}$ 8^p—n.; Temp. steigt bis 3^p auf —1^0, sinkt dann wieder mit zunehmendem Wind auf —5^0. **Drachen 119,** 9^3/$_4$—11^1/$_2$^{a}: Temp.-Abnahme mit Isothermie zwischen 400 und 700 m, untere Wolkengrenze 200 und 600 m, anscheinend 2 Schichten.

27. Bar. fällt bis 3^p mit einer Unterbrechung von 4—7^a und steigt von 6^p an; nach Auffrischung zum Sturm rasches Abflauen bis 7^a, Wind bleibt frisch bis stürmisch unter L.-Dreh. NW—W, mtg. böig; gleichmäßig bezogen, st, nachm. 2 Schichten, die untere st aus W sehr schnell, die obere langsamer WSW; ✳^{0}, ⇥^{1} n.—4^a, ●^{0} 2^p, ⇦^{0} 2^p und 9^p; Temp. steigt mit abnehmendem Wind, nachm. über 0^0; Feucht. sinkt unter geringen Schwankungen.

28. Bar. steigt bis 10^a und sinkt darauf zuerst langsam, dann schnell; Wind nimmt ab, von 3^p ab fast zur C, W—WSW dreht 10—11^p schnell nach NNE; n.—früh wechselnd bewölkt, seit 11^a gleichmäßig bezogen, st, st-cu bis 8^a WSW, 10^a W, Zug sehr schnell, um 9^a a-cu lenticularis; Temp. wenig Änderung; Feucht.-Schwankungen. **Drachen 120,** 9^3/$_4$—12^a: langsame Temp.-Abnahme mit eingeschalteter Inversion und Isothermie, Wolken in etwa 650 m, Feucht.-Abnahme nach oben.

29. Bar. fällt schnell bis 7^a auf 720^1/$_2$ mm und steigt dann ziemlich schnell; Wind flaut zunächst weiter ab, frischt dann stark auf, Maximum 8^a beim tiefsten Stand des Bar., flaut dann unter Schwankungen ab, dreht rechts NE—WSW um 7^p; bedeckt mit st, mtg. S, 6^p SW, 8^p WSW, 9—10^p W—S, vielfach Lücken, darin ⊙^{0}; ✳^{0} 4—6^a, 4—6^p, ⇥^{0} vorm.; ⊕^{0} 10^a, 6^p, abd. Diamantstaub, aber keine oder nur sehr schwache Haloerscheinung, erst gegen Sonnenuntergang sehr schöne Lichtsäule, der Diamantstaub besteht im wesentlichen aus Plättchen; Abendrot; Temp. sinkt, von 6^a an schneller, Bar.-Minimum. **Drachen 121,** 1—4^p: Inversion um 7^0 400—1000 m, sonst Abnahme, untere st-Grenze 500 m. **Pilot 175,** 7^p: WSW—SW bis 2800 m, Wind nimmt nach oben zu.

30. Bar. steigt bis 8^a, sinkt dann bis Mn.: Wind wechselnd, fast C gegen 2^p, frischt dann erheblich auf, dreht von 7^a an rechts WSW—SE; Bew. nimmt ab, 10^a—2^p fast wolkenlos bis auf ci, ci-cu SW, Himmel bezieht sich dann schnell mit st, st-cu 4—8^a WSW; Diamantstaub^0 vorm., um 9^a aus Plättchen bestehend, kein Halo, gegen 10^a kleiner elliptischer Ring (Halo?), horizontale Halbachse etwa 1^0, vertikale etwa 1.9^0, die Erscheinung wechselte rasch, der Ring war haloartig, weißer, farbloser Ring, innen dunkel, ⊕^{a} 4^p, 21.4—21.6^0

Radius, Morgenrot; Temp. sinkt bis 8ª, steigt um 2ᵖ über 0° und sinkt dann etwas; gegen 2ᵖ ausgesprochenes Minimum der Feucht. **Pilot 176,** 2¹/₄ᵖ: NW, der in etwa 250 m rasch nach WNW und W dreht, bis 400 m sehr windschwach, dann geringe Zunahme, stärkeres Anwachsen von etwa 4000 m an auf 20 mps in 4700 m.

31. Bar. steigt von 3ª an; Wind flaut gleichzeitig ab und dreht langsam rechts SE—WSW; in den Mittagsstunden böig; meist bedeckt mit st, 6—10ª SSE, zwischen 4ª10—7¹/₂ª aufklarend, ci-st SE, ⊕ 4—6ª, Lichtsäule nach unten, helle, verbreiterte Ansatzstelle am Horizont. Sehr viel Diamantstaub früh, ✳° 2ª, 8—10ᵖ; Morgendämmerung; Temp. sinkt bis 7ª, steigt bis 1ᵖ und bleibt gleichmäßig; nachm. Feucht.-Schwankungen bei gleichmäßiger Temp. **Drachen 122,** 9¹/₂—11³/₄ª: Temp.-Abnahme mit geringen Störungen bis 1300 m, untere Wolkengrenze etwa 1000 m.

Zugrichtung der hauptsächlichsten Depressionen: **8.—9.** im wesentlichen aus WSW, sehr nahe zentral; **10.—11.** nähert sich aus E und zieht wieder dahin ab; **13.** aus ESE, nördlich vorbei; **19.—21.** aus SSW, westlich vorüber; **27.** aus WSW, nördlich vorbei; **29.** aus NNW, östlich vorbei; **30.—31.** anscheinend Umkreisung des Beobachtungsortes im Sinn des Uhrzeigers.

1912. November.

1. Bar. bis 6ª stetig, fällt dann sehr schnell auf 715¹/₂ mm; Wind nimmt von 6ª an zu, wird stürmisch und böig und nimmt von 10ᵖ an sehr schnell ab, gleichzeitig dreht der Wind rechts W—E und von 11ᵖ an zurück nach NE; gleichmäßig bezogen, ztw. ☉⁰, nb, fr-st 2ᵖ NNE; ✳⁰⁻¹ 10ª—n., ⇗⁰⁻¹ 2—10ᵖ; Temp. sinkt langsam bis 9ª, steigt ebenso langsam wieder. **Drachen 123,** 9³/₄—12ª: Temp.-Abnahme, untere Wolkengrenze 250 m, starker V-Ansatz.

2. Bar. steigt von 3ª an schnell; Wind nimmt fast zur C ab, wird mit steigendem Bar. stürmisch, flaut von 7ª ab, bis 1ª weitere L.-Dreh. nach N, dann rasche Rückdrehung nach S, von 6ª an stetig; bis 7ª gleichmäßig bedeckt, st wird dann dünner, nachm. wechselnd, ci, ci-cu 7—8ª ziemlich schnell SW, 4—6ᵖ langsam SW in Pbdn. SW—NE, 9ᵖ a-cu lenticularis SSE, st, fr-st und cu-nb S 2—6ᵖ, 2 Schichten der tieferen Wolken, die untere zieht schneller; ✳⁰ 4—10ª und gegen 4ᵖ, ⇗¹⁻⁰ 6ª—2ᵖ, ⊕⁰ in st 2ᵖ, Abendrot, Gegendämmerung⁰, Erdschatten¹; Temp. wenig Änderung, gegen abd. Abnahme.

3. Bar. bis 10ª stetig, fällt dann ganz langsam; mäßiger Wind, vorm. etwas linksdrehend S—SE; Himmel bezieht sich gegen 2ª schnell mit st, st-cu SSE, bleibt dann gleichmäßig bezogen; ✳⁰ 6ª10, 8ª, 6—10ᵖ; Temp. sinkt bis 2ª auf —17°, steigt dann mit zunehmender Bew. auf etwa —9°.

4. Bar. wenig Änderung, schwaches Minimum gegen 3ᵖ; frischer Wind, flaut nachm. ab, SE—S, morgens etwas böig; gleichmäßig bezogen mit st, fr-st, nb SSE, ztw. Lücken, dann ☉⁰⁻¹, abd. a-cu, ci langsam NE; ✳⁰⁻¹ 4ª—n.; Temp. wenig Änderung. **Drachen 124,** 9¹/₂—11¹/₂ª: geringe Temp.-Abnahme, untere Wolkengrenze 300 m, ◡◡ und V-Ansatz. **Pilot 177,** 7¹/₂ᵖ: SE, von 500 m an Drehung nach S bis 1350 m, dort st-Grenze.

5. Bar. steigt; Wind frischt auf, abd. böig, dreht nachm. langsam rechts S—SW; wechselnd bewölkt, vielfach bedeckt, ci-st 6ª SE?, 7—8ª NE, st 2ª S, st, fr-cu 2—8ᵖ SSW, abd. cu-nb, 2 Schichten tiefere Wolken; ✳⁰ 4—10ª, ⇗⁰ 4ᵖ, oft ☉¹; ⊕ 10ª—2ᵖ in ci, abd. aufklarend, dabei fällt die Temp., die tags um —10° geschwankt hat. **Drachen 125,** 11ª—2ᵖ: geringe Bodeninversion bis 100 m, darüber Abnahme bis 1100 m.

6. Bar. steigt weiter; frischer SW, der von 5ᵖ an abflaut; wechselnd bewölkt, n. klar, 3—11ª bedeckt, mit st, nachm. fast wolkenlos, um 8ᵖ dunkle Wolkenbank im S, dann bedeckt, mtg. a-st, a-cu SW, nachm. ci am Horizont, fr-st nachm. WSW—SWzW; ✳ 10ᵖ—n., tags Diamantstaub; Temp. wenig Änderung, —11 bis —16°. **Drachen 126,** 9¹/₂ª—0¹/₄ᵖ: geringe Bodeninversion, zwischen 350—500 m geringe Inversion mit Feucht.-Sprung um 30 % und sprungweise Windzunahme, st-Grenze 1400 m. **Pilot 178,** 4ᵖ: WSW—SSW bis 4800 m.

7. Bar. fällt; Wind nimmt bis 2ª fast auf C ab, frischt dann erheblich auf unter R.-Dreh. SW—N—SE; bis 4ᵖ gleichmäßig bezogen, dann aufklarend, a-cu 4—6ᵖ WSW, st, fr-st 8—9ᵖ SE; ✳⁰⁻¹ 8ª—4ᵖ, ⇗⁰ 8ᵖ—n.; ⊕ 7—8ᵖ, Lichtsäule über und unter der Sonne, Teile des 22°-Halo, rechte und linke Nebensonne in aufgewirbeltem Schnee, Abendrot, Gegendämmerung²; Temp. steigt auf —10°, beginnt beim Aufklaren zu sinken. **Drachen 127,** 1—3ᵖ: Temp.-Abnahme bis auf Störungsschicht 400—700 m, untere st-Grenze anfänglich 380 m, später 600 m. **Pilot 179,** 5ᵖ: E bis 650 m, dann durch Schneetreiben verloren. **Pilot 180,** 7¹/₂ᵖ: ESE—E, in 1400 m Drehung nach SE unter Abnahme bis 2000 m, darüber schnelle R.-Dreh. nach W—WSW bis 4800 m, Wind nimmt zu bis über 20 mps, das Maximum im E liegt bei etwa 300 m.

8. Bar. steigt ganz langsam; Wind flaut etwas ab, SE, dreht von 10ª langsam rechts bis SSW; fast ganz wolkenlos bis auf ci-st am Horizont, ztw. fr-st SE; ⇗⁰ n.—10ª und 4ᵖ; ⊕ 4—6ª, 22°-Halo, ztw. auch 46°-Halo, rechte und linke Nebensonne und Lichtsäule über und unter der Sonne in Diamantstaub, Morgendämmerung, Erdschatten⁰, Abendrot, Gegendämmerung⁰, Erdschatten¹; Temp. sinkt unter geringen Schwankungen auf —20° abd. **Drachen 128,** 9³/₄ª—0¹/₄ᵖ: fast isotherm bis 1700 m mit eingeschalteten kleinen Inversionen, Feucht. in der Höhe gering. **Pilot 181,** 4ᵖ: SSE—SE dreht in 2500 m langsam rechts nach SW bis 9150 m.

9. Bar. stetig, beginnt um 10ᵃ zu fallen; Wind flaut im Durchschnitt ab, abd. R.-Dreh. SW—WNW; vorm. wechselnd bewölkt, von 11ᵃ ab wolkenlos bis auf ci am Horizont, ci-st, ci-cu 2ᵃ SSW, 4—6ᵃ schnell aus WSW, 10ᵃ SW, a-cu, a-st lenticularis 7—8ᵃ SW, st 2ᵃ SSW, 4ᵃ WSW, 6—8ᵃ SW; V, ≡ Mn.; 1ᵃ Dämmerung, Abendrot², Gegendämmerung², Erdschatten²; Temp. steigt bis 4ᵖ auf —12⁰, sinkt dann wieder auf —20⁰, morg. und abd. Schwankungen, sonst ganz gleichmäßig. **Pilot 182,** 2ᵖ: SW, mit der Höhe zunehmend bis 5000 m.

10. Bar. fällt um 15 mm; bis 4ᵃ fast windstill, frischt dann auf, dreht bis 3ᵃ rasch rechts W—NE und langsam weiter nach SE; morg. wechselnd bewölkt, nachm. gleichmäßig bezogen, ci, ci-st, ci-cu 7ᵃ—mtg. SW, ziemlich schnell, um 10ᵃ schöne Pbdn. SW—NE, st 2ᵃ N verschwinden um 7ᵃ, treten um 11ᵃ wieder auf, Zug N; ✻⁰⁻¹ 4¹/₂ᵖ—n.; Temp. unruhig, steigt 3ᵃ—3ᵖ von —22⁰ auf —8⁰, bleibt dann stetig ohne Schwankungen. **Pilot 183,** 10¹/₂ᵃ: NE, von 200 m an NNE, dreht von 1500 m an gleichmäßig auf WNW bis 3800 m.

11. Bar. fällt langsam weiter, von mtg. an fast stetig, 718¹/₂ mm; Wind nimmt bis mtg. stark zu, stürmisch, flaut dann etwas ab, SSE—S, Wind ztw. böig; ganz gleichmäßig bezogen mit st, nb, Zug 2ᵖ langsam S?, ztw. ⊙⁰; ✻⁰⁻¹, ⇁⁰⁻¹ n.—n.; Temp. sehr gleichmäßig, —8 bis —9⁰. **Drachen 129,** 10—11ᵃ: geringe Temp. Abnahme, untere Wolkengrenze 400 m, obere 750 m (?).

12. Bar. fällt langsam weiter; SW flaut ab, ztw. böig; gleichmäßig bedeckt, st, fr-st, nb, 6—8ᵃ SSW (?), 10ᵃ—2ᵖ SW, ztw. Lücken, dann höhere Wolken sichtbar, 8ᵖ ci-st NW; ⊕⁰ vorm.; Temp. gleichmäßig, steigt bis auf —5⁰. **Drachen 130,** 9¹/₂—12ᵃ: geringe Bodeninversion bis etwa 50 m, gleichmäßige Abnahme bis 2000 m, darüber Störungsschicht, Feucht. ziemlich hoch, fr-st 380 m, st über 1000 m.

13. Bar. fällt weiter bis 6ᵃ auf 714¹/₂ mm und steigt dann; mäßiger bis frischer Wind aus SW—WSW, flaut ab; bedeckt, ztw. Lücken, ci NW ziehen nachm. etwas schneller als am Morgen, 2 Schichten unterer Wolken, die obere cu, cu-nb, die untere fr-st, nb, beide SW; ✻⁰ n.—4ᵖ, 9ᵖ—n., ⇁⁰ n.—6ᵃ; Temp. gleichmäßig, nachm. geringe Schwankungen, ebenso die Feucht. **Drachen 131,** 9¹/₂—12ᵃ: geringe Bodeninversion bis 50 m, darüber gleichmäßige Temp.-Abnahme, fr-nb in 250 m.

14. Bar. steigt weiter bis 10ᵃ, fällt von 3ᵖ ab langsam; Wind flaut weiter ab bis fast zur C, dreht langsam links WSW—SE, gegen 9ᵖ raschere Drehung zwischen SSW und SSE; meist bedeckt mit st, nb, cu, cu-nb, 2ᵃ SW (?), mtg. SSE, nachm. S, ziemlich schnell, mehrfach Lücken, darin a-cu 6ᵖ S und ci; ✻⁰ 6—10ᵃ mit Unterbrechung, ✻ʳ⁰ 6ᵖ40—n.; Temp. gleichmäßig, einem Aufklaren gegen 2ᵃ und 6—7ᵖ entspricht ein vorübergehendes Sinken um einige Grad. **Drachen 132,** 1¹/₂ᵖ: Bodeninversion bis 100 m und darüber.

15. Bar. fällt etwas bis 9ᵃ, steigt dann wieder; Wind frischt erheblich auf, bis 8ᵃ L.-Dreh. ESE—WSW, dann plötzliche Rückdrehung nach SE, von 10ᵃ an stetig SSE; n. ziemlich klar, seit etwa 7ᵃ gleichmäßig bezogen, ztw. mit Lücken, ci-st, ci-cu 4—6ᵃ SSE, 1¹/₂ᵖ ESE, st, st-cu 2ᵃ S, 6ᵃ SSW, 7ᵃ SW; V¹ früh, ✻⁰⁻¹ 8ᵃ—6ᵖ mit Unterbrechung, ⊙⁰ mehrfach, ⌁ 6ᵖ, ⇁⁰ 2ᵖ—n.; ⊕ in ci nachm., Abendrot⁰; beim nächtlichen Aufklaren Sinken der Temp. auf —14¹/₂⁰, Minimum 4ᵃ, dann Steigen bis 3ᵖ auf —4⁰, darauf ganz stetig. **Drachen 133,** 9¹/₂ᵃ—1ᵖ: gleichmäßige Temp.-Abnahme bis 1760 m, 2 Wolkenschichten, obere etwa 1700 m, untere 600 m.

16. Bar. steigt langsam bis 7ᵃ, dann ganz gleichmäßig; frischer S—SSW; ganz gleichmäßig bezogen, 2 Wolkenschichten st, nb nach Drachen in etwa 1200 m, fr-st etwa 500 m, aus S 7ᵃ; ✻⁰⁻¹ n.—n. mit Unterbrechung, ⇁⁰ n.—4ᵃ, ⌁ ztw.; Temp. ganz gleichmäßig. **Drachen 134,** 9¹/₂—12ᵃ: geringe Bodeninversion bis 100 m, darüber gleichmäßige Abnahme, Rauhreifansatz.

17. Bar. bis 6ᵃ stetig, steigt dann ganz langsam; frischer SSW—S, flaut langsam ab; gleichmäßig bezogen, nachm. einige Lücken, darin a-cu zu sehen, sonst st, st-cu, cu-nb SSW, fr-st S; ✻⁰ 4—10ᵃ, 8—9ᵖ, ⇁⁰ n.—8ᵃ; Temp. gleichmäßig, sinkt abd. auf —10⁰.

18. Bar. gleichmäßig, beginnt um 5ᵖ langsam zu steigen; Wind flaut bis 5ᵃ schnell ab, dann mäßig bis schwach, dreht 8—10ᵃ rechts SW—W; gleichmäßig bedeckt mit st, st-cu, nb 1ᵃ und 7ᵃ SW, mtg. WSW, vorm. ztw. ⊙⁰; ✻ fl. öfter; Temp. sinkt bis 2ᵃ, steigt bis 3ᵖ und bleibt dann stetig.

19. Bar. steigt langsam; Wind frischt vorm. auf, sinkt abd. etwas, W—SW, ztw. böig; gleichmäßig bezogen mit st, st-cu 8ᵃ WSW langsam, ztw. Lücken, ⊙⁰ vorm.; ✻⁰ 11³/₄ᵃ—mtg., ⌁⁰ 9ᵖ; Temp. gleichmäßig, —5⁰ bis —7⁰; Feucht. etwas unruhig.

20. Bar. steigt ganz wenig weiter; mäßiger W—SW flaut nachm. ab; ganz gleichmäßig bedeckt mit st, fr-st, nb; ✻⁰ 4—8ᵃ mit Unterbrechung; Temp. gleichmäßig; Feucht.-Schwankungen nachm. ohne Temp.-Änderungen, siehe Kurve, Figur 46.

21. Bar. fällt langsam bis 6ᵖ, dann stetig; Wind flaut 3ᵃ zur C ab, erhebliches Auffrischen nachm., dann erneute Abnahme, Wind dreht durch C von W—NE und nachm. weiter rechts nach ESE; gleichmäßig bedeckt, mtg. einige Lücken, dann ⊙⁰, mtg. 2 Wolkenschichten, untere st, fr-st ENE, obere st-cu oder a-cu W, diese sehr langsam, 9ᵖ a-cu sehr langsam aus W, nb SE; Sprüh-●⁰ 8ᵃ, ✻⁰⁻¹ 10ᵃ—10ᵖ; Abendrot; Temp. gleichmäßig. **Drachen 135,** 9¹/₂—11ᵃ: Temp.-Abnahme bis 600 m, st-Grenze 270 m.

22. Bar. steigt langsam bis mtg., fällt dann; Wind flaut fast bis zur C ab und nimmt dann rasch zu, dreht zunächst langsam SE—SSE, dann während der windschwachen Zeit schnell nach W und um 3ᵖ nach NNE, von 9ᵖ an geringe Rückdrehung nach N; gleichmäßig bezogen mit st, fr-st, nb 4ᵖ NNE, morg. ztw. Lücken, ⊙⁰, dann a-cu W ganz langsam, fr-st 9ᵃ NW, nachm. unsichtig, diesig; ✻⁰ 4ᵖ—n., ⇁⁰ 8—10ᵖ; Temp. steigt bis mtg. nahe 0⁰, dann gleichmäßig.

23. Bar. steigt von 3ᵃ an langsam; Wind nimmt bis mtg. stark zu, in Böen bis zum Sturm, nimmt nachm. wieder ab, früh L.-Dreh. N—NW, nachm. Rückdrehung; gleichmäßig bezogen mit nb, st, ztw. Lücken, ⊙⁰, 6—8ᵖ a·cu langsam W, st, fr-st sehr schnell 6ᵖ NNW, 8ᵖ N; ✳⁰⁻¹ n.—10ᵃ, ◉⁰ 6—7ᵃ, feuchtes, unfreundliches Wetter; Temp. gleichmäßig um 0⁰.

24. Bar. fällt langsam; Wind flaut bis 4ᵃ unter R.-Dreh. N—NE ab, bleibt dann NE, frischt bis nachm. erheblich auf und nimmt abd. wieder ab; gleichmäßig bezogen; ✳⁰⁻¹ n.—n., ◉⁰ mehrfach, nasser ✳, gelegentlich ⊙⁰, ≡⁰ früh, ⌒⌣⁰ früh, abd.; Temp. ganz gleichmäßig um 0⁰.

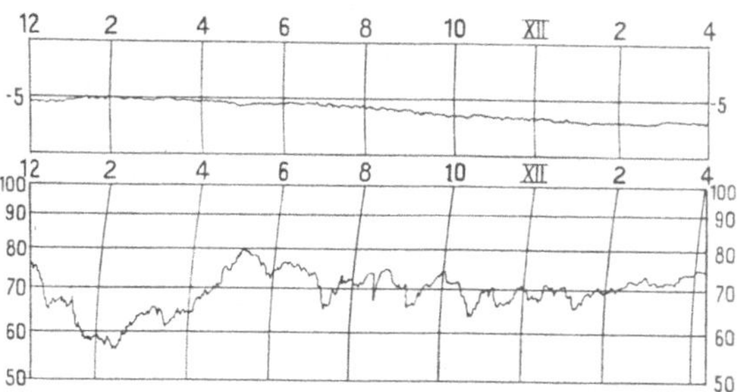

Fig. 46.
Temperatur und relative Feuchtigkeit: 1912, November 20., 0ᵖ—21., 4ᵃ.

25. Bar. steigt bis 3ᵖ, sinkt dann; Wind flaut bis 6ᵃ ab, dreht dann rasch links NE—WNW, nimmt nachm. wieder unter R.-Dreh. nach ENE zu, Wind abd. böig; gleichmäßig bezogen, mtg. ztw. ⊙⁰, st, nb NW—WNW; ✳⁰ n.—2ᵖ, Sprüh-◉⁰ 8—10ᵖ, △⁰ 2ᵃ; Temp. gleichmäßig.

26. Bar. fällt bis 10ᵃ, steigt dann; Wind nimmt bis 3ᵃ weiter zu, flaut bis 2ᵖ ab, dann wieder Zunahme, von 6ᵃ an L.-Dreh. ENE—WSW, am schnellsten 5—6ᵃ und 0—3ᵖ, nachm. böiger Wind; meist gleichmäßig bedeckt, gegen 4ᵖ ztw. aufklarend, dann a-cu W, st, fr-st W nachm., 6ᵖ nb, cu-nb im W; ✳¹⁻⁰ n.—8ᵃ, ✳, ◉-Böen 3¹/₂ᵖ, ✳-Bö 5ᵖ; Temp. gleichmäßig; Feucht.-Schwankungen nachm.

27. Bar. steigt bis mtg. und fällt dann langsam; Wind flaut unter R.-Dreh. SW—NNW ab; gleichmäßig bezogen mit st, fr·st, 6ᵃ W; ✳¹⁻⁰ n.—8ᵃ, dann ✳-Böen ztw.; Temp. wenig Änderung.

28. Bar. fällt bis 4ᵖ, beginnt dann langsam zu steigen; Wind frischt auf, nimmt abd. ztw. ab, dreht n. schnell NNW—E—ESE rechts, springt kurz vor 9ᵖ von ESE—SSW; gleichmäßig bedeckt, st, fr-st in 2 Schichten, die untere fr-st SE um 7ᵃ und 2ᵖ, ⊙⁰ vorm., gelegentlich feuchtes, trübes Wetter; ◉⁰ 5ᵃ, ⌒⌣⁰ 6—7ᵃ, ✳⁰ 10ᵖ—n., ✳-Böen ztw.; Temp. gleichmäßig, —2⁰ bis —3⁰, Feucht. nachm. etwas schwankend. **Drachen 136,** 8³/₄—10ᵃ: gleichmäßige Temp.-Abnahme bis etwa 800 m, fr-st etwa 450 m hoch.

29. Bar. steigt; frischer SW—SSW, der nachm. abflaut, abd. L.-Dreh. nach SSE; bis 10ᵃ bedeckt, dann aufklarend und von 8ᵖ an wieder bedeckt, st, fr-st 8ᵃ S, 10ᵃ 2 Schichten, obere st-cu SSW, mtg.—2ᵖ a-cu schnell SSW, cu, fr-cu SSW, 4—6ᵖ ziehen beide Schichten aus S, die untere auch später noch; ✳¹ 3ᵃ, ✳⁰⁻¹ 9ᵖ—n.; Temp. gleichmäßig; Feucht. in den Mittagsstunden etwas unruhig.

30. Bar. steigt langsam weiter; schwacher Wind, dreht nach links weiter bis SE; gleichmäßig bezogen, st mtg. SSW, 2ᵖ st-cu S, abd. a-cu durch Lücken sichtbar, ztw. ⊙⁰; ✳⁰ n.—7ᵃ mit Unterbrechung, 10ᵖ; Abendrot[1]; Temp. gleichmäßig, sinkt abd.; Feucht.-Schwankungen am Tage.

Zugrichtung der hauptsächlichsten Depressionen: **1.—2.** wesentlich aus W, nördlich vorbei, fast zentral; **7.—8.** aus W, nördlich vorbei; **10.—14.** wesentlich aus WNW, trotz der Tiefe geringe Gradienten; **26.** aus WNW, beinahe zentral; **28.—30.** wesentlich aus SSW, östlich vorbei.

1912. Dezember.

1. Bar. steigt bis 8ᵃ langsam, dann stetig; Wind mäßig, frischt gegen mtg. vorübergehend auf, ESE, dreht nachm. langsam rechts nach SSE; n. klar, von 5ᵃ an bedeckt, kurzes Aufklaren gegen 1ᵖ, a-cu, a-st, fr, 8ᵃ SE, st-cu 1ᵃ S, 6ᵃ SSE, 8ᵃ—mtg. SE, n. 2 Wolkenschichten; ✳-Böen am Horizont 7ᵃ, ✳ fl. 2ᵖ, ✳⁰ 6—10ᵖ; Morgenrot; Temp. sinkt bis 4ᵃ auf —8⁰, steigt dann auf —4⁰; Feucht. und Temp. entgegengesetzt, Feucht.-Schwankungen nachm.

2. Bar. gleichmäßig; Wind frischt auf, SSE—S; gleichmäßig bezogen, st-cu, st SSE 6ᵃ—mtg., ztw. Lücken; △⁰ abd. ztw., ⌒⌣ Mn.; Temp. gleichmäßig; Feucht. mit Schwankungen. **Drachen 137,** 1¹/₂—3ᵖ: Temp.-Abnahme bis 850 m, darüber Inversion um 2⁰ bis 950 m, untere Wolkengrenze 500 m, obere 900 m, vereister V am Drachen.

3. Bar. stetig, steigt nachm. langsam; Wind frischt weiter auf, nimmt von 10^a an ab, morg. böig, stetiger S-Wind; gleichmäßig bezogen, st, st-cu S, gegen 5^p Aufklaren, dann ci-st SSW, a-cu S, st-cu in Pbdn.; Sprüh-☉^{0} 3^a, ✳^{0} 6—8^a; Abendrot; Temp. wenig Änderung.

4. Bar. gleichmäßig; frischer, stetiger SW; gleichmäßig bezogen mit st S, gelegentlich Lücken, dann ☉^{0}; Temp. ganz gleichmäßig. **Drachen 138,** 10^a: Temp.-Abnahme, untere Wolkengrenze 400 m, vereister V-Ansatz.

5. Bar. steigt langsam; frischer SW, flaut gegen Abend unter R.-Dreh. nach SSW ab, Wind abd. böig; gleichmäßig bezogen mit st-Decke, Zug 6^p S, dann SSW, abd. 2 Wolkenschichten; ✳^{0} 4^a, △-Schauer 5^1/$_2$^{p}, ✳, △^{1} 7^3/$_4$^{p}; Temp. wenig Änderung; Feucht. etwas unruhig, steigt gegen Abend. **Drachen 139,** 9^1/$_2$—12^a: gleichmäßige Temp.-Abnahme, st-Grenze 500 m, starker V-Ansatz.

6. Bar. steigt sehr wenig; Wind flaut ab, dreht links SSW—ESE; meist bezogen, etwa 3—5^a fast wolkenlos, st 2^a SSE (?), 7^a—2^p S ziemlich schnell; 4^p Luftspiegelung, Hebung der Kimm über einer großen Wake; Temp. wenig Änderung.

7. Bar. steigt wenig bis 2^p, dann stetig; Wind flaut fast bis zur C ab und frischt von mtg. an wieder auf, durchschnittliche L.-Dreh. E—NNW; ganz gleichmäßige st-Decke ohne Lücken; 1^1/$_2$^{a} Morgenrot^0; Temp. steigt in den Mittagstunden, etwas unruhig; Feucht. sinkt dabei.

8. Bar. fällt langsam; Wind frischt bis mtg. auf, nimmt dann wieder unter geringer L.-Dreh. NNW—WNW ab, Wind n. böig; gleichmäßig bezogen mit st, 3^p Lücke, fr-st WNW, a-cu südlich (?); △^{0}-Schauer früh mehrfach; Temp. steigt mtg. einige Zehntel über 0^0.

9. Bar. fällt; Wind mäßig, dreht bis 3^p rechts NW—NE, dann stetig, böiger Wind; gleichmäßig bezogen mit st, nb; ☉^{0} 8^a, △^{0} 8^1/$_2$^{a}, ✳^{0} 4—10^p, ☉^{0} Mn., abd. feuchtes, unfreundliches Wetter; Temp. gleichmäßig.

10. Bar. fällt langsam bis 9^a, steigt dann wieder wenig; Wind nimmt bis 4^a ab, nimmt bis 8^a zu und flaut wieder ab, dreht rechts NE—WSW; gleichmäßig bezogen, gegen 4^a Lücken, dabei ☉^{0} und a-cu sichtbar, ✳^{0} n.—7^a mit Unterbrechung, ☉^{0} ztw., ✳$^{0·1}$ 2^p—n., mehrfach in Sprüh-☉ übergehend; Temp. gleichmäßig, etwas unter 0^0. **Drachen 140,** 9^1/$_2$—11^1/$_2$^{a}: blättrige Isothermie von 200 m an, st-Grenze 180 m, obere etwa 900 m, dort trockene Schicht angeschnitten, ∾ und V^0 am Drachen.

11. Bar. wenig Änderung; Wind frischt vorm. auf, nimmt dann ab, ztw. C, dreht rechts SW—WNW bis 5^a, von 2^p ab weiter nach ENE; gleichmäßig bedeckt, gelegentlich ☉^{0}, 3^a vorübergehendes Aufklaren, ebenso 1^1/$_2$^{p}, dann a-cu und ci-cu sichtbar WNW—W, st 2^p WNW, 4^p N; ✳^{0} n., mtg. und abd. öfter, ☰^{1} früh mehrfach, ☰⦂$^{0·1}$ Mn.; Temp. steigt um Mittag auf +2^1/$_2$^{0}; Feucht. sinkt gleichzeitig.

12. Bar. steigt von 10^a an; Wind mäßig, nimmt bis zum Nachmittag etwas zu, dreht weiter rechts E—SSW; gleichmäßig bedeckt mit st, fr-st, feuchtes, unsichtiges Wetter; ☰$^{0·1}$ n.—8^a, ⌣$^{0·1}$ 4—7^a; Temp. und Feucht. gleichmäßig.

13. Bar. wenig Änderung, steigt langsam; Wind wechselt, dreht vorübergehend 8^a—4^p SSW nach W und zurück, abd. wieder Drehung nach WSW; gleichmäßig bezogen mit st, st-cu, nachm. in 2 Schichten, obere vielleicht a-cu W, st-cu, st 2^p W, 4^p SW, 8—9^p S, 11^1/$_2$^{a} cu im S direkt in der Kimm, sie sehen wie fernes Land aus; nachm. ✳-Böen rings am Horizont, ✳^{0} 4^p, ✳$^{0·1}$ 4^3/$_4$^{p}, ✳^{0}, △^{0} 10^{p}10; Temp. und Feucht. wenig Änderung. **Pilot 184,** 8^p: SSW—SW bis 1900 m, zwischen 1400 und 1500 m windschwache Schicht.

14. Bar. steigt; Wind frischt 3—6^a stark auf, im allgemeinen frisch, schwankt zwischen SSW und WSW; meist bedeckt, mehrfach Lücken, 8^a a-st SSW, 9^p ci sehr langsam, st, st-cu 7—8^a SSW, nachm. SW—WSW; ✳$^{0·1}$ 4^a, 5^a, 5^1/$_2$^{p}, △^{0} 5^a, ●, △, Eis-●, ∾ gegen 8^p; farbiger Regenbogen nachm. öfter; den ganzen Tag Böenwolken; Temp. um —3^0.

15. Bar. steigt bis 5^a, fällt dann langsam; mäßiger Wind, der bis 1^p langsam rechts dreht WSW—NW, von 6^p an schnell links nach S; meist bedeckt mit st, fr-st, nb, bis 2^p WSW, 4^p W, 6^p NW, tags oft Wolkenlücken; 5^1/$_2$—9^p mehrfach Sprüh-●, ∾^{0} 8^p—n., ✳, △-Bö 7^1/$_2$^{p}; Temp. nachm. um 0^0; Feucht.-Schwankungen.

16. Bar. fällt, nachm. stetig; mäßiger S—SW, frischt unter L.-Dreh. SSW—SE gegen 3^p erheblich auf; meist bedeckt bis mtg., dann verschiedentlich aufklarend, nb 10^a SE, 2^p st-cu, nb ESE, 4—6^p SE, vielfach Böenwolken, abd. zum Teil in Amboßform; ✳^{0} mehrfach, ztw. in großen Flocken; Temp. wenig Änderung; Feucht. stärkere Schwankungen, sinkt bis etwa 60^0/$_0$.

17. Bar. gleichmäßig; frischer S, böig, schwankt mehrfach zwischen SSW—SSE; ganz gleichmäßig bezogen mit st, st-cu, mtg. einige Lücken mit ☉^{0}, ☰^{0} 8^p, ✳-Bö 8^1/$_4$^{p}; Temp. gleichmäßig.

18. Bar. steigt langsam; Wind flaut nach kurzer, stärkerer Auffrischung 3—5^a fast bis zur C ab, dreht langsam rechts S—N, schnell zwischen 8—9^p, n. böig; gleichmäßig bezogen mit st, st-cu 8^a SW (?), abd. ztw. Lücken, gegen Mn. schnell aufklarend; Temp. gleichmäßig.

19. Bar. gleichmäßig; n. ruhig, Wind dreht rechts bis mtg. NE—NNW; Bew. gegen 6^a sehr gering, Himmel bezieht sich dann gegen 9^a schnell mit a-cu, st-cu NW; ✳$^{0·1}$-Bö von 9^a an; Temp. steigt über 0^0, beim Einlaufen in die Cumberlandbai gegen 3^p steigt die Temp. rasch um 2—3^0, während die Feucht. um über 20^0/$_0$ sinkt.

Zugrichtung der hauptsächlichsten Depressionen: **8.—14.** aus S, zieht im Osten und Norden vorbei, dort stationär, ab nach W—WSW.

b) Zusammenfassende Bemerkungen.

Am Schlusse jeden Monats sind die wahrscheinlichen Zugrichtungen der Depressionen zusammengestellt. Dies erfordert noch einige ergänzende Erläuterungen. Die Feststellung der Zugrichtung einer Depression hat immer etwas mißliches, wenn man nur eine einzige Station zur Verfügung hat, und es infolgedessen nicht möglich ist, synoptische Wetterkarten zu zeichnen. Nach dem Vorgehen von Mohn im Fram-Werk, S. 577 ff. kann man sich so helfen, daß man bei jeder ausgesprocheneren Depression für die einzelne Beobachtung die Richtung des Gradienten nach den Winden zu bestimmen sucht und dann aus den Drehungen dieser Vektoren den voraussichtlichen Zug bestimmt. Die durchschnittliche Linksdrehung des Windes wurde nach den Drachen- und Pilotaufstiegen zu $22\,^{1}/_{2}^{0}$ angenommen; dieser Wert wurde genommen, um eine besonders einfache Rechnung zu haben. Ferner wurde der Einfachheit halber nicht für jede Stunde die Richtung auf das Tief hin bestimmt, sondern nur für jede fünfte Stunde; dies erschien ausreichend. Ich habe ferner nicht die willkürliche Grenze von 10 mm Anstieg und Fall genommen, sondern die Auswahl der mitzunehmenden Fälle nach dem Augenschein der graphischen Darstellung der meteorologischen Elemente getroffen, die für die ganze Beobachtungszeit gezeichnet wurde.

Im ganzen erhalte ich so 59 Depressionen, die in der Nähe der »Deutschland« entlang zogen. Zugrichtungen mit Westkomponente gibt es 36, also weit über die Hälfte aller Fälle, wovon 15 rein West waren, die Nachbarrichtungen sind mit je 6 und die übrigen noch mit je 2 bis 3 Fällen vertreten. Zugrichtungen aus Osten finden wir 7, charakteristischerweise entfallen 4 davon auf den Februar, sie fallen also in ein Gebiet, wo die Winde nach den früheren Ausführungen im wesentlichen nicht mehr rein von den Depressionen beherrscht werden, die drei übrigen finden wir im Dezember, März und Oktober. Unbestimmte Richtung ergibt sich in 7 Fällen, in denen manchmal eine Umkreisung des Beobachtungsortes stattzufinden scheint. In den restlichen 8 Fällen scheint die Depression sich aus östlicher Richtung zu nähern und wieder nach Osten abzuziehen. Zu dieser Kategorie gehören vielleicht auch einige der Fälle mit unbestimmtem Zug und vielleicht auch ein Teil derjenigen mit Ostzug, bei denen das Abziehen in weiterer Entfernung stattfand, sodaß dies nicht mehr in die obige Zahl aufgenommen wurde. Es scheint sich hierbei um Vorstöße des im Durchschnitt im östlichen Teil des Weddellmeeres stationären Tiefs zu handeln, wir finden sie hauptsächlich im Winter.

Es ergibt sich so eine durchaus vorherrschende Zugrichtung der Depressionen aus Westen, wie es auch in niedrigeren Breiten der Fall ist. Im Einzelfall wird die Bewegung und Gestalt der Depressionen natürlich komplizierter sein, als es nach dieser schematischen Behandlung erscheint. Es ist ja im allgemeinen vorausgesetzt, daß es sich um normale, d. h. annähernd kreisförmige Tiefs handelt.

Wenn ich nun noch die Richtungen betrachte, in denen die Depressionen vorbeigezogen sind, so ergeben sich wieder neue Gesichtspunkte. Ich beschränke mich hierbei auf nur drei Typen, zentraler Zug, nördlich vorbei und südlich vorbei, wie es oben auch für die Einzelfälle angegeben ist, siehe Tabelle 117. In 25 Fällen zog das Tief südlich vorbei, in 18 Fällen nördlich vorbei und in 10 Fällen zentral oder wenigstens sehr nahe zentral, der Rest entfällt auf zweifelhafte Fälle.

Auch hier ist die Verteilung über die einzelnen Monate bemerkenswert, wie die Tabelle lehrt. Im Februar und März geht der Zug nur nördlich vorbei und ebenso im Oktober, während von Mai bis September die Depressionen hauptsächlich südlich vorbei ziehen. In der kalten Jahreszeit liegt also die Hauptzugstraße der Depressionen südlich des Schiffsortes. Kompliziert wird diese Erscheinung noch durch einen wahrscheinlichen jährlichen Gang oder jährliche Wanderung. Wie groß dieser ist, läßt sich aus diesem einen Jahr nicht genügend entscheiden. Es bleibt aber die Tatsache einer recht weit südlich gelegenen Zugstraße. Von Februar bis etwa April würden wir südlich davon gewesen sein, von April ab nördlich davon, bis wir im Oktober wahrscheinlich in den Bereich der weiter nördlich ziehenden Tiefs kamen, die bekanntlich in etwa $50-60^{0}$ S. Br. zu ziehen pflegen. Diese so ermittelte südliche Zugstraße würde nach diesen Feststellungen in der Nähe des 72. Breitengrades zu suchen sein.

Im Mittel wird sich eine solche Zugstraße dahin äußern, daß in dieser Gegend der mittlere Luftdruck besonders gering ist und unter Mitwirkung des Einflusses der Landumrahmung sich ein gesondertes stationäres Tief ausbildet, das durch eine ost-westlich verlaufende Zunge relativ hohen Luftdrucks getrennt wäre. Nach diesen Darlegungen wäre übrigens der früher im Kapitel I »Luftdruck« mitgeteilte regelmäßige jährliche Gang des Luftdrucks zum Teil durch die Lage des Schiffes zu den obigen Tief- und Hochdruckgebieten verursacht, wenn auch wohl nur zum Teil.

Vielleicht hängt mit dieser Lage der Hoch- und Tiefdruckgebiete auch die Eisverteilung bei der Südfahrt der »Deutschland« zusammen. Wir fanden in einem Gürtel nach Überschreiten des 70. Grad S. Br. schweres Eis, während es von etwa $65-70^{0}$ S. Br. und von etwa 75^{0} an leichter passierbar war.

Tabelle 117.   Zug der Depressionen.
Zahl der Fälle.

	Zentral	südlich vorbei	nördlich vorbei
1911. Dezember . .	—	1	1
1912. Januar . . .	—	2	—
Februar . . .	1	—	5
März	—	—	3
April	—	2	2
Mai	1	3	—
Juni	—	4	—
Juli	1	2	1
August . . .	2	4	—
September .	2	5	—
Oktober . . .	1	—	4
November . .	2	2	1
Dezember . .	—	—	1
Summe	10	25	18

Einen weiteren Anhaltspunkt über die Lage des stationären Tiefs kann ich bekommen, wenn ich aus der resultierenden Windrichtung, von der in Tabelle 51 auf S. 41 die Werte für die Jahreszeiten und das Jahr veröffentlicht wurden, die Richtung bestimme, in der das Zentrum des stationären Tiefs liegen muß. Ich benutze hier wieder für den Betrag der Linksablenkung des Windes den Wert von 22° und habe demnach 90 + 22 = 112° von der Windresultanten abzuziehen, um die Richtung des Gradienten vom Schiffsort aus zu erhalten. Im Idealfalle, bei wirklich ganz stationärem Tief müßten alle diese Vektoren sich auf der Karte schneiden. Dies tun sie natürlich nicht, aber man kann doch erkennen, daß das südliche stationäre Tief sich in etwa 71° S. Br. und etwa 30° W. L. befindet, dies gilt für die Zeit zwischen Februar und August. Später divergieren diese Vektoren, sie zeigen alle meist weit nördlicher, mindestens in die ersten 60er Grade. Der auch sonst herausfallende September weist auf ein viel weiter westlich gelegenes Zentrum.

Wir haben demnach für den Winter eine sehr weit nach Süden liegende Zugstraße, jedenfalls südlicher als z. B. die Mittelkarten des Gauß-Werkes zeigen und auch als Moßman annimmt. Wir finden aber genügende Übereinstimmung mit den obigen Erörterungen, wo wir etwa 72° S. Br. feststellten.

Ein analoger Fall scheint im Gebiet des südlichen Roßmeeres vorzukommen. Nach der Karte der Druckverteilung, die Simpson (a. a. O. S. 176) gibt, liegt der Kern des Roßmeer-Tiefs in etwa 76° S. Br., also noch südlicher. Nördlich davon erstreckt sich ebenfalls eine Zunge hohen Luftdrucks in etwa 72° S. Br. Auch dort haben wir nach der angeführten Karte in dieser Breite eine Zunge dichteren Packeises.

Auch im hohen Norden scheint eine ebenso hoch polar gelegene Zugstraße der Depressionen zu liegen, wie aus den Erörterungen von Mohn im Fram-Werk sich ergibt. Dort ziehen die Depressionen sogar in etwa 80° N. Br.

Eine weitere Bestätigung dieser Anschauung von der weit südlich gelegenen Zugstraße von Depressionen möchte ich in folgendem erblicken. In der Gegend einer solchen Zugstraße müssen die Amplituden der barometrischen Wellen größer sein als z. B. weiter nördlich oder südlich. Ich greife hier den im Schlußkapitel näher ausgeführten Erörterungen vor. Dort sind Tabellen angegeben (Tab. 121—122), in denen die Amplituden der verschiedenen Luftdruck-Teilwellen angegeben sind. Es zeigt sich hier in der Tat ziemlich unverkennbar, daß die Amplituden von Norden nach Süden hin zuerst zunehmen, dann abnehmen und an den beiden südlichsten Stationen wieder zuzunehmen scheinen. Hierfür sind allerdings nur die beiden Stationen Framheim und Mac Murdo-Sund geeignet; es gilt dies also zunächst nur für das südliche Roßmeer.

Ob sich die so wahrscheinlich gemachte Zugstraße rings um die ganze Antarktis herumzieht, also parallel der weiter nördlich gelegenen in etwa 50—60° S. Br. sein würde, läßt sich zur Zeit aus Mangel an Material noch nicht entscheiden. Hierfür wäre zum mindesten eine Überwinterung auf dem Hochland der Antarktis erforderlich, die ja auch aus anderen später noch zu erörternden Gründen sehr erwünscht und meteorologisch sehr wertvoll sein würde.

XIII. Allgemeine Betrachtungen über die Luftzirkulation in der Antarktis.

Wie in den vorhergehenden Abschnitten, namentlich bei Behandlung der Fesselaufstiege, bereits auseinandergesetzt wurde, ist die gewaltige, fast ständige Bodeninversion in der Weddellsee ein sehr maßgebender Faktor für die ganze Luftbewegung. Diese Ausführungen sollen nun noch erweitert und vertieft werden, sodaß wir ein Bild von der Luftzirkulation in der ganzen Antarktis erhalten. Zunächst sollen noch einmal kurz die Beweise für die große Ausdehnung und wahrscheinliche Verbreitung dieser Bodeninversion zusammengestellt und einige wichtige Folgerungen daraus gezogen werden.

Die wahrscheinliche Ursache der Temperaturumkehrung ist die Ausstrahlung an der Eis- und Schneeoberfläche und außerdem die Ausbreitung der Luft über eine größere Fläche, die wegen der zentralen Lage des antarktischen Kontinents mit einem Absinken der Luft aus den hochgelegenen Teilen der Antarktis verbunden ist. Daß diese Erklärung auch quantitativ ausreichende Beträge ergibt, ist ebenfalls schon früher auseinandergesetzt.

Quantitative Angaben über die Ein- und Ausstrahlung lassen sich leider zur Zeit für die Antarktis kaum geben, solche Messungen wären Aufgabe einer zukünftigen Expedition, oder noch besser eines ständigen Observatoriums auf dem eigentlichen Festland der Antarktis. Jedenfalls dürfte im allgemeinen die Ausstrahlung größer sein als die Einstrahlung. Der Anteil der Sonnen- und Himmelsstrahlung an der Erwärmung der bodennahen Luft und des Bodens ist gering, da die Sonne auch im Hochsommer immer sehr tief steht und ferner die Albedo des Schnees sehr hoch ist (= 0.78 nach Scheiner, Populäre Astrophysik 1. Aufl., S. 190) so daß etwa $^3/_4$ der zugestrahlten Wärmemenge direkt wieder verloren geht; ferner ist wegen der tiefen Temperatur der Wassergehalt der Luft sehr gering, was eine verhältnismäßig geringe Wärmestrahlung der Luft und eine große Ausstrahlung des Bodens bedingt. Dazu kommt noch, daß nach den späteren Ausführungen eine advektive Heranführung von wärmerer Luft kaum vorkommen kann, zumal auch diese Luft erst über ein breites, stark abgekühltes

Meer hinwegströmen muß. Aus diesen Gründen ist die Sommertemperatur der Antarktis sehr tief und liegt mit wenigen Ausnahmen immer unter dem Gefrierpunkt. So wichtig es wäre, sich theoretisch mit diesen Strahlungsfragen zu beschäftigen, so ist es doch zur Zeit wegen des Mangels an geeigneten Beobachtungen nicht möglich. Einige Zahlen über die Temperaturen der Inlandeisoberfläche selbst sind in der Witterungsübersicht auf Seite 121 für einige Tage enthalten; sie zeigen, daß die Bodentemperatur selbst zu einer Zeit, wo noch fast zirkumpolarer Sonnenschein herrschte, im Durchschnitt mehrere Grade unter der Lufttemperatur lag.

Daß diese Ausstrahlung zu einer erheblichen Bodeninversion führen muß, ist nicht weiter verwunderlich. Es ist also schon deswegen eine große Verbreitung einer solchen wahrscheinlich. Direkt durch Beobachtungen nachgewiesen ist sie aber für die freie Atmosphäre erst durch die Fesselaufstiege unserer Expedition und zum Teil auch durch die Inlandeisbeobachtungen in der Vahselbucht, außerdem durch die winterlichen Ballonaufstiege Simpsons und vorher schon für geringere Höhen durch die Discovery-Station Für das eigentliche Roßmeer habe ich sie auf indirektem Wege erschlossen (Ann. d. Hydrographie 1916, S. 326). Dies ergab sich aus dem Vergleich der Druck- und Temperaturverhältnisse in Framheim und Kap Evans und den Beobachtungen der höheren Luftströmungen (vor allem Rauch des Erebus). Danach ist im Winter der Inversionsbetrag über der Roßeisplatte noch erheblich größer als in der landfernen Weddellsee mit ihrem dünnen Meereis. Für das Roßmeer ergab sich für den Sommer durchschnittlich Isothermie für die untersten 2000 m, also wahrscheinlich in der bodennächsten Schicht immerhin noch eine Inversion von einigen Graden. Eine weitere Andeutung dafür, daß wenigstens über dem dicken Schelf- und Inlandeis auch im Sommer eine Bodeninversion liegt, kann man wohl auch aus der großen periodischen Tagesamplitude über der Roßeisbarriere schließen, die Simpson näher untersucht hat. Zur Erklärung nimmt Simpson (a. a. O. S. 66) mit Recht an, daß die geringe Wärmeleitfähigkeit und die geringe Wärmekapazität der lockeren Schneeoberfläche dafür verantwortlich sind. Das ist gewiß ein sehr wichtiger Faktor, aber doch meines Erachtens nicht der einzige. Die geringe Änderung der Sonnenhöhe im Verlaufe des Polartages kann trotz der Bodenbeschaffenheit nicht eine so große Temperaturamplitude hervorbringen, wenn nicht die durch die Erwärmung betroffene Luftschicht eine geringe vertikale Mächtigkeit besitzt. Eine so große Amplitude müßte unter normalen Verhältnissen eine erhebliche Vergrößerung des vertikalen Temperaturgradienten hervorbringen, und die Folge wäre eine starke Durchmischung der Luftschichten bis zu größeren Höhen. Dies müßte eine ausgesprochene Wolkenbildung am Tage hervorrufen, ähnlich unseren sommerlichen Wärmecumuli, zumal die Feuchtigkeit so hoch ist, daß sich nachts sehr häufig Nebel bildet. Da sich solche Wolkenbildung aber nicht zeigt, so kann auch der vertikale Luftaustausch in den Mittagsstunden nur sehr gering sein. Mit anderen Worten ist zum mindesten der nächtliche Temperaturgradient so gering oder sogar negativ, daß trotz der mittäglichen Erwärmung kein vertikaler Gradient entsteht, der sich dem adiabatischen nähert. Wir können also auch hier wohl im Durchschnitt sogar im Hochsommer mit einer Bodeninversion rechnen

Diese Überlegungen lassen sich verallgemeinern für alle Gebiete mit ähnlicher Oberflächenbeschaffenheit, d. h. für die ganze mit einer Eisdecke überzogene Antarktis. Einen direkten Nachweis bilden die Beobachtungen auf dem Inlandeis in der Vahselbucht (siehe Witterungsübersicht S. 121).

Weitere direkte Nachweise der Inversion in der Antarktis fehlen bisher. Ich bin daher für das ganze übrige Gebiet auf indirekte Beweise angewiesen. Diese ergeben sich aber recht zahlreich, wenn ich einmal diese Inversion als vorhanden annehme, darauf die Folgerungen ziehe, die aus dieser Annahme sich zwanglos ergeben, und dann diese Folgerungen mit den tatsächlichen Beobachtungen vergleiche. Ich erhalte so eine einfache Erklärung für manche bisher rätselhafte Erscheinungen. Und das gibt wieder eine Berechtigung für die an und für sich nach obigem wahrscheinliche Annahme einer überall in der Antarktis verbreiteten Bodeninversion.

Die Feuchtigkeitsverhältnisse sind leider bei den meisten Expeditionen nicht diskutiert worden, zum Teil sind sie leider nicht einmal gemessen worden. Eine Ausnahme macht hier die Gauß-Station. Meinardus führt im Gauß-Werk S. 94 an, daß im Winter der tägliche Gang der relativen Feuchtigkeit im wesentlichen parallel dem der Temperatur geht, ohne eine physikalische Erklärung dafür geben zu können; im Sommer gehen, wie in unsern Breiten bekanntlich, auch dort beide Gänge entgegengesetzt. Wie aus den Untersuchungen im Kapitel über die Feuchtigkeit am Boden und auch in der Höhe hervorgeht (S. 35—37), findet diese Erscheinung eine befriedigende physikalische Erklärung durch die vorhandene Bodeninversion. Es ist also auch anzunehmen, daß an der Gauß-Station im Winter ebenfalls im Durchschnitt eine Temperaturumkehrung geherrscht hat.

Auch das häufige Steigen der Temperatur bei Stürmen im Winter, auch wenn eine Advektion wärmerer Luft nicht angenommen werden kann, wie z. B. bei den Südstürmen im Mac Murdo-Sund, läßt sich einfach durch das Vorhandensein einer erheblichen Bodeninversion auch quantitativ erklären, siehe oben S. 106—107. Simpson ist auch, unabhängig von mir (a. a. O. S. 45), zu derselben Erklärung gekommen, ohne Kenntnis meiner zeitlich früher gemachten Ausführungen (Ann. d. Hydrographie 1916, S. 316—327), wenn auch seine Ausführungen sachlich nicht ganz haltbar sein dürften, wie ich bereits bei meiner kritischen Besprechung seiner Arbeit (Ann. d. Hydrographie 1921, S. 309) des näheren ausführte; ich brauche daher hier nicht weiter darauf einzugehen.

Wie ich früher, S. 29 und 106, aus den Widerstandsthermometermessungen an den Schiffsmasten und den Drachenaufstiegen übereinstimmend zeigen konnte, ist die Stabilität der kalten Bodeninversion sehr erheblich, da nämlich erst bei 11—12 mps Windgeschwindigkeit eine Aufarbeitung und damit Zerstörung der Bodeninversion beginnt. Diese Stabilität ist selbstverständlich abhängig von der Art der Temperaturschichtung, der Mächtigkeit der Inversion und der Bodenbeschaffenheit. Je ebener die Unterlage und je größer die Inversion ist, um so stabiler ist sie. Die oben angegebene Stabilitätsgrenze gilt nur für mehr oder weniger geglättetes Meereis mit Erhebungen von wenigen Metern im Maximum. In der Nähe von größeren Erhebungen, wie Eisbergen, Hügeln und Bergen des Festlandes, ist die Stabilität erheblich geringer, und es tritt ein erheblich stärkeres Durcheinanderwirbeln der Luft ein. Eine solche Störungszone hinter Hindernissen nennt man in der Aerodynamik sehr treffend einen »Wirbelzopf«. In einem solchen Gebilde, das sich z. B. in Lee eines Berges ausbilden muß, da die Luft nicht glatt herumfließen kann und am Berge selbst Luft von oben herabsteigen muß, werden nun mehr oder weniger erhebliche Temperaturschwankungen auftreten, da sich in einer Inversionsschicht Luftmassen mit sehr verschiedener Temperatur in geringem Abstande von einander befinden. Bald wird die kalte Bodenluft an das Thermometer herangeführt, bald wärmere Luft aus der Höhe, die durch adiabatisches Herabsteigen noch wärmer wird. Im allgemeinen werden die Temperaturkurven in solchen Fällen sehr unruhig sein. Von manchen Südpolarexpeditionen sind Beispiele solcher sehr unruhigen Temperaturkurven veröffentlicht worden, so z. B. von Snow Hill, Mac Murdo-Sund und der Belgica-Trift, und schließlich in den Kurvenbeispielen von der Vahselbucht. Wo also so erhebliche kurzdauernde Temperaturschwankungen auftreten, können sie als Kennzeichen dafür gelten, daß eine Bodeninversion vorhanden ist, die durch Geländeeinflüsse zerstört oder gestört wird. Das Ausbleiben solcher Schwankungen ist aber noch kein Beweis dafür, daß keine Bodeninversion vorhanden gewesen ist, wie z. B. unsere Kurven aus dem Weddellmeer zeigen.

Wie groß unter geeigneten Verhältnissen die Temperaturschwankungen werden können, möchte ich an einem Beispiel zeigen. Ich nehme einen Fall an, wie er öfter durch meine Drachenaufstiege sich ergab. Am Boden herrsche eine Temperatur von −25°, es bestehe eine Inversion von 15°, die bis 1000 m Höhe hinaufreiche, darüber herrsche Isothermie bis 2000 m Höhe; zwischen 1−2 km Höhe haben wir also eine Temperatur von −10°. In den Wirbelzopf sollen Luftteilchen aus 2000 m Höhe noch mit hineingezogen werden, die natürlich auch den Boden erreichen können. Die niedrigste Temperatur, die in diesem Beispiel gemessen wird, ist −25°. Ein Luftteilchen aus 2000 m Höhe, das dort −10° hat, wird beim Herabsteigen um 2000 m adiabatisch erwärmt um 20°, erreicht also den Boden mit +10°. Es sind also in diesem Falle enorme Schwankungen zwischen −25° und +10°, also um volle 35° möglich. Danach ist durchaus möglich, daß die Temperatur auch mitten im Winter recht hohe positive Werte erreicht. Solche Fälle sind aber nun tatsächlich im Winter bei Snow Hill beobachtet worden, sie sind aber nach der obigen Erklärung durchaus nicht mehr so rätselhaft, wie sie es vor der Kenntnis der großen winterlichen Temperaturinversionen in der Antarktis waren und sein mußten.

Selbstverständlich sind in solchen Wirbelzöpfen auch die Werte der relativen Feuchtigkeit sehr schwankend. Die Feuchtigkeit wird in der ursprünglichen Bodenschicht sehr nahe der Eissättigung sein. Die von oben kommende Luft ist zum Teil wegen des Zustandekommens der Inversion schon an und für sich sehr trocken und wird es noch mehr durch die adiabatische Erwärmung der absteigenden Luft. Es bieten also auch die sehr erheblichen Feuchtigkeitsschwankungen der Erklärung keine Schwierigkeit, weder qualitativ noch quantitativ.

Liegt der Beobachtungsort weit in Lee eines solchen Hindernisses, so wird die Durchmischung im Wirbelzopf weit fortgeschritten sein, und die Größe der Schwankungen nimmt ab; sowohl Temperatur als Feuchtigkeit werden, je weiter entfernt, um so konstanter sein.

Diese Erscheinungen zeigen sich bei unserer Expedition sehr klar. In der Nähe des Inlandeises in der Vahselbucht hatten wir oft lebhafte, kurz dauernde Schwankungen von Temperatur und Feuchtigkeit, wie die verschiedenen in der Witterungsübersicht wiedergegebenen Proben zeigen, während der Kurvenverlauf im landfernen Meer außergewöhnlich glatt war. Die dort vorkommenden sehr großen, wenn auch langsamer verlaufenden Temperaturänderungen sind, wie schon der Augenschein lehrt, ganz anderer Natur und durch den Vorübergang der Depressionen hervorgerufen. Um es ganz kurz auszudrücken: die schnellen, kurz dauernden Schwankungen sind konvektiver Natur, die langsam verlaufenden sind advektiver Natur. Das im Vergleich zu Snow Hill geringere Ausmaß der Schwankungen hat mehrere Ursachen; während unseres Aufenthalts in der Vahselbucht war Sommer, wo die Bodeninversion geringer ist als im Winter, und ferner ist hier die Gliederung des Landes viel glatter und gleichförmiger als in der Umgegend von Snow Hill.

Die großen Bodeninversionen haben auch einen erheblichen Einfluß auf die Windgeschwindigkeit, und zwar nach verschiedenen Richtungen hin. In ebenen Gegenden liegt die kalte Bodenluft ähnlich einer zähen Masse dem Boden auf, und die größeren Geschwindigkeiten in der Höhe können nur schwer bis zum Boden durchdringen, zumal die Strömung laminar und damit die Verzahnung der verschiedenen Schichten gering ist. Je mächtiger die Inversion ist, um so schwerer beweglich ist die unterste Luftschicht.

Anders liegen die Verhältnisse an Stellen mit geneigter Unterlage. Um hier die Verhältnisse klar zu stellen, will ich von einem Beispiel ausgehen. In der Nähe des Inlandeisrandes liege in 500 m Meereshöhe dem Inlandeise eine Bodeninversion auf, die sich 500 m hoch erstrecke, darüber lagere eine isotherme Schicht von 500 m Dicke und daran anschließend herrsche Temperaturabnahme mit 0.5° auf 100 m. Eine solche Schichtung ist nach unseren Fesselaufstiegen nichts außergewöhnliches. Die ganze Luftsäule ströme den Hang um 500 m hinab, ohne daß sich die Temperaturschichtung verändere. Auch das ist bei der Stabilität einer solchen Schichtung wahrscheinlich. Dann erwärmt sich die ganze Luftmasse adiabatisch um 1° für je 100 m. Aus dem Zustand I wird dann der Zustand II der Tabelle 118. Die Unterschiede zwischen den beiden Zuständen sind dann sehr charakteristisch, und wir haben die in der Tabelle wiedergegebenen Unterschiede in gleichen Höhen. Ich berücksichtige dabei nicht die durch das Zusammensinken der Luft hervorgerufenen Änderungen, die die Verhältnisse nur unwesentlich ändern würden. Im Zustande II ist dann die Temperatur in 500 m Meereshöhe um 15⁰ höher als in Zustand I, in 1000 m Höhe beträgt der Unterschied nur noch 5⁰ und von 1500 m ab nur noch 2¹/₂⁰. Die Folge dieser Temperaturgegensätze in gleicher Höhe ist dann ein Strömen der Luft den Hang hinab, da die Luft im Zustande I überall spezifisch schwerer ist als in Zustand II, und zwar wird die Geschwindigkeit um so stärker sein, je größer der Temperatur- und damit der Dichte-Gegensatz ist. Wenn wir von der alleruntersten Schicht absehen, in der die Bewegung durch Reibung verzögert wird, muß die Geschwindigkeit unten am größten sein und mit der Höhe ständig abnehmen. Proben für solche Verhältnisse finden wir z. B. in der Vahselbucht, siehe Witterungsübersicht Kapitel XII, wo mehrfach Fälle aufgeführt sind, in denen bei starkem ablandigen Bodenwind trotzdem die niedrigen Wolken, st, st-cu, fast bewegungslos waren.

Die ganze Luftsäule im Zustand I ist erheblich kälter als im Zustand II, die beide aus einander hervorgehen. Da nun in einer kalten Luftsäule der Druck nach oben hin schneller abnimmt als in einer warmen, so muß sich der Druckgradient in der Höhe umkehren. Oben muß also die Luft auf das Inlandeis einströmen. Wir können so die Luft am Inlandeisrande auffassen als einen Wirbel mit horizontaler Achse, wo die Luft unten das Inlandeis hinabströmt. Wenn kein allgemeiner Luftdruckgradient vorhanden ist, wie in dem obigen Beispiel angenommen wurde, so muß sich die Luft in dem flachen Gebiet am Fuße des Inlandeises stauen, und eine Aufwärtsbewegung ist dort die Folge. Dieses Aufsteigen erzeugt, wenn nicht die Feuchtigkeit zu gering ist, eine Kondensation des Wasserdampfes über dem Rande, während über dem Inlandeis selbst wegen des dauernden Herabströmens der Luft Wolkenfreiheit herrscht. Wir haben also als Folge dieser Verhältnisse eine Zone mit niedrigen Wolken über dem Meereis oder Meer und ein wolkenfreies Gebiet über dem Inlandeis selbst. Die Grenze dieser Wolkendecke ist somit ein Abbild des Inlandeisrandes selbst. Wir haben hierin eine Erklärung für diese so häufig auf verschiedenen Expeditionen beobachtete Erscheinung. Viele Bemerkungen hierüber finden sich auch in der Witterungsübersicht. Je nach dem allgemeinen Druckgradienten verschiebt sich die Grenze zwischen bewölktem und wolkenfreiem Himmel mehr über das Inlandeis oder mehr über das ebene Gebiet davor.

Tabelle 118.

| Höhe | Temperatur | | Δ t |
m	Zustand I	Zustand II	
2500	−5.0⁰	−2.5⁰	2.5⁰
2000	−2.5⁰	0⁰	2.5⁰
1500	0⁰	+2.5⁰	2.5⁰
1000	0⁰	+ 5⁰	5⁰
500	− 10⁰	+ 5⁰	15⁰
Boden	—	− 5⁰	—

Das Abströmen der Luft folgt dem Gefälle des Inlandeises, ohne wesentlich durch die Erdrotation abgelenkt zu werden. Der lokale, das Abströmen bedingende Gradient, wirkt immer nur auf kleinste Wegeinheiten. Er ist, um es einmal so auszudrücken, ein Differentialgradient. Die ablenkende Kraft der Erdrotation hat sozusagen keine Zeit einzuwirken. Erst bei geringen Neigungen oder ebenen Gebieten kann die Erddrehung einen merkbaren Einfluß gewinnen. Außerdem ist die ablenkende Kraft der Erdrotation klein (siehe Exner, Dynamische Meteorologie, S. 29) und kann nicht recht gegen das Sinken der kalten Luftmassen ankommen, die ja eine Schwerewirkung darstellen. Die Windgeschwindigkeit bei diesem Abströmen muß immer verhältnismäßig groß sein, da die Bewegung direkt dem Gradienten folgt oder nur einen sehr kleinen Winkel damit bildet. Daß der Wind im allgemeinen der Neigung des Inlandeises folgt, betont z. B. Simpson (a. a. O. S. 142) für die Luftströmung über dem Süd-Viktoria-Land. Unter anderm ist es auch für das andere große Inlandeisgebiet, Grönland, durch die verschiedenen Durchquerungsexpeditionen bekannt.

Aus den obigen Überlegungen ergibt sich also, daß das Ausströmen der Luft aus dem Inlandeisgebiet beim Vorhandensein von Inversionen an der Oberfläche am stärksten ist und mit der Höhe stark abnimmt, um noch weiter oben sich in das Gegenteil, ein Einströmen, zu verwandeln. Die Höhe der Ausgleichsschicht können wir wohl zu rund 1000 m annehmen. Die Wolkenhöhe, in der die Bewegung schon gering ist, ist nach Pilotaufstiegen in der Vahselbucht ja etwa 1000 m. Das Abströmen der Luft aus dem Inneren der Antarktis wird nach obigen Ausführungen um so stärker sein, je größer die Inversion ist. Es sei noch bemerkt, daß diese Überlegungen nicht bloß für Inversionen gelten, sondern für jeden vertikalen Temperaturgradienten, der kleiner ist als der adiabatische. Die Erklärung dieser ablandigen Winde ist also zu vergleichen mit derjenigen für die Talwinde in Gebirgstälern. Es besteht allerdings in den Dimensionen ein gewaltiger Unterschied, da es sich hier um das Abströmen der Luft aus einem ganzen Erdteil handelt.

Da die Inversion im Winter durchschnittlich größer ist, so muß auch die Windgeschwindigkeit am Inlandeisrande eine ausgesprochene jährliche Periode haben mit einem Maximum im Winter und einem Minimum im Sommer. Ferner muß die Windgeschwindigkeit von der Neigung des Landes abhängen. Da diese Neigung nun in der Nähe des Meeres am größten ist, wie es für ein großes Gebiet z. B. die Schlittenreisen der Australischen Südpolarexpedition unter Mawson festgestellt haben, so muß auch die Windgeschwindigkeit in den Randgebieten am größten sein. In der Tat hatte auch diese Expedition, die in einer Gegend überwinterte, die den hier geschilderten Bedingungen am nächsten kommt, im Winter fast ununterbrochen außerordentlich schwere Stürme aus SSE.

Nach diesen Überlegungen müssen wir erwarten, daß die Gebiete, die diesen Bedingungen am besten entsprechen, also die eigentlichen Ränder der Antarktis, die durchschnittlich größte Windgeschwindigkeit und die meisten und schwersten Stürme haben. Und dies zeigt sich auch in der Tat, wenn auch in manchen Gegenden noch besondere Umstände die Verhältnisse modifizieren.

Alle die Expeditionen, die in ebenen Gebieten, weit von Gebirgen, überwinterten, zeigen durchweg geringe Windgeschwindigkeiten und sehr wenig Stürme. Dazu gehören unsere Expedition, die Expedition von Shackleton auf der Endurance 1914/16, die Belgica-Trift, Framheim und schließlich auch noch die Gauß-Station; wenn diese an und für sich genommen recht sturmreich war, so sind die Stürme doch noch selten gegen die ihr nächstgelegene Station der Australischen Expedition an der Küste des Adelielandes, aber auch schon der Gauß-Berg, der allerdings nur im Frühjahr und Herbst besucht wurde, zeigt schon eine wesentlich größere Windstärke als die Gauß-Station selbst. Ebenfalls sehr sturmreich waren der Mac Murdo-Sund und Snow Hill. Für diese am Rande des Festlands gelegenen Stationen kommen allerdings noch andere Umstände hinzu. Durch die Gebirge wird verhindert, daß die Luft soweit nach links abgelenkt werden kann, wie es sonst der Fall sein würde, und das verursacht eine Zusammendrängung der Stromlinien und damit eine Erhöhung der Windgeschwindigkeit. Diese Erklärung nimmt auch Simpson (a. a. O. S. 219) wenigstens als Teilursache an. Ein allgemeines Herabströmen vom Inlandeise kann im Viktorialande nicht stattfinden, da die Randgebirge vielfach höher sind als das innere Inlandeis, aber in den vom Inland herabkommenden Tälern treten öfter solche Winde auf, wie es z. B. von der Nordexpedition der zweiten Scottschen Expedition mehrfach bezeugt wird (siehe z. B. Kapitän Scott, Letzte Fahrt, Bd. II, S. 222 ff.). Das Grahamland ist wohl wenigstens in seinem nördlichen Teil zu schmal, um ein selbständiges Inlandeis von größerer Ausdehnung zu erzeugen. Die Station bei Kap Adare hat anscheinend auch eine Bergumwallung, die häufigere Stürme dieser Art verhindert. Besonders charakteristisch sind das Roßmeer, wo der Rand, Mac Murdo-Sund, stürmisch ist, während das Innere, flach gelegen, Framheim, sehr ruhig ist. Dasselbe finden wir in der Weddellsee, stürmische Ränder, Snow Hill und Vahselbucht im Prinzregent-Luitpold-Land, während die mittlere Region, die eigentliche Weddellsee, sehr wenig Stürme aufweist, wie die Triftfahrten der »Deutschland« und der »Endurance« bezeugen, trotzdem in der Roßsee sowohl wie in der Weddellsee ein ganz ausgesprochenes Tiefdruckgebiet liegt. Die für diese Fragen beweiskräftigste Lage hat jedenfalls die Station auf dem Adalieland gehabt. Sie zeigt, daß ein sehr energischer Abfluß von Luft von dem Inlandeis stattfindet, wenn er auch hier wohl noch verstärkt wird durch den Einfluß eines Gradienten, der auf die Tiefdruckrinne hinweist, deren Verhältnisse Meinardus im Gauß-Werk so eingehend schildert.

Wir sind nach den obigen Darlegungen also wohl berechtigt, anzunehmen, daß ein solcher radialer Ausfluß von Luft als Folge der Inversion an allen Stellen der Antarktis stattfindet, wo er nicht lokal durch Gebirge gehemmt wird. Das ist aber, soweit wir wissen, nur im Süd-Viktoria-Land und am Grahamland der Fall. Im übrigen dürfen wir wohl einen direkten Abfall des Inlandeises in das Meer annehmen. Beweise dafür sind wohl die zahllosen Eisberge rings um die Antarktis. Ohne weiteren Gradienten kann sich die Luft nicht sehr weit vom Rande der Antarktis entfernen, da die bewegende Kraft ja aufhört, sobald die abströmende Luft den Inlandeisrand erreicht hat. Sie kann nur weiter strömen infolge der gewonnenen kinetischen Energie. Die Folge ist ein Anstauen der Luft. Es bildet sich sozusagen ein Stauungswulst aus, der seinerseits wieder einen Druckgradienten nach außen hervorruft und so östliche Winde an seinem Außenrande erzeugt, da diese Winde in dem ebenen Gelände der Linksablenkung durch die Erdrotation unterliegen. Diese Ostwinde wären also antizyklonalen Ursprungs.

Meinardus hat aber aus mannigfaltigen Anzeichen geschlossen, daß die östlichen Winde an der Gauß-Station zyklonalen und nicht antizyklonalen Ursprungs seien. Wenn auch manche seiner Kriterien nicht so einwandfrei sind, wie er annahm und damals annehmen mußte (die Feuchtigkeit steigt bei Inversionen in gewissem Grade mit der Temperatur, verstärkt wird das noch durch Verdunstung des aufgewirbelten Schnees, die Temperatur steigt auch wegen der Vernichtung der Inversion, Niederschläge können auch in der von Simpson angeführten Weise in antizyklonaler Luft entstehen, a. a. O. S. 268), so kann ich mich doch im Großen und Ganzen seiner Ansicht anschließen. Einen schwerer wiegenden Einwurf macht aber Simpson (a. a. O. S. 241), daß nämlich die Windrichtung viel zu konstant sei, um mit dem Vorübergang von Depressionen in Zusammenhang gebracht werden zu können. Aber auch dieser Einwand dürfte sich wohl entkräften lassen. Eine stärkere Drehung wird eben durch das Vorhandensein des Festlandes verhindert, wenigstens in den unteren Schichten, wo die Stauung durch das rasch ansteigende Festland und zum Teil auch durch den oben geschilderten Stauungswulst am stärksten sein muß. Diese sehr konstanten Ostwinde können also zweifellos zyklonalen Ursprungs sein und durch den Vorübergang eines Tiefs im Norden der Station hervorgerufen werden, auch ohne daß die Winddrehung beim Vorübergang so ausgesprochen sein muß, wie sie es wäre, wenn der Festlandsrand nicht so nahe gewesen wäre.

Nach diesen Überlegungen haben wir also Ostwinde zweierlei Ursprungs, antizyklonalen und zyklonalen. Die Grenze zwischen beiden wird je nach der allgemeinen Druckverteilung schwanken. Im Gauß-Werk unterscheidet Meinardus auch streng einen Ostwindtypus von einem Südostwindtypus. Der erstere zeigt nach ihm streng zyklonalen Charakter, der andere schwach antizyklonalen (siehe Gauß-Werk S. 260 ff.). Wegen der Nähe des Stauungswulstes hat der Wind noch nicht Zeit gehabt, eine reine Ostrichtung anzunehmen. Ich kann also aus der Meinardusschen Untersuchung wohl eine Bestätigung meiner Ansichten entnehmen.

Wie scharf die Windscheide am Inlandeisrande selbst sein kann, zeigen auch unsere direkten Beobachtungen in der Vahselbucht. Auf dem Inlandeise selbst, unmittelbar am Rande, haben wir schon viel häufiger ablandige Winde als nur einige Kilometer davon auf dem Meere. Auch zeigen diese Beobachtungen, daß zum mindesten im Spätsommer schon erhebliche Bodeninversionen auf dem Lande selbst zu finden sind, mit den Folgen, wie sie in der Witterungsübersicht, S. 116—122, geschildert sind.

Das Abströmen der Luft aus dem Inneren der Antarktis dürfte aber nicht in einem gleichförmigen Strome erfolgen, sondern wie alle solche Ausgleichsströmungen periodisch oder wellenförmig. Hier dürften ähnliche Überlegungen anwendbar sein, wie sie Exner für einen einfacheren Fall für das Ausbreiten von Kälteeinbrüchen angestellt hat (siehe Wien. Sitz.-Ber., Abt. IIa, 1918, S. 795—847). Hier handelt es sich nicht um einen linearen Wulst kalter Luft, der sich nach beiden Seiten ausbreitet, sondern um eine runde Scheibe kalter Luft, die sich allseitig ausbreitet. Kompliziert wird dies dadurch, daß der Ausfluß nicht auf einer Ebene, sondern auf einer nach außen abwärts geneigten Fläche stattfindet. Jedoch ist die Theorie noch nicht weit genug entwickelt, um auf Einzelheiten eingehen zu können. Interessant wäre es jedenfalls, zu untersuchen, wie in diesem Sonderfall die oberen Winde die unteren beeinflussen.

Aus allen diesen Ausführungen ergibt sich, daß die Luft über dem ganzen Festland der Antarktis nach außen hin abströmt, daß wir also ein antizyklonales Gebiet vor uns haben, aus dem die Luft wahrscheinlich wellenförmig abfließt. Simpson hat ausgeführt (a. a. O. S. 258), daß im Gegensatz zu der Theorie von Meinardus kein nur irgend wahrscheinlicher Grund vorliegt, daß diese Antizyklone mit ihren Luftströmungen sich nur auf die Randgebiete der Antarktis erstreckt, wie es Meinardus annimmt, und nicht das Innere bedeckt. Die Meereshöhe kann nach ihm nicht bewirken, daß sich auf dem Hochplateau keine Antizyklone bilden kann. Nach meiner Ansicht muß die Höhenlage sogar die Entstehung einer Antizyklone begünstigen, und zwar aus folgendem Grunde. Wie weiter oben, z. B. S. 152, ausgeführt wurde, entsteht die Bodeninversion zum guten Teil durch Ausstrahlung und wird nur gesteigert durch die Ausbreitung und das gleichzeitige Herabsinken. Die Meereshöhe begünstigt aber die Ausstrahlung, da der gesamte Wasserdampfgehalt geringer ist und außerdem die Luft selbst wegen ihrer geringeren Masse weniger die langwelligen Strahlen absorbiert. Das Hochplateau muß also am Boden relativ kälter sein, als es ein Gebiet in derselben Breite im Meeresniveau wäre. In der Tat hat auch Simpson (a. a. O. S. 40) betont, daß das Hochplateau allgemein kälter ist, als die an und für sich schon sehr kalte Roßeisbarriere. Der meridionale Temperaturgradient ist auf der Barriere ziemlich gering und ändert sich sprungweise, wenn man zu den auf das Meeresniveau reduzierten Temperaturen des Hochplateaus übergeht. Auch Simpson schiebt die relativ tiefe Temperatur des Hochplateaus der Meereshöhe zu. Die stärkere Ausstrahlung und damit die größere Bodeninversion dürfte aber die physikalische Ursache dazu sein.

Als allgemeine Schlußfolgerung aus dem vorher Gesagten ergibt sich also, daß das ganze Festland der Antarktis mit einer Antizyklone bedeckt ist, deren wirksame Mächtigkeit von der Größenordnung von 1000 m ist. Auf die damit zusammenhängende wichtige Frage nach der Ernährung des Inlandeises komme ich später noch zurück.

Da die Luft aus einer Antizyklone nach außen strömt, so muß als Ersatz Luft aus der Höhe in dies Gebiet einströmen, sei es einseitig oder allseitig. Über der Antizyklone liegt also ein Gebiet mit zyklonalem Charakter. Doch auch hier dürften die Verhältnisse bei näherer Betrachtung verwickelter liegen, als es zunächst den Anschein hat, namentlich wenn wir mehr ins Einzelne gehen. Auch dieses Einströmen wird nicht gleichförmig vor sich gehen, sondern mit zeitlichen Schwankungen. Um einiges Licht auf diese Verhältnisse zu werfen, muß ich aber etwas weiter ausholen.

Der Luftdruckverlauf am Boden zeigt auch in der Antarktis Wellenform. In dem Kapitel über Luftdruckwellen, siehe S. 7, hatte ich zur Analyse dieser Wellen die Defantsche Methode angewandt, um die Partialwellen ihrer Länge und Amplitude nach zu bestimmen. Ich hatte dort übereinandergreifende Mittel gebildet, derart, daß ich statt eines Tagesmittels deren vier zur Verfügung hatte, wodurch die Kurven mehr auseinandergezogen und damit brauchbarer für diesen Zweck wurden. Dies Verfahren erfordert aber eine recht umfangreiche Rechenarbeit und ist auch für andere Stationen nicht immer anwendbar. Für Framheim standen mir nur 3 Terminbeobachtungen zur Verfügung, und auch die Beobachtungen bei Kap Adare 1899/1900 haben keine Stundenwerte. Ich habe mich daher für diese Untersuchung auf einfache Tagesmittel beschränkt. Aber auch hier sind die Werte für Framheim und Kap Adare nicht ganz den anderen gleichwertig, für die wahre Tagesmittel

vorhanden waren. Um vergleichbares Material zu haben, behandelte ich auch noch unsere Beobachtungen nach derselben Methode. Der Vergleich der nach der einfacheren Methode jetzt gewonnenen Zahlen mit den weiter oben gefundenen ist lehrreich. Die Wellenlängen nach den einfachen 24-Stundenmitteln sind alle durchschnittlich um etwa 20 % größer, auch die Amplituden sind ver-

Tabelle 119.

	1. Welle		2. Welle		3. Welle		4. Welle	
	Dauer	Ampl.	Dauer	Ampl.	Dauer	Ampl.	Dauer	Ampl.
	Tage	mm	Tage	mm	Tage	mm	Tage	mm
4 Werte täglich	2.62	4.75	4.84	3.03	10.85	7.60	28.6	8.03
1 Wert täglich	3.04	4.61	6.25	5.46	13.04	5.19	34.4	7.94

schieden, bei der ersten und vierten Welle sind sie fast gleich, bei den beiden anderen aber ziemlich verschieden. Die nach beiden Methoden gefundenen Jahresmittel sind in Tabelle 119 wiedergegeben. Der Unterschied dürfte daher rühren, daß bei den einfachen 24-Stundenmitteln manche kürzere Einzelwellen unterdrückt werden und so das Mittel erhöht wird. An und für sich ist ja die Zahl der Werte, die auf eine einzige Welle, namentlich bei den beiden kürzesten, entfallen, recht gering. Daraus ist zu schließen, daß man an die Genauigkeit der absoluten Zahlen der Wellenlängen und Amplituden keine zu großen Ansprüche stellen darf. Andererseits dürfte die Vergleichbarkeit der einzelnen Stationen unter einander besser sein, da die Ableitung der Werte gleichartig ist. Der Charakter der Zahlen dürfte wahrscheinlich mit genügender Genauigkeit herausschälbar sein. Bei der Genauigkeit der Werte ist ferner zu beachten, daß es sich in den meisten Fällen nur um einjährige Reihen handelt, die außerdem nicht gleichzeitig sind. Nur für die Süd-Orkneys konnte eine siebenjährige Reihe verwandt werden. Hieraus kann ich ein Urteil gewinnen, wie die einzelnen Jahre sich verhalten. Ich habe in Tabelle 120 die Jahresmittel für die Einzelwellen für jedes Jahr getrennt, und ferner die mittleren Monatswerte und jahreszeitlichen Werte sowie das Gesamtmittel für die 7 Jahre 1904—1910 wiedergegeben.

Tabelle 120.   Luftdruckwellen auf den Süd-Orkneys.

	1. Welle		2. Welle		3. Welle		4. Welle	
	Dauer	Ampl.	Dauer	Ampl.	Dauer	Ampl.	Dauer	Ampl.
	Tage	mm	Tage	mm	Tage	mm	Tage	mm
1904	3.80	4.64	7.26	5.60	14.01	4.82	27.95	6.40
1905	3.64	4.54	6.95	5.66	13.09	4.22	28.56	5.36
1906	3.65	4.84	7.12	5.38	14.00	5.53	32.36	8.73
1907	3.47	5.14	7.25	5.58	12.80	4.64	34.20	8.40
1908	3.62	4.97	8.17	6.24	13.70	5.64	28.91	6.74
1909	3.63	5.10	7.48	5.66	12.99	5.05	29.73	6.66
1910	3.76	5.21	7.20	5.59	13.74	5.08	27.80	5.21
1904—1910								
Januar . . .	3.75	4.26	8.10	4.53	15.17	4.70		
Februar . . .	3.57	4.82	6.75	4.70	13.58	4.79		
März	3.46	4.97	8.58	5.32	13.88	4.21		
April	3.77	5.01	7.21	6.32	13.98	5.62		
Mai	3.79	5.54	7.01	6.21	12.09	4.16		
Juni	3.69	4.72	6.73	5.34	13.94	5.86		
Juli	3.85	5.21	7.38	6.04	13.62	6.34		
August . . .	3.56	5.73	6.45	5.06	13.21	5.56		
September . .	3.59	5.50	7.13	7.04	12.70	5.58		
Oktober . . .	3.50	4.68	7.85	6.70	13.61	6.06		
November . .	3.64	4.74	7.24	5.75	12.13	3.58		
Dezember . .	3.63	3.85	7.84	4.48	14.40	3.48		
Sommer . . .	3.65	4.28	7.53	4.63	14.37	4.32	30.88	5.04
Herbst . . .	3.67	5.18	7.55	5.98	13.27	4.64	32.19	7.22
Winter . . .	3.70	4.98	6.83	5.46	13.58	5.92	29.30	8.24
Frühling . . .	3.58	4.98	7.39	6.44	12.80	5.05	26.95	6.18
Jahr	3.65	4.92	7.32	5.66	13.48	4.98	29.49	6.72

Das Resultat ist recht günstig. Die Mittelwerte für die einzelnen Jahre unterscheiden sich im Durchschnitt um höchstens 10 % und ferner zeigt sich kein ausgesprochener Jahresgang, nur der Sommer zeigt in der Regel eine Abweichung in dem Sinne, daß er mehrfach die größten Wellenlängen und die kleinsten Amplituden hat.

Defant hatte gefunden, daß die von ihm festgestellten Wellenlängen der 4 verschiedenen Wellen sich angenähert wie 1 : 2 : 3 : 4 verhielten. Seine Zahlen habe ich zum Vergleich in Tabelle 121 mit aufgenommen, wo ich die jahreszeitlichen und Jahreswerte der verschiedenen Stationen zusammengefaßt und gemittelt habe, und zwar nach steigender Süd-Breite geordnet. Die zu jeder Gruppe verwendeten Stationen sind im Kopf der Tabelle angegeben. Dazu ist jedoch zu bemerken, daß mir leider die Zahlen für die zweite Britische Antarktische Expedition unter Scott noch nicht zu Gebote standen.

Es zeigt sich, daß wir drei von den Defantschen Wellenlängen hier wiederfinden. Und zwar entspricht seine kürzeste Welle meiner zweiten, seine zweite meiner dritten und seine vierte meiner vierten, dies gilt wenigstens im allgemeinen. Seine dritte Welle von rund 16 ½ Tagen findet sich aber auch vereinzelt bei meiner dritten wieder. Dagegen finden wir hier überall eine noch kürzere Welle von etwa der halben Länge der Defantschen kürzesten Welle. Eine solche etwa dreitägige Welle findet aber auch Defant gelegentlich in den mittleren Breiten der Südhalbkugel angedeutet und etwas ausgesprochener auf der Nordhalbkugel. Es ist dabei nicht zu vergessen, daß Defant zur Ableitung dieser Wellen nicht die Luftdruckwerte einzelner Stationen benutzt, sondern die Tagessummen des Niederschlags für eine große Anzahl über ein ganzes Land verteilter Stationen. Dadurch werden leicht kleinere Wellen unterdrückt, wenn auch die Niederschläge allerdings in engstem Zusammenhang mit den Luftdruckwellen stehen. In Tabelle 122 habe ich außerdem die Jahreswerte für jede einzelne der 12 benutzten Stationen zusammengestellt. Diese Zahlen habe ich nun noch weiter gruppiert, je nachdem sie mehr ozeanisch oder mehr kontinental liegen. Die ersten drei Stationen sind rein ozeanische, die nächsten drei sehr nahe dem Festlande, die dritte Gruppe ist wieder ziemlich rein ozeanisch und schließlich die letzte wieder fast rein kontinental, wobei das dicke Schelfeis in der Roßsee hier als kontinental aufzufassen ist. Diese Zahlen zeigen erstens, daß die Wellenlängen auf dem Lande größer sind als auf dem Meer. Dasselbe gilt für Amplituden mit Ausnahme der kürzesten Welle. Außerdem hat es den Anschein, als ob die Periodendauer mit zunehmender Breite zunimmt, während die Amplitude im wesentlichen gleich bleibt.

Die Zusammenhänge dieser hier abgeleiteten Wellen mit den von Defant gefundenen sind so innig, daß man alle als dieselbe Erscheinung auffassen kann. Die Defantschen Untersuchungen gelten allerdings für etwa 35° S. Br., während unsere Zahlen erst bei etwa 50° S. Br. beginnen und sich dann rund über 29 Breitengrade erstrecken bis zu 79° S. Br. Der Luftdruckcharakter ist also in einem sehr großen Breitenintervall gleich. Daß einzelne Abweichungen vorkommen, ist natürlich nicht weiter wunderbar.

Als Resultat dieser Untersuchung möchte ich daher aussprechen, daß der Charakter des Luftdruckgangs von den Grenzen der Tropenzone an bis in die höchsten polaren Breiten hinein einheitlich ist. Zweifellos ist nun der Witterungscharakter der gemäßigten südlichen Breiten ganz typisch zyklonal. Wir würden danach zu der Folgerung kommen, daß auch die Witterung in der Antarktis zyklonal sein muß; die Gleichheit der Luftdruckwellen beweist das. Dies scheint zunächst im Widerspruch zu der oben aufgestellten Behauptung zu stehen, daß die Witterung der Antarktis antizyklonal sei, wofür in dieser ganzen Arbeit ja auch hinreichende Beweise angeführt worden sind. Dieser Widerspruch löst sich aber, wenn die beiden Gebiete übereinander liegen. Die Antizyklone muß das ganze Festland der Antarktis in Form einer Kappe bedecken und kann nicht, wie das Meinardus glaubte, die höchsten Teile freilassen, die dann in die obere Zyklone hineinragen würden.

Ein Analogon auf der Nordhalbkugel bilden die Untersuchungen Fickers, der nachwies, daß bei den Kälteeinbrüchen in Rußland und .Sibirien der Luftdruck am Boden nur wenig von dieser kalten Luftmasse beeinflußt wird, sondern daß für den Luftdruck am Boden die Temperaturverhältnisse der oberen Luftschichten maßgebend sind und jedenfalls eine weit größere Rolle spielen als die ja auch nicht selten vorhandenen Druckwirkungen der kalten Luftmasse am Boden.

Tabelle 121.   Wellenlänge und Amplitude der Luftdruckwellen nach der Breite geordnet.

I. Wellenlänge nach Defant . . . . mittlere Breite 35⁰ S
II. Kerguelen, Süd-Georgien . . . . »   »   52⁰ S
III. Süd-Orkneys 1904—1910 . . . . »   »   61⁰ S
IV. Petermann-Insel, Port Charcot, Snow Hill, Gauß-Station   »   »   65⁰ S
V. Weddellmeer (DAE), Belgica, Kap Adare . . . . . »   »   70⁰ S
VI. Discovery, Framheim . . . . »   »   78⁰ S

	Gruppe	Herbst Dauer Tage	Herbst Ampl. mm	Winter Dauer Tage	Winter Ampl. mm	Frühling Dauer Tage	Frühling Ampl. mm	Sommer Dauer Tage	Sommer Ampl. mm	Jahr Dauer Tage	Jahr Ampl. mm	Mittlere S-Breite
1. Welle	I			6.9				7.5		7.15		35⁰
	II	3.01	6.38	3.28	6.90	3.11	6.60	3.03	5.34	3.10	6.24	52⁰
	III	3.67	5.18	3.70	4.98	3.58	4.98	3.65	4.28	3.65	4.92	61⁰
	IV	3.44	5.53	3.49	6.70	3.37	5.83	3.52	4.45	3.43	5.67	65⁰
	V	3.28	5.43	3.45	5.69	3.38	5.15	3.55	3.80	3.39	5.02	70⁰
	VI	4.22	6.14	4.00	6.42	3.94	5.82	4.09	4.40	4.04	5.65	78⁰
2. Welle	I			11.8				12.2		12.05		35⁰
	II	5.68	3.82	5.50	4.58	5.92	4.34	6.38	4.17	5.82	4.24	52⁰
	III	7.55	5.98	6.83	5.46	7.39	6.44	7.53	4.63	7.32	5.66	61⁰
	IV	6.60	5.28	6.79	6.44	6.17	5.14	6.18	3.97	6.41	5.14	65⁰
	V	5.51	4.43	6.17	5.43	5.68	4.45	6.88	1.82	6.06	4.77	70⁰
	VI	7.60	5.96	7.08	4.82	6.97	4.22	7.80	4.70	7.25	4.52	78⁰
3. Welle	I			15.8				17.2		16.60		35⁰
	II	11.41	5.45	11.20	5.00	11.18	5.48	11.35	5.12	11.24	5.23	52⁰
	III	13.27	4.64	13.58	5.92	12.80	5.05	14.37	4.32	13.48	4.98	61⁰
	IV	13.28	5.95	12.02	5.29	13.75	5.91	12.64	3.46	12.88	5.10	65⁰
	V	13.39	5.27	14.15	5.87	13.55	5.05	13.66	4.25	13.43	5.07	70⁰
	VI	16.10	5.76	17.00	5.80	17.02	6.12	14.49	3.16	16.39	5.38	78⁰
4. Welle	I			30.0				32.4		31.20		35⁰
	II	22.4	5.08	25.8	8.07	22.5	8.03	29.9	8.99	25.8	7.34	52⁰
	III	32.2	7.22	29.3	8.24	27.0	6.18	30.9	5.04	29.5	6.72	61⁰
	IV	31.0	6.45	26.4	4.61	34.4	6.99	26.8	4.65	29.8	5.55	65⁰
	V	46.7	10.59	40.9	11.75	37.3	10.41	52.9	11.28	43.1	11.11	70⁰
	VI	26.1	5.22	44.0	7.95	42.7	8.66	43.2	5.58	38.8	6.75	78⁰

In der Antarktis sind hiernach auch die Temperaturverhältnisse der oberen Schichten maßgebend für den Luftdruck am Boden und erst in zweiter Linie dann die Druckwirkungen der kalten Bodenschicht. In der Antarktis sind wir allerdings noch nicht in der Lage, genügend streng diese beiden Einflüsse auf den Luftdruck voneinander zu trennen, wie es in besiedelten Gegenden mit ihrem dichtem Stationsnetz der Fall ist.

Die Grenzschicht zwischen der unteren Antizyklone und der oberen Zyklone muß im allgemeinen über dem antarktischen Kontinent höher liegen als über dem umgebenden Meer und muß demnach im allgemeinen nach Süden hin ansteigen, d. h. sie muß durchschnittlich ein Abbild der Oberflächengestalt des antarktischen Kontinents sein.

Nach den Untersuchungen von Ficker und F. Travniček (Wien, Sitz.-Ber., Abt. IIa, 1919, S. 1301—1341, Meteorol. Zeitschr. 1922, S. 110—114) nimmt die Periodendauer der unperiodischen Luftdruckänderungen, d. h. der Luftdruckwellen, mit zunehmender Meereshöhe zu, über Gebirgen sowohl wie in der freien Atmosphäre. Wenn eine ähnliche Annahme für die Antarktis gestattet ist, so würde die in Tabelle 121 gefundene Zunahme der Periodendauer mit zunehmender Breite hierin eine Erklärung finden oder wenigstens ein Analogon, da eine physikalische Erklärung dieser Erscheinung noch nicht gegeben ist. Auch die größere Wellenlänge über dem Lande im Gegensatz zur offenen See würde hier herein passen, da eben über dem Lande und in der Nähe des Landes die Grenzschicht höher liegt.

Andererseits dürfen wir nicht verkennen, daß bei diesen hochpolaren Luftdruckgebilden eine Schwierigkeit darin liegt, daß man mit der Verengung des Raums mit zunehmender Breite rechnen muß, wodurch Stauungen und Bewegungsstörungen in der Fortbewegung der Tiefs und Hochs entstehen können. Ferner ist noch zu berücksichtigen, daß wir vermutlich in diesen hohen Breiten eine besondere Zugstraße von Depressionen haben, wie am Schluß der Witterungsübersicht auf S. 152 näher begründet wurde.

Über die Fortpflanzungsrichtung und -geschwindigkeit dieser Bewegungen können wir durch direkte Beobachtungen wenig wissen. Genaue gleichzeitige Beobachtungen, wie sie hierzu nötig sind, haben wir nur für die Forschungsperiode im Anfang dieses Jahrhunderts, und zwar für die Stationen Snow Hill, Mac Murdo-Sund und Gauß-Station. Die neueren Zahlen für das Roßmeer, Kap Evans, Kap Adare, sowie von den beiden Stationen der Australischen Südpolarexpedition liegen ja leider noch nicht gedruckt vor. Sie sind ebenfalls zum großen Teil gleichzeitig und liegen räumlich einander näher und günstiger als in der ersten Periode.

Tabelle 122. Luftdruckwellen bei den einzelnen Stationen.

Jahresmittel.

	1. Welle		2. Welle		3. Welle		4. Welle	
	Dauer	Ampl.	Dauer	Ampl.	Dauer	Ampl.	Dauer	Ampl.
	Tage	mm	Tage	mm	Tage	mm	Tage	mm
1. Kerguelen	2.80	7.31	5.14	4.42	11.43	4.86	25.8	6.46
2. Süd-Georgien	3.41	5.16	6.50	4.04	11.05	5.70	25.9	8.23
3. Süd-Orkneys	3.65	4.92	7.32	5.66	13.48	4.98	29.5	6.72
4. Snow Hill	3.08	4.84	5.70	6.09	10.74	4.49	25.7	5.98
5. Port Charcot	4.00	7.66	7.11	4.57	16.21	5.60	41.8	5.88
6. Petermann-Insel	3.59	4.82	7.55	6.04	13.47	5.60	27.5	5.10
7. Gauß-Station	3.06	5.36	5.27	3.86	11.09	4.69	24.1	5.24
8. D. A. E.	3.04	4.61	6.25	5.46	13.04	5.19	34.4	7.94
9. Belgica	3.67	6.22	6.48	5.30	13.80	5.23	34.5	8.00
10. Kap Adare	3.47	4.22	5.45	3.56	13.46	4.78	60.5	17.40
11. Discovery-Station	3.99	6.44	7.60	4.02	19.86	6.31	46.1	7.32
12 Framheim	4.10	4.86	6.90	5.03	12.92	4.36	31.6	6.19
Mittel	3.49	5.54	6.44	4.84	13.38	5.15	34.0	7.54
1— 3 Meer	3.29	5.80	6.32	4.71	11.99	5.18	27.1	7.10
4— 6 Land	3.56	5.77	6.79	5.57	13.47	5.33	31.7	5.65
7— 9 Meer	3.26	5.40	6.00	4.87	12.64	5.04	31.0	7.06
10—12 Land	3.85	5.17	6.65	4.20	15.41	5.15	46.1	10.30
Meer	3.28	5.60	6.16	4.79	12.32	5.11	29.0	7.08
Land	3.70	5.47	6.72	4.88	14.44	5.24	39.4	7.98

Die graphisch aufgezeichneten Werte für die einzelnen Wellen lassen nicht mit Sicherheit identische Züge erkennen, so daß man hieraus auch nicht die Fortpflanzungsrichtung und -geschwindigkeit ableiten kann. Diese mangelnde Übereinstimmung ist allerdings kein Wunder, da die Stationen sehr weit von einander entfernt sind und auch in verschiedener Breite liegen. Die Entfernung von Gauß-Station und Snow Hill, deren Breite ja annähernd übereinstimmt, beträgt etwa einen halben Erdumfang, so daß man schon deswegen nicht einwandfrei entscheiden könnte, ob die Wellen von Westen nach Osten oder umgekehrt verlaufen. Ferner liegen die drei Stationen verschieden zum Lande, und das beeinflußt sicher auch die Wellen. Ferner ist nicht anzunehmen, daß die Einzelgebiete, Tiefs und Hochs, einen solchen Umfang in nord-südlicher Richtung haben, daß sie das ganze Gebiet überdecken, vielmehr dürfte ihr Umfang im Durchschnitt geringer sein, und sie dürften sich miteinander abwechseln, ähnlich wie wir es von unsern Gegenden kennen, für die z. B. Wenger ein Zirkulationsschema aufgestellt hat (Meteorol. Zeitschr., 1920, S. 241—252). Ein Anhaltspunkt dafür ist auch die Wahrscheinlichkeit zweier getrennter Zugstraßen der Depressionen, wie früher, S. 152, abgeleitet wurde.

Nach den Untersuchungen von Defant und Lockyer bewegen sich diese Luftdruckgebilde von Westen nach Osten, und wegen der Einheitlichkeit der ganzen Erscheinung von gemäßigten bis zu hochpolaren Breiten ist dies von vornherein auch für die Antarktis wahrscheinlich. An Tatsachenmaterial liegen meine obige Ableitung des west-östlichen Zuges der Depressionen im Weddellmeer, siehe Witterungsübersicht S. 152, und die Wolkenbeobachtungen der Gauß-Station vor. Meinardus hat schon die Zugrichtungen der höheren Wolken mit den Depressionen in Zusammenhang gebracht, siehe Gauß-Werk S. 291. Nähert sich auf der Südhalbkugel eine Depression von Westen, so müssen die Winde zuerst nördliche Richtungen haben und nach dem Vorübergang südliche. Die mittlere Richtung vor einer Sturmperiode war nun an der Gauß-Station N 10° W und nachher E 14° S, das stimmt gut mit obiger Forderung überein. Von den anderen Expeditionen sind meines Wissens derartige Zusammenstellungen nicht gemacht. Auf Seite 58 habe ich ferner die Zugrichtung der höheren Wolken mit der Windrichtung am Boden in Zusammenhang gebracht und festgestellt, daß die Winde in der Höhe im Durchschnitt mit den Bodenwinden übereinstimmen, was übrigens auch die Mehrzahl der hohen Pilotaufstiege lehrt. Die Bodenwinde und somit auch die Höhenwinde stehen im Weddellmeer im engsten Zusammenhang mit den Luftdruckverhältnissen. Bei den meisten anderen Expeditionen ist der Zusammenhang weniger eng, da ihre Bodenwinde meist von der unteren Antizyklone beherrscht werden, also vom Luftdruck mehr oder weniger unabhängig sind. Wir können somit nach allem mit großer Wahrscheinlichkeit annehmen, daß die Depressionen auch in der Antarktis von Westen nach Osten ziehen, wenigstens in den höheren Luftschichten.

Die sonst schwer verständliche geringe Abhängigkeit der Windrichtung und Windgeschwindigkeit von den Luftdruckgebilden, die z. B. Simpson betont (a. a. O. S. 218) und die auch wir am Inlandeisrande in der Vahselbucht fanden, findet also eine zwanglose Erklärung durch obige Überlegungen; denn die Winde werden durch die untere Antizyklone bedingt, während die Luftdruckänderungen ihren Sitz in höheren Luftschichten haben. Es wäre interessant und wichtig, diese Untersuchungen noch weiter fortzuführen und einmal zahlenmäßig festzustellen, wie weit die gegenseitige Abhängigkeit von Wind und Luftdruck in der Antarktis reicht. Wie ich schon betont habe, ist z. B. beides im Mac Murdo-Sund wenig von einander abhängig, während im freien Weddellmeer die gegenseitigen Beziehungen eng sind. Eine solche Untersuchung würde mich hier aber zu weit führen und ist auch sicherer vorzunehmen, wenn erst das Zahlenmaterial der neueren Expeditionen zur Verfügung steht.

Simpson hatte sich auch schon mit ähnlichen Fragen beschäftigt (a. a. O. S. 206 ff.) und war auf Grund seiner Untersuchungen zu andern Ergebnissen gekommen. Er legt den auswärts wandernden wahren Luftdruckwellen, den »Surges« oder »Luftdruckwogen« eine wesentliche Bedeutung bei. Im wesentlichen dürften sie identisch sein mit der obigen sogenannten 4. Druckwelle. Die Methode der Herausarbeitung dieser »Surges« ist aber nicht einwandfrei, da Simpson zu schematisch vorgeht und einfach übereinandergreifende 10tägige Mittel benutzt. Dies beweist auch schon der bloße Anblick seiner Kurven, die noch viele darübergelagerte sekundäre Wellen zeigen. Auch seine Bestimmung der Richtung und Geschwindigkeit dieser »Wogen« ist nicht fehlerfrei, da er einfach dazu die Extreme seiner Kurven verwendet, die wegen der nicht einwandfreien Beseitigung der kürzeren Wellen nicht den wahren Extremen gleich sind. Ich würde z. B. rein nach seinen Kurven mehrfach andere Werte als zusammengehörig ansehen, als es Simpson tut. Es wäre von Wert, diese Untersuchung nach einer einwandfreieren Methode, etwa der Defantschen, zu wiederholen, aber die Originalzahlen sind noch nicht verfügbar.

Ich möchte nun noch einmal kurz meine Ansicht über das Schema der Luftzirkulation in der Antarktis zusammenfassen, wie sie sich aus obigen Darlegungen ergibt. Die Zirkulation über der Antarktis wird beherrscht von einer antizyklonalen Kappe, die wahrscheinlich nach außen wandernde Wellen, im wesentlichen also in süd-nördlicher Richtung, aussendet. Darüber liegt eine zyklonale Schicht, die in Zusammenhang mit der Zirkulation der gemäßigten Breiten steht, und in der sich west-östlich wandernde Luftdruckgebilde bewegen. Beide beeinflussen sich gegenseitig. In der Hauptsache beherrscht das obere das untere System, wenigstens soweit es den Luftdruck betrifft. Die Winde am Boden werden hauptsächlich durch das untere System beherrscht, über dem Festland am meisten und mit zunehmender Entfernung davon um so weniger. In Cirrenhöhe, also vermutlich mehr der Stratosphäre angehörig, scheint sich eine Strömung zu zeigen, die quer über die Antarktis vom Indischen Ozean zum Gebiet der Westantarktis geht, wie die Nordkomponente des Cirrenzuges im ersteren Gebiet und die Südkomponente im zweiten Gebiet andeutet. Siehe darüber S. 57.

Simpson (a. a. O. S. 196 ff.) hat nach der Methode der Korrelationsfaktoren berechnet, daß die Luftdruckverhältnisse der ganzen Antarktis und weit darüber hinaus bis etwa zum 50^0 S. Br. einheitlicher Natur sind, d. h. daß die Schwankungen des Luftdrucks in diesem ganzen großen Gebiet hauptsächlich gleichsinnig verlaufen. Dies ist also eine tatsächliche Feststellung. Simpson glaubt aber darin den Beweis zu finden, daß das ganze Gebiet von der antarktischen Antizyklone beherrscht wird, mit anderen Worten, daß diese Antizyklone mit ihrem Einfluß so weit merkbar ist. Auf Grund der obigen Erörterungen kann ich mich aber dieser Ansicht nicht anschließen. Wie ich zu zeigen versuchte, werden die Druckverhältnisse am Boden, von denen wir ja allein Messungen haben, im wesentlichen von den höheren Schichten beeinflußt, und diese sind zyklonal. Die Simpsonschen Korrelationsfaktoren bedeuten demnach nicht das Vorherrschen einer Antizyklone, sondern im Gegenteil die Herrschaft zyklonaler Verhältnisse in diesem ganzen Gebiet. Diese Ansicht dürfte auch besser zu den wahren Verhältnissen in den Breiten zwischen 50 und 60^0 S. Br. passen, die ja wohl allgemein als typisch zyklonal angesehen werden, zumal sie ja noch fast durchweg in das Gebiet der vorherrschenden Westwinde fallen. Dazu würde auch gut passen, daß die mittlere Veränderlichkeit der Monatsmittel des Luftdrucks sehr groß ist, beinahe ebenso groß, als in dem Isländischen Tief. Auch dies spricht für den zyklonalen Charakter des Gebiets.

In dem Gebiete der Antarktis sind zwei große, stationäre Tiefdruckgebiete vorhanden, das Weddell-Tief und das Roß-Tief, das dritte, das Belgica-Tief, ist nach den Untersuchungen von Mecking im Gauß-Werk viel weniger konstant. Diese beiden hauptsächlichen Tiefs liegen in den beiden großen Einschnitten, die weit in das antarktische Festland eingreifen. Beide Einbuchtungen sind von Meer, wenn es auch eisbedeckt ist, erfüllt, in beiden liegen aber im Süden große Schelfeismassen. Als Erklärung dafür, daß die Tiefs gerade hier liegen, wurde in Analogie zu anderen Fällen angegeben, daß das Meer eben wärmer sei als das umgebende Festland und seine Wärme der darüber liegenden Luftmasse mitteile. Gegen diesen Erklärungsversuch erheben sich aber sehr schwer wiegende Bedenken. Gehen wir zunächst etwas auf die Verhältnisse beim Roßmeer ein. Nach den gleichzeitigen Aufzeichnungen in Framheim und Kap Evans ist das Tiefdruckgebiet im Winter erheblich ausgesprochener als im Sommer, ferner greift es immer weit in die Roßeisplatte hinein. Wir müßten also nach den Voraussetzungen erwarten, daß die Gegend um Framheim wärmer wäre als etwa der Mac Murdo-Sund. Wir finden aber das entgegengesetzte; Framheim und die ganze Eisplatte ist sogar der kälteste bekannte Ort auf der ganzen Erde. Man könnte aber nun einwenden, daß eben das Meer nördlich davon bezw. die Luft darüber erheblich wärmer sei, als z. B. Kap Evans. Direkte Beweise dafür besitzen wir aber nicht. Daß freilich die Luft über dem Roßmeer wärmer ist als über der Eisplatte, das zeigen ja die warmen Nord- und Nordost-Winde bei Framheim. Näheres darüber werden wir aber erst erfahren, wenn die Beobachtungen der Triftfahrt der »Aurora« vorliegen.

Eine weitere Bedingung für die Richtigkeit der obigen Erklärung ist die Möglichkeit, daß sich die Wärme der unteren Luftschicht auch den oberen Schichten mitteilen kann; denn die ganze Luftsäule über einem Tief muß ja wärmer sein, damit der Luftdruck überhaupt so tief bleiben kann. Wie steht es nun hiermit? Aus der Weddellsee wissen wir ja durch die oben behandelten Fesselaufstiege, daß am Boden im Winter wenigstens eine sehr erhebliche Bodeninversion liegt, und auch im Roßmeer ist eine solche, aber wahrscheinlich noch mächtigere, anzunehmen. Eine solche Bodeninversion ist aber eine Sperrschicht, d. h. sie läßt vertikale Bewegungen, Konvektion, nicht zu. Die vom Meer zweifellos abgegebene Wärme kann also jedenfalls nicht in größere Höhen vordringen, das verhindert ja eben die Sperrschicht. Eine gewisse Erwärmung der Luft tritt zwar ein, das habe ich ja früher selbst zugegeben, sie zeigt sich darin, daß die Temperatur nicht beliebig weit sinken kann, aber die so zustande gekommene Erwärmung betrifft nur die alleruntersten Luftschichten. Sonst müßte ja die Bodeninversion verschwinden. Das ist aber sicher nicht der Fall, wie die Beobachtungen zeigen. Diese geringe Erwärmung der dünnen Bodenschicht kann aber keinen wesentlichen Einfluß auf den Luftdruck haben, überdies ist ja im Roßmeer das Tiefdruckgebiet im Winter noch weit ausgesprochener als im Sommer. Aber auch im Sommer ist der mittlere Temperaturgradient über dem Weddellmeer recht gering, dasselbe gilt nach meinen früheren Rechnungen (Ann. d. Hydrographie 1916, S. 316—327) auch für das Roßmeer. Also kann auch im Sommer eine nennenswerte Durchwärmung der ganzen Luftsäule nicht stattfinden. Die Wärmeleitfähigkeit der Luft ist auch so gering, daß sie keinen nur irgend ins Gewicht fallenden Beitrag zur Erwärmung der ganzen Luftsäule liefern kann.

Wenn also eine einwandfreie Erklärung des Zustandekommens der Tiefdruckgebiete gegeben werden soll, so muß sie diese Erscheinungen und Tatsachen berücksichtigen. Die wahre und zutreffende Erklärung liegt meiner Ansicht nach in Folgendem. Wie schon früher betont, fließt die kalte Luft vom Hochland der Antarktis nach allen Seiten ab. Hierbei erwärmt sich die ganze davon betroffene Luftsäule erheblich, um so mehr, je größer die Bodeninversion ist, also im Winter mehr als im Sommer. Verstärkt wird diese Erscheinung, wenn die Luft sich außer dem Herabsteigen noch über ein größeres Gebiet ausdehnen muß, die Inversion also zusammenschrumpft, wobei sie an Dicke verliert, aber an Intensität gewinnt. Wir haben hierin einen Vorgang, bei dem sich die ganze Luftsäule erwärmt, und zwar nicht vom Boden aus. Was in den alleruntersten Schichten vor sich geht, ob sie sich durch Ausstrahlung noch weiter abkühlen, wie es z. B. über dem ebenen Schelfeis der Roßeisplatte der Fall sein dürfte, oder ob sie sich erwärmen, wie über den mit Meereis bedeckten ebenen Flächen, ist von verhältnismäßig geringer Bedeutung, da sich diese Einflüsse eben wegen der Inversion als Sperrschicht nicht erheblich nach oben hin erstrecken können. Wir haben also hierin die Erklärung für die stationären Tiefs. Da der Luftstrom, der von der Antarktis herabströmt, aus Schwerkraftsgründen immer vorhanden sein muß, so müssen auch die Tiefdruckgebiete ebenfalls stationär sein, wenn auch natürlich mit Schwankungen, da der herabfließende Strom schwankt. Die Bodeninversion über dem antarktischen Hochland ist natürlich auch nicht immer gleich groß. Sie wird, um nur einige Möglichkeiten zu erwähnen, z. B. von der Himmelsbedeckung abhängen, die ihrerseits durch die West—Ost wandernden Luftdruckgebilde der oberen Zyklone bedingt sind, ferner wird sie in gewissem Grade von der Geschwindigkeit des Abströmens abhängen usw. Es treten hierbei eben allerhand Wechselbeziehungen auf, die wir zur Zeit aber noch kaum übersehen und untersuchen können. Nach allem Vorhergehenden muß also eine Zone tiefen Luftdrucks sich rings um die Antarktis herumziehen und sich nicht nur auf die Einbuchtungen des Weddellmeeres und der Roßsee beschränken. Dies mag in gewissem Grade dazu beitragen, daß die Tiefdruckrinne, die tatsächlich vorhanden ist, und die der Hauptsache nach allerdings anderen Ursachen ihr Entstehen verdankt, besonders tief ist. Auch daß das Tief über dem Roßmeer im Winter ausgesprochener ist als im Sommer, fügt sich zwanglos in den Rahmen dieser Erklärung ein.

Diese aufgestellte Theorie hat die Bodeninversion zur Voraussetzung und braucht sie, während sie der anderen Erklärung im Wege steht. Um es prägnant auszudrücken: Die stationären Tiefs im Weddell- und Roßmeer liegen an ihren Stellen, nicht weil diese Einbuchtungen vom Meer erfüllt sind, sondern weil sie im Meeresniveau, also relativ tief liegen. Selbstverständlich sind hier nur die Grundzüge gegeben; längst nicht alle Einzelheiten können jetzt schon erklärt werden, dazu ist auch das Beobachtungsmaterial noch viel zu spärlich. So wissen wir noch nicht, warum das Roß-Tief weiter südlich zu liegen scheint als das Weddell-Tief; hierbei dürften unter anderem noch die Beschaffenheit der Landumrahmung,

Breite und Tiefe der Einbuchtung nach Süden hin, die Abflußverhältnisse der Luft vom Inlandeis herab, und damit seine Neigung und manches andere mitspielen; alles dies kennen wir ja zur Zeit noch gar nicht oder nur sehr wenig.

Die kinetische Energie der vom Inlandeis herabströmenden Luftmassen dürfte am Boden wegen der Zähigkeit der Bodeninversion, der Reibung am Boden usw. bald verzehrt sein, während sie sich in einiger Höhe noch länger erhält. Dort muß also die Massenbewegung besonders stark sein. Hierin möchte ich den physikalischen Grund der früher S. 100 gefundenen Tatsache erblicken, daß der Lufttransport zunächst vom Boden an zunimmt, ein Maximum erreicht und dann wieder abnimmt. In diesem Maximum könnte man vielleicht den Rest dieser Abflußbewegung sehen.

Mit all diesen Ausführungen stimme ich im Grunde mit den Hobbsschen Anschauungen überein (unter anderem in der neuesten Form in Proc. of the Am. Phil. Soc. 1915, S. 187—225), nach denen eine Antizyklone das Gebiet der Antarktis beherrscht, eine Ansicht, zu der sich übrigens auch Simpson bekannt hat (a. a. O. S. 251, siehe auch Ann. d. Hydrographie 1921, S. 352 ff.), wenn er auch Einzelheiten als nicht durch die Tatsachen gestützt ablehnt. Damit trete ich in Gegensatz zu den Ausführungen von Meinardus. Dieser verficht den Gedanken (Gauß-Werk, S. 323 ff.), daß nur die Ränder der Antarktis von einer Antizyklone beherrscht werden, während das Innere wegen seiner Höhe in die obere Zyklone hineinrage. Meinardus gründet seine Ansicht auf zwei anscheinend feststehende Tatsachen. Er berechnet aus dem Bodenluftdruck und der Bodentemperatur die wahrscheinliche Luftdruckverteilung in der Höhe und kommt so zu dem Schluß, daß der Druckgradient sich bereits in etwa 2000 m Höhe umkehren müsse.. Zu einer solchen Rechnung ist aber eine Annahme über die Temperaturverteilung in diesen Schichten nötig. Er nahm hierfür eine Temperaturabnahme von 0.5° auf 100 m an, wie man sie im Durchschnitt in gemäßigten und tropischen Breiten auf Grund der Beobachtungen benutzt. Diese letztere Annahme ist aber hier sicher nicht richtig. Im Winter herrscht ja in der Antarktis eine erhebliche Bodeninversion und im Sommer etwa Isothermie. Dies muß jedenfalls die errechnete Druckverteilung in der Höhe erheblich beeinflussen, wenn wir auch noch keine genaueren Angaben darüber machen können, da die Temperaturverteilung im einzelnen noch viel zu unbekannt ist. Daß man mit solchen summarischen Annahmen und Rechnungen namentlich in Polargebieten nicht weit kommt, zeigen unter anderm auch die Untersuchungen von De Quervain (Ergebnisse der Schweizerischen Grönlandexpedition 1912—1913, S. 374), der auch eine Umkehrung der Druckgradienten in der Höhe errechnet, woraus sich westliche Winde in größeren Höhen ergeben müßten, während die Pilotaufstiege im Gegensatz dazu östliche Winde zeigen, und zwar bis zu den größten Höhen.

. Der zweite Einwand von Meinardus gegen die Hobbssche Theorie ist dagegen viel schwerwiegender. Er sagt nämlich, wenn über der Antarktis ein Hochdruckgebiet läge, so müßten wir hier absteigende Luft haben, die sich dynamisch erwärmt und dadurch trocken wird. Hierdurch würde eine starke Verdunstung des Eises hervorgerufen, die schließlich dazu führen müßte, daß im Inneren der Antarktis eine schnee- und eisfreie Fläche sich ausbildet. Dies widerspricht aber den Tatsachen, soweit sie bekannt sind. Die Antarktis als Ganzes genommen muß vielmehr ein Gebiet sein, in dem der Niederschlag die Verdunstung überwiegt, um die Ausfuhr an Eisbergen decken zu können. Nach den bisherigen Anschauungen muß daher die ganze Antarktis im Durchschnitt unter der Herrschaft einer solchen Wetterlage stehen, die diese Bedingung erfüllt, und das könnte nur eine Zyklone sein.

Die Lösung dieses Widerspruches findet Meinardus darin, daß eben die Teile der Antarktis, die höher als etwa 2000 m liegen, was nach seiner Berechnung der mittleren Meereshöhe der größte Teil wäre, in die obere Zyklone hineinragen. Eine andere befriedigende Lösung dieses Widerspruches ist bisher nicht erfolgt, wenn auch Simpson (a. a. O. S. 266) auf dem richtigen Wege dazu war. Die Lösung wird wiederum gegeben durch die Bodeninversion.

Zwar hatte schon Meinardus selbst (Gauß-Werk S. 327—328) daran gedacht, daß die starke Ausstrahlung ein Ausscheiden von Feuchtigkeit in der zentralen Antarktis bewirken könnte, hat aber ihre Bedeutung unterschätzt und daher diese Erklärung ablehnen zu müssen geglaubt. Ich möchte nun auf diesen Punkt etwas näher eingehen.

Um einen Anhaltspunkt für die Größe der Verdunstung zu erhalten, hatte Meinardus auf die Trabertsche Formel (Meteorol. Zeitschr., 1896, S. 261—263) zurückgegriffen (Gauß-Werk, S. 241).

$$V = C \, (1 + \alpha \, t) \, (E - e) \, \sqrt{w}.$$

Die Verdunstung ist danach abhängig erstens von C, einer Funktion des Luftdrucks, zweitens von der Temperatur t, drittens von dem Sättigungsdefizit $(E - e)$, wo E die Sättigungsspannung bei der Temperatur t und e die gemessene Dampfspannung ist, und viertens von der Windgeschwindigkeit. Statt des Sättigungsdefizits kann man auch die relative Feuchtigkeit R einführen durch die Beziehung

$$E - e = E \, (100 - R) : 100.$$

Diese letzte Beziehung gilt aber nur für verdunstendes Wasser, da nur hierfür die Sättigungsfeuchtigkeit = 100 % ist. Sonst müßte ein geringerer Wert dafür eingesetzt werden, da die Sättigungsspannung E für Eis geringer ist als für Wasser. Man muß also auch hierbei wieder streng unterscheiden zwischen Wasser- und Eissättigung.

21*

Es kann also keine Verdunstung eintreten, wenn E = e ist.   Bei den antarktischen Verhältnissen muß aber E gleich der Sättigungsspannung über Eis sein.   Da nun in der Weddellsee im Winter durchschnittlich Eissättigung, ja Übersättigung herrscht, kann es dort auch keine Verdunstung des Eises geben.   Ähnliches gilt auch für die Gauß-Station, da auch dort, wie aus dem täglichen Gang der Feuchtigkeit hervorgeht, im Winter Eissättigung im Durchschnitt herrscht.

Es könnte nun eingewandt werden, daß die absteigende Luftbewegung bei dem radialen Ausfluß eine dynamische Erwärmung und damit eine Austrocknung hervorruft, die die relative Feuchtigkeit unter die Eissättigung herabdrückt und damit doch wieder Verdunstung hervorrufen kann.   Dem gegenüber möchte ich hervorheben, daß die Ausstrahlung an der Eisoberfläche sehr intensiv ist und wegen der Inversion nur wenig mächtige Luftschichten abgekühlt zu werden brauchen.   Die geringe Wärmekapazität und die geringe Wärmeleitfähigkeit des trockenen Schnees begünstigen ferner die rasche Wärmeabgabe an die benachbarte Luft, wozu noch die relativ große Oberfläche kommt, die der trockene Schnee hat.   Wie groß die Ausstrahlung ist und wie schnell sie wirkt, möge ein Beispiel zeigen.   Simpson (a. a. O. S. 268) bespricht die große Temperaturamplitude auf der Eisplatte und erwähnt dabei, daß in den frühen Morgenstunden vielfach Nebel auftritt.   Die Ausstrahlung ist also so stark, daß selbst bei noch immer über dem Horizont stehender Sonne die durch sie hervorgerufene Abkühlung ausreicht, die Sättigungsspannung zu überschreiten, wodurch eben der Nebel zu stande kommt.   Wenn die Ausstrahlung schon in diesem Falle zu dieser Wirkung ausreicht, um so mehr muß das der Fall sein, wenn die Einstrahlung ganz fortfällt.

Selbstverständlich kann bei stärkeren Gefällen des Landes die dynamische Erwärmung der Luft so groß sein und in so kurzer Zeit erfolgen, daß sie durch Ausstrahlung nicht kompensiert werden kann.   In solchen Fällen kann natürlich Verdunstung erfolgen.   Sie muß sich demnach auf solche Gegenden mit stärkerem Gefälle beschränken, kann also, so weit wir wissen, nur in den Randteilen der Antarktis vorkommen.   Ähnlich liegen die Verhältnisse in Lee von Hindernissen.   Auch dort tritt in dem Wirbelzopf teilweise rapides Absinken von Luftmassen ein, wodurch die Luft stark ausgetrocknet wird und infolgedessen Verdunstung eintritt.   Aus solchen Gegenden haben wir auch die einzigen Beobachtungen über Verdunstung, wie z. B. am Gauß-Berg, wo Drygalski in einem beschränkten Gebiet in Lee des Berges merkbare Verdunstung gemessen hat.

Ein weiterer Faktor tritt aber auf, dessen Wirkung leicht mit Verdunstung verwechselt werden kann, und das ist das Schneetreiben.   Ein jeder Luftstrom, der mit festen Teilchen beladen ist, wirkt abschleifend auf die Gegenstände ein, die er trifft.   In der Technik wird dieser Vorgang beim Sandstrahlgebläse verwertet.   Aber auch die schneebeladene Luft hat solche Wirkung, wenn auch schwächer wegen der geringeren Härte der Schneekörner.   Daß dieser Vorgang eine sehr merkbare Wirkung hat, beweisen die Beobachtungen der Australischen Expedition, nach denen sogar der Fels eine deutliche Abschleifung zeigte, sowie Holzkisten in einiger Zeit zerstört wurden.   Auf Schnee und Eis muß diese Wirkung noch stärker sein, da sie weicher sind, wenn die Erscheinung auch hier nicht so deutlich hervortritt, da sie durch Ablagerung von neuem Schnee wieder verwischt wird.   Wo letzteres nicht möglich ist, wie bei Eisbergen, tritt das Abschleifen deutlich hervor.   Dies dürfte ein sehr wesentlicher Vorgang bei der Bildung der Blaueisberge, wie sie Drygalski genannt hat, sein, Verdunstung kann dabei mitwirken, braucht es aber nicht.

Es seien hier noch ein paar Worte über den Wert von Feuchtigkeitsmessungen bei Schneetreiben gesagt.   Bei Schneetreiben ist ständig eine so große Schneemenge mit enormer Oberfläche mit der Luft in Berührung, daß sich der Feuchtigkeitsgehalt sehr rasch der Eissättigung anpassen muß.   Die relative Feuchtigkeit und der Dampfdruck entsprechen also bei Schneetreiben nur den Sättigungswerten über Eis und sind damit also von der Temperatur abhängig.   Solche Beobachtungen zu verallgemeinern, ist also nicht angängig.   Vor allem folgt daraus für die Verdunstung von ebenen Schneeflächen, daß diese im allgemeinen sehr gering sein wird trotz der hohen Windgeschwindigkeit, die das Schneetreiben verursacht.

Ich habe bisher nur die negative Seite des Problems behandelt und zu beweisen versucht, daß die Verdunstung auch bei einer antizyklonalen Druckverteilung in der Antarktis nicht vorhanden und nur an lokal begrenzten Orten von meßbarem Betrage ist.   Ich will nun weiter gehen und eine Überschlagsrechnung anstellen, wieviel Niederschlag durch diese Verhältnisse auf die gesamte Antarktis im Durchschnitt entfällt.   Ich muß zu diesem Zweck allerdings einige Vorraussetzungen machen, die sehr wahrscheinlich sind, aber sich bei unserer mangelnden Kenntnis noch nicht zahlenmäßig beweisen lassen.

Bei der Untersuchung der Feuchtigkeitsverhältnisse der Fesselaufstiege hatte ich gefunden, daß eine gewisse Menge Feuchtigkeit infolge der Bodeninversion aus der Luft ausgeschieden wird, und zwar ergab sich für den Winter, daß etwa 0.3 Gramm auf das Kilogramm Luft ausgeschieden sein mußte.   Dies gilt zunächst für den Winter mit einer mittleren Bodeninversion von etwa 7°.   Diese Menge wird größer sein, wenn die Temperatur am Boden tiefer, also die Inversion größer ist.   Die Inversion ist aber im Durchschnitt z. B. für die Roßeisplatte sicher größer im Winter und auch im Sommer nicht ganz verschwunden.   Ähnliche Temperaturverhältnisse wie dort herrschen aber auch auf dem Hochland der Antarktis, wo die Inversion auch im Sommer in nicht unerheblichem Maße vorhanden sein muß.   Wenn ich also den obigen Wert von 0.3 Gramm Wasser auf ein Kilogramm Luft rechne, so werde ich wohl ungefähr den Durchschnitt getroffen haben.

Will ich also wissen, wieviel Feuchtigkeit in der ganzen Antarktis ausgeschieden wird, so muß ich mir errechnen, wieviel Luft im Durchschnitt aus den Randgebieten der Antarktis nach außen hin austritt.   Als

Größe des Kontinents nehme ich mit Penck (Sitz.-Ber. der Berl. Akad. d. Wiss. 1914, S. 69) 13.5 Millionen Quadratkilometer an. Der Einfachheit halber denke ich mir dies Gebiet kreisförmig, dann beträgt der Umfang $2\sqrt{13.5 \cdot \pi}\, 10^6$ m. Zwar ist der Umfang größer, aber dafür sind große Strecken vorhanden, an denen die Luft der Gebirge wegen nicht ausströmen kann. Im Durchschnitt mag der Wert richtig sein. Die Drachenaufstiege ergeben, daß die Feuchtigkeit in den untersten 200 m etwa ausgeschieden wird. Ich will aber für diese Rechnung nur 100 m annehmen. Als Gewicht eines Kubikmeters Luft nehme ich 1.25 kg. Dieser Wert gilt z. B. bei $-20°$ und einem Druck von etwa 700 mm, was einer Meereshöhe von rund 500 m entspricht; unmittelbar am Rande ist dieser Wert noch zu klein. Bei einer Mitteltemperatur von $-12.8°$, wie sie Meinardus für den 70. Grad S. Br. annimmt, und 740 mm Druck ist der Wert aber 1.32. Diese Mitteltemperatur ist aber wahrscheinlich noch zu hoch, da sie nur auf Grund von Küstenstationen berechnet und das Innere sicher kälter ist, wie z. B. Framheim zeigt. Hierbei würde diese Zahl also noch größer ausfallen. Als radiale Windgeschwindigkeit nehme ich zunächst 1 mps an. Multipliziere ich alle diese Zahlen miteinander und noch mit der Zahl der Sekunden im Jahr, so erhalte ich als ausgeführte Luftmenge:

$$M = 2\sqrt{13.5 \cdot \pi}\, 10^6 \cdot 100 \cdot 1.25 \cdot 31.5 \cdot 10^6 = 5.14 \cdot 10^{16}\ \text{kg}.$$

Da jedes Kilogramm 0.3 Gramm Wasser verlieren soll, so muß ich diese Zahl noch mit $3 \cdot 10^{-4}$ multiplizieren, um die ausgeschiedene Wasserdampfmenge zu erhalten. Ich erhalte so $15.42 \cdot 10^{12}$ kg Wasser, die ich mir auf die Fläche von $13.5 \cdot 10^{12}$ qm gleichmäßig verteilt denken muß. Die Division ergibt demnach 1.14 mm Niederschlag pro Meter radialer Windgeschwindigkeit. Nehme ich diese höher an, so bekomme ich entsprechend mehr. Windgeschwindigkeitsmessungen im Innern und am Rande der Antarktis haben wir noch zu wenig, um eine verläßliche Größe zu erhalten. Nach den Schlittenreisen von Amundsen und Scott zum Südpol bekommt Simpson eine mittlere Geschwindigkeit von rund 5 mps. Vom Rande selbst, in ungestörter Lage, haben wir nur die Werte der Australischen Expedition von über 20 mps, im Durchschnitt aus SSE. Diese Zahl ist aber als Mittel wahrscheinlich zu hoch. Wenn ich als mittlere radiale Geschwindigkeit 5 mps annehme, werde ich einen annehmbaren Wert erhalten, der aber wahrscheinlich noch etwas gering ist. Daraus ergibt sich ein Niederschlag, rein aus Sublimationsvorgängen infolge der Bodeninversion, von rund 6 mm im Jahr.

Meinardus (Sitz.-Ber. d. Med.-Naturw. Ges. Münster 1910) hatte als mittleren Niederschlag für den ganzen Kontinent 40 mm errechnet. Der Wert dürfte zu hoch sein, weil er die Messung der Geschwindigkeit des Inlandeises am Gauß-Berg als Mittel für die ganze Umrandung angenommen hatte, und diese Zahl, wie auch Drygalski (Sitz.-Ber. d. Bayr. Ak. d. Wiss. 1919, S. 28) betont, lokal gestört und zu groß ist. Der Vergleich der beiden Niederschlagswerte zeigt, daß zwar längst nicht der ganze Niederschlag der Antarktis durch diese Sublimationsvorgänge gedeckt werden kann, aber doch ein nicht unerheblicher Bruchteil, den man roh zu etwa ein Fünftel ansetzen kann.

Die Form dieser Ausscheidung als Folge der Bodeninversion kann verschieden sein. Ein Teil wird direkt als Reif und Rauhreifansatz am Boden geliefert. Direkte Beobachtungen darüber finden sich oben in der Witterungsübersicht. Ähnliche Beobachtungen sind anscheinend auch während der Trift der »Endurance« gemacht (Mossman, Quarterly Journal 1921, S. 67). Die Ausscheidung des Wasserdampfs kann ferner unmittelbar in den untersten Luftschichten erfolgen, man sieht dann dauernd Eisflitter in der Luft, und die Sicht ist gering. Wie aus dem Bericht von Amundsen hervorgeht (Die Eroberung des Südpols S. 642), war auf der Reise zum Pol die Kette des Königin-Maud-Gebirges nicht sichtbar, während sie sich auf der Rückreise zeitweise enthüllte. Diese Trübung ließ sich sogar bis zum Nebel steigern, wie es auch von Nansen sowie Koch und Wegener auf ihren Durchquerungen Grönlands beobachtet wurde. Ferner kann die Ausscheidung auch in Wolkenform erfolgen. Die Höhe der Wolken ist nach den Schätzungen sehr gering, und sie sind sehr veränderlich, wofür das Tagebuch von Scott manche Hinweise enthält. Diese Wolken dürften sich hauptsächlich in der Schicht bilden, in der die Übersättigung beginnt. Wird diese Grenzschicht gehoben, sei es durch Wellenbildungen, sei es durch Stauungen irgend welcher Art, die z. B. durch den irgendwo in der Umgebung zufällig verhinderten Abfluß oder durch lokal verschiedene Windgeschwindigkeiten hervorgerufen werden können, so wird es zur Niederschlagsbildung kommen. Daß dies möglich ist, hat auch Simpson (a. a. O. S. 218) hervorgehoben; er hat z. B. die Bildung einer Wolkendecke bei südlichen Schneestürmen mit Schneefall daraus erklärt. Solche Bewegungen und Stauungen werden natürlich sehr veränderlich sein und ohne erkennbare äußere Ursache auftreten, wie es auch Scott (Letzte Fahrt II., S. 247) besonders betont. Auch diese Erscheinungen lassen sich also durch das Bestehen einer Bodeninversion zwanglos erklären.

Wie aus der obigen Überschlagsrechnung hervorgeht, wird nur ein Teil des notwendigen Niederschlags auf diese Weise erklärt. Der Rest muß also anderswoher stammen, und hierfür sind wohl die wandernden Luftdruckgebilde der oberen Zyklone verantwortlich. Wie die Beobachtungen der verschiedenen Stationen zeigen, greifen diese Gebilde tief ins Innere der Antarktis hinein. Ferner ist zu beachten, daß die Luftmasse, die den radialen Abfluß in der Höhe kompensiert, an den Rändern der Antarktis mehr oder weniger in die Höhe steigt, und so auch Niederschlag hervorbringen kann. Es ist also wahrscheinlich, daß aus mehreren Gründen die Randgebiete der Antarktis stärker ernährt werden als das Innere. Und dies entspricht auch der allgemeinen Annahme.

Daß aber auch das Innere der Antarktis gelegentlich von schneebringenden Depressionen nicht verschont wird, zeigt der von mir schon früher (Ann. d. Hydrographie 1916, S. 324) hervorgehobene Fall von Anfang Dezember 1911, wo wahrscheinlich ausnahmsweise eine schneebringende Depression über das Hochplateau hinweg in Richtung auf das Roßmeer zog. Diese Depression lieferte jedenfalls im Gebiet der Roßeisplatte und Nachbarschaft sehr erhebliche Schneemengen, sodaß allein durch diesen einen Schneefall wahrscheinlich der Jahresbedarf für ein oder auch mehrere Jahre gedeckt wurde. Es braucht also nicht einmal jedes Jahr ein solcher wahrscheinlich ziemlich ungewöhnlicher Schneefall über irgend einem Teil der Antarktis einzutreffen, um genügend Schnee für die Eisausfuhr zu liefern. Daß solche beträchtlichen Schneefälle in vielen Monaten nicht vorkommen, zeigen die Beobachtungen von Amundsen auf der Roßeisplatte. Er fand nach dem Winter also nach etwa 8 Monaten sein im Herbst gelegtes Depot so vor, als ob es eben gelegt wäre, eine nennenswerte Niederschlagsmenge war dort in der Zwischenzeit nicht gefallen. Auch im Hochsommer fiel auf dem Hochplateau so wenig Schnee, daß Scott noch nach über einem Monat sogar die Fußspuren von Amundsens Hunden deutlich sehen konnte.

Am Rande der Antarktis sind allerdings die Niederschläge erheblich, wie die Messungen der verschiedensten Expeditionen zeigen, und übersteigen die zur Ein- und Ausfuhrbilanz nötigen Mengen ganz beträchtlich. Sogar die bisher geringste Menge, die auf unserer Expedition gemessen wurde, ist noch erheblich größer. Wie weit dieser Niederschlag als Mittelwert für das Gebiet gelten kann, ist noch zweifelhaft, da auf der Triftfahrt der »Endurance«, die im allgemeinen parallel zu unserer Trift verlief, etwa die dreifache Menge gemessen wurde (siehe Moßman, Quarterly-Journal 1921, S. 68). Dabei war auf unserer Fahrt der Luftdruck erheblich geringer, also die Witterung vermutlich zyklonaler, wenn auch dies einfach daher rühren kann, daß unsere Trift näher dem Zentrum des stationären Tiefs verlief. Der im Jahre 1915 reichlichere Niederschlag ist aber vielleicht dadurch zu erklären, daß die »Endurance« näher dem oben besprochenen Stauungsgebiet war, in dem die Luftströmung zusammengedrängt und dadurch teilweise zum Aufsteigen gezwungen wird, was die Niederschlagsbildung vermehrt. Aus ähnlichen Gründen hat ja auch Simpson den Niederschlag bei den Südstürmen im Mac Murdo-Sund hergeleitet.

Auf ein anderes Problem möchte ich hier nur noch kurz eingehen, das ist die Berechnung der mittleren Höhe des antarktischen Kontinents durch Meinardus (Petermanns Mitt. 1909, S. 304—309, 355—360). Simpson (a. a. O. S. 294 ff.) hat schon diese Berechnung einer scharfen sachlichen Kritik unterzogen, und ist zu dem Schluß gekommen, daß zwar die Berechtigung zu einer solchen Rechnung physikalisch vorhanden ist, daß aber die von Meinardus benutzten Zahlengrundlagen viel unsicherer sind, als dieser annahm, so daß dadurch der Fehler sehr beträchtlich wird. Er hat ferner gezeigt, welche Durchschnittshöhe sich ergibt, wenn man die neuen, zum mindesten ebenso wahrscheinlichen Unterlagen benutzt. Dieser Kritik kann ich mich im wesentlichen anschließen. Allerdings ergibt die Hinzunahme der allerneuesten Werte Zahlen, die sich den Meinardusschen wieder mehr nähern. Aber der wichtigste Faktor bei dieser Formel, die vertikale Verteilung der Temperatur, ist auch von Simpson, wie die obigen Darlegungen zeigen, noch nicht richtig genug angenommen worden. Nimmt man diese wahrscheinlicheren Zahlen, so kommt man zu einer Höhe, die dem Meinardusschen Werte von rund 2000 m wieder näher kommt, ja ihn sogar übertrifft. Aber alles in allem bleibt diese Zahl immer noch sehr unsicher, der wahrscheinliche Fehler ist jedenfalls weit größer als ihn Meinardus angenommen hatte. Die Zahlenrechnung, die ich übrigens im wesentlichen schon vor dem Erscheinen der Simpsonschen Arbeit angestellt hatte, will ich hier nicht anführen, da das zu weit führen würde.

Aus den zusammenfassenden Untersuchungen dieses Kapitels geht zur Genüge hervor, daß die Bodeninversion von maßgebender und grundlegender Bedeutung für die gesamte Luftzirkulation in der Antarktis ist und daß ihr Vorhandensein manche bisher rätselhaften Erscheinungen der antarktischen Meteorologie wenigstens qualitativ und in vielen Punkten auch quantitativ zu erklären vermag. Jedenfalls glaube ich gezeigt zu haben, daß man in der Deutung vieler Fragen erst dann zu befriedigenden Ergebnissen kommt, wenn man die Verhältnisse der höheren Luftschichten in den Kreis der Betrachtungen zieht. Dies gilt für die Antarktis vielleicht in noch höherem Grade als für unsere Breiten. Schon die aerologischen Forschungen dieser einen Expedition haben das gezeigt und haben uns, wie ich hoffe, in der Kenntnis und dem Verständnis vieler Probleme der antarktischen Meteorologie sehr gefördert. Trotzdem harren noch viele Fragen ihrer Lösung, und künftige Expeditionen haben noch ein außerordentlich reiches Arbeitsfeld vor sich.